高等学校新工科电子信息类专业系列教材

"双一流"建设高校立项教材

国家一流学科教材

教育部电子科学课程群虚拟教研室成果

嵌入式系统原理与设计

QIANRUSHI XITONG YUANLI YU SHEJI

于红旗　田苗苗　**编著**

西安电子科技大学出版社

内 容 简 介

本书以 MCS-51 系列单片机为核心，从嵌入式系统的基础理论讲起，逐步深入到单片机的工作原理、开发基础、编程技术、接口技术和应用实例等多个方面，为读者提供了一个完整的 MCS-51 系列单片机嵌入式系统学习体系。

本书结合单片机仿真软件 Proteus 和单片机集成开发环境 Keil μVision，以 C51 为开发语言，介绍了嵌入式系统的基本概念，单片机的基本结构，单片机的定时器/计数器、中断、常见外设、常见串行接口，RTX-51 实时操作系统的基本概念、基本外设和基本应用，以及 SPI 和 I^2C 的定义、应用等。本书还给出了 MC8051 IP Core 在 FPGA 上的实现过程，学有余力的读者可以对此展开创新设计。

本书适合作为高等学校新工科电子信息类专业的教材，也适合嵌入式系统开发工程师和爱好者参考学习。

图书在版编目（CIP）数据

嵌入式系统原理与设计 / 于红旗，田苗苗编著. -- 西安 ： 西安
电子科技大学出版社, 2025. 4. -- ISBN 978-7-5606-7617-3

Ⅰ. TP360.21

中国国家版本馆 CIP 数据核字第 20254RB353 号

策　　划　明政珠
责任编辑　明政珠
出版发行　西安电子科技大学出版社（西安市太白南路 2 号）
电　　话　（029）88202421　88201467　　　邮　　编　710071
网　　址　www.xduph.com　　　　　　电子邮箱　xdupfxb001@163.com
经　　销　新华书店
印刷单位　陕西日报印务有限公司
版　　次　2025 年 4 月第 1 版　　　　2025 年 4 月第 1 次印刷
开　　本　787 毫米×1092 毫米　1/16　　印　　张　28.5
字　　数　681 千字
定　　价　84.00 元
ISBN 978-7-5606-7617-3
XDUP 7918001-1
*** 如有印装问题可调换 ***

前 言

　　嵌入式系统以其广泛的应用领域和独特的系统特性，成为现代电子信息技术中不可或缺的一部分，而单片机是嵌入式系统中最常见、最常用的嵌入式处理器，单片机的软硬件开发技术是嵌入式软硬件开发人员应掌握的一种基本技能。

　　本书旨在系统地介绍嵌入式系统的基本原理、开发方法和实践应用。不同于传统的单片机书籍和教材，本书以 C51 为单片机开发语言，有计算机基础的读者可以无障碍地阅读本书。本书将单片机理论知识与虚拟仿真相结合，使读者更容易理解单片机的基本概念和基本原理。同时，本书还介绍了单片机仿真软件 Proteus 和单片机集成开发环境 Keil μVision 的基本使用方法，以方便读者在自己的计算机上搭建创新设计平台，为学习 ARM、SoC 等嵌入式系统打下坚实基础。

　　本书是根据作者 14 年来教授"单片机与嵌入式系统"和"嵌入式系统原理与设计"课程的讲稿整理而成的。为了方便教师授课和学生学习，各章相对独立，每章可以安排 2～3 个学时，建议在 26～48 个学时内学完本书。教师在具体授课过程中，可以根据实际需要选择授课内容。

　　在编写本书的过程中，我们力求做到以下几点：

　　(1) 理论与实践相结合。本书不仅详细讲解了嵌入式系统的理论知识，还通过大量的实例和演示来帮助读者深入理解嵌入式系统的开发方法和实践应用。

　　(2) 重点突出，层次分明。根据嵌入式系统的学习特点和难易程度，我们合理安排了各章节的内容，使得全书内容重点突出、层次分明，便于读者系统学习和掌握。

　　(3) 结合实际，注重应用。本书结合大量基础实例，介绍了嵌入式系统在不同领域的应用，使读者能够更好地将所学知识应用于实际工作中。

　　(4) 语言通俗，易于理解。我们采用了通俗易懂的语言，结合扩展知识介绍，使得本书内容更加易于理解，便于读者自学和参考。

　　本书共 15 章，内容涵盖了嵌入式系统的基本概念、硬件基础、MCS-51 系列单片机的结构与开发、C51 编程语言、中断与定时器/计数器的应用、数码管与液晶显示模块、串行通信、RTX-51 实时操作系统、SPI 和 I^2C 以及 MC8051 IP Core 的 FPGA 实现等多个方面。本书的内容相互衔接、循序渐进，为读者提供了一个完整的学习体系。各章的主要内容如下：

第 1 章为嵌入式系统概述，主要讲述了嵌入式系统的基本概念、基本组成等。

第 2 章为嵌入式系统硬件基础，主要讲述了嵌入式系统硬件的组成部分，着重介绍了中央处理器、存储器、输入/输出设备、供电等知识。

第 3～8 章介绍 MCS-51 系列单片机的相关知识，主要讲述了单片机的基本原理、内部结构、C51 语言、Proteus 仿真软件、中断、定时器/计数器等基础且重要的知识点。

第 9～11 章介绍单片机外设，主要讲述了七段数码管、按键、1602 液晶显示模块和 12864 液晶显示模块的基本应用。

第 12 章为单片机串行通信及应用，主要讲述了单片机串行通信的基本原理、内部结构、基本应用和仿真。

第 13 章为 RTX-51 实时操作系统，主要讲述了实时操作系统的基本概念，着重介绍了实时操作系统的进程、线程和进程调度等基本概念以及 RTX-51 实时操作系统的基本应用。

第 14 章为单片机的 SPI 和 I^2C 及其应用，主要讲述了 SPI 和 I^2C 的基础知识、基本应用及仿真。

第 15 章为 MC8051 IP Core 的 FPGA 实现，主要介绍了 MC8051 IP Core 以及在 FPGA 中实现 MC8051 IP Core 的具体流程和方法。

本书每章还附有习题，附录给出了 5 套自测题，方便读者检测和巩固所学知识。本书还提供有部分章节的课件、习题参考答案、测试题参考答案、期末模拟题等，读者可以联系作者(dr.yhq@163.com)或登录西安电子科技大学出版社官网获取。

本书由于红旗、田苗苗等人编写。其中，于红旗负责全书的内容组织和目录规划并编写第 7～15 章，田苗苗编写第 1～6 章，李清江、王义楠、刘海军对全书进行了审阅，廖灵志对书中的部分案例进行了验证。

在编写本书的过程中，我们参考了许多同类书籍，在此谨向相关作者深表感谢！

限于编者水平，书中不足之处在所难免，欢迎读者批评指正。

编　者

2025 年 1 月

目 录

3

01

第 1 章　嵌入式系统概述

随着科技的飞速发展，嵌入式系统已经渗透到了我们生活的各个角落，从智能手机、智能家居到工业自动化和航空航天，无处不在的嵌入式系统正悄然改变着世界。本章将介绍嵌入式系统的基本概念、结构、发展及语言描述。首先，将探讨嵌入式系统的重要性，它的定义、特点和应用领域。随后，将深入解析嵌入式系统的基本结构，包括硬件、软件以及设计方法，同时还将介绍嵌入式系统的开发模式和项目开发流程。在此基础上回顾嵌入式系统的历史，了解它的发展现状，并展望其未来的发展趋势。最后，将探讨嵌入式系统的语言描述，包括在开发过程中需要考虑的问题、硬件建模的层次、规范语言、计算模型以及嵌入式系统描述的工具和语言。通过对本章的学习，读者可以初步掌握嵌入式系统的基本知识，为未来的学习和工作打下坚实的基础。

1.1　越来越重要的嵌入式系统

嵌入式系统市场在过去几十年中得到了飞速发展，已成为当代技术和工业的基石。2024年全球嵌入式系统市场规模达到 6226.5 亿元，预计 2030 年将达到 8829.8 亿元，年复合增长率为 5.99%。

嵌入式系统作为专门的计算机硬件系统，由微处理器驱动，旨在完成更大系统中的专门功能或独立工作。这些系统的应用无处不在，从日常家用电器到高端汽车，再到工业制造和智能设备，都离不开嵌入式系统的支持。人们在日常生活中与无数的微处理器接触，却感觉不到它的存在，因此有了嵌入式系统对人们而言是"透明的"的说法。

当今社会已经深入信息时代的核心，嵌入式系统深刻地影响着我们的日常生活和工作方式，其数量和应用已经远超过我们的想象。

目前发展方兴未艾的新能源汽车(尤其是电动汽车)中,嵌入式系统的应用更加多样和复杂,它们不仅需要管理传统汽车的功能(如动力传动、制动、灯光等),还需要控制与新能源特性相关的多个额外系统,如电池管理系统、能量回收系统等。以下是新能源汽车中常见的一些嵌入式系统。

(1) 电池管理系统:监控和管理电池包的状态,包括电量、温度、充放电状态等,以确保电池安全和延长电池寿命。

(2) 电机控制系统:控制电机的运转,包括启动、停止、速度调节、转向等。

(3) 车载充电系统:管理车辆与外部电源之间的充电过程,包括快充和慢充的控制。

(4) 能量回收系统:在制动或减速时回收能量,将其转换为电能存储在电池中。

(5) 热管理系统:控制电池和电机的温度,确保车辆在最佳温度下运行。

(6) 信息娱乐系统:提供驾驶信息显示、导航、音乐播放等功能。

(7) 驾驶辅助系统:包括自动驾驶技术、泊车辅助、行车安全监控等。

随着技术的不断进步和创新,嵌入式系统的能力和效率正在不断提升,其在各行各业的应用也日益广泛。嵌入式处理器已成为智能设备的心脏,是连接物理世界和数字世界的关键桥梁。在物联网(Internet of Things,IoT)、自动驾驶汽车、智能家居等领域,嵌入式系统的作用尤为关键,它们不仅提高了设备的性能和智能化,更为用户带来了前所未有的便利和体验。

嵌入式处理器不再是单一设备中的一个零部件,而是构成现代科技生活的基石。从简单的家用电器到复杂的工业系统,从我们口袋中的电子设备到宇宙深空设施,嵌入式系统的足迹遍及每一个角落,它们正在以静默而强大的方式,支撑着信息时代的社会结构和生活方式。嵌入式系统的重要性在当今社会得到了广泛认可和体现,它不仅是后PC(Personal Computer,个人计算机)时代的重要推动力,也是日益数字化和智能化世界的基础设施。信息处理正逐渐从传统的 PC 环境转移到更加分散和集成的嵌入式系统中,该系统以其高效、专用和节能的特点,在各个领域发挥着关键作用。

随着新需求的出现和技术的不断进步,嵌入式系统的设计和应用也面临着新的挑战和机遇。嵌入式系统的应用日益广泛,但现有的技术和工具还存在局限性。现阶段,嵌入式行业急需更加先进的规范语言、更高效的规范生成实现工具、更精确的时间验证器、功能更强大的实时操作系统、更低功耗的设计技术以及更可靠的系统设计技术。

另外,随着技术的持续发展和市场的不断扩大,嵌入式系统在智能化世界中愈发重要。它不仅是推动技术进步的动力,也是促进各行各业转型升级的关键。我们周围的许多设备,从数字电视、智能家电到手持通信设备,再到社区的远程自动抄表系统以及安全防护系统,无一不体现着嵌入式系统的应用。嵌入式系统的应用领域和数量已经远超传统的通用计算机系统。随着物联网的发展,嵌入式系统在智能家居、智慧城市、工业 4.0 等多个领域都有广泛的应用,计算机应用技术正在进入一个全新的时代。因此,掌握嵌入式系统的设计和实现技术,对于促进技术创新、满足市场需求以及实现个人创造力至关重要。在未来,随着技术的不断演进和应用的深入,嵌入式系统将在构建智能化、数字化的新世界中扮演着更加核心和不可替代的角色。

1.2　嵌入式系统概述

嵌入式系统的出现是信息技术领域中的一个重要里程碑，它标志着计算机的发展从大型主机、个人计算机到更小型、更智能、更集成的计算设备的延伸。

1.2.1　嵌入式系统的定义

嵌入式系统的定义随着技术的发展而不断演变。目前，嵌入式系统主要有两种广泛认可的定义方式，一种定义侧重于应用范畴，另一种则侧重于其作为专用计算机系统的特点。

1. IEEE 给出的定义

IEEE(电气与电子工程师学会)将嵌入式系统定义为用于控制、监视或者辅助操作机器和设备的装置(Devices used to control，monitor or assist the operation of equipment，machinery or plants)。这种定义强调了嵌入式系统在实际应用中的作用，它不仅包括软件和硬件，还包括机电和其他附属装置。嵌入式系统是为了满足特定应用需求而设计的，因此它们通常具有高度的定制性，能够准确执行特定的功能。随着物联网技术的发展，这一定义更加强调了嵌入式系统在智能互联、数据采集和处理中的作用。

2. 国内普遍认可的定义

国内普遍认可的嵌入式系统的定义是以应用为中心，以计算机技术为基础，软件、硬件可裁剪，适应应用系统对功能、可靠性、成本、体积、功耗严格要求的专用计算机系统。

无论是从哪种定义出发，嵌入式系统都采用"量体裁衣"的策略，将必要的功能集成到各种应用系统中，以满足特定的需求。一个典型的嵌入式系统由嵌入式微处理器、外围硬件设备、嵌入式操作系统以及用户的应用程序等组成，共同实现对设备的控制、监视或管理等功能。嵌入式系统的"嵌入性""专用性""计算机系统"等特性，使其在现代技术领域中具有不可替代的地位，成为物联网、智能制造、自动化控制等领域的重要基础。随着技术的不断进步，嵌入式系统的设计和应用将更加多样化和智能化，其在推动社会和产业发展中的作用将日益显著。

1.2.2　嵌入式系统概念的延伸

嵌入式系统是计算机技术发展到一定程度的产物，其在发展过程中延伸出了几个新概念。

1. 从大型计算机到无所不在的计算

信息处理最初与大型主机计算机和庞大的磁带驱动器相关联。20 世纪 90 年代，这种趋势转向将信息处理与 PC 联系在一起。随着微型化趋势的持续，未来大多数信息处理设备将会以小型便携式计算机的形态呈现，可被集成到电信设备等更大的产品体系之中。

2. 消失的计算机

随着计算设备变得越来越小巧、集成度越来越高，它们在大型产品中的存在将不如 PC 那么明显，因此这个新趋势也被称为"消失的计算机"。然而，实际上计算机并不会消失，而是无处不在。

3. 无处不在的计算(Ubiquitous Computing，UC)、普适计算(Pervasive Computing，PVC)和环境智能(Ambient Intelligence，AmI)

(1) 无处不在的计算。这一概念最早由 Mark Weiser 在 20 世纪 90 年代初提出，当时他在 Xerox PARC 工作。Weiser 的愿景是将计算能力集成到人们周围的环境中，使其到处可见但又几乎不被察觉，成为日常生活的一部分。自从 Weiser 提出这一概念，无处不在的计算逐渐成为现实。随着物联网的兴起、智能手机的普及、智能家居设备和穿戴设备的发展，无处不在的计算正在变得越来越普遍。现在，我们生活和工作的环境中充斥着各种计算设备和传感器，它们在后台默默地工作，提供便利和增强的用户体验。无处不在的计算强调的是计算能力的普遍存在，其目标是使计算完全融入人们的日常生活中，用户与计算设备的交互变得无缝和自然。

(2) 普适计算。它与无处不在的计算概念相近，有时被视为同义词。普适计算这一术语更强调计算的普及和渗透到生活的各个方面。普适计算的发展与无处不在的计算相伴而行，普适计算强调在各种环境中无缝集成计算和通信能力。随着云计算和边缘计算的发展，普适计算的概念得到了进一步的扩展和应用，使得数据处理和分析更加高效，为用户提供更加个性化和智能化的服务。普适计算强调计算服务的无处不在、随时可用和对用户透明。它专注于为用户提供在任何时间、任何地点访问计算和信息服务的能力，同时隐藏技术的复杂性。

(3) 环境智能。这一概念在 20 世纪 90 年代后期由欧洲的信息技术研究者提出，旨在创造一个能够对人的需求作出响应并适应其需求的环境。环境智能的发展受到了智能传感器、人工智能、机器学习和大数据分析技术进步的推动。这些技术的结合使得环境能够理解并预测人们的行为和需求，从而提供更加个性化、舒适和高效的服务。环境智能强调的是一个智能化的环境，这个环境能够通过嵌入式系统、智能设备和智能服务响应与支持人们的活动。它侧重于使用先进的界面，包括自然语言处理、手势识别等，以及环境自身的智能，以创建互动、适应性强且对用户友好的环境。

以上 3 个概念都强调了计算技术与日常生活的融合，但各有侧重点。无处不在的计算侧重于计算的普及和无缝集成；普适计算强调计算服务的无处不在、随时可用；而环境智能侧重于创造一个能够理解和预测人类需求，并提供适应性服务的智能环境。随着技术的不断进步，这些概念正变得越来越重要，逐渐成为现实。另外，无处不在的计算注重"提供随时随地的信息"这一长期目标；普适计算更侧重于实用方面和现有技术的开发利用；环境智能则强调未来家庭和智能建筑中的通信技术。

1.2.3 嵌入式系统的特点

嵌入式系统是信息技术领域的一个关键分支，其应用遍布各行各业。嵌入式系统的设计、性能和功能已经成为当代技术发展的重要驱动力。嵌入式系统的特点主要体现在以下几个方面。

1. 专用性与透明性

嵌入式系统是为了特定应用而设计和构建的。这种专用性使得嵌入式系统能够以极高的效率和精确度运行。专用性主要体现在嵌入式系统的功能是针对某一特定应用的,内部采用专用的嵌入式处理器,其功能算法也具有专用性。因此,嵌入式系统不会运行额外的程序,这也确保了系统的高效和可靠。嵌入式系统对用户是透明的,是用户"看不见"的专用计算机系统。

2. 小型化与资源约束

为了降低成本、减小功耗以及适应应用需求,嵌入式系统通常体积小巧,对资源的使用高度优化,其处理器的运算能力、存储器资源等非常有限,只需要满足所要求的功能即可,它们在设计时需要考虑到功耗、处理能力、存储容量和成本等因素。由于硬件资源非常少,软件需要借助专用设备进行开发和更新,不能直接在嵌入式系统上进行嵌入式软件的开发,这些系统需要高度优化的代码和精简的操作系统来满足特定的性能和功耗要求。

3. 软硬件协同一体化

嵌入式系统的设计往往需要硬件和软件的紧密协同。使用硬件实现方案的处理速度最快,但成本最高;使用软件实现方案的处理速度较慢,但成本最低。因此,需要在软硬件之间寻求一个平衡点。嵌入式系统由于有成本和功能的要求,需要在设计方案时划分好软硬件各自实现的功能及软硬件的实现方案,这可以通过软硬件协同软件来进行划分。由于这种软件价格非常昂贵,所以一般采用嵌入式可编程逻辑器件,并且在开发过程中可以随时调整软硬件各自的任务。另外,由于嵌入式系统资源有限,其上运行的操作系统也经过了较大幅度的精简,一般将应用软件与操作系统进行一体化设计。这种协同设计(Co-design)旨在将任务合理地分配到硬件或软件,以达到成本和性能的最优平衡。嵌入式系统的设计和开发工具起着至关重要的作用,使设计者能够在开发过程中灵活地调整与优化硬件和软件的功能分配。

4. 交叉开发环境

由于嵌入式系统本身资源有限,一般的开发方法是先在 PC 上编写程序,然后在 PC 上编译、链接,最后生成在嵌入式系统上可执行的程序,通过烧写器或 JTAG 接口将程序下载到嵌入式系统中。这种软件开发方法就是交叉开发。这里采用的 PC 为开发平台,也称为宿主机(Host);执行程序的嵌入式系统为执行机,也称为目标机(Target)。宿主机和目标机之间一般通过 RJ-45、RS-232、USB 等接口相连,以方便程序的下载和调试。这种方法允许开发人员利用宿主机的强大资源进行开发,同时确保软件能够在目标系统的资源约束条件下运行。

5. 安全性与可靠性

许多嵌入式系统负责执行与人身安全相关的关键任务,如汽车、飞机和医疗设备中的嵌入式系统。因此,嵌入式系统必须高度可靠和安全。

在设计嵌入式系统时,安全方面需要考虑故障预防、及时的维修能力、数据安全性和系统的抗攻击能力;可靠性方面主要包括系统的可靠性(系统不会出现故障的概率)、可维护性(出现故障的系统可以在一定时间内修复的概率)、可用性(系统可用的概率)、运行安全性(系统失败不会造成伤害)和信息安全性(保持保密数据的保密，确保通信的真实性)等。

6. 高效性能

嵌入式系统需要在有限的资源下实现高效的性能，这涉及功耗、代码大小、运行时效、重量和成本的优化。随着技术的发展，如 SoC(System on Chip，系统级芯片，也称为片上系统)和 IoT 设备等的普及，这些指标的优化变得更加重要。

7. 实时性与响应能力

特别需要强调的是，许多嵌入式系统必须满足实时约束，不在给定时间内完成计算可能会严重影响系统提供的质量，甚至可能危害用户安全。系统必须能够在规定的时间内完成任务，以确保系统的服务质量和安全性。这要求嵌入式系统能够对环境变化作出快速反应，并在有限的时间内处理大量数据。例如，对于防撞系统，如果等到撞上去之后它才能判断出结果，那么这种防撞系统就没有任何意义了。

8. 混合系统特性

当代嵌入式系统往往是混合系统，融合了模拟和数字部分。这些系统需要处理连续时间的模拟信号和离散时间的数字信号，使得设计和验证过程更为复杂。

9. 交互式与反应性

嵌入式系统通常与其环境保持持续的交互，并且其运行节奏由环境决定。这些系统需要在接收到输入后快速进行计算，生成和输出新的状态。嵌入式系统常通过传感器收集环境信息和通过执行器控制环境。

此外，在用户界面方面，多数嵌入式系统不使用键盘、鼠标或大型计算机显示器，而是有专用的用户界面，如按钮、方向盘、踏板等。尽管嵌入式系统在现代社会中无处不在，但由于其透明性，它们在教育领域和公众讨论中常常被低估，嵌入式系统的复杂性和专业性要求课程不仅要注重理论知识，更要强调实践和应用。

1.2.4 嵌入式系统的应用领域

由于嵌入式系统的透明性，我们很难具体感知到嵌入式系统的存在。但嵌入式系统在我们生活中无处不在，其应用领域可以总结为以下几个方面。

1. 汽车电子

如前所述，现代汽车特别是新能源汽车中充斥着大量的电子设备，如安全气囊控制系统、发动机控制系统、防抱死制动系统(Anti-lock Braking System，ABS)、空调、GPS(Global Positioning System，全球定位系统)以及多种安全装备。这些系统提高了车辆的性能、安全性和舒适性，同时对嵌入式系统的可靠性也提出了很高的要求。其中的核心技术包括实时操作系统、CAN 总线通信技术、自适应巡航控制系统、车载信息娱乐系统等，这些技术确保了汽车的安全性、舒适性和娱乐功能。

2. 航空电子

飞机、无人机等飞行器的总价值中绝大多数来自信息处理设备，包括数据链路、飞行控制系统、防撞系统、飞行员信息系统、敌我识别系统等。其中的关键技术包括飞行控制系统、自动驾驶技术、传感器网络和故障容错系统等，这些技术确保了飞机的安全飞行和高效导航。

3. 火车

类似于汽车和飞机，火车的总价值中安全系统部分也占据了很大的比重，诸如故障诊断、状态监测、通信系统、信号灯指示系统等核心技术，涉及列车控制和监控系统、信号传输系统、自动防护系统等。这些技术提高了列车的运行效率和安全性。

4. 电信

移动电话是近年来增长最快的市场之一。在这些设备中，射频(Radio Frequency，RF)设计、数字信号处理和低功耗设计是关键技术，这些技术使得移动电话和其他通信设备能够高效地处理信号并节省电力。

5. 医疗系统

嵌入式系统在医疗设备中的应用极大地提升了医疗服务的质量和效率，从诊断设备到治疗和监控系统，嵌入式系统在医疗行业中的作用不断增强。其中的核心技术涵盖生物传感器、可穿戴设备、远程监控和诊断系统，这些技术提升了医疗服务的质量并使远程医疗成为可能。

6. 军事应用

信息处理技术在军事设备中有着悠久的应用历史，其中的关键技术包括雷达信号处理、无人机控制系统、加密通信等，这些技术确保了军事设备的高效运作和信息安全。

7. 安全认证系统

嵌入式系统在安全认证领域也有广泛应用，如先进的支付系统、指纹识别和面部识别系统等，其中的核心技术包括生物识别技术、加密技术和安全通信协议。高级支付系统使用这些技术以达到比传统系统更高的安全性。

8. 消费类电子

扩展了联网、视频和音频功能的家用电器设备是电子行业应用的重要部分，其中的网络互联模块、音视频处理模块、智能语音接口模块等要求嵌入式系统具有信息处理能力。消费类电子产品提供了新功能和新服务且具有更好的质量，其中的关键技术包括高性能处理器、数字信号处理、图形处理等。

9. 制造设备

嵌入式系统在制造设备中的核心技术涉及工业自动化控制、传感器网络、机器视觉等，这些技术提高了生产效率并确保了工业环境的安全。

10. 智能建筑

嵌入式系统在智能建筑中的应用可以提高舒适度，降低能耗，并提升安全性和安保水平。其中的关键技术包括环境监测、能源管理系统、智能照明系统，这些技术共同提升了建筑的舒适度、安全性，并减少了能耗，同时也涉及将传统上不相关的子系统集成为一个单一系统。

11. 机器人技术

机器人技术是嵌入式系统应用的传统领域，其中的核心技术包括传感器融合、机器学习、动态控制算法等，这些技术赋予了机器人感知环境、学习行为和执行复杂任务的能力。

嵌入式系统已成为现代技术的关键推动力，不同领域的特定需求催生了一系列创新的嵌入式技术，这些技术不仅提升了系统的性能和效率，也极大地改善了我们的工作和生活方式。尽管这些不同领域的嵌入式系统在物理上可能截然不同，但在这些系统中有许多共同的特点，都是嵌入式系统的具体应用和体现。

1.2.5　嵌入式系统与通用计算机系统的联系和区别

1. 嵌入式系统与通用计算机系统的相互作用

嵌入式系统与通用计算机之间存在着技术和应用的重叠，许多在通用计算机领域中发展起来的技术也被应用于嵌入式系统，推动了嵌入式系统的发展。两者之间的相互作用主要体现在处理器技术、存储技术、软件和操作系统、网络技术、人机交互技术等方面。

1) 处理器技术

通用计算机的处理器技术，如多核处理技术、专用处理器、高效的处理器架构、流水线和超标量技术，已被应用于嵌入式系统，以提高其处理能力和能效。

(1) 多核处理技术方面：在嵌入式系统中实现多核处理技术，如 ARM 的 big.LITTLE 架构能够根据任务的计算需求动态调整能量消耗和性能。ARM 处理器就是一种广泛用于嵌入式系统的高效处理器。

(2) 专用处理器方面：例如，DSP(Digital Signal Processor，数字信号处理器)专门用于高效处理音频和视频信号，在数字信号处理相关领域得到广泛应用。

2) 存储技术

随着固态硬盘(Solid State Disk，SSD)和快速闪存技术的发展，这些存储技术也被引入到嵌入式系统中，提高了数据存储的速度和可靠性。此外，缓存和虚拟内存等概念也被应用于嵌入式系统，以优化存储资源的使用。在嵌入式系统中，已广泛使用：

(1) NAND 闪存技术：主要用于实现快速、耐用的固态存储解决方案。

(2) EEPROM 和 NVRAM 技术：主要利用其非易失性，保证数据在断电后仍然保持。

3) 软件和操作系统

通用计算机的操作系统技术，如任务调度、内存管理和设备驱动已经被适配和优化，可用于嵌入式操作系统(如 Linux 的嵌入式版本)。高级编程语言(如 Python、Java 和 C++)和软件开发工具的发展，也使得嵌入式系统的软件开发更加高效和灵活。在嵌入式系统中，广泛应用：

(1) 实时操作系统(Real Time Operaing System，RTOS)：例如，FreeRTOS、SylixOS、VxWorks、μC/OS-Ⅱ、RTX-51、ReWorks 等可提供定时准确的任务调度，确保实时性。

(2) 轻量级 Linux 发行版：如 Yocto，也可通过开源的自动化嵌入式 Linux 构建工具 Buildroot 生成可高度定制的嵌入式 Linux 系统。

4) 网络技术

随着互联网和网络通信技术的发展，嵌入式设备越来越多地被连接到网络中。TCP/IP、无线通信标准(如 Wi-Fi 和蓝牙)以及近年来的物联网协议，都被用于嵌入式系统，使它们能够进行远程通信和数据交换。在嵌入式系统中，广泛应用：

(1) 蓝牙低能耗(Bluetooth Low Energy，BLE，以前称为 Bluetooth Smart)：主要应用于安全和家庭娱乐等行业，在嵌入式设备的低功耗通信中得到了广泛应用。

(2) 消息队列遥测传输协议(Message Queuing Telemetry Transport，MQTT)：ISO 标准下的一种基于发布/订阅模式的消息协议，它是基于 TCP/IP 协议族的轻量级的消息传输协议。MQTT 是为了改善网络设备硬件的性能和网络的性能而设计的，被设计用于小型设备在低带宽、高延迟或不可靠、不稳定网络环境下进行高效可靠的通信。它适用于各种设备之间的实时数据传输，特别是在物联网应用中非常常见。

5) 人机交互(Human-Computer Interaction，HCI)技术

从通用计算机到嵌入式设备，触摸屏技术、语音识别和图形用户界面(Graphical User Interface，GUI)的概念和技术已经被广泛应用，提供了用户友好的交互方式。在嵌入式系统中，常用的技术如下：

(1) 电容式和电阻式触摸屏技术：可以实现直观的触摸输入。

(2) 语音识别技术：例如，Amazon Alexa 和 Google Assistant 的集成能够实现基于语音的用户接口。

2. 通过计算机技术对嵌入式系统的促进作用

通过将通用计算机的技术引入嵌入式系统，不仅推动了嵌入式系统的技术进步，也拓展了其应用范围，从而在现代社会中发挥着越来越重要的作用。

通用计算机技术对嵌入式系统的促进主要体现在以下几方面：

(1) 性能提升。处理器和存储技术的进步直接提高了嵌入式系统的计算和存储能力。

(2) 功能增强。高级软件开发工具和操作系统技术使嵌入式系统能够实现更复杂的功能，并提高了系统的可靠性和稳定性。

(3) 互联互通。网络技术的应用使嵌入式系统能够连接到更广泛的网络和服务，促进了物联网和智能设备的发展。

(4) 用户体验改善。人机交互技术的应用提高了嵌入式设备的可用性和可访问性，为用户提供了更丰富和直观的交互方式。

通过集成这些先进的通用计算机技术，嵌入式系统能够实现更高的性能、更丰富的功能和更好的用户体验。这些技术的融合和创新是嵌入式系统发展的重要驱动力，使其能够满足各行各业日益增长的需求。

3. 嵌入式系统与通用计算机系统的区别

虽然嵌入式系统与通用计算机系统之间存在着相互作用，但它们也有着完全不同的技术要求和技术发展方向。通用计算机系统的技术要求是高速、海量的数值计算，其技术发展方向是总线速度的无限提升、存储容量的无限扩大；嵌入式系统的技术要求则是智能化控制，其技术发展方向是与对象密切相关的嵌入性能、控制能力与控制可靠性的不断提高。

嵌入式系统与通用计算机系统的区别主要体现在以下几个方面：

(1) 嵌入式系统一般专用于特定的任务，通用计算机系统是一个通用计算机。

(2) 嵌入式系统使用多种类型的处理器，通用计算机系统采用的处理器类型较少。

(3) 嵌入式系统极其关注成本。

(4) 嵌入式系统有实时约束，即任务的执行时间是可以预测且满足功能要求的。

(5) 嵌入式系统使用实时多任务操作系统。

(6) 嵌入式系统软件故障造成的后果比通用计算机系统更严重。

(7) 嵌入式系统大多有功耗约束。

(8) 嵌入式系统经常在极端的环境下运行。

(9) 嵌入式系统的系统资源比通用计算机系统少得多。

(10) 通常嵌入式系统中的所有目标代码存放在 ROM/EPROM/EEPROM 中。

(11) 嵌入式系统需要专用工具和方法进行开发设计。

(12) 嵌入式系统的数量远远超过通用计算机系统。

嵌入式系统和通用计算机系统的主要区别总结如表 1-1 所示。

表 1-1   嵌入式系统和通用计算机系统的主要区别

名 称	通用计算机系统	嵌入式系统
形式与类型	实实在在的计算机。按其体系结构、运算速度和规模可分为大型机、中型机、小型机和微机	"看不见"的计算机，形式多样，应用领域广泛，按应用进行分类
组成	通用处理器、标准总线和外设、软硬件相对独立	面向特定应用的微处理器，总线和外设一般集成在处理器内部，软硬件紧密结合
系统资源	系统资源充足，有丰富的编译器、集成开发环境、调试器等	系统资源紧缺，没有编译器等相关开发工具
开发方式	开发平台和运行平台都是通用计算机	采用交叉编译方式，开发平台一般是通用计算机，运行平台是嵌入式系统
二次开发性	应用程序可重新编程	一般不能重新编程开发
发展目标	编程功能计算机，普遍进入社会	变为专用计算机，实现"普及计算"

1.3   嵌入式系统的基本结构

从构成上来讲，嵌入式系统一般由嵌入式微处理器、外围硬件设备、嵌入式操作系统(可选)以及用户的应用软件系统等四个部分组成。可以将这些部分从下到上抽象成硬件层、中间层、操作系统层和应用软件层，如图 1-1 所示。

应用软件层
操作系统层
中间层
硬件层

从嵌入式系统中信息流的角度来看，嵌入式系统的架构如图 1-2 所示。

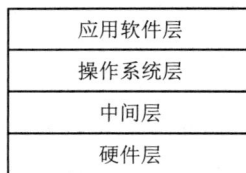

图 1-1   嵌入式系统的基本结构

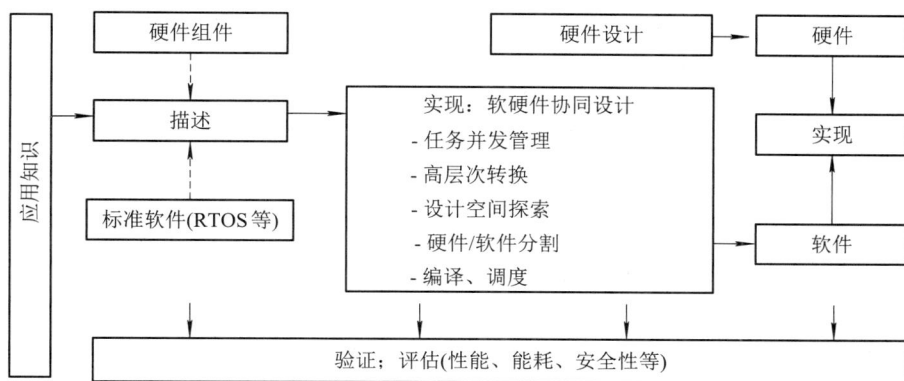

图 1-2　嵌入式系统的信息流架构

嵌入式系统的信息流架构是根据应用需求描述的，在信息流描述的基础上进行软硬件的协同设计，再根据划分的软硬件分别进行设计，最终可以整合实现整个嵌入式系统。在软硬件协同设计中，任务并发管理(Task Concurrency Management)主要用于管理并发运行的多个任务，确保它们正确、高效地执行；高层次转换(High-level Transformation)是指对设计进行抽象层次的转换，以优化性能和资源利用率；设计空间探索 (Design Space Exploration)是指探索不同的设计选项，评估各种设计决策对系统性能的影响；硬件/软件分割(Hardware/Software Partitioning)决定系统功能是由硬件实现还是由软件实现，以达到最佳的性能和成本效率；编译(Compilation)、调度(Scheduling)则将高层次的设计描述转换成可在嵌入式系统中执行的代码，并对任务执行的时间进行计划和优化。

1.3.1　嵌入式系统的硬件模型

嵌入式系统的一个重要特征就是需要同时考虑硬件和软件。为了高效地开发嵌入式系统，工程师通常采用平台化设计方法以充分利用现有的硬件和软件组件。因为嵌入式系统的硬件比个人计算机的硬件更加多样化，所以很难对所有类型的硬件组件做全面的介绍，本小节将介绍大多数系统中可以找到的一些基本硬件组件。

在很多嵌入式系统中，特别是控制系统中，硬件通常工作在一个环路中。如图 1-3 所示的环路，其中，传感器收集关于物理环境的信息，通常生成连续的模拟值序列；采样保持电路和模/数(A/D)转换器将模拟信号转换为数字信号，以便数字计算机处理；信息处理部分对数字信息进行处理，并生成结果；显示部分将处理的结果显示出来。由于大多数执行器是模拟的，所以还需要数字到模拟的转换。

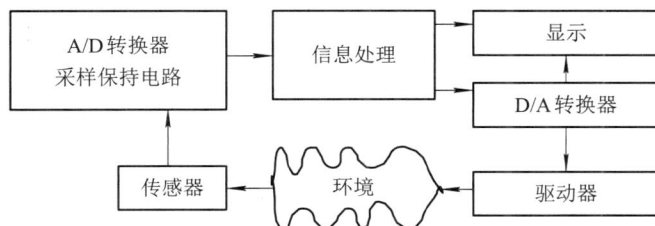

图 1-3　环路模型

上述环路模型特别适合于控制应用。对于其他应用，它可以作为一种初级近似模型。例如，在手机中，传感器对应天线，执行器对应扬声器。

该模型体现了嵌入式系统中硬件组件的基本结构和工作方式，强调了从感知环境、处理信息到对环境的响应这一连续的流程。通过了解这一模型，可以更好地理解嵌入式系统中硬件的工作原理和设计要求。下面介绍这个模型中的几个硬件组成部分。

1. 传感器

传感器是嵌入式系统中不可或缺的组成部分，它们能够检测和响应物理环境中的各种变化。传感器具有多样性，主要表现在：种类繁多，传感器可以设计用来检测几乎所有的物理量，如重量、速度、加速度、电流、电压、温度等；基于多种物理效应，传感器的设计利用了多种物理效应，如感应定律(在电场中产生电压)、光电效应等。

这里简单列出几种常见的特定类型的传感器。

(1) 加速度传感器。它包含一个小质量体，在受到加速度时，质量体会偏离标准位置，从而改变连接到质量体的微小电线的电阻。

(2) 雨量传感器。高端汽车使用雨量传感器自动调整雨刷的速度，以减少对驾驶员的干扰。

(3) 图像传感器。它主要包括两种。① CCD (Charge-coupled Device，电荷耦合器件)：优化了光学应用，可提供高质量图像，但接口较复杂。② CMOS (互补金属氧化物半导体)：可与标准 CMOS 技术集成在同一芯片上，便于接口，通常成本较低，适合低至中等质量图像的应用。

2. 采样保持电路和模/数转换器

采样保持电路和模/数(A/D)转换器是数字计算机处理模拟信号的关键部分。

采样保持电路的功能是将连续时间域的模拟信号转换为离散时间域的序列，为数字处理做准备。一个简单的采样保持电路如图 1-4 所示，其中 Clock 为采样时钟。

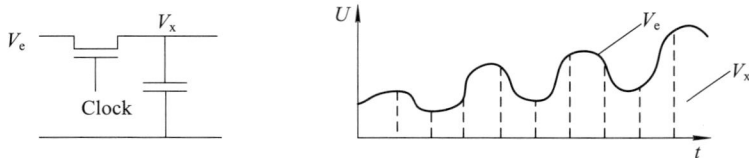

图 1-4   采样保持电路

采样保持电路包含一个受时钟信号控制的晶体管(作为开关)和一个电容器。每当开关闭合时，电容器被充电至输入电压值。开关再次打开后，电容器上的电压保持不变，直到下一次开关闭合。理想情况下，电容器上的电压能即刻变化以匹配每个时刻的输入电压，但实际上，晶体管需要保持闭合一段时间来充放电，所以电容器上的电压实际上是短时间窗内电压的平均值。

A/D 转换器将模拟信号转换为数字信号，使数字计算机能够处理。其主要类型有：

(1) Flash A/D 转换器。该转换器使用许多比较器，每个比较器对输入电压和参考电压进行比较。它的速度极快，适用于高速视频等场景，但硬件复杂，需要很多比较器来区分多个值。

(2) 逐次逼近 A/D 转换器(Successive Approximation A/D Converter)。该转换器使用二进制搜索方法逐步逼近正确值。其硬件效率高，在逐次逼近寄存器和数/模转换器中只需 $\log_2(n)$ 位，但速度较慢，适用于需要高精度但速度适中的场景，如音频。

采样保持电路和 A/D 转换器是嵌入式系统处理模拟信号的基础，它们各自有不同的特点和适用场景。采样保持电路为信号数字化提供了第一步，而 A/D 转换器完成了模拟信号到数字信号的转换过程。通过这些组件，嵌入式系统能够准确地捕获和处理现实世界中的模拟信号。

3. 嵌入式系统中的通信

在嵌入式系统中，通信是指嵌入式设备与外部设备(包括其他嵌入式设备、上位机、传感器、执行器等)之间的数据交换过程。这种数据交换可以是单向的，如嵌入式传感器只向外发送数据；也可以是双向的，如嵌入式控制器与执行器之间既可以发送控制指令，又能接收执行器的状态反馈。

通信在嵌入式系统中非常重要，嵌入式系统对通信的基本需求如下：

(1) 实时性。这对通信系统的设计有深远影响，一些低成本的解决方案(如以太网)可能无法满足这一要求。

(2) 效率。效率不仅涉及数据传输的速度，还包括硬件连接的成本效益。因此，在智能家居等应用中，通常不采用点对点的连接。同时，嵌入式系统通常资源有限，在通信过程中，需要高效地利用这些资源。

(3) 适当的带宽和通信延迟。需要提供足够的带宽，同时不使通信系统过于昂贵。

(4) 支持事件驱动通信。事件驱动的通信能更快地响应紧急情况。

(5) 稳健性。嵌入式系统可能会在极端温度或靠近强电磁辐射源等条件下使用，需要保持可靠的通信。

(6) 容错性。尽管在设计嵌入式系统时考虑了稳健性，采取了诸如使用高质量的通信组件、加强电磁屏蔽等措施，但故障仍然可能发生。因此，需要具备故障检测和恢复机制。为了提高容错性，嵌入式通信系统可以采用冗余设计。同时，在数据存储方面，也可以采用冗余存储，将重要的通信数据存储在多个不同的存储设备或者存储区域中，当一个存储位置出现故障时，可以从其他位置获取数据，从而保证系统在出现故障后仍能正常运行。

(7) 可维护性和可诊断性。在嵌入式系统中，可维护性是指系统出现问题或需要升级时，能够在合理的时间内进行维修、更换部件或更新软件。可诊断性则是快速准确地找出系统故障原因的能力。对于软件部分，可维护性意味着能够方便地更新软件。对于硬件部分，当某个传感器或通信芯片损坏时，系统应该便于拆卸和更换。

(8) 隐私性。在嵌入式系统通信中，隐私性是至关重要的，尤其是当涉及敏感信息的传输时。通过使用加密技术，如 AES(Advanced Encryption Standard，高级加密标准)加密算法，在数据发送端对数据进行加密，然后在接收端使用相应的密钥进行解密，可以确保数据在传输过程中的安全性。即使数据被非法截获，没有正确的密钥，攻击者也无法获取其中的内容。

(9) 电气稳健性。在嵌入式系统通信中还需要注意电气稳健性，差分信号比单端信号更稳健。差分信号使用两条线(通常为双绞线)传递信号，对抗外部噪声的能力更强，依赖于两线间的电压差，而不是与共地的绝对电压。以太网也采用差分信号进行传输，大多数计算机网络基于以太网标准。但标准的以太网可能会有冲突，例如，多个通信伙伴可能会同时尝试通信，导致信号在线路上被破坏。为了保证通信的实时性，可以利用 CSMA/CD 和 CSMA/CA 等协议。CSMA/CD(Carrier Sense Multiple Access with Collision Detection，载波侦听多路访问/冲突检测)协议中，每一个站在发送数据之前以及发送数据时都要检测一下总线是否有其他计算机在发送数据，以判断是否会产生冲突。如果有冲突发生，就会立即停止发送数据，等待一段随机时间后再次尝试发送。这种协议通常应用于以太网(Ethernet)等有线网络中，其中可能出现冲突和重传。CSMA/CA(Carrier Sense Multiple Access with Collision Avoid，载波侦听多路访问/冲突避免)与 CSMA/CD 不同，CSMA/CA 不是通过检测冲突来避免碰撞，而是通过预约信道的方式来避免碰撞。在这种协议中，发送数据前会先检测信道是否空闲，如果信道空闲则发送 RTS(Request To Send)帧预约信道，接收端收到 RTS 后会发送 CTS(Clear To Send)帧进行响应，发送端收到 CTS 后才开始发送数据。如果信道忙，则会等待一段时间后再尝试发送。这种协议通常应用于无线局域网(WLAN)等无线网络中，通过分配优先级和在仲裁阶段分配通信媒体来完全避免冲突。

嵌入式系统对通信的需求多样且复杂，需要综合考虑实时性、效率、稳健性和容错性等多方面因素。同时，电气稳健性的保证和实时行为的保障对于保持系统的稳定和可靠运行至关重要。在设计嵌入式系统时，需要在不同需求之间作出权衡和选择，以确保系统的高效和稳定运行。

1.3.2　嵌入式系统的硬件组成

图 1-5 给出了典型的嵌入式系统的硬件组成图，以 CPU(Central Processing Unit，中央处理器或中央处理单元)为核心，在 CPU 芯片内部一般集成了预分频器(Prescaler)、定时器(Timer)、中断控制器(Interrupt Controller)、I/O(Input/Output)端口、A/D 转换器等功能模块，在芯片外围一般需要电源(Power Supply)、振荡电路(Oscillation Circuit)、复位电路(Reset Circuit)、外部扩展端口(Port)以及 SRAM、DRAM、Flash、ROM 等存储单元，人机之间主要通过外部设备进行互通，如键盘(Keyboard)、红外数据接口、触控笔、通用串行总线、液晶显示器等。

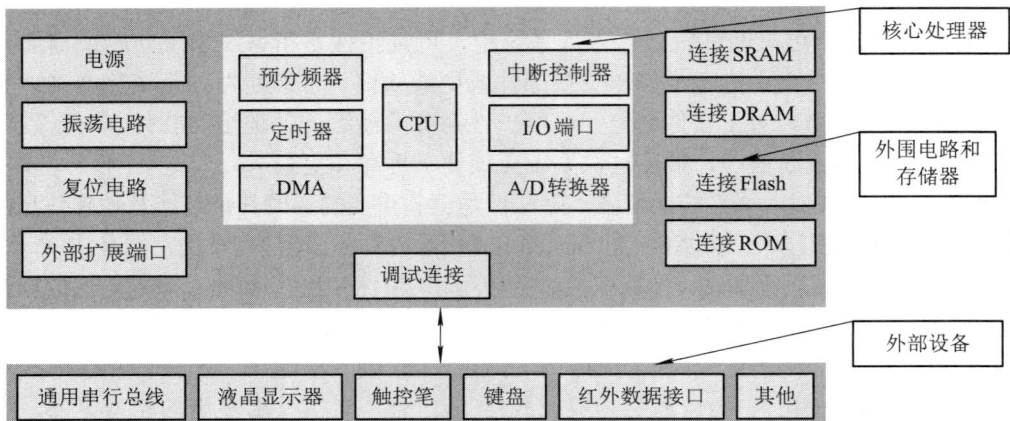

图 1-5　典型的嵌入式系统的硬件组成

下面介绍嵌入式系统中主要的硬件部分。

1. 嵌入式处理器

中央处理器是嵌入式系统的核心，是控制、辅助系统运行的硬件单元。嵌入式系统中的处理器主要分为四种，分别为嵌入式微控制器(Micro Controller Unit, MCU)、嵌入式 DSP、嵌入式微处理器(Micro Processor Unit，MPU)、嵌入式片上系统。

1) 嵌入式微控制器(MCU)

嵌入式微控制器将整个计算机系统的主要硬件集成到一块芯片中，一般以微处理器内核为核心，集成 ROM/EPROM、RAM、总线逻辑、定时器/计数器、看门狗(Watchdog)、串口、A/D 转换器、D/A 转换器等各种必要的功能和外设。其中，看门狗的作用主要是监测系统的运行状态，并在系统出现异常或故障时采取相应措施，以保证系统的稳定性和可靠性。看门狗可以实现以下几个功能：

(1) 自动重启系统。当系统出现异常或故障时，看门狗可以自动重启系统，恢复系统的正常运行，从而避免系统因故障而停止运行，保证系统的连续性和稳定性。

(2) 发送警报信息。看门狗在系统出现异常或故障时，可以向管理员发送警报信息，通知管理员及时采取措施修复系统的故障，减少系统停机时间，提高系统的可靠性和可用性。

(3) 防止死锁。在多线程或多进程环境中，看门狗可以监测程序运行状态，防止出现死锁等异常情况。当程序出现死锁时，看门狗会自动重启系统，恢复程序的正常运行。

(4) 提高系统的可靠性和稳定性。通过监测系统的运行状态，看门狗可以及时发现并解决潜在问题，避免系统出现故障或崩溃的风险，从而提高系统的可靠性和稳定性。

嵌入式微控制器的外设资源一般比较丰富，适合于控制。单片机是嵌入式微控制器的典型代表。

微控制器的最大特点是单片化，体积大大减小，从而使功耗和成本下降、可靠性提高。微控制器是目前嵌入式系统工业的主流，占嵌入式系统约 70%的市场份额。近年来，微控制器的性能不断提升，集成度越来越高。许多现代微控制器不仅包含传统的 ROM/RAM、I/O 接口，还集成了更多高级接口(如无线通信模块)、高级安全特性和更高效的能源管理能力。

典型的微控制器包括 8051、MCS-251、MCS-96/196/296、P51XA、C166/167、68K 系列以及 MCU8XC930/931、C540、C541 等。现代微控制器如 ARM Cortex-M 系列(包括 M0、M3、M4、M7 等)在能效、处理能力和安全性方面都有显著提升，广泛应用于物联网设备、智能家居、工业控制等领域。

2) 嵌入式 DSP

DSP 处理器是专门用于信号处理方面的处理器，其在系统结构和指令算法方面进行了特殊设计，具有很高的编译效率和指令的执行速度。在数字滤波、FFT、谱分析等各种仪器上 DSP 获得了大规模的应用。嵌入式 DSP 在信号处理领域占据重要地位，特别是在音频、视频处理和通信系统中。20 世纪 70 年代出现了 DSP 的理论算法，1982 年世界上诞生了首枚 DSP 芯片，其运算速度是 MPU 的几十倍，在语音合成和编码解码器中得到了广泛应用；到 20 世纪 80 年代后期，DSP 的运算速度进一步提高，应用领域也从上述范围扩大到了通信和计算机方面；到 20 世纪 90 年代后，DSP 发展到了第五代产品，其集成度更高，使用范围也更加广阔。目前应用最为广泛的是 TI 的 TMS320 C2000/C5000/C6000 系列。随着科技的进步，现代 DSP 在算法优化、能效和集成度方面都有了显著的进步。TI 最新的 DSP(如 TMS320 C66x 系列)提供了更高的性能和更低的功耗，满足了包括 5G 通信、高级图像处理和深度学习等领域的需求。

3) 嵌入式微处理器(MPU)

嵌入式微处理器是由通用计算机中的 CPU 演变而来的。它具有 32 位以上的处理器，拥有较高的性能，其价格也相应较高。和工业控制计算机相比，嵌入式微处理器具有体积小、重量轻、成本低、可靠性高的优点。现代嵌入式微处理器拥有更高的处理能力、更丰富的接口选项和更灵活的系统配置。此外，集成了人工智能(AI)处理能力的嵌入式微处理器也开始出现，以满足边缘计算和智能分析的需求。经典的嵌入式微处理器有 Power PC、Motorola 68000、MIPS、ARM/Strong ARM 系列等。目前较新的微处理器有 NVIDIA Jetson 系列和高通 Snapdragon 系列，前者为 AI 计算提供了强大的平台，而后者在移动设备和物联网设备中广泛应用。

4) 嵌入式片上系统(SoC)

片上系统也称为系统级芯片(SoC)，通常被定义为一种集成电路，它将计算机或其他电子系统的所有或大部分组件(包括中央处理单元、内存、输入/输出端口和二级存储)集成在单一的芯片上。SoC 的目标是在单个芯片上提供一个完整的系统，从而提高性能、降低功耗和生产成本。SoC 追求产品系统最大包容的集成器件，是目前嵌入式应用领域的热门话题之一。SoC 的最大特点是成功实现了软硬件无缝结合，可直接在处理器片内嵌入操作系统的代码模块。可编程片上系统(SOPC)具有极高的综合性，在一个硅片内部运用 VHDL 等硬件描述语言来实现复杂的系统，用户不需要绘制庞大复杂的电路板，也不需要连接焊制，只需要使用精确的语言，直接在器件库中调用各种通用处理器的标准，通过仿真之后就可以直接交付芯片厂商进行生产。SoC 往往都是专用的芯片，大部分都不为用户所知，典型的 SoC 产品有华为麒麟 9000、高通骁龙系列、苹果 A 系列、三星 Exynos 系列、英特尔 Atom 系列、英伟达 Tegra 系列、MediaTek 天玑系列、Xilinx ZYNQ 系列等。SoC 技术继续向高度集成、高性能方向发展。现代 SoC 通常集成了多核处理器、GPU、AI 加速器、高速 I/O 接口等，以满足复杂应用(如智能手机、平板电脑、汽车电子和工业自动化)的需求。

2. 存储器

嵌入式系统需要存储器来存放和执行代码。嵌入式系统的存储器包含 Cache、主存和辅助存储器等。

1) Cache

Cache 是一种容量小、速度快的存储器阵列。它位于主存和嵌入式微处理器内核之间，存放的是最近一段时间微处理器使用最多的程序代码和数据。在需要进行数据读取操作时，微处理器尽可能地从 Cache 中读取数据，而不是从主存中读取，这样就大大改善了系统的性能，提高了微处理器和主存之间的数据传输速度。Cache 的主要目标是减小存储器(如主存、辅助存储器)给微处理器内核造成的存储器访问瓶颈，使处理速度更快，实时性更强。

在嵌入式系统中，Cache 全部集成在嵌入式微处理器内，可分为数据 Cache、指令 Cache 和混合 Cache，Cache 的容量大小依据处理器而定。现代处理器往往包含多级 Cache(如 L1、

L2、L3)，以优化数据访问效率。高级 Cache 技术如自适应分配策略和预取技术等进一步提高了 Cache 的效率。业界也在进行非易失性 Cache 技术的研究，也就是利用新型存储介质(如 3D XPoint)提供断电后数据不丢失的 Cache 技术。

2) 主存

主存是嵌入式微处理器能直接访问的寄存器，用来存放系统和用户的程序及数据。它可以位于微处理器的内部或外部，其容量为 256 KB～4 GB，根据具体的应用而定，一般片内存储器容量小、速度快，片外存储器容量大。除了传统的 RAM 和 Flash，新型存储技术如 LPDDR4/5(低功耗双数据率随机存取存储器)和 NVMe(非易失性内存快速存储)在嵌入式系统中也越来越流行，提供了更高的数据传输速度和更低的能耗。

常用作主存的存储器有以下几种：

(1) ROM 类：NOR Flash、EPROM 和 PROM 等。

(2) RAM 类：SRAM、DRAM 和 SDRAM 等。

其中，NOR Flash 凭借其可擦写次数多、存储速度快、存储容量大、价格便宜等优点，在某些特定应用中具有优势，但 NAND Flash 因其高密度和成本效益在许多应用中更受青睐。

3) 辅助存储器

辅助存储器用来存放大数据量的程序代码或信息。它的容量大，但读取速度与主存相比就慢很多，主要用来长期保存用户的信息。

嵌入式系统中常用的辅助存储器有硬盘、NAND Flash、CF 卡、MMC 和 SD 卡等。其中 NAND Flash 属于块存储设备，程序不能放在里面直接运行，相对于 NOR Flash，其存储容量可以很大，单片可达 64 GB，在具有操作系统的嵌入式系统中，一般用在存储操作系统镜像、缓存保护等场景。CF 卡和 SD 卡里面的存储介质一般也是 NAND Flash。固态硬盘(SSD)因其高速和可靠性在嵌入式系统中逐渐取代传统硬盘。eMMC(嵌入式多媒体卡)和 UFS(通用闪存存储)为移动和嵌入式设备提供了高性能和高密度的存储解决方案。

3. 通用设备接口和 I/O 接口

嵌入式系统和外界交互需要一定形式的通用设备接口，如 A/D、D/A、I/O 等，外设(外部设备)通过和片外其他设备或传感器的连接来实现微处理器的输入/输出功能。每个外设通常都只有单一的功能，它可以在芯片外，也可以内置在芯片中。外设的种类很多，可从一个简单的串行通信设备到非常复杂的无线设备。

目前，嵌入式系统中常用的通用设备接口有 A/D 接口、D/A 接口，I/O 接口有 RS-232 接口(串行通信接口)、Ethernet(以太网)接口、USB(通用串行总线)接口、音频接口、VGA 视频输出接口、I^{2}C(集成电路总线)、SPI(串行外设接口)和 IrDA 红外接口等。

另外，接口技术的发展使得数据传输速度更快、能耗更低。例如：USB 接口已发展到 USB4，它具有更高的传输速度和更强的功率传输能力；无线通信技术如 5G、Wi-Fi 6 和蓝牙 5 在嵌入式设备中提供了更高速的数据通信能力和更低的能耗。

随着物联网的兴起，更多的嵌入式设备需要支持各种无线通信标准，如 Zigbee(紫蜂协议)、LoRa 和 NB-IoT(窄带物联网)。高速接口如 PCIe、Thunderbolt(雷电接口)等也开始在某些高性能嵌入式系统中使用。

1.3.3　嵌入式系统的软件

1. 嵌入式软件系统的特征

嵌入式软件系统是指运行在嵌入式系统硬件平台上的软件集合。它是嵌入式系统的灵魂，负责控制硬件设备，实现特定的功能和任务。与通用计算机软件不同，嵌入式软件系统紧密结合特定的硬件，并且通常是为了满足特定应用场景下的功能需求而设计的。嵌入式软件系统具有以下基本特征：

(1) 嵌入式软件系统开发需要交叉编译。

在嵌入式软件系统开发中，目标设备(如智能家居中的微控制器、工业控制的嵌入式芯片等)通常资源有限，它们的处理器架构、指令集与普通 PC 不同，自身难以运行功能完备的编译器。交叉编译是指在 PC 等功能强大的主机平台上，安装针对目标嵌入式设备处理器架构的编译器。例如，要为 ARM 架构的嵌入式系统开发，就在 PC 上安装 ARM 交叉编译器。开发人员在此主机平台上编写代码，然后利用交叉编译器生成能在目标嵌入式设备上运行的二进制代码。这一过程能借助主机丰富的资源高效完成代码编译，克服目标设备资源受限的困境，确保生成适配目标设备的可执行程序。

(2) 嵌入式软件系统不一定需要操作系统。

许多简单的嵌入式应用场景下，其硬件资源极为有限，仅需专注完成单一、特定的任务，如实时采集温度数据、统计步数。此时，若引入操作系统，则会占用过多宝贵的内存、CPU 等资源，增加系统复杂性与功耗。这类嵌入式软件直接运行在硬件裸机之上，通过编写简洁高效的程序，精准控制硬件设备完成相应功能，不需要操作系统的任务调度、文件管理等复杂功能，以最简方式达成预定目标。

(3) 嵌入式软件系统都是无限循环的。

嵌入式系统大多需持续运行，以随时响应外界变化。例如，智能交通信号灯控制系统无论白天黑夜、车流量大小，都得时刻准备根据预设逻辑切换信号灯状态。为达成此持续运行状态，嵌入式软件系统的主体结构常设计为无限循环形式，在循环体内不断检测各类条件，如传感器数据变化、外部中断触发等，一旦满足条件便执行相应操作，周而复始，保障系统稳定运行，永不"停机"，持续提供服务。

(4) 嵌入式软件系统都要响应中断。

现实应用中，嵌入式系统随时可能面临突发、紧急情况需要处理。以汽车的电子制动系统为例，正常行驶时按既定程序运行，但若突然紧急刹车，传感器则即刻触发中断信号，通知嵌入式软件系统此时优先处理制动操作，暂停其他非紧急任务，迅速响应以保障行车安全。

(5) 嵌入式软件系统的硬件相关性。

嵌入式软件系统紧密依赖硬件特性，不同的硬件平台决定了软件的设计与实现细节。一方面，软件需适配硬件的处理器架构，例如基于 MIPS 架构的嵌入式系统，其软件编程就得遵循 MIPS 指令集规范，合理利用其寄存器、流水线等特性。另一方面，硬件的外设配置会影响软件功能。如果嵌入式设备配备了高精度 GPS 传感器，软件就要编写代码实现对该传感器数据的采集、解析与应用；如果嵌入式设备有多个不同类型的通信接口，如蓝牙、Wi-Fi 等，软件还得针对性地实现与这些接口的通信协议，以充分发挥硬件功能，实现系统整体目标。

2. 嵌入式软件系统的基本组成

嵌入式软件主要由驱动程序、操作系统(可选)、中间件(可选)和应用程序组成。驱动程序作为软件与硬件的纽带，通过读写硬件寄存器来控制和操作各种硬件设备，使上层软件能够访问硬件。操作系统在较复杂的系统中发挥资源管理和任务调度的作用，涵盖内存、文件系统和设备管理，例如，实时操作系统要确保高实时性任务按时完成，非实时操作系统侧重于功能多样性。中间件处于操作系统和应用程序之间，提供如网络通信协议栈实现等通用服务来方便应用开发。应用程序则是面向用户需求的，利用下层软件功能实现特定任务，开发时要考虑硬件资源限制和实时性要求。

嵌入式软件系统的结构和组成层次如图 1-6 所示。该图展示了软件系统的分层架构，从底层向上，板级支持包负责初始化硬件；GUI、协议、设备驱动、文件系统作为中间层，分别提供可视化交互、通信规范、硬件控制、数据存储管理等功能，它们也被视为用户应用低层的一部分；用户应用软件高层则是直接服务用户的各类应用程序，通常用户能直观看到和操作。各层协同让系统能正常运行以满足用户需求。

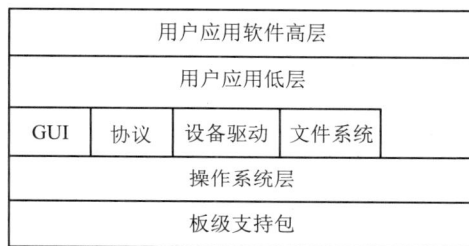

用户应用软件高层			
用户应用低层			
GUI	协议	设备驱动	文件系统
操作系统层			
板级支持包			

图 1-6　嵌入式软件系统的结构和组成层次

下面介绍嵌入式软件系统中的几个重要组成部分。

1) 初始化引导代码

初始化引导代码是嵌入式系统启动后运行的第一段代码。它的主要功能是进行最基本的硬件初始化，例如设置处理器的初始状态，包括处理器的工作模式、寄存器的初始值等。同时，它还会进行一些关键硬件组件的初始化，如内存控制器的初始化，以确保内存能够正常工作，为后续代码的加载和运行提供基础条件。

2) BSP (Board Support Package，板级支持包)

硬件层与软件层之间为中间层，也称为硬件抽象层(Hardware Abstract Layer，HAL)或板级支持包。它将系统的上层软件与底层硬件分离开来，使系统的底层驱动程序与硬件无关，上层软件开发人员无须关心底层硬件的具体情况，根据 BSP 提供的接口即可进行开发。该层一般包含相关底层硬件的初始化、数据的输入/输出操作和硬件设备的配置功能。板级支持包是嵌入式操作系统与用户定制硬件平台之间的接口，可有效解决硬件平台的差异性，主要完成系统硬件的初始化、硬件配置寄存器、存储器配置、I/O 参数配置等。BSP 通过为驱动程序提供访问硬件设备寄存器的函数包，实现对操作系统的支持。不同的操作系统有不同的板级支持包。BSP 的具体功能如下：

(1) 系统启动时，BSP 完成对硬件的初始化，如对设备的中断、CPU 的寄存器和内存区域的分配等进行操作。初始化过程包括片级初始化、板级初始化和系统初始化。

(2) BSP 为驱动程序提供访问硬件的手段。BSP 就是为上层的驱动程序提供访问硬件设备寄存器的函数包。

3) 嵌入式操作系统

嵌入式操作系统由内核、文件系统、人机界面等构成，主要完成管理全部软硬件资源、控制程序运行、提供人机界面等。嵌入式操作系统的出现使编程人员面对的不再是五花八门的硬件，而是统一的程序接口，方便了应用编程。

4) 网络协议栈

网络协议栈是一组用于实现网络通信的协议集合，它定义了数据在网络中的传输方式，包括数据如何被封装、传输、管理和解封装。在嵌入式系统中，网络协议栈允许设备通过网络进行数据交换，是实现设备互联的基础。网络协议栈为嵌入式系统产品提供网络功能，嵌入式协议栈的提供方式有两种，即独立的第三方协议栈产品以及嵌入式操作系统提供商提供的协议栈产品。

具体来说，在嵌入式系统中，网络协议栈的作用和重要性主要体现在：

(1) 通信实现。网络协议栈使嵌入式设备能够通过有线或无线网络与其他设备或服务器通信，支持数据交换和远程控制。

(2) 互操作性。遵循标准协议栈确保了不同设备和系统之间的兼容性和互操作性，使得设备能够在复杂的网络环境中有效工作。

(3) 数据安全。协议栈中的加密和认证机制保证了数据传输的安全性，保护数据免受未授权的访问和篡改。

(4) 资源优化。在嵌入式系统中，网络协议栈通常需要针对有限的计算和存储资源进行优化，以实现高效的网络通信。

常见的网络协议栈有以下几种：

(1) TCP/IP 协议栈：最广泛使用的网络协议栈，适用于互联网和局域网通信，包括传输控制协议(TCP)和互联网协议(IP)等多个层次的协议。

(2) UDP/IP 协议栈：与 TCP/IP 协议栈相似，但使用用户数据报协议(User Datagram Protocol，UDP)代替 TCP，适用于需要低延迟的场景。

(3) Zigbee/IP：针对低功耗局域无线网络的协议栈，适用于物联网场景。

(4) Bluetooth 协议栈：适用于短距离无线通信的协议栈，包括经典蓝牙和低功耗蓝牙。

(5) LoWPAN：适用于低功耗无线个人区域网络的 IP 协议栈，允许小数据包通过低功耗设备在 IPv6(Internet Protocol Version 6，互联网协议第 6 版)网络上传输。

(6) MQTT：一个基于发布/订阅模式的轻量级消息传输协议，广泛用于物联网设备之间的通信。

(7) CoAP(Constrained Application Protocol，受限应用协议)：一种为小型设备设计的简单 HTTP 类协议，适用于受限环境(如低功耗、低带宽条件)下的物联网场景。

每种协议栈都有其特定的应用场景和优势，选择合适的网络协议栈对于嵌入式系统的设计和功能实现至关重要。在嵌入式设备越来越多地连接到网络和彼此之间，理解和选择合适的网络协议栈成为确保设备能够有效通信和互操作的关键。

5) 应用软件

应用软件是用户自主开发的软件，如用于 PDA 上的记事本、通讯录、计算器，用于工业现场的控制软件等。应用软件的开发一般基于一系列的底层 API(Application Programming

Interface，应用程序接口)，这些 API 由操作系统、网络通信协议栈、图形用户接口、文件系统等提供。

6) 图形用户界面

图形用户界面是与用户交互的应用软件接口，通过 LCD 显示、键盘输入、触摸屏输入等方式实现交互，GUI 运行在嵌入式操作系统之上，通过 GUI 的功能调用 API 来实现。典型的 GUI 有 Qt/Embedded、MicroWindows、Tiny X Server 等，它们在嵌入式系统图形界面开发领域各具特色。

1.3.4　嵌入式软件系统的设计方法

设计嵌入式软件系统时，首先要明确系统需求，包括功能、性能、实时性、资源限制等方面的要求；然后进行硬件平台选型，确保软件与硬件能够良好适配。在设计过程中，采用模块化方法划分功能模块，如驱动模块、应用模块等，并且要考虑模块之间的接口和通信机制。嵌入式软件系统的设计主要分为无操作系统的嵌入式软件设计和有操作系统的嵌入式软件设计两种。

1. 无操作系统的嵌入式软件设计

设计无操作系统的嵌入式软件时，首先要聚焦于硬件底层，深入了解目标硬件的特性，包括处理器、存储器和各种外设；然后从功能需求出发，将软件功能划分为一个个简单而明确的模块，如数据采集、控制逻辑、通信模块等；再通过直接操作硬件寄存器来驱动外设，如通过配置定时器的寄存器实现定时功能，利用中断控制器寄存器设置中断响应。各模块之间通常以函数调用和全局变量的方式进行通信协调，例如，数据采集模块将获取的数据存储到全局变量，供控制逻辑模块读取和处理。整个软件一般构建在一个无限循环结构中，在循环体内不断检测硬件的状态变化和外部事件，如检测按键是否按下、传感器数据是否更新等，一旦有事件发生，就及时调用相应模块进行处理，同时还要考虑代码的紧凑性和高效性，以适应硬件资源有限的特点。

无操作系统的嵌入式软件可以归纳为 4 种典型架构，即前后台系统、中断(事件)驱动系统、巡回服务系统和基于定时器的巡回服务系统。

1) 前后台系统

前后台系统是无操作系统嵌入式软件的一种典型架构，如图 1-7 所示。后台是一个无限循环结构，按部就班地巡回检查和执行多个任务，如数据采集、处理以及设备控制等常规操作，通过顺序访问不同的功能模块来维持系统的基本运行秩序。前台则主要是中断服务程序，可以响应应急事件，用于处理如紧急按钮按下、外部突发信号等异步事件。当这些意外情况发生时，前台中断服务程序会立即打断后台循环的正常流程，快速响应并处理紧急事务，处理完后系统又会回到后台循环被中断的位置继续运行，前后台紧密协作确保嵌入式系统在简单高效的模式下稳定可靠地工作。

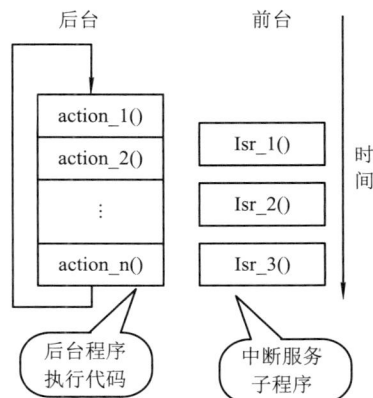

图 1-7　前后台系统

后台程序框架如下：

```
main()
{   //硬件初始化
    while(1)    //后台程序
    {
        action1();
        action2();
        action3();
            ⋮
    }
}
action_1()
{   //执行动作 n
    ⋮
}
    ⋮
action_n()
{   // 执行动作 n
    ⋮
}
```

前台程序框架如下：

```
Isr_1()
{   //中断 1 的中断服务程序
    ⋮
}
    ⋮
Isr_n()
{   //中断 2 的中断服务程序
    ⋮
}
```

2) 中断(事件)驱动系统

中断(事件)驱动系统的运行主要依赖于中断机制。当中断事件如外部设备发出信号、传感器数据突变或定时器超时等情况发生时，硬件会立即暂停当前正在执行的任务，将程序流程跳转到对应的中断服务程序。在没有中断事件发生时，系统处于等待状态，通过这种方式，系统能够灵活、及时地对各种异步事件作出反应，有效利用系统资源完成复杂多样的任务。

对于中断(事件)驱动系统，整个嵌入式软件系统由中断服务程序构成，主程序完成系统的初始化工作。这种软件系统主要用于低功耗系统设计和事件驱动系统。其中，主程序主要完成系统的初始化，中断服务程序主要完成事务处理。

典型的中断驱动系统主程序框架如下：

```
main() //初始化
{   //系统的初始化
    while(1)
    {
        ⋮
        enter_low_power(); //进入低功耗状态
    }
}
```

典型的中断驱动系统的中断服务程序框架如下：

```
Isr_n()        //其中的一个中断服务程序
{
//处理中断事件
}
```

3) 巡回服务系统

嵌入式处理器/控制器的中断源不多，无法将外部事件与中断源完全关联，因此出现了巡回服务系统。在巡回服务系统中，主程序循环检测并处理各种事件。

巡回服务系统的程序框架如下：

```
main()
{   //系统初始化
    while(1)
    {
        action_1();        //巡回检测事件 1 并处理事件
        action_2();        //巡回检测事件 2 并处理事件
        ⋮
        action_n();        //巡回检测事件 n 并处理事件
    }
}
```

4) 基于定时器的巡回服务系统

因为普通巡回服务系统的处理器全速运行，开销大、功耗高，所以出现了基于定时器的巡回服务系统。该系统主要由主程序和定时器中断服务程序构成。

主程序的典型框架如下：

```
main()
{   //系统初始化，设置定时器
    while(1)
    {
        ⋮
        enter_low_power();
    }
}
```

定时器中断服务程序框架如下：

```
Isr_timer()              //定时器的中断服务程序
{
    action_1();          //执行事件 1 的处理
    action_2();          //执行事件 2 的处理
    ⋮
    action_n();          //执行事件 n 的处理
}
```

2. 基于操作系统的嵌入式软件设计

设计基于操作系统的嵌入式软件时，首先要根据系统的功能、性能、资源和实时性等要求选择合适的操作系统，如实时操作系统(RTOS)或嵌入式 Linux 等。软件架构以操作系统为核心，将系统功能划分为多个任务，利用操作系统的任务管理功能来调度和分配资源。驱动程序用于实现操作系统与硬件设备的交互，为操作系统提供统一的硬件访问接口。通过操作系统的消息队列、信号量等机制实现任务间的通信和同步，以确保数据的正确传递和共享。在设计过程中，还要考虑内存管理、文件系统等功能，并且要利用操作系统提供的调试和优化工具来保证软件在嵌入式系统中的高效、稳定和安全运行。

另外，嵌入式操作系统层包含嵌入式内核、嵌入式 TCP/IP 网络系统、嵌入式文件系统、嵌入式 GUI 系统和电源管理等部分。其中嵌入式内核是基础和必备的部分，其他部分要根据嵌入式系统的需要来确定。嵌入式操作系统作为嵌入式系统软硬件资源的管理者，负责为系统软件的各个进程或线程进行硬件资源的调度与分配，保证系统资源被有效、合理、安全地使用。嵌入式操作系统掩盖了底层硬件的复杂性，提高了软件的开发效率和可维护性。

1.3.5   嵌入式系统的开发模式

在传统个人计算机的软件开发过程中，如编写程序、编译和运行等过程都在同一个 PC 平台上完成。而嵌入式系统开发的代码生成是在 PC 上完成的，但由于嵌入式目标平台的不同，就要求在开发机上的编译器能支持交叉编译(如 GCC)、链接，然后将程序的代码下载到目标机上指定的位置，最后还要进行交叉调试。这种开发模式称为交叉开发。调试器运行在宿主机的操作系统上，被调试的程序在目标机上，通过串口或网络接口连接。

嵌入式系统采用这种开发模式主要是由自身资源少的特点决定的，其核心开发流程可以概括为编写代码、交叉编译、链接定位、下载、调试。其中，交叉编译是通过交叉编译器(Cross-Compiler)来完成的。交叉编译器是一种运行在通用计算机上，并能够生成在另一种处理器上运行的目标代码的编译器。

嵌入式软件的开发平台一般由 4 部分组成，分别为硬件平台、操作系统、编程语言和开发工具。其中，开发工具一般使用开发主机(如 PC)的资源，如语言编译器、连接定位器、调试器等。

1.3.6　嵌入式产品的开发流程

嵌入式产品的开发一般分为 7 个阶段：

(1) 产品定义，即需求分析与定义。

(2) 软件与硬件的划分。

(3) 迭代与实现。

(4) 详细的硬件与软件设计。

(5) 硬件与软件集成。

(6) 产品测试与发布。

(7) 持续维护与升级。

在嵌入式产品的开发中，严格的质量管理和文档记录是至关重要的，尤其是在产品测试与发布阶段。

1. 产品测试与发布

嵌入式产品的测试与发布具有特殊的意义，这是因为嵌入式系统对可靠性要求非常高，人们或许可以容忍 PC 偶然死机，但是绝不允许核电站报警系统、导弹控制系统出现故障。产品出现故障不仅会带来直接经济损失，还会带来非常多的间接损失。嵌入式产品测试的目的不仅是确保软件不会在关键时刻崩溃，还必须查明程序在运行时是否能接近最优性能，尤其是用高级语言编写或多个开发人员编写的程序。一个嵌入式产品所需要的测试主要有自动化测试、性能基准测试、安全和漏洞测试、环境与可靠性测试、符合性和认证测试、小批量试产和测试等。

1) 自动化测试

随着技术的发展，测试过程越来越倾向于自动化，以提高测试的效率和覆盖面。使用自动化测试框架(如 Jenkins、GitLab CI/CD)可以确保每次代码提交都会执行一系列预定义的测试案例。

持续集成(Continuous Integration，CI)是指多名开发者在开发不同功能代码的过程中，可以频繁地将代码合并到一起并且相互不影响工作，持续集成在版本控制的基础上，通过频繁的代码提交、自动化构建和单元测试加快集成周期和问题反馈速度，从而及时验证系统可用性。为了保证后续的系统质量，在持续集成过程中，还会加入代码规范扫描、安全漏洞扫描、集成测试等活动，用来保证代码形成过程符合质量要求。每天多次、频繁的集成可以提前发现问题尽早解决冲突，使后续的持续集成更顺畅。

持续部署(Continuous Deployment，CD)是基于某种工具或者平台实现代码自动化的构建、测试和部署到线上环境以实现交付高质量的产品，持续部署在某种程度上代表一个开发团队的更新迭代速率，是软件开发中的一项关键实践，它不仅涉及将经过质量验证的制品自动部署到生产环境，还包括在整个持续集成和持续交付流程中持续生成并验证可执行制品。这个过程有助于及时发现和解决功能和性能方面的问题，并能够让最终用户尽早体验到新功能。通过持续部署，能够将制品自动部署到不同的环境，如测试环境和预生产环境，这样测试团队就可以立即开始进行测试工作，并为开发团队提供快速反馈。这种持续的反馈循环加速了研发和测试的协同进程，使得问题可以更快地被发现和解决。最后，通过将制品持续部署到生产环境，最终用户能够及时访问到最新的功能和更新，从而使开发团队能够快速获得关于新功能的市场反馈和用户体验反馈。这种方式不仅提高了研发效率，也确保了产品能够更快地适应市场需求和用户期望。

Jenkins 是一款开源 CI&CD 软件，用于自动化实现各种任务，包括构建、测试和部署。Jenkins 适合角色分明、职责清晰的多角色团队。它允许团队配置和管理各种复杂的 CI/CD 流程，Jenkins 支持通过界面配置，也支持将配置作为代码管理，提供了灵活性，适合需要详细配置每个步骤的场景。Jenkins 拥有庞大的插件生态系统，能够通过插件轻松扩展其功能，满足各种各样的 CI/CD 需求。作为一个成熟的开源项目，Jenkins 拥有广泛的用户基础和社区支持，也适合需要高度定制化 CI/CD 流程的团队。有兴趣的读者可以查找更进一步的信息。

GitLab CI 通常更适合开发和运维集成较紧密的团队，它提供了一个统一的平台，将代码管理和 CI/CD 功能结合在一起。GitLab CI 的配置较为简单直观，通过在项目中包含 ".gitlab-ci.yml" 语句即可定义 CI/CD 流程。另外，由于 GitLab CI 与 GitLab 仓库紧密集成，它可以自动触发构建、测试和部署流程，适合需要快速迭代和部署的敏捷团队。虽然 GitLab CI 适合小到中等规模的团队，但它也足够强大，能够支持大型企业的需求。

2) 性能基准测试

对于性能要求严格的嵌入式系统，进行基准测试和性能分析非常重要。这涉及评估系统的响应时间、处理能力和功耗等指标，确保在最糟糕的环境下也能达到预期的性能。可以选用专门的性能测试工具(如 Valgrind、Lauterbach Trace32)进行自动化测试，通过模拟真实使用场景来重点测试系统的关键性能指标，在系统运行过程中，持续监控关键性能指标，以便及时发现性能退化或其他问题。

3) 安全和漏洞测试

嵌入式系统常用于关键基础设施，因此安全性测试是不可或缺的。这包括定期的漏洞扫描、渗透测试和安全审计。可以使用专业的安全工具(如 OWASP ZAP、Nessus)定期对系统进行漏洞扫描，模拟黑客攻击来检测系统的安全弱点。由专业的安全团队定期对系统进行安全审计，评估安全措施的有效性。

4) 环境与可靠性测试

嵌入式系统常工作在极端环境下，因此必须进行高低温测试、振动测试和湿度测试等，以模拟真实的使用场景，确保系统的可靠性和稳定性。可以使用专业的环境测试设备(如温湿度箱、振动台)模拟不同的工作环境，在模拟的工作环境下长时间运行系统，观察系统的可靠性和稳定性，也可以有意引入各种故障(如断电、网络中断)来测试系统的恢复能力。

5) 符合性和认证测试

产品根据其应用领域，可能需要符合特定的行业标准和认证要求(如欧盟 CE 认证、FCC 认证、RoHS 标准)。这需要充分了解和熟悉相关行业标准和认证要求，在申请正式认证前，进行预审测试，确保系统满足所有要求，同时与认证机构紧密合作，确保测试过程和结果符合认证标准。

6) 小批量试产和测试

在全面量产之前，进行小批量试产和测试整个生产流程，以确保生产效率和质量，并收集来自初期用户的反馈，对产品进行微调。这有助于发现生产过程中可能出现的问题，并在大规模生产之前进行调整。

2. 文档及文档管理

在嵌入式产品的开发过程中，尤其重视软硬件设计过程中的文档管理，因此有必要开展文档管理和质量控制。需要注意几个地方：使用版本控制系统(如 Git)来管理所有的文档和代码，确保更改的可追溯性和恢复能力；定期组织设计评审会议，以评估设计文档的完整性和准确性，确保所有利益相关者对设计有共同的理解；实施代码评审流程，鼓励团队成员相互审查代码，提高代码质量和可维护性；建立统一的文档模板和格式标准，确保文档的一致性和专业性；建立严格的变更管理流程，任何对设计、代码或文档的更改都应经过审批，记录更改的原因、影响和实施日期；鼓励团队成员共享知识和最佳实践，通过内部培训、工作坊和技术分享会等方式，提高团队整体的技能水平。

嵌入式产品开发过程中涉及的文档主要有：

(1) 需求分析文档(产品定义阶段)。它是项目的基础，确保所有团队成员对项目的目标和需求有共同的理解。在文档中，需要详细说明项目的目标、用户需求、系统需求、接口定义、设计约束等。

(2) 总体方案设计文档(选择过程和软硬件划分)。该文档为后续的详细设计提供框架和指导，保证系统设计的一致性和完整性。文档中需要描述系统的总体架构、组件和模块的划分、软硬件的划分依据、系统的工作流程等。

(3) 概要设计文档(软硬件初步设计)。该文档可确保每个模块的设计符合总体要求，并提供足够的信息供详细设计阶段使用。文档中需要描述模块的功能、接口规格、数据结构和算法设计等。

(4) 详细设计文档(软硬件详细设计)。该文档作为开发阶段的指导文档，并为测试和后期维护提供重要参考。文档中需要详细描述每个模块的实现细节，包括代码结构、算法实现、硬件电路图、组件选型等。

(5) 测试需求文档(模块测试及联调准备)。该文档主要是为了确保测试活动能全面覆盖所有功能和性能要求，及时发现和解决问题。文档中需要定义测试目标、测试策略、测试案例、测试环境和测试数据等。

(6) 系统测试报告(测试小组)。该文档为项目的最终验收提供依据，也为项目的后期维护提供重要参考。文档中需要记录测试过程、测试结果、发现的问题及其解决方案、性能评估报告等。

(7) 使用说明文档/源程序注释。使用说明文档可帮助用户正确使用系统和产品，提高用户满意度。源程序注释则是为了提高代码的可读性和可维护性。文档内容包括系统的使用说明、配置指南、常见问题解答等，同时确保源代码有良好的注释，方便维护和未来的功能扩展。

上述文档都应该遵循一定的标准和模板，保证文档的专业性、一致性和可理解性。同时，应该定期审查和更新文档，确保文档的准确性和最新性。通过有效的文档管理，可以提高团队协作效率，减少误解和错误，保证项目的顺利进行。

1.4   嵌入式系统的发展

1.4.1   嵌入式系统的历史

从 20 世纪 70 年代单片机的出现到今天各式各样的嵌入式微处理器、微控制器的大规模应用，嵌入式系统已经有 50 多年的发展历史。

作为一个系统，往往是在硬件和软件交替发展的双螺旋支撑下逐渐趋于稳定和成熟，嵌入式系统也不例外。

1．20 世纪 70 年代

20 世纪 70 年代单片机的出现，使得汽车、家电、通信装置以及成千上万种产品可以通过内嵌电子装置来获得更佳的使用性能，如更容易使用、更快、更便宜。虽然这些装置已经初步具备了嵌入式的应用特点，但这时只是使用 8 位的芯片甚至 1 位的处理器，执行一些单线程的程序，还谈不上"系统"的概念。值得说明的是，1 位单片机的出现是在 8 位单片机之后，1 位单片机以摩托罗拉公司的 MC14500B 为典型代表，它只能完成 16 种操作，程序计数器、输入选择、输出选择等都通过外围电路来实现。与多位微型机比较，1 位微处理器的优点在于结构简单、易于学习、操作方便、价格低廉、抗干扰能力强等，特别适合逻辑判断和开关量控制等简单控制应用，在工业控制领域得到了广泛的应用。我国也在此基础上，研制出了 1 位单片机芯片——CMOS 5G14500。

在这个年代主要由普通的微处理器构成嵌入式系统，嵌入式处理器主要有 8080(Intel)、6800(Motorola)、Z80(Zilog)、单板机等，开发软件采用汇编语言、宏语言。

2．20 世纪 80 年代

20 世纪 80 年代早期，嵌入式系统的程序员开始使用商业级的"操作系统"编写嵌入式应用软件，这可以获取更短的开发周期、更低的开发资金和更高的开发效率，"嵌入式系统"真正出现了。确切地说，这个时候的操作系统是一个实时核，这个实时核包含了许多传统操作系统的特征，包括任务管理、任务间通信、同步与相互排斥、中断支持、内存管理等功能。

在这个年代以微控制器为主构成嵌入式系统，嵌入式处理器主要有单片机、DSP。软件开发中开始引入嵌入式操作系统。

3．20 世纪 90 年代至今

20 世纪 90 年代以后，随着对实时性要求的提高，软件规模不断上升，实时核逐渐发展为实时多任务操作系统，并作为一种软件平台逐步成为目前国际嵌入式系统的主流。这时候更多的公司看到了嵌入式系统广阔的发展前景，开始大力发展自己的嵌入式操作系统。除了上述的嵌入式操作系统，还出现了 PalmOS、WinCE、嵌入式 Linux、LynxOS、Nucleus 以及国内的 HopenOS、DeltaOS 等嵌入式操作系统。

在这个年代嵌入式系统核心处理器变得多样化，嵌入式处理器主要有 ARM、DSP、FPGA(Field Programmable Gate Array，现场可编程逻辑门阵列)、ASIC(Application Specific Integrated Circuit，专用集成电路)等，系统具有高速、高精度、低功耗等特征。软件主要采用实时多任务操作系统。

1.4.2　嵌入式系统的发展现状

20 世纪 90 年代以来，嵌入式技术全面展开，成为通信和消费类产品的共同发展方向。在通信领域，数字技术已全面取代了模拟技术。在广播电视领域，美国已完成由模拟电视向数字电视的转变，数字音频广播(Digital Audio Broadcasting，DAB)也已进入商品化阶段，而且软件、集成电路和新型元器件在产业发展中的作用日益重要，这些产品都离不开嵌入式系统技术。例如，我们所常见的机顶盒，其核心技术就是采用 32 位以上芯片级的嵌入式技术。在个人领域中，智能手机的出现改变了新闻出版、多媒体、金融支付等产业的格局，形成了人们新的生活方式。

对于企业专用解决方案，如快递行业中的物流管理、条码扫描、移动信息采集等，这种小型手持嵌入式系统发挥了巨大的作用。在自动控制领域中，嵌入式系统不仅可以用于 ATM 机、自动售货机、工业控制等专用设备，还可以和移动通信设备、GPS、娱乐相结合来发挥巨大的作用。现代嵌入式系统技术结合了物联网、人工智能、机器学习等前沿技术，提供了更多智能化的应用场景。现在越来越多的嵌入式设备支持各种网络通信接口，如 Wi-Fi、蓝牙、5G 等，提高了设备的互联互通能力。

硬件方面不仅有各大公司的微处理器芯片，还有用于学习和研发的各种配套开发包。目前底层系统和硬件平台经过若干年的研究，已经相对比较成熟，实现各种功能的芯片应有尽有。而且巨大的市场需求给我们提供了学习研发的资金和技术力量。另外，片上系统(SoC)技术的应用使得设备更加高效、集成。

软件方面也有相当一部分的成熟软件系统，开源操作系统和框架的兴起为开发者提供了更多的选择和灵活性。国外商品化的嵌入式实时操作系统中，已进入我国市场的有 VxWorks、QNX 和 Nucleus 等。我国自主开发的嵌入式系统软件产品有 SylixOS、EdgerOS 等。

1.4.3　嵌入式系统的发展趋势

信息与数字时代使得嵌入式产品获得了巨大的发展契机，为嵌入式市场展现了美好的前景，同时也对嵌入式生产厂商提出了新的挑战，从中可以看出未来嵌入式系统有以下几大发展趋势：

(1) 嵌入式开发是一项系统工程，因此要求嵌入式系统厂商不仅要提供嵌入式软硬件系统本身，同时还需要提供强大的硬件开发工具和软件包支持，以提升整体解决方案的质量。

目前很多厂商已经充分考虑到这一点，在主推系统的同时，将开发环境也作为重点推广。例如，三星在推广 Arm7、Arm9 芯片的同时还提供了开发板和板级支持包(BSP)，WinCE 在主推系统时也提供了 Embedded VC++ 作为开发工具，还有 VxWorks 的 Tonado 开发环境、

DeltaOS 的 Limda 编译环境等都是这一趋势的典型体现。

(2) 因特网技术的成熟、带宽的日益提高，使得以往单一功能的设备如电话、手机、冰箱、微波炉等的功能不再单一，结构更加复杂，这就要求芯片设计厂商在芯片上集成更多的功能。为了满足应用功能的升级，设计师们一方面采用更强大的嵌入式处理器如 32 位、64 位精简指令集芯片或 DSP 来增强处理能力，同时增加功能接口，扩展总线类型，加强对多媒体、图形等的处理，逐步实施片上系统的概念。软件方面采用实时多任务编程技术和交叉开发工具技术来控制所编写软件的复杂度，简化应用程序设计、保障软件质量和缩短开发周期。

(3) 网络互联成为必然趋势。未来的嵌入式设备为了适应需要，必然要求硬件上提供各种网络通信接口。传统的单片机对于网络支持不足，而新一代的嵌入式处理器已经开始内嵌网络接口，除了支持 TCP/IP 协议，有的还支持 IEEE1394、USB、CAN、Bluetooth、IrDA 等通信接口，同时提供了相应的通信组网协议软件和物理层驱动软件。

(4) 精简系统内核、算法，降低功耗和软硬件成本。未来的嵌入式产品是软硬件紧密结合的设备，为了降低功耗和成本，需要设计者尽量精简系统内核，只保留和系统功能紧密相关的软硬件，利用最低的资源实现最适当的功能，这就要求设计者选用最佳的编程模型和不断改进算法，优化编译器性能，这对设计者提出了较高的要求。

(5) 嵌入式设备能与用户亲密接触，最重要的因素就是它能提供非常友好的人机界面。友好的人机界面不仅需要软件提供强大支撑，还需要硬件方面特别是液晶显示和触摸屏的强大支持。目前，在智能手机产业不断发展的情境下，新型液晶显示屏、触摸屏在不断进化，智能手机操作系统 iOS、Android 等也在不断引入新颖的显示方式和效果。

1.5 嵌入式系统的语言描述

随着系统功能复杂性的攀升，嵌入式系统的设计和实现愈发呈现出复杂性和综合性，嵌入式系统的设计不仅包括微控制器以及与其紧密相关的内存、I/O 以及中断结构的使用，还包括更多的内容。例如：

(1) 不同的规范语言。在嵌入式系统开发前期，需要精准定义系统的功能需求与行为特性，为后续设计、编码等环节筑牢坚实基础，确保最终系统严格符合最初设定的功能性要求。例如，形式化规范语言(如 Z 语言等)能用严谨的数学符号和逻辑表达式清晰地勾勒出系统应达成的各项任务、状态转换条件以及数据处理流程，让开发团队成员对系统预期有统一且精确的理解。

(2) 软硬件协同设计。嵌入式系统中硬件和软件紧密相连、相互影响。一方面，软件功能的实现需要硬件资源支撑，不同的硬件配置决定软件的不同优化方向。例如，低功耗嵌入式设备的硬件选用低能耗处理器，软件就得适配，以减少不必要的运算，降低功耗。另一方面，软件需求推动硬件选型。例如，需要软件高速处理数据，就得选高性能处理器等硬件。协同设计时，团队要综合权衡性能、成本、功耗等多个因素，通过反复迭代优化，使系统整体达到最佳性价比，实现高效稳定运行。

(3) 编译技术。嵌入式系统通常采用高级编程语言开发以提升效率、降低难度，但处理器只能识别机器代码。编译技术就是连接二者的桥梁，如 GCC 编译器，它能依据特定处理器架构和指令集，将开发人员编写的 C、C++ 等高级语言程序，经过词法分析、语法分析、语义分析、代码优化等一系列复杂且精细的步骤，转化为目标处理器可直接执行的机器代码序列。这一过程至关重要，优化编译策略能提升代码执行效率、减少内存占用，让有限的硬件资源发挥最大效能，保障嵌入式系统流畅、高效运行。

(4) 调度和验证技术。调度技术针对嵌入式系统的多任务特性，通过合理分配处理器时间片、设定任务优先级等手段，以确保各个任务有序执行，互不干扰。例如，在实时嵌入式系统中，关键任务如工业控制的紧急制动指令、医疗设备的实时心电监测等，必须优先获取资源即时处理，避免延误。验证技术则是保障系统可靠性的"安全锁"，利用形式化验证、模拟测试、实际场景验证等多元方法，从功能完整性、性能达标性、稳定性等多维度核验系统，确保系统上线后按设计预期精准运行，有效利用各类资源，规避潜在风险隐患，为系统长期稳定服役保驾护航。

当涉及现代电子系统设计时，为了实现卓越的设计效果并进行有效的仿真，不可或缺的一步就是对嵌入式系统进行建模。这一过程涉及与应用相关的规范语言，以清晰地描述嵌入式系统的各个方面，确保每个组件的行为和相互作用都被准确地定义和理解。本节旨在为读者提供一个关于嵌入式系统描述规范和要求的基础性介绍，帮助读者深入理解嵌入式系统的独特特性和设计原则。

1.5.1　嵌入式系统开发中规范的作用

在嵌入式系统的开发过程中，有一些共性的关键问题需要特别考虑，在处理这些问题时形成了相应的规范，遵循这些规范以确保项目的顺利进行和成功完成。这些规范的主要作用如下：

(1) 能够确立清晰的设计基础。在嵌入式系统开发过程中，规范作为基础性准则，具有不可替代的关键作用。从系统架构设计层面而言，它精准界定了硬件层各组件的选型标准，依据系统所需的运算性能、功耗预算、存储容量等指标，明确处理器的型号、内存规格等；在软件架构搭建方面，规范详细规划了模块的层次结构，清晰划分出驱动层、中间件层和应用层各自的功能边界与交互接口，确保开发人员在设计与实施过程中，每项任务均紧密参照规范要求，有条不紊地推进。如此一来，项目整体呈现出高度的可规划性，各阶段任务、时间节点、交付成果均可依据规范预先设定，进而显著提升项目的可预测性，为成功交付奠定坚实根基。

(2) 能够减少开发风险。明确定义的规范在嵌入式系统开发风险管控流程中，发挥着前置预警与过程纠偏的关键效能。在项目初始的需求分析阶段，规范要求设计团队运用系统分析方法，全面梳理用户需求、行业标准、技术可行性等多维度信息，并进行交叉比对验证。例如，在智能医疗设备开发中，规范促使团队考量医疗法规对设备精度、数据安全的强制要求，以及现有技术能否满足实时监测、远程诊断等功能需求，提前洞察潜在的功能实现难点或法规合规风险。进入详细设计与开发实施环节，规范为各模块开发提供了精确技术规格与交互准则。一旦某模块开发出现与规范相悖的情况，如数据传输协议偏离约定格式、模块间接口调用不符合规范定义等，便能迅速被识别并触发纠正流程，有效遏制因局部失误引发的系统级连锁故障风险，切实降低开发全流程中的不确定性，保障项目稳健推进。

(3) 能够优化资源分配和管理。清晰的规范为嵌入式系统项目资源的科学调配提供了全方位指引。以时间管理维度为例，规范基于项目的功能复杂度、技术创新度以及预期交付周期等关键要素，运用项目管理成熟模型与算法，精细划分出需求调研、方案设计、开发测试、部署维护等各阶段的合理时间区间。项目管理者据此制定精准到每日甚至每小时的项目计划，确保各环节紧密衔接、按时推进，杜绝时间浪费或延误风险。关于人员配置方面，规范依据系统功能模块的技术特性，明确划分出硬件设计、底层驱动开发、软件算法优化、测试工程等不同专业领域所需的知识结构与技能专长。管理者依照规范精准筛选、安排具备相应专长的人员到合适岗位，实现人力资源的精准投放与高效利用。在技术资源统筹方面，规范紧密结合项目当下需求与未来技术演进趋势，通过技术评估矩阵筛选出适配的现有成熟技术、新兴前沿技术及其最佳应用场景。管理者依此合理调配技术资源，保障项目在资源利用最优化的前提下达成预定目标。

(4) 能够提高设计效率。规范在提升嵌入式系统设计效率方面有着显著的驱动效能。规范需要聚焦层次性，规范引导开发团队依据系统功能内在逻辑，对硬件与软件架构进行深度分层细化。硬件层面从芯片选型、电路板设计到外设集成，各层级分工明确；软件层面从操作系统内核、中间件到上层应用，同样层层递进，上层模块依据规范有序调用下层模块功能，下层为上层提供稳定支撑，可有效规避开发过程中的功能混淆与无序开发。规范在并发性维度方面，需要针对系统运行中的多任务场景，通过嵌入式实时操作系统的任务调度，提升开发效率和系统整体运行效率。在状态导向行为方面，规范需要明确系统在不同运行状态下的特性与转换条件，开发人员依据此运用状态机设计方法，精准设计系统状态转换逻辑。

(5) 能够保证系统质量和可靠性。规范作为嵌入式系统质量与可靠性的核心保障要素，聚焦于多个关键层面。在时序行为方面，规范依托实时系统理论，严格限定系统操作在时间维度上的精准序列与最大延迟容忍度。例如，在航空航天嵌入式测控系统中，飞行器姿态调整、轨道修正等关键指令的发出必须在微秒级的严格时序内完成，任何时序偏差都可能引发灾难性后果。规范确保此类关键操作严格按时序执行，杜绝安全隐患。在事件处理方面，规范针对系统可能遭遇的各类外部事件，结合事件的紧急程度、影响范围等因素，运用优先级排序算法明确其触发系统响应的优先级序列与处理流程。例如，医疗急救设备面对病人危急状况触发的紧急救治流程优先于日常监测功能，确保关键时刻系统响应及时、准确。在异常处理方面，规范为系统遭遇硬件故障、软件漏洞等突发异常建立完备的应急机制，涵盖故障检测、隔离、恢复等多阶段处理流程，确保系统具备强大的容错能力，在极端情况下维持基本功能运行。并发性规范保障多任务协同稳定有序，从多维度为系统满足严苛的安全性、可靠性与实时性要求提供坚实保障。

(6) 能够促进创新和可持续性。规范在嵌入式系统创新驱动与可持续发展进程中扮演着领航角色。对于大型系统设计支持而言，规范引入模块化、可扩展的系统设计理念，设计出既满足当下应用需求，又预留充足的接口与扩展空间，便于未来融入新兴技术，实现系统的持续升级。在领域特定支持方面，规范可以针对医疗、能源、军工等不同领域的特殊需求与行业标准"量身定制"适配方案。例如，在医疗领域，规范注重医疗数据隐私保护、设备精准控制与远程诊疗拓展，促使嵌入式系统既能适配当下临床应用场景，又能紧跟医疗技术迭代潮流，持续满足未来需求，实现长远发展。

针对这些问题形成的规范可以为嵌入式系统的开发提供指导，确保项目能够按计划高质量地完成。

1.5.2　嵌入式系统硬件建模的层次

在嵌入式系统的设计中，根据设计的抽象程度和具体需求，硬件建模可以在不同的层次进行。这些层次从高层的系统级模型到低层的物理过程和设备模型，涵盖了系统的各个方面。硬件建模的常见层次及其特点如下：

(1) 系统级模型(System Level Model)：描述整个嵌入式系统，包括其环境和物理输入(如道路、天气条件等)，涵盖机械和信息处理部分，模拟这些部分可能需要特定的工具，如 VHDL-AMS、SystemC 或 MATLAB。

(2) 算法级模型(Algorithmic Level Model)：用于模拟嵌入式系统内部使用的算法，如 MPEG 视频编码算法，不涉及具体的处理器或指令集。算法级模型通常是对算法的高度抽象，其数据类型精度设定往往是理想化的，其精度一般高于最终实现。

(3) 指令集模型(Instruction Set Level Model)：算法已针对目标处理器的指令集进行编译，可以进行指令数计算。该模型包括粗粒度模型(不考虑指令的时间)和细粒度模型(如周期真实的指令集模拟)。

(4) 寄存器传输级(Register Transfer Level，RTL)模型：包括 ALU(Arithmetic Logic Unit，算术逻辑单元)、寄存器、存储器、多路选择器和解码器等组件。这些组件以时钟周期为节拍，有序传递与处理数据。模型始终保持对时钟周期的忠实还原，精准呈现每个时钟沿触发下的数据流动路径与变换逻辑。得益于成熟的电子设计自动化(EDA)技术，这些模型可以自动综合成硬件，极大缩短硬件开发周期，是现代高性能嵌入式硬件实现的重要基石。

(5) 门级模型(Gate-Level Model)：包含基本的门组件，能够提供关于信号转换概率和功率估计的准确信息。该模型可以用于更精确的延迟计算，但通常没有线长和相应电容的信息。

(6) 开关级模型(Switch-Level Model)：使用开关(晶体管)作为基本组件，能够反映信息的双向传输。与门级模型相比，开关级模型能够更好地模拟数字值的变化。

(7) 电路级模型(Circuit-Level Model)：基于电路理论及其组件(电流和电压源、电阻、电容、电感等)进行模拟。模拟涉及偏微分方程，这些方程通常是线性的，除非半导体的行为被线性化。

(8) 布局模型(Layout Model)：反映实际电路布局，包括几何信息。布局模型无法直接模拟，需要通过高层行为描述或从布局中提取电路来推断行为。

(9) 过程和设备模型(Process and Device Model)：在硬件建模的最底层，聚焦于半导体制造工艺过程的微观，用于精准计算器件(如晶体管)的关键参数，诸如增益、电容等。这些参数直接决定了晶体管在电路中的性能表现。通过模拟半导体制造流程中的掺杂浓度、光刻精度、热扩散等工艺环节，深入挖掘器件物理特性，为上层各层级模型提供最基础、最精准的器件参数来源，是确保嵌入式系统硬件设计从宏观到微观都具备科学性与可靠性的根基所在。

了解这些不同的硬件建模层次对于嵌入式系统设计师至关重要，因为它们提供了从高层的系统概念到低层的物理实现的全面视角。通过在适当的层次进行建模，设计师可以更精确地评估系统的性能、功耗和其他关键参数，从而作出更明智的设计决策。

1.5.3   嵌入式系统描述的规范语言

与软件设计中的算法描述和实现一样，人们期望对于嵌入式系统也可以采用语言的形式进行描述。同样，描述也需要一定的准则来规范，例如，必须规范语言的完整性、无矛盾性，并且能够系统性地推导出实现等。因此，规范语言是用机器可读的形式化的语言。

通过合适的规范语言，能够准确捕捉嵌入式系统的各个方面，包括其结构、时序行为、状态转换以及事件处理等。然而需要注意的是，自然语言(如英语)描述嵌入式系统是不合适的，因为它无法满足规范语言所需的关键要求。

根据嵌入式系统本身特征的抽象与总结，嵌入式系统的规范语言需要具备多种特征，主要包括：

(1) 层次结构。嵌入式系统通常包含众多对象(状态、组件)，这些对象之间存在复杂的相互关系。为了处理这种复杂性，层次结构成为不可或缺的机制。这包括行为层次和结构层次，分别用于描述系统的行为和物理组成。回顾一下数字电路与逻辑设计等课程所学的硬件描述语言，能更为深刻地理解这一点。

(2) 时序行为。由于嵌入式系统通常具有明确定义的时序要求，因此规范语言中必须能够捕捉时序要求，确保系统按照预期的时间表执行。

(3) 状态导向行为。嵌入式系统常常需要以状态机的方式建模，以处理系统的反应性行为。然而，传统的状态机模型可能不足以涵盖时序和层次性，因此需要更灵活的模型。

(4) 事件处理。由于嵌入式系统具有反应性，因此需要规范语言能够描述事件的机制，包括外部事件(由环境引发)和内部事件(由系统组件引发)。

(5) 可执行性。规范语言不仅需要清晰地表达设计思想，还需要具备可执行性，以进行合理性检查。在这个方面，使用类似编程语言的规范语言具有明显的优势。

(6) 可靠性设计支持。由于可靠性对嵌入式系统极为重要，规范语言应当提供可靠性系统设计的支持，包括明确的语义、形式验证以及安全性和可靠性要求的描述。

(7) 异常处理。在实际系统中，异常情况是常见的，如硬件故障、电源故障、软件错误、通信问题、传感器故障、执行器故障、内存问题、时序问题、安全漏洞、环境因素等。为了设计可靠的系统，需要能够轻松地描述异常处理措施，而不必在每个状态中都明确指定异常处理。

(8) 并发性。现实中的嵌入式系统通常是分布式的并发系统，因此需要规范语言能够方便地描述并发操作，包括同步和通信机制。

(9) 同步和通信。并发动作必须能够进行通信，并且必须能够在资源的使用方面达成一致。例如，必须能够表达互斥。

(10) 程序元素。规范语言应当提供常见的编程语言元素，以方便表达所需的计算。

(11) 可用于大型系统设计。现代嵌入式软件程序趋向于变得更加复杂。因此，规范语言应当支持设计大型系统的机制，如面向对象编程。

(12) 领域特定支持。虽然希望一种规范语言能够适用于所有不同类型的嵌入式系统，但由于应用领域的广泛性，很少有一种语言能够同时高效地表示各种不同领域的规范。因此，需要根据具体的应用领域选择适当的规范语言。

(13) 可读性。规范语言必须具备可读性，以便人们能够理解其内容。此外，最好也具备机器可读性，以便计算机处理。

(14) 可移植性和灵活性。规范语言应当独立于特定的硬件平台，以便轻松地适用于不同的目标平台。同时，规范语言应当具备足够的灵活性，以便在系统功能发生小改变时只需对规范语言进行微小修改。

(15) 可执行性。规范语言不会自动与人的想法保持一致。执行规范语言是合理性检查的一种手段。

(16) 终止性。规范语言应当能够确定系统中的进程是否会正常终止。

(17) 非标准 I/O 设备支持。许多嵌入式系统使用与 PC 上常见的 I/O 设备不同的输入和输出设备。因此，规范语言应当能够方便地描述这些设备的输入和输出。

(18) 非功能属性。实际系统还需要满足一系列非功能属性，如容错性、大小、可扩展性、预期寿命、能耗、重量、可处理性、用户友好性、电磁兼容性等，不同的非功能属性可能无法以形式化方式完全定义。

(19) 适当的计算模型。为了描述计算，规范语言需要具备适当的计算模型，这将在下一小节中详细描述。

从上述特征可以看出，没有一种规范语言能够同时满足所有要求。因此，在实际应用中，必须在这些要求之间进行权衡，并根据应用领域和开发环境的要求选择适当的语言。本小节不仅介绍了嵌入式系统建模的基本原则，还展示了如何应用规范语言来更好地理解和设计这些系统，同时考虑到了系统特征、可靠性和性能等关键因素。实际上，并不是每个嵌入式系统都具有所有上述特征。因此，也可以这样定义"嵌入式系统"这个术语：满足上述大多数特征的信息处理系统被称为嵌入式系统。

1.5.4　嵌入式系统领域的计算模型

计算模型(Models of Computation)是对计算过程的高层次抽象，它定义了如何表达计算任务、组件之间的交互方式以及如何处理数据和控制流。

1. 计算模型对嵌入式系统的影响

对于嵌入式系统来说，选择合适的计算模型尤为重要，因为它们常常需要在资源受限(如处理能力、内存和电源)和严格的时序要求(如实时处理)的环境下运行。因此，计算模型对于嵌入式系统来说是比较重要的。其具体影响体现在以下几个方面：

(1) 性能优化。对于嵌入式系统而言，性能是一个关键因素。不同的计算模型提供了不同的优化途径，例如，通过并发处理或事件驱动来提高效率。现代嵌入式系统常采用多核处理器，通过并行计算模型(如数据流模型)，可以充分利用多核处理器的性能，实现任务的并行处理和负载均衡。在功耗敏感的应用(如可穿戴设备)中，通过事件驱动模型等，系统能在没有要处理的任务时进入低功耗模式,从而延长电池寿命。

(2) 资源管理。嵌入式系统常常在资源有限的环境下运行,有效的计算模型能够帮助设计者更好地管理和分配资源。例如,在内存受限的嵌入式设备上,通过采用微控制器的有限状态机(FSM)模型,可以有效管理内存使用,减少资源消耗,而硬件抽象层(HAL)提供了一个与硬件通信的统一接口,使得在不同的硬件配置上应用同一个计算模型成为可能。

(3) 实时性保证。很多嵌入式应用(如汽车控制系统)要求系统能够在严格的时间限制内响应,特定的计算模型(如离散事件模型)允许在设计时考虑这些时间限制。在嵌入式系统中一般是通过实时操作系统(RTOS)来实现的,实时操作系统提供了任务调度、中断管理等服务,确保按照预定的时间约束完成任务,适用于自动控制系统或机器人技术中的实时处理。

(4) 可靠性和安全性。嵌入式系统通常用于关键任务,计算模型可以通过定义清晰的组件交互和通信协议来增加系统的可靠性和安全性。在嵌入式系统中,可以通过容错技术来提升可靠性。在关键任务系统(如航空电子系统)中,采用异步消息传递和冗余设计,确保即使部分组件失败,系统也能继续安全运行。在安全性方面,可以通过加密通信来提升,在需要安全数据传输的应用(如智能支付系统)中,确保数据的完整性和保密性。

(5) 可预测性和可维护性。一个清晰定义的计算模型可以使系统行为更加可预测,并简化维护和升级过程。在嵌入式系统中,主要通过模型驱动架构、持续集成/持续部署来提升可预测性和可维护性。模型驱动架构(Model Driven Architecture,MDA)允许开发者从更高的抽象层次设计系统,然后自动化地生成特定平台的代码,提高了系统的可预测性和可维护性;而持续集成/持续部署(CI/CD)在系统升级和维护过程中可以按照预先设定的测试流程,对更新后的代码进行全面的功能测试,从而进行自动化测试和部署,确保计算模型的改动不会引入新的错误。

2. 常见的计算模型及其特点

在计算机科学领域,计算模型是对计算过程的数学抽象。不同的计算模型可以更好地服务于不同的应用需求。传统上,许多应用程序依赖于冯·诺依曼计算模型,即顺序计算。然而,这种模型并不适用于所有情况,特别是对于嵌入式系统和有实时要求的应用,因为它没有时间概念。因此,在嵌入式系统领域还需要其他更合适的计算模型。常见的一些计算模型及其特点简要描述如下:

(1) 通信有限状态机(Communication Finite State Machine,CFSM)。CFSM 是由相互通信的有限状态机组成的集合,它是一种在通信系统中广泛使用的模型,用于描述和分析通信协议、网络设备等的行为和状态转换。通过通信有限状态机可以清晰地表示出系统在不同条件下的响应和状态变化,从而有助于设计者理解、开发和测试通信系统。这种模型主要用于状态图(Statechart Diagram)、状态流(StateFlow)和 SDL(Specification and Description Language)。在这个模型中,组件通过定义好的方法进行通信。其中,状态流为状态图的变体,是基于状态图理念建立的,可以看作是状态图在 MATLAB/Simulink 环境中的实现与扩展。而 SDL 是一种专门为分布式系统设计的建模语言,旨在支持异步消息传递的通信模式。

(2) 离散事件模型。在这个模型中,事件带有时间戳,表示事件发生的时间。离散事件模型通常包含一个按时间排序的全局事件队列。虽然这种模型有全局事件队列的概念,但它难以映射到特定的实现上。VHDL、Verilog HDL 和 MathWorks 的 Simulink 都采用这种模型。

(3) 微分方程。微分方程能够模拟电路和物理系统，因此它们可以应用于嵌入式系统建模。

(4) 异步消息传递模型。在这个模型中，过程之间可以通过能够缓冲消息的通道来发送消息，即当发送方有消息需要传达时，它能够直接将消息推送至相应通道，整个过程极为顺畅，最为突出的一点在于，发送者完全无须停滞脚步，来等待接收者调整至就绪状态，二者在时间线上近乎实现了"解耦"。这在现实生活中相当于发送一封信。但这种模式可能会导致消息必须存储和消息缓冲区溢出的情况。Kahn 过程网络(Kahn Process Networks, KPN)和数据流模型都是这种模型的变体。KPN 模型凭借独特的确定性执行特性，确保即便在复杂的异步消息传递环境下，系统整体的行为依然具备可预测性，能够巧妙地平衡消息产生与处理的节奏，避免消息过度积压；而数据流模型侧重于从数据驱动的角度出发，将数据的流动视为核心驱动力，让计算过程紧随数据的可用性及时展开，进一步优化了消息传递过程中的资源配置与效率问题，为提升系统稳定性与性能提供了多样化的解决路径。

(5) 同步消息传递模型。在同步消息传递模型中，消息的发送和接收是紧密同步进行的。可以独立完成某种功能的单元(组件)之间通过同步消息传递进行通信，组件与通信过程紧密相关，组件间通过不可分割、瞬时的动作进行通信。首先到达通信点的过程必须等待其合作伙伴也到达其通信点。这种方式没有溢出的风险，但性能可能会受到影响。通信顺序进程(Communicating Sequential Processes，CSP)和 Ada 是遵循这种计算模型的语言示例。其中，Ada 语言的发展起源于美国国防部在 20 世纪 80 年代的一个关键认识：如果不实施严格的政策，其军事装备中软件的可靠性和可维护性可能很快会成为一个主要问题。为了解决这个问题，美国国防部决定所有的软件都应该使用同一种实时编程语言来编写，并制定了对这种语言的需求。然而，当时没有现存的编程语言能满足这些需求，因此开始了一种新语言的设计。最终被接受的这种语言基于 Pascal 语言，被命名为 Ada，以纪念 Ada Lovelace(世界上第一位程序员)。后面出现的 VHDL 也是基于 Ada 语言发展而来的。

不同的应用可能需要使用不同的模型。虽然一些实际的语言只实现了其中一个模型，但也有其他语言允许混合使用多种模型。

1.5.5　嵌入式系统描述的工具和语言

前文中讨论了针对嵌入式系统的各种规范语言，并指出到目前为止还没有任何一种语言能完全满足嵌入式系统规范语言的所有要求。这主要是因为不同的需求之间可能存在根本的冲突。例如，能很好支持硬实时要求的语言可能不适用于要求不那么严格的实时系统，适用于分布式控制主导应用的语言可能不适合本地数据流主导的应用。因此，在实际应用中常常需要作出妥协。

早期嵌入式系统编程常常使用汇编语言，因为程序足够小，可以处理汇编语言的复杂性。随着嵌入式系统软件复杂性的增加，C 语言及其衍生语言开始被广泛使用。之后，为了提供更高层次的抽象，开始采用面向对象的语言和 SDL。

在早期设计阶段，为了描述规格，需要使用 UML(Unified Modeling Language，统一建模语言)这样的语言。

另外，各种描述语言之间还可以进行转换和编译，像 SDL 或 Statechart Diagram 这样的语言可以转换为 C 语言，然后再进行编译。C 语言和 VHDL 很可能作为中间语言在很多年内继续存在。

总的来说，嵌入式系统规范语言的选择和使用取决于具体的系统要求和应用场景。虽然没有单一的语言能满足所有要求，但通过不同语言的合理选择和转换，可以在实践中实现不同需求的平衡和整合。下面简单介绍部分工具和语言。

(1) Statechart Diagram：由 David Harel 在 1987 年提出，是对传统有限状态机的扩展，支持状态的层次化、并行状态和事件驱动行为，常用于复杂系统的行为建模，如嵌入式系统和用户界面设计。

(2) VHDL：在 20 世纪 80 年代由美国国防部开发，用于描述数字和混合信号系统，主要用于电子设计自动化，是描述、验证电子系统(特别是集成电路)的一种有效语言。

(3) Spec Chart：结合了 Statechart Diagram 和传统的硬件描述语言的特点，适用于同时需要软件和硬件建模的嵌入式系统，强调在软硬件设计中的交互和整合。

(4) SDL：20 世纪 70 年代初由国际电信联盟标准化，用于描述复杂的通信系统，基于异步消息传递，适合于分布式系统的建模。其核心在于提供一种既支持图形化又支持文本化规格描述的方式，满足不同用户的需求。在 SDL 中，进程是基本构件，代表着扩展的有限状态机。这些扩展包括对数据的操作，使得 SDL 不仅可以表达系统的行为，还可以处理系统内部的数据流和变量状态。图形化的 SDL 使用一系列特定的图形符号来表示各种构件和动作，使得设计更加直观和易于理解。

(5) Petri Net：由 Carl Adam Petri 在 1962 年提出，是一种数学建模语言，用于描述具有并行和随机性质的系统。该语言在系统分析和设计中，特别是在并发计算领域中广泛应用。

(6) Java：由 Sun Microsystems 公司在 1995 年发布，是一种通用、面向对象的编程语言，因其跨平台性在嵌入式系统中得到了应用，尤其是在移动设备和小型设备上。

上述这些工具和语言为嵌入式系统的设计和建模提供了丰富的选择，可以根据具体的应用需求和系统特性选择最合适的工具。

小　　结

本章主要介绍了生活周围的嵌入式系统，对这些嵌入式系统进行了总结，给出了嵌入式系统的 IEEE 定义和国内公认的定义，总结了嵌入式系统的特点以及嵌入式系统与通用计算机之间的区别；详细介绍了嵌入式系统的软硬件构成，对嵌入式软件系统的设计方法、开发模式给出了较为详细的阐述；简要描述了嵌入式系统的发展历史、发展现状和发展趋势。最后，对嵌入式系统的语言描述进行了简要介绍。通过对本章的学习，读者能够对嵌入式系统的作用、基本定义、基本构成、发展历史、基本开发等有一个初步的认识。

习　　题

一、单选题

1. 下列关于嵌入式系统的描述中，正确的是(　　)。

A. 一个高性能的计算机系统，专门用于处理复杂的计算任务

B. 一个完全独立的系统，不依赖于任何外部设备

C. 一个为特定应用设计的计算机系统，通常是专用的，包含硬件和软件

D. 一个主要用于数据存储的系统

2. 嵌入式系统与通用计算机系统的主要区别是(　　)。

A. 嵌入式系统更加便宜

B. 嵌入式系统具有专用功能，而通用计算机系统的功能更广泛

C. 通用计算机系统没有操作系统

D. 嵌入式系统使用的是非标准化的硬件设备

3. 在嵌入式系统的开发过程中，需要考虑的问题包括(　　)。

A. 性能需求　　　　　B. 成本控制　　　　C. 用户界面设计　　　D. 以上所有

4. 嵌入式系统是指(　　)。

A. 只能执行单一任务的系统

B. 集成了操作系统的复杂计算机系统

C. 设计用来执行一项或少数几项功能的专用计算机系统

D. 没有用户交互界面的计算机系统

5. 在嵌入式系统中，微控制器主要负责(　　)。

A. 数据存储　　　　　B. 用户交互　　　　C. 系统控制和处理　　D. 图形处理

6. (　　)类型的存储器通常用于嵌入式系统中的固件存储。

A. DRAM　　　　　　B. SRAM　　　　　C. EEPROM　　　　　D. HDD

7. 实时操作系统(RTOS)在嵌入式系统中的作用是(　　)。

A. 增加多媒体功能　　　　　　　　　B. 管理硬件资源，确保任务按时完成

C. 提供图形用户界面　　　　　　　　D. 存储大量数据

8. 下列不是嵌入式系统的典型特征的是(　　)。

A. 高度用户定制化　　　　　　　　　B. 高性能图形处理

C. 高度依赖于底层硬件设计　　　　　D. 硬件资源非常有限

9. 嵌入式系统通常应用在(　　)中。

A. 桌面计算机　　　　B. 大型服务器　　　C. 家用电器　　　　　D. 数据中心

10. 嵌入式系统与通用计算机系统相比，其软件开发过程通常(　　)。

A. 更简单，因为功能有限

B. 更复杂，因为需要硬件底层信息并高度优化

C. 无须专门知识

D. 完全依赖于第三方软件

11. 嵌入式系统最不经常使用的操作系统是(　　)。

A. Linux　　　　　　B. Windows 10　　　　C. VxWorks　　　　D. QNX

12. 嵌入式系统的编程通常使用(　　)语言。

A. Python　　　　　　B. C　　　　　　C. Java　　　　　　D. HTML

13. 嵌入式系统使用实时操作系统的原因是(　　)。

A. 提供更好的用户界面　　　　　　　　B. 增强图形处理能力

C. 确保响应时间和处理时间的可预测性　　D. 增加存储容量

14. 嵌入式系统最贴切的定义是(　　)。

A. 仅由硬件组成的系统

B. 仅由软件组成的系统

C. 软硬件结合,专为特定任务设计的系统

D. 任何类型的计算机系统

15. 嵌入式系统的特点不包括(　　)。

A. 实时性

B. 特定应用定制

C. 高度复杂的用户界面

D. 硬件与软件的紧密结合

16. 嵌入式系统的软件构成通常不包括(　　)。

A. 操作系统　　　B. 应用程序　　　　C. 数据库系统　　　　D. 设备驱动

17. 下列不是嵌入式系统硬件的组成部分的是(　　)。

A. 处理器　　　B. 存储器　　　　C. 输入/输出设备　　　D. 高性能图形卡

18. 嵌入式处理器与通用处理器的主要区别在于(　　)。

A. 运行速度　　　　　　　　　　　B. 设计复杂度

C. 专用化程度和优化针对性　　　　　D. 制造成本

19. 嵌入式系统中的处理器通常需要具备的特性是(　　)。

A. 高频率　　　B. 高能效　　　　C. 大存储容量　　　D. 复杂的指令集

20. 在嵌入式系统设计中,硬件与软件协同工作的理念被称为(　　)。

A. 协处理机制　　　　　　　　　　B. 软硬件协同设计

C. 多核设计　　　　　　　　　　　D. 集成电路设计

21. 在嵌入式系统的开发过程中通常不涉及(　　)。

A. 系统架构设计　　　　　　　　　B. 性能测试

C. 用户界面设计　　　　　　　　　D. 高级语言程序设计

22. 与通用处理器相比,嵌入式处理器的设计重点更倾向于(　　)。

A. 通用性　　　　　　　　　　　　B. 性能最大化

C. 功耗和成本的优化　　　　　　　D. 图形处理能力

23. 下列说法错误的是(　　)。

A. 嵌入式软件开发需要交叉编译　　　B. 嵌入式软件一定需要操作系统

C. 嵌入式软件都是无限循环的　　　　D. 嵌入式软件都要响应中断

二、多选题

1. 嵌入式系统的开发平台一般由(　　)组成。

A. 硬件平台　　　　B. 操作系统　　　C. 编程语言　　　D. 开发工具

2. 在嵌入式系统的开发过程中，与嵌入式系统等价的概念是(　　)。

A. 目标机　　　　B. 宿主机　　　C. 执行机　　　　D. 开发平台

3. 在嵌入式系统中，(　　)类型的存储器可能被用来存储应用程序代码。

A. RAM　　　　B. EEPROM　　　C. Flash　　　　D. SSD

4. 下列设备中，通常被视为嵌入式系统的是(　　)。

A. 智能手机　　　　B. 微波炉　　　C. 笔记本电脑　　　D. 洗衣机

5. 下列属于嵌入式系统的硬件组成部分的是(　　)。

A. 嵌入式处理器　　　B. 存储器　　　C. I/O 系统　　　D. 外设

三、填空题

1. 在系统启动时，对硬件的初始化过程主要包括_____初始化、_____初始化、_____初始化。

2. 操作系统层中，_____是基础和必备的部分，其他部分要根据嵌入式系统的需要来确定。

四、判断题

1. 嵌入式系统通常具有实时性的要求。　　　　　　　　　　　　　　(　　)
2. 所有嵌入式系统都不需要操作系统。　　　　　　　　　　　　　　(　　)
3. 所有嵌入式系统都具备用户交互界面。　　　　　　　　　　　　　(　　)
4. 嵌入式系统描述的语言规范主要用于提高设计的准确性和可验证性。(　　)
5. 嵌入式系统通常针对特定的应用进行优化。　　　　　　　　　　　(　　)
6. 嵌入式系统可以包括多种传感器和执行机构。　　　　　　　　　　(　　)
7. 嵌入式系统通常比通用计算机系统具有更长的市场寿命。　　　　　(　　)
8. 设计嵌入式系统时必须在其功能、成本和体积之间进行权衡。　　　(　　)

五、简答题

1. 描述嵌入式系统的基本结构以及其硬件和软件中各组成部分的作用。
2. 简要介绍嵌入式系统的发展趋势。

02

第 2 章　嵌入式系统硬件基础

嵌入式系统已经成为现代电子技术的核心，广泛应用于从智能家居到工业自动化，从医疗设备到航空航天等各个领域。本章将深入解析嵌入式系统的硬件基础，为读者提供一个全面且系统的认识。首先，从嵌入式系统硬件的基本概念出发，探讨 RISC 与 CISC、冯·诺依曼与哈佛体系结构以及流水线技术等关键概念。随后，详细介绍嵌入式系统的基本硬件组件，包括中央处理器、存储器、输入设备、输出设备以及供电系统等，并对它们的主要技术指标和选型原则进行阐述。此外，还将对嵌入式系统安全性的重要性、面临的安全攻击以及安全对策进行简要介绍。最后，还会探讨嵌入式系统中的通信机制，包括其对通信的特殊要求、电气鲁棒性、通信实时性措施等。通过对本章的学习，读者能够掌握嵌入式系统硬件的基础知识，为后续的学习和实践奠定坚实的基础。

2.1　嵌入式系统硬件基本概念

本节将重点介绍嵌入式系统硬件的几个核心概念，包括精简指令集和复杂指令集、冯·诺依曼和哈佛体系结构以及流水线技术。通过深入理解这些基本概念，读者能够更好地把握嵌入式系统的本质，为其在实际应用中的高效、稳定运行提供有力保障。

2.1.1　精简指令集和复杂指令集

1. 精简指令集和复杂指令集概述

精简指令集(Reduced Instruction Set Computer，RISC)和复杂指令集(Complex Instruction Set Computer，CISC)体系结构是两种主要的微处理器设计哲学，它们在发展历史、研究意义、最新进展、具体应用以及核心技术等方面有着各自的特点和优势。嵌入式微处理器分为以下两种架构：

(1) CISC 架构。大多数 PC 均使用 CISC 架构，如 Intel 公司的 X86。

(2) RISC 架构。如 Silicon Graphics 的 MIPS(Microprocessor without Interlocked Pipeline Stages)技术、ARM 公司的 Advanced RISC Machines 技术、Hitachi 公司的 SuperH 技术等均使用 RISC 架构。

RISC 架构和 CISC 架构是目前设计与制作微处理器的两种典型技术，它们都试图在体系结构、指令集、软硬件、编译时间和运行时间等诸多因素中作出平衡，以求达到高效的目的，只是采用的方法不同。

CISC 架构是 1960 年前后的主流架构，其设计目标是通过复杂的指令集来减少编写程序所需的指令数量。CISC 处理器设计复杂，指令执行时间较长，但可以减少程序的大小。CISC 架构的研究促进了微处理器性能的提升，特别是在早期计算机系统中，其丰富的指令集大大降低了编程复杂度。CISC 的核心技术包括复杂的指令格式、多态指令编码、微代码引擎和动态翻译等。当时随着新的指令不断引入，计算机体系结构变得复杂，最终造成了一种现象：20%的指令经常使用，占 80%程序代码量；80%的指令较少使用，占 20%程序代码量。这种现象是不合理的。

RISC 理念于 20 世纪 70 年代末到 80 年代初形成，早期的 RISC 项目包括斯坦福大学的 MIPS 项目和加州大学伯克利分校的 RISC 项目。RISC 架构注重于减少单个指令的复杂性，以实现更快的处理速度和更高的能效，使计算机体系结构更合理，提高运算速度。RISC 架构选取使用频繁的简单指令，固定指令长度，减少指令类型和寻址方式，以逻辑控制为主。其特点是采用固定长度的指令格式、使用单周期指令便于流水线操作执行、使用很少的指令类型和寻址模式(基本寻址方式只有两三种)、大量使用寄存器(数据处理指令只对寄存器操作，以提高指令的执行效率)。RISC 的核心技术包括采用固定长度的指令格式、较少的指令数、大量的通用寄存器和编译器优化等。RISC 架构的研究推动了处理器设计的简化和优化，对编译器设计、指令流水线技术以及现代微处理器的功耗管理产生了深远影响。

2. RISC 架构和 CISC 架构的差异

根据发展渊源，我们可以总结出 RISC 架构和 CISC 架构的差异主要体现在以下几个方面：

(1) 指令系统。RISC 架构的设计者专注于经常使用的指令，使其具有简单高效的特点。对于不常用的功能，RISC 架构通常通过指令组合来实现。而 CISC 架构指令系统丰富，有专用指令完成特定功能，处理特殊任务时效率较高。

(2) 存储器操作。RISC 架构对存储器操作指令少，控制过程简单。而 CISC 架构存储器操作指令多，操作直接。

(3) 程序。RISC 架构汇编语言程序一般需要较大的内存空间，实现特殊功能时程序复杂，不易设计。而 CISC 架构汇编语言程序编程相对简单，科学计算及复杂操作的程序设计相对容易，效率较高。

(4) 中断。RISC 架构在一条指令执行到适当地方时可以响应中断；CISC 架构则需要在一条指令执行结束后响应中断。

(5) CPU。RISC 架构包含较少的单元电路，面积小、功耗低；而 CISC 架构包含丰富的电路单元，功能强、面积大、功耗大。

(6) 设计周期。RISC 架构结构简单，布局紧凑，设计周期短，易于采用最新技术；而 CISC 架构结构复杂，设计周期长。

(7) 易用性。RISC 架构结构简单，指令规整，性能容易把握，易学易用；而 CISC 架构结构复杂，功能强大，容易实现特殊功能。

(8) 应用范围。RISC 架构的指令系统与应用领域有关，更适用于嵌入式系统；而 CISC 架构更适合于通用计算机。

综上，可以总结出 RISC 架构和 CISC 架构的差异，如表 2-1 所示。

表 2-1   RISC 架构和 CISC 架构的差异

类别	RISC 架构	CISC 架构
指令系统	处理特殊任务效率低，但指令规律齐全	处理特殊任务效率高，但规整性差
存储器操作	操作有限，控制简单	操作指令多，操作直接
程序	程序设计相对复杂，依靠编译器	程序设计相对容易
中断	指令执行过程中响应	指令执行完响应
CPU	面积小、功耗低	功能强、面积大、功耗高
设计周期	布局紧凑，设计周期短	结构复杂，设计周期长
易用性	指令规整，易学易用	功能强大，专业使用
应用范围	适合专用机	适合通用机

近年来，RISC 架构，特别是基于 RISC 的 ARM 架构，在移动设备、嵌入式系统和服务器市场取得了显著成功，ARM 架构因其高效能和低功耗特性被广泛应用。CISC 架构，尤其是 x86 架构，则继续在个人计算机、服务器和高性能计算领域占据主导地位，通过引入微操作缓存、多级流水线等技术以继续提高性能。

尽管 RISC 架构有很多优点，但是决不能认为 RISC 架构就能够替代 CISC 架构，两者是各有优势，而且界限并不明显。RISC 架构朝着更高的能效比和更广泛的应用领域发展，如物联网设备和云计算。而 CISC 架构继续优化复杂指令的执行效率，通过先进的制程技术和架构创新提高性能和能效。一些现代 CPU 的外围采用 CISC 架构，同时其内部也加入 RISC 的特性，如超长指令集 CPU 融合了 RISC 和 CISC 的优势，成为 CPU 未来的发展方向之一。

2.1.2   冯·诺依曼和哈佛体系结构

冯·诺依曼体系结构和哈佛体系结构是计算机体系结构设计的两种基本模型，它们各自的特点和应用情况有所不同，并在历史上各自发展演变，对现代计算机体系结构产生了深远的影响。

1. 冯·诺依曼体系结构

20 世纪初，物理学和电子学领域的科学家们就在争论制造可以进行数值计算的机器应该采用什么样的结构，但却被十进制的习惯计数方法所困扰，因此那时以研制模拟计算机为主。1945 年，冯·诺依曼首先提出了"存储程序"的概念和二进制原理。后来，人们把利用这种概念和原理设计的电子计算机统称为冯·诺依曼结构计算机。冯·诺伊曼体系结构如图 2-1 所示。

从图 2-1 中可以看出，冯·诺依曼体系结构具有以下几个特点：

(1) 冯·诺依曼体系结构中必须有一个存储器。

(2) 冯·诺依曼体系结构中必须有一个控制器。

图 2-1　冯·诺依曼体系结构

(3) 冯·诺依曼体系结构中必须有一个运算器，用于完成算术运算和逻辑运算。

(4) 冯·诺依曼体系结构中必须有输入和输出设备，用于进行人机通信。

由冯·诺依曼体系结构构成的计算机，必须具有如下功能：把需要的程序和数据送至计算机中；必须具有长期记忆程序、数据、中间结果及最终运算结果的能力；能够完成各种算术、逻辑运算和数据传送等数据加工处理的能力；能够根据需要控制程序走向，并能根据指令控制机器的各部件协调操作；能够按照要求将处理结果输出给用户。为了完成上述的功能，冯·诺依曼体系结构计算机必须具备五大基本组成部件，包括：输入数据和程序的输入设备、记忆程序和数据的存储器、完成数据加工处理的运算器、完成程序控制的控制器、输出处理结果的输出设备。

冯·诺依曼结构计算机的内部机构由一个中央处理单元(CPU)和一个存储空间组成。该存储空间需要存储全部的数据和程序指令，内部使用单一的地址总线和数据总线。这种指令和数据共享同一总线的结构，使得信息流的传输成为限制计算机性能的瓶颈，影响了数据处理速度的提高。

冯·诺依曼体系结构是现代计算机体系结构的基础，现在大多计算机仍是冯·诺依曼结构。因此，冯·诺依曼也被人们称为"计算机之父"。然而由于传统冯·诺依曼计算机体系结构所具有的局限性，也限制了计算机的发展。

在典型情况下，冯·诺依曼结构处理器完成一条指令需要 3 个步骤，即取指令、指令译码和执行指令，如图 2-2 所示。

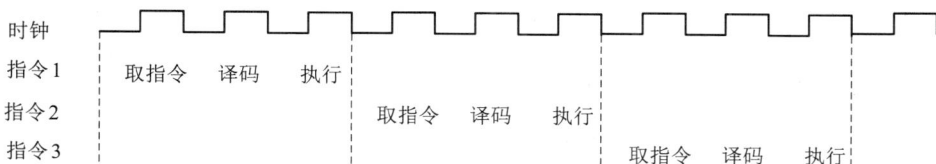

图 2-2　冯·诺依曼结构处理器的指令执行

2. 哈佛体系结构

哈佛体系结构最初用于美国哈佛大学的马克 I 计算机中，其设计理念是指令存储和数据存储分离。这种设计最早出现于 1940 年代。与冯·诺依曼体系结构相比，哈佛体系结构的指令存储器和数据存储器分离，允许 CPU 同时访问指令和数据，从而提高了处理速度。这种设计在需要快速处理大量数据的应用中尤其有效，如数字信号处理。与冯·诺依曼结构处理器比较，哈佛结构处理器具有两个明显的特点：一是使用两个独立的存储器模块，分别存储指令和数据；二是使用独立的两条总线，分别作为 CPU 与每个存储器之间的专用通信路径，而这两条总线之间相互独立。哈佛结构处理器的双总线结构如图 2-3 所示。

如果采用哈佛结构处理器处理图 2-2 中的 3 条存取指令，由于取指令和读写数据分别经由不同的存储空间和不同的总线，使得各条指令可以重叠执行，克服了数据流传输的瓶颈，提高了运算速度，如图 2-4 所示。

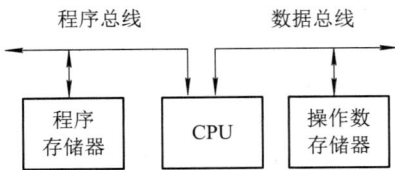

图 2-3　哈佛结构处理器的双总线结构

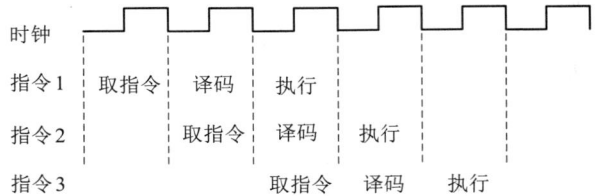

图 2-4　哈佛结构处理器的指令执行

哈佛体系结构和冯·诺依曼体系结构主要是指存储器结构，与指令系统没有严格的对应关系。下面给出了常见处理器的架构和指令系统类型。

(1) ARM7 系列采用的是冯·诺依曼体系结构，其指令系统是 RISC。

(2) ARM9 系列采用的是哈佛体系结构，其指令系统是 RISC。

(3) TI 的 DSP 系列采用的是哈佛体系结构，其指令系统是 CISC。

(4) MCS-51 系列单片机采用的是哈佛体系结构，其指令系统是 CISC。

(5) PIC 单片机采用的是哈佛体系结构，其指令系统是 RISC。

冯·诺依曼体系结构由于其简单性和通用性，成了大多数通用计算机和微处理器设计的基础。而哈佛体系结构在需要高吞吐量数据处理的特定领域，如嵌入式系统、微控制器和 DSP 等中得到广泛应用。

3. 非冯·诺依曼体系结构

为了解决冯·诺依曼瓶颈，现代计算机采用了高速缓存、预取技术、流水线技术等方法来提高性能。在某些现代微控制器和 DSP 中，也采用了扩展的哈佛体系结构，即"改进的哈佛体系结构"，它允许 CPU 通过不同的通道同时访问指令和数据，并可能共享某些存储区域。随着并行计算和人工智能的兴起，还出现了一些非冯·诺依曼体系结构的设计，如神经网络处理器(Neural-network Processing Unit，NPU)和数据流体系结构，旨在提高特定类型计算的效率。

非冯·诺依曼体系结构是针对传统冯·诺依曼体系结构在处理现代计算需求时所面临的限制而提出的一系列计算体系结构。这些架构试图通过不同的方式解决或减轻数据搬运导致的冯·诺依曼瓶颈，从而提高计算效率和降低能耗。非冯·诺依曼体系结构的研究主要集中在开发更高效、低功耗的信息处理系统上，这是信息科学技术领域近几十年来的核心命题之一。这种新型计算架构的研究和开发，对于提升计算机硬件性能、提高能效比以及满足大数据处理和人工智能等领域的高性能计算需求，具有重要意义。

近年来，存内计算作为一种突破冯·诺依曼架构限制的方案受到了广泛关注。

非冯·诺依曼体系结构的核心技术包括存内计算、新型非易失存储器的开发和应用，以及这些技术在复杂计算模型中的集成。未来，这些研究将在提高计算效率、降低能耗方面发挥重要作用，特别是在处理大规模数据和执行复杂算法的应用场景中。此外，随着新型存储器件技术的不断成熟，存内计算有望在人工智能、大数据处理等领域实现更广泛的应用。这些非冯·诺依曼体系结构的研究和进展，标志着计算机科学正在向更高效、更智能的计算模式迈进，未来有望在多个领域实现技术革新和应用突破。

2.1.3　流水线技术

1. 流水线技术概述

在嵌入式处理器中，流水线技术是一种提高指令执行效率的关键技术。它通过将指令的执行过程分解成几个阶段，并在一个时钟周期内同时处理多个指令的不同阶段，从而实现指令执行的并行化和性能的提升。流水线技术是在需要提高 CPU 效率时通常采取的一种技术。CPU 处理指令是通过 Clock(时钟)来驱动的，每个 Clock 完成一级流水线操作。每个周期所做的操作越少，那么需要的时间就越短，时间越短，频率就越高。流水线就是将 CPU 处理指令进一步细分，增加流水线级数来提高频率。一般流水线级数越多，重叠的执行就越多，发生竞争冲突的可能性就越大，对流水线性能会造成一定影响。

以流水线执行 "$5+3-7>0?$" 为例，其中涉及了加、减和比较三种运算。处理器在执行加法时，首先取加法指令，再进行译码，译码的同时取出减法指令，在执行加法的过程中，对减法进行译码，并同时取出比较指令。

流水线技术的特点是各个分解步骤的执行时间固定，几个指令可以并行执行，提高了CPU 的运行效率，但要求内部信息流通畅流动。

ARM7 系列处理器核采用了 3 级流水线结构，指令执行分为取指令、译码和执行等 3个阶段。ARM9 系列处理器核采用了 5 级流水线，指令执行分为 5 个阶段，即取指令、译码、执行、存储和写。ARM10 系列处理器核采用了 6 级流水线。ARM11 系列处理器核大部分采用了 8 级流水线，个别处理器核采用 9 级流水线。

嵌入式处理器采用流水线技术的优势如下：

(1) 提高处理速度。流水线技术通过并行处理多个指令的不同阶段，显著提高了处理器的指令吞吐率。

(2) 效率提升。流水线技术使得 CPU 的每个部件(如算术逻辑单元、寄存器等)得到充分利用，减少了资源闲置时间。

(3) 性能增强。对于复杂的指令集体系架构(Instruction Set Architecture，ISA)，流水线技术能够有效地减少指令执行的平均时间，提高性能。

2. 流水线技术的进化

近年来，随着嵌入式系统对性能和能效要求的提高，流水线技术也在不断进化，主要体现在以下几个方面：

(1) 深流水线技术：通过增加流水线的阶段数来进一步提高频率和性能，但这也增加了流水线冲突和延迟的管理复杂度。

(2) 超标量架构：允许每个时钟周期内发射和执行多条指令，提高了执行效率。

(3) 乱序执行和动态调度：通过动态重排指令执行顺序来减少流水线阻塞，提高了执行的效率和处理器的利用率。

(4) 分支预测技术：减少了由于指令跳转引起的流水线中断，提高了流水线的效率。

(5) 动态流水线技术：根据执行情况动态调整流水线的深度和宽度。

(6) 流水线冲突解决技术：包括数据冲突、控制冲突和结构冲突的解决方案。

(7) 能效优化技术：为了在提升性能的同时降低能耗，发展了诸如动态电压频率调整(Dynamic Voltage and Frequency Scaling，DVFS)等能效管理技术。

3. 流水线技术的发展方向

嵌入式处理器中流水线技术的发展方向和趋势有：

(1) 自适应流水线管理：智能地根据工作负载和能效要求调整流水线策略。

(2) 多级流水线与多核协同：在多核处理器中优化流水线设计，以实现更高的并行度和性能。

(3) 低功耗设计：针对移动和可穿戴设备的嵌入式处理器，低功耗流水线设计成为重点研究方向。

2.2　中央处理器与存储器

嵌入式系统的硬件主要由中央处理器、存储器、输入/输出设备和总线与外围接口组成。中央处理器是嵌入式系统的核心，负责控制整个系统的执行；存储器按存储信息的功能可分为高速缓存存储器(Cache)、只读存储器(ROM)和随机存储器(RAM)；输入设备一般包括小型按键、触摸屏等；输出设备则主要有 LED、数码管、LCD 等；总线和外围接口包括内部总线(如 I^2C、SCI 等)、系统总线(如 ISA、PCI 等)和外部总线(如 RS-232-C、USB 等)。嵌入式系统硬件组件如图 2-5 所示。

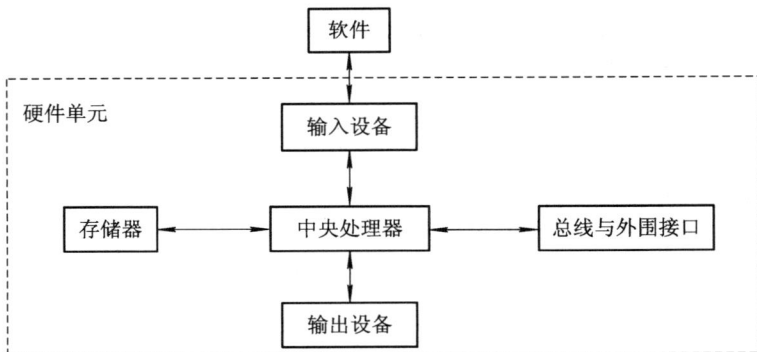

图 2-5　嵌入式系统硬件组件

2.2.1　中央处理器

嵌入式系统的核心是中央处理器。它主要由控制器、运算器等组成，又称为微处理器。中央处理器通过数据线、地址线和控制信号线等与各种神经末梢如 RS-232 接口、USB 接口、LCD 接口等相连。

目前，世界上具有嵌入式功能特点的处理器已经超过 1000 种，流行体系结构包括 MCU、MPU、ARM 等 30 多个系列。鉴于嵌入式系统广阔的发展前景，很多半导体制造商都大规模生产嵌入式处理器，并且公司自主设计处理器也已成为未来嵌入式领域的一大发展趋势，其中从单片机、DSP 到 FPGA 有着各式各样的品种，速度越来越快，性能越来越强，价格也越来越低。中央处理器的寻址空间可以从 64 KB 到 4 GB，处理速度最快可以超过 2000 MIPS，封装从 8 个引脚到 144 个引脚不等。

中央处理器是嵌入式系统的大脑，它们的设计兼顾了能效、灵活性和性能。处理器通过软件的灵活性提供了改变系统行为的能力，这对于修复错误、更新系统标准或增加新功能非常重要。尽管如此，设计的处理器也注重能效，采用了多种技术，如动态功耗管理和动态电压缩放，以减少能量消耗。此外，还考虑了代码大小效率和运行时效率，确保处理器在执行任务时快速且资源消耗少。在数字信号处理等特定领域，处理器的设计甚至被特别优化，以提供最佳性能。

总的来说，中央处理器是高效、灵活且功能强大的组件，对嵌入式系统的性能至关重要。下面简要讨论与中央处理器相关的几个问题。

1. 能耗

处理器的架构需要优化以提高能效，同时还要确保在软件编译过程中不会丢失效率，这对编译器也提出了要求。另外，嵌入式处理器的工作电压和时钟频率也会对能耗有很大的影响。为了使处理器能效更高，有许多技术可用。这些技术应该在不同的抽象层面上考虑，从指令集的设计到芯片制造工艺的设计等。在较高的抽象层次上，可以应用以下两种技术：

(1) 动态功率管理(Dynamic Power Management，DPM)。这种方法使得处理器除标准运行状态以外，还有几种节能状态。每个节能状态都有不同的功耗和不同的过渡到运行状态的时间。例如，StrongArm SA 1100 处理器有三种状态，如图 2-6 所示。在运行状态下，处理器全功能运行；在空闲状态下，它只监视中断输入；在睡眠状态下，所有芯片上的活动都被关闭。应用中需要注意睡眠状态和其他状态之间的功耗差异，以及从睡眠到运行状态过渡的时间延迟。从图 2-6 中也可以看出各种状态下的功耗对比。

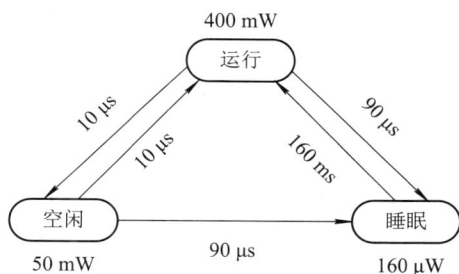

图 2-6　StrongArm SA 1100 处理器的动态功耗状态管理

(2) 动态电压调整(Dynamic Voltage Scaling，DVS)。这种方法利用了 CMOS 处理器的能耗随供电电压 V_{dd} 的平方增长的事实。CMOS 电路的功耗为：

$$P = aC_L V_{dd}^2 f$$

其中，a 是开关活动，C_L 是负载电容，V_{dd} 是供电电压，f 是时钟频率。从上述式子中可以看出，降低供电电压可以以二次方的速度减少功率，而算法的运行时间只以线性速度增加(忽略内存系统的影响)。这可以在所谓的动态电压调整(DVS)技术中得到利用。例如，Transmeta 的 CrusoeTM 处理器提供了 1.1~1.6 V 之间的 32 个电压等级，并且时钟频率可以在 200～700 MHz 之间以 33 MHz 的增量变化，从一个电压/频率对到下一个的转换大约需要 20 ms。

2. 代码尺寸效率

代码尺寸效率在嵌入式系统中极为重要，特别是在早期的嵌入式系统中，因为嵌入式系统通常没有硬盘驱动器，且内存容量非常有限。对于片上系统(SoC)，这一点尤其突出，因为 SoC 中的内存和处理器都集成在同一芯片上。提高代码尺寸效率的几种技术如下：

(1) CISC 处理器。传统的 RISC(精简指令集)处理器设计主要针对速度，并非代码尺寸效率。而最初的 CISC(复杂指令集)处理器是为了代码尺寸效率而设计的，因为它们需要连接到慢速内存。因此，"老式"的 CISC 处理器(如基于摩托罗拉 68000 系列的 ColdFire 处理器)反而在嵌入式系统中得到了应用。

(2) 压缩技术。RAM、ROM 通常占用较大的硅片面积，其成本甚至大于处理器本身，为了减少存储指令所需的 RAM、ROM 所占的硅面积，以及减少获取这些指令所需的能量，指令通常以压缩形式存储在内存中。这既减少了内存面积，也减少了获取指令所需的能量。由于带宽需求降低，获取指令的速度也可以更快。为了在运行时生成原始指令，处理器和(指令)内存之间放置了一个解码器。例如，ARM 处理器家族提供了一个更窄的 16 位宽指令集，称为 THUMB 指令集。这些指令比标准的 ARM 指令短，因为它们不支持预测执行，使用更短的寄存器字段和更短的立即数字段。

(3) 字典方法。字典方法是提高处理器代码效率的一种技术。它的核心思想是在一个字典中存储每一种唯一的指令模式，并用查找表来追踪这些指令。这样做的好处是，由于使用的指令模式数量较少，所需要的存储空间和查找操作都大大减少，从而提高效率。这个方法适合于指令模式重复率高的场景，可以显著减小存储需求和提高执行速度。此外，还有一些基于这一基本思想的变种和相关技术，用于进一步优化处理器的代码效率。

在嵌入式系统设计中，选择合适的代码压缩和存储技术对于提高系统的整体效率、降低成本和功耗有着至关重要的影响。工程师们需要根据具体的应用需求和资源限制，选择最合适的技术来优化代码尺寸效率。

3. 处理器的运行效率

处理器的运行效率是非常关键的，尤其是在需要处理复杂计算但又不能仅仅通过提高时钟频率来解决的情况下。特别是在数字信号处理这样的领域，设计的处理器可以用一条指令完成一个操作的多个步骤，通过并行处理多个任务来提高效率。这种方法不仅可以在不增加时钟频率的情况下完成复杂的计算，而且可以使得系统的设计更加灵活和高效。通过特殊的设计，如异构寄存器和零开销循环指令，可以进一步提高运行效率，使得每次计算都尽可能高效，从而在满足实时处理要求的同时，减少能耗和提高整体系统性能。

2.2.2　中央处理器的主要实现技术

在嵌入式信息处理中，我们可以使用 ASIC (Application Specific Integrated Circuit，专用集成电路)、可重配置逻辑、处理器和硬线电路等技术。这也是中央处理器根据芯片实现技术来进行的一种分类。下面简要介绍这几种技术。

1. ASIC

ASIC 是用于特定应用的集成电路。与可编程逻辑器件(如 FPGA)相比，ASIC 一旦设计完成并制造出来，其功能是固定的。因为 ASIC 是为特定的应用量身定制的，所以可提供最高的性能和能效。但是，它们的设计、验证和制造成本非常高，且不具备灵活性。因此 ASIC 只适用于大批量生产，以摊销高昂的前期成本。例如，将它用于智能手机中的图像处理和声音处理的定制芯片、特定通信协议(如 LTE、5G)的无线通信芯片等。

2. 可重配置逻辑

可重配置逻辑通常是指可以在硬件级别进行编程和配置的电路，允许用户根据需要修改硬件的功能。典型的可重配置逻辑设备如 FPGA，它们可提供比 ASIC 更多的灵活性，但性能和能效通常不如 ASIC。FPGA 的优点在于它们可以在设备运行时进行重新编程，使其适应新的应用。相比 ASIC，FPGA 在开发周期、成本和灵活性方面有优势，可以在不更改硬件的情况下重新编程来更改其功能，如 Xilinx 的 Virtex、Kintex 和 Artix 系列，Altera(现为 Intel PSG)的 Stratix、Cyclone 和 Arria 系列等。

3. 处理器

CPU 是计算机的主要部件，负责解释计算机指令并处理计算机软件中的数据。DSP 是专门用于高效率数值计算的处理器，常用于音频、视频处理等需要大量数学运算的应用。这两种处理器都可以认为是处理器的典型代表。CPU 适用于通用计算，而 DSP 优化了特定类型的计算，如信号处理。处理器是执行计算机程序的硬件单元，能够执行各种算术和逻辑操作，具有极高的灵活性，可以通过软件编程来完成各种任务。但是，与专用硬件(如 ASIC)相比，其性能和能效通常较低，如 Intel 的 Core 系列、ARM 的 Cortex 系列、TI 的 DSP 等。

4. 硬线电路

硬线电路中的硬件逻辑是静态配置的，这就意味着电路的功能是固定的，无法通过编程更改。硬线电路也可以认为是 ASIC。典型的硬线路有专用的加密硬件、某些特定的信号处理电路。硬线电路是一种高效但不够灵活的解决方案，适用于性能、能效要求极高且功能固定不变的场景。与之相对的是可编程逻辑和通用处理器，它们虽然牺牲了一些性能和能效，但提供了更高的灵活性和适应性。

上述几种技术在能效方面存在显著差异。随着集成电路制程的进步，其特征尺寸不断缩小，每瓦特可以实现的操作数量不断增加。然而，对于任何给定的技术，专用硬线电路的每瓦特操作数最多。对于可重配置逻辑，这个数值大约低一个数量级。对于可编程处理器，它大约低两个数量级。但是，处理器可提供最大的灵活性，这得益于软件的灵活性。可重配置逻辑也有一定的灵活性，但它对可以映射到该逻辑的应用程序的大小有限制。而硬线电路没有灵活性。

对于特定应用领域优化的处理器(如 DSP)，其功率效率值接近可重配置逻辑的值。对于通用标准微处理器，这个性能指标的值是最差的。特定应用的能量消耗与每次操作所需的功率密切相关，因为能量等于功率随时间的积分。因此，减少功率消耗也会降低能量消耗，只要积分是在相同的时间段内进行的。然而，在某些情况下，略微增加的功率消耗可能导致执行时间大幅度减少，从而可能导致能量消耗最小化。所以，在某些情况下最小化的功率消耗也对应于最小化的能量消耗,但并不总是如此。

在设计中,首先考虑使用 ASIC。ASIC 是为特定应用定制设计的集成电路,因此在能效方面表现出色。然而,它们缺乏灵活性,一旦制造出来就无法更改或更新以适应新的需求。这与基于处理器或可重编程逻辑的灵活设计形成了鲜明对比。

当前可用的硬件技术反映出了效率与灵活性的冲突:如果我们要追求非常高的功率和能效设计,就不应该使用基于处理器或可重编程逻辑的灵活设计;如果我们追求卓越的灵活性,就无法实现高能效。因此,在设计嵌入式系统时,需要在能效和灵活性之间作出权衡,选择最适合特定应用需求的技术。

2.2.3 中央处理器的主要技术指标与选择原则

1. 中央处理器的主要技术指标

中央处理器作为嵌入式系统的核心组成部分,其技术指标直接影响整个系统的性能、可靠性和应用范围。衡量中央处理器的主要技术指标有字长、处理速度、寻址能力和功耗等。

1) 字长

字长是指处理器内部一次可以处理的二进制数码的位数。一般处理器的字长取决于它的通用寄存器、内存储器、ALU 的位数和数据总线的宽度。字长越长,一个字所能表示的数据精度就越高,在完成同样精度的运算时,数据的处理速度就越高。例如,64 位处理器相比 32 位处理器能更快地执行某些操作,尤其是在处理大型数据集时。

2) 处理速度

计算机运算速度一般用每秒所能执行的指令条数来表示,一般用 MIPS(Million Instructions Per Second,每秒处理的百万级的机器语言指令数)来描述。处理速度的提升可以显著提高系统的响应速度和数据处理能力,对于需要实时处理和高速数据分析的嵌入式系统尤为重要。

3) 寻址能力

寻址能力取决于处理器地址线的数目,它是衡量处理器存储信息能力的主要指标。寻址能力越高,处理器可以管理和使用的内存就越多,这对于数据密集型或内存需求高的应用非常重要。

4) 功耗

在嵌入式系统中,中央处理器的功耗对系统的总功耗有较大影响。低功耗对于便携式或电池供电的嵌入式设备至关重要,因为它可以延长设备的运行时间并减少散热需求。

5) 功能

中央处理器的功能取决于处理器集成的存储器的数量和外部设备接口的种类,处理器的功能往往决定了嵌入式系统的功能。更多的内置功能意味着处理器可以更好地适应不同的应用需求,增加系统的灵活性和扩展性。

6) 平均故障间隔时间

嵌入式系统经常需要连续工作,平均故障间隔时间表明了嵌入式系统长期工作的可靠性。通常用 MTBF(Mean Time Between Failure,平均故障间隔时间)来具体量化,MTBF 是一个统计意义上的值,可以通过大批量的试验或根据各部分模型计算得到。高 MTBF 值表明嵌入式系统具有更好的长期可靠性,对于需要长时间连续运行的应用尤为重要。

7) 工作温度范围

中央处理器的工作温度范围决定了它能正常工作的环境温度,一般分为商用级、工业级、军用级和航天级等。不同级别工作温度范围的处理器能够在不同的环境条件下稳定工作,特别是在极端温度条件下,如户外环境监测、军事和航空航天领域,应选择工作温度范围适合的处理器。

2. 选择中央处理器的原则

选择中央处理器时总的原则如下:

(1) 如果用于简单控制,一般选择 8 位微控制器。

(2) 如果需要使用嵌入式操作系统,一般选择 16 位以上处理器。

(3) 如果涉及复杂数学运算、信号处理,一般选择 DSP。

(4) 如果涉及图形处理,一般选择高性能的处理器。

在实际进行选择的时候,还要注意够用原则、成本原则、提供商的技术支持、提供商的参考设计、自身的技术积累、中央处理器的购买渠道、提供商的供货能力、提供商推荐的行业用途和使用情况等。

2.2.4　中央处理器发展中的主流技术

对于高性能应用和大市场,可以设计专用集成电路(ASIC)。通常,ASIC 在能量效率方面较具优势。然而,其设计和制造成本相当高,特别是用于将几何图案转移到芯片上的掩模集的成本。为了降低成本,可以使用不太先进的半导体制造技术和包含多个设计的多项目晶圆(Multi Project Wafer,MPW)。但 ASIC 的设计缺乏灵活性,修正设计错误通常需要新的生产批次,且涉及大量专业技能和高成本工具。因此,ASIC 通常只在大规模生产、对能效要求极高、需要特殊电压或温度范围、需要处理混合信号或需要特别关注安全性的情况下使用。随着半导体技术的不断发展,中央处理器的设计中出现了一些新的技术趋势,中央处理器本身也出现了多种多样的形式。本节将介绍中央处理器发展过程中出现的一些主流技术,其中很多是从计算机体系结构的发展而来的。

1. 多媒体和短向量指令集

现代处理器可以同时处理多个数据,这对多媒体应用非常有利。它们通过在一个寄存器中打包多个较小的数据(如很多个小数字),然后一次性对这些数据执行相同的操作(如加法或乘法),来提高处理速度。这种技术叫作单指令多数据(Single Instruction Multiple Data,SIMD)。这种技术除了能让处理器一次完成多个任务,还支持一种特殊的算术处理,可以在数据太大或太小时,自动调整到一个合理的数值,这对于处理音频和视频数据特别有用。例如,在许多现代处理器架构中,寄存器和算术单元的宽度至少为 64 位,即可以在一个 64 位的寄存器内存储两个 32 位数据类型、四个 16 位数据类型或八个 8 位数据类型(字节),而算术单元可以设计为在 32 位、16 位或字节边界处抑制进位。多媒体指令集则利用这一特性,支持打包数据类型的操作。这种多媒体指令就是单指令多数据指令,因为一条指令可以同时对多个数据元素进行操作。当字节被打包进 64 位寄存器时，与非打包数据类型相比，速度可以提高多达八倍。而且数据类型通常以打包形式存储在内存中，如果对其进行算术操作，可以避免解包和打包。

此外，多媒体指令还可以与饱和算术相结合，提供一种比标准指令更有效的溢出处理方式。因此，使用多媒体指令所能实现的总速度提升可以显著大于通过在打包的 64 位数据类型上操作所能实现的八倍速度提升。由于在打包数据类型上操作的优势，一些处理器添加了新的指令。例如，Intel 为其 Pentium 兼容处理器系列添加了所谓的因特网数据流单指令序列扩展(Streaming SIMD Extensions，SSE)。新的指令也被称为短向量指令，并由 Intel 引入了高级向量扩展(Advanced Vector Extensions，AVX)。

2. 超长指令字(Very Long Instruction Word，VLIW)处理器

VLIW 处理器是一种高效的处理器，特别适合处理需要高度并行计算的任务，如多媒体处理或加密。它们通过长指令字同时执行多个操作，从而提高处理速度。与传统处理器不同，VLIW 处理器让编译器来决定哪些操作可以并行执行，这样就减少了运行时的能量和资源消耗。尽管 VLIW 处理器在并行性不足时代码密度可能较低，但通过一些技术，如变长指令包，可以有效提高其性能。简单来说，VLIW 处理器是专为高效并行计算设计的，使得处理复杂任务更加快速和能效。

随着嵌入式系统的计算需求不断增长，特别是涉及多媒体应用、先进的编码技术或密码学时，传统的高性能微处理器的性能提升技术并不适用于嵌入式系统。这是因为这些技术往往需要花费大量的资源和能量来自动发现应用程序中的并行性，而且其性能仍然可能不足。

VLIW 处理器的出现正好可以解决这个问题。它们能够通过指令来明确标识哪些操作可以并行执行，从而显著提升性能。这种技术称为显式并行指令计算(Explicitly Parallel Instruction Computing，EPIC)。与传统处理器不同的是，VLIW 处理器将寻找并行性的工作从处理器转移到了编译器，从而避免了在运行时花费芯片面积和能量去检测并行性。

在 VLIW 处理器中，多个操作或指令被编码在一个长指令字(有时称为指令包)中，并假设它们将并行执行。每个操作/指令在指令包中占有一个独立的字段，并控制某些硬件单元。VLIW 架构的编译器需要生成指令包，这要求编译器了解可用的硬件单元并安排它们的使用。即使在某些指令周期内并没有实际使用对应的功能单元，指令字段也必须存在。因此，如果检测到的并行性不足以保持所有功能单元繁忙，VLIW 架构的代码密度可能会很低。

德州仪器的 TMS320C6XX 系列处理器通过实施变长指令包(最多 256 位)来避免这个问题。在每个指令字段中，有 1 位被保留用来指示在下一个字段中编码的操作是否仍被假设为并行执行。对于未使用的功能单元，不会浪费指令位。由于其变长指令包，TMS320C6XX 处理器并不完全符合传统的 VLIW 处理器模型。但由于它们对并行性的显式描述，它们仍然是 EPIC 处理器。

在 VLIW 和 EPIC 处理器中实现寄存器读写非常复杂，由于这些处理器可以并行执行大量操作，需要同时提供大量的寄存器访问。因此，寄存器文件需要很多端口来同时读写数据。然而，寄存器文件的延迟、大小和能耗都会随着端口数量的增加而增加，这意味着

有很多端口的寄存器文件会变得效率低下。为了解决这个问题,许多 VLIW 和 EPIC 架构使用了分区的寄存器文件,即每个功能单元只连接到寄存器的一个子集,从而降低了寄存器文件的复杂性和能耗。在 VLIW 或 EPIC 处理器中,寄存器文件就像一个超级多功能的开关板,每个开关(端口)要控制一个设备,并且多个设备(操作)同时工作。因为要同时控制这么多设备,所以需要很多开关。但是,一个开关板上如果开关太多,它就会变得很大、很复杂,而且消耗的电也多。所以,设计师们决定把这个超级开关板分成几个小开关板,每个小开关板板只控制一部分设备。这样,每个小开关板都不会太复杂,也不会耗费太多的电。

3. 超长指令字架构中的流水线

在 VLIW 和 EPIC 架构中,由于可以同时执行多条指令,流水线必须高效地处理指令。但是,分支指令的处理可能会由以下原因造成延迟:

(1) 延迟分支。在遇到分支指令时,流水线继续执行额外的指令,就好像没有分支一样。这种情况下,需要在分支指令之后安排一些延迟插槽,可以用来执行在分支决定之前应该执行的指令。但是,有时候很难找到有用的指令来填满这些延迟插槽,所以可能会使用 NOP(No Operation,无操作指令)来占位。这种延迟插槽导致的性能损失被称为分支延迟惩罚。

(2) 流水线停顿。当检测到分支指令时,流水线停止执行直到从分支目标地址获取指令。这种情况下,没有延迟插槽,但流水线的停顿也会造成分支延迟惩罚。

为了提高效率,应尽量避免使用分支指令。例如,可以使用带条件执行的指令来避免由于 if 语句产生的分支。

Intel 的 IA-64 指令集及其在 Itanium 处理器上的实现,是对 EPIC 指令集在 PC 领域的一种尝试,但由于与现有技术的兼容问题,主要用于服务器市场。许多多处理器片上系统(Multi-Processor System on Chip,MPSoC)都基于 VLIW 和 EPIC 处理器。

4. 多核处理器

随着单处理器的性能提升遇到功耗壁(即提升时钟频率会导致不可接受的功耗和热量增加),而且进一步提高 VLIW 并行性水平也不可行,单核处理器的性能提升遇到瓶颈。此时,先进的制造技术使得在同一芯片上集成多个处理器成为可能,即多核处理器。多核处理器集成在同一芯片上,与过去几十年在计算中心使用的多处理器系统相比,多核处理器能够实现更快的通信速度,并且易于在核之间共享资源(如缓存)。以英特尔 CoreDuo 为例,L1 Cache(一级缓存)是私有的,而 L2 Cache(二级缓存)是共享的。

缓存访问的有效性需要特别注意,缓存一致性问题在多核处理器内部也变得很重要,必须考虑如何保证一个核上的数据更新能被其他核看到。传统用于多处理器系统的自动缓存一致性协议则需要在芯片上来实现,例如可以采用 MESI 协议。MESI 协议是一个基于失效的缓存一致性协议,是支持回写缓存的最常用协议。其名字来源于缓存行的 4 种不同的状态,分别为已修改(Modified)、独占(Exclusive)、共享(Shared)、无效(Invalid)。由于该协议是在伊利诺伊大学厄巴纳-香槟分校被发明的,也称作伊利诺伊协议(Illinois Protocol)。与写直达缓存相比,回写缓冲能节约大量带宽,总是有“脏”状态表示缓存中的数据与主存中不同。MESI 协议要求在缓存不命中且数据块在另一个缓存时,允许缓存到缓存的数据复制。与 MSI 协议相比,MESI 协议减少了主存的事务数量,极大地改善了性能。

另外,随着核数量的增加,通信架构能否提供足够的带宽以保持缓存一致性也是一个问题，同时还需要考虑系统内存带宽能否容纳越来越多的内核。

在多核处理器中，存在异构与同构多核架构。同构多核架构中所有处理器都是同一类型，这简化了设计工作并易于软件迁移，如果其中一个内核发生故障，则可以将该内核上的工作转移到其他内核完成。异构多核架构则结合了不同类型的处理器，每种处理器都适合特定应用，通常能实现最佳的能效。为了在同构架构和(完全)异构架构之间找到一个折中方案，人们提出了一种具有单个指令集但内部不同的架构，即所谓的单指令集异构多核架构。Cortex-A15 和 Cortex-A7 就是这种架构的处理器，两者的流水线分别如图 2-7 和图 2-8 所示。

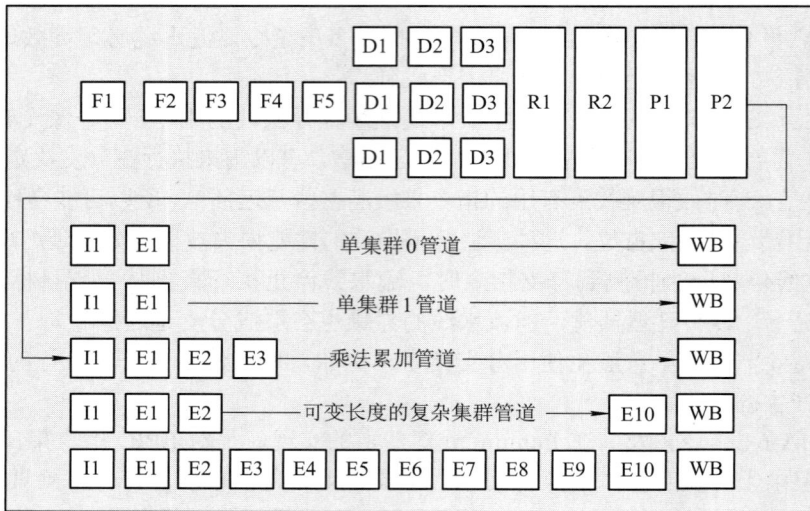

图 2-7　Cortex-A15 流水线

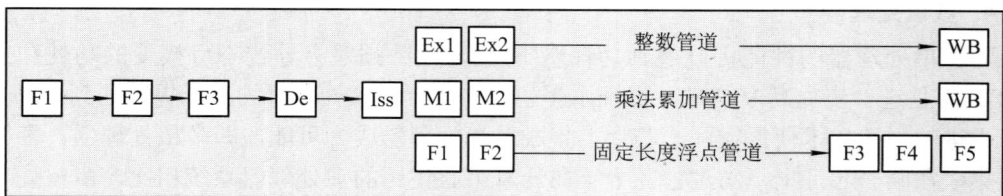

图 2-8　Cortex-A7 流水线

图 2-7 中的单集群 0 管道(Single Cluster 0 Pipe)和单集群 1 管道(Single Cluster 1 Pipe)通常在流水线的前端发挥作用，主要有两个阶段，即取指与译码阶段。它们主要负责从指令缓存(Instruction Cache)中取出指令，并对指令进行译码，就像是一个翻译官，将机器语言指令翻译成处理器内部可以理解的操作码和操作数，为后续的执行阶段做准备。在译码后，它们还可能参与指令的分配和发射过程，决定哪些指令可以进入执行阶段，以及将指令发送到合适的执行单元。例如，将算术逻辑运算指令发送到对应的算术逻辑单元(ALU)，将加载存储指令发送到数据缓存(Data Cache)的相关单元中。乘法累加管道(MAC Pipe)主要完成乘法累加运算执行。在数字信号处理、多媒体处理等应用场景中，MAC Pipe 能够高效地完成这些运算，提高这些特定类型运算的处理速度。可变长度的复杂集群管道(Complex Cluster Pipe)主要完成复杂指令执行，其长度可变是因为可以根据指令的复杂程度动态调整处理方式。它可能会处理一些多周期的指令，如复杂的浮点运算指令、向量运算指令或者

一些特殊的指令集扩展指令。例如,在进行科学计算时,涉及高精度的浮点除法或者复杂的向量点积运算,可变长度的复杂集群就可以发挥作用,利用多个时钟周期来完成这些复杂指令的执行。这些管道在流水线中相互协作。例如,单集群管道取出和译码后的指令,如果是乘法累加指令就会被送到乘法累加管道执行;如果是复杂指令就会被送到可变长度的复杂集群管道。它们共同工作,使得 Cortex-A15 能够高效地处理各种类型的指令,从而满足高性能计算需求,如运行复杂的操作系统、大型应用程序和多媒体处理等任务。

图 2-8 中 Cortex-A7 流水线的管道主要有整数管道、乘法累加管道和固定长度浮点管道 3 种。整数管道(Integer Pipe)主要用于执行整数类型的指令操作,如整数的算术运算(加法、减法、乘法、除法等)、逻辑运算(与、或、非、异或等)、移位操作等。这些整数运算指令在处理器执行各种任务时都非常常见,如计算循环计数器、数组索引、地址偏移等。乘法累加管道(MAC Pipe)专门用于处理乘法累加运算。在数字信号处理、音频处理、视频处理等领域,经常需要进行大量的乘法累加操作。例如,在音频滤波中,需要将音频样本与滤波系数相乘并累加,以实现滤波效果;在图像卷积运算中,也需要对像素值与卷积核进行乘法累加操作,从而提取图像的特征。固定长度浮点管道(Floating Pipe)用于执行浮点类型的指令操作,如单精度或双精度的浮点加法、减法、乘法、除法等运算。浮点运算在科学计算、图形渲染、3D 游戏等对精度要求较高的场景中非常重要,能够处理带有小数部分的数值计算,提供更精确的结果。

图 2-9 给出了两者的动态电压频率调整(DVFS)曲线。可以看出两者差别较大,特别是在相同性能的情况下,Cortex-A7 的功耗相对较少。Cortex-A15 中的流水线非常复杂,包含用于指令获取、指令解码、指令发出、执行和回写等多个流水线阶段。指令必须经过至少 15 个流水线阶段才能存储其结果。指令的动态调度允许以与从内存中获取指令的顺序不同的顺序执行指令(所谓的无序执行),可以在一个时钟周期内发出多个指令(所谓的多发出指令)。该架构提供高性能,但需要大量功率。相反,Cortex-A7 拥有简单流水线,指令经过 8 到 11 个阶段,它们始终按照从内存中获取的顺序进行处理(所谓的按顺序执行)。在极少数情况下,它会同时发出两条指令。因此,该架构高能效,但性能有限。因此,Cortex-A15 适合要求较高的应用,如视频处理;而 Cortex-A7 更适合长期运行的低负载应用,如消息处理。在移动电话等设备中,使用混合高性能和高能效处理器的异构多核芯片就是一种节能的策略。

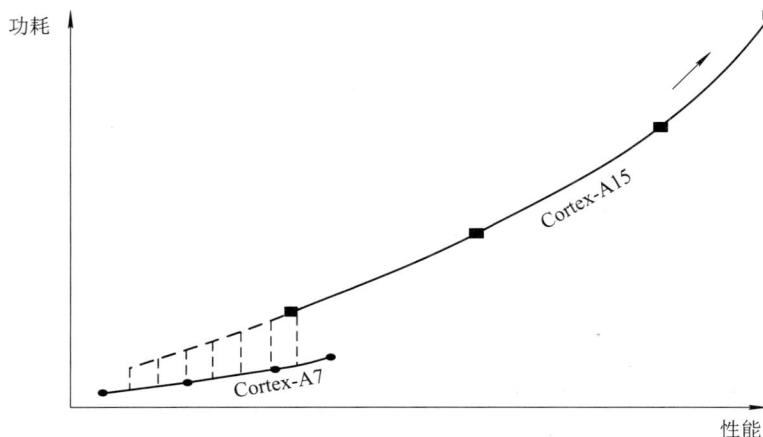

图 2-9　Cortex-A7 和 Cortex-A15 的 DVFS 曲线

总的来说，多核处理器提供了在单芯片上实现高性能处理的可能性，同时也带来了缓存一致性、可扩展性和功耗管理等挑战。同构和异构多核架构各有优势，选择哪一种取决于特定应用的需求和目标。

5. 图形处理单元

在 20 世纪，许多计算机使用专门的图形处理单元(Graphics Processing Unit，GPU)来生成吸引人的图形并输出。这些硬件解决方案由于无法支持非标准的计算机图形算法而受到限制，因此，高度专业化的 GPU 已被可编程解决方案所取代。当前的 GPU 旨在同时运行大量计算，以实现所需的性能。标准的并行处理方法是同时运行许多细粒度线程，目标是让许多处理单元忙碌，并通过快速切换线程来隐藏内存延迟。

矩阵乘法是 GPU 在并行计算中的一个经典应用。在 GPU 上执行矩阵乘法的过程中，矩阵被划分成多个小块，每个小块被称为一个线程块(Thread Block)，每个线程块中包含多个线程，每个线程执行一系列的指令。线程块可以被分配给 GPU 中的不同核心，每个核心将通过执行线程来实现进度，如果某个线程由于等待内存而被阻塞，核心将执行其他线程。整个计算集合被称为网格。线程中包含的指令可以同时执行，例如，通过使用多个管道。GPU 上的线程块也可以同时执行。GPU 可快速切换执行的线程，从而隐藏内存延迟，这是它的一个重要特征。

假设有两个大矩阵 A 和 B，要计算它们的乘积 C，GPU 中矩阵乘法的分解如图 2-10 所示。

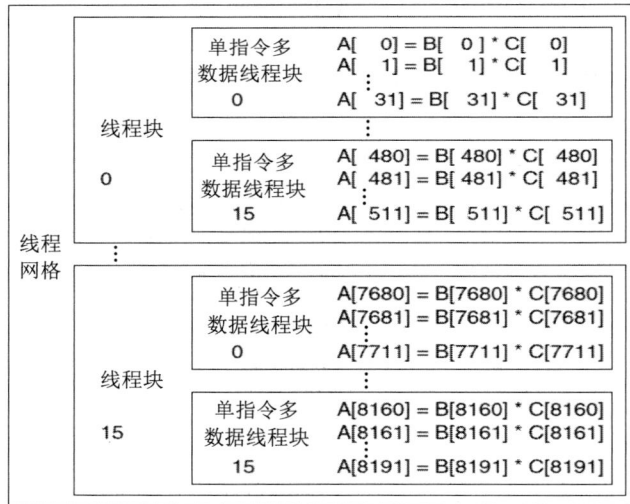

图 2-10　GPU 中矩阵乘法的分解

计算矩阵 A 和 B 乘积的大致过程如下：

(1) 矩阵划分。输入矩阵 A 和 B，它们被划分成更小的子矩阵，以适应 GPU 中的线程块结构。这些子矩阵的大小通常与 GPU 上的线程块大小相匹配。

(2) 线程块分配。每个线程块被分配给 GPU 中的一个核心。在这个核心上，线程块中的每个线程都会计算子矩阵的一部分。

(3) 并行计算。在每个线程块内部，线程并行执行。每个线程计算子矩阵乘法的一部分，最后将这些部分合并起来形成最终结果。GPU 利用其大量的核心并行执行多个线程块，从而实现高并行度。

(4) 内存访问和延迟隐藏。由于 GPU 内存访问可能引起延迟，GPU 架构设计为在一个线程等待内存访问的时候，可以快速切换到另一个线程，从而隐藏这种内存访问延迟。当一个线程被阻塞等待内存时，GPU 核心会切换到另一个就绪的线程执行，这样可以保持高效率的执行。

(5) 结果合并。需要合并每个线程块计算出的子矩阵结果，形成最终的矩阵乘法结果。

典型的图形处理单元以 ARM Mali-T880 GPU 为代表，图 2-11 为其架构，该架构定义为知识产权(Intellectual Property，IP)，包括了一个可综合模型。

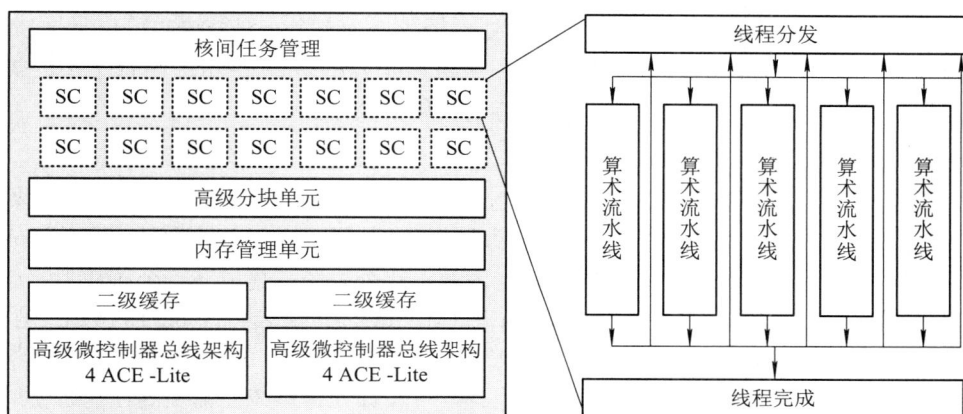

图 2-11　ARM Mali-T880 GPU 架构

在这个模型中，着色器核心(Shader Core，SC)的数量可以配置在 1 到 16 之间，这也是 Mali-T880 的一个显著特点。在计算机图形学中，着色器是用于计算图形渲染过程中特定效果(包括光照、阴影、颜色混合等)的程序。SC 通常指的是图形处理单元(GPU)中专门用于处理着色器操作的硬件核心，它们可以并行处理大量的着色器计算，从而加速图形渲染过程。这些多达 16 个的 SC 是 GPU 执行图形渲染任务的关键部分，可以负责处理顶点着色、片元着色等关键步骤，拥有如此多的核心意味着 Mali-T880 可以并行处理大量的数据，从而提高渲染速度和效率。每个 SC 包含数个管道，用于执行算术、加载/存储或与纹理相关的指令。在线程发出硬件中，尽可能多的线程在每个时钟阶段被发出。Mali-T880 还采用了先进的 Tile(小块)渲染技术，其 Tile 尺寸可在 16×16 至 32×32 之间调整。这种技术通过将屏幕划分为多个小块，然后逐块进行渲染，从而优化了内存访问模式并减少了带宽需求。这不仅提高了渲染效率，还有助于降低功耗，对于移动设备来说尤为重要。

在存储方面，Mali-T880 支持深度模板缓冲，以及每像素高达 16 字节的像素数据，这使得它可以处理更为复杂和详细的图形数据，为高质量的渲染效果提供了保障。同时，它还支持原始位访问(Raw Bit Access)，这在某些特定的图形处理任务中非常有用。在兼容性方面，编程支持包括与 OpenGL 库的接口以及 OpenCL，支持多种图形和计算 API，包括 Open GL ES3.2、Vulkan 1.0、OpenCL1.2 和 Direct X 11.2。这意味着开发者可以使用多种编程接口来开发图形应用，从而满足不同平台和设备的需求。GPU 还包含额外的组件，如内存管理单元、最多两个缓存和一个 AMBA 总线接口。

Mali-T880 常用于高性能移动设备，如智能手机、平板电脑和其他便携式设备，为这些设备提供高级 3D 图形渲染、游戏渲染以及复杂的数据计算能力。它也适用于需要大量图形和计算处理的场景，如高级游戏、虚拟现实(Virtual Reality，VR)、增强现实(Augmented Reality，AR)和深度学习等。

海思麒麟 950 与 Mali-T880 的完美结合，为用户带来了出色的图形处理能力和流畅的游戏体验。无论是在日常应用中，还是在高负荷的 3D 游戏场景下，这款处理器都能展现出强大的性能。

6. 多处理器系统级芯片

多处理器片上系统(MPSoC)也称为多处理器系统级芯片，是一种高度集成的系统级芯片(SoC)，它在单个半导体芯片上集成了多个处理器核心。这些处理器核心可以是同质的(即所有核心都是相同类型的处理器，如 TPU)，也可以是异构多核架构(即结合了不同类型的处理器，如 CPU、GPU、DSP 等)，以满足特定应用的需求。

1) 异构多核系统级芯片架构

图 2-12 为一个主流的 ARM big.LITTLE 异构多核系统级芯片架构，其中不仅包含处理器核心，还包括许多额外的系统组件，如内存管理单元和外设接口。总的来说，这种集成的背后理念是避免为这类功能再使用额外的芯片。因此，整个系统被集成在一个芯片上。这样的架构称为系统级芯片(SoC)或多处理器系统级芯片(MPSoC)架构。这里的"big.LITTLE"是 ARM 的一种处理器架构技术，它通过在一个芯片上集成高性能"big"和低功耗"LITTLE"两种不同类型的处理器核心，以实现更高的能效比。这种设计允许系统在需要高性能时使用高性能核心，而在低负载或待机状态下使用低功耗核心，从而延长电池寿命或减少能耗。通过系统级芯片(SoC)将整个系统或子系统集成在一个芯片上，大大提高了系统的集成度和能效比。

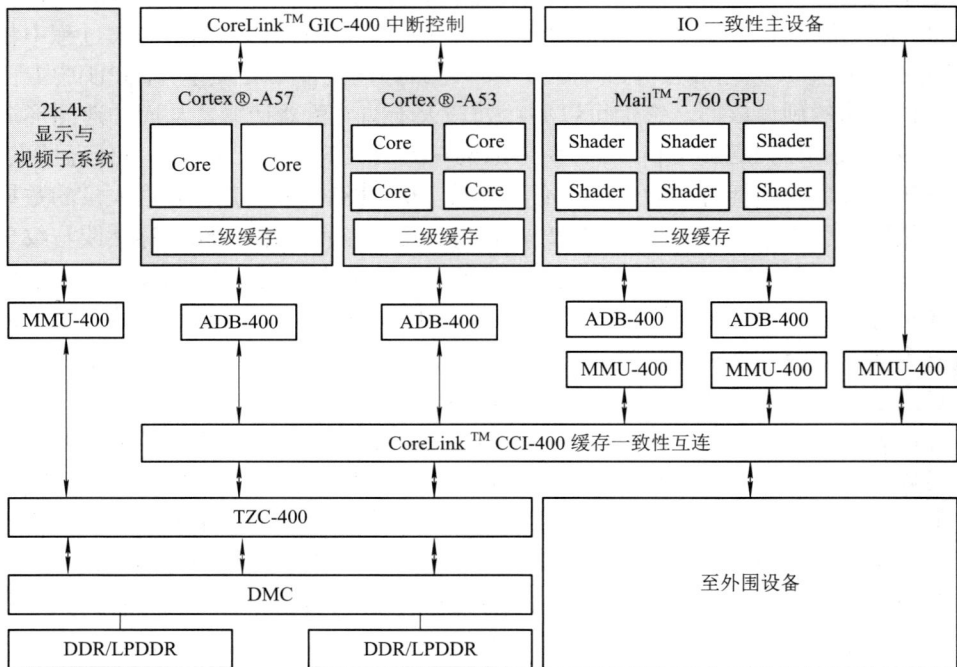

图 2-12　ARM big.LITTLE 异构多核系统级芯片架构

MPSoC 66AK 是由德州仪器(Texas Instruments，TI)推出的一款多处理器系统级芯片，66AK 是德州仪器为其多处理器系统级芯片所赋予的特定型号名称。该芯片结合了 ARM 架构的处理器核心和德州仪器的 C6XXX 系列处理器核心，旨在提供灵活而高效的处理能力，适用于各种需要高性能计算和实时处理的应用场景。其内部架构如图 2-13 所示。

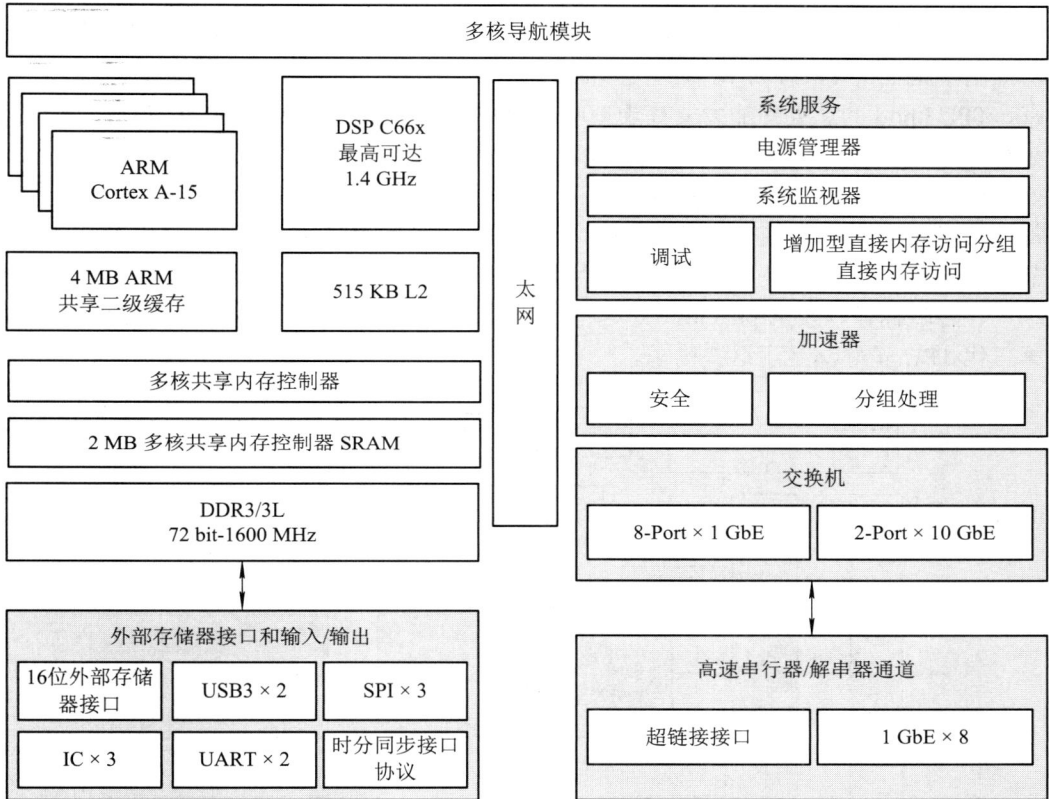

图 2-13　MPSoC 66AK 内部架构

2) 张量处理单元架构

由于半导体制造和新架构设计方面的进步正在放缓，因此需要专门的处理器来满足性能目标。大约在 2013 年，谷歌公司预测，使用传统的 CPU 或 GPU 在他们的数据中心提供预期的模式识别性能将很快变得非常昂贵。因此，具有高优先级的用于深度神经网络(Deep Neural Network，DNN)快速分类的专用机器学习处理器的设计开始了。由此产生了张量处理单元(Tensor Processing Unit，TPU)，其 v1 版架构如图 2-14 所示。

该架构的核心是一个 256×256 的乘加(Multiply-Accumulate，MAC)单元阵列。单个周期内可以执行 64 KB×8 位 MAC 操作，16 位操作需要更多的周期。DNN 由计算层组成，其中每一层都需要涉及权重因子的 MAC 操作。这些操作是通过将输入数据或中间层的数据"泵送"到 MAC 矩阵中来执行的。每个周期有 256 个结果值可用。TPUv1 版的性能分别是常用 CPU 和 GPU 的 29.2 倍和 13.3 倍,性能与功耗比分别提高了 34 倍和 16 倍。随后，谷歌设计了第二代和第三代 TPU，它们还支持训练 DNN。谷歌的第二代 TPU，也被称为

Cloud TPU 或 TPU 2.0，是一个基于云计算的硬件和软件系统。它在 2017 年由谷歌 CEO Sundar Pichai 在 I/O 大会上正式公布，并已全面投入使用，部署在 Google Compute Engine 平台上。第二代 TPU 被设计用于图像和语音识别、机器翻译和机器人等领域。这一系统包括了 4 个芯片，每秒可处理 180 万亿次浮点运算。更进一步的是，谷歌找到了一种方法，可以使用新的计算机网络将 64 个 TPU 组合到一起，升级为所谓的 TPU Pods，提供大约 11 500 万亿次浮点运算能力。在第二代 TPU 之后，谷歌继续推动其 TPU 技术的发展，并成功推出了第三代 TPU。相比前两代产品，第三代 TPU 在性能上有了显著的提升。据谷歌披露，TPU3 pod 的总处理能力要高于 100 PFLOPS(Peta FLOPS，千万亿次浮点运算每秒)，是 TPU2 pod 的 8 倍。这种强大的运算能力使得谷歌在进行 AI 运算时，相比类似的服务器级如 Intel Haswell CPU 和 NVIDIA K80 GPU，其速度要快 15～30 倍。更重要的是，TPU 的每瓦性能要比普通的 GPU 高出 25～80 倍，这使得谷歌在进行大规模 AI 运算时，能够更加节能和高效。第三代 TPU 已经广泛应用到了谷歌的多个项目中，包括谷歌图像搜索、谷歌照片、谷歌翻译以及 AlphaGo 等。这些应用都需要大量的计算能力和高效的数据处理，而第三代 TPU 正好满足了这些需求。

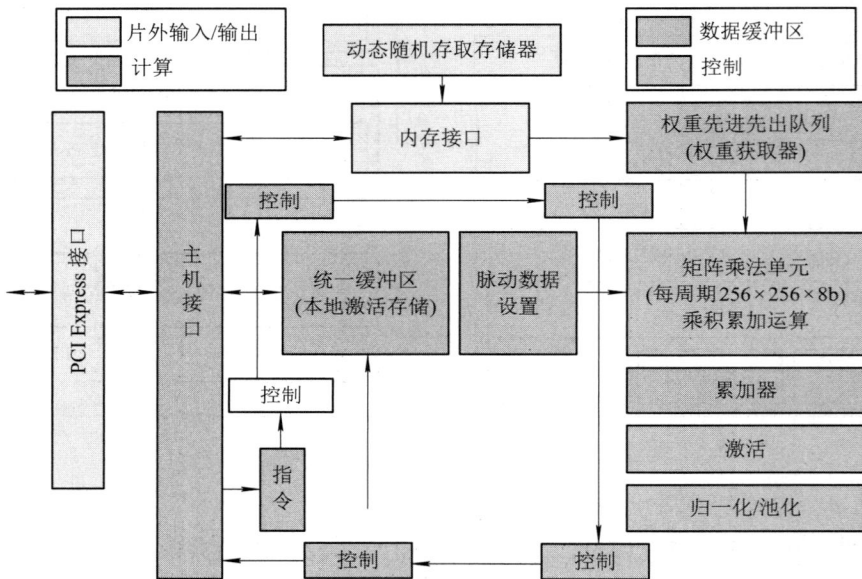

图 2-14　TPUv1 版架构

　　简而言之，MPSoC 是将多个处理器和其他系统组件集成在单一芯片上的技术。这种设计提供了更高的通信速度和资源共享效率。异构多核架构(包含不同类型的处理器)特别适用于节能和满足特定应用需求，而专用处理器(如 TPU)则是为了满足特定高性能目标(如机器学习)的设计。

　　3) 多处理器系统级芯片的特点

　　通过上述实例，可以总结出多处理器系统级芯片的基本特点如下：

　　(1) 高度集成。MPSoC 将多个处理器核心、内存管理单元、外设接口以及通常需要多个芯片才能实现的其他组件集成在一个单一的芯片上。

(2) 异构计算。MPSoC 通常包含不同类型的处理器核心，每种核心针对特定的任务进行了优化，以提高整体系统的性能和能效。

(3) 资源共享。MPSoC 内的核心通常可以共享某些资源，如内存、缓存等，这有助于提高数据处理的速度和效率。

基于上述特点，多处理器系统级芯片在以下场合中得到越来越多的应用：

(1) 移动设备。智能手机和平板电脑等移动设备通常使用 MPSoC，因为它们提供了所需的计算能力和多媒体处理能力，同时保持了低功耗。

(2) 嵌入式系统。汽车、工业控制系统、家用电器等嵌入式系统也越来越多地采用 MPSoC，以处理复杂的任务和提供实时响应。

(3) 高性能计算。MPSoC 可用于服务器和数据中心，特别是在需要大量并行处理和数据分析的情况下。

MPSoC 最初是为了解决单个处理器性能增长的瓶颈而开发的。随着集成电路制造技术的进步，集成更多处理器核心变得可行。同时，随着不同类型的计算任务的需求增加，MPSoC 开始集成异构处理器，例如将专用的图形处理单元(GPU)和通用处理器结合在一起。MPSoC 在向更高级别的系统级集成方向发展，不仅包括多个处理器核心，还包括内存控制器、通信接口等，以实现更高效的系统性能。由于移动设备和其他电池供电设备的流行，MPSoC 在设计时越来越注重能效，采用低功耗设计和动态电压频率调整等技术。随着人工智能和机器学习应用的普及，MPSoC 正在向包括用于这些任务的专用硬件(如 TPU)的方向发展，以提供所需的大规模并行处理能力。

在多处理器系统级芯片中，特别注意以下几个方面：

(1) 异构多核系统。这类系统不仅包含处理器核心，还包括内存管理单元和外设接口等额外系统组件。这种设计的目的是将整个系统集成在单一芯片上，避免使用额外的芯片来实现这些功能。

(2) 映射技术。多处理器系统级芯片(MPSoC)中的处理器映射技术是一种关键技术，用于优化系统性能和能效。该技术主要涉及将应用程序或任务分配给不同的处理器核心，以最大程度地利用系统资源并提高并行处理能力。这些处理器的映射技术很重要，因为它们可以实现接近专用集成电路(ASIC)的功率效率。

(3) 处理器多样性。MPSoC 可能包含多种处理器，例如专门用于移动通信或图像处理的处理器。这些高度专门化的处理器用于在半导体制造和新架构设计的进展放缓时，满足性能目标。

(4) 暗硅(Dark Silicon)。暗硅指的是在多处理器系统芯片(MPSoC)中，由于能耗和散热限制，某些芯片区域不能被同时激活使用的部分。这些区域在芯片运行时保持关闭或处于非活跃状态，因此被称为暗硅。在芯片设计初期，并没有出现暗硅现象。当时的制造工艺能够支持芯片上所有晶体管的同时运行而不超过功耗和散热限制。随着制造工艺的发展，尤其是进入纳米尺度，晶体管尺寸缩小，每个芯片上的晶体管数量大幅增加。但是，芯片的能耗和散热能力并没有与晶体管的密度同步增长。这就意味着，芯片上的所有晶体管不能在同一时刻激活，否则会导致过热和功耗过大。这种现象导致了暗硅的出现。设计师们不得不选择关闭芯片上的一些区域，以保证整个系统的稳定运行。综上所述，出现暗硅的原因可以归纳为：① 功耗壁垒，即随着晶体管尺寸的减小，静态功耗和动态功耗的增加使得芯片的总功耗增加；② 散热限制，即芯片的散热能力没有与晶体管密度的增加同步提升，导致无法有效散热；③ 能源效率需求，即在移动设备等领域，对能源效率的要求越来越高，不允许所有晶体管同时运行。

业界也尝试了多种方法来解决此问题。例如：① 异构多核设计，通过集成专门的处理器来处理特定类型的任务，优化能效；② 动态功耗管理，动态调整芯片上不同部分的功率分配，使得在不超过总功耗限制的情况下尽可能多地使用晶体管；③ 能效优化的架构，使用更高效的处理器设计，减少每个任务的能耗；④ 新型散热技术，开发更高效的散热技术，以便能够支持更多晶体管的同时运行；⑤ 改进的制造工艺，发展新的制造工艺，如 FinFET 技术，以减少晶体管的能耗和漏电。

7. 可重配置逻辑

可重配置逻辑是一种数字电路设计技术，它允许在系统运行过程中或运行后对逻辑功能进行重新配置。这种逻辑通常基于现场可编程门阵列(FPGA)或者复杂可编程逻辑器件(Complex Programmable Logic Device，CPLD)等可编程硬件实现。与传统的固定功能集成电路(如 ASIC)不同，可重配置逻辑可以根据不同的应用需求、任务变化或者性能优化要求，动态地改变其内部的电路结构和逻辑功能。

1) 可重配置逻辑应用领域

在许多情况下，全定制的 ASIC 芯片过于昂贵，而基于软件的解决方案又太慢或太耗能。为了使算法可以在定制硬件中有效实现，可重配置逻辑提供了一种解决方案。它几乎可以与专用硬件一样快，但与专用硬件不同的是，所执行的功能可以通过使用配置数据进行更改。

由于这些特性，可重配置逻辑在以下领域得到了应用：

(1) 快速原型制作。现代 ASIC 可能非常复杂，设计工作量大且耗时长，从最初的设计规划到最终完成整个芯片的设计制造是一个漫长且任务艰巨的过程。为了提前对即将要打造出来的最终系统有一定的了解、验证设计思路以及发现潜在问题等，就需要构建一个原型。这个原型系统虽然不是最终的完整的 ASIC 产品，但它在功能表现和运行行为上与最终要打造出来的 ASIC 系统是非常接近的。例如，最终的 ASIC 系统是用于实现某种复杂的图像识别算法处理，在这个原型上同样可以运行该图像识别算法的主要流程，对外界输入的数据做出类似最终系统那样的响应和处理结果，只是在一些细节方面(如处理速度、精度等)有所差异。借助这个原型系统，开发人员可以开展功能验证实验、性能测试相关实验、交互验证实验等。原型可能比最终系统更昂贵且更大，其功耗也可能大于最终系统，但一些时序约束可以放宽，并且只需要提供基本功能。这样的系统可用于检查未来系统的基本行为，使得能够快速创建系统原型，该原型紧密模仿最终产品，允许在全面生产之前进行测试和完善。

(2) 低容量应用。如果预期的市场容量太小，则不能证明开发 ASIC 的成本是合理的。对于软件解决方案来说太慢或效率太低的应用，可重配置逻辑是一项正确的硬件技术。

(3) 实时系统。基于可重配置逻辑设计的时序通常非常准确。因此，它们可以用来实现时序可预测的系统。

(4) 高度并行处理的应用。例如，可重配置逻辑可以将并行搜索某些模式实现为并行硬件。因此，可重配置逻辑在搜索遗传信息、互联网信息、股票数据、地震分析等方面得到了广泛应用。

　　2) 可重配置逻辑典型芯片

　　可重配置逻辑硬件通常包含随机存取存储器(RAM)以存储配置信息。存储配置信息的存储器分为持久性(Non-Volatile Memory)和易失性(Volatile Memory)两种。对于持久性存储器，在断电时信息会保留；而对于易失性存储器，一旦断电信息就会丢失。如果存储器是易失性的，则其内容必须在启动时从某种持久性存储技术(如只读存储器或闪存)中加载。

　　能够满足上述应用的可重配置逻辑硬件以现场可编程门阵列(FPGA)最为常见。顾名思义，这类设备是在"现场"(制造后)进行编程的。这里以 Xilinx UltraScale 为例进行简要介绍，Xilinx UltraScale 架构采用基于列的结构来组织其内部资源。这种架构方式是将不同功能的模块按照列的形式排列，使得整个芯片的布局更加规整，也便于资源的管理和利用。

　　图 2-15 为基于列的 Xilinx UltraScale FPGA 架构，一些列包含 I/O 接口、时钟设备和RAM，一些列包含可配置逻辑模块(Configurable Logic Block，CLB)、用于数字信号处理的特殊硬件和一些 RAM。CLB 是关键组件，它们提供可配置的功能。

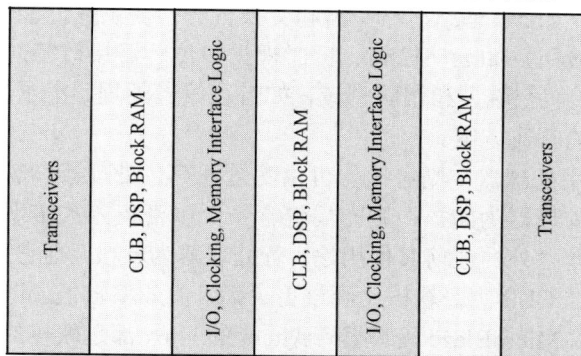

图 2-15　基于列的 Xilinx UltraScale FPGA 架构

　　每个 Xilinx UltraScale CLB 包含 8 个模块，每个模块包括 1 个用于通过显示查找表(Look-Up-Table，LUT)实现逻辑功能的 RAM、2 个寄存器、多路复用器和一些附加逻辑，如图 2-16 所示。

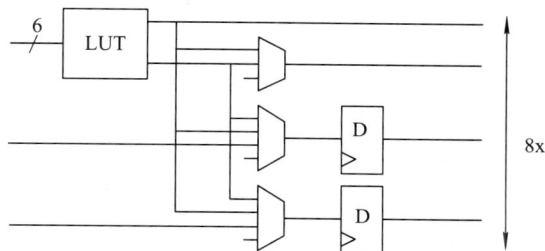

图 2-16　Xilinx UltraScale CLB(八个模块之一)

　　每个 LUT 具有 6 个地址输入和 2 个输出，可以实现 6 个变量的任何单个布尔函数或 5个变量的 2 个函数(前提是这 2 个函数共享输入变量)。这意味着可以实现所有 6 个变量的264 个函数或所有 5 个输入的 232 个函数，这是实现可配置性的关键手段。一些 LUT 也可以用作 RAM。此外，CLB 中包含的逻辑也可以进行配置。这包括对两个寄存器的控制，它们可以编程为存储 LUT 的结果或一些直接输入值。CLB 中的块通过组合可以形成加法器、多路复用器、移位寄存器或存储器。配置数据决定 CLB 中多路复用器的设置、寄存器和 RAM 的时钟、RAM 组件的内容以及 CLB 之间的连接。单个 CLB 存储多达 512 位，几个 CLB 通过组合在一起，可以创建如具有更大位宽的加法器、具有更大容量的存储器或复杂的逻辑功能等。当前可用的 FPGA 包含大量专用块，如 DSP 硬件、一些存储器、用于各种 I/O 标准的高速 I/O 设备、FPGA 配置数据的解密设施、调试支持、ADC(模/数转换器)、高速时钟等。

近几年推出的 Xilinx Virtex UltraScale+ VU13P 具有丰富的逻辑资源，该芯片采用先进的工艺技术和架构设计，具有出色的性能表现，可满足各种高性能应用的需求，其具有可扩展性，架构支持多芯片扩展，可以实现更大规模的系统设计。其内部资源包括 1728 k LUT、48 Mbit 分布式 RAM、94.5 Mbit 块 RAM、360 Mbit UltraRAM、约 12 k 专用 DSP 单元、4 个 PCIe 接口、以太网接口和最多 832 个 I/O 引脚。Virtex UltraScale+ VU13P 可用于数据中心加速应用，如网络加速、存储加速和计算加速等，提高数据中心的性能和能效；也可用于各种通信网络应用，如 5G 基站、路由器和交换机等，提供高性能和灵活性的解决方案；也可用于工业自动化应用，如运动控制、机器视觉和传感器接口等，提高生产效率和产品质量；此外，还可用于航空航天和国防领域，如雷达信号处理、电子战系统和导弹制导等，提供高性能和可靠性的解决方案。

如果 FPGA 中可用处理器，则可简化可重配置计算、处理器和软件的集成。处理器可以是硬核或软核。若处理器为硬核，则布局包含一个以密集方式实现核的特殊区域，并且此区域不能用于除硬核之外的任何其他用途。若处理器为软核，则它可作为综合模型使用，这些模型可映射到标准 CLB 上。软核比硬核更灵活，但效率较低。可以在任何 FPGA 芯片上实现软核，Xilinx 的 MicroBlaze 处理器、Altera 的 Nios 都是软核的典型代表，第三方也提供了 8051、ARM Cortex-M、RISC-V、LEON 等处理器软核。Xilinx 近些年推出的 Zynq UltraScale+ MPSoC 上具有硬核，提供了多达四个 ARM Cortex-A53 核心、两个 ARM Cortex-R5 核心和一个 Mali-400MP2 GPU 处理器。

Zynq UltraScale+ MPSoC 是 Xilinx 公司推出的一款高性能、高度集成的芯片解决方案，将多个处理器核心、可编程逻辑和其他外设接口集成在一个芯片上，提供了高度集成的解决方案，降低了系统复杂性和功耗。该芯片支持多种配置和扩展选项，可以根据应用需求进行定制和优化，提供了灵活性、可扩展性以及出色的计算性能和实时响应能力，可满足各种高性能应用的需求。另外，该芯片还提供了多种安全特性，如加密、身份验证和安全启动等，可保护系统免受恶意攻击和数据泄露等威胁。该芯片在嵌入式系统和物联网、数据中心和云计算、5G 通信和无线网络、机器视觉和图像处理等领域得到了广泛应用。

通常，为了生成 FPGA 上的硬件功能，我们需要从高级语言描述(如 VHDL、Verilog HDL 等)开始，并且 FPGA 的制造商会提供相应的设计工具套件来帮助我们实现这个过程。理想情况下，这些高级描述也可以用来自动生成 ASIC 芯片，但实际上往往需要一些额外的手动调整和交互。FPGA 能提供大量的并行处理能力，但要充分利用这个优势通常需要对应用程序进行手动优化。因为自动并行化的效果通常有限，如果不经过特别的优化，就把所有计算任务直接分配给处理器核心，可能会导致 FPGA 的并行能力不能得到充分发挥。简而言之，FPGA 提供了一种方式，让开发者能够实现复杂的硬件功能，而不必制造新的硬件设备，只需要使用 FPGA 板卡就可以了。这提供了相当大的灵活性和方便性，特别是在需要快速原型制作或者设计不够确定的情况下。

在深度学习和人工智能(AI)领域，FPGA 已经成为一种广受欢迎的硬件加速器。与微控制器(MCU)和图形处理单元(GPU)相比，FPGA 因其具有更高的能效和高度并行性而备受推崇。与专用集成电路(ASIC)相比，FPGA 易于开发且具有更高的可重配置性。然而，在资源受限的设备上开发 AI 应用仍然具有挑战性，因为这需要在底层硬件设计和软件开发方面具备专业知识。FPGA 的强大之处在于其硬件配置的灵活性，尤其在执行深度学习中的关键子程序(如滑动窗口计算)时，其单位能耗性能通常优于 GPU。但配置 FPGA 需要具体的硬件知识，这对许多研究人员和应用科学家来说是一个门槛。近年来，FPGA 工具开始使用包括 OpenCL 在内的软件级编程模型，使其越来越受到主流软件开发者的欢迎。对于研究人员来说，选择工具时通常需要考虑是否拥有用户友好的软件开发工具、灵活且可扩展的模型设计方法，以及是否能够快速计算以缩短大型模型的训练时间。由于高度抽象的设计工具的出现，FPGA 的可重配置性使得为特定应用定制架构成为可能，同时高度的并行计算能力增加了指令执行速度，为深度学习研究人员带来了优势。对于应用科学家来说，尽管工具层面的选择相似，但硬件选择的重点是最大化单位能耗性能，从而为大规模操作减少成本。因此，FPGA 可以通过其单位能耗的强大性能和针对特定应用定制架构的能力，为深度学习应用科学家带来好处。目前，FPGA 主要的供应商包括国外的 Xilinx(2022 年被 AMD 以全股份交易方式收购)、Altera(已被 Intel 收购，是英特尔历史上最大的一笔收购，交易金额达到 167 亿美元)、Lattice Semiconductor、QuickLogic、Microsemi(前身为 Actel)以及国内的深鉴科技、安路科技、紫光同创、高云半导体、京微齐力、复旦微等。

2.2.5　嵌入式系统的存储器

1. 存储器容量与访问时间、能耗的关系

数据、程序和 FPGA 配置等都必须存储在某种类型的存储器中。存储器必须具有应用所需的大容量，才可提供预期的性能，同时在成本、尺寸和能耗方面仍然高效。对存储器的要求还包括预期的可靠性和访问粒度(如字节、字、页)。此外，我们还要区分持久性存储器和易失性存储器。但这些要求是相互冲突的。目前，可用的一些存储器的访问时间可以用 Cacti、NVSIM 等仿真工具来估计。Cacti 发布于 2001 年，用于仿真 SRAM/DRAM 等 Cache(高速缓冲存储器)的访存时间、功耗、周期时间和面积等。NVSIM 仿真平台发布于 2014 年，用于仿真新型存储器(如 RRAM、STT-MRAM、PCM、FBRAM、SRAM、3D-NAND 等)的时序、功耗、面积等。这些值的估计要基于内存布局的初步生成和电容的提取，不同的参数需匹配适当的制造工艺和技术。

图 2-17 为 Cacti 预测的随机存取存储器的延迟和访问时间随容量的变化。从中可以看出，访问时间随着存储器容量的增加而增加，存储器越大，访问信息所需的时间就越长；另外，大容量存储器也往往能耗较高，存储器容量对能耗的影响甚至比对访问时间的影响还要大。

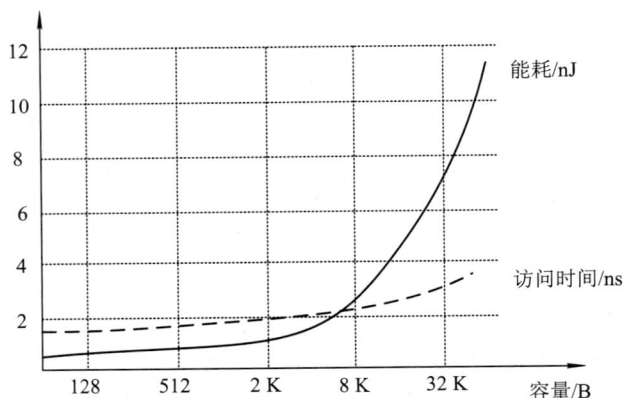

图 2-17   Cacti 预测的随机存取存储器的延迟和访问时间

2. 处理器与存储器的速度差异

直到 2003 年处理器的时钟频率趋于饱和，处理器与存储器之间的速度差异逐渐增大。虽然存储器的速度每年仅增长约 1.07 倍，但处理器的整体性能每年却增长了 1.5～2 倍，这得益于体系结构的改进。总体而言，处理器性能与内存速度之间的差距已经变得很大。因此，由于内存访问时间的限制，要想进一步提高整体性能变得非常困难。这一事实也被称为内存墙(Memory Wall)。内存墙是指计算机系统中处理器的运算速度与存储器的数据传输速度之间日益增大的差距，即随着处理器速度的迅速提高，内存的速度提升并没有跟上处理器的步伐，导致处理器芯片在等待数据从内存中读取时浪费了大量的时间，这种现象就像是处理器和存储器之间存在一堵"墙"。为了突破内存墙，计算机体系结构采用了以下几个方面的技术：

(1) 缓存设计。为了缓解处理器与存储器之间速度差异的影响，现代计算机体系结构广泛采用多级缓存(如 L1、L2、L3 等)系统。通过在处理器近旁放置小但非常快速的缓存存储区，可以临时存储使用频繁的数据和指令，从而减少对慢速主存储器的访问次数。

(2) 预取技术。预取技术是指试图"预测"处理器未来可能需要的数据，并提前从内存中将其读取到缓存中。这种方法可尽量减少处理器等待数据的时间。

(3) 并行性的利用。由于单线程性能提升的空间受限(部分因内存墙的影响)，现代处理器设计越来越多地采用多核心、多线程技术，通过增加计算资源的并行度来提高整体处理能力。

(4) 内存技术的创新。内存墙问题推动了内存技术的发展，使更快的 DRAM 技术(如 DDR4、DDR5)和新型的内存技术(如 3D XPoint)出现了。

(5) 芯片互连技术。在多核处理器系统中，芯片间、核心间的有效通信也非常关键。高带宽、低延迟的互连技术对于提升处理器的性能至关重要。

内存墙问题提醒设计者在提升处理器性能的同时，也需要关注整个系统的平衡，特别是内存子系统的性能，确保处理器芯片设计的提升能在实际应用中得到有效利用。单个处理器的时钟频率进一步增加已经停滞不前，但当时钟速度基本饱和且多核需要额外的内存带宽时，仍存在巨大的差距。因此，我们必须在内存架构的不同需求之间找到折中方案。

综上所述，嵌入式系统一般对存储器有三个要求，即容量大、价格低、速度快。实现"容量大、价格低"的要求，需采用提供大容量的存储技术；满足"速度快"的要求，需采用昂贵且容量小的快速存储技术。如果采用其中的一种技术来设计存储器，存储器的设计就会陷入困境，因为存储器的三个要求是相互矛盾的。

3. 内存层次结构

Burks、Goldstine 和 von Neumann 早在 1946 年就指出了内存系统面临的挑战，同时他们提出了构建内存层次结构的构想，即有必要构建一个内存层次结构，每一层的容量都比上一层大，但访问速度更慢。这种层次结构的具体形式依赖于技术参数和应用需求。解决这种速度与容量矛盾的有效方法是，采用多种存储技术构建一个分层的存储系统。

1) 内存层次结构级别

在典型的内存层次结构中，通常会见到以下几个级别：

(1) 处理器寄存器。这是内存层次结构中最快的部分，但其容量有限，通常只有数百字。

(2) 主内存(工作内存)。它实现了处理器内存地址所隐含的存储空间，其容量通常在几 MB 到几 GB 之间，但是属于易失性存储。

(3) 缓存和缓冲内存。由于主内存和寄存器之间存在较大的访问速度差异，许多系统都引入了缓存内存，如高速缓冲存储器、地址转换后援缓冲器(Translation Lookaside Buffer，TLB)和高速暂存存储器(Scratch Pad Memory，SPM)。这些小型内存与大内存相结合，用于存储频繁使用的数据和指令，可以实现更高效的数据访问和能源利用。与个人电脑和服务器不同，设计的这些缓存要确保可预测的实时性能。其中，地址转换后援缓冲器是一种特殊的缓存，用于提高虚拟地址到物理地址转换的效率。在现代计算机系统中，操作系统和硬件通常使用虚拟内存来管理程序的地址空间，这意味着程序使用的地址需要转换成实际物理内存地址才能访问。这个转换过程涉及查询页表，页表是一个映射虚拟地址到物理地址的结构，通常存储在内存中，频繁地访问页表会造成访问速度很慢。TLB 就像是页表的一个小缓存，在 CPU 里面非常快速地存储最近使用的地址映射。当 CPU 需要转换一个虚拟地址时，它首先会检查 TLB 中是否有这个地址的映射。如果有，这个转换就可以很快完成。如果没有，CPU 才不得不访问内存中的页表，这个过程相对较慢。TLB 命中(找到有效映射)可以显著加快内存访问速度。TLB 起源于 20 世纪 60 年代末到 70 年代初，随着虚拟内存的引入而发展起来。早期的计算机系统为了管理越来越大的内存和多任务需求，引入了虚拟内存机制。随着时间的推移，TLB 被集成到 CPU 的芯片内部，成为现代处理器架构的标准组成部分，这大大提高了地址转换的速度。为了进一步提高性能，一些处理器开始采用多级 TLB 架构。例如，一级 TLB(L1 TLB)位于 CPU 核心内部，提供最快的访问速度，而二级 TLB(L2 TLB)提供更大的容量。随着程序和操作系统对内存的需求增加，TLB 的容量也随之增加。此外，为了提高 TLB 的命中率，设计者增加了 TLB 的关联性，即一个虚拟地址可以在 TLB 的多个位置找到其映射。为了减少 TLB 未命中的开销，硬件和操作系统优化了页表结构，例如，引入了快速页表遍历机制和嵌套页表(用于虚拟化环境)。近年来，随着安全问题的增加，TLB 也被设计为具有硬件安全特性，例如对缓存攻击的防护。

(4) 非易失性存储。前面介绍的几种存储技术都是易失性的。为了提供持久的数据存储，需要采用不同的技术。对于嵌入式系统而言，闪存通常是首选。在其他情况下，可能会使用硬盘或基于互联网的存储解决方案，如云存储。

2) 持久性内存技术

内存层次结构的设计是在各种设计目标之间进行权衡的结果。例如，A. Macii 曾研究过内存分区的概念。新的内存技术，包括持久性内存，有可能会改变目前的内存层次结构。A. Macii 研究的内存分区是一种内存管理策略，旨在有效地组织与利用不同类型和层次的内存资源。内存分区通常涉及将物理内存划分为多个独立区域或分区，每个分区可以被分配给特定的任务或处理器，以优化性能和能效。首先，根据应用程序的需求和内存的特性，将内存划分为多个区域，每个区域具有特定的访问速度、大小和技术特性(如易失性与非易失性)。同时，还需要实现内存访问的规则和机制，确保每个处理器或任务只能访问分配给它的内存分区，从而提高内存的访问效率和系统的整体性能。通过分析应用程序的访问模式，将频繁访问的数据放在更快的内存分区中，以减少访问延迟和能耗。然后，根据应用程序运行时的需求动态调整内存分区的大小和位置，优化资源利用率和系统性能。内存分区的主要作用是提高内存的使用效率，减少访问冲突，降低能耗以及提升系统的性能和可靠性。通过对内存的精细管理，可以更好地满足现代计算密集型和数据密集型应用程序的需求。

持久性内存技术则是一种革命性的内存解决方案，旨在桥接传统 SSD 和 DRAM 之间的差距。英特尔傲腾持久性内存(Intel Optane Persistent Memory，PMem)是该技术的一个突出例子。它是一种由 Intel 公司推出的新型内存技术，具有非易失性，并且容量更大、更经济实惠。它可以直接被插在内存条的插槽上，提供 128 GB、256 GB、512 GB 的容量，且与 DDR4 总线兼容。同时，它支持内存模式和 APP Direct 模式两种操作模式，能够满足不同应用场景的需求。在内存模式下，PMem 和内存作用一样，由 MMU(Memory Management Unit，内存管理单元)直接管理空间访问，存在易失性问题；在 APP Direct 模式下，PMem 可以代替 DDR，作为内存并提供持久化能力，此时空间管理需要由软件层来做。它通过与 CPU 直接连接来实现类似 DRAM 的快速访问速度，同时保持数据的持久性。这种内存技术正变得越来越重要，因为它不仅提供了内存和存储的双重功能，而且还在能效、容量和经济性方面具有显著优势。Intel 已经发布了 Optane SSD 系列的新产品，如 Optane SSD P5800X 和 Optane Memory H20，这表明持久性内存技术正逐步成为数据中心记忆体系中不可或缺的一部分。

4. 存储系统

如图 2-18 所示，在内存层次结构的存储系统中，存储系统分为高速暂存存储器、高速缓冲存储器(Cache)、主存储器和外存(辅助存储器)几种。高速暂存存储器也称为便笺式存储器，由寄存器构成，用来暂存即刻要执行的指令、马上要用的数据或得到的处理结果，属于 CPU 的组成部分。高速缓冲存储器(Cache)存放当前正在执行程序的部分程序段或数据，寄存器的位数与机器字长相同，位于主存和 CPU 之间，其速度为 ns 级别，容量为 KB~MB 级别。主存储器

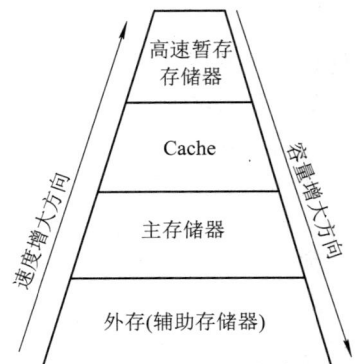

图 2-18   内存层次结构的存储系统

主要用于存放当前处于活动状态的程序和有关数据，其速度为 ns 级别，容量为 MB～GB 级别。辅助存储器不能由 CPU 的指令直接访问，必须通过专门的程序或专门的通道把所需的信息与主存进行成批交换，调入主存后才能使用，在联机时，其速度为 ms 级别，容量为 GB～TB 级别。下面介绍几种常见的存储器类型。

1) 寄存器文件(Register File)

寄存器文件是一种快速存储器，用于存储中央处理单元(CPU)中的指令、数据和地址。它在提高处理器性能和执行速度方面具有重要意义。其关键技术包括提高访问速度、优化存储容量与功耗的平衡以及设计多端口寄存器文件，以支持并行操作。这些技术解决了访问延迟、功率消耗以及与处理器其他部分的集成问题，对于实现高性能计算系统至关重要。

寄存器文件的存储容量直接影响其循环时间和功率。当存储器大小增加时，循环时间(即执行一个操作所需的时间)和功率(电力消耗)也会相应变化，如图 2-19 所示，其中 $0.18\,\mu m$ 表示半导体制造工艺的特征尺寸，即 0.18 微米工艺。特别是，当寄存器被频繁访问时，它们可能会产生相当的热量，因此在设计和使用寄存器文件时，处理功率和散热是不可忽视的重要考虑因素。还有，随着寄存器文件的大小增加，循环时间(即执行操作的时间)和功率(电力消耗)也相应增加，这说明了更大的存储器容量会带来更高的访问延迟和能源消耗。因此在设计处理器时，就需要在寄存器文件的大小、速度和能效之间作出权衡。在一些应用中，可能需要优先考虑更快的访问速度或更低的功耗，而不是仅仅追求更大的存储容量。

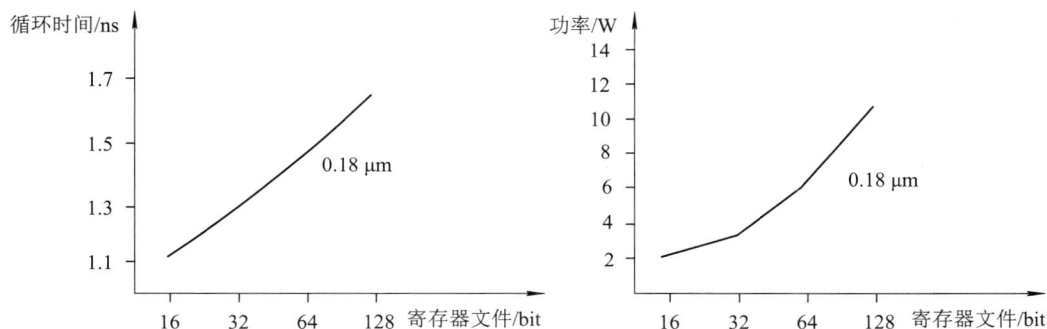

图 2-19　寄存器文件大小与循环时间和功率之间的关系

2) 高速缓冲存储器(Cache)

高速缓冲存储器是一种小型、快速的存储器，它保存部分主存内容的拷贝，减少访问主存储器所花费的访问时间，如在 ARM9 中使用的指令 I-Cache 和数据 D-Cache。Cache 中放置内容常使用的方法有全相联映像、直接映像和组相联映像。目前，新的 ARM 架构处理器中大多数采用分块的全相联结构，而 ARM7 采用的是 4 路组相联的 8KB 指令/数据 Cache。

对于缓存，要求硬件检查缓存是否拥有与特定地址相关的有效信息。此检查涉及比较缓存的标签字段，这些字段包含相关地址位的一个子集。如果缓存没有有效副本，缓存中的信息将自动更新，即缓存的作用是确保处理器可以快速访问数据。如果列表大小超过缓存容量，访问时间会增加，这是因为需要更频繁地访问较慢的主内存。缓存的大小和架构对程序的运行时间有很大影响，缓存的智能利用可以显著提升性能。此外，缓存对提高系统的能效也有贡献，但在设计时预测缓存的命中率和失效率是一个挑战。

缓存最初是为了提供良好的运行时效率而被引入的。其名称来源于法语单词"cacher"(意为隐藏)，表明程序员不需要看到或知道缓存，缓存中的信息更新是自动的。然而，当需要访问大量信息时，缓存就不再那么不可见了。Drepper 分析了一个程序遍历线性列表条目的执行时间。每个条目包含一个 64 位指针，指向下一个条目加上 NPAD 个 64 位字。执行时间是在 Pentium4(P4)处理器上测量的，该处理器包含一个 16 KB 的一级缓存，每次访问需要 4 个处理器周期；一个 1 MB 的二级缓存，每次访问需要 14 个处理器周期；一个主内存，每次访问需要 200 个处理器周期。图 2-20 显示了当 NPAD=0 时，访问一个列表元素的平均周期数与工作集大小的关系曲线。工作集(Working Set)指的是一个程序当前在物理内存中保留的页面集合，这些页面是该程序最近使用过的或者预计很快就会使用的，操作系统会尽量保持工作集在物理内存中，以便程序能够快速地访问这些数据，而不是从磁盘上重新加载。对于较小的列表，每个列表元素需要 4 个周期。这意味着我们几乎总是在访问一级缓存，因为它足够大以适应这种大小的列表。如果增加列表的大小，平均每次访问需要 8 个周期。在这种情况下，我们正在访问二级缓存。但是，由于缓存块足够大，可以容纳两个列表元素，因此实际上只有每隔一次访问才是对二级缓存的访问。对于更大的列表，访问时间增加到 9 个周期。在这些情况下，列表比二级缓存大，但是二级缓存条目的自动预取隐藏了主内存的一些访问延迟。从图 2-20 中可以看出，对于较小数据集，一级缓存能够有效提供所需数据，但随着数据量增加，需要更频繁地访问二级缓存和主内存，导致访问时间逐渐增加。缓存预取机制能够部分隐藏主内存的访问延迟，但对于更大的数据集，这种影响减小。这项研究强调了理解和优化缓存使用在提高程序性能方面的重要性。

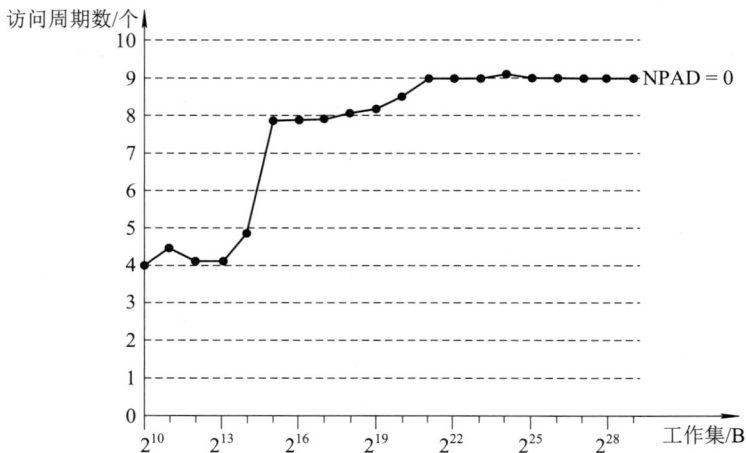

图 2-20   当 NPAD=0 时，每次访问的平均周期数

图 2-21 显示了当 NPAD=0、7、15 和 31 时，访问一个列表元素的平均周期数与工作集大小的曲线关系。对于 NPAD=7、15 和 31，由于列表项的大小较大，预取失败，所以

访问时间急剧增加。这意味着缓存架构对应用程序的执行时间有很大影响。增加缓存大小只会改变发生这种执行时间增加的应用程序的大小，巧妙地利用层次结构可以对执行时间产生很大的影响。

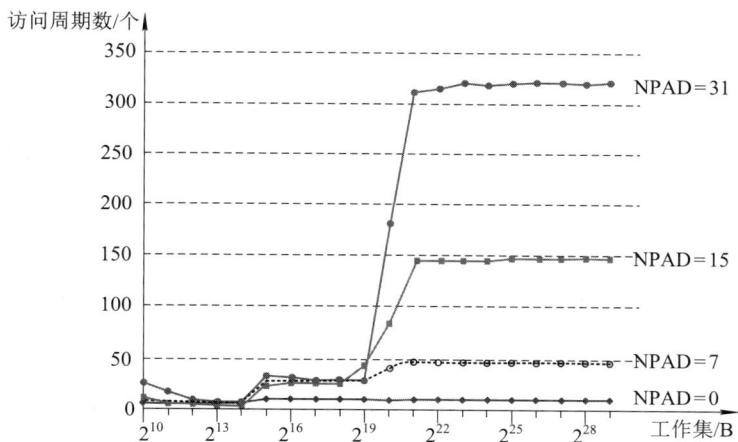

图 2-21　当 NPAD = 0、7、15、31 时，每次访问的平均周期数

　　到目前为止，我们知道了容量对访问时间的影响。然而，缓存也有可能提高内存系统的能效。对缓存的访问是对小内存的访问，因此每次访问所需的能量比大内存少。在设计缓存时，预测缓存未命中和命中是困难的，并且是准确预测实时性能的负担。

　　上文详细描述了缓存的工作原理、对程序执行效率的影响以及如何根据缓存的设计来优化程序性能。缓存是一种隐藏在内存系统中的小容量、高速存储设备，用于存储经常访问的数据，从而提高数据访问速度并降低能耗。然而，随着数据量的增加，缓存的效率可能会下降，导致访问延迟增加。因此，程序员需要了解缓存的行为，以便在设计程序时最大限度地利用缓存的优势，同时避免其局限性。

　　3) 高速暂存存储器

　　高速暂存存储器(SPM)是一种在嵌入式系统中常用的存储器，它直接由程序员或编译器管理，而不是由硬件自动管理。相对于传统的缓存，SPM 有更低的延迟和更高的能效，因为它避免了缓存查找和替换算法的复杂性和开销。其关键技术包括高效的数据放置策略和内存管理方法，以确保数据访问的最优化。SPM 主要用于性能和能耗至关重要的应用场合，如嵌入式系统和实时系统。也可以从另一个角度来理解，即可以映射到地址空间中(见图 2-22)的存储器被称为暂存存储器或紧耦合内存(Tightly Coupled Memory，TCM)。可通过正确选择内存地址来访问 SPM。与缓存不同，SPM 不需要检查标签。相反，每当某个简单的地址解码器发出信号表示地址在 SPM 的地址范围内时，就会访问 SPM。SPM 通常与处理器集成在同一块芯片上，它们是片上存储器的一个特例。对于 n 路组相联缓存，读取操作通常并行读取 n 个条目，并仅在此后选择正确的条目，而 SPM 避免了这些耗能的并行读取。因此，SPM 非常节能，是一种高效的存储方式，可以直接映射到处理器的地址空间中，提供快速、能效高的数据访问，特别适合需要快速、低功耗存储访问的应用场景。

　　图 2-23 显示了每次访问 SPM 与缓存所需能量的比较。对于二路组相联缓存，这两个

值相差约三倍。图中的值是使用 Cacti 估算 RAM 数组能耗计算得出的。

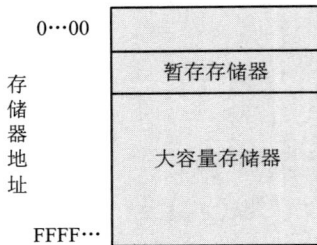

图 2-22   包含暂存器的内存映射

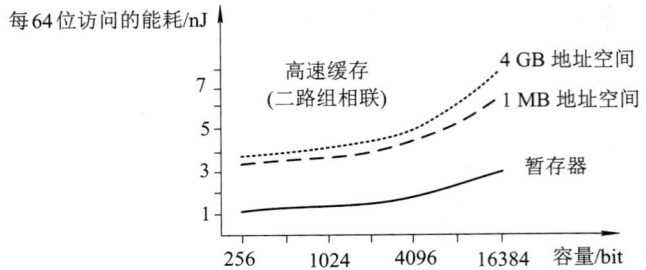

图 2-23   每次访问 SPM 和缓存的能耗

4) 只读存储器(ROM)

ROM 利用可规划式接线的短路或断路来实现数据存储,具体接线的规划方式由 ROM 的类型决定。ROM 可由内部嵌入的算法完成对芯片的操作,因而在各种嵌入式系统中得到了广泛的应用,通常用于存放程序代码、常量表以及一些在系统掉电后需要保存的用户数据等。其特点为数据可以读取,但不能任意更改,掉电情况下数据不会丢失。ROM 主要分为 EPROM、EEPROM 和 Flash 存储器三种类型。

(1) EPROM。EPROM 是一种只读存储器,它具备独特的编程与擦除特性,既可通过电信号进行编程写入数据,又能利用紫外线照射来擦除已存储的信息。这种特性使得 EPROM 适合于小批量生产需求,或者用于产品开发阶段的调试与实验,能够为研发人员提供灵活且低成本的存储解决方案。

(2) EEPROM。EEPROM 的内部结构与 EPROM 类似,具有浮动栅极,不同之处在于:源极、漏极、浮动栅极、P 型基底接上不同的电压进行写入、擦除和读出。EEPROM 可通过电信号编程和擦除,省去了如 EPROM 擦除需照射紫外线的烦琐程序。EEPROM 可针对每个存储单元进行擦除操作,擦除次数达到一万次以上。

(3) Flash 存储器。该存储器是 EEPROM 的延伸产品,为非易失性存储器,也采用浮动栅极原理,但其浮动栅极与通道间的距离较短。其数据写入速度快(因为浮动栅极与通道间的距离比较短),故得名"闪存存储器"。Flash 存储器可在线进行电写入、电擦除,并且掉电后信息不丢失,具有低功耗、大容量、擦写快、可整片或分扇区系统编程、擦除等特点。

Flash 存储器主要采用 NOR 和 NAND 两种技术。

NOR 型 Flash 存储器的结构采用并行方式工作,可以随机读取任意单元的内容,适合于程序代码的并行读写、存储。该类存储器常用于制作计算机的 BIOS 存储器和微控制器的内部存储器。其读速度高,而擦、写速度低,成本较高,并且每个内存单元的面积比较大,因此存储容量较小。

NAND 型 Flash 存储器通过 I/O 指令的方式进行读取,成本较低,按页和块组织存储单元,访问存储单元需要发送指令,不能直接读写。在进行大量读取文件时,NAND 型 Flash 存储器的速度比 NOR 型 Flash 存储器快很多,常用来存放 OS、文件系统和部分应用程序。它的每个内存单元面积较小,因此存储容量较大,价格低。NAND 型 Flash 存储器的内部存储单元是采用串行工作方式进行工作的,按顺序读写存储单元的内容,非常适合大容量的数据或文件的串行读写,目前单片容量可达 64 GB,但 NAND 型 Flash 存储器在写入之前需要先擦除，擦除之后，存储单元内全为"1"，读写是以页为单位，擦除是以块为单位，一个块包含几百个甚至上千个页，因此当需要更新某一页中的某一位数据时，需要对该页所在的块进行擦除，再整个写入。NAND 型 Flash 存储器常用来制作扩充记忆卡，如 CF 卡、SD 卡、MS 卡、SMC 卡等。

5) 随机存取存储器(RAM)

RAM 每个内存单元存储一个位(bit)的数据，可读可写，读取和写入一样快速，但掉电数据将丢失，一般作为内存使用。RAM 主要分为 SRAM、DRAM、SDRAM 等。

(1) SRAM。SRAM 为易失性存储器，其内部结构由正反器电路组成，每一位存储单元电路需要 6 个晶体管，数据存取速度较快，比较容易同处理器制造在同一个芯片中，数据不需要实时刷新，但成本较高，主要用于数据存储。

(2) DRAM。DRAM 为易失性存储器。DRAM 的存储单元由一个电容和一个晶体管组成，解码线使晶体管导通后，通过 RD/WR 信号线读取电容电压或者对电容充放电。由于电容漏电，需要每隔 $15.625\,\mu s$ 为电容充电一次。DRAM 的容量较大，约是 SRAM 的 4 倍，成本较低，但由于电容的充放电原因，数据需要进行实时刷新操作。DRAM 与 SRAM 之间的主要差别在于数据存储的寿命不同。只要不断电，SRAM 就能保持其数据，但 DRAM 中数据只有极短的寿命，通常为 $4\,\mu s$ 左右，因此，DRAM 控制器需要周期性地刷新所存储的数据。由于每比特成本低，DRAM 通常用作程序存储器。其缺点是速度慢，计算机系统一般使用高速 SRAM 作为高速缓冲存储器来弥补 DRAM 的速度缺陷。

(3) SDRAM。SDRAM 不具有掉电保持数据的特点，但其存取速度高于 Flash 存储器，且具有读写的属性，因此 SDRAM 在系统中主要用作程序的运行空间、数据及堆栈区。当系统启动时，CPU 首先从复位地址 0x00000000 处读取代码，在完成系统初始化后，程序代码一般调入 SDRAM 中运行，以提高系统的运行速度。

2.3　输 入 设 备

输入设备是物理世界与电子网络世界之间的接口，具体则是指向计算机输入信息的设备，是重要的人机接口，负责将输入的信息(包括数据和指令)转换成计算机能识别的二进制代码，送入存储器保存。在嵌入式系统中，输入设备主要包括传感器、小型键盘、触摸屏、ADC 等。

2.3.1　传感器

传感器是连接物理世界和网络世界的关键组件，几乎对于每一种物理量都可以设计传感器，包括重量、速度、加速度、电流、电压、温度等。在传感器的构造中可以利用多种物理效应，如电磁感应(在电场中产生电压)和光电效应。还有一类特殊的传感器能够敏锐地监测各类化学物质，为环境监测、医疗诊断、工业生产等诸多领域提供关键数据支持。近年来，许多智能系统的进步都可以归因于现代传感器技术。传感器的可用性使得设计传感器网络成为可能，这也是物联网的关键元素。下面介绍几种常见的传感器。

1. 加速度传感器

加速度传感器是一种能够测量加速度的传感器，通常由质量块、阻尼器、弹性元件、敏感元件和适调电路等部分组成。传感器在加速过程中，通过对质量块所受惯性力的测量，利用牛顿第二定律获得加速度值。根据传感器敏感元件的不同，常见的加速度传感器分为电容式、电感式、应变式、压阻式、压电式等，一般为使用微系统技术制造的小型传感器。当加速时，传感器中央的质量块会从其标准位置移动，从而改变与质量连接的微小导线的电阻。加速度传感器包含在功能强大的惯性测量单元(Inertial Measurement Unit，IMU)中，IMU 包含陀螺仪和加速计，并能够捕捉最多六个自由度的信息，包括位置(x、y、z)和方向(横滚、俯仰、偏航)。它们被用于飞机、汽车、机器人等产品中，以提供惯性导航。新材料(如纳米材料)的使用，不仅增加了传感器的灵敏度，还提高了其稳定性和抗干扰能力。同时，微纳加工技术的发展使得传感器的尺寸变得更小，从而实现了更高的集成度和更低的功耗。

现代的加速度传感器不仅能够实时监测加速度数据，还能够通过内置的微处理器实现数据的分析和处理，提供更多的功能和应用。例如，通过机器学习算法，智能化的传感器可以实现动作识别和姿态估计，这在虚拟现实、智能手机和智能家居等领域具有广泛的应用前景。加速度传感器的使用范围也在不断扩大，随着智能手机的普及，其内置的加速度传感器的应用也越来越广泛。例如，通过内置的加速度传感器可以实现屏幕自动翻转、摇晃手机进行截屏、摇晃换歌等应用。运动手环是相对新兴的产品，其优化人体运动方法的需求使得加速度传感器成了它的重要组成部分。它通过加速度传感器追踪用户的运动、步数、卡路里等数据，从而帮助用户科学有效地进行运动。随着物联网技术的演进，可以将多个加速度传感器与其他设备进行连接，从而进一步拓宽了加速度传感器的应用范围。例如，在家庭自动化中，加速度传感器可用于识别用户的需求并控制家电。加速度传感器也是现代汽车的重要传感器之一，它可以判断车辆的运动状态。例如，它可以测量加速度和角速度，从而判断车辆运动的方向、速度和高度。

2. 图像传感器

图像传感器主要有两大类，分别为电荷耦合器件(Charge Coupled Device，CCD)传感器和 CMOS 传感器。这两种传感器都利用光传感器阵列来捕捉图像，但它们的工作方式和优势各有不同。CMOS 传感器能够像内存一样随机访问和读取每个像素，使得它们可以直接在芯片上进行一些图像处理，被称为智能传感器。它们的生产成本低，只需要一个标准的电源电压，而且接口简单，因此非常经济实惠。CCD 传感器则是专为光学应用设计的，它们通过顺序传递像素间的电荷来读取图像，因此接口设计相对复杂。随着技术的进步，CMOS 传感器的图像质量得到显著提高，使得它们与 CCD 传感器在图像质量上的差距日益缩小。CMOS 传感器由于其较快的读取速度，特别适合需要实时显示或视频录制的相机。对于低成本设备和需要集成高级功能的智能传感器，CMOS 传感器也是首选。虽然 CCD 传感器在某些专业应用领域(如科学图像采集)仍然占有一席之地，但其市场份额正在逐渐减少。

3. 生物识别传感器

随着对安全标准和移动设备保护需求的提高，生物识别技术和生物医学认证越来越受到重视。传统的密码安全方式存在诸多局限，比如密码可能被窃取或遗忘。为了克服这些问题，生物识别技术被引入作为一种更安全、个性化的认证方式。这项技术通过分析个人独有的生理特征来确认身份，常见的方法包括虹膜扫描、指纹识别和面部识别等。尽管生物识别提供了一种更加直接和个性化的安全验证方法，但它也不是完美无缺的。它的一个主要挑战是假阳性和假阴性的发生，即错误地接受非法用户或错误地拒绝合法用户。这种局限性意味着，与传统的密码系统不同，在生物识别系统中很难实现绝对的匹配。尽管如此，生物识别技术仍然是一种强大的工具，为安全领域带来了许多新的可能性。

4. 人工眼睛

人工眼睛项目备受关注，它旨在以直接或间接的方式恢复或增强视觉功能。例如，Dobelle 研究所的一项实验是通过将摄像头连接到计算机，并将电脉冲直接发送到大脑，来尝试恢复视觉功能。近期，一些侵入性相对较小的方法，如将图像转换成音频，也开始受到重视。在过去几年中，科学家们还开发了多种视网膜植入物，用于代替老年性黄斑变性或视网膜色素变性患者中死亡的感光细胞。例如，FDA(美国食品药品监督管理局)在 2013 年批准的 Argus Ⅱ 设备，可以为失明患者提供基本的视觉功能，并希望未来技术的进步将帮助更多的患者。Argus Ⅱ 通过将一个小型电子芯片植入到视网膜表面，同时患者佩戴的眼镜内置有一个小型视频摄像头，用于将图像无线传输到芯片上。尽管该设备的分辨率有限，但它仍然可以让患者读取大字体文字、确定移动物体或人的位置，以及检测街道的边缘。此外，还有其他方法在尝试恢复视力。例如，直接刺激大脑负责视觉的部分——视觉皮层的电子芯片，以及使用基因疗法将感光分子传递到视网膜，从而使剩余细胞对光敏感，绕过感光细胞，恢复一定程度的视力。

5. 射频识别技术

射频识别(Radio Frequency Identification，RFID)技术是一种利用无线电频率进行自动识别和数据收集的技术，基于电磁感应、互感、调制技术、感应耦合和反向散射耦合等核心物理/电子学原理。它的应用范围非常广泛，涵盖了从农业到珠宝业，从防卫到自助服务终端，从洗衣自动化到图书馆系统等多个领域。在具体的应用中，RFID 技术被广泛应用于高速公路收费、汽车防盗系统、物流与供应链管理等领域。例如，在汽车防盗系统中，RFID 技术通过在汽车钥匙中嵌入 RFID 芯片来防止车辆被盗。而在物流与供应链管理中，RFID 技术通过在产品上附加独特的 RFID 标签，记录诸如生产日期、过期日期、温度等信息，实现对产品的有效追踪和管理。RFID 标签由天线和微芯片组成，微芯片负责处理、配置和存储数据，而天线用于与 RFID 接收器通信。RFID 接收器则包括收发器、微处理器、通信接口和电源供应。当 RFID 接收器被启动时，它们会通过其天线产生磁场，并通过一些调制技术进行无线传输。RFID 标签主要分为主动标签和被动标签两种类型。主动标签有自己的电池供电，因此可以在更大的距离上操作，也可以在更高频率上运行。而被动标签没有自己的电池，它们通过 PCD(Proximity Coupling Device，接近式耦合设备)的磁场获得能量。因此，被动标签需要被放置在 PCD 附近 1～2cm 的范围内才能解码其值。

6. 汽车传感器

现代汽车配备了多种传感器，以增强车辆的功能和性能。下面介绍一些常见的汽车传感器。

(1) 空气流量传感器：用于检测进入发动机的空气量和密度，确保空燃比达到最优状态，提高燃油效率。

(2) 敲击传感器：也称为爆震传感器，用于监控空燃混合物的点火过程，防止提前点火，保护发动机免受损害。

(3) 发动机速度传感器：用于跟踪曲轴的位置和速度，向 ECU(Electronic Control Unit, 电子控制单元)传递数据以控制点火时间和燃油喷射。

(4) 曲轴或凸轮轴位置传感器：用于管理发动机进气和排气阀门，确保燃烧室内气体的正确流动。

(5) 氧气传感器：用于监测排放气体中的氧气含量，帮助调整空燃比，以减少排放并优化燃油效率。

(6) 进气歧管绝对压力传感器(MAP)：用于监测发动机负荷，确保发动机在不同压力下正确吸入燃油。

(7) 油门位置传感器：用于检测油门阀门位置，向 ECU 传递数据以决定送入气缸的空燃混合量。

(8) 电压传感器：用于控制车辆怠速速度，确保发动机在正确的电压下运行。

(9) 冷却液传感器：用于监测冷却液温度，根据传感器输入调节发动机运行。

(10) NOx 传感器(氮传感器)：用于检测排放气体中的氮氧化物含量，以符合严格的排放规定。

(11) 燃油温度传感器：用于测量燃油温度，确保燃油的高效燃烧。

(12) 车速传感器：用于监测车轮速度，为安全系统如牵引控制和 ABS 等提供数据。

(13) 泊车传感器：用于探测车辆前后的障碍物，通过声音信号通知司机，提高泊车安全性。

(14) 雨水传感器：用于检测风挡上的雨水，自动启动雨刷，提高驾驶安全性。

(15) 加速度传感器：用于测量车辆的加速度，包括振动、突然加速或制动、急转弯或强烈冲击等。

上述传感器提高了车辆的安全性、舒适性和性能，但同时也可能会带来维护和维修成本的增加。

7. 其他传感器

除了上述的几种传感器，还有许多其他类型的传感器被广泛应用于各个领域。例如，热传感器能够检测和测量温度变化，广泛应用于工业控制、环境监测以及消防安全等方面；发动机控制传感器在汽车工业中占据重要地位，它们负责监测发动机的各种参数，如转速、温度、压力等，以确保发动机的高效运行和减少排放；霍尔效应传感器则利用霍尔效应原理来检测磁场变化，常用于位置检测、速度测量以及电流传感等应用。这些传感器在各自的应用领域内都发挥着至关重要的作用，为我们提供了大量关于环境、设备状态以及物理量的实时数据。

然而，随着传感器技术的不断发展和普及，我们面临的挑战也日益增加。如何从海量、复杂且多维度的传感器数据中提取出有用信息，以便作出准确的决策和预测？在这一背景下，机器学习算法的应用显得尤为重要和普遍。机器学习能够从大量数据中学习并提取出有用的模式和规律，进而对未知数据进行预测和分类。通过结合传感器数据和机器学习算法，我们可以实现更加精准和智能的数据分析，从而优化系统性能、提高生产效率并降低运营成本。例如，在工业控制领域，机器学习算法可以根据温度传感器、压力传感器等多个传感器的数据来预测设备的故障趋势，从而提前进行维护，避免生产中断；在智能交通系统中，通过结合车辆速度传感器、道路拥堵传感器以及天气传感器的数据，机器学习算法可以实时调整交通信号灯的控制策略，以缓解交通拥堵并提高道路安全性。

2.3.2　采样电路与保持电路

在嵌入式系统设计中，时间的离散化是一个核心概念，尤其在模拟信号与数字信号之间的转换过程中。采样电路与保持电路是实现这一转换的关键组件，它们在信号处理、控制系统和数据采集等多个领域都有广泛的应用。

1. 采样电路

采样电路负责在特定时间点捕获模拟信号的值。这个过程通常是由一个定时器或时钟信号控制的，以确保采样的周期性和一致性。采样电路的设计需要权衡多个因素，包括采样频率、信号带宽和噪声等。

根据奈奎斯特定理，为了准确重构一个模拟信号，采样频率必须至少是信号最高频率成分的两倍。然而，在实际应用中，为了留出一定的安全裕量并减少混叠效应，通常会选择更高的采样频率。

2. 保持电路

保持电路的作用是在采样间隔内保持采样值不变，直到下一个采样周期到来。这通常是通过一个电容器来实现的，当采样开关关闭时，电容器迅速充电到与输入信号相等的电压；当采样开关打开时，电容器则保持这个电压值。

保持电路的设计同样面临挑战，如电容器的选择、开关的非理想特性(如电荷注入和时钟馈通)以及电路中的噪声和失真等。为了减小这些影响，可以采取多种措施，如使用差分结构、增加滤波器等。

采样保持电路在模数转换过程中扮演着关键角色。它的主要功能是在一个短暂的时间内稳定输入信号，使 ADC(模/数转换器)能够准确读取信号的瞬时值。其工作原理是当采样信号到达时，采样保持电路迅速响应并"锁定"当前的输入电压，然后在转换期间保持这个电压稳定。这确保了即使输入信号继续变化，ADC 也可以准确地转换在采样时刻的信号值。通过采样保持电路可减少因信号变化带来的误差，提高整个系统的精确度。

2.3.3　模/数转换器

模/数转换器(ADC)在嵌入式系统中扮演着至关重要的角色。它是将模拟信号转换为数字信号的电子设备，通常情况下，数字输出是一个与输入成比例的二进制补码。这种转换使得嵌入式系统能够处理和理解来自各种传感器的输入，从而感知并响应外部环境的变化。ADC 能够采集来自各种传感器的模拟信号，如温度、压力、光强度等，并将其转换为数字信号，供嵌入式系统进行处理和分析。通过 ADC，嵌入式系统可以精确地控制各种参数，如电压、电流等,从而实现精确的硬件控制。ADC 还可以对模拟信号进行滤波、放大等处理,以提高信号的质量和准确性。ADC 在通信、工业自动化、医疗、消费电子等领域得到广泛应用。

1. 常见的 ADC 类型

ADC 的类型多样,每种类型都有其独特的工作原理和应用场景。这里简要列举几种:

(1) Flash ADC(闪存 ADC)。这是最简单也是速度最快的 ADC 类型。它通过一系列并行工作的比较器来快速确定输入电压的级别,非常适合需要快速采样的应用,如数字示波器、视频数字化和雷达检测。但是,由于 Flash ADC 需要大量的比较器,所以往往体积大且成本高。

(2) Successive Approximation ADC(逐次逼近 ADC)。逐次逼近 ADC 通过重复比较试探电压与输入电压,逐步逼近真实值。这种类型的 ADC 在速度、分辨率和信号保真度之间取得了很好的平衡,非常适合各种信号类型。它常用于数据采集系统、工业控制和数字成像等领域。

(3) Integrating ADC(积分 ADC)。积分 ADC 通过对输入信号进行一段时间的积分(平均)来实现转换。这类 ADC 包括电压-频率转换、单斜率、双斜率和多斜率转换等类型,在噪声抑制方面表现优异,常用于远程传感和噪声环境中的信号转换。

(4) Counting/Slope Integration ADC(计数/斜率积分 ADC)。这种类型的 ADC 在启动一个斜率生成电路时,并同时启动一个二进制计数器,当生成的斜率值超过输入电压时,比较器便能即时检测到这一情况,进而触发停止信号,使计数器停止计数。得到的二进制计数与输入电压水平成比例。这种类型的 ADC 结构简单,能提供良好的分辨率和均匀的二进制步进,但绝对准确性可能有所欠缺。

2. ADC 的关键技术指标

在了解 ADC 的性能时,有以下几个关键的技术指标:

(1) 采样率。采样率表示 ADC 每秒可以采样多少次。采样率越高,ADC 能够更频繁地捕获信号的变化,从而更准确地表示原始模拟信号。采样率就相当于拍摄电影时摄像机的帧率;帧率越高,捕捉到的动作就越流畅。

(2) 分辨率。分辨率表示 ADC 可以区分的最小信号变化级别,通常以位(bit)表示。分辨率越高,转换后的数字信号就能更精确地反映模拟信号的真实状态。可以把它想象为电视或显示器的分辨率;分辨率越高,图像就越清晰。

(3) 量化误差。因为数字信号只能表示特定的值,而模拟信号是连续的,所以在转换过程中会有一些舍入误差,这就是量化误差。它相当于我们试图用一组楼梯来模拟斜坡,不管楼梯有多细,都无法完全平滑。

(4) 信噪比(Signal-to-Noise Ratio,SNR)。这是衡量信号质量的一个重要指标,它表示信号强度相对于背景噪声强度的比例。信噪比越高,意味着信号中包含的噪声越少,质量越好,这就像我们在安静的房间里通话比在嘈杂的街道上更容易听清楚。

(5) 动态范围。动态范围描述了 ADC 可以有效处理的最大非失真信号振幅和最小可检测信号振幅的比值。最大非失真信号通常是指 ADC 不产生饱和或削顶的最大信号,而最小可检测信号振幅通常与 ADC 的噪声水平(如量化噪声、热噪声等)有关。这个范围是一个衡量 ADC 能够处理多大振幅范围的信号而不失真的标准。动态范围越大,设备就能够在极其微弱的信号和非常强烈的信号之间进行有效的转换。这就像是一个音响系统能够同时处理非常轻的声音和非常响的声音,而不会失真。

(6) 有效位数(Effective Number of Bits,ENOB)。这是一个衡量 ADC 整体性能的指标,考虑到了噪声和失真的影响。ENOB 体现的是 ADC 在不引入太多误差的情况下能提供多少位的有效数据。虽然一个 ADC 可能有 12 位的物理分辨率,但其 ENOB 可能只有 9 位,这意味着实际性能相当于一个没有噪声和失真的 9 位 ADC。

(7) 总谐波失真加噪声(Total Harmonic Distortion plus Noise,THD+N)。这个指标衡量了 ADC 输出信号中的总噪声和谐波失真。谐波失真是信号频率的整数倍的失真,这会在转换过程中产生,特别是在处理高频信号时。THD+N 越低,说明 ADC 的性能越好。

(8) 输入阻抗。ADC 的输入阻抗影响其与前端模拟信号源的匹配程度。输入阻抗越高,对信号源的影响越小,能更好地保持原始信号的完整性。

(9) 功耗。特别是在便携式设备和电池供电的系统中,功耗是一个重要考虑因素。低功耗的 ADC 有助于延长设备的运行时间。

(10) 输入电压范围。这指的是 ADC 能够处理的最小和最大输入信号电压。这个范围越宽,ADC 就能够处理更大范围的信号。

(11) 过采样率(Over Sampling Ratio,OSR)。过采样是一种技术,通过以远高于信号带宽需求的速率采样,来提高信号的信噪比。OSR 越高,理论上可以获得更高的信噪比,但相应的处理速度也会降低。

了解了这些技术指标有助于全面评估 ADC 的性能,确保选择的 ADC 能满足特定应用的要求。在不同的应用中可能需要优化不同的指标,例如,在音频应用中可能更关注 THD+N 和动态范围,而在数据采集系统中可能更侧重于采样率和 ENOB。

2.4　输　出　设　备

嵌入式系统的输出设备是指将数据或信息从系统传递给用户或其他系统的设备。这些设备在嵌入式系统中扮演着至关重要的角色,其作用主要体现在以下几个方面:

(1) 用户体验。输出设备是用户获取系统信息和反馈的主要途径,直接影响到用户对产品的满意度和使用体验。

(2) 功能实现。在许多嵌入式系统中,输出设备不仅用于显示信息,还包括执行特定的物理操作,如打印文档或控制机器运动,是实现系统功能的关键部分。

(3) 系统设计。输出设备的选择和集成对嵌入式系统的设计有重要影响,包括硬件布局、功耗考虑和用户界面设计。

(4) 环境适应性。在特定的应用环境中,如户外、工业场合或噪声环境,输出设备必须适应环境条件,保证信息能够准确无误地传递。

因此,输出设备不仅是用户交互的桥梁,也是系统功能实现的关键。选择和设计合适的输出设备是嵌入式系统开发中不可忽视的重要环节。

输出设备提供了电子网络世界与现实世界的接口。在嵌入式系统中，常见的输出设备包括显示设备、指示灯、音频输出设备和打印机等。

1. 显示设备

显示设备包含 LCD、OLED、LED 显示屏等，用于显示文本、图形或视频信息。在用户界面密集的应用(如智能手机、平板电脑和信息仪表板)中，显示屏是核心的输出设备。显示技术是一个极其重要的领域。目前主要的显示技术有：

(1) 液晶显示(LCD)技术。LCD 技术是最常见的显示技术之一，用于各种嵌入式系统，包括手机、平板电脑和工业控制面板。LCD 技术包括 TFT、IPS 等，提供了从基本的字符 LCD 到高分辨率的彩色图形显示的多种选项。

(2) 有机发光二极管(OLED)技术。OLED 技术因其出色的色彩表现、高对比度和能够实现真正的黑色而受到青睐。OLED 屏幕可以做得更薄、更灵活，这使得它们适用于可穿戴设备和其他需要柔性显示屏的应用。

(3) 电子墨水(E-Ink)技术。E-Ink 技术以其极低的功耗和在阳光下的可读性而闻名，非常适合需要延长电池寿命和在户外读取的应用，如电子书阅读器和标签。

(4) 微型发光二极管(MicroLED)技术。MicroLED 技术是一种新兴的显示技术，与 OLED 类似，它可提供出色的色彩和对比度，同时拥有更高的亮度和更长的使用寿命。MicroLED 技术还处于发展初期，但已经显示出巨大的潜力，特别是在高端显示市场。

目前，显示技术正在朝以下几个方面发展：

(1) 柔性显示技术。随着材料科学的发展，柔性显示技术正在变得越来越实用。这些显示器可以弯曲或卷曲，为可穿戴设备、折叠手机和新型用户界面开辟了新的可能性。

(2) 透明显示。透明显示技术允许制造完全透明的显示屏，可以用于增强现实(AR)应用和新颖的用户界面设计。透明 OLED(TOLED)显示屏是这一领域的主要产品之一。

(3) 更高的刷新率和分辨率。随着嵌入式系统对高质量图像和视频的需求增加，制造商正在推出具有更高刷新率和分辨率的显示屏，以提供更流畅和更清晰的视觉体验。

(4) 自发光技术的改进。OLED 和 MicroLED 等自发光显示技术正在不断改进，以提供更高的效率、更好的色彩表现和更宽的视角。

随着技术的不断进步，未来的嵌入式显示技术将继续向着更高的性能、更低的功耗和更广泛的应用领域发展。这些创新不仅会提升用户体验，也为嵌入式系统设计开辟了新的可能性。

2. 指示灯

嵌入式系统中的指示灯是一种简单而直观的输出设备，用于通过不同的颜色、亮度或闪烁模式向用户提供系统状态的信息。指示灯在许多嵌入式设备中都有应用，从简单的家用电器到复杂的工业控制系统。例如，LED 指示灯可用于提供系统状态的简单指示，包括电源状态、网络活动或警告信号等。尽管它们提供的信息有限，但在需要快速识别系统状态的场景中非常有效。常见的指示灯类型有：

(1) LED 指示灯。由于其低功耗、长寿命和高亮度，LED 指示灯在嵌入式系统中非常普遍。LED 指示灯可以制成不同的颜色，通过颜色变化来传递不同的信息。

(2) 多色 LED 指示灯。它集成了多个颜色的 LED，可以显示更多的状态信息，通过亮起组合不同颜色的 LED 来增加信息的种类。

(3) RGB LED 指示灯。通过红、绿、蓝三种颜色的混合，RGB LED 指示灯能够产生多种颜色，为用户提供更丰富的状态指示。

(4) OLED 指示灯。OLED 技术提供了更高的对比度和可视角度，OLED 指示灯可以用作更高端的状态指示或显示小型文本和图形。

随着电子技术的发展，指示灯技术也在不断进步。LED 技术的提升使得指示灯更加节能、寿命更长，同时成本也在下降。智能控制技术的发展让指示灯的应用更加灵活，可以通过软件编程来控制指示灯的亮度、颜色和闪烁模式，以适应更复杂的用户需求。目前，指示灯正在朝以下几个方面发展：

(1) 智能控制。通过集成微控制器或与嵌入式系统的主处理器通信，指示灯现在可以实现更复杂的控制逻辑，如基于事件的颜色变化、调节亮度以适应环境光线等。

(2) 低功耗技术。为了适应可穿戴设备和移动设备的需求，LED 技术在减少功耗方面取得了显著进展，使得指示灯在不增加设备负担的情况下可提供有效的状态指示。

(3) 集成解决方案。一些制造商提供了已集成多种功能的指示灯解决方案，例如，集成环境光传感器的 LED 能够自动调整亮度，集成通信功能的 LED 可以远程控制指示灯的状态。

(4) 柔性和透明指示灯。随着柔性电子和透明电子技术的发展，未来的指示灯可能会更加多样化，比如可以集成到柔性材料中或是做成透明的，为产品设计提供更多可能性。

嵌入式系统中的指示灯技术正在向更智能、更节能、更灵活的方向发展，为用户提供更丰富和直观的交互体验。随着新材料和新技术的应用，指示灯的设计和功能将会更加多样化，以满足更广泛的应用需求。

3. 音频输出设备

嵌入式系统中的音频输出设备是实现声音播放的关键组件，从简单的提示音和警报到复杂的音乐和语音通信，音频输出在用户交互和信息传递中扮演着重要角色。在安全系统、移动设备和媒体播放设备中，音频输出是用户交互的重要组成部分。在嵌入式系统中，常见的音频输出设备有：

(1) 蜂鸣器(Buzzer)：用于产生简单的声音信号，常见于报警器、计时器和低成本设备中。

(2) 扬声器(Speaker)：能够播放更复杂的声音，如音乐和语音，其用途广泛，包括从移动电话到家庭娱乐系统等领域。

(3) 耳机和耳塞：为个人使用提供音频输出，常用于便携式设备，如智能手机和音乐播放器。

(4) 数/模转换器(DAC)：将数字音频信号转换为模拟信号，以便通过扬声器或耳机播放。DAC 的性能直接影响音频输出的质量。

随着数字音频技术的发展，嵌入式系统中音频输出设备的性能和功能也在不断提升。高质量的音频编解码器和 DAC 变得越来越普及，使得即使是小型和低成本的嵌入式设备也能提供令人满意的音频体验。音频输出设备的最新进展和发展趋势如下：

(1) 更高的音频质量。随着高解析音频(Hi-Res Audio)标准的推广，越来越多的设备支持 24 位深度和 96 kHz(甚至更高)的采样率，提供更清晰、更详细的声音。

（2）无线音频传输。蓝牙音频技术的发展使得无线耳机和扬声器变得非常流行。新一代蓝牙音频标准，如蓝牙 5.0 及其之后的版本，提高了音频传输的稳定性和能效，同时减少了延迟。

（3）智能音频处理。音频输出设备集成了高级音频处理功能的芯片和软件算法，如噪声抑制、回声消除和 3D 音效模拟，为用户提供更丰富的听觉体验和更高效的通信能力。

（4）更低的功耗。为了适应可穿戴设备和移动设备的需求，音频输出设备和相关技术正在向着更低功耗的方向发展。例如，使用更高效的放大器设计和优化的音频传输协议来减少能量消耗。

（5）音频与人工智能结合。越来越多的嵌入式系统集成了语音识别和人工智能技术，使设备能够理解和响应用户的语音指令。这要求音频输出设备不仅要播放声音，还要与麦克风阵列协同工作，以支持远场语音识别和智能助手功能。

4. 打印机

嵌入式系统中的打印机是指那些集成到更广泛的系统中，用于执行特定打印任务的设备。这些打印机通常不是为一般消费者市场设计的，而是为了满足特定行业应用的需求，如标签打印、票据打印、条码打印等，用于生成物理文档或标签。尽管这类输出设备不适用于所有嵌入式应用，但在零售和物流行业中占据重要位置。常见的嵌入式打印机有：

（1）热敏打印机：利用热敏纸在热作用下变色的原理进行打印，常用于收据和标签打印。热敏打印机因其简单、高效和低维护成本而广泛应用于零售和医疗行业。

（2）热转印打印机：使用热转印带(色带)在热作用下将墨水转移到介质上，适用于需要长期保存的标签和条码打印。热转印打印技术提供了更好的耐用性和打印质量。

（3）移动打印机：专为移动性和便携性设计的小型打印机，可以直接集成到移动设备或车辆中，支持现场打印功能，如物流配送中的快递单打印。

（4）点阵打印机：虽然点阵打印技术较老旧，但因其能在多层复写纸上打印而在某些特定应用中仍然受到欢迎，如银行和政府部门的表格打印。

随着打印头技术的进步，现代嵌入式打印机提供了更高的打印分辨率和更快的打印速度，以满足高质量打印需求。越来越多的嵌入式打印机支持蓝牙、Wi-Fi 等无线通信技术，使得打印设备能够更容易地与智能手机、平板电脑和云服务等集成，支持无线打印和远程管理。在打印行业，环保和节能是重要的发展趋势。新型打印机采用了节能设计和环保材料，减少能耗和废物产生。集成了先进传感器和智能算法的嵌入式打印机能够实现自动纸张检测、打印质量监控和故障自诊断，提高了打印过程的自动化水平和可靠性。目前，嵌入式打印机正在朝以下几个方向发展：

（1）更多的定制化和灵活性。随着嵌入式打印机在各种行业应用中的普及，用户对打印解决方案的定制化需求日益增长。制造商正在开发更加灵活的打印机，以适应不同的打印介质、尺寸和应用场景。

（2）集成和智能化。嵌入式打印机正在变得更加智能化，能够与更广泛的系统和服务集成，如物联网(IoT)设备、大数据分析和云计算平台，实现数据驱动的打印和管理。

（3）可持续发展。随着对环境保护意识的增强，节能减排和可持续材料的使用将成为嵌入式打印机发展的重要方向。

5. 电机控制器

嵌入式系统中的电机控制器广泛应用于各种电动机械装备中,用于精确控制电机的运转,包括速度、方向和力矩等。这些控制器在工业自动化、汽车电子、家用电器以及航空航天等领域中扮演着至关重要的角色。虽然电机控制器通常不直接向用户提供信息,但它们在实现物理操作和反馈中发挥关键作用。在嵌入式系统中,常见的电机及其控制器有:

(1) 直流电机控制器:用于控制直流电机的速度和方向。直流电机因其控制简单和成本低廉而被广泛应用于小型设备和玩具中。

(2) 无刷直流电机(Brushless Direct Current Motor,BLDC)控制器:无刷直流电机提供了更高的效率和寿命,BLDC 控制器通过电子方式切换电流方向来控制电机,被广泛应用于风扇、电动工具和电动汽车等中。

(3) 步进电机控制器:用于精确控制步进电机的角度和速度,常用于打印机、数控机床和机器人等需要精确位置控制的应用中。

(4) 交流感应电机控制器:交流电机在工业和家电领域非常普遍,交流感应电机控制器用于调整电机的速度、扭矩和功率。

随着功率电子和半导体技术的进步,新一代电机控制器能够更高效、更精确地控制电机。例如,使用 SiC(碳化硅)和 GaN(氮化镓)半导体材料的控制器提供了更好的热性能和更高的开关频率。现代电机控制器集成了先进的控制算法,如模糊逻辑控制、自适应控制和人工智能(AI)算法,这些算法可以根据电机的实时运行状态自动调整控制策略,提高电机的效率和性能。电机控制器越来越多地集成了物联网(IoT)功能,使得电机能够连接到网络上,实现远程监控、故障诊断和预测性维护。目前,嵌入式系统中的电机控制器正在朝以下几个方向发展:

(1) 更高的效率和性能。随着能效标准的提高和对性能要求的增加,电机控制技术将继续向着提供更高效率和更好性能的方向发展。

(2) 集成和模块化。电机控制器正变得更加集成和模块化,集成更多功能于单一芯片或模块中,以减少系统的复杂性和成本。

(3) 电动汽车的推动作用。电动汽车行业的快速发展正推动电机控制技术的创新,特别是在无刷直流电机和交流电机控制领域。

(4) 可持续性和环保。环保和可持续发展趋势促使电机控制技术朝着更环保、使用更少能源的方向发展,例如通过提高电机控制的精度来减少能源消耗。

总之,电机控制器作为嵌入式系统的重要组成部分,其技术正快速发展,以满足各种应用中对效率、性能和智能化的日益增长的需求。随着新材料、新技术和新算法的应用,电机控制技术将会带来更多的创新和进步。

2.4.1　数/模转换器

1. 数/模转换器概述

数/模转换器(DAC)是数字到模拟转换器的简称,是嵌入式系统中的一个重要组件。在嵌入式系统中,DAC 广泛用于音频输出、视频输出、通信系统、精密控制以及任何需要模拟信号的场景中。DAC 的存在极大地扩展了嵌入式系统处理和控制的能力,使得这些系统能够与模拟世界互动，例如可驱动扬声器播放音乐或控制电机速度。

DAC 的主要功能是将数字量(通常是二进制代码)转换为对应的模拟量(如电压或电流)。在嵌入式系统中，这个过程通常涉及微控制器或数字信号处理器(DSP)产生的数字信号，通过 DAC 转换成可用于驱动外部设备的模拟信号。

DAC 的基本原理涉及量化和信号重构。在 DAC 中，每一个数字值都会被转换成一个固定的模拟电平。这个转换过程通常通过内部的参考电压和一系列精密电阻或电流源来实现。数字输入控制一个或多个开关，以选择或组合这些电阻或电流源，从而生成相应的模拟输出。

2. 常见的 DAC 类型

常见的 DAC 类型有以下几种：

(1) 二进制加权型 DAC。这种类型的 DAC 使用一系列二进制加权的电阻网络来生成模拟输出。每个电阻代表一个二进制位，二进制加权型 DAC 通过开关控制与参考电压的连接，从而产生相应的模拟电压。

(2) R-2R(电阻梯形网络)DAC。R-2R DAC 使用一个简单、重复结构的电阻网络来实现数字到模拟的转换。这种设计通过串联和并联的方式，仅使用两种电阻值(R 和 2R)来实现，具有制造简单、成本低廉的优点。

(3) 电流转换型 DAC。这种 DAC 通过控制不同的电流源，将数字信号转换为模拟电流输出。这种类型的 DAC 通常用于需要高精度和快速响应的应用场景。

(4) Σ-Δ(Sigma-Delta)型 DAC。Σ-Δ 型 DAC 通过使用一个或多个 Σ-Δ 调制器和一个低通滤波器来生成高精度的模拟输出。这种类型的 DAC 特别适用于高分辨率音频应用中，因为它能够提供非常高的动态范围和信噪比。

3. DAC 的主要技术指标

数/模转换器(DAC)的性能和适用性由多个技术指标定义，这些指标影响着 DAC 在嵌入式系统中的表现和应用范围。以下是一些主要的技术指标及其详细说明：

(1) 分辨率。分辨率是指 DAC 能够区分的最小模拟信号变化量，通常以比特(bit)表示。例如，一个 8 位的 DAC 能够产生 2^8(即 256)个不同的模拟输出级别。分辨率越高，DAC 输出的模拟信号就越精细。

(2) 最大采样率。最大采样率是指 DAC 能够在保持精确度的条件下转换数字信号到模拟信号的最高速率，通常以赫兹(Hz)或每秒采样数(S/s)表示。采样率决定了 DAC 能够处理的最高信号频率。

(3) 信噪比(SNR)。SNR 衡量了输出信号的强度相对于背景噪声强度的比例，通常以分贝(dB)表示。较高的 SNR 意味着较低的背景噪声水平，从而可提供更清晰的模拟输出。

(4) 动态范围。动态范围是指 DAC 能够同时处理的最大信号和最小信号的比率，通常用分贝(dB)表示。动态范围越大，DAC 就能够更好地处理信号的强度变化，特别是在音频和视频应用中尤为重要。

(5) 总谐波失真加噪声(THD + N)。THD + N 是衡量 DAC 输出信号中总谐波失真(THD)和噪声水平之和的指标，以百分比(%)或分贝(dB)表示。较低的 THD + N 值意味着更高的信号保真度。

(6) 稳定性和温度系数。稳定性描述了 DAC 在长时间运行过程中输出精度的保持能力，而温度系数衡量了温度变化对 DAC 性能的影响。对于需要在各种环境条件下运行的嵌入式系统，这两个指标尤为重要。

(7) 功耗。功耗是指 DAC 在正常运行时所需的电力，对于电池供电的便携式设备来说，低功耗是非常关键的。

(8) 单调性。单调性指的是当输入数字增加时，输出模拟信号也相应增加，并且不会出现下降的情况。保证单调性对于避免输出信号中的跳变和不稳定非常重要。

(9) 积分非线性(Integral Non-Linearity, INL)和微分非线性(Differential Non-Linearity, DNL)。INL 和 DNL 都是衡量 DAC 输出与理想线性响应之间偏差的指标。INL 描述了全范围内的最大偏差，而 DNL 描述了相邻输出值之间的最大偏差。较低的 INL 和 DNL 值表示更高的线性度和精度。

4．DAC 硬件设计中的注意事项

在 DAC(数/模转换器)的硬件设计和应用中，需要考虑多个因素以确保系统的性能和可靠性，从而满足应用需求。以下是一些重要的注意事项：

(1) 电源和参考电压的稳定性。DAC 的性能高度依赖于电源和参考电压的稳定性。不稳定的电源可能导致输出信号的波动，影响精度。使用稳压器和滤波电路可以提高电源稳定性。

(2) 地线布局。良好的地线布局对于减少噪声至关重要。应该尽量缩短地线路径，并使用单点接地或星形接地以减少地回路干扰。

(3) 模拟和数字信号隔离。在 PCB 设计中，模拟信号和数字信号应当尽量分开布局，以防数字部分的高频开关噪声干扰到模拟信号。

(4) 输出滤波。DAC 的输出通常需要通过低通滤波器以滤除采样频率以上的高频成分，从而改善信号品质。

(5) 热管理。高速或高分辨率 DAC 在运行时可能会产生较多热量。设计时应考虑适当的散热措施，如散热片或风扇。

(6) 信号完整性。尤其是在高速 DAC 应用中，必须考虑信号的完整性，包括匹配阻抗、最小化反射和串扰等。

2.4.2　滤波器

在嵌入式系统中，信号滤波主要是为了去除不需要的信号部分(通常是噪声或干扰)，保留或突出有用的信号部分。想象一下，如果我们在喧闹的环境中试图听一个人讲话，大脑就会尝试忽略周围的噪声，而只关注那个人的声音，这个过程就像信号滤波。

1．滤波器的类型

滤波器的类型主要有以下几种：

(1) 低通滤波器。它允许低于某个频率的信号通过，高于这个频率的信号则会被削弱或阻止。

(2) 高通滤波器。它允许高于某个频率的信号通过，而低于这个频率的信号会被削弱或阻止。

(3) 带通滤波器。它只允许一个特定频率范围内的信号通过，既能阻止高于这个范围的信号，也能阻止低于这个范围的信号。

(4) 带阻滤波器或陷波滤波器。它阻止一个特定频率范围内的信号通过，而允许其他频率的信号通过。

2. 滤波器设计中应考虑的因素

在选择和设计滤波器时需要考虑以下几个因素：

(1) 频率特性。需要明确想要滤除或保留的信号频率范围，以选择合适类型的滤波器。

(2) 滤波器的阶数。滤波器的阶数越高，其对信号的控制就越严格，但同时可能会引入更多的延迟和复杂性。

(3) 模拟滤波器与数字滤波器。模拟滤波器在信号进入数字系统之前处理模拟信号；数字滤波器则在信号被转换为数字后处理。数字滤波器可提供更高的灵活性和精确度，但需要数字处理能力。

(4) 实现成本和复杂度。设计的复杂度和成本是决定滤波器选型的重要因素。数字滤波器虽灵活，但可能增加处理器的负担。

(5) 环境影响。对于模拟滤波器，环境因素(如温度变化)可能影响其性能。设计时，需要考虑这些因素的影响。

(6) 延迟。滤波过程会引入延迟，特别是对于数字滤波器来说更为明显。在实时系统中，需要特别注意延迟的影响。

3. 滤波器的设计方法

巴特沃斯滤波器、切比雪夫滤波器和贝塞尔滤波器是 3 种常见的滤波器设计方法，它们在频率响应的平滑性、过渡带宽度和相位响应等方面各有特点。

1) 巴特沃斯滤波器

巴特沃斯滤波器的主要特点是在通带内非常平滑，没有波纹(即幅度响应平坦)。它提供了最平滑的通带响应，但代价是过渡带(从通带到阻带的变化区域)较宽。它适合对通带内平坦性要求较高的应用。

2) 切比雪夫滤波器

切比雪夫滤波器的特点是在通带或阻带内允许有一定的波纹(即幅度响应不完全平坦)，但可以提供更陡峭的过渡带。它分为两种类型：Type Ⅰ 允许通带内有波纹，而 Type Ⅱ 允许阻带内有波纹。切比雪夫滤波器适合对滤波器截止特性要求较为严格的应用，可以接受通带或阻带内有一定的波纹。

3) 贝塞尔滤波器

贝塞尔滤波器的特点是相位响应非常平坦，这意味着所有频率的信号都以几乎相同的时间延迟通过滤波器。这种特性使得贝塞尔滤波器在保持信号波形不变形方面表现出色，但相比之下，它的过渡带宽度比巴特沃斯和切比雪夫滤波器更宽。它适合对信号波形保真度要求很高的应用，如音频处理。

4. 滤波器的设计软件

在设计滤波器时，可以使用多种软件工具来辅助完成设计和仿真，这些软件可以帮助工程师选择合适的滤波器类型、计算滤波器参数、模拟滤波器性能等。常见的滤波器设计软件有以下几种：

(1) MATLAB：提供了强大的信号处理和滤波器设计工具箱，可以进行滤波器设计、分析和仿真。

(2) LTspice：一款免费的模拟电路仿真软件，支持自定义滤波器设计和性能仿真。

(3) Filter Solutions：一款专业的滤波器设计软件。它能支持多种滤波器类型，如低通、高通等常见类型，以及巴特沃斯、椭圆等经典类型。在滤波器形式上，有源、无源、数字形式都可设计。软件有直观的图形界面，操作简便，易于上手。它还具备强大的仿真功能，可验证滤波器性能，展示频率、时域响应等。同时，它还提供详细分析工具，如传递函数、零点极点图生成等，能帮助用户深入理解滤波器特性。在电子竞赛、工程项目、学术研究和教学实践等诸多场景都有广泛应用。

(4) Analog Devices Filter Wizard：由模拟器件公司提供的在线工具，可以帮助设计和优化各种滤波器。它采用先进算法，能确保计算结果准确可靠。用户只需输入设计指标，软件即可自动计算出由实际元器件构成的滤波器方案，大大提高设计效率。其界面简洁直观、操作简单，适用于各种类型的有源滤波器设计，包括低通、高通、带通和带阻滤波器等，广泛应用于电子工程项目、教育培训、业余设计等场景。

(5) Filter Design Tool (ti.com)：与 ADI 工具一样，仅针对有源模拟滤波器。它是提供英文界面的在线工具，没有离线版本。

(6) FilterLab V2.0：微芯推出的有源模拟滤波器设计工具，是免费的安装版，可离线使用。这款工具是 2008 年推出的，目前在 Win10 和 Win11 上依然可以正常使用。

这些软件和工具提供了强大的支持，帮助设计师根据应用需求选择最合适的滤波器类型和参数，使得滤波器设计过程更加高效和准确。

2.4.3　脉冲宽度调制

脉冲宽度调制(Pulse Width Modulation，PWM)是一种在嵌入式系统中广泛使用的技术，它通过调整脉冲的宽度(即脉冲持续的时间)来控制模拟信号的平均功率。想象一下，用手电筒断断续续发信号，开灯的时间越长，接收者感受到的光就越亮；这个"开灯的时间"就类似于 PWM 中的脉宽。PWM 广泛应用于电机控制、灯光调节、温度控制等多个领域。

1. 脉冲宽度调制的作用

在嵌入式系统中，脉冲宽度调制(PWM)广泛用于各种应用中。以下是 PWM 在嵌入式系统中的一些具体作用：

(1) 电机控制。PWM 被广泛用于直流电机和步进电机的速度控制。通过改变 PWM 信号的占空比，可以调节电机的平均电压或功率，从而控制电机的转速和转矩。

(2) LED 亮度调节。PWM 常用于 LED 照明中，可以通过改变 PWM 信号的占空比来控制 LED 的亮度。高占空比会使 LED 接收到更多的电流，从而提高亮度；低占空比则减小电流，降低亮度。由于 LED 的响应速度很快，所以人眼无法察觉到 PWM 信号的变化，从而实现了无闪烁的亮度调节。

(3) 生成音频信号。PWM 可用于产生音频信号，例如在音频合成器或音频放大器中。

通过调整 PWM 信号的频率和占空比，可以生成不同频率和幅度的音频信号。

(4) 电源控制。PWM 在开关电源中得到广泛应用。通过调整 PWM 信号的占空比和频率，可以实现高效的电能转换，从而提高电源的效率和稳定性。此外，PWM 还是一种模拟控制方式，能根据相应载荷的变化来调制晶体管基极或 MOS 管栅极的偏置，从而实现晶体管或 MOS 管导通时间的改变，使电源的输出电压在工作条件变化时保持恒定。

(5) 温度控制。PWM 可用于温度控制应用中，如加热器或风扇控制。通过调整 PWM 信号的占空比，可以控制加热器的输出功率或风扇的转速，从而实现精确的温度控制。

(6) 无线通信。PWM 可用于数字调制解调器中，将数字信号转换为模拟信号进行传输。例如，脉冲位置调制(PPM)和脉冲编码调制(PCM)等调制技术常用于无线通信系统中。

2. 脉冲宽度调制的技术指标

脉冲宽度调制(PWM)的技术指标对于评估 PWM 方案的适用场景以及如何在特定应用中实现最佳控制非常重要。以下是一些主要的 PWM 技术指标及其说明：

(1) 频率。PWM 信号的频率是指在 1 s 内脉冲重复的次数，通常以赫兹(Hz)为单位。频率决定了 PWM 控制的响应速度和平滑度。较高的频率可以使电机运行更平滑，但可能会增加电磁干扰(Electromagnetic Interference，EMI)。

(2) 占空比：占空比定义了 PWM 脉冲在高电平状态占一个周期的百分比。占空比的变化会直接影响输出电压或电流的平均值，从而控制负载的功率。

(3) 分辨率。PWM 分辨率是指 PWM 控制器能够产生的不同占空比的级别数，通常由控制 PWM 的定时器的位数决定。分辨率越高，PWM 输出的调整就越精细。

(4) 最大输出电流。它是指 PWM 输出能够输出的最大电流，对于直接驱动高功率负载的 PWM 应用尤为重要。

(5) 线性度。线性度描述了 PWM 输出随占空比变化的一致性。理想情况下，输出与占空比之间应该是线性关系。

(6) 响应时间。响应时间是指 PWM 控制系统从接收到控制信号变化的指令到输出稳定在新的状态所需的时间。

(7) 稳定性。在温度变化或负载波动的条件下，PWM 输出的稳定性非常关键，尤其是在精密控制应用中。

(8) 电磁兼容性(Electromagnetic Compatibility，EMC)。EMC 是评估 PWM 系统在不产生不可接受的电磁干扰的同时，能够耐受一定程度的外部电磁干扰的能力。

(9) 功耗。功耗是指 PWM 控制器本身的功耗，对于电池供电的应用尤其重要。

在设计和选择 PWM 控制方案时，根据应用的具体需求，综合考虑这些技术指标至关重要。例如，在电机控制应用中，频率、占空比、分辨率和最大输出电流是主要考虑的指标；而在 LED 照明调光中，占空比、分辨率和线性度更为关键。

3. PWM 的控制

随着半导体技术的进步，PWM 的控制更加精确和灵活，新一代微控制器和 DSP(数字信号处理器)提供了更多的 PWM 通道和更高的分辨率，允许开发者实现更复杂的控制策略。此外，一些微控制器还集成了高级功能(如死区控制和同步控制)，以支持更复杂的应用(如电机控制和逆变器控制)。目前，集成 PWM 模块的嵌入式处理器也越来越多，如 STM32、

28335、MSP430、PIC 微控制器等。根据 PWM 的参数，控制 PWM 的方法如下：

(1) 设置频率。确定 PWM 信号的频率，即每秒产生多少个脉冲。

(2) 调整占空比。通过调整占空比，可以控制输出信号的平均功率。例如，占空比为 50%时，脉冲的"高"状态和"低"状态时间相等。占空比越高，平均输出功率也越高。

(3) 使用微控制器或专用 PWM 控制器。大多数现代微控制器都内置了 PWM 模块，可以通过编程来设置 PWM 的频率和占空比，实现精确控制。

4. PWM 应用中的注意事项

在 PWM 的具体应用中，需要注意以下事项：

(1) 电磁干扰。PWM 信号的快速切换可能产生电磁干扰，会影响系统的稳定性和周围设备的正常工作。应考虑适当的布线和屏蔽措施来降低电磁干扰。

(2) 热管理。在驱动大功率负载时，PWM 控制可能会导致发热问题，需要考虑合适的散热方案。

(3) 精确度。在需要高精度控制的应用中，需要考虑 PWM 分辨率和定时器的准确性。

(4) 软件控制。软件中，PWM 的实现需要考虑定时器资源的分配以及与其他任务的协调。

2.4.4　执行器

在嵌入式系统中，执行器是一种重要的外围设备，负责将电子信号转换为物理行动或操作。它们的作用是根据控制器或处理器的指令，直接驱动或控制环境中的物理设备、机构或系统。执行器通常与传感器和控制器一起工作，形成一个闭环控制系统。传感器负责检测环境中的物理量(如温度、压力、位置等)，将这些信息传递给控制器。控制器根据传感器的输入和预设的控制算法，计算出应该执行的动作或调整的参数，并将这些指令发送给执行器。执行器根据接收到的指令，执行相应的动作，从而改变或控制环境的状态。执行器的种类和形式非常多样，根据应用需求，执行器可以是电机、电磁阀、泵、气缸、驱动器、舵机等。它们可以应用于各种领域，如机器人、自动化控制系统、医疗设备、航空航天、汽车电子等。执行器的选择和设计取决于具体的应用场景、控制精度、响应速度、负载要求等因素。

简而言之，嵌入式系统中的执行器是实现物理世界与数字世界之间交互的关键环节，它们将控制信号转换为实际的物理动作，从而实现对现实世界中的设备、机构或系统的精确控制，如果嵌入式系统的传感器是用来感知环境的"眼睛"和"耳朵"，那么执行器就是系统对这些感知做出反应的"手脚"。

1. 常见的执行器

在嵌入式系统中，常见的执行器有电动机执行器、气动和液压执行器、线性执行器、开关执行器、特殊类型执行器。

1) 电动机执行器

电动机执行器主要包含以下 3 种：

(1) 步进电机执行器：用于精确控制角度，广泛用于 3D 打印机、CNC 机床等中。

(2) 伺服电机执行器：提供精确的速度和位置控制，常用于机器人、自动化生产线等中。

(3) 直流电机执行器：适用于简单的开启/关闭或基本速度控制，如电动玩具、小型风扇等。

2）气动和液压执行器

(1) 气动执行器：使用压缩空气来产生线性或旋转运动，常见于工业自动化系统。

(2) 液压执行器：利用液压油产生大力量的线性运动，适用于需要大力量输出的场合，如挖掘机和其他重型机械。

3）线性执行器

线性执行器主要包含以下 2 种：

(1) 电子线性执行器：通过电动机驱动，用于产生直线运动，如电动窗帘、自动门等。

(2) 螺杆驱动线性执行器：通过旋转螺杆来转换为线性运动，常用于医疗设备、床位调节等中。

4）开关执行器

开关执行器主要包含以下 2 种：

(1) 继电器：又称为电磁执行器，用于远程或自动化控制电路的开关。

(2) 固态继电器(Solid State Relay，SSR)：无机械移动部件，用于控制大功率负载的开关。

5）特殊类型执行器

特殊类型执行器有压电执行器、形状记忆合金执行器等。

(1) 压电执行器：使用压电材料，当电压施加时会发生形变，适用于精密定位和微型机械系统中。

(2) 形状记忆合金(Shape Memory Alloy，SMA)执行器：利用合金在不同温度下会改变形状的特性，常用于微型调节器或生物医学应用中。

2. 执行器的功能

执行器能做的事情很多，具体取决于其设计和应用场景。以下是执行器在嵌入式系统中常见的应用和功能：

(1) 驱动和控制机械部件。执行器可以驱动和控制各种机械部件，如电机、阀门、泵、开关等。通过接收来自控制器的电信号，执行器可以精确控制这些机械部件的运动、位置、速度等参数。

(2) 实现精确控制和调节。嵌入式系统中的执行器通常具有高精度和高灵敏度的特点，可以实现对设备或系统的精确控制和调节。例如，在温度控制系统中，执行器可以根据温度传感器的反馈信号，精确调节加热器的功率，从而保持温度的恒定。

(3) 执行自动化任务。执行器可以自动执行各种任务，如开关门、移动物体、调节光线等。通过与传感器和控制器的配合，执行器可以在无人干预的情况下自动完成这些任务。

3. 执行器的应用领域

随着技术的进步，执行器正变得更加智能、高效和精确。特别是在自动化和人工智能技术的推动下，执行器的应用范围不断扩大，性能也在持续提升。例如，工业机器人中的执行器现在能够实现更加复杂和细致的操作，智能家居中的执行器更加节能和用户友好。目前，执行器在下列领域中得到了广泛的应用：

(1) 工业自动化领域。在制造线上，执行器用于控制机器手臂的运动，进行自动化装配、焊接、涂漆等。

(2) 家居自动化领域。在智能家居系统中，执行器控制灯光的开关、调节空调温度、自动开关窗帘等。

(3) 汽车电子领域。在汽车中，执行器用于控制发动机的部件、调节座椅和后视镜的位置、自动停车等。

(4) 医疗设备领域。在医疗设备中，执行器用于精确控制药物注射、手术器械的移动等。

4. 执行器的技术指标

如前所述，执行器的种类和形式多种多样，这里根据嵌入式系统的要求，给出了一些常见的参数和技术指标。

(1) 动作速度：执行器从接收到信号到开始动作所需的时间，通常以毫秒(ms)为单位。

(2) 动作行程：执行器能够执行的最大位移或角度，通常以毫米(mm)或度(°)为单位。

(3) 负载能力：执行器能够驱动或控制的最大负载，通常以牛顿(N)或千克(kg)为单位。

(4) 精度：执行器能够实现的精确度和分辨率，通常以微米(μm)或百分比(%)为单位。

(5) 响应时间：执行器从接收到信号到开始动作所需的时间，通常以毫秒(ms)为单位。

(6) 寿命：执行器的使用寿命，通常以次数或时间为单位。

5. 设计和应用执行器的注意事项

在设计和应用执行器时，需要考虑其与控制系统的兼容性、所需的力量或运动的精度、能效以及工作环境(如温度、湿度、可能的腐蚀性环境)等因素。随着技术的发展，执行器的设计越来越注重智能化和网络化，以便能够更好地集成到更广泛的系统中，实现远程控制和监测。

2.5　供　　电

供电系统对于嵌入式系统至关重要，它能直接影响系统的稳定性、可靠性和性能。本节将介绍嵌入式系统中电能的重要性、来源以及储能设备等。

2.5.1　供电系统对嵌入式系统的影响

在嵌入式系统中，供电环节非常重要。供电系统对嵌入式系统的影响主要体现在以下几个方面：

(1) 稳定性和可靠性。嵌入式系统通常要求连续、稳定的电源供应，任何电能波动、干扰或中断都可能导致系统崩溃、数据丢失或性能下降。稳定的电源可以确保系统正常运行，减少故障发生的可能性。

(2) 保护硬件。电源问题可能会损坏嵌入式系统的硬件组件，如处理器、存储器等。稳定的电源供应可以保护硬件免受损坏，并延长系统的使用寿命。

(3) 数据完整性。在许多嵌入式应用中，数据的完整性至关重要。突然的电源中断可能导致数据丢失或损坏，从而影响系统的正常功能。稳定的电源供应可以确保数据的完整性，并避免潜在的问题。

(4) 性能优化。一些嵌入式系统对于高性能的电源供应也有要求。例如，某些应用可能需要低功耗设计以延长电池寿命，而另一些应用可能需要高功率处理以满足计算需求。优化的电源设计可以帮助系统达到最佳性能。

(5) 系统安全。在一些嵌入式系统中，电源供应可能也与系统安全相关。例如，针对恶意攻击或未经授权的访问，一些系统可能采取特殊的电源管理策略以确保系统的安全性。

因此，稳定、可靠的电源供应对于嵌入式系统的正常运行至关重要，在设计和部署嵌入式系统时，必须特别关注电能供应的质量和稳定性。

2.5.2　嵌入式系统中的电源供给

在嵌入式系统中，电源供给的形式多种多样，以满足不同设备和应用场景的需求。以下是几种常见的电源供给形式：

(1) 光伏技术。光伏技术是一种利用太阳能电池板将太阳光转换为电能的技术。这种技术在太阳能充电器、太阳能路灯等产品中广泛应用。例如，一些户外传感器设备会采用光伏技术来供电，从而确保在没有外部电源的情况下也能长期运行。

(2) 压电效应。压电效应是指某些材料在受到机械压力或应变时会产生电势差，从而能够收集机械能并将其转换为电能。这种技术常用于振动能量收集，如手表、加速度计等。例如，一些智能手表或健康监测设备就采用了压电效应，通过用户手臂的运动来产生电能。

(3) 热电发电机(Thermoelectric Generator，TEG)。热电发电机利用温度梯度产生电能。当两个不同温度的物体接触时，它们之间会产生电势差。这种技术常用于回收工业废热、汽车尾气热量等。在嵌入式系统中，TEG 可用于为传感器或低功耗设备供电，特别是在温度差异明显的环境中。

(4) 动能转换电能。这是一种通过机械运动或震动将动能转换为电能的技术。例如，一些健身器材、自行车轮盘等可以通过动能回收系统为嵌入式设备供电。在物联网领域，动能转换电能技术也被用于为无线传感器网络中的节点供电。

(5) 电磁辐射转换电能。电磁辐射，如无线电波、微波等，可以被转换为电能。这种技术常用于无线充电和无线电能传输。在嵌入式系统中，电磁辐射转换电能可用于为移动设备或无线传感器供电，例如在无线充电垫上充电的设备。

这些电源供给形式的选择取决于应用场景、能源可用性和成本效益。在设计和选择电源方案时，需要综合考虑设备的功耗、能源来源的可靠性和长期可持续性等因素。

2.5.3　嵌入式系统中的电源存储

嵌入式系统中的电源存储方式有多种，每种方式都有其特定的应用场景和优缺点。下面介绍几种常见的电源存储方式。

1. 一次性电池

一次性电池包括干电池、部分纽扣锂电池等。这些电池通常用于低功耗设备，如遥控器、手表等。它们的优点是使用简单，易于更换；缺点是使用寿命有限，需要定期更换。一次性电池的型号通常表示电池的尺寸和容量。它们并不是按照电池的性能或技术来命名的。常见的一次性电池型号的含义如下：

(1) AA 型电池：直径为 14 mm，高度为 49 mm，通常称为"五号电池"，在家庭、商业和许多电子设备中广泛使用。

(2) AAA 型电池：直径为 11 mm，高度为 44 mm，通常称为"七号电池"，比 AA 型电池小，常用于小型电子设备，如遥控器、玩具等。

(3) C 型电池：直径为 26.2 mm，高度为 50 mm，又称为"二号电池"，其尺寸大于 AA 型电池，通常用于高功耗的设备或需要更大容量的场合。

(4) D 型电池：直径为 33 mm，高度为 61.5 mm，又称为"一号电池"，是常见的较大尺寸电池，用于手电筒、闹钟等需要高容量和较长使用时间的设备。

除了上述型号的电池，还有其他如 9V(PP3)、6V(F)、A 等型号的电池。这些型号通常印在电池的包装上，有时也直接印在电池本身上。需要注意的是，不同型号的电池通常具有不同的容量(以 mAh 为单位)。mAh 表示电池在放电过程中，以特定的电流强度(mA，毫安)持续放电直到电量耗尽所需的时间(h，小时)。例如，一块容量为 1000 mAh 的电池，如果以 100 mA 的电流放电，理论上可以持续放电 10 h。因此在选择电池时，除了尺寸，还要考虑电池的容量以满足设备的需求。

2. 可充电电池

可充电电池包括镍氢电池、锂离子电池等。因为它们可以被反复充电和放电，所以其使用寿命比一次性电池长，但是它们需要充电设备，并且如果过度放电或充电，可能会损坏。可充电电池的具体参数包括：

(1) 安全性能：可充电电池最重要的参数之一。它涉及可充电电池在使用和充电过程中是否会出现爆炸、漏液等安全问题。安全性能与电池的内压、结构和工艺设计等因素密切相关。

(2) 容量：电池在一定放电条件下能够释放出的总电量。容量通常以 mAh(毫安时)或 Ah(安时)为单位。对于镍氢和镍镉电池，其容量通常是在 $25\pm5℃$ 的条件下，以 0.1 C 充电 16 h，然后以 0.2 C 放电至 1.0 V 时所测得的。而对于锂离子电池，其容量通常是在常温、恒流(1 C)、恒压(4.2 V)条件下充电 3 h，然后以 0.2 C 放电至 2.75 V 时所测得的。

(3) 内阻：电流流过电池内部时所受到的阻力。内阻越小，电池的性能越好。由于可充电电池的内阻通常很小，因此需要专门的仪器才能准确测量。内阻的大小与电池的使用次数、电解液的消耗以及电池内部化学物质活性的降低等因素有关。

(4) 循环寿命：电池可以经历的重复充放电的次数。一般来说，电池的循环寿命与其容量成反比，即容量越大的电池，其循环寿命越短。此外，循环寿命还与充放电条件有关，通常充电电流越大(充电速度越快)，电池的循环寿命越短。

(5) 荷电保持能力：也称为自放电率，表示电池在开路状态下储存的电量在一定环境条件下的保持能力。自放电率主要由电池的材料、生产工艺和储存条件等因素决定。一般来说，温度越高，自放电率越大。

3. 超级电容器

超级电容器是一种能够存储大量电荷的电子设备。与传统电容器相比，它们拥有更高的能量密度，同时与传统电池相比，具有更高的功率密度。超级电容器在能量存储和快速充放电应用中扮演着重要角色，尤其是在需要频繁充放电的场合，如再生制动系统、电力储存系统、应急电源以及提供瞬时高功率输出的场合。另外，超级电容器可以在非常短的时间内提供大量的电能，因此非常适合用于需要快速启动或高峰值电流的嵌入式系统。但因为其储能能力相对有限，所以超级电容器通常只适用于短期或瞬态的能源需求。

在嵌入式系统中，超级电容器的作用主要有以下几点：

(1) 能量存储。超级电容器能够快速存储大量能量，适用于短时间内的高能量输出需求。

(2) 功率管理。在需要瞬时高功率输出的应用中，如电动汽车的加速和再生制动，超级电容器可以提供或吸收大量功率。

(3) 寿命延长。与传统电池相比，超级电容器能够承受数十万次甚至更多的充放电周期，有助于延长系统的整体寿命。

(4) 温度性能。超级电容器通常在较宽的温度范围内工作性能良好，适合恶劣环境下的应用。

超级电容器的关键技术参数如下：

(1) 能量密度：单位质量或体积的能量存储能力。超级电容器的能量密度通常低于电池。

(2) 功率密度：单位质量或体积的功率输出能力。超级电容器在这方面表现优异。

(3) 循环寿命：充放电周期的数量。在正常使用条件下，超级电容器可以实现高达数百万次。

(4) 工作温度范围：超级电容器可以在极端温度下工作，范围通常比电池更广。

(5) 自放电率：超级电容器的自放电率高于传统电池，这是其一个限制因素。

目前，超级电容器技术正在快速发展，重点在于提高能量密度、降低成本、提高稳定性和安全性，通过采用新型材料(如石墨烯、导电聚合物)和改进电极设计，已经取得了显著的进展。能量密度的提高使得超级电容器在更多能量密集型应用中成为可能，如电动汽车和可再生能源存储。超级电容器主要的技术发展方向有：

(1) 电极材料。电极材料的性能会直接影响超级电容器的能量密度和功率密度。石墨烯、碳纳米管和导电聚合物是当前研究的热点。

(2) 电解质。电解质的类型和性质会影响超级电容器的工作电压和温度范围。研究者在寻找更高效、稳定的电解质以提高性能。

(3) 设计与封装。为了提高能量密度和减少自放电，超级电容器的设计和封装技术也在不断改进。

(4) 成本控制。通过优化生产过程和使用成本更低的材料，降低超级电容器的整体成本，以促进其更广泛的应用。

超级电容器作为一种高效的能量存储和功率管理解决方案，在许多领域显示出了巨大的潜力。随着材料科学和制造技术的进步，预计其性能将继续提高，应用范围将进一步扩大。

4. 燃料电池

燃料电池是一种将化学能直接转换为电能的电化学装置，通过燃料(通常是氢)和氧化剂(通常是氧气)的反应产生电力，同时产生水和热量作为副产品，而不经过传统的燃烧过程。燃料电池以其高能量转换效率、低排放和可使用各种燃料的优点，在可持续能源和清洁能源领域备受关注。燃料电池不需要充电，只需要不断供应燃料和氧化剂就可以持续产生电能。它具有高效率、低污染等优点，但成本较高，而且需要持续供应燃料，因此仅在特殊领域的嵌入式系统中得以应用。

燃料电池的应用非常广泛，包括但不限于：

(1) 交通运输。燃料电池为燃料电池汽车(FCV)、公交车、列车、船舶和无人机等，提供一种低碳或零排放的动力解决方案。

(2) 固定电源。燃料电池为建筑物、远程地区或备用电源系统提供电力，尤其在需要长时间稳定电源的场合。

(3) 便携式电源。燃料电池为小型电子设备(如笔记本电脑、手机)和军事应用提供电力。

燃料电池技术正在快速发展，其重点在于提高性能、降低成本和提升耐用性。近年来，全球对于燃料电池的研究与开发投资增加，特别是在交通运输和固定电源领域的应用得到了显著推进。政府和企业都在积极推动燃料电池技术的商业化和规模化生产，以实现氢能经济的发展目标。燃料电池技术的核心包括：

(1) 膜电极组件(Membrane Electrode Assembly，MEA)：燃料电池的关键部件，包含催化剂、质子交换膜和气体扩散层，负责燃料的电化学反应。

(2) 电堆技术：多个 MEA 的堆叠构成电堆，是实现高功率输出的基础。

(3) 系统设计及集成：包括热管理、水管理、燃料供应和电力管理系统，确保燃料电池系统的高效、稳定运行。

(4) 催化剂：催化剂的性能直接影响到燃料电池的效率和成本，目前主要是贵金属催化剂，如铂。

(5) 质子交换膜(Proton Exchange Membrane，PEM)：具有高离子传导率和良好的化学稳定性，是当前研究的焦点之一。

(6) 成本控制：包括降低贵金属催化剂的使用量、提高组件的制造效率和寿命以及探索替代材料。

随着技术进步和生产规模的扩大，燃料电池的成本正在逐步降低，使得其在多个领域的应用越来越具有经济性。政策支持和市场需求的增加也将进一步推动燃料电池技术的发展。

5. 太阳能电池

太阳能电池也称为光伏电池，是一种利用太阳光直接发电的技术。这种电池通过将太阳光的能量转换为电能，提供了一种清洁、可再生的能源解决方案。太阳能电池的核心机制是光伏效应，它使得光子(太阳光的基本单位)撞击电池中的半导体材料时，能够激发出电子，产生电流。在需要长时间运行且能接收到稳定阳光照射的设备中非常有用，如户外传感器、太阳能路灯等。但是,太阳能电池的输出功率受光照条件影响,且需要大面积的电池板才能产生足够的电能。

太阳能电池在嵌入式系统中的应用日益增多,主要包括:

(1) 远程监控设备。在远离电网的地方(如环境监测站等)使用太阳能电池供电。

(2) 便携式设备。如野外作业的测量设备、手持设备等便捷式设备使用太阳能电池提供持续能源。

(3) 物联网(IoT)设备。在城市和农村的物联网节点,如气象站、智能农业传感器等,太阳能电池可提供稳定的电源。

(4) 紧急通信系统。在灾害响应和遥远地区的通信设备中,太阳能电池确保通信链路的持续运行。

太阳能电池技术正在快速进步,主要集中在提高转换效率、降低生产成本和开发新型材料。目前,太阳能电池效率的提升和成本的降低使得其应用范围更加广泛,包括住宅、商业、工业和公共设施的能源供应。近年来,新型太阳能电池,如钙钛矿电池,和异质结电池,因其高效率和潜在的低成本生产而受到重点关注。

太阳能电池的核心技术包括:

(1) 材料创新。开发新的半导体材料(如钙钛矿、异质结材料)以提高电池的光电转换效率。

(2) 电池结构优化。通过优化电池设计(如采用背接触、叠层结构)来增加光捕获和减少内部损耗。

(3) 制造技术。发展更高效、低成本的生产工艺,如印刷技术和滚动制造,以促进太阳能电池的大规模应用。

(4) 系统集成。研究如何更有效地将太阳能电池集成到各种应用中,包括与储能系统的集成以提高能源利用效率。

6. 电池建模的方法

下面介绍几种电池建模的方法。

(1) 离散时间模型:通过 VHDL 近似地将连续时间模型转换为离散时间模型。这种方法考虑了电池电压依赖的一阶效应(电荷状态、放电率和放电频率)和二阶效应(温度和内阻),预测了不同类型电池的寿命值,这些值与其基于的连续时间模型相似。

(2) 随机模型:将充电恢复表示为电荷状态和放电容量的递减指数函数。这个模型将放电和恢复表示为一个瞬态随机过程,特别适用于表示脉冲放电,能够在不同类型的随机负载下分析得到电池容量增益,而无须模拟。

(3) 混合模型:一些模型结合了基于实验数据确定参数的电池高级表示和基于物理定律的分析表达式。例如,Daler N. Rakhmatov 和 Sarma Vrudhula 开发了一个高级分析模型,通过一系列恒定负载测试的寿命值,使用两个常数 α 和 β 来描述电池,其中 α 参数是电池理论容量的度量,而 β 模型是电极表面活性载流子补充的速率。

这些建模方法为系统设计者提供了不同的工具,以理解电池行为,并制定最优的电池管理算法和策略。离散时间模型和随机模型特别适用于动态功率管理和多电池放电技术的比较,而混合模型提供了一个高级别的电池使用和管理的分析框架。这些模型有助于提高嵌入式系统设计的能量效率，延长电池寿命，并为电池驱动的系统设计提供了新的前沿。

2.5.4　嵌入式系统中电池的选择原则

在嵌入式系统设计中，电池的选择对于确保系统性能、可靠性和寿命至关重要。下面介绍选择电池的原则和注意事项。

1. 选择电池的原则

在设计嵌入式系统时，选择电池的原则主要有以下几点：

(1) 能量需求评估。准确评估系统的能量需求，包括峰值功率、平均功率以及操作周期等。这有助于确定所需电池的容量和放电特性。

(2) 工作环境。考虑电池将在什么样的温度、湿度以及可能的机械振动条件下工作，不同类型的电池对环境条件的适应性不同。

(3) 体积和重量限制。嵌入式系统往往对体积和重量有严格限制，选用的电池需要在满足能量需求的同时，尽可能小巧轻便。

(4) 寿命和循环次数。根据应用的特定需求，考虑电池的预期寿命和充放电循环次数，选择能够满足系统预期使用寿命的电池类型。

(5) 安全性。电池的化学成分和构造方式决定了其安全性。必须考虑电池在过充、过放、短路或高温条件下的行为。

(6) 成本。在满足上述所有技术要求的前提下，成本也是一个重要考虑因素。评估电池的整体成本效益，包括采购成本、维护成本以及更换成本。

2. 选择电池的注意事项

在设计嵌入式系统时，选择电池的注意事项如下：

(1) 自放电率。不同类型的电池自放电率不同，选择适合应用需求的电池，以减少能量损失。

(2) 温度影响。温度对电池性能有显著影响。在极端温度条件下工作的系统应选择能够承受该条件的电池类型。

(3) 充放电特性。了解电池的充放电曲线和速率，确保它们与系统的功率需求和充电策略相匹配。

(4) 维护需求。一些电池类型(如铅酸电池)可能需要定期维护，而其他类型(如锂离子电池)几乎不需要。选择适合应用场景的电池，以降低维护成本和复杂度。

(5) 环境和法规要求。考虑电池的环境影响和回收问题，并且要符合相关法规和标准的要求。

(6) 可靠性和冗余。对于关键应用，考虑使用多电池系统或电池冗余设计，以提高系统的可靠性。

综上，选择适合嵌入式系统的电池需要综合考虑多种因素，包括能量需求、工作环境、体积重量限制、寿命循环次数、安全性以及成本等。选择适当的电池能够显著提升系统的性能、可靠性和用户满意度。在实际应用中，嵌入式系统的电能储存主要考虑电容器和可充电电池两种方式。电容器以其快速充电、高输出电流和低漏电流等优点脱颖而出，但其主要局限性是储能有限。相比之下，可充电电池基于化学过程储存和释放电能，对于嵌入式系统尤其重要。为了有效地集成电能源到系统模型中，开发者需要选择或设计适合其具体需求的电池模型。

2.5.5　嵌入式系统中常见硬件的能效

在嵌入式系统领域，硬件组件在能效方面有很大差异，这些技术及其随时间(对应于特定的制造技术)所产生的变化如图 2-24 所示。该图反映了当前可用硬件技术的效率与灵活性之间的冲突，显示了各种目标技术的单位能量操作数(GOP/J，即每焦耳的操作次数)随时间和目标技术的变化，这里的操作以 32 位加法为例。显然，随着集成电路特征尺寸的减小，每焦耳的操作数在增加。但对于任何给定的技术，专用集成电路(ASIC)的每焦耳操作数最大。对于通常以现场可编程门阵列(FPGA)形式出现的可重配置逻辑，这个值约低一个数量级。对于可编程处理器，这个值更低。然而，处理器提供了最大的灵活性，这种灵活性源自软件。可重配置逻辑也有一定的灵活性，但它限于可以映射到此类逻辑的应用大小，对于硬件设计没有灵活性。灵活性与效率之间的权衡也适用于处理器。对于针对应用领域优化的处理器，如数字信号处理(DSP)优化的处理器，功率效率值接近于可重配置逻辑。对于通用标准微处理器，这一效能指标的值最差。图中的 cell 处理器是 IBM、东芝和索尼共同设计的微处理器。

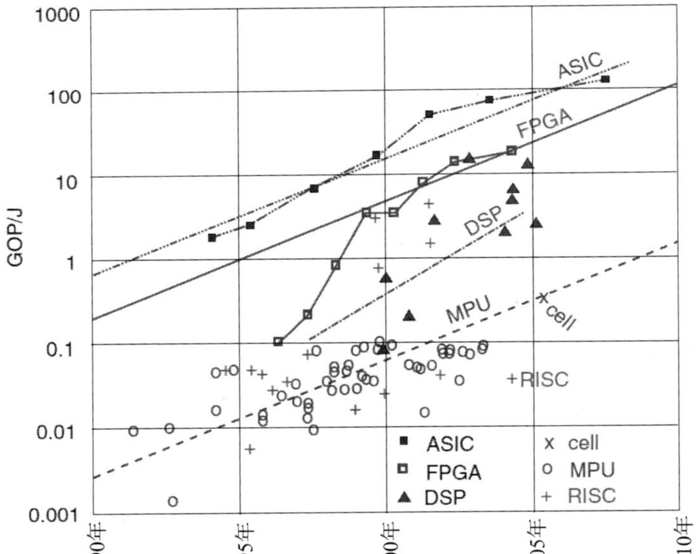

图 2-24　嵌入式系统中常见硬件的能效

下面介绍两种常见硬件的能效。

1. 智能手机的能效

目前，嵌入式系统在移动通信和智能手机方面的应用也受到广泛关注。智能手机上的多媒体应用，比如看视频、玩游戏，它们的计算需求增长得非常快。据统计，这些高级应用每秒需要进行 100 亿到 1000 亿次操作。硬件技术虽然先进，但能量效率还是不够高。从图 2-24 中可以看出，2007 年的技术，每消耗一焦耳的能量，大概只能完成 100 GOP 操作。

这意味着，即使是最先进的平台技术，也很难满足 100 亿到 1000 亿次的需求。标准处理器，如 MPU 和 RISC，它们的效率也不尽如人意。这也意味着需要利用所有提高效率的技术和手段。近些年，能量效率有所提高，但这些改进通常都用于提高质量，例如提高静止图像和移动图像的分辨率以及提高通信带宽。

智能手机电池技术近年来取得了显著进展，其中包括提高能量密度、改善安全性能、快速充电技术的发展以及向新型电池技术如固态电池的研究转移。这些技术进展不仅旨在延长智能手机的续航时间，还包括提高电池的安全性和环境适应性。改进电池技术可以让我们在更长的时间内消耗电力，但由于热限制，在近期内无法显著提高。小米预研的固态电池技术能够让电池能量密度突破 1000 Wh/L，将大大提升智能手机的续航能力和安全性。固态电池使用固态电解质代替液态电解质，提高了电池的安全性和低温放电性能。硅碳负极技术被用于提高电池容量，例如，荣耀 Magic 5 Pro 手机电池容量相比上代增大了 850 mAh，达到 5450 mAh，这一进步归功于硅碳负极技术的应用。

尽管智能手机电池技术取得了显著进步，但仍面临一些技术瓶颈和挑战。

(1) 能量密度与安全性的平衡。提高电池的能量密度往往伴随着安全风险的增加，如何在提升能量密度的同时确保电池的安全性成为一大挑战。

(2) 快速充电与电池寿命。虽然快速充电技术为用户提供了便利，但过快的充电速度可能会影响电池的长期稳定性和寿命。

(3) 新材料和技术的商业化。许多新型电池技术，如固态电池，尽管在实验室中显示出优异的性能，但其大规模商业化生产仍面临技术和成本上的挑战。

未来，智能手机电池技术的发展可能会集中在进一步提高能量密度、降低成本、提升安全性及环境适应性上，同时加速新型电池技术如固态电池的商业化进程，以满足消费者对于更长续航时间和更快充电速度的需求。

2. 传感器网络的能效

用于物联网的传感器网络能量稀缺，其能效要求极高，涵盖传感器自身能效及传感器间通信能效两方面。因为可用能量比手机还少，所以需在有限能量下，通过优化传感器硬件、软件及通信协议等提升能源利用效率，保障传感器网络正常运行及长生命周期。

2.5.6　嵌入式系统中的安全硬件

嵌入式系统的安全性对于保护关键的基础设施、个人数据和企业信息至关重要。嵌入式系统广泛应用于各种设备和应用中，包括但不限于消费电子产品、汽车、家庭自动化、医疗设备、工业控制系统等。这些系统往往会处理敏感或关键的数据，控制重要的物理过程，其安全漏洞可能会导致严重的后果，包括隐私泄露、财产损失，甚至威胁人身安全。

1. 嵌入式系统安全性的重要性

嵌入式系统安全性的重要性体现在以下几个方面：

(1) 隐私保护。许多嵌入式设备会处理个人敏感信息，如智能手表的健康数据、智能家居系统中的居住习惯。安全性的缺失可能会导致个人隐私泄露。

(2) 物理安全。在工业控制系统和汽车电子等领域，嵌入式系统的安全性直接关系到人员的物理安全。例如，汽车制动系统的故障可能会导致交通事故。

(3) 经济影响。安全漏洞可能会导致经济损失，例如，支付系统被攻击可能会导致财产损失。

(4) 信任和声誉。安全事件会损害企业声誉，导致客户信任度下降。

下面介绍几个嵌入式系统应用中由于安全性差而被攻击的著名案例。

(1) Mirai 僵尸网络。2016 年，攻击者利用大量物联网设备(如路由器、摄像头等)默认用户名和密码等安全漏洞，控制这些设备组成僵尸网络。它通过向目标服务器发送海量请求，使其资源耗尽无法响应正常请求，造成包括美国域名解析服务提供商 Dyn 等众多互联网服务中断。

(2) Stuxnet 蠕虫。2010 年，Stuxnet 蠕虫被发现，它是专门针对伊朗核设施工业控制系统的恶意软件。它利用 Windows 系统多个零日漏洞(此前未被公开披露的漏洞)传播，潜入核设施离心机控制系统，篡改离心机运行参数，导致大量离心机损坏，极大破坏了伊朗核计划进程。

(3) 汽车远程控制。曾有研究人员演示过汽车远程控制的相关攻击。比如 2015 年，黑客通过克莱斯勒汽车娱乐系统漏洞远程入侵汽车网络，控制了车辆的刹车、转向等关键功能。该案例凸显了智能汽车在嵌入式系统安全方面的隐患。

因此，在设计和开发嵌入式系统时，一定要确保系统的安全性，以防止潜在的攻击和数据滥用。随着物联网设备的日益普及，加强嵌入式系统的安全性变得更加迫切和重要。

2. 嵌入式系统面临的安全攻击

下面介绍几种嵌入式系统面临的安全攻击。

1) 基于软件的攻击

软件攻击是通过软件执行来实施的，如部署特洛伊木马软件。此外，还可以利用软件缺陷进行攻击，其中缓冲区溢出是引发安全问题的典型因素。基于软件执行的侧信道攻击颇具挑战性，以执行时间信息为例，攻击者可以监测程序执行不同操作时所花费的时间差异，一旦算法设计存在缺陷，执行时间与数据值相关联，攻击者就可能借此推断出关键信息。这一要求同样对计算机算术的实现产生约束，即指令执行时间应避免依赖数据。在嵌入式系统的应用程序方面，攻击者能够借助软件漏洞访问数据或操控系统。常见攻击手段包含恶意软件部署、暴力破解、内存缓冲区溢出等。这类攻击可以远程执行，不需要攻击者具备专业硬件知识。例如，恶意软件攻击通过伪造固件更新、驱动程序或安全补丁分发恶意代码，试图控制受害系统或窃取内部数据。

2) 基于网络的攻击

基于网络的攻击是指通过网络连接对嵌入式设备进行攻击，利用网络协议或服务的安全漏洞实施攻击，如 DoS 攻击、针对网络服务的漏洞利用等。

3) 物理攻击

物理攻击试图通过物理干扰系统来打开一个侧信道。例如，可以打开和分析硅芯片。此过程的第一步是拆包(移除覆盖硅的塑料)，第二步是进行微探测或光学分析。这样的攻击很困难，但它们揭示了芯片的许多细节。

4) 旁道攻击

旁道攻击也叫边信道攻击或侧信道攻击，是一种利用系统运行时产生的间接信息(而非直接针对系统的计算或加密算法本身的漏洞)来推测敏感数据的攻击方式。这类攻击包括简单功率分析、差分功率分析以及电磁辐射分析等，是针对嵌入式系统常用的侧信道攻击手段。

(1) 简单功率分析(Simple Power Analysis，SPA)：通过观察单次加密操作过程中的功率消耗曲线来分析传输的信息。攻击者可以通过分析这些曲线的形状和模式，识别出特定的加密操作和算法步骤，甚至直接获取到加密密钥的部分或全部信息。SPA 不需要复杂的统计分析，但需要攻击者能够理解功率消耗曲线与加密算法之间的关系。SPA 常用于分析简单的加密设备，尤其是在加密算法的执行过程中不同操作的功率消耗差异较大时。

(2) 差分功率分析(Differential Power Analysis，DPA)：一种更为高级的攻击方法，通过收集大量加密操作的功率消耗数据，然后运用统计分析方法来找出功率消耗和特定操作(如密钥位)之间的相关性。与 SPA 相比，DPA 能够有效应对更加复杂的加密算法和实现，即使单次操作的功率信息不足以揭露密钥信息，通过累积分析也能够提取出密钥。DPA 尤其适用于攻击那些在加密算法执行时单次操作的功率消耗差异不明显或者采取了一些抗 SPA 措施的设备。

(3) 电磁辐射分析：另一种旁道攻击方式，它不是分析功率消耗，而是捕获和分析设备在加密操作过程中产生的电磁波。每一种加密操作和算法步骤都可能产生特定的电磁辐射，这些电磁辐射可以被用来推测加密密钥或算法的细节。因为电磁波的发射可能更难以被控制和屏蔽，所以电磁辐射分析可以应用于那些采取了功率消耗掩蔽技术的设备。

由上述攻击手段可知，在嵌入式系统中设计和实施加密措施时，不仅要关注传统的软件和网络安全，还需要考虑物理实现的安全性。为了防御这些攻击，开发者需要采用如功率消耗平衡、电磁波屏蔽等高级安全技术，确保加密操作不会泄露敏感信息。

3. 嵌入式系统的安全对策

嵌入式系统的安全不仅需要软件层面的防护，还需加强物理设备和网络接口的安全保护，以综合应对各种安全威胁。在设计和开发嵌入式系统时需要采取多种安全措施，包括：

(1) 要一个具有安全意识的软件开发过程来防范软件攻击，开发出具有安全措施的软件和网络协议。

(2) 实施物理保护特殊措施，例如部署加密处理器以及安全模块。加密处理器可凭借其专业的加密算法处理能力，对关键数据进行高强度加密，从而有效抵御旁道攻击，避免数据在处理过程中因功耗、电磁辐射等物理特性泄露信息。安全模块内置多重校验机制与防护策略，同时配备屏蔽装置或传感器。屏蔽装置能够阻挡外界的电磁干扰，防止外部恶意电磁辐射对系统的侵袭，降低电磁辐射引发旁道攻击的风险；传感器则可实时、精准地检测模块是否遭受篡改，一旦监测到异常，立即触发警报并采取相应的应急防护措施，全方位保障嵌入式系统的物理安全。

(3) 可以设计设备，使得处理的数据模式对功耗的影响非常小。这需要通常在复杂芯片中不使用的特殊设备。

(4) 定期更新固件和软件，修补已知的安全漏洞。

(5) 通常由加密算法提供逻辑安全性，可以基于对称或非对称密码进行加密。基于对称密码加密时，发送方和接收方使用相同的密钥来加密和解密消息。DES、3DES 和 AES 都是对称加密算法。基于非对称密码加密时，发送方使用公钥加密消息，接收方使用私钥解密消息。RSA 和 Diffie-Hellman 都是非对称加密算法。此外，可以将哈希码添加到消息中，以允许检测消息修改。MD5 和 SHA 都是哈希算法。

由于性能差距，一些处理器可能支持使用专用指令进行加密和解密。此外，还存在专门的解决方案。下面以 ARM 的 TrustZone 技术和 Kalray 的 MPPA2-256 为例进行简单介绍。

ARM 的 TrustZone 是一种基于硬件的安全功能，它通过对处理器架构进行修改，引入了两个独立且硬件隔离的运行环境，即安全世界(Secure World)和普通世界(Normal World)。这两个世界具有不同的权限，以确保系统的安全性。具体来说，TrustZone 技术通过在处理器层次引入安全世界和普通世界，实现了对硬件和软件资源的隔离。在任何时刻，处理器仅在其中一个环境内运行，这两个环境之间的切换由硬件进行控制。安全世界运行的是安全小内核(TEE-kernel)，提供可信执行环境(Trust Execution Environment，TEE)，用于存储和处理敏感数据。而普通世界运行商业操作系统(如 Android、iOS 等)，提供正常执行环境(Rich Execution Environment，REE)。由于安全世界和普通世界是完全硬件隔离的，因此普通世界中的应用程序或操作系统无法直接访问安全世界的资源。这种隔离机制确保了即使普通世界中的操作系统被破坏或入侵，黑客也无法获取存储在安全世界中的机密数据。同时，TrustZone 技术还支持对敏感外设(如安全内存、加密块、键盘和屏幕等)的隔离和保护，防止这些外设受到软件攻击。此外，TrustZone 技术还通过扩展 ARM 处理器内核来实现。这意味着无须使用专用安全处理器内核，从而节省了芯片面积和能源。同时，高性能安全软件可以与普通世界的操作环境一起运行，也就提高了系统的整体性能。总之，ARM 的 TrustZone 技术通过引入安全世界和普通世界两个独立且硬件隔离的运行环境，以及对敏感外设的隔离和保护，为系统提供了强大的安全保障。这种技术广泛应用于车载操作系统、高性能计算平台等领域，以确保关键数据和应用程序的安全性和完整性。

Kalray 的 MPPA2-256 多核处理器芯片是一款高性能的多核处理器，基于 Kalray 的 Massively Parallel Processor Array (MPPA)架构。MPPA2-256 集成了 256 个通用处理核心(Processing Element，PE)和 32 个系统用核心(Resource Manager，RM)，这些核心分布在 16 个计算集群中，每个集群包含 16+1 个核心、4 个四核 I/O 子系统。该处理器采用 28 纳米 CMOS 技术制造，实现了高密度的核心集成和高能效比。它实现了一种聚集式架构，核心集群共享本地内存。MPPA2-256 特别注重能源效率，在保持高性能的同时，通过优化多核架构和能源管理，降低了整体功耗。该处理器特别优化用于数据中心网络接口卡(Network Interface Cord，NIC)，为处理快速增长的数据提供了可扩展的数据网络解决方案。它还可以作为一类新型的处理器，被称为分散处理单元(Distributed Processing Unit，DPU)，专门用于智能数据处理，适用于基础设施、计算和人工智能加速，同时能够处理大量数据流和多任务工作负载，无瓶颈地支持数据密集型应用的智能、高效和节能运行。Kalray 的 MPPA2-256 多核处理器芯片包含多达 128 个专用的加密协处理器，连接到 288 个"常规"核心的矩阵，核心是 64 位 VLIW 处理器。该处理器通过其独特的设计和功能来确保防攻击安全性。这种架构提供了以下关键安全措施：

(1) 硬件级别的隔离。MPPA2-256 芯片通过将不同的处理任务分配给专用的硬件部分(如加密协处理器和常规核心)，实现了硬件级别的隔离。这种隔离有助于减少攻击面，因为攻击者很难同时攻击所有隔离的部分。

(2) 专用的加密协处理器。128 个专用的加密协处理器不仅提高了加密操作的性能，而且通过专门设计来处理加密任务，减少了在常规核心上执行加密操作时可能暴露的漏洞。这些协处理器可以执行加密、解密、哈希和随机数生成等安全相关的任务，而不影响常规核心的性能。

(3) 安全启动和固件完整性检查。MPPA2-256 芯片支持安全启动机制，确保只有经过验证和签名的固件才能在芯片上运行。这可以防止恶意软件或未授权代码的执行。

(4) 内存保护和访问控制。该芯片提供内存保护和访问控制功能，以确保只有经过授权的核心和协处理器才能访问特定的内存区域。这有助于防止数据泄露和未经授权的访问。

(5) 错误检测和纠正。MPPA2-256 芯片包含错误检测和纠正(Error Correcting Code，ECC)机制，用于检测并纠正硬件故障或潜在的软件错误。这有助于防止硬件故障导致的安全漏洞。

(6) 安全监控和审计。芯片提供安全监控和审计功能，允许系统管理员或安全团队监控芯片的运行状态，检测任何异常行为，并进行必要的干预。

(7) 物理安全。除了上述的软件和硬件特性，MPPA2-256 芯片还可采取物理安全措施，如封装技术、温度监控、电源管理等，以防止物理攻击或篡改。

综上所述，Kalray 的 MPPA2-256 多核处理器芯片通过其独特的设计和功能，提供了多层次的安全保障，旨在确保在各种应用环境中的防攻击安全性。但是需要注意的是，即使有了这些安全措施，也仍然需要适当的软件和系统设计来最大限度地发挥这些硬件特性的优势。

4. 嵌入式系统安全设计面临的挑战

面对嵌入式系统中的安全挑战，每个问题都需要细致入微的解决方案来平衡安全性、性能、成本和能耗等因素。在解决安全性问题时，嵌入式系统面临的具体挑战如下：

(1) 性能差距。高级加密技术可能会降低系统的响应速度，尤其是在数据传输速率高的应用场景中。针对该问题，可以采用轻量级加密算法，例如采用 AES-128 而不是 AES-256，或设计专为低功耗和高效率优化的加密算法。同时，可以通过软硬件协同设计，利用专用硬件加速器来执行加密操作，以减轻处理器负担。

(2) 电池差距。加密操作增加了能耗，这对于电池供电的便携式设备是一个重大挑战。可以优化算法和硬件设计以降低能耗，如动态电压频率调整(DVFS)，在不牺牲安全性的前提下，根据当前任务需求调整能耗。对于极低能耗设备，如智能卡，可选择特定的低能耗加密技术。

(3) 缺乏灵活性。固定的安全协议和硬件加速器难以适应新的安全需求和标准。可以使用可编程的安全硬件(如 FPGA)，或者提供固件升级选项，以便系统能够部署新的安全协议。另外，采用软件定义安全策略可以在不更换硬件的情况下更新安全协议。

(4) 防篡改。设计一个能够抵御恶意攻击(如旁道攻击)，且不泄露任何关于加密密钥信息的系统是非常复杂的。可以采用物理不可克隆功能(Physical Unclonable Functions，PUF)技术生成唯一的加密密钥，以及采用随机化和掩码技术混淆功率消耗模式。此外，还可以采用防篡改封装与传感技术来检测和防止未授权的物理访问。

(5) 保证差距。安全性的验证需要额外的设计和成本。可以采用形式化验证方法和自动化测试工具来验证安全协议的正确性。同时，建立全面的安全性评估流程，包括代码审计和渗透测试，以确保系统的安全性。

(6) 成本。提高安全级别通常会增加系统成本。可以在设计初期就考虑成本与安全性的平衡，通过集成度高的 SoC(系统级芯片)设计来减少外部组件。此外，也可以采用开源安全工具和算法来降低软件开发成本。

解决这些挑战需要跨学科的知识和技术，通过创新设计和算法优化，可以在保证安全的同时，使对性能、能耗和成本的影响最小化。

2.6 嵌入式系统中的通信

嵌入式系统中的通信是信息处理的前提，对于物联网来说通信至关重要。信息传递依赖于多种通信渠道，这些渠道可以根据其传输能力和噪声等参数来定义。实现通信的物理介质包括无线媒介(如射频和红外线)、光学媒介(如光纤)和电缆等。虽然嵌入式系统的通信需求多种多样，但是连接不同硬件组件并确保有效通信仍然是一项挑战。因此，理解和满足这些通信需求也是嵌入式系统设计要考虑的重要方面。

2.6.1 嵌入式系统对通信的要求

嵌入式系统是一种特殊的计算机系统，由于其自身的特性，所以对通信有以下几个特殊的要求：

(1) 实时性。嵌入式系统通常用于需要实时响应的应用场景，如自动驾驶、工业自动化、医疗设备监控等。在这些场景中，数据的传输和处理必须快速且准确，以保证系统的稳定性和安全性。因此，嵌入式系统的通信协议和机制需要满足实时性的要求，确保数据能够及时传输和处理。

(2) 成本效率。连接不同的硬件组件可能会产生高昂的成本。例如，在大型建筑物中进行点对点连接几乎是不可能的。此外，汽车中控制单元和外部设备之间的独立电线显著增加了汽车的成本和重量。采用独立布线时，添加新组件也很困难。嵌入式系统对成本效率的需求也影响了外部设备供电方式的选择。通常需要使用集中电源来降低成本。

(3) 适当的带宽和通信延迟。嵌入式系统的带宽需求可能会有所不同，在不使通信系统过于昂贵的情况下提供足够的带宽即可。

(4) 支持事件驱动通信。基于轮询的系统能提供非常可预测的实时行为。然而，它们的通信延迟可能太大，因此应该具备用于快速、面向事件的通信。例如，紧急情况应该立即通报，而不应等到某个中央控制器轮询消息时才被发现。

(5) 安全性/隐私性。确保机密信息的安全性/隐私性(保密性)需要使用加密手段。

(6) 鲁棒性。对于安全关键系统，必须达到所需的安全水平。这包括鲁棒性，即信息物理系统可能在极端温度下使用，靠近主要的电磁辐射源等。例如，汽车引擎可能暴露在 $-20 + 180℃ (-4 \sim 356℉)$ 的温度下，由于这种大范围的温度变化，电压水平和时钟频率可能会受到影响。尽管如此，仍需保持可靠的通信。

(7) 容错性。尽管研究人员已经为鲁棒性做了很多努力，但故障仍可能发生。如果可行的话，信息物理系统即便在出现故障后也能继续运行。

(8) 可维护性/可诊断性。这是指在系统出现故障时，需要能在合理的时间内修复嵌入式系统。

嵌入式系统对通信部分的这些需求中，有些是互相矛盾的，这时候就必须采用折中处理。例如，通信可能有不同的通信模式：一种保证实时行为但没有容错能力的高带宽模式，适用于多媒体流；一种容错、低带宽的模式，用于不可丢弃的短消息。

2.6.2　电气鲁棒性

嵌入式系统的电气鲁棒性(Electrical Robustness)是指系统在面临各种电气干扰和异常电气条件时，仍能保持正常运行并正确执行其预定功能的能力。它是衡量嵌入式系统可靠性的一个重要指标，反映了系统对电气环境变化的耐受程度。

1. 单端信号

在芯片内，数字通信通常使用所谓的单端信号。对于单端信号，信号是在单根导线上传播(见图 2-25)，由相对于公共地的电压(也有极少一部分对公共地的电流)表示。单端信号使用一根信号线和一个共同地线，通常适用于芯片内的短距离通信。这种方式对外部噪声敏感，很容易扭曲信号，导致数据损坏。此外，由于地线上的电阻(和自感)，造成收发两端地线本身存在差异，在不同系统间维持高质量的地线信号也面临挑战。这使得单端信号不太适合长距离的高速通信。如果外部噪声(例如电机接通时产生的噪声)影响电压，则信息很容易被破坏。

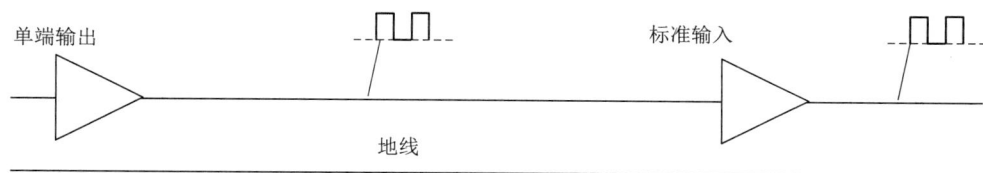

图 2-25　单端信号

2. 差分信号

差分信号与单端信号不同。差分信号的每个信号需要两根导线(见图 2-26)，这两根导线通常会扭曲成所谓的双绞线。差分信号也会有本地"地"信号，但本地"地"信号之间的非零电压不会对其造成影响。使用差分信号，二进制值的编码方式为：如果第一根导线相对于第二根导线的电压为正，则解码为"1"；否则解码为"0"。

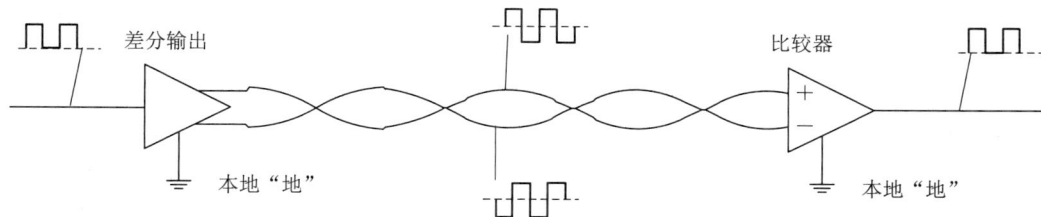

图 2-26　差分信号

差分信号的优点包括：

(1) 噪声基本上以相同的方式添加到两根导线上。因此，使用比较器对两根信号线做减法几乎可以消除所有的噪声。

(2) 逻辑值仅取决于两根导线之间的电压极性。虽然电压的大小可能受到反射或导线电阻的影响，但对解码值没有影响。

(3) 信号不会在地线上产生任何电流。因此，地线的质量变得不那么重要。

(4) 差分信号不需要公共地线。因此，无须在大量通信伙伴之间建立高质量的地线连接。

(5) 差分信号允许比单端信号更大的吞吐量。

差分信号的缺点就是，差分信号的每个信号都需要两根导线，而且还需要负电压(基于使用单端信号电压的互补逻辑信号除外)。

差分信号在标准以太网的网络、通用串行总线(USB)、火线(1394)等通信中得到了广泛的应用。为了不断提升差分信号传输的速率和有效性，优化信号传输，减少噪声和干扰，提高信号完整性。在设计差分信号传输时，可以采取的技术如下：

(1) 低电压差分信号 (Low-Voltage Differential Signaling，LVDS)。这是一种流行的差分信号技术，以其低功耗和高数据传输速率而著称。LVDS 通过降低信号的电压摆幅来减少功耗，并支持高速数据传输。因此，它是一种低功耗、低误码率、低串扰和低辐射的差分信号技术，这种传输技术可以达到 155 Mb/s 以上。LVDS 技术的核心是采用极低的电压摆幅高速差动传输数据，可以实现点对点或一点对多点的连接，其传输介质可以是铜质的 PCB连线，也可以是平衡电缆。它使得信号能在差分 PCB 线对或平衡电缆上以数百 Mb/s 的速率传输，其低压幅和低电流驱动输出实现了低噪声和低功耗。

(2) 预加重 (Pre-emphasis)和均衡(Equalization)。预加重技术在发送端增强高频信号，以抵消信号在传输线上的损耗。均衡技术则在接收端使用，用于恢复信号的原始波形。这两种技术共同作用，提高了长距离高速传输的信号完整性。

(3) 高速差分信号转换器。该转换器用于在差分信号和单端信号之间进行转换，确保信号能够在不同类型的电子设备之间准确无误地传输。随着技术的进步，高速差分信号转换器的集成度越来越高，体积越来越小，功耗越来越低，转换速度越来越快，能够满足更高速率的数据传输需求。差分信号本身对外部电磁干扰(EMI)具有高度免疫性，而现代的高速差分信号转换器通过采用更先进的电路设计和工艺，进一步提高了其抗干扰能力，保证了信号传输的稳定性和可靠性。它不仅具有基本的信号转换功能，还集成了许多其他功能，如信号调理、放大、滤波等，使得其在复杂的应用环境中能够发挥更大的作用。例如，HTL-TTL 信号转换器可以将 PLC 或上位机的集电极脉冲信号(NPN、PNP)转换成差分脉冲信号，提供给控制器(伺服)所需的差分脉冲信号。其输入和输出之间采用高速光耦隔离，大大提高了抗干扰能力。

(4) 屏蔽和双绞线。为了进一步降低外部噪声对差分信号的影响，通常会使用屏蔽和双绞线技术。为了提高差分传输线的抗干扰能力，研究人员不断改进屏蔽技术。新型的屏蔽材料，如金属编织网、金属箔等，被广泛应用于差分传输线的制造中，有效地减少了外部电磁干扰(EMI)对信号传输的影响。同时，屏蔽结构的优化也取得了显著成果。例如，采用多层屏蔽结构、合理布置屏蔽接地等方式，进一步提高了屏蔽效果。双绞线是指将两根信号线绞合在一起，以此有效地抵消电磁干扰。它作为差分传输线的一种常见形式，其性能得到了不断提升。研究人员通过改进双绞线的绞合工艺、优化线对布局等方式，提高了双绞线的传输性能，使得信号在传输过程中受到的衰减和串扰减小。新型的双绞线材料，如高纯度铜、银合金等，也被广泛应用于双绞线的制造中，进一步提高了其导电性能和传输质量。随着差分传输技术的不断发展，相关的传输标准也在不断完善。例如，IEEE、TIA 等标准化组织制定了一系列差分传输标准，如 LVDS(低电压差分信号)的电气规范等，这些标准对差分传输线的屏蔽和双绞线性能提出了明确的要求和指标。

　　(5) 差分信号接口标准。随着技术的进步和应用需求的变化，差分信号接口标准也在不断地完善与更新。例如，LVDS 作为一种常见的差分信号接口标准，其标准本身在不断修订和完善，以适应更高的传输速度和更低的功耗要求。同时，新的差分信号接口标准也在不断涌现，以满足特定应用领域的需求。为了支持更高速率的数据传输，一系列高速差分信号接口标准相继推出。这些标准通常采用更先进的信号编码和调制技术，以及更严格的信号完整性和时序要求，以实现更高速、更稳定的数据传输。现代差分信号接口标准不仅关注数据传输本身，还注重与其他功能的集成和标准化。例如，一些差分信号接口标准集成了时钟同步、电源管理、错误检测与纠正等功能，以提供更全面的接口解决方案。同时，为了方便不同厂商和设备之间的互操作性，标准化组织也在积极推动差分信号接口的标准化工作。随着对节能环保的日益重视，差分信号接口标准也在不断提高对低功耗和绿色环保的要求。新一代差分信号接口标准通常采用更低的电压摆幅和电流驱动能力，以降低功耗和减少电磁辐射。同时，一些差分信号接口标准还引入了节能模式和电源管理功能，以进一步降低系统能耗。

　　随着集成电路技术的进步，差分信号传输技术将继续得到优化，以支持更高的数据传输速率和更低的功耗。同时，随着物联网(IoT) 和 5G 等技术的发展，差分信号传输的需求将持续增长，也将驱动相关技术的创新和改进。

2.6.3　通信的实时性措施

1. 计算机内部通信的实时性措施

　　计算机的内部通信常基于专有的点对点通信或共享总线。点对点通信虽然在实时行为上表现良好，但需要更多连接，并可能在接收端产生拥塞。而使用共享的公共总线进行布线更为简便。通常，如果存在多个对通信媒介的访问请求，这类总线会使用基于优先级的仲裁机制。然而，基于优先级的仲裁在设计时难以预测冲突，因此在实时性方面的可预测性较差，并且可能导致"饥饿"现象(低优先级的通信可能被高优先级通信完全阻塞)。

　　为了解决这个问题，可以使用时分多址(Time Division Multiple Access，TDMA)。它是一种为了实现共享传输介质(一般是无线电领域)或者网络的通信技术。TDMA 把信道在时间上进行划分，被分划开的时间片段通常称为时隙，数个时隙共同构成一个时间帧。不同的用户会被分配到不同的时隙上与基站通信，同样基站也按分配好的时隙接收或者发送对应用户的数据。TDMA 方案常用于无线通信，例如 GSM 手机标准利用 TDMA 访问通信媒介。将无线通信 TDMA 的思想引入到嵌入式系统的通信中，在嵌入式的 TDMA 方案中，每个参与者会被分配一个固定的时间槽，只有在该时间槽内才被允许传输数据。这种方法减少了每个参与者每帧可用的最大数据量，但确保了所有参与者都有一定的带宽，并且避免了"饥饿"现象。ARM 的 AMBA(Advanced Microcontroller Bus Architecture，高级微控制器总线架构)规范是一种用于设计高性能片上通信和总线架构的标准，在 AMBA 的 AXI(Advanced extensible Interface，高级可扩展接口)规范中，提供了先进的信号和通道分离机制，允许高效的并行数据传输和灵活的总线访问控制。这可以支持类似 TDMA 的策略，通过控制数据流和分配通信时间来优化资源使用。

2. 计算机之间通信的实时性措施

计算机间的通信常基于以太网标准。对于 10 Mb/s、100 Mb/s 版本的以太网，通信冲突是可能的，这意味着多个参与者试图在同一时间进行通信，导致信号受到干扰。当这种情况发生时，参与者必须停止通信，随机等待一段时间，然后重试。这种方法称为载波侦听多路访问/冲突检测(CSMA/CD)。CSMA/CD 是一种争用型的介质访问控制协议，它起源于美国夏威夷大学开发的 Aloha。Aloha 是一种无线通信技术，是最早最基本的无线数据通信协议之一。CSMA/CD 进行了改进，使之具有比 Aloha 协议更高的介质利用率。CSMA/CD 主要应用于现场总线 Ethernet 中，其基本原理是所有节点都共享网络传输信道，节点在发送数据之前，首先检测信道是否空闲，如果信道空闲则发送，否则就等待；在发送出信息后，再对冲突进行检测，若发现冲突，则取消发送。

CSMA/CD 不适用于需要满足实时约束的情况，因为可能会有重复冲突，从而导致通信时间过长。

这个问题可以通过载波侦听多路访问/冲突避免(CSMA/CA)来解决。它为带有冲突避免的载波侦听多路访问，是一种数据传输时避免各站点之间数据传输冲突的算法，其特点是在发送包的同时不能检测到信道上有无冲突，只能尽量"避免"。例如，在无线网络通信中，多个设备可能同时尝试发送数据，从而导致数据碰撞和传输失败。CSMA/CA 算法通过监听信道状态并采取相应的退避机制来降低碰撞的概率，从而提高数据传输的效率和可靠性。在嵌入式系统中，与 CSMA/CD 不同，CSMA/CA 完全避免碰撞而非仅检测碰撞。在 CSMA/CA 中，所有参与者都会被分配优先级，通信媒介在通信阶段后的仲裁阶段会被分配给通信参与者，提供一定上限时间间隔的仲裁阶段，CSMA/CA 能够为拥有最高优先级的参与者保证可预测的实时行为。对于其他参与者，如果较高优先级的参与者不持续请求访问媒介，也能保证实时行为。

2.6.4 嵌入式系统中的通信总线实例

嵌入式系统中的通信发展经历了多个阶段，以适应不断变化的计算需求和硬件架构。在嵌入式系统的早期，通信总线的设计相对简单，主要满足基本的数据传输需求。这些总线通常具有较少的信号线和较低的数据传输速率。随着嵌入式系统的广泛应用和复杂化，通信总线的标准化变得尤为重要。标准化有助于确保不同厂商的设备能够互相通信，并简化了系统设计和维护。一些知名的总线标准，如 I²C、SPI 和 UART 等，在这个阶段得到了广泛应用。随着嵌入式系统对数据处理能力的需求不断增加，通信总线也在向高性能方向发展。高性能总线提供了更高的数据传输速率、更低的延迟和更好的可靠性。近年来，嵌入式系统的应用越来越多样化，对通信总线的需求也变得更加灵活和定制化。一些新的总线标准和技术，如 CAN 总线、LIN 总线和 MOST 等，提供了更高的灵活性和可扩展性，以满足特定应用的需求。

下面介绍几种嵌入式系统中常见的通信总线。

1. 传感器/执行器总线

这类总线可提供简单设备(如开关或灯具)与处理设备之间的通信。由于嵌入式系统中可能存在大量此类设备，因此这种总线的布线成本需要特别关注。

2. 现场总线

现场总线与传感器/执行器总线相似，但通常支持更高的数据传输速率。现场总线的实例如下：

(1) 控制器局域网(Controller Area Network，CAN)：由博世和英特尔于 1981 年开发，用于连接控制器和外设。因为它允许用单一总线替换大量线路，所以在汽车行业很受欢迎。由于汽车市场规模庞大，CAN 组件相对便宜，因此它也被用于其他领域，如智能家居和制造设备。CAN 基于差分信号传输，并采用带有 CSMA/CA 机制进行仲裁。其信号编码与早期 PC 的串行(RS-232)线路相似，但进行了差分信号修改。基于 CSMA/CA 的仲裁无法防止"饥饿"(资源长时间得不到满足的情况)，这是 CAN 的一个固有缺陷，不过可用一些扩展协议来解决此问题。

(2) 时间触发协议(Time Triggered Protocol，TTP)：一种用于容错安全系统(如汽车中的安全气囊)的协议。

(3) FlexRay：由 FlexRay 联盟开发的 TDMA 协议，包括静态和动态仲裁阶段。静态阶段使用类似 TDMA 的仲裁方案，可用于实时通信并避免"饥饿"。动态阶段为非实时通信提供了良好的带宽。出于容错原因，通信伙伴可以连接到最多两条总线上。总线监护器可以保护各节点，防止某些节点向总线发送过多冗余消息的干扰。各节点可以使用自己的本地时钟周期，所有节点通用的周期被定义为这些本地时钟周期的倍数，分配给各节点用于通信的时隙基于这些共同周期。

(4) 本地互联网络(Local Interconnect Network，LIN)：一种低成本的串行通信协议，通常应用于汽车中，用于连接汽车领域的传感器和执行器。

(5) 制造自动协议(Manufacturing Automation Protocol，MAP)：为汽车工厂设计的总线，主要用于车辆控制系统中传输数据。

(6) 欧洲安装总线(European Installation Bus，EIB)：为智能家居设计的总线。

3. I^2C(集成电路总线)

这是一种简单的低成本总线，用于短距离(米范围内)通信，且数据传输速率相对较低。该总线仅需要 4 根线，即地线、SCL(时钟线)、SDA(数据线)和电源线。数据线(SDA)和时钟线(SCL)数据线和时钟线均为集电极开路线路，这意味着连接的设备只能将这些线拉向地电位，需要单独的电阻将这些线拉高。I^2C 的标准传输速率为 100 kb/s，但也存在 10 kb/s 以及高达 3.4 Mb/s 的版本。电源线的电压在不同接口间可能会有所变化，仅定义了相对于电源电压检测高、低逻辑电平的标准。一些微控制器板支持该总线。

4. 有线多媒体通信

对于有线多媒体通信，需要更高的数据传输速率。例如，面向媒体的系统传输(MOST)是一种应用于汽车领域多媒体和信息娱乐设备的通信标准。像 IEEE 1394(火线)之类的标准也可用于同样的目的。

5. 无线通信

移动通信的数据传输速率正不断提高。高速分组接入(High Speed Packet Access，HSPA)技术可实现 7 Mb/s 的数据传输速率，而长期演进(LTE)技术所能达到的数据传输速率大约是 HSPA 的十倍。预计 5G 网络的数据传输速率将介于 50 Mb/s 和 1 Gb/s 之间，并且其延迟低于以往的网络。无线通信正变得越来越流行，一些无线通信标准如下：

(1) 蓝牙是一种用于在短距离内连接诸如移动电话及其耳机等设备的标准。

(2) 无线局域网(WLAN)已被标准化为 IEEE 802.11 标准，且有多个补充标准。

(3) ZigBee 是一种旨在利用低功率无线电创建个人区域网络的通信协议，其应用涵盖了家庭自动化和物联网领域。

(4) 数字增强无绳通信(Digital Enhanced Cordless Telecommunications，DECT)是一种用于无线电话的标准，在全球范围内均有应用。

小　　结

本章全面介绍了嵌入式系统中的关键硬件组件和技术，包括不同类型的处理器架构(如 RISC 和 CISC)、存储解决方案(如 RAM 和 ROM)、输入/输出设备(如传感器和执行器)以及电源管理等。此外，本章还探讨了安全性和通信技术的实际应用，强调了系统设计中的电气稳健性和实时性要求。这一章为理解和设计高效、安全的嵌入式系统提供了坚实的理论基础和实用指南。

习　　题

一、单选题

1. 精简指令集和复杂指令集的主要区别是(　　)。

A. 指令长度　　　　B. 指令的数量　　　　C. 指令的复杂性　　　　D. 执行速度

2. 冯·诺依曼体系结构与哈佛体系结构的主要区别是(　　)。

A. 冯·诺依曼体系结构更适用于嵌入式系统

B. 冯·诺依曼体系结构使用统一的存储器存放数据和程序

C. 哈佛体系结构执行速度慢

D. 哈佛体系结构不支持流水线技术

3. 流水线技术的主要目的是(　　)。

A. 增加 CPU 的运算能力　　　　　　　B. 提高指令的执行速度

C. 降低系统的功耗　　　　　　　　　　D. 扩展系统的存储能力

4. 下列不属于嵌入式处理器的是(   )。

A. 嵌入式微控制器   B. 嵌入式 DSP 处理器

C. 嵌入式图形处理器   D. 嵌入式微处理器

5. 模/数转换器(ADC)在嵌入式系统中的作用是(   )。

A. 将数字信号转换为模拟信号   B. 将模拟信号转换为数字信号

C. 提高信号的频率   D. 减小信号的噪声

6. 在输出设备中,脉冲宽度调制(PWM)的主要用途是(   )。

A. 改变信号的幅度   B. 控制电机速度

C. 过滤高频噪声   D. 增强信号的稳定性

7. 执行器在嵌入式系统中常见的应用的是(   )。

A. 数据存储   B. 信号放大   C. 物理运动控制   D. 数据加密

8. 在嵌入式系统中,超级电容器主要的作用是(   )。

A. 长期能源存储   B. 快速充放电   C. 高容量能源存储   D. 环境能源采集

9. 嵌入式系统的通信实时性措施指的是(   )。

A. 确保数据传输的安全性   B. 提高通信的数据率

C. 确保数据按时到达   D. 降低通信成本

10. 访问某个存储层次所需的时间,包括判断命中或失效的时间,被称为(   )。

A. 访问时间   B. 命中时间   C. 判断时间   D. 失效时间

二、多选题

1. 关于嵌入式处理器的主要技术指标,下列正确的是(   )。

A. 时钟频率   B. 指令集   C. 功耗   D. 存储容量

2. 在嵌入式系统中,常用于缓存和快速数据访问的存储器类型有(   )。

A. 高速缓存   B. 暂存存储器   C. 只读存储器   D. 寄存器文件

3. 嵌入式系统中的供电对系统性能的影响包括(   )。

A. 系统稳定性   B. 性能效率   C. 设备寿命   D. 通信速度

4. 嵌入式系统安全措施包括(   )。

A. 加密算法的实现   B. 安全的通信协议

C. 防火墙的部署   D. 硬件加速的加密

5. 流水线技术的特点是(   )。

A. 各个分解步骤的执行时间固定   B. 几个指令可以并行执行

C. 降低了 CPU 的运行效率   D. 对内部信息流无要求

6. 关于嵌入式总线,下列说法正确的是(   )。

A. 总线一般有内部总线、系统总线和外部总线

B. 系统总线用于芯片一级的互连

C. 内部总线是微机内部各外围芯片与处理器间的总线

D. 通过外部总线和其他设备进行信息与数据交换

7. 嵌入式处理器的主要类型包括(   )。

A. 嵌入式微控制器(MCU)   B. 嵌入式 DSP

C. 嵌入式微处理器(MPU)   D. 嵌入式片上系统(SoC)

8. 在嵌入式系统中，输入设备主要包括(   )等。

A. LED   B. 液晶显示器   C. 小型键盘   D. 触摸屏

三、填空题

1. 嵌入式处理器形式多样，但都具有_____、_____、_____、_____、_____、_____。

2. 软件系统的设计方法包括_____的嵌入式软件设计、_____的嵌入式软件设计。

3. 三级流水线结构，指令执行分为_____、_____和_____等3个阶段。

4. 嵌入式系统的核心硬件单元被称为_____。

5. 在访问某个存储层次时，命中的次数占总访问次数的比例称为_____。

6. 将数据块从下层存储复制至某层所需的时间，包括数据块的访问时间、传输时间、写入目标层的时间以及将数据块返回给请求者的时间，这被称为_____。

7. 嵌入式微控制器(MCU)的最大特点是_____和_____。

8. 嵌入式处理器的主要技术指标包括_____、_____、_____、_____、_____、_____、_____等。

四、判断题

1. 精简指令集(RISC)的处理器通常有更多的指令种类比复杂指令集(CISC)。   (   )

2. 哈佛体系结构允许数据和指令使用独立的存储和总线系统。   (   )

3. 总体上讲，流水线技术可以减少处理器的指令执行时间。   (   )

4. 嵌入式微控制器通常包含内置的存储器和输入/输出接口。   (   )

5. DSP 专为处理图像和音频等多媒体应用而优化。   (   )

6. 所有嵌入式系统的存储器都是非易失性的。   (   )

7. 模/数转换器(ADC)用于将数字信号转换为模拟信号。   (   )

8. 脉冲宽度调制(PWM)只用于电机速度控制。   (   )

9. 与传统电池相比，超级电容器具有更长的充放电周期。   (   )

10. 嵌入式系统的安全设计不需要考虑物理安全措施。   (   )

五、简答题

1. 简述 RISC 和 CISC 两种处理器架构的主要区别。

2. 简述嵌入式系统中流水线技术的作用及其重要性。

3. 简述嵌入式系统中的供电管理及其对系统性能的影响。

03

第 3 章　MCS-51 系列单片机结构与工作原理

本章将深入探讨 MCS-51 系列单片机的内部结构，为读者打开嵌入式系统世界的大门。先从单片机的概念讲起，了解它的发展历程、应用领域和未来发展方向。接着，将深入分析 MCS-51 系列单片机的总体结构，并从硬件组成的角度探讨其基本结构和分类。同时将详细解读 89C51 单片机的内部架构，包括其 CPU、存储器、I/O 接口以及运算器和控制器等关键组件。通过对本章的学习，读者能够全面地理解 MCS-51 系列单片机的原理和工作机制，为后续开发嵌入式系统打下坚实的基础。

3.1　MCS-51 系列单片机概述

为了更好地理解和应用单片机技术，本节将为读者介绍 MCS-51 系列单片机的概念和发展历史。

3.1.1　单片机的概念

单片机是单片微型计算机的简称，又称为微控制器(MCU)。1946 年，世界上第一台电子数字计算机 ENIAC 在美国宾夕法尼亚大学研制成功。数字计算机技术是单片机技术的基础。随着大规模集成电路技术的迅猛发展，近年来芯片的集成度越来越高。各种高性能、低价格的微型计算机相继问世。目前，微处理器、存储器、并/串行接口、定时器/计数器、模/数转换器、脉宽调制器以及高级语言的编译程序等已能被集成在一块芯片上，并且在一块芯片上所集成的东西将越来越多。于是，一块大规模集成电路芯片就有了一台计算机的全部功能，这样的集成芯片称为单片机。通常，在单片机内部集成的部件包括：中央处理器、只读存储器、随机存取存储器、定时器/计数器及 I/O 接口等。

3.1.2　单片机的发展历程

单片机的发展历史可以追溯到 20 世纪 70 年代，当时的电子设备开始越来越多地采用数字技术。单片机最早是为了解决复杂电子系统中的控制问题，集成了一个完整的计算机系统，包括处理器核心、内存和输入/输出功能，这样可以显著降低系统的大小和成本。1971年，美国的英特尔公司推出了世界上第一个商用微处理器——4004，它为单片机的发展奠定了基础。Intel 4004 微处理器的发明是微电子技术的一个重大突破，其历史渊源与一项特定的工业需求有关。那就是在 1969 年，日本的计算器公司 Busicom 向 Intel 寻求帮助，希望开发一个专用集成电路(ASIC)芯片组，用于其新型的计算器产品。Busicom 的需求涉及多个自定义芯片，用以处理不同的计算任务。Intel 的工程师，特别是泰德·霍夫(Ted Hoff)，提出了一个更为通用的解决方案。霍夫建议使用一个单一的可编程微处理器来替代多个专用芯片，这样不仅可以减少生产成本，还能提供更大的灵活性。基于这个思路，霍夫、斯坦利·梅兹尔(Stanley Mazor)和费多尔·法金(Federico Faggin)合作开发了世界上第一个商用微处理器——Intel 4004。1971 年 11 月 15 日，Intel 正式发布了 4004 微处理器。这是一个 4 位的 CPU，能够执行基本的逻辑和算术操作，最初是为计算器设计的。4004 微处理器包含了约 2300 个晶体管，运行频率为 740 kHz。尽管其性能有限，但 4004 的设计理念开启了通用微处理器的时代，为后续的 PC 和现代计算设备奠定了基础。4004 的成功推动了微处理器技术的快速发展。紧接着，Intel 推出了更为强大的 8 位微处理器——8080，它成为后来 PC 革命中的关键技术之一。4004 的发明标志着从专用硬件向灵活、可编程的通用计算平台的转变，深刻影响了后续数十年的电子技术和信息技术发展。

1976 年，美国的 TI(德州仪器)公司推出了世界上第一个真正意义上的单片机——TMS-1000。这款产品将 CPU、ROM、RAM 以及 I/O 端口集成在一个芯片上，它的问世标志着单片机时代的真正开启。

到了 20 世纪 80 年代，单片机的发展进入了快速增长期。1981 年，英特尔推出了具有革命性的 8051 单片机，它提供了丰富的指令集和高效的输入/输出处理能力，很快成为业界的标准之一。8051 单片机由于其强大的功能和灵活的架构，被广泛用于家电、汽车电子、工业控制等多个领域。

20 世纪 90 年代，随着半导体制造技术的进步，单片机的性能得到了极大的提升，同时价格也越来越便宜。各大半导体公司纷纷推出基于不同架构的单片机产品，如 AVR、PIC 和 ARM 等，这些产品进一步拓展了单片机的应用范围。

进入 21 世纪，单片机的应用已经非常广泛，从简单的家用电器控制到复杂的汽车和工业自动化系统，再到物联网的各种设备，单片机以其低成本和高效率的特点，成为现代电子技术中不可或缺的一部分。同时，随着技术的不断进步，单片机的性能也在不断提高，其集成度和功能也在不断增强，满足了各种复杂应用的需求。

综上所述，单片机的发展历程可以划分为四代，每一代的特点都体现了技术的进步和市场需求的变化。

(1) 第一代单片机(20 世纪 70 年代)：主要以 4 位和 8 位微控制器为主，标志性的产品是 Intel 4004 和后来的 Intel 8008。这些单片机的特点是功能单一，主要用于简单的应用如计算器和小型家用电器。它们通常具有有限的内存和处理能力，但在当时已经代表了一种重大的技术突破。

(2) 第二代单片机(20 世纪 80 年代)：主要是 8 位和部分 16 位微控制器。这一时期，Intel 的 8051 和 Motorola 的 68HC11 等成为行业标准，它们提供了更多的 ROM、RAM 以及更复杂的输入/输出控制功能，使得单片机能够处理更复杂的任务，并开始广泛应用于工业控制系统。

(3) 第三代单片机(20 世纪 90 年代)：主要是 16 位和 32 位微控制器，如 ARM 和 MIPS 架构的单片机逐渐流行。这些单片机具有更高的处理速度、更大的存储容量和更丰富的功能集，能够支持图形用户界面和网络连接等更高级的功能。此外，功耗控制和系统集成度的提高使得这些单片机特别适合于移动设备和复杂的嵌入式系统。

(4) 第四代单片机(21 世纪初至今)：集成度更高、性能更强、功耗更低，多数采用 32 位或更高位宽，如 ARM Cortex 系列。它们支持复杂的操作系统，如 Linux 和 RTOS，可以连接互联网，并具备丰富的多媒体处理能力和安全功能。此外，随着物联网的兴起，这些单片机被设计来适应各种联网应用，处理大量数据，并在安全性、通信能力和低能耗方面有所突破。

3.1.3　单片机的应用领域

单片机由于其尺寸紧凑、功耗低和集成度高等优点，被广泛应用于各种领域，其中包括：

(1) 消费电子。单片机广泛用于家用电器(如微波炉、电视遥控器)、智能家居系统等，主要控制设备的基本操作，如开关、定时和用户界面管理。

(2) 汽车电子。在汽车领域，单片机用于控制发动机管理系统、防抱死制动系统(ABS)、安全气囊系统、车内娱乐系统等，有助于提高汽车的性能、安全性和乘坐舒适性。

(3) 工业控制。单片机在自动化机器、传感器管理、机器人控制和工业生产线中扮演关键角色。它们能处理复杂的控制算法和实时数据处理任务，提高生产效率和系统可靠性。

(4) 通信设备。在通信领域，单片机用于电话、无线通信设备、网络设备(如路由器和交换机)等。它们可处理信号、数据传输和网络协议的执行。

(5) 医疗设备。在医疗领域，单片机用于监测设备(如心率监测器)、诊断设备(如血糖检测仪)、治疗设备和可植入的医疗设备(如起搏器)等。

(6) 嵌入式系统。单片机是许多嵌入式系统的核心，如智能监控系统和环境监测设备。它们在数据收集、处理和执行控制指令方面起着核心作用。

(7) 物联网设备。随着物联网的快速发展，单片机也越来越多地被用于智能传感器、智能穿戴设备和智能城市应用中。它们使设备能够连接到互联网，从而收集和交换数据。

3.1.4　单片机的发展方向

单片机的发展方向主要受到技术进步、市场需求和行业趋势的影响，当前和未来的发展方向包括：

(1) 更高的性能与更低的功耗。随着制造技术的进步，单片机的处理能力持续增强，同时在保持或降低能耗的前提下提升性能。特别是在物联网和可穿戴设备等领域，低功耗技术的需求日益增长，促使单片机制造商优化功耗效率。

(2) 增强的安全功能。随着单片机越来越多地应用于数据敏感的领域，如金融服务、健康监护等，安全性成为一个重要考量。未来的单片机将集成更多的安全特性，如加密硬件、安全启动和物理防篡改技术。

(3) 更好的连接性。以 5G、Wi-Fi6 等为代表的新一代通信技术的普及，单片机将需要支持这些更高速、更可靠的通信协议，以便更好地服务于智能家居、工业自动化和城市基础设施等应用。

(4) 系统级芯片。系统级芯片(SoC)趋势导致单片机与更多类型的功能集成在一起，如高级图像处理、AI 加速器等。这样不仅可以降低成本和空间占用，也能提高效率和性能。

(5) 人工智能与机器学习集成。AI 和机器学习(Machine Learning，ML)的集成是单片机发展的重要趋势之一。未来的单片机可能自带 ML 加速器，支持边缘计算，即在设备本地进行数据处理和决策，减少对中央服务器的依赖，提高响应速度和操作效率。

(6) 灵活的可编程性和开发支持。随着开发者社区的扩大，单片机的可编程性和开发工具的易用性将进一步提升。更多的开源资源和开发平台的支持，可以降低开发门槛，加速产品的创新和应用部署。

(7) 适应特定行业的定制化。针对特定行业如汽车、医疗或工业控制的需求，单片机将提供更多定制化的解决方案，以满足严格的行业标准和性能要求。

上述方向展示了单片机技术未来的发展潜力，它们将使单片机在各种现代技术领域发挥更大的作用。

3.2 MCS-51 系列单片机的总体结构

单片机可以看成是一个计算机的单片化，因此从计算机系统的硬件结构开始介绍。

1. 计算机系统的硬件结构

计算机系统的硬件结构如图 3-1 所示。其中，运算器和控制器是计算机系统的核心，它们是 CPU 的主要构成部分；存储器用于存放程序和中间数据。

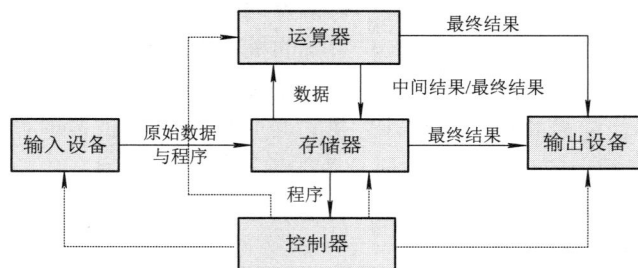

图 3-1　计算机系统的硬件结构

单片机是一个大规模集成电路芯片，类似于计算机的构成，其上集成有 CPU(运算器、控制器)、存储器、I/O 接口(串行接口、并行接口)以及其他辅助电路(如中断系统、定时器/计数器、振荡电路及时钟电路等)。

在单片机中有两类非常重要的存储器，分别为 RAM 和 ROM。RAM 被称为随机读写存储器，用于存放数据，存储单元的内容可按需随意取出或存入，且存取的速度与存储单元的位置无关，这也是称为随机存储器的原因。RAM 具有易失性，掉电后，其内的信息会消失。ROM 被称为只读存储器，主要用于存放程序和表格等。ROM 具有非易失性，掉电后其内的信息依然存在。

2. MCS-51 系列单片机的总体结构

MCS-51 系列单片机的总体结构如图 3-2 所示。

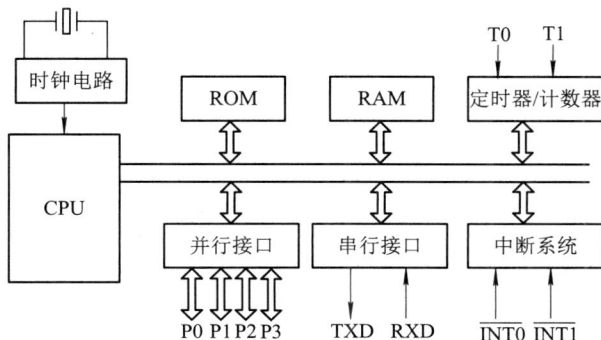

图 3-2　MCS-51 系列单片机的总体结构

由图 3-2 可知，MCS-51 系列单片机主要由以下几部分组成：

(1) 中央处理器(CPU)：8 位，运算和控制功能，由运算器和控制器构成。运算器包含算术逻辑单元(ALU)、累加器(A)和寄存器 B 等，控制器包括程序计数器(Program Counter，PC)、指令寄存器(Instruction Register，IR)和指令译码器。PC 用于存放下一条指令地址，会自动加 1 来按序执行指令，也能被修改以改变执行顺序；IR 用于存放当前执行指令；指令译码器将其译码，并产生控制信号。同时，CPU 工作依赖时钟信号，其内部时钟电路可外接晶振来产生稳定时钟，按特定时序完成取指令、译码、执行等，以执行不同指令实现各种功能。

(2) 并行 I/O 接口：单片机与外部设备进行数据交互的重要通道。它有 P0、P1、P2 和 P3 四个 8 位的并行接口，每个接口都可以独立地作为输入或输出使用。P0 接口在作为输出口时能够提供较大的驱动电流，并且在外部扩展存储器等操作时常用于低 8 位地址/数据复用总线；P1 接口是标准的 I/O 接口，使用起来较为简单直接；P2 接口主要用于高 8 位地址输出，这在访问外部存储器等情况时会发挥关键作用；P3 接口除了基本的 I/O 功能，还具有第二功能，如用于串行通信、外部中断等特殊功能。这些接口的存在让 MCS-51 系列单片机能够方便地连接传感器、执行器、显示器等外部设备，从而灵活地实现数据的输入/输出和设备控制。

(3) 时钟电路：可产生时钟脉冲序列，一般通过外接晶振来实现。常见的晶振频率有 6 MHz、10 MHz、11.0592 MHz、12 MHz 等。

(4) 中断系统：MCS-51 系列单片机共有 5 个中断源(2 个外部中断、2 个定时/计数中断、1 个串行中断)。

(5) 串行接口：实现单片机与外部设备进行串行数据通信的重要模块。它有全双工的通信能力，能够同时进行数据的发送和接收。该接口包含了数据发送缓冲器和数据接收缓冲器，它们可以暂存待发送和已接收的数据，确保数据传输的有序性。其通信方式灵活多样，例如可以采用异步通信方式，通过设置波特率来控制数据传输的速率，并且能够自定义数据格式，包括起始位、数据位、停止位等。同时，MCS-51 系列单片机的串行接口还可以方便地与其他具有串行通信功能的设备相连，例如连接上位机进行数据传输或者与其他单片机进行通信协作，在多设备通信系统以及数据采集与传输等应用场景中发挥关键作用。

(6) 内部 ROM：用于存放程序、原始数据和表格。

(7) 定时器/计数器：两个 16 位的定时器/计数器，实现定时或计数功能。

(8) 内部 RAM：共 256 个 RAM 单元。用户使用前 128 个单元，用于存放可读写数据，后 128 个单元被专用寄存器占用。对于 MCS-51 系列单片机，后面的 128 个单元则由 RAM 和专用寄存器两部分共同占用。

3. MCS-51 单片机的分类

常用的 MCS-51 系列单片机有 4 种类型的产品，分别为 8051、8751、89C51 和 8031。它们的结构基本相同，其主要差别在于存储器的配置。

(1) 8051 内设有 4 KB 的掩膜 ROM。

(2) 8751 内设有 4 KB 的 EPROM。

(3) 89C51 内设有 4 KB 的 EEPROM。

(4) 8031 内没有 ROM。

89C51 内部的 EEPROM 使得其编程非常容易，在实际中也得到了广泛应用。

3.3   89C51 单片机的内部架构与工作原理

本节将聚焦于 89C51 单片机，从 CPU 的运作机制到存储器的配置和管理，详细剖析其内部结构和各个核心组件。89C51 单片机的内部结构如图 3-3 所示。

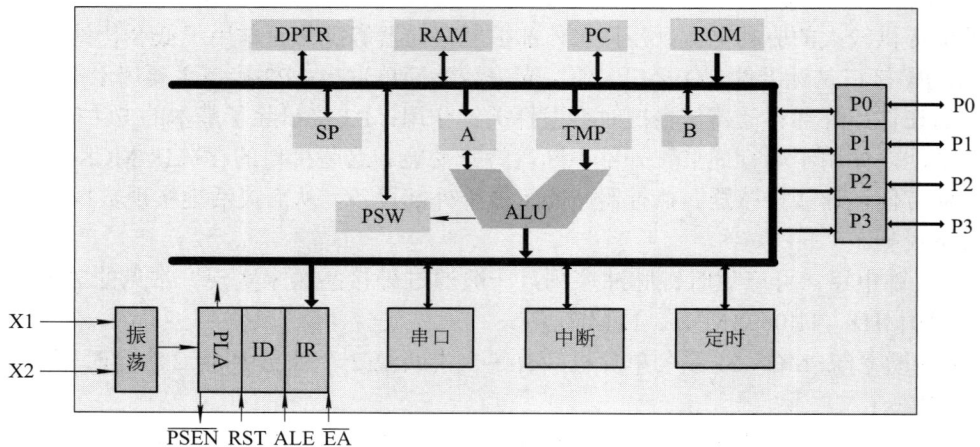

图 3-3   89C51 单片机的内部结构

89C51 单片机有 4 个与外部交换信息的 8 位并行接口(P0、P1、P2、P3)以及一个可编程全双工串行口。4 个并行接口均为准双向口，同 RAM 统一编址，可当作一般特殊功能寄存器来寻址。

下面详细介绍 89C51 单片机中的各重要组成部分。

3.3.1　89C51 单片机的运算器

89C51 单片机的运算器是其核心处理单元之一，包括算术逻辑单元(ALU)、累加器(Accumulator Regisster，ACC，简称 A)、寄存器 B、程序状态寄存器(Program Status Word，PSW)等关键组件，能够执行各种算术和逻辑运算，并具备高效的运算能力和数据处理能力。接下来详细介绍其内部的各部件。

1. 算术逻辑单元(ALU)

算术逻辑单元是 CPU 的执行单元，是所有 CPU 的核心组成部分，由"And Gate"和"Or Gate"构成，其主要功能是进行二进制的算术运算和逻辑运算。

ALU 有 2 个输入端和 2 个输出端。其中一端接至累加器，接收由累加器送来的一个操作数；另一端接收 TMP(Temporary，暂存器)中的第二个操作数。参加运算的操作数在 ALU 中进行规定的操作运算，运算结束后，将结果送至累加器，同时将操作结果的特征状态送至标志寄存器。

2. 累加器(ACC)

单片机做运算时产生的中间结果需要被放在某个地方，这个地方就是累加器。它的名字很特殊，功能也很特殊，几乎所有的运算类指令都离不开它。ACC 为 8 位寄存器。累加器是一个特殊的寄存器，它的字长和微处理器的字长相同，累加器具有输入/输出和移位功能，微处理器采用累加器结构可以简化某些逻辑运算。由于所有运算的数据都要通过累加器，故累加器在微处理器中占有很重要的位置。

在 Keil μVision 中进行仿真，可查看累加器 ACC 的作用。相关程序代码如下：

```
#include <AT89X51.h>

void main()
{
    unsigned char a,b,c,d;
    while(1)
    {
        a = 1;
        b = 5;
        c = 7;
        d = a + b + c;
    }
}
```

编译通过后，单击 进入仿真，再单击 Disassembly 窗口以激活该窗口，然后单击 进行单步调试，Keil μVision 仿真窗口如图 3-4 所示。观察 Registers 窗口，可查看累加器的变化情况。需要注意的是，在该窗口中该累加器是以小写字母 a 表示的。

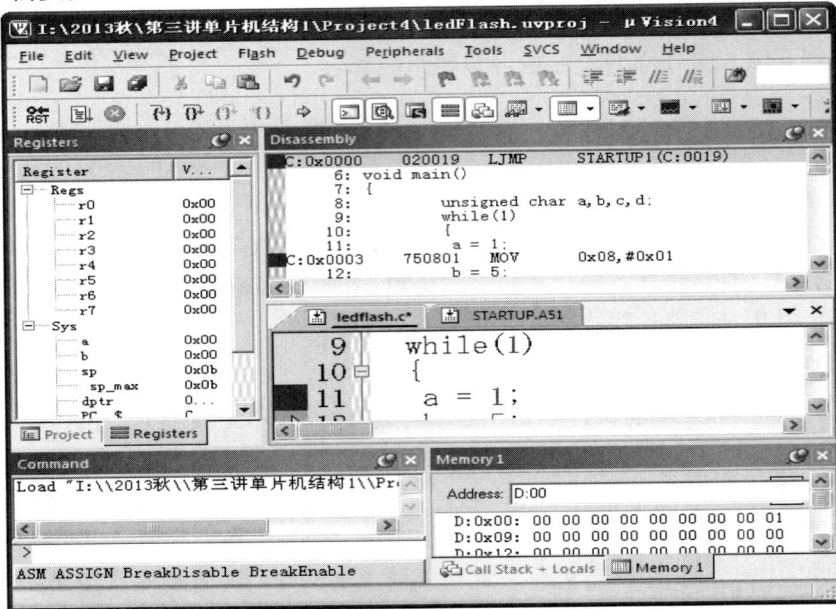

图 3-4　Keil μVision 仿真窗口

在程序执行仿真过程中可以看到：累加器 a 里面的内容先变为 1，即将 1 放入累加器 a；然后变为 6，即把 1+5 的中间结果放入累加器 a；然后变为 0x0d，即把 1+5+7 的最终结果放入累加器 a。

3. 寄存器 B

寄存器 B 在做乘法时用来存放一个乘数，在做除法时用来存放一个除数，不做乘除法时可以作为一般的寄存器来用。寄存器 B 是一个 8 位寄存器。

在 Keil μVision 中进行仿真，可查看寄存器 B 的作用。相关程序代码如下：

```
#include <AT89X51.h>

void main()
{
    unsigned char a,b,c,d;
    while(1)
    {
        a = 2;
        b = 3;
        c = 4;
        d = a * b * c;
    }
}
```

编译通过后，单击 [图标] 进入仿真，再单击 Disassembly 窗口以激活该窗口，然后单击 [图标] 进行单步调试。观察 Registers 窗口，可查看寄存器 B 的变化情况。在该窗口中，寄存器显示为 b。

在程序执行仿真过程中可以看到：累加器 b 里面的内容先变为 3，即将乘法运算的一个操作数 3 放入累加器 b；然后变为 4，即把第二次乘法的操作数放入寄存器 b。同时也可以看到累加器 a 的变化情况：累加器 a 的内容先变为 2；然后变为 6，即 2×3 的中间结果；最后变为 0x18，即 2×3×4 的计算结果。

4. 程序状态寄存器(PSW)

PSW(Program Status Word，程序状态寄存器，也称为程序状态字)是一个非常重要的寄存器，里面存放了 CPU 工作时的很多状态，知道它就可以了解 CPU 当前的工作状态。它有点像书中的目录，我们通过浏览它就可以了解一本书的内容。PSW 是一个 8 位寄存器，其中有 7 位被用。程序状态寄存器(PSW)的内部格式如图 3-5 所示。

D7	D6	D5	D4	D3	D2	D1	D0
CY	AC	F0	RS1	RS0	OV		P

图 3-5　程序状态寄存器(PSW)的内部格式

由图 3-5 可知，PSW 中被使用的 7 位分别为 CY、AC、F0、RS1、RS0、OV 和 P。

1) CY

CY 是进位标志位，也可用 PSW.7 来表示，用于表示后面 8 位向前一位的进位或借位情况。

MCS-51 系列单片机是一种 8 位的单片机，它的运算结果只能表示到 2^8(即 0～255)，但有时的运算结果要超过 255，怎么办呢？这时就要用 CY 位。例如，79H+87H(01111001B+01010111B)=100H(100000000B)，这里的"1"就进到了 CY 中。同时，借位也会使 CY 置 1。

在 Keil μVision 中进行仿真，可查看 CY 的作用。相关程序代码如下：

```
#include <AT89X51.h>
void main()
{
    unsigned char b,a,c;
    while(1)
    {
        b=0x79;
        a=0x87;
        c = a+b;

        a = 9;
        c = c+a;

        b = 10;
        c = a-b;
    }
}
```

编译通过后，单击 进入仿真，再单击 Disassembly 窗口以激活该窗口，单击 进行单步调试。观察 Registers 窗口，可查看 CY 的变化情况。

在程序执行仿真过程中可以看到：在执行完 c=a+b=(100000000)B 时，产生了向第 8 位(从 0 开始数)的进位，CY=1；在执行完 c=c+a=9 时，CY=0；在执行完 c=a−b 时，产生了借位，CY=1。

在实际应用中，可以利用 CY 将并行数据转换为串行数据输出。在 Keil μVision 中进行仿真，可查看 CY 在并串转换中的作用。相关程序代码如下：

```
#include <AT89X51.h>


void main()
{
    unsigned char i;
    unsigned char b=0x55,SDA;
    unsigned int j;
    while(1)
    {
        for(i=0;i<8;i++)
        {
            b<<=1;
            SDA = CY;
        }
        b=0x55 ;
    }
}
```

在程序执行仿真过程可以发现，CY 里面的内容将逐位显示 b 中的内容。其中，b<<=1 即 b = b<<1，每次都将 b 向左移 1 位，CY 即为移出的那一位。

2) AC

AC 是半进位标志位，也可用 PSW.6 来表示。当 D3 位向 D4 位进/借位时，AC=1。AC 通常用于十进制数的调整运算中。

在 Keil μVision 中进行仿真，可查看 AC 的作用。相关程序代码如下：

```
#include <AT89X51.h>


void main()
{
    unsigned char a,b,c;
    while(1)
    {
        a = 0xF;
        b = 1;
```

```
        c = a+b;

        a = 0xE;
        b = 1;
        c = a+b;

        a = 0xF;
        b = 5;
        c = a+b;
    }
}
```

通过仿真可以发现：在执行完第一个 c=a+b=(10000)B 时，产生了第三位向第四位的进位，此时 AC=1；在执行完第二个 c=a+b=(1111)B 时，没有产生第三位向第四位的进位，此时 AC=0；在执行完第三个 c=a+b=(10100)B 时，产生了第三位向第四位的进位，此时 AC=1。

3）F0

F0 是用户自定义标志位，也可用 PSW.5 来表示。由编程人员根据自己的需求来设置该位。

4）RS0 和 RS1

RS0 和 RS1 也可分别用 PSW.3 和 PSW.4 来表示，是工作寄存器组选择控制位，可以用于选择哪一组工作寄存器作为当前工作寄存器组。工作寄存器地址与 RS0 和 RS1 的关系如表 3-1 所示。

表 3-1　工作寄存器地址与 RS0 和 RS1 的关系

RS1	RS0	寄存器组	内部 RAM 地址
0	0	0 组	00H～07H
0	1	1 组	08H～0FH
1	0	2 组	10H～17H
1	1	3 组	18H～1FH

在后续讲述单片机内部 RAM 时将详细描述其关系。

5）OV

OV 是溢出标志位，也可用 PSW.2 来表示。有符号数运算结果超出表示范围时，产生溢出。当运算结果产生溢出时，OV=1；当运算结果没有产生溢出时，OV=0。需要注意的是，溢出与进位没有必然联系。

在 Keil μVision 中进行仿真，可查看 OV 变为 1 的情况。相关程序代码如下：

```
#include <AT89X51.h>

void main()
{
    unsigned char a,b,c;
```

```
        signed char d,e,f;
        while(1)
        {
            a = 250;
            b = 20;
            c = a+b;

            d = 120;
            e = 20;
            f = d+e;
        }
    }
```

上述代码中的 unsigned char 用于定义无符号字节数据或字符，可以存放 1 个字节的无符号数，其取值范围为 0～255。signed char 用于定义带符号字节数据，其字节的最高位为符号位，"0"表示正数，"1"表示负数。对于正数，最高位是 0，剩下的 7 位可以表示的最大数值是当这 7 位全为 1 时，因此正数的表示范围是 0～127。对于负数，最高位用 1 表示，负数是以补码的形式存储的，最小的负数是 1000 0000，对后面的 7 位取反并加 1，得到其原码为 1 0000 0000，在 8 位情况下，表示为 -128，因此负数的表示范围是 -128～-1。signed char 类型变量所能表示的数值范围是 -128～+127。通过仿真可以发现：在执行完 c＝a+b 时，没有产生溢出，计算结果仍可以通过进位标志和 c 的值来正确表示；在执行完 f＝d+e 时，按有符号数的要求，f 变为了负值，计算结果没有意义，产生了溢出，此时 OV＝1。

6）P

P 是奇偶校验位，也可用 PSW.0 来表示。当累加器中二进制数"1"的个数为奇数时，P＝1；当累加器中二进制数"1"的个数为偶数时，P＝0。例如，某运算结果是 58H(01011000)，显然"1"的个数为奇数，所以 P＝1。

在 Keil μVision 中进行仿真，可查看 P 的作用。相关程序代码如下：

```
        #include <AT89X51.h>

        void main()
        {
            unsigned char a,b,c,d;
            signed char e,f,g,h;
            while(1)
            {
                d = 82;          //0x52 1010010
                e = 5;
                f = d+e;          //0x57 1010111

                d = 83;          //0x53 1010011
```

```
        e = 5;
        f = d+e;          //0x58 1011000


        a = 80;
        b = 5;
        c = a+b;          //0x55 1010101
    }
}
```

通过仿真可以发现：在执行完第一个 f=d+e 时，累加器 A 的值为(1010111)B，其中有 5 个 1，其个数为奇数，因此此时 P=1；在执行完第二个 f=d+e 时，累加器 A 的值为 (1011000)B，其中有 3 个 1，其个数为奇数，因此此时 P=1；在执行完 c=a+b 时，累加器 A 的值为(1010101)B，其中有 4 个 1，其个数为偶数，因此此时 P=0。

3.3.2　89C51 单片机的控制器

控制器扮演了一个管理者的角色，用来统一指挥和控制单片机参与工作的各个部件。89C51 的控制器主要由程序计数器、指令寄存器、指令译码器等组成。

1. 程序计数器

程序计数器(PC)是一个 16 位寄存器，存放下一条将要执行的指令地址。程序中的指令是按照顺序存放在存储器中的某个连续区域。每条指令都有自己的地址，CPU 根据 PC 中的指令地址从存储器中取出将要执行的指令。PC 具有自动加 1 功能，从而指向下一条将要执行的指令地址。PC 的值可以修改，一般程序是按顺序执行指令的。若改变了 PC 的值，则程序将不再按顺序执行。

图 3-6 是做仿真时 PC 的值和汇编窗口。从图中可以看出，PC 寄存器的内容为下一条要执行指令的地址。

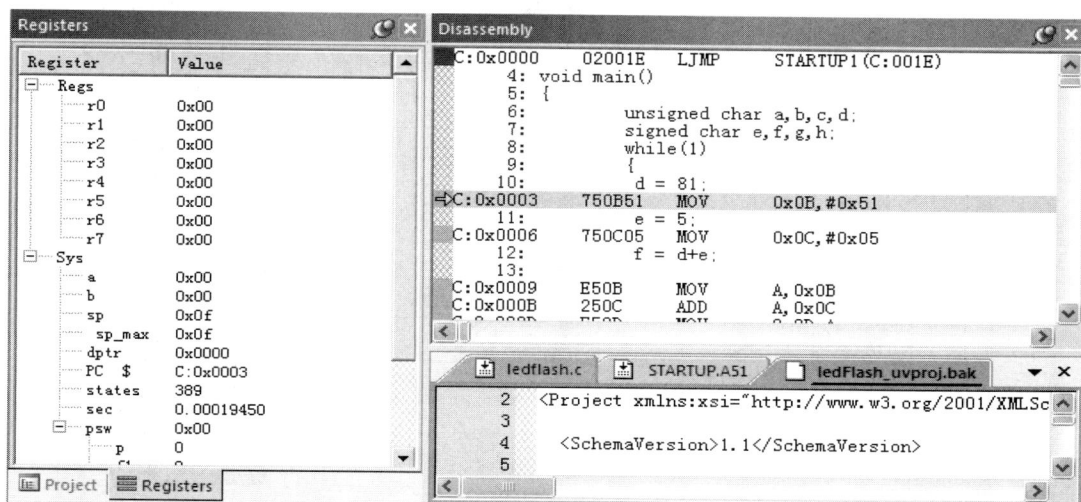

图 3-6　仿真时 PC 的值和汇编窗口

2. 指令寄存器

指令寄存器(IR)是一个临时存储单元,用于存放当前正在执行的机器指令。当微控制器从程序存储器(如 ROM 或闪存)中读取指令时,这些指令首先被加载到指令寄存器中。指令寄存器保存指令,直到指令被完全执行完成,此后才加载下一条指令。在 MCS-51 系列单片机中,指令寄存器的大小通常为 8 位,足以容纳任何一条指令的操作码。

3. 指令译码器

指令译码器(ID)的功能是解析指令寄存器中的指令。它读取指令寄存器中的操作码,并确定应执行的具体操作。这包括识别操作类型(如算术运算、数据传输或控制操作)、确定需要使用的寄存器或内存地址以及指令执行所需的其他操作。指令译码器将操作码转换为一组控制信号,这些信号会驱动微控制器的其他部分执行相应的操作。

3.3.3　89C51 单片机的存储器

89C51 单片机的内部存储器包括 4 KB 的可编程 Flash 存储器和 128 B 的内部 RAM,同时支持片外 RAM 和 ROM 的扩展,具备高效、灵活的存储能力。

1. 存储器的结构

89C51 单片机的存储器结构如图 3-7 所示。

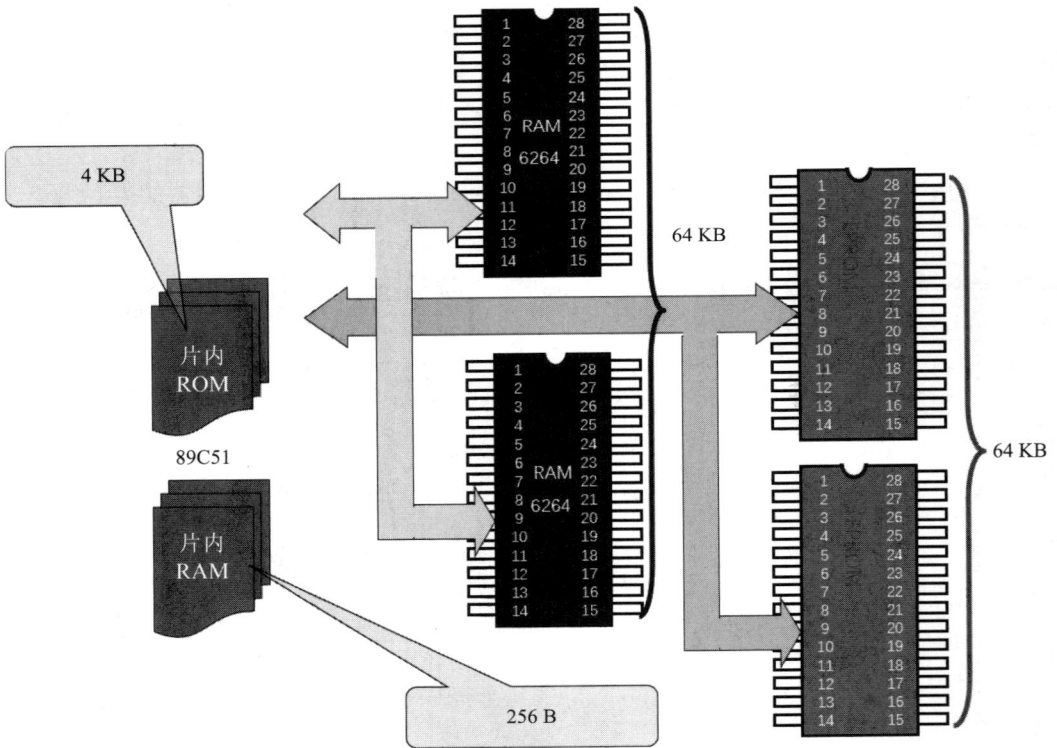

图 3-7　89C51 单片机的存储器结构

从物理结构上来讲，89C51 支持的存储器可以分为：

(1) 片内程序存储器(片内 ROM)：4 KB，物理地址为 0000H～0FFFH。

(2) 片外程序存储器(片外 ROM)：64 KB，物理地址为 0000H～FFFFFH。

(3) 片内数据存储器(片内 RAM)：256 B，物理地址为 00H～FFH。

(4) 片外数据存储器(片外 RAM)：64 KB，物理地址为 0000H～FFFFFH。

其中，ROM 要么选内部 ROM，要么选外部 ROM；而 RAM 可以片内和片外同时用，是通过不同的指令来区分的。

2. 程序存储器

如图 3-8 所示，89C51 单片机的片内、片外 ROM 主要用于存储程序和一些常量数据。89C51 单片机是通过 $\overline{EA}$ 引脚来选择是从片内 ROM 启动还是从片外 ROM 启动。片内 ROM 的容量一般是 4 KB，地址范围是 0000H～0FFFH。片外 ROM 的编址在片内 ROM 之后，当片内 ROM 不够用时可扩展片外 ROM。系统复位时，PC 中的值为 0000H，ROM 的 0000H 地址存放的内容就是系统启动之后第一条要执行的代码，这里面一般存放的是跳转指令，跳到需要执行的程序。中断向量表存放在 ROM 的固定位置，它用于存放各个中断服务程序的入口地址。例如，外部中断 0 的入口地址存放在 0003H 单元，定时器 0 中断入口地址存放在 000BH 单元。

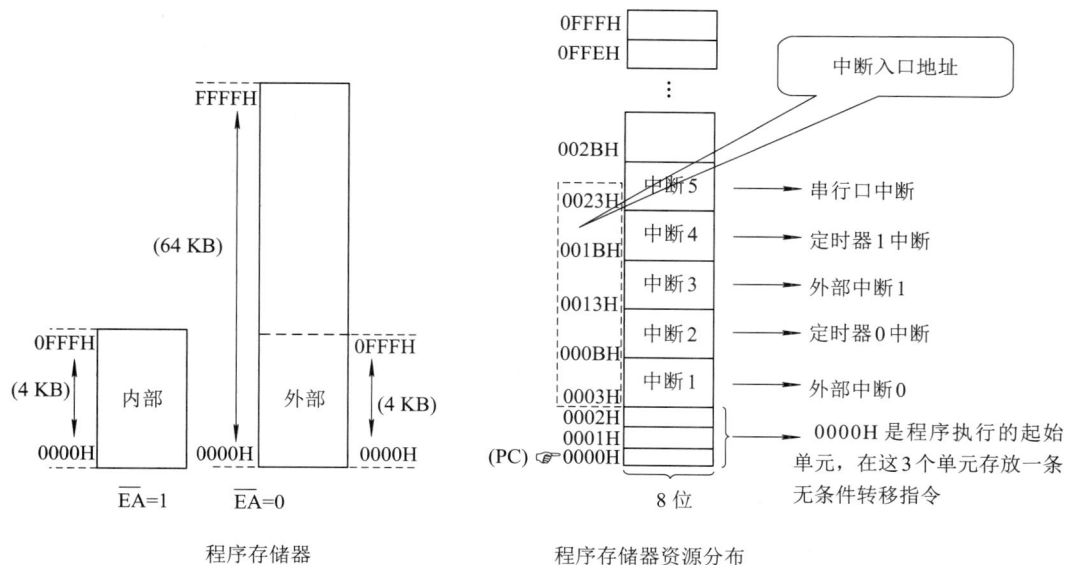

图 3-8　89C51 ROM 存储器及程序资源分配

3. 寄存器的种类

在 89C51 单片机中，寄存器是位于片内数据存储器的小型存储单元，它们可以快速地存储和操作数据。这些寄存器在单片机的运算、控制和数据传输等过程中起着关键作用。

89C51 的寄存器主要有以下几类：

(1) 通用寄存器：MCS-51 系列单片机具有 4 组，共 32 个通用寄存器 R0～R7，在同一时刻只能有一组通用寄存器参与运算。4 个通用寄存器区位于单片机片内 RAM 的 00H～

1FH(共 32 B)空间，每组共有 8 个 8 位的寄存器 R0～R7。

(2) 专用寄存器：在运算时只用于特定的功能，是专门为某些功能部件而设计的。

(3) 特殊功能寄存器(Special Function Register，SFR)：专用寄存器，专用于控制、管理片内算术逻辑部件、并行 I/O 接口、串行 I/O 接口、定时器/计数器、中断系统等功能模块的工作。

4. 89C51 单片机片内 RAM 的配置

89C51 单片机片内 RAM 的分区如图 3-9 所示，片内共有 256 B 的 RAM 单元，其地址范围为 00H～FFH，分为两大部分：低 128 B(00H～7FH)为真正的 RAM 区；高 128 B(80H～FFH)为特殊功能寄存器(SFR)区。

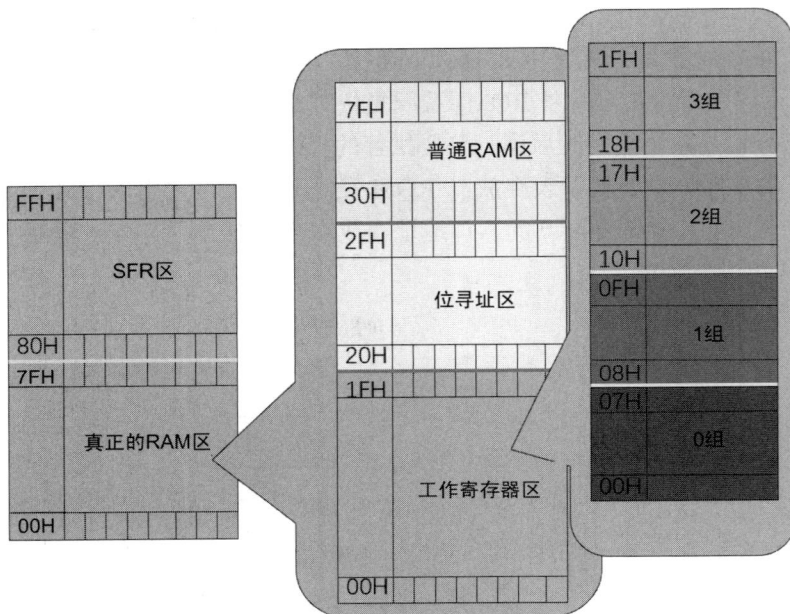

图 3-9   89C51 单片机片内 RAM 的分区

1) 真正的 RAM 区

工作寄存器区是指 00H～1FH 区，共分 4 个组，每组有 8 个单元，共 32 个内部 RAM 单元，每次只能有 1 组作为工作寄存器使用，其他各组可以作为一般的数据缓冲区使用。作为工作寄存器使用的 8 个单元，又称为 R0～R7，程序状态字(PSW)中的 PSW.3(RS0)和 PSW.4(RS1)两位来选择哪一组作为工作寄存器使用。CPU 可以通过软件修改 PSW 中 RS0 和 RS1 的状态，从而选择其中一个工作寄存器组工作。

【题 3-1】 PSW 为 11H(即 00010001)，则通用寄存器的地址范围是什么？

【答】 工作寄存器组选择控制位中的 RS1=1、RS0=0，则用到了第 2 组寄存器组(地址为 10H～17H)，R0～R7 即为 10H～17H。

89C51 单片机片内可位寻址区如图 3-10 所示，可位寻址区是指 20H～2FH 区，共 16 个单元，其中的每 1 位都可当作软件触发器，由程序直接进行位处理，可位寻址区的 16 个单元(共计 128 位)的每 1 位都有一个对应的 8 位位地址，其对应关系如表 3-2 所示，需要特别注意的是位地址范围为 00H～7FH。同样，可位寻址的 RAM 单元也可以按字节操作作为一般的数据存储区。

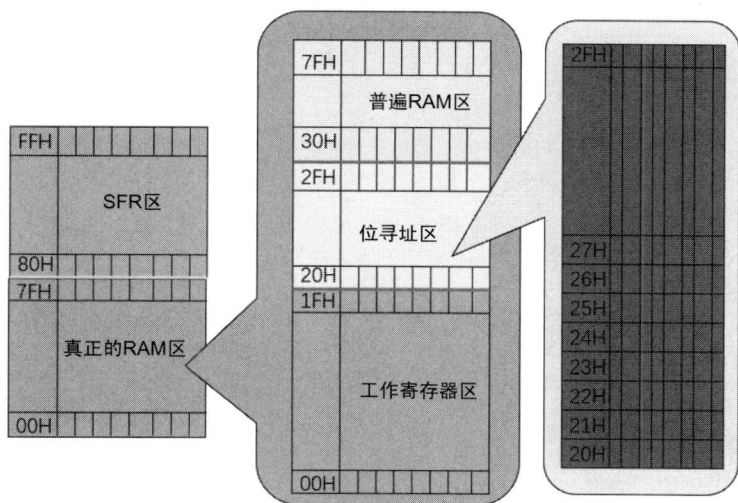

图 3-10　89C51 单片机片内可位寻址区

表 3-2　89C51 单片机片内可位寻址区 RAM 地址与位地址的对照

RAM 地址	位 地 址							
	D7	D6	D5	D4	D3	D2	D1	D0
20H	07	06	05	04	03	02	01	00
21H	0F	0E	0D	0C	0B	0A	09	08
22H	17	16	15	14	13	12	11	10
23H	1F	1E	1D	1C	1B	1A	19	18
24H	27	26	25	24	23	22	21	20
25H	2F	2E	2D	2C	2B	2A	29	28
26H	37	36	35	34	33	32	31	30
27H	3F	3E	3D	3C	3B	3A	39	38
28H	47	46	45	44	43	42	41	40
29H	4F	4E	4D	4C	4B	4A	49	48
2AH	57	56	55	54	53	52	51	50
2BH	5F	5E	5D	5C	5B	5A	59	58
2CH	67	66	65	64	63	62	61	60
2DH	6F	6E	6D	6C	6B	6A	69	68
2EH	77	76	75	74	73	72	71	70
2FH	7F	7E	7D	7C	7B	7A	79	78

在 Keil μVision 中进行 89C51 单片机片内可位寻址 RAM 的访问。相关程序代码如下：

```
#include <AT89X51.h>
bit MyR1 = 0x00;
bit MyR2 = 0x01;
bit MyR3 = 0x02;
bit MyR4 = 0x03;
bit MyR5 = 0x04;
bit MyR6 = 0x05;
bit MyR7 = 0x06;
bit MyR8 = 0x07;
void main()
{
    while(1)
    {
        MyR1 = 1;
        MyR2 = 0;
        MyR3 = 1;
        MyR4 = 0;
        MyR5 = 1;
        MyR6 = 0;
        MyR7 = 1;
        MyR8 = 0;
    }
}
```

上述程序中定义了 8 个位变量，并在主程序中对各个位变量进行赋值。程序运行结束后，在 89C51 单片机片内可位寻址区域 0x00～0x07 里面的内容为"10101010"。在仿真时，可以在存储器显示窗口中输入存储地址"d:20H"来查看其内容，如图 3-11 所示。

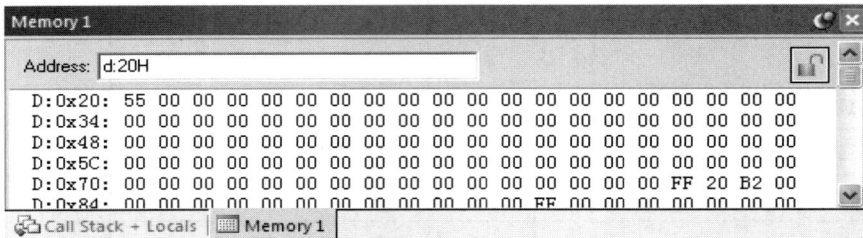

图 3-11　仿真时 RAM 内容查看窗口

2) SFR 区

高 128B 的 RAM 单元中有 21 个单元可用，这 21 个单元用于控制和监视芯片的各种功能，称为 SFR。它们分散在高 128B 的地址空间内，分别是 A、B、PSW、SP、DPH、DPL、P0、P1、P2、P3、IP、IE、TCON、TMOD、TH0、TL0、TH1、TL1、SCON、SBUF、PCON。有些可以按位寻址，特殊功能寄存器、标识符与地址的对照如表 3-3 所示。在后续讲述单片机内部中断、定时器等内容时，将对某些 SFR 进行详细描述。

表 3-3　特殊功能寄存器、标识符与地址的对照

特殊功能寄存器	标识符	地址	位地址与位名称							
			D7	D6	D5	D4	D3	D2	D1	D0
串行数据缓冲器	SBUF	99H								
P2 端口	P2	A0H	A7	A6	A5	A4	A3	A2	A1	A0
中断允许控制	IE	A8H	EA AF	— —	ET2 AD	ES AC	ET1 AB	EX1 AA	ET0 A9	EX0 A8
P3 端口	P3	B0H	B7	B6	B5	B4	B3	B2	B1	B0
中断优先级控制	IP	B8H	— 	— 	PT2 BD	PS BC	PT1 BB	PX1 BA	PT0 B9	PX0 B8
定时器/计数器 2 控制	T2CON *	C8H	TE2 CF	EXF2 CE	RCLK CD	TCLK CC	EXEN2 CB	TR2 CA	C/$\overline{\text{T2}}$ C9	CP/$\overline{\text{PL2}}$ C8
定时器/计数器 2 自动 重装载低字节	RLDL *	CAH								
定时器/计数器 2 自动 重装载高字节	RLDH *	CBH								
定时器/计数器 2 低字节	TL2*	CCH								
定时器/计数器 2 高字节	TH2*	CDH								
程序状态字	PSW	D0H	CY D7	AC D6	F0 D5	RS1 D4	RS0 D3	OV D2	— D1	P D0
累加器	A	E0H	E7	E6	E5	E4	E3	E2	E1	E0
寄存器	B	F0H	F7	F6	F5	F4	F3	F2	F1	F0
P0 端口	P0	80H	87	86	85	84	83	82	81	80
堆栈指针	SP	81H								
数据指针低字节	DPL	82H								
数据指针高字节	DPH	83H								
定时器/计数器 控制	TCON	88H	TF1 8F	TR1 8E	TF0 8D	TR0 8C	IE1 8B	IT1 8A	IE0 89	IT0 88
定时器/计数器模式控制	TMOD	89H	GATE	C/$\overline{\text{T}}$	M1	M0	GATE	C/$\overline{\text{T}}$	M1	M0
定时器/计数器 0 低字节	TL0	8AH								
定时器/计数器 1 低字节	TL1	8BH								
定时器/计数器 0 高字节	TH0	8CH								
定时器/计数器 1 高字节	TH1	8DH								
P1 端口	P1	90H	97	96	95	94	93	92	91	90
电源控制	PCON	97H	SMOD	—	—	—	GF1	GF0	PD	IDL
串行控制	SCON	98H	SM0 9F	SM1 9E	SM2 9D	REN 9C	TB8 9B	RB8 9A	TI 99	RI 98

注：表 3-3 中有的表格有两行内容，其中下面的一行内容表示其位地址，上面的一行内容表示该位的名称；有的表格为空白，表示没有特殊含义，且对应的 SFR 位不可位寻址；有的表格显示为 "—"，表示尚无规定用途；*表示在增强型 MCS-51 系列单片机中才有。

其中，DPH 和 DPL 为数据指针(DPTR)。数据指针是一个 16 位寄存器，其高位字节寄存器用 DPH 表示，低位字节寄存器用 DPL 表示。数据指针既可作为一个 16 位寄存器 DPTR，也可作为两个独立的 8 位寄存器 DPH 和 DPL。我们可以用它来访问外部 RAM，也可以访问外部 ROM 中的内容。DPTR 主要用来存放 16 位地址，当对 64 KB 外部数据存储器空间寻址时，作为间址寄存器用；在访问程序存储器时，用作基址寄存器。

【题 3-2】 为何 89C51 支持的外部 RAM 最大为 64 KB？

【答】 访问外部 RAM 需要使用数据指针 DPTR，该指针为 16 位，因此所能访问的外部数据 RAM 最大为 64 KB。

另外，SP(Stack Pointer)为堆栈指针，是一个 8 位寄存器，用来存放堆栈栈顶的地址。堆栈是在片内 RAM 区专门开辟出来的按照"先进后出"原则进行数据存取的一块连续的存储区域。堆栈有栈顶和栈底，堆栈中没有数据时，二者重叠。堆栈栈顶是指最后推入堆栈的数据所在的存储单元。SP 用来指示堆栈栈顶所处的位置，在进行操作之前，先用指令给 SP 赋值，以规定栈区在 RAM 区的起始地址。

小　　结

本章主要讲述了 89C51 单片机的内部结构，包括内部 CPU 的组成、相关的寄存器、存储器，最后着重讲述了 89C51 单片机片内 RAM 的分区。通过对本章的学习，读者可结合单片机的内部结构理解各个寄存器的含义，便于在后续学习 Keil C 编程时，理解数据类型与存储区的关系。

习　　题

一、单选题

1. 在家用电器中使用单片机应属于微计算机的(　　)。
A. 辅助设计应用　　　　　　　　　　B. 测量、控制应用
C. 数值计算应用　　　　　　　　　　D. 数据处理应用
2. 下面不属于单片机应用范围的是(　　)。
A. 工业控制　　　　　　　　　　　　B. 家用电器的控制
C. 数据库管理　　　　　　　　　　　D. 汽车电子设备
3. 单片机是(　　)。
A. 多功能计算机系统
B. 程序存储器设备
C. 集成了处理器核心、内存和输入/输出接口的设备
D. 简单的输出设备

4. 下列关于 MCS-51 系列单片机发展历史的说法正确的是(　　)。

A. 最早由 Motorola 公司开发　　　　　B. 最早由 Intel 公司开发

C. 仅用于军事应用　　　　　　　　　　D. 仅用于计算机辅助设计

5. 关于单片机的发展方向，下列描述错误的是(　　)。

A. 性能更强，功耗更低　　　　　　　　B. 减少系统的集成度

C. 增强连接性和安全功能　　　　　　　D. 集成人工智能和机器学习功能

6. 下面不属于 MCS-51 单片机的基本结构的是(　　)。

A. 控制器　　　　B. 显示器　　　　　C. 运算器　　　　　　D. 存储器

7. 89C51 单片机的存储器结构包括(　　)。

A. 仅 RAM　　　B. 仅 ROM　　　　　C. RAM 和 ROM　　　D. 无内置存储器

8. 89C51 单片机的 ALU 主要用于处理(　　)。

A. 显示操作　　　B. 输入操作　　　　C. 算术和逻辑操作　　D. 网络通信

9. 89C51 单片机中的程序状态寄存器(PSW)包含(　　)。

A. 速度控制位　　B. 颜色控制位　　　C. 进位标志位　　　　D. 温度监测位

10. 在 89C51 单片机中，程序计数器(PC)的主要功能是(　　)。

A. 存储临时数据　　　　　　　　　　　B. 解码指令

C. 存储最近执行的指令　　　　　　　　D. 指向下一个将要执行的指令

11. 89C51 单片机中的指令寄存器(IR)和指令译码器(ID)的作用是(　　)。

A. 存储数据和地址　　　　　　　　　　B. 接收和发送数据

C. 存储和解析当前执行的指令　　　　　D. 监控电源状态

二、多选题

1. 下面关于 MCS-51 系列单片机的说法正确的是(　　)。

A. 8051 内设有 4KB 的掩膜 ROM　　　　B. 8751 内设有 4KB 的 EPROM

C. 89C51 内设有 4KB 的 EEPROM　　　　D. 8031 内设有 ROM

2. MCS-51 系列单片机的特点包括(　　)。

A. 低功耗　　　　　　　　　　　　　　B. 高性能

C. 内置 ADC　　　　　　　　　　　　　D. 多种内部和外部中断源

3. 单片机的应用领域包括(　　)。

A. 消费电子　　　　B. 医疗设备　　　　C. 工业自动化　　　D. 数据分析

4. 下列关于 89C51 单片机的描述正确的是(　　)。

A. 包含一个算术逻辑单元(ALU)　　　　B. 只有 8 位的输入/输出端口

C. 可以直接执行高级语言编写的程序　　D. 内置看门狗定时器

5. 在 MCS-51 系列单片机中，用于特定的运算或功能的寄存器是(　　)。

A. 累加器　　　　　　　　　　　　　　B. 程序状态寄存器

C. 数据指针　　　　　　　　　　　　　D. 寄存器 B

三、填空题

1. 算术逻辑单元(ALU)的主要功能是进行二进制的_____和_____。

2. _____是单片机的核心，是单片机的控制和指挥中心。

3. 89C51 单片机的共有_____个 RAM 单元，用户使用前_____个单元，用于存放可读写数据，后_____个单元被专用寄存器占用。

4. 除单片机这一名称之外，单片机还可以称为_____或_____。

5. 单片机是单片微型计算机的简称，是把各种功能部件包括_____、_____、_____、_____、_____以及_____等集成在一块芯片上构成的微型计算机。

四、判断题

1. MCS-51 系列单片机最初是由 Intel 公司开发的。　　　　　　　　　（　　）

2. 单片机通常不包括输入/输出接口。　　　　　　　　　　　　　　（　　）

3. 单片机只适用于计算器和简单电子设备中。　　　　　　　　　　（　　）

4. MCS-51 系列单片机的发展方向包括增强的安全功能和更好的连接性。（　　）

5. 89C51 单片机内部没有算术逻辑单元(ALU)。　　　　　　　　　　（　　）

6. 89C51 单片机的程序计数器(PC)用于存储执行中的数据。　　　　（　　）

7. MCS-51 系列单片机不支持程序存储器和数据存储器的分离。　　（　　）

8. 89C51 单片机的 I/O 端口可以进行数字信号的输入和输出。　　　（　　）

9. 在 89C51 单片机中，寄存器 B 仅用于存储数据，不参与任何算术或逻辑运算。

　　　　　　　　　　　　　　　　　　　　　　　　　　　　　　　（　　）

10. 89C51 单片机的所有内部寄存器都位于同一个物理地址上。　　（　　）

五、简答题

1. 简述 MCS-51 系列单片机的基本结构中的主要组成部分。

2. 简述在 89C51 单片机执行指令过程中，指令寄存器(IR)和指令译码器(ID)的作用。

3. 简述单片机在工业自动化中的应用，并给出至少两个具体的应用实例。

04

第4章　MCS-51系列单片机的构成与开发基础

在上一章中，我们深入了解了 MCS-51 系列单片机的内部架构和工作原理。本章将进一步探讨 MCS-51 系列单片机的功能结构、引脚功能、总线结构、存储扩展、输入/输出电路、最小系统搭建以及工作方式和开发环境等。通过对这些关键概念的了解，读者能够更全面地掌握 MCS-51 系列单片机的应用与开发方法。

4.1　MCS-51 系列单片机的引脚及其功能

在 MCS-51 系列单片机中，各类型号单片机(如 8031、8051、8751、89C51)的引脚是相互兼容的。在器件的封装形式上，MCS-51 系列单片机有双列直插式和方形封装两种，但均为 40 个引脚。MCS-51 系列单片机的引脚如图 4-1 所示。

MCS-51 系列单片机的引脚可以分为电源和地引脚、外接晶体引脚、控制信号引脚、输入/输出端口。

1. 电源和地引脚

Pin20(20 脚)为电源负极引脚 VSS，接电源地 GND。Pin40(40 脚)为电源正极引脚 VCC，接 5 V 电源，单片机的工作电压范围一般为 4.0～5.5 V，通常给单片机外接 5 V 直流电源。

2. 外接晶体引脚

MCS-51 系列单片机通过外接晶体引脚外接晶振，从而产生时钟信号，控制 CPU 的工作速度。8051 单片机的工作频率范围一般为 0～24 MHz，新型号可达

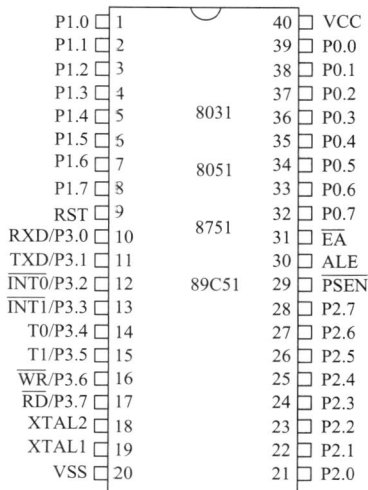

图 4-1　MCS-51 系列单片机引脚

33 MHz。MCS-51 系列单片机常用的工作频率有 10 MHz、11.0592 MHz、12 MHz 等。

XTAL1 引脚(Pin19)为片内反相放大器的输入端，这个放大器构成了片内振荡器。当采用外部振荡器时，XTAL1 接低电平。XTAL2 引脚(Pin18)为片内反相放大器的输出和内部时钟发生器的输入端。当采用外部振荡器时，XTAL2 用于输入外部振荡器信号。

3. 控制信号引脚

ALE(Address Latch Enable，地址锁存使能)引脚(Pin30)具有两种功能，即可以作为地址锁存使能端和编程脉冲输入端。当单片机访问外部程序存储器时，ALE 的负跳变将低 8 位地址打入锁存。而当访问外部数据存储器时，ALE 引脚会跳过一个脉冲。当单片机在非访问内部程序存储器时，ALE 引脚将有一个 1/6 振荡频率的正脉冲信号输出，该信号可以用于外部计数或电路其他部分的时钟信号。当该引脚作为编程脉冲输入端时，为下载程序到 ROM 时提供时钟信号。另外，常通过测量该引脚有无输出脉冲来判断单片机是否工作正常。

$\overline{PSEN}$ (Program Store Enable，程序存储器使能)引脚(Pin29)是单片机访问外部程序存储器的读选通信号。当单片机访问外部程序存储器，读取指令码时，该引脚在每个机器周期产生两次有效信号，即该引脚输出两个负脉冲选通信号；在执行片内程序存储器读取指令码以及读写外部数据时，该引脚不产生脉冲信号。例如，在从片外 ROM 中读取指令时，$\overline{PSEN}$ 送出片外 ROM 的读信号(低电平)，一般该信号接到片外 ROM 的读控制端。

$\overline{EA}$/Vpp 引脚(Pin31)为访问内部或外部程序存储器选择信号和提供编程电压。当单片机访问内部或者外部程序存储器时，作为选择信号，以确定单片机是从内部 ROM 还是从外部 ROM 来运行程序。如果该引脚为低电平，则单片机从外部程序存储器(0000H～FFFFH 单元)开始执行程序；如果该引脚为高电平，则单片机先从片内 0000H 单元开始执行内部程序存储器程序，如果外部还有扩展程序存储器，则在执行完内部程序存储器程序后，自动转向外部程序存储器执行程序。当需要对单片机编程时，该引脚用于输入编程允许电压。因此，当 $\overline{EA}$ 为高电平时，加电后 8051 从片内 ROM 的 0000H 单元开始取指令，即从片内 ROM 的 0000H 开始执行程序；若 $\overline{EA}$ 为低电平，则加电后 8051 从片外 ROM 的 0000H 单元开始取指令，故此时片外 ROM 的编址应该从 0000H 开始。

【题】　在对型号为 8031 的单片机进行系统设计时，$\overline{EA}$ 应如何连接？

【答】　由于 8031 单片机的内部无 ROM，程序必须放在片外 ROM 中，所以 $\overline{EA}$ 应接地。

RST 引脚(Pin9)为复位信号输入端。若该引脚为高电平并维持一段时间，则单片机将会进入复位状态(初始化状态)。复位状态下，各寄存器的取值：PC=0000H、PSW=00H、SP=07H、P0=FFH、P1=FFH、P2=FFH、P3=FFH。

4. 输入/输出端口

输入/输出端口主要有以下 4 组：

(1) P0.0～P0.7：称为 P0 端口，在没有外扩存储器时，作为一般的输入/输出引脚，直接与外设通信；当有外扩存储器时，先送出外存储器地址码的低 8 位，然后传送数据信息。因此，访问外部 ROM 时程序计数器(PC)的低 8 位地址由 P0.0～P0.7 送出；访问外部 RAM 时，数据指针的低 8 位(DPL)地址由 P0.0～P0.7 送出。

(2) P2.0～P2.7：称为 P2 端口，在没有外扩存储器时，作为一般的输入/输出引脚，直接与外设通信；有外扩存储器时，送出外存储器的地址码的高 8 位。因此，访问外部 ROM 时，程序计数器(PC)的高 8 位由 P2.0～P2.7 送出；访问外 RAM 时，数据指针的高 8 位(DPH) 地址由 P2.0～P2.7 送出。

(3) P1.0～P1.7：称为 P1 端口，作为一般的输入/输出引脚，用于接外设与外设通信。

(4) P3.0～P3.7：称为 P3 端口，作为一般的输入/输出引脚，与外设通信，另外还有第二功能。P3 端口的第二功能如表 4-1 所示。

表 4-1 P3 端口的第二功能

I/O 引脚	第二功能引脚名称	第二功能说明
P3.0	RXD	串行通信的数据接收端口
P3.1	TXD	串行通信的数据发送端口
P3.2	$\overline{INT0}$	外部中断 0 的请求端口
P3.3	$\overline{INT1}$	外部中断 1 的请求端口
P3.4	T0	定时器/计数器 0 的外部事件计数输入端
P3.5	T1	定时器/计数器 1 的外部事件计数输入端
P3.6	$\overline{WR}$	外部数据存储单元的写选通信号
P3.7	$\overline{RD}$	外部数据存储单元的读选通信号

4.2 MCS-51 系列单片机的总线及存储扩展

本节要探讨的是单片机与外部世界交互的桥梁——总线结构以及存储扩展。

4.2.1 MCS-51 系列单片机的三总线结构

MCS-51 系列单片机是一种广泛应用的 8 位微控制器，也被称为 8051 微控制器。其总线结构主要包括 3 种总线，分别为地址总线、数据总线和控制总线。MCS-51 系列单片机的三总线结构如图 4-2 所示。

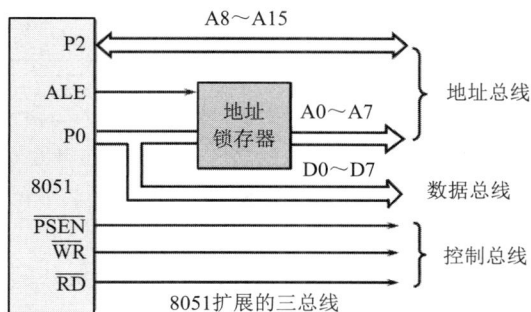

图 4-2 MCS-51 系列单片机的三总线结构

下面详细讲述各总线的结构、功能以及工作流程。

1. 地址总线

MCS-51 系列单片机的地址总线是微控制器与外部存储器或其他外围设备进行通信的重要部分，它负责传送内存地址信息。MCS-51 系列单片机具有 16 位地址总线，能够访问 64 KB 的外部存储器空间。

MCS-51 系列单片机的地址总线分为以下两个主要部分：

(1) 低 8 位地址：通常由端口 P0(P0.0～P0.7)提供。需要注意的是，这 8 位地址是多用途的，既用于地址信息也用于数据传输，其具体功能由其他控制信号(如 ALE)确定。

(2) 高 8 位地址：由端口 P2(P2.0～P2.7)提供。当访问外部存储器时，P2 端口用于输出地址总线的高 8 位，使得能够访问更广泛的地址范围。

为了有效管理这 16 位地址总线及其与数据总线的交互，MCS-51 系列单片机使用了以下几个关键的控制信号和引脚：

(1) ALE(地址锁存使能)信号：用来指示 P0 端口的内容是地址还是数据。当 ALE 为高电平时，连接到 P0 端口的外部锁存器(通常是 74 系列的锁存器)会锁存当前在 P0 端口上的数据，此时这些数据被视为地址信息。图 4-3 为 MCS-51 系列单片机(8031)扩展外部 ROM 原理图，其中 2764 为 8 KB×8 bit 的紫外线擦除、电可编程只读存储器 EPROM，74LS373 为三态输出 8 位 D 锁存器。当 74LS373 的 LE(Latch Enable，锁存允许)引脚为高电平时，74LS373 的输出引脚 Q 随输入引脚 D 上的数据而变化；当 LE 为低电平时，D 被锁存在已建立的数据电平。低 8 位地址线与外部 ROM 之间连接了锁存器 74LS373，用于锁存低 8 位地址线，锁存后 74LS373 一直输出锁定的地址。

图 4-4 为地址总线工作时序图。从时序图中可以看出，在访问片外存储器时，ALE 下降沿用于控制外接的地址锁存器锁存从 P0 端口输出的低 8 位地址。ALE 频率通常是系统时钟频率的 1/6。

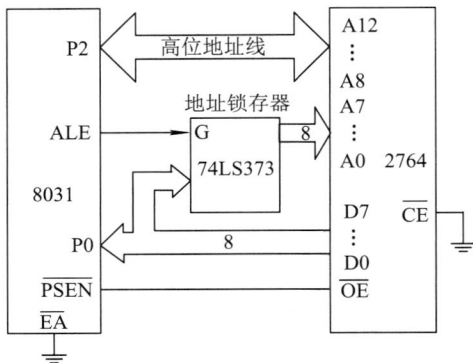

图 4-3　MCS-51 系列单片机(8031)扩展外部 ROM 原理图

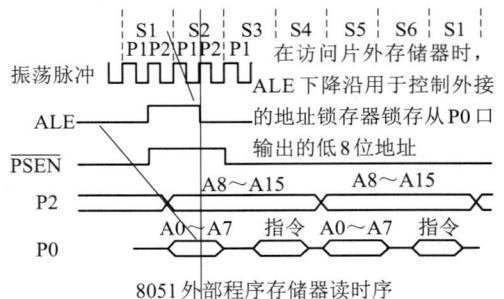

图 4-4　MCS-51 系列单片机地址总线工作时序图

(2) $\overline{\text{PSEN}}$(程序存储器使能)信号：一个控制信号，用于从外部程序存储器(如 EPROM 或 Flash)读取数据。当 CPU 执行来自外部存储器的指令时，$\overline{\text{PSEN}}$ 被激活，用以使能外部存储器。如图 4-3 所示，$\overline{\text{PSEN}}$ 引脚连接至外部 ROM 的 $\overline{\text{OE}}$ 引脚。

(3) $\overline{\text{RD}}$ (读)和 $\overline{\text{WR}}$ (写)信号：用于外部数据存储器操作。对于外部程序存储器 ROM，不需要这两个引脚进行读写控制，因此在扩展 ROM 时，这两个信号不需要连接。$\overline{\text{RD}}$ 激活时，表示外部数据存储器应该将数据放在数据总线上，以便微控制器读取。$\overline{\text{WR}}$ 激活时，表示微控制器将数据写入外部数据存储器。

当 MCS-51 系列单片机需要访问外部存储器时，操作流程通常如下：

(1) 高位地址(通过 P2 端口)和低位地址(通过 P0 端口)被置于对应的端口。

(2) ALE 信号被触发，使外部锁存器存储从 P0 端口来的低位地址。

(3) 扩展外部 RAM 时，若是读操作，$\overline{\text{RD}}$ 信号被触发；若是写操作，$\overline{\text{WR}}$ 信号被触发。

(4) 对于外部程序存储器的访问，$\overline{\text{PSEN}}$ 信号会被适当激活。

通过这样的方式，MCS-51 系列单片机能够有效地控制外部存储器的读写操作，实现数据和程序的存储和执行。这种灵活的地址和数据总线控制机制，使得 MCS-51 系列单片机适用于多种嵌入式系统应用。

2. 数据总线

在 MCS-51 系列单片机中，数据总线扮演着传输数据的关键角色。数据总线是 8 位宽，允许一次传输 8 位(1B)的数据。这个数据总线不仅用于内部处理器与内部存储器之间的数据传输，也用于与外部设备或存储器的数据交换。

数据总线在 MCS-51 系列单片机中主要通过 P0 端口进行传输。P0 端口的引脚(P0.0～P0.7)既可以用作地址信息的输出(当与外部存储器通信时)，也可以用于数据传输。这种双重功能的实现依赖于地址锁存使能信号(ALE)和其他控制信号的配合。

在进行外部数据交换时，数据总线的控制涉及以下几个关键的控制信号和引脚：

(1) P0 端口：兼具地址和数据双重功能。当微控制器访问外部存储器时，P0 端口首先输出地址信息，随后在 ALE 信号的控制下可以转换为数据总线。在数据传输期间，P0 端口直接传输数据。

(2) ALE(地址锁存使能)信号：控制 P0 端口的功能切换。当 ALE 信号为高电平时，连接到 P0 端口的外部锁存器(如 74LS373)会锁存从 P0 端口传来的地址信息。一旦地址锁存，P0 端口就可以用作数据传输。

(3) $\overline{\text{RD}}$ (读)和 $\overline{\text{WR}}$ (写)信号：用于控制数据的读写操作。当微控制器需要从外部存储器读取数据时，$\overline{\text{RD}}$ 信号被激活，指示外部设备将数据放在 P0 端口的数据总线上。当需要写数据到外部存储器时，$\overline{\text{WR}}$ 信号被激活，指示数据从 P0 端口写入外部设备。

数据总线的操作流程如下：

(1) 地址阶段。高位地址通过 P2 端口输出，低位地址通过 P0 端口输出。激活 ALE 信号，使外部地址锁存器存储 P0 端口上的地址信息。

(2) 数据传输阶段。地址锁定后，P0 端口切换为数据总线模式。对于读操作，激活 $\overline{\text{RD}}$ 信号，外部设备将数据放到 P0 端口。对于写操作，激活 $\overline{\text{WR}}$ 信号，P0 端口上的数据被写入外部设备。

通过这种方式，MCS-51 系列单片机利用其 8 位数据总线与外部存储器或设备进行有效的数据通信。P0 端口的双重功能设计提高了系统的灵活性和集成度，使得 MCS-51 系列单片机能够适应多种不同的应用需求。

3. 控制总线

在 MCS-51 系列单片机中，控制总线是用于管理和协调微控制器与外部设备(包括内存和其他外围设备)之间的交互的重要组成部分。控制总线不传输数据或地址，而是传输控制信号，用于指示何时进行数据读取、写入以及其他操作。

在前文中已对地址总线和数据总线的情况进行了说明，下面介绍控制总线的几个关键组成部分及其通过引脚的控制方式。

(1) ALE(地址锁存使能)信号。当 ALE 为高电平时，P0 端口的输出被视为地址信息并被外部地址锁存器(如 74 系列锁存器)锁存。这个信号还可用来指示何时 P0 端口上的信息应当被锁存。ALE 信号用于在地址和数据共用 P0 端口的情况下，区分当前总线周期是地址阶段还是数据阶段。

(2) $\overline{RD}$ (读)信号。当外部数据存储器被读取时，$\overline{RD}$ 信号被激活(通常是低电平有效)。这个信号告知外部存储器将所请求的数据放在数据总线上，供微控制器读取，用于控制外部存储器或外围设备向微控制器传输数据。

(3) $\overline{WR}$ (写)信号。当数据需要被写入外部存储器时，$\overline{WR}$ 信号被激活(同样通常是低电平有效)。这个信号通知外部存储器接收当前在数据总线上的数据，控制从微控制器向外部存储器或外围设备传输数据。

(4) $\overline{PSEN}$ (程序存储器使能)信号。当需要从外部程序存储器(如 EPROM 或 Flash)中读取程序代码时，$\overline{PSEN}$ 被激活(低电平有效)。这个信号使能外部程序存储器，允许数据被送到数据总线上，用于控制外部程序存储器的读取操作。

上述几个控制信号的协调操作使得微控制器可以正确地与外部存储器或外围设备进行通信。控制总线的操作过程通常包括：

(1) 微控制器通过地址总线设置目标设备的地址。

(2) 通过 ALE 信号，地址信息在需要时被锁存到外部设备的地址寄存器中。

(3) 根据操作类型(读或写)，激活 $\overline{RD}$ 或 $\overline{WR}$ 信号来进行数据的传输。

(4) 如果操作涉及外部程序存储器的代码执行，$\overline{PSEN}$ 信号被适时激活以读取指令。

4.2.2 MCS-51 系列单片机扩展外部 ROM

扩展 ROM 可以显著增加用于存储程序代码和数据的空间。对于复杂的应用程序，如大型控制系统、通信设备或其他需要大量代码和数据处理的设备，这一点尤其重要。通过使用外部 ROM，系统设计师可以选择适合特定应用需求的存储器类型和容量，如更快或更大容量的 EPROM。外部 ROM 使得更新程序和修复 Bug(漏洞)变得更加容易，因为可以单独更换或重新编程 ROM 芯片，而不需要更改整个微控制器。对于需要大量存储空间的应用，使用外部 ROM 通常比选用内置大容量 ROM 的微控制器成本更低。MCS-51 系列单片机通过使用外部 ROM 来实现 ROM 的扩展,这允许微控制器访问比内置 ROM 更大的程序存储空间。这种扩展对于应用程序来说极为重要，尤其是在需要存储大量程序代码或数据时。

图 4-5 为 MCS-51 系列单片机(8051)扩展外部 ROM 示意图。其中，$\overline{EA}$ 引脚接 GND 表示访问外部 ROM；ALE 为地址锁存，接锁存器；P0 复用地址线和数据线，因此需要接地址锁存器以锁存低 8 位地址，同时连接至 ROM 的 8 位数据线；程序存储器使能 $\overline{PSEN}$ 接

ROM 的 $\overline{\text{OE}}$ 引脚。

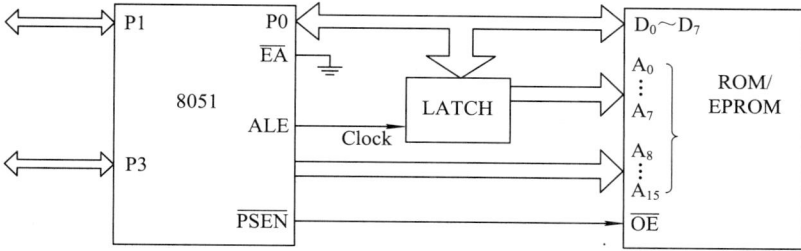

图 4-5　MCS-51 系列单片机(8051)扩展外部 ROM 示意图

综上，实现扩展 ROM 的方法如下：

(1) 使用外部存储器接口。MCS-51 系列单片机有外部存储器接口，可以直接连接到额外的 ROM 芯片(如 EPROM)。这些接口通过使用地址总线、数据总线和控制总线来实现对外部 ROM 的访问。

(2) 地址总线和数据总线的使用。MCS-51 系列单片机使用 16 位地址总线，可以寻址 64 KB 的存储空间。通过 P0 和 P2 端口输出地址信息，其中 P0 提供低 8 位地址，P2 提供高 8 位地址。数据总线是 8 位宽，用于数据的读取和写入。对于扩展 ROM，主要用于从 ROM 中读取程序代码。

(3) 控制信号。$\overline{\text{PSEN}}$ (程序存储器使能)是一个关键的控制信号，用于激活外部 ROM 的读操作。当微控制器需要从外部 ROM 中读取数据时，$\overline{\text{PSEN}}$ 信号被置为低电平，以使能外部 ROM。

(4) 地址锁存。ALE(地址锁存使能)用于锁存从 P0 端口输出的低 8 位地址信息，以便同时使用 P0 端口进行数据传输。这允许在地址和数据之间进行切换，确保地址信息在数据传输前已正确设置。

图 4-6 为 MCS-51 系列单片机(8051)扩展外部 4 KB × 8 bit ROM 示意图。其中 $\overline{\text{EA}}$ 接 VSS，由于 4 KB 地址只需要 12 根地址线，故 8051 的地址线 P0 和 P2 连接至 ROM 的 A0～A11，而其余地址线可以用于译码，这里剩余的地址线和 $\overline{\text{PSEN}}$ 一起连接至或门，这些信号均为 0 时，才会通过 $\overline{\text{CS}}$ 选中 ROM，并通过 $\overline{\text{RD}}$ 实现读取功能。

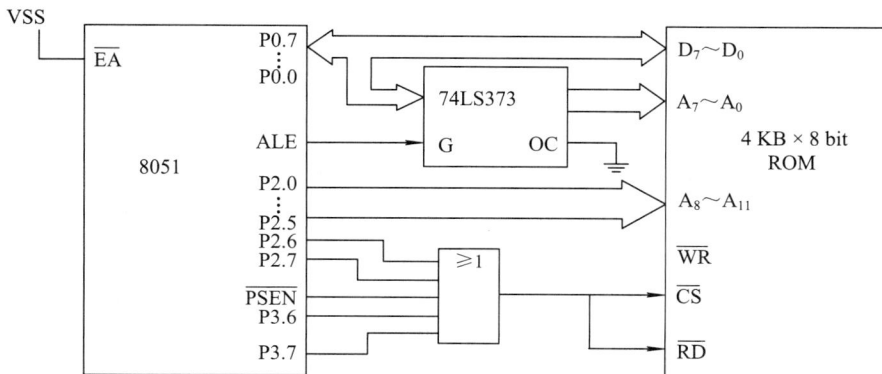

图 4-6　MCS-51 系列单片机(8051)扩展外部 4 KB × 8 bit ROM 原理图

4.2.3　MCS-51 系列单片机扩展外部 RAM

扩展外部 RAM 可以使微控制器处理更大的数据量，适用于数据采集、处理和缓存等需要大量临时存储空间的应用。更多的 RAM 可以支持更复杂的数据结构和缓存机制，从而提高程序的运行效率和响应速度。扩展的 RAM 空间使得微控制器可以实现更复杂的功能，同时提供了更多的空间进行程序的更新和优化。对于需要丰富数据处理和临时存储的应用，外部 RAM 提供了一种成本效率高的解决方案，尤其是在与其他更昂贵的存储或处理选项相比时。另外，使用外部 RAM 的设计允许系统设计师根据需求调整存储容量，也便于在产品寿命周期中进行升级和维护。

MCS-51 系列单片机在设计上支持外部数据存储器扩展，这使得用户可以通过添加外部 RAM 来增加可用的数据存储容量。这种扩展对于增强微控制器的数据处理能力和适应更复杂应用场景具有重要意义。

图 4-7 为 MCS-51 系列单片机(8051)扩展 RAM 示意图。其中，ALE 为地址锁存，接锁存器；P0 复用地址线和数据线，因此需要接地址锁存器以锁存低 8 位地址，同时连接至 ROM 的 8 位数据线；$\overline{RD}$ 接 RAM 的 $\overline{OE}$；$\overline{WR}$ 接 RAM 的 $\overline{WR}$。

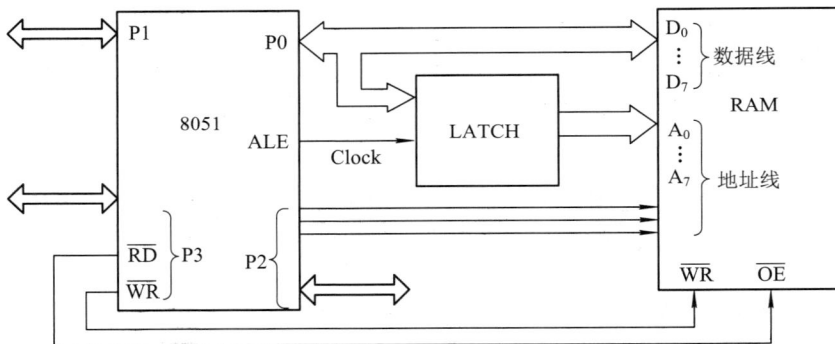

图 4-7　MCS-51 系列单片机(8051)扩展外部 RAM 示意图

综上，实现 RAM 扩展的方法如下：

(1) 使用外部存储器接口。MCS-51 系列单片机提供了外部存储器接口，通过这些接口可以连接外部 RAM 芯片。这些接口利用微控制器的地址总线、数据总线和控制总线实现与外部 RAM 的通信。

(2) 地址和数据总线的配置。MCS-51 系列单片机的地址总线是 16 位的，允许访问高达 64 KB 的外部存储空间。地址信息通常通过 P0 端口(作为低位地址和数据总线)和 P2 端口(作为高位地址总线)输出。数据总线为 8 位宽，通过 P0 端口进行数据的读取和写入。

(3) 控制信号。$\overline{RD}$ (读)信号和 $\overline{WR}$ (写)信号用于管理数据的读写操作。当数据需要从外部 RAM 读取或写入时，相应的 $\overline{RD}$ 或 $\overline{WR}$ 信号被激活，以控制数据交换过程。

(4) 地址锁存和分时多用途端口。ALE(地址锁存使能)信号用于锁存从 P0 输出的地址信息，允许 P0 端口在不同时间分别用作地址总线和数据总线。

图 4-8 为 MCS-51 系列单片机(8051)扩展外部 16 KB × 8 bit RAM 示意图。由于 16 KB

地址只需要 14 根地址线，故 MCS-51 的 A0～A13 连接至 RAM，其余地址线则可以用于译码，这里代表剩余地址线 A14、A15 的 P2.6 和 P2.7 连接至或门，两者均为 0 时，才会通过 $\overline{CS}$ 选中 ROM，并通过 P3.6($\overline{WR}$)连接至 RAM 的 $\overline{WR}$ 以及 P3.7($\overline{RD}$)连接至 RAM 的 $\overline{RD}$ 实现读写控制。

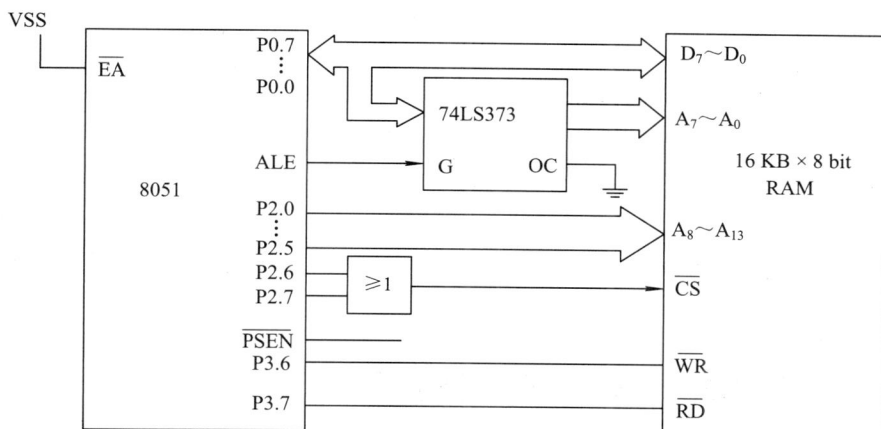

图 4-8　MCS-51 系列单片机(8051)扩展外部 16 KB × 8 bit RAM 原理图

4.2.4　MCS-51 系列单片机同时扩展 RAM 和 ROM

图 4-9 为 MCS-51 系列单片机(8051)同时扩展外部 16 KB×8 bit ROM 和 32 KB×8 bit RAM 原理图。

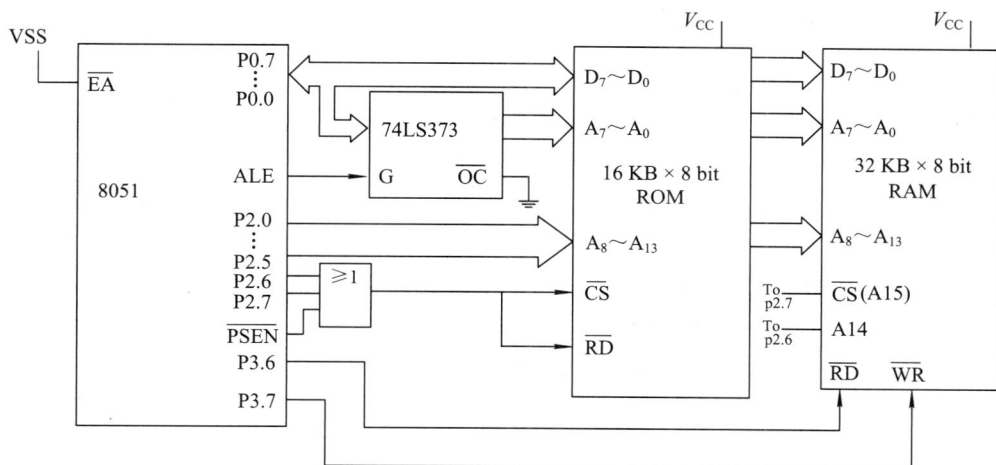

图 4-9　MCS-51 系列单片机(8051)同时扩展外部 16 KB × 8 bit ROM 和 32 KB × 8 bit RAM 原理图

对图 4-9 分析如下：

(1) 访问 ROM 时，单片机不使用 $\overline{WR}$ 和 $\overline{RD}$，但会用到 $\overline{PSEN}$，并将 $\overline{PSEN}$ 引脚与片外 ROM 的 $\overline{OE}$ 引脚连接起来，在单片机从片外 ROM 读数据时，会从 $\overline{PSEN}$ 引脚送出低电平到片外 ROM 的 $\overline{OE}$ 引脚。除此之外，单片机读片外 ROM 的过程与片外 RAM 基本相同。

(2) 读写 RAM 时，会从 P0.0～P0.7 引脚输出低 8 位地址(如 00000011)，再通过 8 路锁存器送到片外 RAM 的 A0～A7 引脚，它与从 P2.0～P2.7 引脚输出并送到片外 RAM 的 A8～A15 引脚的高 8 位地址一起组成 16 位地址，从 64KB(即 65536 B)存储单元中选中某个存储单元。

① 单片机往片外 RAM 写入数据。MCS-51 系列单片机的 $\overline{WR}$ 引脚送出低电平到片外 RAM 的 $\overline{WR}$ 引脚(有的芯片为 $\overline{WE}$)，片外 RAM 被选中的单元准备接收数据。与此同时，单片机的 ALE 端送出 ALE 脉冲信号去锁存器的 G 端(有的芯片标注为 LE)，将 1Q～8Q 端与 1D～8D 端隔离开，并将 1Q～8Q 端的地址锁存起来(保持输出不变)，单片机再从 P0.0～P0.7 引脚输出 8 位数据，送到片外 RAM 的 D0～D7 引脚，存入内部选中的存储单元。

② 单片机从片外 RAM 读取数据。同样，先要发出地址选中片外 RAM 的某个存储单元，并让 $\overline{RD}$ 端输出低电平去片外 RAM 的 $\overline{OE}$ 端；再将 P0.0～P0.7 引脚输出低 8 位地址锁存起来；然后让 P0.0～P0.7 引脚接收片外 RAM 的 D0～D7 引脚送来的 8 位数据。

4.3 并行输入/输出电路结构

在深入探讨了 MCS-51 系列单片机的总线结构和存储扩展之后，将介绍单片机与外部世界交互的另一个重要接口——并行输入/输出电路。通过深入了解这些 I/O 端口的特性和应用，读者将能够更有效地利用 MCS-51 系列单片机与外部设备进行数据交换，实现各种复杂的控制任务。

4.3.1 并行输入/输出电路的特点

MCS-51 系列单片机是一类广泛使用的 8 位微控制器，具备多种并行输入/输出(I/O)功能，这些功能是通过其内置的可编程双向 I/O 端口实现的。这些 I/O 端口的设计为微控制器与外部世界的交互提供了极大的灵活性和控制能力。在单片机中，共有 4 个 8 位并行 I/O 端口，分别为 P0、P1、P2、和 P3。它们均可作为双向 I/O 端口使用。另外，在访问片外扩展存储器时，P0 复用为低 8 位地址线和数据线，P2 复用为高 8 位地址线，P3 则具有第二功能。

并行 I/O 端口的特点如下：

(1) 多功能端口。4 个并行 I/O 端口的功能如下：

P0 端口：一个开漏(Open-Drain)输出的双用途端口，既可以作为 I/O 端口，也可以作为地址/数据总线在访问外部存储器时使用。由于其开漏特性，需要外部上拉电阻以确保正确的逻辑电平。

P1 端口和 P2 端口：通常用作纯并行输入/输出端口，没有双用途功能，输出时具有标准的推挽(Push-Pull)配置。

P3 端口：除了提供普通的 I/O 功能，P3 端口还具有多个专用功能的引脚，如串行通信控制(RXD、TXD)、外部中断($\overline{INT0}$ 、 $\overline{INT1}$)、定时器/计数器的外部输入和输出等。

(2) 可编程性。MCS-51 系列单片机的 I/O 端口可通过简单的软件指令进行配置，使得用户可以轻松地将端口设定为输入或输出模式。此外，每个端口的每个引脚都可以独立地被配置为输入或输出，提供了极大的灵活性。

(3) 可扩展性。由于端口 0(P0)和端口 2(P2)可以用于访问外部存储器，这使得 MCS-51 系列单片机可以通过简单的外部硬件扩展(如地址解码器和存储器芯片)来扩展其内存和 I/O 能力。

(4) 电气特性。MCS-51 系列单片机的 I/O 端口具备一定的电流驱动能力，能够直接驱动 LED(发光二极管)、继电器等小功率设备，但在驱动能力较大的负载时可能需要外部驱动电路如晶体管或 MOSFET。

(5) 稳健性。I/O 端口的设计考虑了噪声抑制和防止意外的电压尖峰，从而可保护电路的稳定运行并减少误操作的风险。

(6) 节能模式。MCS-51 系列单片机提供了多种节能模式，其中 I/O 端口在低功耗模式下可以被配置为减少能量消耗，有助于电池供电的应用。

通过分析上述特点可知，MCS-51 系列单片机的并行输入/输出电路不仅提供了高度的可控性和灵活性，还能够适应广泛的应用需求，从简单的数据采集到复杂的设备控制等多种场景。这些特点使得 MCS-51 系列单片机成为一个在工业、自动化和消费电子领域极为受欢迎的微控制器。

4.3.2　P0 端口

MCS-51 系列单片机的 P0 端口(端口 0)在这一系列微控制器中具有独特的双重功能和设计。P0 端口不仅可以作为通用的 8 位并行输入/输出端口使用，还可以作为外部存储器接口的地址和数据总线。当 P0 端口用作地址和数据总线时，它通常与 P2 端口(提供高 8 位地址)一起工作，使得微控制器能够访问外部存储器。当 P0 端口用作访问外部存储器的地址/数据总线时，ALE 信号发挥着关键作用。在微控制器启动外部存储器访问周期时，ALE 信号变高，使外部地址锁存器锁存从 P0 端口送出的地址信息。一旦地址被锁存，P0 端口便可用于数据传输。

P0 端口中每位的结构相同，图 4-10 为 P0 端口中某一位的内部结构。它由一个输出锁存器、两个三态输入缓冲器和输出驱动电路及控制电路组成。

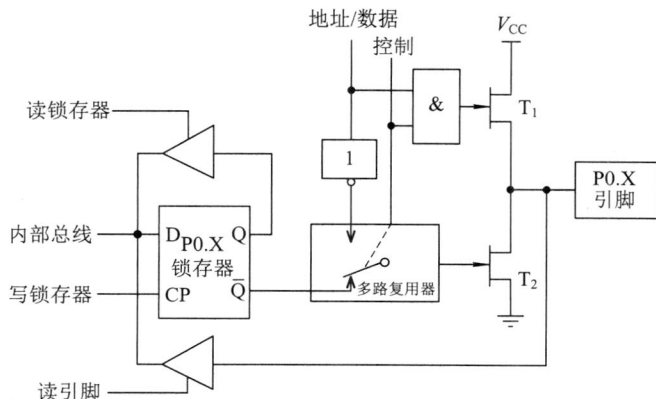

图 4-10　P0 端口中某一位的内部结构

　　从图 4-10 中可以看出，P0 端口的每个引脚均为开漏(Open-Drain)输出设计，开漏输出本质上是一个只有漏极和源极的晶体管，这种输出方式允许多个器件通过一个信号线进行通信，是一种有效地实现总线通信(如 I²C)的电气特性。在 MCS-51 系列单片机的应用中，开漏输出的晶体管在输出高电平时不提供电源电压，晶体管关闭，电路是"断开"的。这意味着输出端本质上是悬空的，不会对外输出电压。而在输出低电平时，晶体管导通，连接到地线，从而实现低电平输出。这意味着当引脚设定为输出状态且输出低电平时，内部晶体管将连接到地线，而输出高电平时，晶体管不导通，引脚状态"悬空"。这种设计要求外部电路必须提供上拉电阻，以确保引脚能够达到高电平状态。由于开漏设计，P0 端口的驱动能力受限，直接驱动电流负载能力较弱，适合低电流应用或通过外部晶体管驱动较大电流。不同于 P1、P2 和 P3 端口，P0 端口没有内部上拉电阻。因此，在将 P0 端口用作普通的输入/输出端口时，必须外接上拉电阻，以便在输出高电平时保证正确的电平状态。

　　另外，开漏输出也会带来其他一些特性。由于开漏输出不直接提供高电平电压，所以可以连接到不同的电压水平(只要不超过晶体管的最大电压承受范围)，使得设备之间的接口更加灵活。多个开漏输出可以连接到同一个总线上，而不会因为输出冲突而损坏设备。这简化了电路的设计，并减少了需要的引脚数量。为了能在输出高电平时得到稳定的电压，开漏输出通常需要一个外部的上拉电阻。这个电阻连接在输出线和电源之间，当晶体管关闭时通过电阻提供高电平。由于上拉电阻和寄生电容的存在，开漏输出的上升沿(从低电平到高电平的变化)相对较慢，这可能不适用于高速信号传输。开漏输出特别适合用于多个设备共享单一通信线的情况，例如在 I²C 或 1-Wire 总线上。

　　当 P0 设置为输入模式时，外部信号可以通过 P0 端口的引脚直接输入到微控制器的内部电路。由于没有内部上拉电阻，必须外接上拉电阻。输出模式下，如果要输出高电平，由于开漏设计，需要外部上拉电阻将引脚拉至高电平；输出低电平时，内部晶体管导通，引脚被拉低至接地。

　　接下来结合图 4-10 分析 P0 端口读写的具体原理。I/O 端口的锁存器均由 D 触发器组成，用来锁存输入/输出的信息。在 CPU 的"写锁存器"信号驱动下，将内部总线上的数据写入锁存器。两个三态缓冲器，一个用来"读引脚"信息，即将 I/O 端引脚上的信息读至内部总线，送 CPU 处理；另一个用来"读锁存器"，即把锁存器内容读入到内部总线上，送 CPU 处理。因此，某些 I/O 指令可读取锁存器的内容，另外一些指令则是读取引脚上的信息。输出控制电路由一个与门、一个反相器和一个多路复用器(Multiplexer，MUX)组成。多路复用器用于在对外部存储器进行读/写时进行地址/数据的切换。输出驱动电路由两个串联的 FET(Field Effect Transistor，场效应管)组成。当 P0 端口作为一般的 I/O 端口使用时，CPU 送来的控制信号为低电平，此时多路复用器处于如图 4-10 所示的位置，Q 端与输出驱动电路 T2 的栅极接通。控制信号低有效，此时与门输出为 0，使 T1 关断。这时，当 CPU 对 P0 端口进行写操作时，写脉冲加到锁存器的时钟端 CP 上，锁存器的状态取决于 D 端的状态。

　　当输入数据时，由于外部输入信号既加在缓冲输入端上，又加在驱动电路的漏极上，如果这时 T2 是导通的，则引脚上的电位始终被箝位在 0 电平上，输入数据不可能正确地读入进来。因此，在需要输入数据时，应先把 P0 端口置 1，使得 T1、T2 均关断，引脚"浮置"成为高阻状态,这样才能正确地输入数据。这就是所谓的准双向口的含义。所谓"准",是指具有某种功能,但是又有点差别,即准双向口具备双向工作的能力,但是在用之前要先进行一些设置,而双向口在使用时不需要这个置 1 的操作。另外,准双向口一般只能用于数字输入/输出,输入时为弱上拉状态,端口只有高或低两种状态。而双向口除用于数字输入/输出以外,还可用于模拟输入/输出,模拟输入时端口通过方向控制设置成为高阻输入状态,即双向口有高、低或高阻三种状态。初始状态和复位状态下准双向口为 1,双向口为高阻状态。也有观点认为,由于 P0 存在高阻状态,所以 P0 属于双向端口。

在使用汇编语言编程时,如果需要读取引脚的状态,需要先置 1,再读取。在使用 C51进行编程时,编译系统会自动加上这个过程,不需要编写置 1 的语句。

在有外部扩展存储器时,P0 端口必须作为地址/数据总线,这时就不能再把它作为通用的 I/O 端口使用了。当从 P0 端口输出地址/数据时,控制信号为高,使 MUX 向上与反相器输出端接通,与此同时与门打开,地址/数据便通过与门及 T1 传送到 P0 端口。当从 P 端口输入数据时,则通过下面的缓冲器进入内部总线。

4.3.3　P1 端口

P1 端口包括 8 个独立的 I/O 线路,即 P1.0 至 P1.7。这些引脚都可以单独设置为输入或输出模式,也可以作为整体端口进行控制。MCS-51 系列单片机支持位寻址,意味着可以直接通过指令单独访问或修改 P1 端口的任一位。在输出模式下,引脚可以输出高电平(逻辑 1)或低电平(逻辑 0);在输入模式下,引脚可以读取外部信号的状态。由于每个引脚都可以单独配置为输入或输出,所以 P1 端口非常适合于需要多种控制和数据采集功能的应用。P1 端口的引脚可以直接连接到扩展模块或其他微控制器,实现更复杂的控制系统或数据通信。由于可以直接通过软件控制每个引脚的状态,而不需要通过外部逻辑芯片,因此简化了电路设计和降低了系统的复杂性及成本。

P1 端口是一个 8 位准双向并行 I/O 端口,作通用 I/O 端口使用。P1 端口中某一位的内部结构如图 4-11 所示。

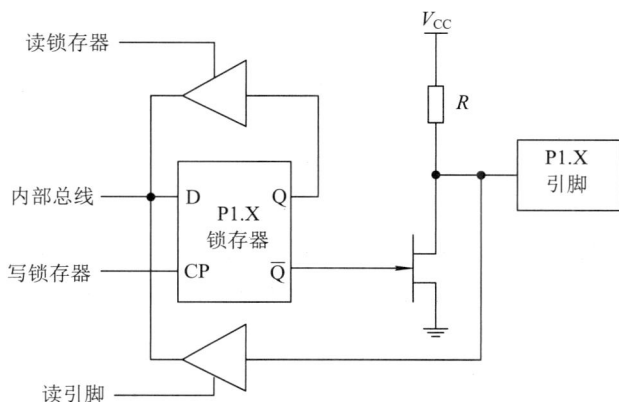

图 4-11　P1 端口中某一位的内部结构

在电路结构上,P1 端口的输出驱动部分与 P0 端口不同,其内部有上拉负载电阻与电源相连，与场效应管(FET)共同组成输出驱动电路。当进行写操作时，写锁存器脉冲将内部总线送入 D 端的信息写入锁存器，再由 Q 端去驱动 FET，在 P1 引脚上得到输出信息。

当 P1 端口用作输入口时，也应先用软件使输出锁存器置 1，使 FET 关断，处于高阻状态，然后再通过缓冲器进行输入操作。

对 8032/8052 单片机，P1.0 和 P1.1 两位是多功能的。除了作通用 I/O 端口，P1.0 还可作为定时器/计数器 2 的外部输入端，此时 P1.0 引脚用标识符 T2 表示；P1.1 可作为定时器/计数器 2 的外部控制输入，并用标识符 T2EX 表示，在后续讲述定时器/计数器时再进行详细讨论。

4.3.4　P2 端口

P2 端口包含 8 个独立的 I/O 线路，可用作数字输入或输出。这些引脚在端口寄存器中可以单独访问和控制。类似于 MCS-51 系列中的其他 I/O 端口，P2 端口的每个位也可以单独寻址和控制。这允许程序通过指定指令来操作每个单独的引脚，不会影响端口上的其他引脚。P2 端口中某一位的内部结构如图 4-12 所示。P2 端口的每个引脚在复位后都默认为高电平输出状态，并且具备内部上拉电阻，无须外部上拉电阻即可直接使用。

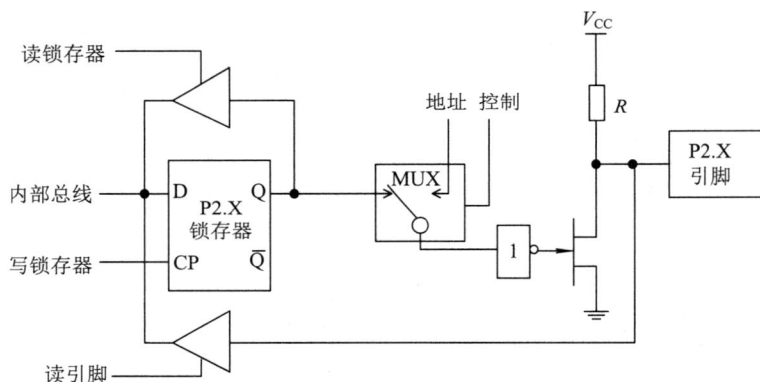

图 4-12　P2 端口中某一位的内部结构

P2 端口在外部扩展存储器(程序存储器和数据存储器)访问时也经常使用。在这种模式下，P2 端口输出外部存储器的高位地址，与 P0 端口一起使用，后者则在读写操作中复用为低位地址和数据总线。由于内部集成了上拉电阻，P2 端口在未连接外部设备时仍能保持高电平，这就使得端口即插即用，极大地简化了设计。P2 端口设计标准，易于与各种数字设备接口，适合广泛的应用，例如驱动 LED 阵列、读取按键状态等。对于需要更多存储需求的应用，P2 端口的内存地址功能使得单片机能够轻松扩展其内存能力，支持更复杂的应用程序和数据集。

P2 端口在结构上比 P1 端口多了一个输出转换控制部分，多路复用器(MUX)由 CPU 指令控制。P2 端口既可作为通用 I/O 端口使用，又可作为地址总线，传送地址中的高 8 位。当 P2 端口用来作通用 I/O 端口时，是一个准双向的 I/O 端口。此时，CPU 送来的控制信号为低电平，使 MUX 与锁存器的 Q 端接通。当输出信息时，引脚上的状态即为 Q 端的状态。

当输入信息时，也要先使输出锁存器置 1，然后再进行输入操作。

当单片机有外部扩展存储器时，P2 端口可用于输出高 8 位地址，这时 CPU 送来的控制信号为高电平，使 MUX 与地址接通，引脚输出为地址。在外接程序存储器的系统中，由于访问外部程序存储器的操作连续不断，P2 端口将不断输出高 8 位地址，这时 P2 端口不再作为通用 I/O 端口使用。

4.3.5　P3 端口

P3 端口具有 8 个数字输入/输出线，每个线都可以独立控制，支持位寻址操作。与 P2 端口一样，P3 端口的每个引脚在上电或复位后都默认为高电平状态，并具备内部上拉电阻，便于直接使用。P3 端口是一个多功能端口，其中某一位的内部结构如图 4-13 所示。

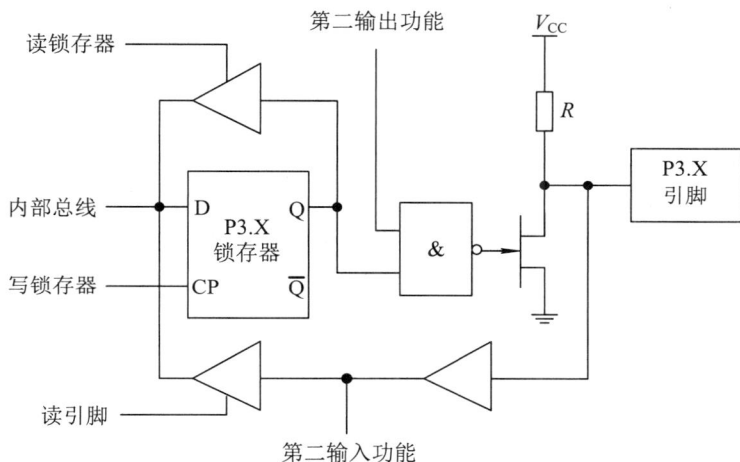

图 4-13　P3 端口中某一位的内部结构

当 P3 端口作为通用 I/O 端口使用时，第二输出功能端为高电平，打开与非门，使锁存器输出的 Q 端状态能顺利通过与非门送至引脚上。输入时，先置输出锁存器为 1，使 FET 关断，再通过三态缓冲器读出引脚信息。

当 P3 端口作为第二输出功能使用时，应先将输出锁存器置 1，使与非门打开。输出时，第二输出功能端的信息通过与非门送至引脚上。输入时，也先置输出锁存器为 1，使 FET 关断，引脚上的第二输入功能信号经第一个缓冲器输入。不论作为输入口使用还是用作第二功能信号输入，图 4-13 中的锁存器输出和第二输出功能端都应保持高电平，确保 FET 关断。

4.4　单片机最小系统的搭建

在深入理解了 MCS-51 系列单片机的各种功能和特性之后，接下来要探讨的是如何将这些知识应用到实际的单片机应用中。本节将详细介绍单片机最小系统的搭建，这是单片机应用的基础和起点。通过对本节的学习，读者将能够掌握单片机最小系统的基本概念和搭建方法，为后续的单片机应用开发打下坚实的基础。

4.4.1　单片机最小系统概述

单片机最小系统是指单片机能够运行工作起来所必需的最基本的电路组成。单片机最小系统的必备条件如下：

(1) 电源电路：向单片机供电。

(2) 时钟电路：单片机工作的时间基准，决定单片机工作速度。

(3) 复位电路：确定单片机工作的起始状态，完成单片机的启动过程。

(4) $\overline{\text{EA}}$：选择程序存储区。

4.4.2　时钟电路和复位电路

1. 时钟电路

时钟电路就是振荡电路，向单片机提供一个正弦信号(或方波)作为基准，其频率决定了单片机的执行速度。MCS-51 系列单片机的时钟电路如图 4-14 所示。在单片机所用的晶振中，11.0592 MHz 这个频率非常常见，这是因为采用这个晶振频率可以得到任何一个串口通信所要求的波特率。在讲述单片机串口通信时将详细讨论。

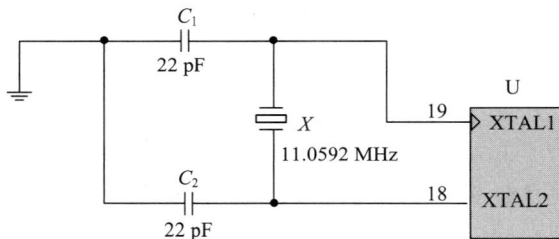

图 4-14　MCS-51 系列单片机的时钟电路

2. 复位电路

通过某种方式使单片机内各寄存器的值变为初始状态的操作，称为复位。MCS-51 系列单片机在时钟电路工作以后，在 RST 端持续给出 2 个以上机器周期的高电平就可以完成复位操作。

复位电路的连接方式有以下 3 种：

(1) 上电复位。单片机接通电源时产生复位信号，完成单片机启动，确定单片机起始工作状态，这是最简单也是最常用的复位电路，通过调节电阻的阻值和电容的容值，可以改变复位时间。上电复位电路如图 4-15 所示，系统刚上电的时候，RST 端为高电平，然后通过电阻不断放电至低电平，完成复位过程。

(2) 手动复位。手动按键产生复位信号，完成单片机重新启动，使单片机以确定的初始状态重新工作。通常在单片机工作出现混乱或"死机"时，使用手动复位完成单片机的重启。手动复位电路如图 4-16 所示。

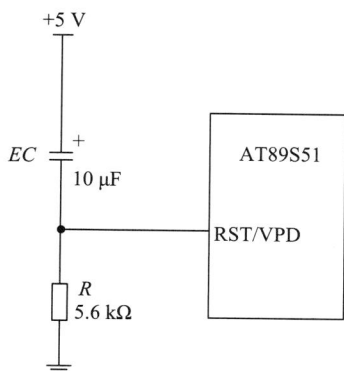

图 4-15　上电复位电路　　　　　　　　图 4-16　手动复位电路

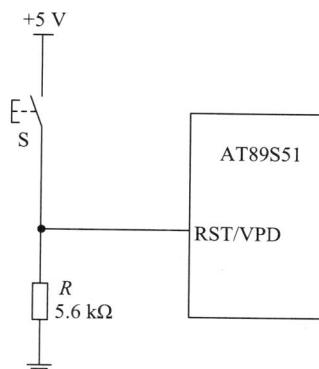

(3) 混合复位电路。将上电复位电路和手动复位电路结合到一起构成混合复位电路，如图 4-17 所示。在电路设计中，通常使用的都是混合复位电路。

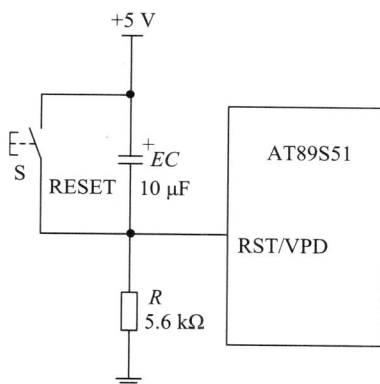

图 4-17　混合复位电路

此外，在实际的程序运行过程中，由于软硬件问题，有时会出现程序"跑飞"或"死机"的情况，这时候可以通过看门狗电路监测程序的运行。在程序编写过程中，周期地给看门狗信号(称之为"喂狗")，一旦程序"跑飞"或"死机"，看门狗将得不到信号，这时看门狗将发送复位信号给单片机，使得系统重新启动，有专门的芯片完成这种功能。单片机系统工作时，电压不稳常常造成"死机"等问题，为了使电压低于某一值时，系统自动完成复位工作，可以采用带有电压监控的复位芯片，这种芯片有多种参数(如复位时间、触发复位电压等)可以选择。

4.4.3　单片机最小系统

根据上面的描述，将时钟电路、复位电路和单片机连接起来，并把单片机的电源、时钟、复位、$\overline{\text{EA}}$ 等引脚连接好，就设计出了单片机最小系统，如图 4-18 所示。

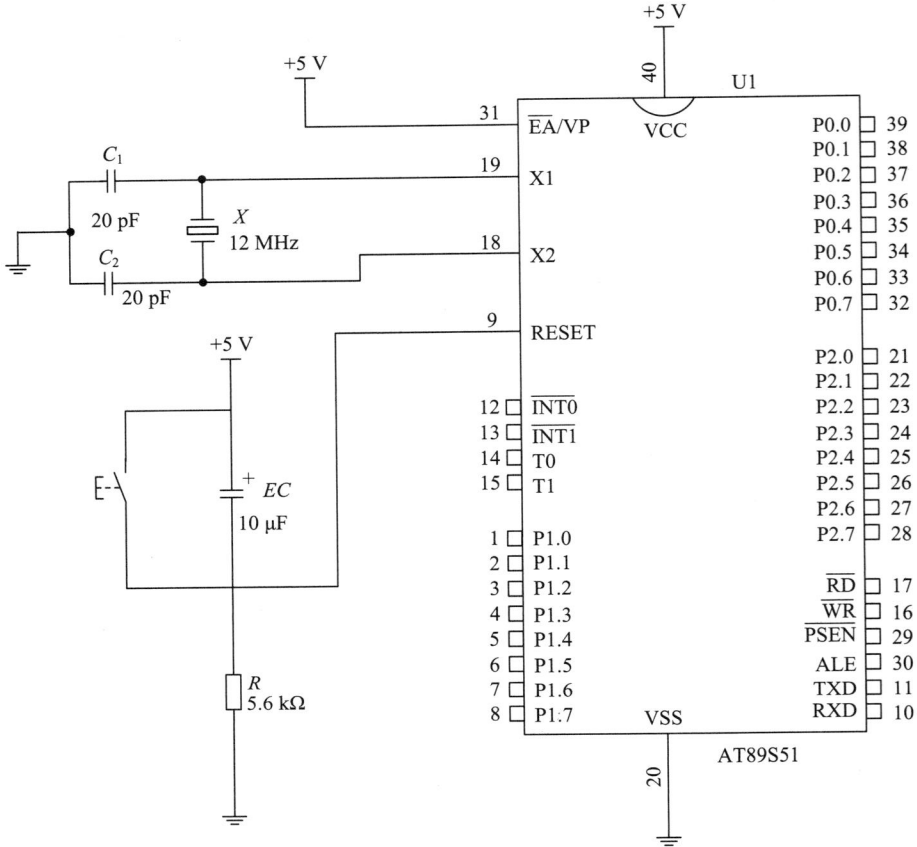

图 4-18   单片机最小系统原理图

4.4.4   单片机最小系统实例

下面要设计一个单片机电路，P1.0 端口外接 1 个发光二极管，并编写程序，点亮发光二极管(LED)。我们采用 Proteus 进行电路仿真，LED 的电流一般为 10～20 mA，压降为 1.7 V，因此需要串接一个分压电阻，可以计算出分压电阻的阻值，这里设置为 220 Ω。如果分压电阻过低，则 LED 将过亮，且会很烫，容易烧坏；如果分压电阻过大，则 LED 亮度不足或不亮。

在这个设计的基础上，再添加一个按键。当按下按键时，LED 点亮；当松开按键时，LED 熄灭。

在单片机最小系统的基础上添加 LED 和按键后，Proteus 仿真电路如图 4-19 所示(仿真电路中的电路图形符号与国家标准符号不符，二者对照关系参见附录 1)。其中电源和地信号在仿真电路图中隐藏了，可以双击单片机查看隐藏的引脚。

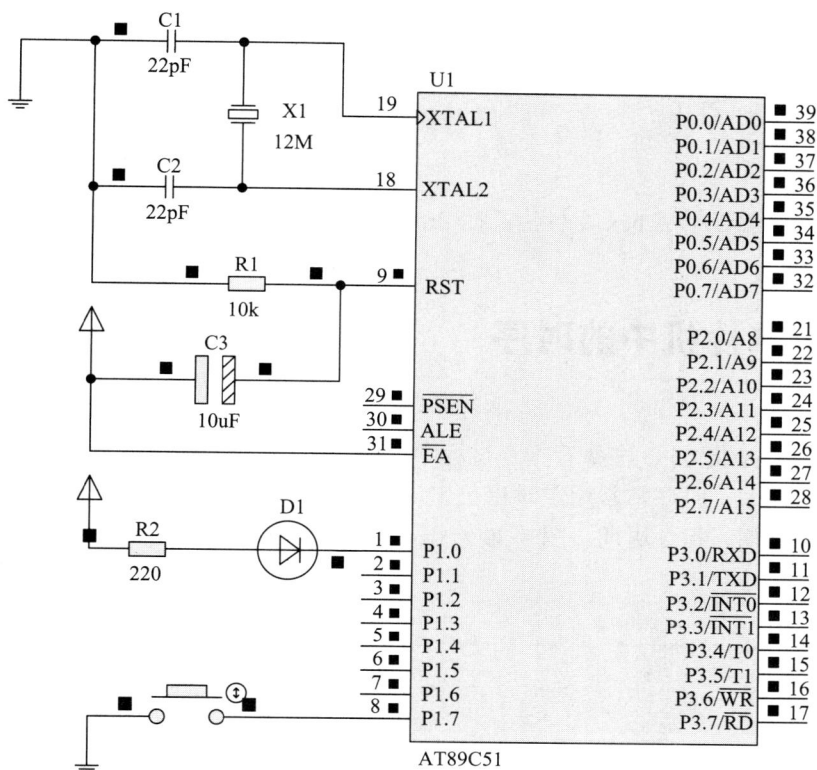

图 4-19 Proteus 仿真电路

接下来，编写点亮 LED 的程序。采用 Keil C 进行编程，根据原理图我们知道，当 P1.0 引脚为低电平时，LED 点亮。因此，编写的代码如下：

```
#include <AT89X51.h>
void main()
{
    while(1)
    {
        P1_0  =  0;
    }
}
```

在 Keil C 中编译生成 hex 文件后，可以在 Proteus 中运行仿真，看看是否已经点亮了 LED。

接下来，编写按键控制 LED 的程序。根据功能要求，按键按下去后 LED 点亮，即按键按下去后 P1.0 引脚状态为低电平。根据仿真电路图可知，按键按下去之后，P1.7 也为低电平，只需要用这个低电平来控制 LED 即可。因此，编写的代码如下：

```
#include <AT89X51.h>
void main()
{
```

```
    while(1)
    {
        P1_0 = P1_7;
    }
}
```

在 Keil C 中编译生成 hex 文件后，在 Proteus 中进行仿真，看看按键是否能控制 LED。

4.5　单片机中的时序

CPU 的时序是指 CPU 在执行指令过程中,其控制器所发出的一系列特定的控制信号在时间上的相互关系。时序常常用定时单位来说明。常用的时序定时单位有：振荡周期、时钟周期、机器周期、指令周期。图 4-20 给出了单片机中几种时序定时单位的关系。

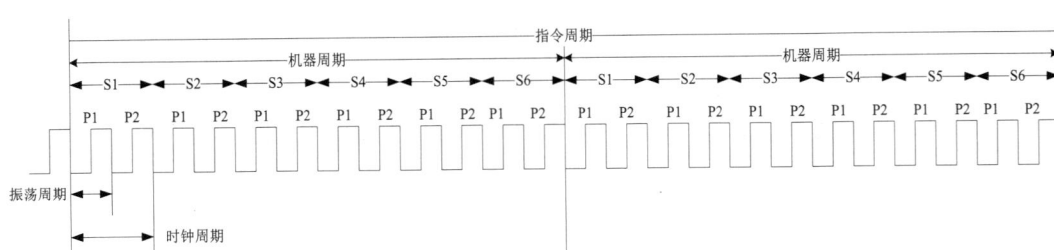

图 4-20　单片机中几种时序定时单位的关系

振荡脉冲的周期称为拍，是 MCS-51 系列单片机中的最小时序单元，用 P 来表示。如果采用片内时钟模式，拍(P)的周期便是晶振的振荡周期。如果采用片外时钟模式，拍(P)的周期便是外部时钟脉冲的周期。

时钟周期是单片机 CPU 中最基本的时间单元，在一个时钟周期内，CPU 仅完成一个最基本的动作。振荡脉冲信号(拍)经过二分频后，便可得到单片机的时钟信号。在图中，时钟信号的周期用 S 来表示。由于是二分频，因此一个时钟周期包含两个拍，分别称为 P1 和 P2。

一个机器周期由 6 个时钟周期(S1～S6)构成，也就是 12 个拍组成。从图 4-20 中可以看出，这 12 个拍依次为 S1P1、S1P2、S2P1、……、S6P2。

指令周期是指执行一条指令所需要的时间。不同的指令有不同的指令周期，例如，单周期指令执行需要一个机器周期，双周期指令执行需要两个机器周期。

4.6　MCS-51 系列单片机的工作方式

在搭建了单片机最小系统后，本节将进一步探讨 MCS-51 系列单片机在实际应用中的工作方式。通过对本节的学习，读者将能够深入理解 MCS-51 系列单片机的工作机制，为后续的编程和应用开发提供有力支持。

4.6.1　单片机的复位

MCS-51 系列单片机复位后，程序计数器(PC)和特殊功能寄存器装载默认的初始值。复位状态时各寄存器的复位内容如表 4-2 所示。值得注意的是，复位不影响片内 RAM 存放的内容。复位后，PC=0000H 表示复位后程序的入口地址为 0000H，即主程序应该从 0000H 单元存放，复位后自动从地址为 0000H 的单元开始执行程序；PSW = 00H，则其中 RS1(PSW.4)=0，RS0(PSW.3)=0，表示复位后单片机选择工作寄存器 0 组；由于 SP 指向的是栈顶元素的下一个位置，当 SP 初始化为 07H 时，第一个数据将被压入到 08H 这个地址，因此 SP=07H 表示复位后堆栈在片内 RAM 的 08H 单元处建立。

表 4-2　复位状态时各寄存器的复位内容

寄存器	复位时的内容	寄存器	复位时的内容
PC	0000H	TCON	0X000000B
ACC	00H	TL0	00H
B	00H	TH0	00H
PSW	00H	TL1	00H
SP	07H	TH1	00H
DPTR	0000H	SCON	00H
P0～P3	FFH	SBUF	不定
TMOD	00000000B		

4.6.2　程序运行方式

MCS-51 系列单片机在时钟电路工作以后，RST/VPD 端持续给出 2 个及以上机器周期的高电平进入复位工作方式，并一直维持复位方式，直到 RST 引脚变为低电平，MCS-51 系列单片机才脱离复位状态，进入程序运行状态。在程序运行状态下，CPU 不断从 ROM 中取出指令并执行。

单片机还有另外两种运行模式：

(1) 省电保持模式。当单片机进入省电保持模式时，其内部时钟振荡器停止工作，CPU 及其内部所有的功能部件均停止工作。但是，此时片内 RAM 和全部的特殊功能寄存器的数据将可以被保存。单片机进入省电保持模式比较简单，在程序中设置 PCON.1 位为 1，即 PD=1 后，系统便进入省电保持模式。

(2) 休眠运行模式。当单片机进入休眠运行模式时，其内部时钟振荡器仍然运行，但 CPU 被冻结将不再工作。此时，和省电保持模式不同的是，单片机内部时钟信号仍然供给中断、串行口、定时器/计数器等。单片机进入休眠运行模式比较简单，在程序中设置 PCON.0 位为 1，即 IDL = 1 后，系统便进入休眠运行模式。在休眠运行模式下，电压 VCC 不能降低，但电流消耗将会大大减少，从而起到降低功耗的作用。

4.7   单片机集成开发环境 Keil μVision

为了更高效地开发单片机应用，一个强大的开发环境是不可或缺的。本节将重点介绍单片机开发领域的常用工具——Keil μVision。Keil μVision 是一款功能强大的集成开发环境 (IDE)，专为嵌入式系统开发而设计。通过 Keil μVision，我们可以轻松地进行程序编写、编译、调试和仿真等操作，大大提高开发效率。接下来，将详细介绍 Keil μVision 的基本特点、应用流程以及集成开发平台的主要功能。

4.7.1   Keil μVision 简介

Keil C 是德国 Keil Software 公司开发的单片机 C 语言编译器。其前身是 FRANKLIN C51，功能相当强大。μVision 是一个 Windows 环境下、集成化的 C51 开发环境，集成了文件编辑处理、项目管理、编译链接、软件仿真调试等多种功能，是强大的 C51 开发工具。Keil C 目前有上百万的工程师在使用，已成为单片机开发、下载、仿真不可或缺的工具，掌握 Keil C 对于读者有着重要的作用。

Keil C 的编译器和链接器包括 C51、A51、L51 和 BL51。C51 是 C 语言编译器，其功能是将 C 源代码编译生成可重新定位的目标模块。A51 是汇编语言编译器，其功能是将汇编源代码编译生成可重新定位的目标模块。L51 是链接/定位器，其功能是将汇编源代码和 C 源代码生成的可重定位的目标模块文件(.OBJ)，与库文件链接、定位生成绝对目标文件。BL51 也是链接/定位器，除了具有 L51 所有的功能，还可以链接定位大于 64 KB 的程序，具有代码域及域切换功能，可用于 RTX51 实时多任务操作系统。

4.7.2   Keil μVision 应用流程

Keil μVision 的应用流程如图 4-21 所示。启动 Keil C 之后，需要新建立一个工程，在工程属性中指定单片机的型号，然后新建设计源文件并添加到工程中，对源文件进行编译、查错，再进行调试模拟运行。

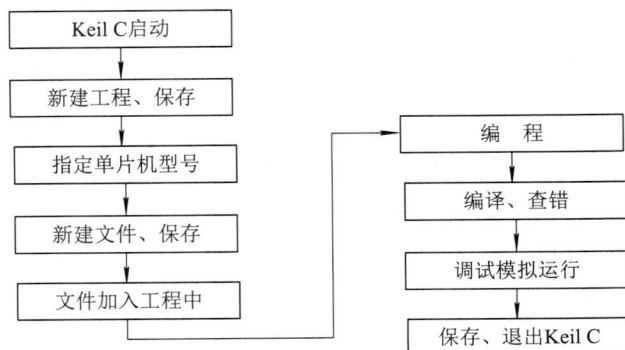

图 4-21   Keil μVision 的应用流程

在 Keil μVision 的应用流程中，涉及以下文件类型：

(1) uvproj 文件。uvproj 文件是 Keil μVision 项目文件，是整个项目的组织核心，用于存储项目的配置信息，如项目名称、目标设备类型(如 MCS-51 系列单片机的具体型号)、源文件和头文件的引用路径、编译器和链接器的设置选项等。当打开一个项目时，Keil μVision 会根据 uvproj 文件中的信息来加载和组织项目的各种资源，以确保开发环境能够正确地编译和链接项目。

(2) obj 文件。obj 文件是目标文件，是编译过程的中间产物，由编译器将源文件(如 .c 或 .asm)编译后生成。obj 文件包含了机器语言代码，但这些代码可能还不能直接运行，因为它还需要与其他 obj 文件或者库文件进行链接。每个 obj 文件通常对应一个编译单元，例如，一个单独的 C 源文件编译后会生成一个 obj 文件，该文件记录了代码中的函数、变量等信息的相对位置和定义，是构建最终可执行文件的重要组成部分。

(3) lst 文件。lst 文件是列表文件，展示了程序的详细信息，包括高级语言(如 C)代码与汇编语言代码之间的对应关系，使得开发者可以清楚地看到高级语言代码是如何被转换为汇编指令的。同时，它还包含了程序中变量和符号的详细信息，如存储位置等，在调试过程中有助于精准定位错误，还能用于分析程序结构和资源利用情况，为开发者深入理解程序的运行机制和优化提供了有力的支持。

(4) c 文件。c 文件是 C 语言源文件，是在 Keil μVision 环境中编写程序的主要文件类型之一，用于实现各种功能逻辑。在嵌入式系统开发中，开发者在 c 文件中编写控制硬件设备(如单片机的引脚输出、定时器设置等)、数据处理(如算法实现、数据存储和读取等)的代码。它以 C 语言的语法规则编写，经过编译后生成 obj 文件，最终参与构建可执行文件，是实现具体应用程序功能的基础。

(5) inp 文件。inp 文件在某些特定的应用场景或工具插件中使用，具体功能取决于相关的工具或应用程序。例如，可能用于输入参数配置文件，包含了一些需要被主程序读取的初始设置、用户自定义的参数等信息，帮助程序在运行时根据这些预设的参数进行相应的操作。

(6) m51 文件。m51 文件是映射文件，主要用于展示程序代码和数据在单片机内存中的分布情况，包括代码段、数据段、堆栈段等在内存中的具体位置和大小。通过 m51 文件，开发者可以直观地了解程序对单片机内存资源的占用情况，对于内存资源有限的单片机系统，这有助于优化程序的内存布局，防止内存溢出等问题。

(7) plg 文件。plg 文件是编译日志文件，记录了编译过程中的各种信息，如编译的时间、编译的源文件信息、编译器的警告和错误消息等。在开发过程中，当编译出现问题时，plg 文件可以作为一个重要的参考，帮助开发者快速定位错误的原因，因为它详细地记录了编译器在编译每个文件时的反馈信息。

(8) a51 文件。a51 文件是 MCS-51 系列单片机的汇编语言源文件。与 c 文件类似，它也是用于实现程序功能的一种文件类型，不过是采用汇编语言编写的。在一些对程序性能、硬件底层操作要求较高的情况下，开发者会使用 a51 文件编写代码。它经过编译后也会生成 obj 文件，用于构建最终的可执行程序，能够对硬件进行更精细的控制和更高效地利用资源。

(9) hex 文件。hex 文件是十六进制数文件，是一种可以被单片机直接读取并执行的文件格式。它是将编译链接后的二进制数文件转换为十六进制数格式的文本文件，包含了程序代码和数据的实际内容。当把程序下载到目标单片机设备(如 8051 单片机)时，下载工具通常会将 hex 文件中的内容按照一定的规则写入单片机的程序存储器。这种格式的文件便于存储、传输和烧录，并且具有一定的可读性，方便开发者查看文件内容的大致结构，同时可保证程序能够正确地在单片机中运行。

(10) opt 文件。opt 文件是项目选项文件，用于存储与项目编译、调试等相关的各种选项设置。这些选项包括编译器优化级别(如代码大小优化、执行速度优化)、调试信息的生成方式、链接器的一些参数(如库文件的链接顺序等)。在开发过程中，通过修改 opt 文件中的选项，可以调整项目的构建方式和调试策略，以满足不同的开发需求。例如，针对性能要求高的应用可以选择更高的代码优化级别，而在调试阶段可以选择生成更详细的调试信息。

4.7.3　Keil μVision 集成开发环境介绍

Keil μVision 集成开发环境的主界面如图 4-22 所示。

图 4-22　Keil μVision 集成开发环境主界面

在调试及仿真时，在 Keil μVision 主界面中主要有以下几个分界面：寄存器窗口、汇编代码窗口、并行口仿真窗口、中断仿真窗口、定时器仿真窗口、串行口仿真窗口、存储器查看窗口、命令及状态显示窗口等。值得注意的是，在调试窗口中查看存储区内容时，可以在地址栏中输入"C:0x 数字"以查看代码存储空间地址中的内容，输入"D:0x 数字"以查看直接寻址的片内存储空间(包括 SFR)地址中的内容，输入"I:0x 数字"以查看间接寻址的片内存储空间地址中的内容、输入"X:0x 数字"以查看扩展的外部 RAM 空间地址的内容。其中的"数字"为想要查看的地址。

另外，常用的调试按钮如图 4-23 所示。从左边第一个开始，它们分别为复位按钮、全速执行按钮、停止按钮、Step In 按钮、Step Out 按钮、Step Over 按钮、执行到光标按钮。需要注意 Step In、Step Out 和 Step Over 的区别，Step In 表示进入子程序单步执行，Step Out 表示主程序一行一行执行，Step Over 表示跳出子程序。

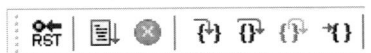

图 4-23　常用的调试按钮

小　结

本章详细探讨了 MCS-51 系列单片机的基本结构、引脚功能、总线结构、存储扩展、输入/输出电路以及单片机最小系统的搭建和时序概念。本章首先介绍了单片机的电源、地引脚、外接晶体引脚和控制信号引脚等基础配置,进而深入讨论了 MCS-51 系列单片机的三总线结构(地址、数据、控制总线)以及 ROM 和 RAM 的扩展方法。在并行输入/输出电路部分,详述了 P0 至 P3 四个端口的结构与特点。此外,还涵盖了单片机最小系统的构建、MCS-51 系列单片机的工作方式和 Keil μVision 开发环境的使用。本章为读者提供了全面的单片机应用和开发知识。

习　题

一、单选题

1. 单片机应用程序一般存放在(　　)。

A. RAM　　　　　　　B. ROM　　　　　　　C. 寄存器　　　　　　D. CPU

2. 在单片机中,通常将一些中间计算结果放在(　　)中。

A. 累加器　　　　　　B. 控制器　　　　　　C. 程序存储器　　　　D. 数据存储器

3. 89C51 单片机有片内 ROM 容量(　　)。

A. 4 KB　　　　　　　B. 8 KB　　　　　　　C. 128 B　　　　　　　D. 256 B

4. CPU 主要的组成部分为(　　)。

A. 运算器、控制器　　　　　　　　　　　B. 加法器、寄存器

C. 运算器、寄存器　　　　　　　　　　　D. 运算器、指令译码器

5. INTEL8051CPU 是(　　)位的单片机。

A. 16　　　　　　　　B. 4　　　　　　　　C. 8　　　　　　　　D. 准 16

6. 单片机的堆栈指针(SP)始终是(　　)。

A. 指示堆栈底　　　　　　　　　　　　　B. 指示堆栈顶

C. 指示堆栈地址　　　　　　　　　　　　D. 指示堆栈长度

7. 进位标志(CY)在(　　)中。

A. 累加器　　　　　　　　　　　　　　　B. 算术逻辑运算部件(ALU)

C. 程序状态字寄存(PSW)　　　　　　　　D. DPTR

8. 8031 单片机中的 SP 和 PC 分别是(　　)的寄存器。

A. 8 位和 8 位　　　　B. 16 位和 16 位　　　C. 8 位和 16 位　　　D. 16 位和 8 位

9. 8031 单片机的(　　)口的引脚,还具有外中断、串行通信等第二功能。

A. P0　　　　　　　　B. P1　　　　　　　　C. P2　　　　　　　　D. P3

10. 在 8051 单片机中，PC 存放的是(   )。

A. 正在执行的这条指令的地址   B. 将要执行的下一条指令的地址

C. 正在执行的这条指令的操作码   D. 对已经执行过的指令条数进行计数

11. 下列属于输入脚的是(   )。

A. RESET   B. ALE   C. $\overline{RD}$ D. $\overline{PSEN}$

12. 在 8051 单片机中，SP 存放的是(   )。

A. 堆栈栈底的地址   B. 堆栈栈顶的地址

C. 堆栈栈底的内容   D. 堆栈栈顶的内容

13. 单片机上电后或复位后，工作寄存器 R0 是在(   )。

A. 0 区 00H 单元   B. 0 区 01H 单元   C. 0 区 09H 单元   D. SFR

14. 关于指针 DPTR，下列说法正确的是(   )。

A. DPTR 是一个 8 位寄存器

B. DPTR 不可寻址

C. DPTR 是由 DPH 和 DPL 两个 8 位寄存器组成的

D. DPTR 的地址是 83H

15. 8051 的程序计数器(PC)为 16 位计数器，其寻址范围是(   )。

A. 8 KB   B. 16 KB   C. 32 KB   D. 64 KB

16. MCS51 单片机的 CPU 每取一个指令字节，立即使(   )。

A. 堆栈指针自动加 1   B. 数据指针自动加 1

C. 程序计数器自动加 1   D. 累加器自动加 1

17. 8031 复位后，PC 与 SP 的值为(   )。

A. 0000H，00H   B. 0000H，07H

C. 0003H，07H   D. 0800H，00H

18. MCS-51 系列单片机中最小的时序单元是(   )。

A. 拍   B. 时钟周期   C. 机器周期   D. 指令周期

二、多选题

1. 控制信号线包括(   )。

A. ALE   B. $\overline{PSEN}$ C. $\overline{EA}$ D. RST

2. MCS-51 系列单片机的 P3 端口提供的特殊功能是(   )。

A. 串行通信接收数据   B. 定时器外部计数输入

C. 程序存储器使能   D. 外部中断输入

3. MCS-51 系列单片机支持的存储扩展包括(   )。

A. ROM 扩展   B. RAM 扩展

C. Flash 存储扩展   D. RAM 和 ROM 同时扩展

4. 在构建单片机最小系统时，通常包括(   )。

A. 电源   B. 复位电路   C. 外部存储器   D. 时钟电路

5. Keil μVision 开发环境为 MCS-51 系列单片机开发提供的功能是(   )。

A. 程序编写   B. 程序调试

C. 硬件仿真　　　　　　　　　　　　　　D. 自动代码生成

三、判断题

1. MCS-51 系列单片机的电源和地引脚是用于提供设备操作所需的电力和稳定的参考点。　　　　　　　　　　　　　　　　　　　　　　　　　　　　　　　　　（　　）

2. 外接晶体引脚用于连接外部振荡器，但在所有 MCS-51 系列单片机中不是必需的。
　　　　　　　　　　　　　　　　　　　　　　　　　　　　　　　　　　　　（　　）

3. $\overline{\text{PSEN}}$ 引脚用于使能程序存储器的读取。　　　　　　　　　　　　　　　　（　　）

4. MCS-51 系列单片机只有一个数据总线和一个地址总线。　　　　　　　　　（　　）

5. MCS-51 系列单片机不支持 RAM 和 ROM 的同时扩展。　　　　　　　　　（　　）

6. P0 端口没有内部上拉电阻，并且在使用时通常需要外部上拉电阻。　　　（　　）

7. P3 端口的每个引脚仅用作通用数字 I/O，没有其他专用功能。　　　　　　（　　）

8. 单片机的最小系统包括 $\overline{\text{EA}}$ 引脚和电源引脚，但不需要任何形式的复位电路。（　　）

9. Keil μVision 仅支持 MCS-51 系列单片机的程序编写，不支持调试功能。　（　　）

10. MCS-51 系列单片机的时序概念主要涉及程序运行的速度和效率。　　　（　　）

四、填空题

1. 晶振常用范围为 0~24 MHz，在串行通信应用中，常用频率为＿＿＿＿ MHz。

2. 常用的时序定时单位有＿＿＿＿、＿＿＿＿、＿＿＿＿。

3. ＿＿＿＿＿是单片机 CPU 中最基本的时间单元，包含＿＿＿＿个拍，一个机器周期由＿＿＿＿个时钟周期构成，单周期指令执行需要＿＿＿＿个机器周期。

4. 单片机的三总线结构分别是＿＿＿＿、＿＿＿＿、＿＿＿＿。

5. 对于 MCS-51 系列单片机的地址总线，由 P2 端口提供＿＿＿＿，此口具有输出锁存的功能，能保留地址信息；由 P0 端口提供＿＿＿＿，需外加锁存器；由＿＿＿＿口提供数据总线，此口是双向、输入三态控制的 8 位通道口。

6. 单片机最小系统的必备条件有＿＿＿＿、＿＿＿＿、＿＿＿＿、＿＿＿＿。

7. 向单片机供电的引脚是＿＿＿＿；单片机工作的时间基准，决定单片机工作速度的引脚是＿＿＿＿；确定单片机工作的起始状态的引脚是＿＿＿＿；选择程序存储区的引脚是＿＿＿＿。

8. 8051 单片机的 RST 端是＿＿＿＿电平复位，存在＿＿＿＿、＿＿＿＿、＿＿＿＿三种复位方式。

9. 复位会影响片内 RAM 存放的内容吗？＿＿＿＿

10. 8051 的引脚 RST 是＿＿＿＿ [IN 脚还是 OUT 脚]，当其端出现＿＿＿＿电平时，8051 进入复位状态；复位后 PC=＿＿＿＿。8051 一直维持这个值，直到 RST 脚收到＿＿＿＿电平，8051 才脱离复位状态，进入程序运行状态。

四、简答题

1. 简述 MCS-51 系列单片机的三总线结构，并说明每种总线的用途。

2. 简述 P0 端口在 MCS-51 系列单片机中的功能及其在系统中的作用。

3. 简述 Keil μVision 在 MCS-51 系列单片机开发中的应用和优势。

05

第 5 章　C51 基础

本章主要讲述单片机 C 语言基础知识,通过对本章的学习,读者能够熟练掌握单片机 C 语言知识,了解单片机 C 语言与 ANSI C 的区别和联系,了解单片机 C 语言变量的存储种类(变量在程序执行过程中的作用范围)、存储器类型(用于指明变量所处的单片机的存储器区域)与存储模式,熟悉单片机 C 语言的特殊寄存器变量与位类型变量,熟练掌握单片机 C 语言对绝对地址的访问。

5.1　C 语言与 MCS-51 系列单片机

C 语言凭借其高效、易读和可移植性强的特点,已成为嵌入式开发者广泛使用的编程语言。本节将深入探讨 C 语言与 MCS-51 系列单片机之间的关系。

5.1.1　C 语言的特点

C 语言由丹尼斯·里奇(Dennis Ritchie)于 1972 年在美国贝尔实验室开发。这种语言是为了重写 UNIX 操作系统而设计的,它源自之前的 BCPL 语言和 B 语言。C 语言的设计目标是提供编程的灵活性和效率,同时保持简洁性。由于 C 语言提供了对硬件的直接访问能力,并且代码可移植性强,很快就成了一种广泛使用的编程语言。

在 1978 年,Brian Kernighan 和 Dennis Ritchie 合作出版了《C 程序设计语言》(通常被称为 K&R),这本书定义了所谓的 "K&R C",成为 C 语言的非正式标准。1989 年,C 语言的标准化由美国国家标准学会(ANSI)正式采纳,形成了 ANSI C 标准,也被称为 C89。此后,国际标准化组织(ISO)也采纳了这一标准,称为 ISO C,随后发布了几次更新,包括 1999 年的 C99 和 2011 年的 C11,进一步增强了语言的功能。

　　C 语言具有语言简洁、紧凑，使用方便、灵活，运算符丰富；数据结构丰富，具有现代化语言的各种数据结构；可进行结构化程序设计；可以直接对计算机硬件进行操作；生成的目标代码质量高，程序执行效率高；可移植性好等特点。因此，在实际编程和嵌入式系统开发中，都得到了广泛的使用。例如，单片机开发中最常使用的就是 Keil C，FPGA 开发中经常使用由 C 演变而来的 Verilog HDL、Handel C、System C 等语言，DSP 的开发也使用 C 语言。因此，掌握 C 语言成为我们进行嵌入式开发必备的技能。

5.1.2　C 语言的程序结构

　　C 语言程序采用函数结构，每个 C 语言程序至少应包含一个主函数 main()，程序总是从 main()函数开始执行，main()函数只能调用其他的功能函数，而不能被其他的函数所调用。

　　函数由函数定义和函数体两个部分组成。函数定义部分包括函数类型、函数名、形式参数说明等，函数名后面必须跟一个圆括号"( )"，形式参数在"( )"内定义。函数体由一对花括号"{ }"组成，在"{ }"中的内容就是函数体。如果一个函数内有多个花括号，则最外层的一对"{ }"内的内容为函数体的内容。函数体内包含若干语句，一般由两部分组成，即声明语句和执行语句。声明语句用于对函数中用到的变量进行定义，也可能对函数体中调用的函数进行声明。执行语句由若干语句组成，用来完成一定功能。当然，也有的函数体仅有一对"{ }"，其内部既没有声明语句，也没有执行语句。这种函数称为空函数。

　　一个典型的 C 语言程序包括预处理指令、函数说明、功能函数、主函数等。其具体结构如下：

```
预处理指令      #include<>
函数说明        long    fun1();
               float   fun2();
               int     x,y;
               float   z;
功能函数 1      fun1()
               {
                  函数体
               }
主函数          main()
               {
                  主函数体
               }
功能函数 2      fun2()
               {
                  函数体
               }
```

　　在 C 语言程序中，#后面的是预处理指令，预处理是指在编译之前进行的处理。C 语言的预处理指令主要有 4 种，分别为宏定义、文件包含、条件编译和其他预处理指令。

　　(1) 宏定义：又称为宏代换、宏替换，简称宏。其格式如下：

```
#define 标识符 字符串
```
其中的标识符就是所谓的符号常量，也称为宏名，此时预处理(预编译)工作也叫作宏展开，即将宏名替换为字符串。预处理是在编译之前的处理，而编译工作的任务之一就是语法检查，预处理不做语法检查。另外，宏定义末尾不加分号，写在函数的花括号外边，作用域为其后的程序，可以用"#undef"指令终止宏定义的作用域。宏定义可以嵌套，但在字符串中不能包含宏，宏定义不分配内存，变量定义才分配内存。此外，也有带参数的宏，例如"#define S(a,b) a*b"，如果程序中有"area=S(3,2)"，则第一步被换为"area=a*b;"，第二步被换为"area=3*2;"。

(2) 文件包含：一个文件包含另一个文件的内容。其格式如下：
```
#include "文件名"
```
或
```
#include <文件名>
```
编译时以包含处理以后的文件为编译单位，被包含的文件是源文件的一部分。编译以后得到一个目标文件 .obj，被包含的文件又被称为标题文件、头部文件或头文件，并且常用 .h 作扩展名。

(3) 条件编译：有些语句行希望在条件满足时才编译。其格式如下：
```
#ifdef 标识符
    程序段 1
#else
    程序段 2
#endif
```
上述程序表示当标识符已经定义时，程序段 1 才参加编译。另外，也可以用表达式判断，其格式如下：
```
#if 表达式 1
    程序段 1
#else
    程序段 2
#endif
```
上述程序表示当表达式 1 成立时，编译程序段 1；当表达式 1 不成立时，编译程序段 2。

使用条件编译可以使目标程序变小，运行时间变短。预编译使问题或算法的解决方案增多，有助于我们选择合适的解决方案。

(4) 其他预处理指令：#undef 指令、#line 指令和 #pragma 指令。

#undef 指令：如前所述用于取消之前定义的宏。例如，如果之前定义了"#define MAX_VALUE 100"，之后使用"#undef MAX_VALUE"就可以取消这个宏定义，然后再使用"MAX_VALUE"就会出现未定义的错误，除非重新定义。

#line 指令：可以改变编译器用来指出警告和错误信息的行号和文件名。这在一些复杂的代码生成或者调试场景下可能会用到，不过其应用相对较少。

#pragma 指令：一种因编译器而异的指令，用于向编译器传达特定的信息或要求。在单片机 C 语言中，可以用"#pragma asm"和"#pragma endasm"来在 C 语言代码中嵌入汇

编语言代码，实现对底层硬件更精细的控制或者提高特定代码片段的执行效率。

5.1.3   单片机 C 语言与汇编的比较

为了区分美国国家标准学会(ANSI)制定的标准 C 语言即 ANSI C，把单片机 C 语言称为 C51。C51 是针对 MCS-51 系列单片机的 C 语言编程，是在标准 C 语言的基础上，针对 MCS-51 系列单片机的硬件资源和特性进行了扩展和特殊规定的 C 语言。例如，C51 中有专门用于访问 MCS-51 系列单片机特殊功能寄存器(SFR)的语法，以及对 MCS-51 系列单片机的位操作、中断处理等特殊功能的编程支持。Keil Software 公司等编译器厂商在 C51 语言的发展和完善过程中起到了关键作用。他们开发的 C51 编译器，使得 C51 语言能够被有效地编译成 MCS-51 系列单片机可执行的机器码。这些编译器不仅实现了标准 C 语言的语法规则，还加入了针对 MCS-51 系列单片机的特殊语法处理。

与汇编语言相比，C51 有较多的优势，两者的比较如表 5-1 所示。

表 5-1   汇编语言与 C51 的区别

语言种类	汇编语言	C51
语言格式	.ASM、.A51	.C、.C51
编译器	汇编 Ax51	编译 Cx51
区别	需要考虑其存储器结构，尤其是考虑其片内数据存储器与特殊功能寄存器的使用及按实际地址处理端口数据	不用像汇编语言那样需具体组织、分配存储器资源和处理端口数据。但对数据类型与变量的定义，必须要与单片机的存储结构相关联，否则编译器不能正确地映射定位
优点	目标程序效率高；速度快；与硬件结构紧密	语言简洁、紧凑；可直接对硬件进行操作；程序执行效率高；可移植性好
缺点	可读性差；不便于移植；开发周期长	生成的机器码执行速度可能稍慢，代码体积可能较大，容易使开发人员忽略硬件实际的工作方式

5.1.4   C51 与标准 C 语言的比较

C51 的语法规则、程序结构及程序设计方法都与标准 C 语言的程序设计相同，但两者的区别主要体现在以下几个方面：

(1) C51 中定义的库函数和标准 C 语言中定义的库函数不同。标准 C 语言定义的库函数是按通用微型计算机来定义的，而 C51 中的库函数是按 MCS-51 系列单片机相应情况来定义的。

(2) C51 中的数据类型与标准 C 语言的数据类型也有一定的区别，在 C51 中还增加了几种针对 MCS-51 系列单片机特有的数据类型。

(3) C51 中变量的存储模式与标准 C 语言中变量的存储模式不一样，C51 中变量的存储模式是与 MCS-51 系列单片机的存储器紧密相关的。

(4) C51 与标准 C 语言的输入/输出处理不一样，C51 中的输入/输出是通过 MCS-51 系列单片机串行口来完成的，在执行输入/输出指令前必须要对串行口进行初始化。

(5) C51 与标准 C 语言在函数使用方面也有一定的区别，C51 中有专门的中断函数。

综上所述，C51 与标准 C 语言的区别如表 5-2 所示。

表 5-2　C51 与标准 C 语言的区别

语言种类	C51	标准 C 语言
语言格式	.C、.C51	.C
调试工具	Keil C51	Turbo C
特点	需考虑单片机存储器结构及其片内资源定义相应的数据类型和变量	不需要考虑物理内存的划分
库函数	按 MCS-51 系列单片机相应情况定义	按微型计算机定义
数据类型	增加了针对 MCS-51 系列单片机特有的数据类型	—
存储模式	变量的存储模式与 MCS-51 系列单片机的存储器紧密相关	—
输入/输出处理	通过 MCS-51 系列单片机串行口完成，在执行输入/输出指令前必须对串行口初始化	通过输入/输出指令完成
函数使用	有专门的中断函数	无中断函数
相同点	语法规则、程序结构和程序设计方法等两者相同	

5.2　C51 的数据类型

C51 与标准 C 语言的不同之处在于：在 C51 中，char 型与 short 型相同、float 型与 double 型相同、inf 型为 2 B，而且 C51 中还有专门针对 MCS-51 系列单片机的特殊功能寄存器型和位类型。

1. 字符型 char

字符型 char 又分为 signed char 和 unsigned char，默认为 signed char。它们的长度均为 1 B，用于存放 1 B 的数据。

对于 signed char，它用于定义带符号字节数据，其字节的最高位为符号位，"0"表示正数，"1"表示负数，所能表示的最大值为 01111111B，即 127，所能表示的最小值为 10000000B，即 −128，因此所能表示的数值范围是 −128～+127。

对于 unsigned char，它用于定义无符号字节数据或字符，可以存放 1 B 的无符号数，其取值范围为 0～255。unsigned char 也可以存放西文字符，一个西文字符占 1 B，在计算机内部用 ASCII 存放。

2. 整型 int

整型 int 分为 singed int 和 unsigned int，默认为 signed int，其长度均为 2 B。(ANSI C 中整型 int 为 4 B)。signed int 用于存放 2 B 的带符号数，数的表示范围为 −32 768～+32 767。

unsigned int 用于存放 2 B 的无符号数，数的表示范围为 0～65 535。作为对比，ANSIC 在计算机中 int 型为 32 位。

3. 特殊功能寄存器型

特殊功能寄存器型是 C51 扩充的数据类型，用于访问 MCS-51 系列单片机中的特殊功能寄存器数据，它分为 sfr 和 sfr16 两种类型。其中 sfr 为字节型特殊功能寄存器类型，占单片机一个 8 位内存单元，利用它可以访问 MCS-51 系列单片机内部的所有特殊功能寄存器。sfr16 为双字节型特殊功能寄存器类型，占用两个字节单元，利用它可以访问 MCS-51 系列单片机内部的所有两个字节的特殊功能寄存器。在 C51 中对特殊功能寄存器的访问必须先用 sfr 或 sfr16 进行声明。

【题 5-1】　根据表 3-3 设计程序，如何将 P0 端口的状态读入到变量中？

【答】　由于 P0 端口对应的 RAM 地址为 0x80，因此可以定义特殊寄存器变量为 "sfr MyP0=0x80;"，编写读取 P0 端口状态的程序如下：

```
sfr MyP0       = 0x80;
void main(void)              //主函数
{
    unsigned char p0state;
    p0state = MyP0;
}
```

其实，这些 sfr 的定义已经包含在 AT89X51.H 文件中了。可以打开这个文件看一下内容，如果编程时包含了这个文件，就可以直接使用 P0 来表示单片机的 P0 端口了。

4. 位类型

位类型是 C51 中扩充的数据类型，用于访问 MCS-51 系列单片机中可寻址的位单元。在 C51 中，支持 bit 型和 sbit 型两种位类型。它们在内存中都只占一个二进制位，其值可以是 "1" 或 "0"。用 bit 定义的位变量在 C51 编译器编译时，位地址是可以变化的。而用 sbit 定义的位变量必须与 MCS-51 系列单片机的一个可以寻址位单元或可位寻址的字节单元中的某一位联系在一起，在 C51 编译器编译时，其对应的位地址是不变的。

【题 5-2】　设计程序使位地址为 0x00 的位寻址区内容改为 1，同时让 P0.0 引脚输出高电平。

【答】　由于 P0.0 对应的 RAM 地址为 0x80，因此可以定义位寻址变量为 "bit MyR1 = 0x00; sbit MyP0_0 = 0x80;"。修改这两个存储单元内容的程序如下：

```
bit MyR1 = 0x00;
sbit MyP0_0    = 0x80;
void main()
{
    MyP0_0 = 1;
    MyR1 = 1;
}
```

需要注意的是，这里在程序开头并没有包含任何文件。

5. 数据类型的隐式转换

在 C51 语言程序中，有可能会出现在运算中数据类型不一致的情况。C51 允许任何标准数据类型的隐式转换。隐式转换的优先级顺序为 bit>char>int>long>float，并且 signed 优先于 unsigned。例如，当 char 型与 int 型进行运算时，先自动将 char 型转换为 int 型，然后与 int 型进行运算，运算结果为 int 型。

C51 除了支持隐式类型转换，还可以通过强制类型转换符"( )"对数据类型进行人为的强制转换。

6. C51 数据类型

常见的 C51 数据类型及其长度与取值范围如表 5-3 所示。

表 5-3　常见的 C51 数据类型及其长度与取值范围

基本数据类型	长度	取 值 范 围
unsigned char	1 B	0～255
signed char	1 B	−128～+127
unsigned int	2 B	0～65 535
signed int	2 B	−32 768～+32 767
unsigned long	4 B	0～4 294 967 295
signed long	4 B	−2 147 483 648～+2 147 483 647
float	4 B	±1.175 494E−38～±3.402 823E+38
bit	1bit	0 或 1
sbit	1 bit	0 或 1
sfr	1 B	0～255
sfr16	2 B	0～65 535

5.3　C51 的运算量

在嵌入式系统编程中，特别是针对 MCS-51 系列单片机使用 C51 时，深入理解其常量与变量的使用是至关重要的。本节将详细探讨 C51 的运算量，以帮助读者更精准地控制 C51 程序的运算过程，优化资源使用，并提升代码效率。

5.3.1　常量

常量是指在程序执行过程中其值不能改变的量。在 C51 中支持的常量主要有整型、浮点型、字符型和字符串型常量。

1. 整型常量

整型常量也就是整型常数，根据其值范围在计算机中分配不同的字节数来存放。例如，十进制整数如 234、–56、0 等；十六进制整数以 0x 开头表示，0x12 表示十六进制数 12H。

在 C51 中，当一个整数的值达到长整型的范围时，该数按长整型存放，在存储器中占 4B。另外，如果一个整数后面加一个字母 L，这个数在存储器中也按长整型存放，如 123L，它在存储器中占 4 B。

2. 浮点型常量

浮点型常量也就是实型常数，有十进制表示形式和指数表示形式。十进制表示形式又称为定点表示形式，由数字和小数点组成。例如，0.123、34.645 等都是十进制数表示形式的浮点型常量。C51 也支持指数形式来表示浮点型常量，它由尾数部分、字母 e 或 E(表示指数)和指数部分组成，其表示形式如下：

[符号]数字[.数字] e [符号]数字或[符号]数字[.数字] E[符号]数字

例如，6.23×10^{12} 写成 6.23E12 就是指数形式的浮点型常量。

3. 字符型常量

字符型常量是用单引号 "' '" 引起来的字符，如 'a'、'1'、'F' 等，可以是可显示的 ASCII 字符，也可以是不可显示的控制字符。

对不可显示的控制字符须在前面加上反斜杠 "\" 组成转义字符，利用它可以完成一些特殊功能和输出时的格式控制。"转义字符" 的名称来源于后面的字符不是它本来的 ASCII 字符意思了。常见的转义字符及其含义如表 5-4 所示。

表 5-4　常见的转义字符及其含义

转义字符	含　义	ASCII(十六进制数)
\ o	空字符(null)	00H
\ n	换行符(LF)	0AH
\ r	回车符(CR)	0DH
\ t	水平制表符(HT)	09H
\ b	退格符(BS)	08H
\ f	换页符(FF)	0CH
\ '	单引号	27H
\ "	双引号	22H
\ \	反斜杠	5CH

4. 字符串型常量

字符串型常量由双引号 """" 引起来的字符组成，如 "D"、"1234"、"ABCD" 等。字符串常量与字符常量是不一样的，一个字符常量在计算机内只用一个字节存放，而一个字符串常量在内存中存放时不仅双引号内的字符一个占一个字节，而且系统会自动地在后面加一个转义字符 "\o" 作为字符串结束符。

5.3.2　变量

变量是在程序运行过程中其值可以改变的量。一个变量由变量名和变量值两部分组成。

在 C51 中，在使用变量前必须对变量进行定义，指出变量的数据类型和存储模式，以便编译系统为它分配相应的存储单元。定义变量的格式如下：

[存储种类]数据类型说明符[存储器类型]变量名 1[=初值]，变量名 2[=初值]…；

例如，"int x,y,z; unsigned char a,b,c;"定义了 3 个整型变量(x、y、z)和 3 个无符号字符型变量(a、b、c)。

1. 数据类型说明符

通过数据类型说明符指明变量的数据类型和在存储器中占用的字节数。在 C51 中，为了增加程序的可读性，允许用户为系统固有的数据类型说明符用"typedef"起别名，定义别名后，就可以用别名代替数据类型说明符对变量进行定义。别名可以用大写，也可以用小写，为了区别一般用大写字母表示。

用"typedef"起别名的格式如下：

typedef c51 固有的数据类型说明符　别名；

例如下面的代码使用"typedef"定义了数据类型别名 WORD 和 BYTE，然后利用这些别名定义并初始化了两个不同类型的变量 a1 和 a2，便于后续在程序中基于特定的业务逻辑对这些变量进行相应的操作和处理，让代码整体结构更加清晰、易读和易于维护。

```
typedef    unsigned int    WORD;
typedef    unsigned char    BYTE;
BYTE      a1=0x12;
WORD      a2=0x1234;
```

2. 变量名

变量名是 C51 中为了区分不同变量给变量取的名称。在 C51 中规定变量名可以由字母、数字和下画线三种字符组成，且第一个字母必须为字母或下画线。

变量名有普通变量名和指针变量名两种，它们的区别是指针变量名前面要带"*"号。

3. 存储种类

存储种类是指变量在程序执行过程中的作用范围。C51 变量的存储种类主要有以下几种：

(1) auto(自动)变量。auto 存储类别是默认的存储类别，用于局部变量。这些变量在函数被调用时创建，在函数执行结束后销毁。由于 8051 的架构，auto 变量通常存储在内部 RAM 中的堆栈区域。其作用范围在定义它的函数体或复合语句内部，当执行定义它的函数体或复合语句时，C51 才为该变量分配内存空间，结束时释放占用的内存空间。定义变量时，如果省略存储种类，则该变量默认为自动(auto)变量。

(2) extern(外部)变量。extern 存储类别用于声明在其他文件或者代码模块中定义的全局变量。它告诉编译器该变量的定义存在于程序的其他部分，是一个在程序多个文件间共享的全局变量。在一个函数体内，要使用一个已在该函数体外或别的程序中定义过的外部变量时，该变量在该函数体内要用 extern 说明。外部变量被定义后分配固定的内存空间，在程序整个执行时间内都有效，直到程序结束才释放。使用外部变量的函数独立性差，通常不能被移植到其他程序中，而且，如果多个函数都使用到某个外部变量，一旦出现问题，就很难发现问题是由哪个函数引起的。

(3) static(静态)变量。静态存储类别用于局部变量和全局变量,使变量在程序的整个执行过程中保持存在。局部静态变量在它们首次使用时初始化,且即使函数执行结束,它们的值也不会消失,下次该函数被调用时仍可保留上次的值。全局静态变量在整个程序中都是可见的,但只在其定义的文件内部可见,即采用静态存储分配,当函数或文件执行完,返回调用点时,该变量并不撤销,其值将继续保留,若下次再进入该函数时,其值仍然存在。全局静态变量又分为内部静态变量和外部静态变量。在函数内部定义的静态变量为内部静态变量,它在对应的函数体内有效,一直存在,但在函数体外不可见。外部静态变量是在函数外部定义的静态变量,它在程序中一直存在,但在定义的文件之外是不可见的。

(4) register(寄存器)变量。register 存储类别用于建议编译器尽可能使用 CPU 的寄存器来存储变量,以提高访问速度。在 8051 体系结构中,寄存器存储类别的使用可能不如在一些更现代的处理器中有效,因为 8051 的寄存器资源相对有限,即它定义的变量存放在 CPU 内部的寄存器中,处理速度快,但数目少。C51 编译器编译时能自动识别程序中使用频率最高的变量,并自动将其作为寄存器变量,用户可以无须专门声明。

(5) 易失(volatile)变量。虽然 volatile 不是存储类别,但它是一个类型修饰符,用于告诉编译器该变量可能会在程序外部被改变,因此在每次访问时都需要重新读取它的值。这对于嵌入式系统中的硬件寄存器访问和中断服务程序中的变量尤其重要。

4. 存储器类型

存储器类型是用于指明变量所处的单片机的存储器区域情况。

在 Keil C 中,针对嵌入式系统特别优化的 C 语言编译器提供了几种存储器类型,这些存储类别与 C 语言标准中定义的存储类别略有不同,主要是为了更好地适应微控制器的内存管理需求。以下是 Keil C 中主要的存储器类型:

(1) data:用于存储变量在内部 RAM 中的默认区域。对于 8051 微控制器,这通常指的是直接寻址的内部 RAM 区域,即低 128 B 的 RAM。使用"data"关键字声明的变量可以快速访问,但内部 RAM 的大小限制了可用空间。

(2) idata:用于内部 RAM,但具有间接寻址能力。idata 适用于较大的数据集合,它使用 8051 的间接寻址模式来访问整个内部 RAM。这使得程序可以利用超过直接寻址能力的 RAM 空间,但访问速度可能略慢。

(3) xdata:用于扩展数据内存。使用"xdata"关键字声明的变量被存储在外部 RAM 中,8051 通过外部数据总线访问这些变量。这允许程序使用比内部 RAM 大得多的存储空间,但由于需要通过外部总线,所以访问速度较慢。

(4) code:用于存储程序代码,但也可以用来存储初始化的常量数据。在 Keil C 中,使用"code"关键字声明的变量将被放置在程序的代码存储区域,通常是 ROM 或 Flash 内存中。code 存储类型可以保证数据的持久性和稳定性,因此它适合存储不需要修改的常量。

这些存储类型的使用,使得 Keil C 在嵌入式应用中可以更有效地管理不同类型的内存资源,优化内存使用效率和程序性能。除了上述介绍的 4 种存储器类型,C51 编译器能识别的存储器类型还有 bdata 和 pdata 共 6 种,如表 5-5 所示。

表 5-5　C51 编译器能识别的存储器类型

存储器类型	描　　述
data	直接寻址的片内 RAM 低 128 B，访问速度快
bdata	片内 RAM 的可位寻址区(20H～2FH)，允许字节和位混合访问
idata	间接寻址访问的片内 RAM，允许访问全部片内 RAM
pdata	用 Ri 间接访问的片外 RAM 的低 256 B
xdata	用 DPTR 间接访问的片外 RAM，允许访问全部 64 KB 片外 RAM
code	可访问程序存储器 ROM64 KB 空间

根据表 5-6，可以分析出下列程序代码所定义的各变量所处的存储地点。

```
char    data varl;
//在片内 RAM 低 128 B 定义用直接寻址方式访问的字符型变量 var1
int    idata   var2;
//在片内 RAM256 B 定义用间接寻址方式访问的整型变量 var2
auto   unsigned   long   data   var3;
//在片内 RAM128 B 定义用直接寻址方式访问的自动无符号长整型变量 var3
extern   float   xdata   var4;
//在片外 RAM64 KB 空间定义用间接寻址方式访问的外部实型变量 var4
int    code   var5;
//在 ROM 空间定义整型变量 var5
unsign   char   bdata   var6;
//在片内 RAM 位寻址区 20H～2FH 单元定义可字节处理和位处理的无符号字符型变量 var6
```

5. 特殊功能寄存器变量

通过特殊功能寄存器可以控制 MCS-51 系列单片机的定时器、计数器、串口、I/O 及其他功能部件，每一个特殊功能寄存器在片内 RAM 中都对应一个字节单元或两个字节单元。

在 C51 中，允许用户对这些特殊功能寄存器进行访问，访问时须使用"sfr"或"sfr16"类型说明符进行定义，定义时须指明它们所对应的片内 RAM 单元的地址。其格式如下：

```
    sfr
```
或
```
    sfr16 特殊功能寄存器名=地址;
```

其中，sfr 用于对 MCS-51 系列单片机中单字节的特殊功能寄存器进行定义，sfr16 用于对双字节特殊功能寄存器进行定义。特殊功能寄存器名一般用大写字母表示。示例如下：

```
    sfr      PSW=0xd0；   sfr      SCON=0x98；
    sfr      TMOD=0x89；  sfr      P1=0x90；
    sfr16    DPTR=0x82；  sfr16    T1=0x8C；
```

6. 位变量

在 C51 中，允许用户通过位类型符定义位变量。位类型符有两个，分别为 bit 和 sbit，可以定义两种位变量。

1) bit 位类型符

bit 位类型符用于定义一般的可位处理的位变量。其格式如下：

    bit 位变量名;

注意： 位变量的存储器类型只能是片内 RAM 的可位寻址区，即 bdata 区域。

示例如下(注意判断 bit 型变量的定义是否正确)：

    bit   data   a1;   //正确
    bit   bdata   a2;   //正确
    bit   pdata   a3;   //错误
    bit   xdata   a4;   //错误

2) sbit 位类型符

sbit 位类型符用于定义在可位寻址字节或特殊功能寄存器中的位，定义时须指明其位地址，可以是位直接地址，可以是可位寻址变量加位号的形式，也可以是特殊功能寄存器名加位号的形式。其格式如下：

    sbit   位变量名=位地址;

示例如下：

    sbit   OV=0xd2;
    sbit   CY=0xd7;
    unsigned   char   bdata   flag;
    sbit   flag0=flag^0; //可位寻址变量加位号的形式
    sfr   P1=0x90;
    sbit   P1_0=P1^0; //特殊功能寄存器名加位号的形式
    sbit   P1_1=P1^1;
    sbit   P1_2=P1^2;

在 C51 中，为了用户处理方便，C51 编译器把 MCS-51 系列单片机常用的特殊功能寄存器和特殊位进行了定义，放在一个名为 AT89X51.h 或 reg51.h 的头文件中。当用户要使用时，只需要在使用之前用一条预处理指令"#include　<AT89X51.h>"把这个头文件包含到程序中，就可使用殊功能寄存器名和特殊位名称。AT89X51.H 文件中的部分内容如下：

    //Atmel 低电压闪存(AT89C51 和 AT89LV51)的头文件

    #ifndef__AT89X51_H__
    #define__AT89X51_H__

    sfr P0   = 0x80;
    sfr SP   = 0x81;
    sfr DPL   = 0x82;
    sfr DPH   = 0x83;
    sfr PCON   = 0x87;

5.4　存 储 模 式

在 C51 编译器中，存储模式是一个编译时选项，用于确定如何将程序的不同部分放置在单片机的内存中。这种模式决定了变量、常量和函数代码的存储位置及访问方式，特别是关于如何使用内部和外部 RAM 及 ROM。选择合适的存储模式对于优化程序性能和内存使用非常重要。

C51 编译器支持 3 种存储模式，分别为 SMALL 模式、COMPACT 模式和 LARGE 模式。不同的存储模式下变量默认的存储器类型不一样。在程序中，变量存储模式的指定通过"#pragma"预处理指令来实现。函数的存储模式可通过在函数定义时后面带存储模式说明。如果没有指定，则系统都隐含为 SMALL 模式。

(1)　SMALL 模式。SMALL 模式称为小编译模式。在 SMALL 模式下，所有的变量默认存储在内部 RAM 中，存储器类型为 data；且程序假定所有的指针都是 8 bit 的，这意味着指针只能访问 256 B 的内部 RAM 空间；函数调用是通过 16 bit 地址实现的。这种模式适合不需要大量 RAM 或不使用外部 RAM 的小型应用。

(2)　COMPACT 模式。COMPACT 模式称为紧凑编译模式，适用于程序代码较大，但使用的数据量相对较小的场景。这种模式下函数参数和变量存储在外部 RAM 的一页(256 B)中，存储器类型为 pdata，通过 R0 或 R1 寄存器间接寻址，比较适合数据量不大但需要高效访问外部数据的情况，它可以在一定程度上平衡程序对外部数据的访问效率和空间利用。另外，在这种模式下，数据默认存储在内部 RAM 中，而指针则扩展为 16 bit，可以访问扩展的外部 RAM 空间。这样的设置允许程序有足够的空间存储代码，同时能有效地处理较小的数据集。

(3)　LARGE 模式。LARGE 模式称为大编译模式。在 LARGE 模式下，编译时，函数参数和变量被默认在片外 RAM 的 64 KB 空间，存储器类型为 xdata。LARGE 模式是为大型应用设计的，其中既有大量的代码也有大量的数据需要处理。在这种模式下，所有的数据和函数指针都是 16 bit 的，允许访问大于 256 B 的内部 RAM 及外部 RAM。这种模式最适合需要处理大量数据和复杂程序逻辑的应用。

关于变量存储模式的示例如下：

```
#pragma   small          //变量的存储模式为 SMALL 模式
char   k1;               //程序编译时，k1 变量存储器类型为 data
int   xdata   m1;        //程序编译时，m1 为 xdata
#pragma   compact        //变量的存储模式为 COMPACT 模式
char   k2;               // k2 变量存储器类型为 pdata
int   xdata   m2;        //程序编译时，m2 为 xdata
int   func1(int   x1,int   y1)   large     //函数的存储模式为 LARGE 模式
{
```

```
        return(x1+y1);
    }
    int   func2(int   x2,int   y2)              //函数的存储模式隐含为 SMALL 模式
    {
        return(x2-y2);
    }
```

5.5　绝对地址的访问

单片机对某一绝对地址的访问有 3 种常用的方法，本节将详细介绍这 3 种方法。

5.5.1　使用 C51 运行库中的预定义宏访问

在 C51 编译器和其运行库中，预定义宏是由编译器自动定义的宏，这些宏通常提供有关程序编译环境的信息。这些宏可以用来在预处理阶段进行条件编译，也可以用于生成编译时的特定代码。预定义宏主要用于识别编译器版本、编译日期、时间以及编译时使用的特定设置等。

C51 编译器提供了一组宏定义来对 MCS-51 系列单片机的 code、data、pdata 和 xdata 空间进行绝对寻址，但只能以无符号数方式访问。提供的 8 个宏定义的函数原型如下：

```
#define   CBYTE((unsigned char volatile*)0x50000L)
#define   DBYTE((unsigned char volatile*)0x40000L)
#define   PBYTE((unsigned char volatile*)0x30000L)
#define   XBYTE((unsigned char volatile*)0x20000L)
#define   CWORD((unsigned int volatile*)0x50000L)
#define   DWORD((unsigned int volatile*)0x40000L)
#define   PWORD((unsigned int volatile*)0x30000L)
#define   XWORD((unsigned int volatile*)0x20000L)
```

这些函数原型放在 absacc.h 文件中。当用户要使用时须用预处理指令“#include <absacc.h>”把该头文件包含到程序中。其中，CBYTE 以字节形式对 code 区寻址，DBYTE 以字节形式对 data 区寻址，PBYTE 以字节形式对 pdata 区寻址，XBYTE 以字节形式对 xdata 区寻址，CWORD 以字形式对 code 区寻址，DWORD 以字形式对 data 区寻址，PWORD 以字形式对 pdata 区寻址，XWORD 以字形式对 xdata 区寻址。访问的格式如下：

```
宏名[地址]
```

其中，宏名为 CBYTE、DBYTE、PBYTE、XBYTE、CWORD、DWORD、PWORD 或 XWORD；地址为存储单元的绝对地址，一般用十六进制数形式表示。

例如，以绝对地址方式对存储单元访问，相关程序代码如下：

```
#include   <absacc.h>                    //将绝对地址头文件包含在文件中
```

```
#include    <reg52.h>              //将寄存器头文件包含在文件中
#define  uchar  unsigned  char     //定义符号 uchar 为数据类型符 unsigned char
#define  uint  unsigned  int       //定义符号 uint 为数据类型符 unsigned int
void    main(void)
{
    uchar    var1;
    uint    var2;
    var1=XBYTE[0x0005];    //XBYTE[0x0005]表示访问片外 RAM 的 0005 字节单元
    var2=XWORD[0x0002];    //XWORD[0x0002]表示访问片外 RAM 的 0002 字节单元
    ⋮
    while(1) ;
}
```

在上面的程序中，XBYTE[0x0005]就是以绝对地址方式访问的片外 RAM 0005 字节单元；XWORD[0x0002]就是以绝对地址方式访问的片外 RAM 0002 字节单元。

【题 5-3】　如何将片内 RAM 的可位寻址区域全部写 1？

【答】　采用预定义宏的方法。由于 DBYTE 是对 data 区寻址的，因此采用 DBYTE 加地址对这些地方赋值，相关程序代码如下：

```
#include    <absacc.h>
#include    <reg52.h>
#define  uchar  unsigned  char
#define  uint  unsigned  int
void    main(void)
{
    uint i;
    for(i=0x20;i<=0x2F;i++)
    {
        DBYTE[i] = 0xFF;
    }
}
```

5.5.2　通过指针访问

采用指针的方法，可以实现在 C51 程序中对任意指定的存储器单元进行访问，即可实现对绝对地址的访问。指针及其作用示例如下：

```
#define  uchar  unsigned char
//定义符号 uchar 为数据类型符    unsigned char
#define  uint  unsigned int
//定义符号 uint 为数据类型符 unsigned int
void    func(void)
{
```

```
        uchar   data   var1;
        uchar   xdata  *dp1;              //定义一个指向 xdata 区的指针 dp1
        uint    xdata  *dp2;              //定义一个指向 xdata 区的指针 dp2

        uchar   data   *dp3;             //定义一个指向 data 区的指针 dp3
        dp1=0x30;                         //dp1 指针赋值，指向 pdata 区的 30H 单元
        dp2=0x1000;                       //dp2 指针赋值，指向 xdata 区的 1000H 单元
        *dp1=0xff;                        //将数据 0xff 送到片外 RAM 30H 单元中
        *dp2=0x1234;                      //将数据 0x1234 送到片外 RAM 1000H 单元中
        dp3=&var1;                        //dp3 指针指向 data 区的 var1 变量
        *dp3=0x20;                        //给变量 var1 赋值 0x20
    }
```

【题 5-4】　如何将片内 RAM 的可位寻址区域全部写 1？

【答】　采用指针访问的方法。先定义指向该存储区域的指针，再对其赋值，相关程序代码如下：

```
    #define   uchar   unsigned char
    #define   uint    unsigned int
    void    main(void)
    {
        unsigned int i;
        uchar   data   *dp;           //定义一个指向 data 区的指针 dp3
        dp = 0x20;
        for(i=0x20;i<=0x2F;i++)
        {
            *dp = 0xFF;
            dp++;
        }
    }
```

5.5.3　使用 C51 扩展关键字"_at_"访问

使用"_at_"对指定的存储器空间的绝对地址进行访问，一般格式如下：

　　[存储器类型]　数据类型说明符　变量名　_at_　地址常数；

其中，存储器类型为 data、bdata、idata、pdata 等 C51 能识别的数据类型。如果省略存储器类型，则按存储模式规定的默认存储器类型确定变量的存储器区域。数据类型为 C51 支持的数据类型。地址常数用于指定变量的绝对地址，必须位于有效的存储器空间之内。使用"_at_"定义的变量必须为全局变量。

通过"_at_"实现对绝对地址访问的示例如下：

```
    #define   uchar   unsigned char       //定义符号 uchar 为数据类型符 unsigned char
    #define   uint    unsigned int        //定义符号 uint 为数据类型符 unsigned int
    data   uchar   x1 _at_ 0x40;          //在 data 区中定义字节变量 x1，它的地址为 40H
```

```
xdata    uint    x2 _at_ 0x2000;          //在 xdata 区中定义字变量 x2，它的地址为 2000H
void    main(void)
{
    x1=0xff;
    x2=0x1234;
    ⋮
    while(1) ;
}
```

【题 5-5】 如何将片内 RAM 的可位寻址区域全部写 1？

【答】 采用"_at_"的方法。先定义指向这些区域的数组，再对数组赋值，相关程序代码如下：

```
char data x1[16]    _at_ 0x20;   //定义名为 x1 且包含 16 个字符型元素的数组，通过"_at_"关键
                                   字明确指定将该数组存放在内部 RAM 中，对字节地址为 20H～
                                   2FH (共 16 字节)的数组进行操作

void    main(void)
{
    unsigned int i;
    for(i = 0;i<=15;i++)
    {
        x1[i] = 0xFF;
    }
}
```

5.6 C51 的运算符及表达式

在编写高效且可靠的 C51 代码时，深入理解运算符及其构成的表达式是不可或缺的。运算符是编程中用于执行各种操作的基本符号，它们能够连接变量、常量或其他表达式，执行算术运算、比较、逻辑判断等多种功能。本节将全面介绍 C51 中的各类运算符，包括赋值运算符、算术运算符、关系运算符、逻辑运算符、位运算符、复合赋值运算符、逗号运算符、条件运算符以及指针与地址运算符。通过掌握这些运算符的用法和优先级，读者将能够编写出更加精确、高效的 C51 代码，从而实现对 MCS-51 系列单片机的精确控制。

1. 赋值运算符

赋值表达式的格式如下：

变量=表达式;

执行时，先计算出右边表达式的值，然后赋给左边的变量。在 C51 中，允许在一个语句中同时给多个变量赋值，赋值顺序自右向左。示例如下：

```
x=8+9;        //将 8+9 的值赋给变量 x
x=y=5;        //将常数 5 同时赋给变量 x 和 y
```

2. 算术运算符

C51 中支持的算术运算符有：

+：加或取正值运算符。

−：减或取负值运算符。

*：乘运算符。

/：除运算符。

%：取余运算符。

加、减、乘运算相对比较简单。而对于除运算，如果相除的两个数为浮点数，则运算的结果也为浮点数；如果相除的两个数为整数，则运算的结果也为整数，即为整除。例如，25.0/20.0 的结果为 1.25，而 25/20 的结果为 1。对于取余运算，则要求参加运算的两个数必须为整数，运算结果为它们的余数。例如，x=5%3，结果 x 的值为 2。

3. 关系运算符

C51 中有以下 6 种关系运算符：

>：大于。

<：小于。

>=：大于等于。

<=：小于等于。

==：等于。

!=：不等于。

关系运算用于比较两个数的大小，用关系运算符将两个表达式连接起来形成的式子称为关系表达式。其格式如下：

　　表达式 1　关系运算符　表达式 2

关系运算的结果为逻辑量，成立为真(1)，不成立为假(0)。其结果可以作为一个逻辑量参与逻辑运算。例如，5>3，结果为真(1)；而 10==100，结果为假(0)。

注意：关系运算符等于 "==" 是由两个 "=" 组成的。

4. 逻辑运算符

C51 有以下 3 种逻辑运算符：

||：逻辑或。

&&：逻辑与。

!：逻辑非。

关系运算符用于反映两个表达式之间的大小关系，逻辑运算符则用于求条件式的逻辑值，用逻辑运算符将关系表达式或逻辑量连接起来的式子就是逻辑表达式。

逻辑与表示当条件式 1、2 都为真时，结果为真(非 0 值)，否则为假(0 值)。其格式如下：

　　条件式 1 && 条件式 2

逻辑或表示当条件式 1、2 都为假时，结果为假(0 值)，否则为真(非 0 值)。其格式如下：

条件式 1 ‖ 条件式 2

逻辑非表示当条件式原来为真(非 0 值),逻辑非后结果为假(0 值);当条件式原来为假(0 值), 逻辑非后结果为真(非 0 值)。其格式如下:

！条件式

例如，若 a=8，b=3，c=0，则!a 为假，a && b 为真，b && c 为假。

5. 位运算符

C51 能对运算对象按位进行操作，它与汇编语言使用一样方便。位运算是按位对变量进行运算，但并不改变参与运算的变量的值。C51 中位运算符只能对整数进行操作，不能对浮点数进行操作。

C51 中的位运算符有:

&：按位与。

| ：按位或。

^：按位异或。

~：按位取反。

<<：左移。

>>：右移。

假 设 a=0x54=01010100B ， b=0x3b=00111011B， 则 a&b=00010000b=0x10， a|b= 01111111B=0x7f, a^b=01101111B=0x6f, ~a=10101011B=0xab, a<<2=01010000B=0x50, b>>2= 00001110B=0x0e。

6. 复合赋值运算符

C51 中支持在赋值运算符"="的前面加上其他运算符，组成复合赋值运算符。下面是 C51 中支持的复合赋值运算符:

+=：加法赋值。

−=：减法赋值。

*=：乘法赋值。

/=：除法赋值。

%=：取模赋值。

&=：逻辑与赋值。

|=：逻辑或赋值。

^=：逻辑异或赋值。

~=：逻辑非赋值。

>>=：右移位赋值。

<<=：左移位赋值。

复合赋值运算的处理过程是：先把变量与后面的表达式进行某种运算，然后将运算的结果赋给前面的变量。其实这是 C51 语言中简化程序的一种方法，大多数二目运算都可以用复合赋值运算符简化表示。

例如，a+=6 相当于 a=a+6；a*=5 相当于 a=a*5；b&=0x55 相当于 b=b&0x55；x>>=2 相当于 x=x>>2。

7. 逗号运算符

在 C51 中，逗号"，"是一个特殊的运算符，可以用它将两个或两个以上的表达式连接起来，称为逗号表达式。逗号表达式的一般格式如下：

表达式 1，表达式 2，…，表达式 *n*

程序执行时对逗号表达式的处理：按从左至右的顺序依次计算出各个表达式的值，而整个逗号表达式的值是最右边的表达式(表达式 *n*)的值。例如，x=(a=3,6*3)，结果 x 的值为 18。

8. 条件运算符

条件运算符"？："是 C51 中唯一的一个三目运算符，它要求有三个运算对象，用它可以将三个表达式连接在一起构成一个条件表达式。其功能是先计算逻辑表达式的值，当逻辑表达式的值为真(非 0 值)时，将计算的表达式 1 的值作为整个条件表达式的值；当逻辑表达式的值为假(0 值)时，将计算的表达式 2 的值作为整个条件表达式的值。

例如，条件表达式 max=(a>b)?a:b 的执行结果是将 a 和 b 中较大的数赋值给变量 max。

9. 指针与地址运算符

指针是 C51 中的一个十分重要的概念，在 C51 中的数据类型中有一种指针类型。指针为变量的访问提供了另一种方式，变量的指针就是该变量的地址，还可以定义一个专门指向某个变量的地址的指针变量。为了表示指针变量和它所指向的变量地址之间的关系，C51 中提供了以下两个专门的运算符：

*：指针运算符。

&：取地址运算符。

指针运算符"*"放在指针变量前面，通过它实现访问以指针变量的内容为地址所指向的存储单元。例如，指针变量 p 中的地址为 2000H，则*p 所访问的是地址为 2000H 的存储单元；若 x=*p，则实现把地址为 2000H 的存储单元的内容送给变量 x。

取地址运算符"&"放在变量的前面，通过它取得变量的地址，变量的地址通常送给指针变量。例如，若变量 x 的内容为 12H，地址为 2000H，则&x 的值为 2000H，如果有一指针变量 p，则通常用 p=&x 实现将 x 变量的地址送给指针变量 p，指针变量 p 指向变量 x，以后可以通过*p 访问变量 x。

5.7　C51 的表达式语句及复合语句

在 C51 编程中，语句是构成程序的基本单元，而表达式语句和复合语句是两种最常见的语句类型。它们不仅承载着程序的逻辑和功能，还决定了程序的执行流程。本节将深入探讨表达式语句和复合语句的概念、用法及其在 C51 编程中的应用。通过理解和掌握这两种语句，读者将能够更加灵活地编写 C51 程序，实现各种复杂的逻辑和功能。

1. 表达式语句

在表达式的后边加一个分号"；"就构成了表达式语句，示例如下：

```
a=++b*9;
x=8；y=7;
++k;
```

可以一行放一个表达式形成表达式语句，也可以一行放多个表达式形成表达式语句，这时每个表达式后面都必须带"；"。另外，还可以仅由一个分号"；"占一行形成一个表达式语句，这种语句称为空语句。

空语句在程序设计中通常用于以下两种情况：

(1) 空语句在程序中为有关语句提供标号，用以标记程序执行的位置。例如，采用以下语句可以构成一个循环：

```
repeat：；
；
goto    repeat;
```

(2) 在用 while 语句构成的循环语句后面加一个分号，形成一个不执行其他操作的空循环体。这种结构通常用于对某位进行判断，若不满足条件则等待，若满足条件则执行。

例如，要读取 8051 单片机的串行口的数据。若没有接收到数据，则等待；若接收到数据，则在接收数据后返回，返回值为接收到的数据。相关程序代码如下：

```
#include    <reg51.h>
char    getchar()
{
    char    c;
    while(!RI);        //当接收中断标志位 RI 为 0 时等待，当接收中断标志位为 1 时结束等待
    c=SBUF;
    RI=0;
    return(c);
}
```

2. 复合语句

复合语句是由若干条语句组合而成的一种语句。在 C51 中，用一个大括号"{ }"将若干条语句括在一起就形成了一个复合语句，复合语句的最后不需要以分号"；"结束，但它内部的各条语句仍需以分号"；"结束。

复合语句的一般形式如下：

```
{
    局部变量定义;
    语句 1;
    语句 2;
}
```

复合语句在执行时，其中的各条单语句按顺序依次执行，整个复合语句在语法上等价于一条单语句，因此在 C51 中可以将复合语句视为一条单语句。通常复合语句出现在函数中，实际上，函数的执行部分(即函数体)就是一个复合语句；复合语句中的单语句一般是

可执行语句，此外还可以是变量的定义语句(说明变量的数据类型)。

复合语句中由内部语句所定义的变量，称为该复合语句中的局部变量，它仅在当前这个复合语句中有效。利用复合语句将多条单语句组合在一起，以及在复合语句中进行局部变量定义是 C51 的一个重要特征。

小　结

本章深入探讨了 C 语言在 MCS-51 系列单片机编程中的应用，涵盖了从 C 语言基本特性到特定于 C51 的编程细节。首先概述了 C 语言的特点和结构，并比较了单片机 C 语言与汇编语言、C51 与标准 C 语言的区别。接着详细介绍了 C51 的数据类型，包括字符型、整型、特殊功能寄存器型、位类型以及数据类型之间的隐式转换。此外，还讨论了 C51 的运算量，包括各类常量和变量的定义及其存储类别。还重点讨论了 C51 的存储模式、绝对地址访问方法以及 C51 扩展关键字的使用，例如通过指针访问和使用"_at_"关键字访问。最后，详述了 C51 中的运算符、表达式语句及复合语句的使用，为 MCS-51 系列单片机编程提供了全面的理论和实践指导。这一章不仅强化了读者对 C51 语言特性的理解，还提供了关于如何有效地使用这些特性进行微控制器编程的深入知识。本章对 C51 不同于 ANSI C 的存储种类、存储器类型、存储模式等给出了描述，重点介绍了单片机对绝对地址访问的几种方法。单片机对绝对地址的访问是一个重点，也是一个难点。

习　题

一、单选题

1. C 语言适合用于微控制器编程的原因是(　　)。
A. 代码执行速度快　　　　　　　　B. 内存占用少
C. 可直接访问硬件资源　　　　　　D. 所有上述
2. 在 C51 中，用于存储微控制器的特殊功能寄存器的数据类型是(　　)。
A. int　　　　　　　　　　　　　B. char
C. SFR(Special Function Register)　D. float
3. C51 中的位数据类型用于表示(　　)。
A. 任意整数　　　B. 一个二进制位　　C. 浮点数　　　D. 字符数据
4. C51 支持(　　)存储模式时变量和函数指针都为 16 位。
A. SMALL　　　　B. COMPACT　　　C. LARGE　　　D. MEDIUM
5. 在 C51 编程中，使用(　　)关键字可以指定变量存储在绝对地址。
A. _at_　　　　　B. _abs_　　　　C. _fixed_　　　D. _const_
6. 下列不是 C51 中支持的运算符的是(　　)。

A. 赋值运算符　　　　　B. 算术运算符　　　　　C. 寄存器运算符　　　D. 逻辑运算符

7. 在 C51 中，自动变量用(　　)存储类别关键字声明。

A. static　　　　　　　B. auto　　　　　　　C. extern　　　　　　D. register

8. 在 C51 中，extern 关键字用于声明的变量类型是(　　　)。

A. 局部变量　　　　　　B. 静态变量　　　　　C. 寄存器变量　　　　D. 外部变量

9. 在 C51 中，表示变量可能会在程序外部被改变的存储类别是(　　　)。

A. static　　　　　　　B. extern　　　　　　C. volatile　　　　　D. register

10. 在 C51 中，用于定义一个可以存储 0 或 1 的变量的数据类型是(　　)。

A. char　　　　　　　　B. int　　　　　　　　C. bit　　　　　　　　D. SFR

二、多选题

1. 关于 C51 中的存储种类，下列描述正确的是(　　)。

A. auto 类型的变量存储在内部 RAM 中

B. static 类型的变量在程序运行期间一直存在

C. register 建议编译器尽量使用 CPU 寄存器来存储变量

D. extern 用于声明在当前文件之外定义的全局变量

2. C51 支持的存储模式有(　　)。

A. SMALL　　　　　　　B. COMPACT　　　　　C. LARGE　　　　D. EXTRA LARGE

3. 在 C51 中，可以访问绝对地址的方式是(　　)。

A. 使用 "_at_" 关键字　　　　　　　　　B. 通过指针

C. 使用 C51 运行库中的预定义宏　　　　D. 使用 "extern" 关键字

4. 在 C51 中，适用于处理位变量的运算符是(　　)。

A. 赋值运算符　　　　　　　　　　　　　B. 逻辑运算符

C. 位运算符　　　　　　　　　　　　　　D. 条件运算符

三、填空题

1. 在 C51 中，用于存储特殊功能寄存器的数据类型称为_____。

2. C51 编译器提供的关键字，可以将变量固定在一个具体内存地址的是_____。

3. 在 C51 中，表示只能存储 1 位二进制数的数据类型是_____。

4. 为了提高执行速度，C51 编译器允许变量存储在 CPU 的_____。

5. 在 C51 中，标识外部定义的全局变量的关键字是_____。

6. 变量在 C51 中默认为此存储类别，仅在定义它们的函数内部可见，称为_____变量。

7. 在 C51 中，如果希望一个变量的值在多次函数调用之间保持不变，应使用_____存储类别。

8. 在 C51 中，用于表明变量可能在程序的执行过程中被外部因素改变的类型修饰符是_____。

9. C51 编译器为 8051 单片机提供了三种存储模式，其中一个允许使用外部扩展 RAM 的模式是_____。

10. C51 中用于逻辑与操作的运算符是_____。

四、判断题

1. C51 编译器允许使用标准 C 语言的所有特性。　　　　　　　　（　　）
2. 特殊功能寄存器型(SFR)是 C51 特有的数据类型，用于访问微控制器的硬件特性。

　　　　　　　　　　　　　　　　　　　　　　　　　　　　（　　）

3. 在 C51 中，变量默认使用 external 存储类别。　　　　　　　　（　　）
4. 静态(static)变量在 C51 中可以跨多个函数调用保持其值。　　　（　　）
5. C51 不支持任何类型的隐式数据转换。　　　　　　　　　　　　（　　）
6. 位(bit)变量类型可以存储更多的数据类型，除了二进制数。　　（　　）
7. 在 C51 中，所有指针默认都是 16 位宽。　　　　　　　　　　　（　　）
8. C51 编译器的 LARGE 模式允许数据和函数指针访问扩展内存。　（　　）
9. "_at_"关键字用于声明变量时指定其应位于内存中的具体位置。（　　）
10. C51 中的 auto 变量在函数结束时不会被自动销毁。　　　　　　（　　）

五、简答题

1. 简述 C51 中自动(auto)变量的特点。
2. 简述 C51 中静态(static)变量的使用和好处。
3. 简述 C51 中位(bit)变量的用途和优势。
4. 简述 C51 中使用"_at_"关键字的目的和效果。

06

第 6 章　C51 程序结构及 Protues 仿真软件

本章继续讲述单片机 C 语言的基础知识，主要介绍 C51 的输入与输出、程序基本结构以及 Proteus 仿真工具的基本应用。

6.1　C51 的输入与输出

C51 本身不提供输入和输出语句，输入和输出操作是由函数来实现的。在 C51 的标准函数库中提供了一个名为 stdio.h 的一般 I/O 函数库，在该函数库中定义了 C51 的输入和输出函数。使用输入和输出函数时，须先用预处理指令"#include　<stdio.h>"将该函数库包含到文件中。

在 C51 的一般 I/O 函数库中定义的 I/O 函数都是通过串行接口实现的，在使用 I/O 函数之前，应先对 MCS-51 系列单片机的串行接口进行初始化。初始化的程序代码如下：

```
SCON = 0x40;        //串口工作在方式 1
TMOD = 0x20;        //T1 工作在模式 2，自动装载初值
PCON = 0x00;        //波特率不倍增
TL1 = 0xFD;
TH1 = 0xFD;         //波特率为 9600 b/s
TI = 1;             //发送中断标志位
TR1 = 1;            //启动定时器/计数器 T1
```

6.1.1　格式输出函数 printf()

1. printf()函数

printf()函数的作用是通过串行接口输出若干任意类型的数据，它的格式如下：

printf(格式控制，输出参数表)

其中，格式控制是用双引号引起来的字符串，也称为转换控制字符串，它包括 3 种信息，分别为格式说明符、普通字符和转义字符，如 "printf("x is:%d\n",x);"。

(1) 格式说明符：由 "%" 和格式字符组成，用于指明输出数据的格式，如%d、%f 等。表 6-1 给出了常见的格式说明符及其含义。

表 6-1　常见的格式说明符及其含义

格式字符	数据类型	输　出　格　式
d	int	带符号十进制数
u	int	无符号十进制数
o	int	无符号八进制数
x	int	无符号十六进制数，用 "a～f" 表示
X	int	无符号十六进制数，用 "A～F" 表示
f	float	带符号十进制数浮点数，形式为[-]dddd.dddd
e, E	float	带符号十进制数浮点数，形式为[-]d.ddddE±dd
g, G	float	自动选择 e 或 f 格式中更紧凑的一种输出格式
c	char	单个字符
s	指针	指向一个带结束符的字符串
p	指针	带存储器批示符和偏移量的指针，形式为 M：aaaa。其中，M 可分别为 C(Code)、D(Data)、I(Idata)、P(Pdata)。例如，D：10H 表示指向内部数据存储区(data)偏移量为十六进制数 10H 的位置的指针

(2) 普通字符：按原样输出，用来输出某些提示信息。

(3) 转义字符：用来输出特定的控制符，如输出转义字符 "\n" 就是使输出换一行。转义字符及其含义已在上一章详细介绍。

输出参数表是需要输出的一组数据，也可以是表达式。

2. 仿真 printf()函数的输出

【仿真 6-1】通过 Keil μVision 仿真单片机的 printf()输出。该仿真的所有操作都在 Keil μVision 开发环境中进行。首先要对串口进行初始化，初始化代码的含义将在后续讲述单片机串口的课程中讲述。相关程序代码如下：

```
#include<AT89X51.H>
#include <stdio.h>              //包含 I/O 函数库
#define uchar unsigned char
#define uint unsigned int
void DelayX1ms(unsigned int x);
void main()
{
    SCON = 0x40;               //串口工作在方式 1
    TMOD = 0x20;               //T1 工作在模式 2，自动装载初值
```

```
    PCON = 0x00;              //波特率不倍增
    TL1 = 0xFD;
    TH1 = 0xFD;               //波特率为 9600 b/s
    TI = 1;                   //发送中断标志位。注意，若使用 printf()函数，则令 TI=1；若使用
                                自编函数，则令 TI=0
    TR1 = 1;                  //启动定时器/计数器 T1
    while(1)
    {
        printf("\nWelcome to National University of Defense Technology!\n");
        DelayX1ms(200);
    }
}
void DelayX1ms(unsigned int count)
{
    unsigned int i,j;
    for(i=0;i<count;i++)
        for(j=0;j<120;j++)
            ;
}
```

在 Keil μVision 中编译通过后，单击 🔍 进入仿真过程，然后单击 🖵· 打开串口，再单击 🗐 开始进行仿真。在 UART 输出口中，可以看到串口在不断地输出文本信息，如图 6-1 所示。

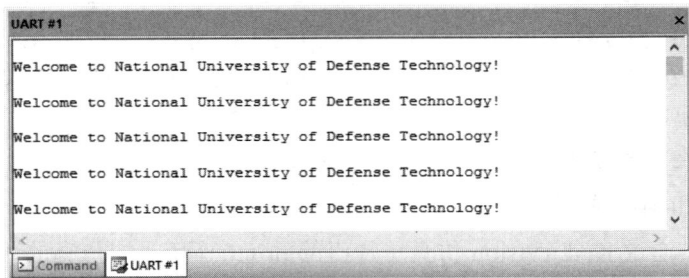

图 6-1　仿真时串口输出的信息

【仿真 6-2】　通过 Proteus 和串口助手仿真单片机的 printf()输出。首先在 Keil μVision 开发环境中进行编程，并生成 hex 文件，然后将 hex 文件通过 Proteus 进行仿真。在仿真系统中，需要在 PC 中加入虚拟串口，虚拟串口再连接到串口终端，这里选用 STC_ISP 软件作为串口收发软件。因此，串口的信息流动是将 Proteus 的串口连接到虚拟串口，再将虚拟串口的信息输出到 STC_ISP 软件，从而显示出来。

首先，安装虚拟串口软件，这里采用的是 Virtual Serial Port Driver 6.0。运行软件后，单击界面中的"Add Pair"，为系统添加两个虚拟串口，这两个虚拟串口是连接在一起的。图 6-2 为系统虚拟了 COM2 和 COM3 两个已经连接在一起的串口，此时可以将 COM2 连接到 Proteus 中的串口，将 STC_ISP 软件连接到 COM3 上。

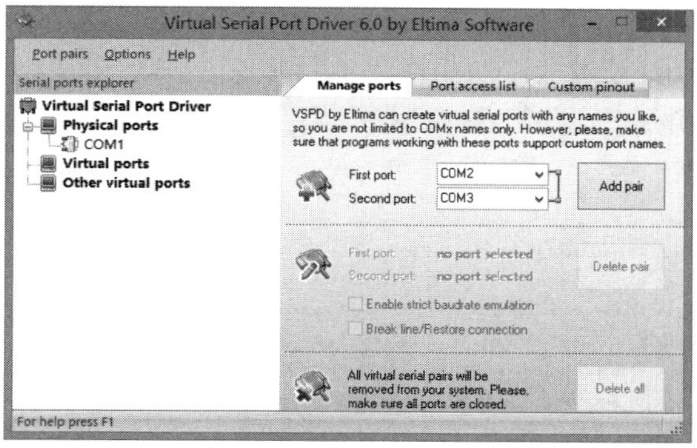

图 6-2　虚拟串口

该仿真的仿真程序和仿真 6-1 的一样，在 Proteus 中新建仿真电路，如图 6-3 所示。

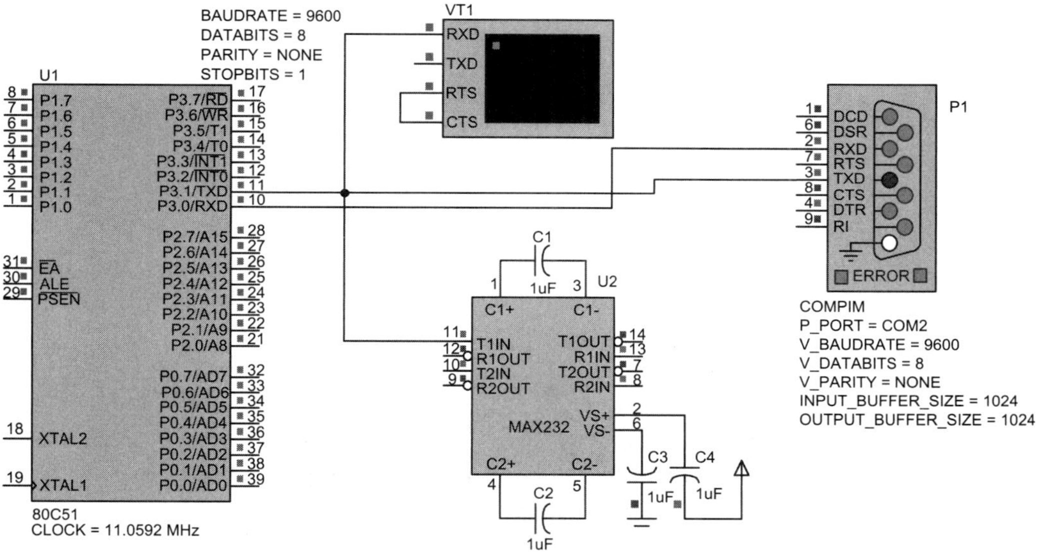

图 6-3　Proteus 串口仿真电路

双击图 6-3 中的 P1，在弹出的窗口中设置 Proteus 中串口的属性，如图 6-4 所示。

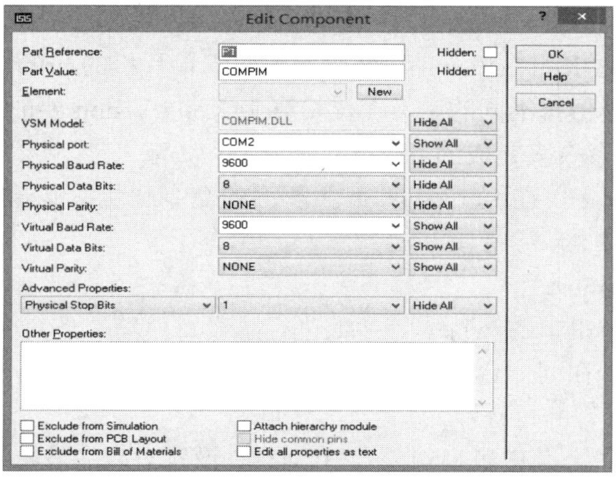

图 6-4　设置 Proteus 中串口的属性

接下来，设置 STC_ISP 软件，其串口调试助手界面如图 6-5 所示，其中串口选择 "COM3"，并设置对应的波特率，然后在"串口调试助手"中单击"打开串口"。

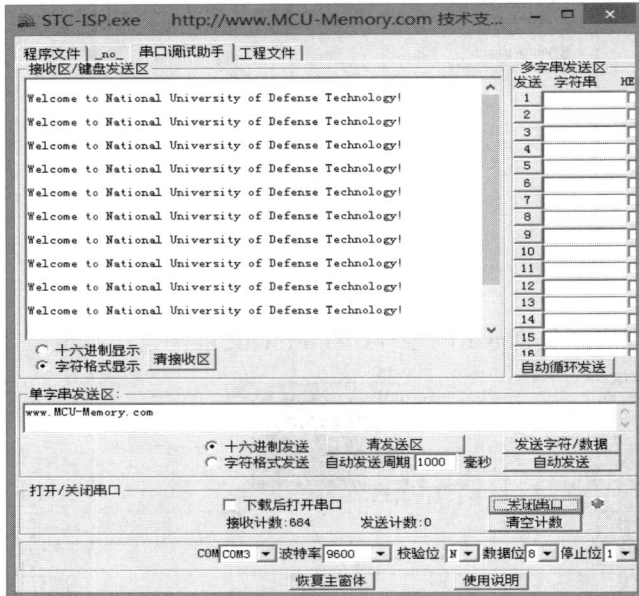

图 6-5　STC_ISP 的串口调试助手界面

最后，在 Proteus 中运行仿真，Proteus 中的虚拟终端也将显示串口发出的信息，如图 6-6 所示。此时，在 STC_ISP 的串口调试助手里也将显示收到的信息。

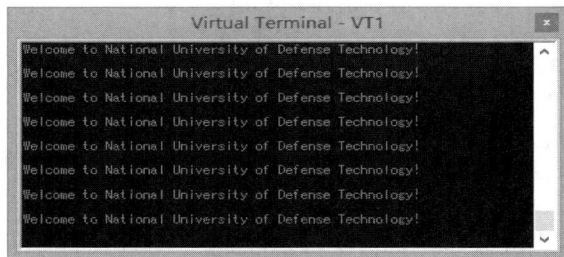

图 6-6　Proteus 中的虚拟终端显示串口发出的信息

【仿真 6-3】　通过 Keil μVision 和串口助手仿真单片机的 printf() 输出。C51 程序与之前的相同。与前面 2 个仿真不同的是，在该仿真中 Keil μVision 要能够控制 PC 的串口，在 Keil μVision 中是通过命令来完成的。

在仿真 6-1 的基础上，在 Keil μVision 主界面的命令和状态显示窗口中输入以下命令：

mode com1 9600,0,8,1

assign com2 <Sin>Sout

上述第一条命令对串口的波特率等参数进行了设置；第二条命令指定了 com2 为单片机的仿真输出端。由于在同一台 PC 中，两个软件无法同时控制同一个串口，因此仍需要对虚拟串口进行操作。

设置 STC_ISP 软件，其中串口选择"COM3"，设置对应的波特率，然后单击"打开串口"。在 Keil μVision 中运行仿真，在 STC_ISP 软件中可以看到如图 6-7 所示的输出。

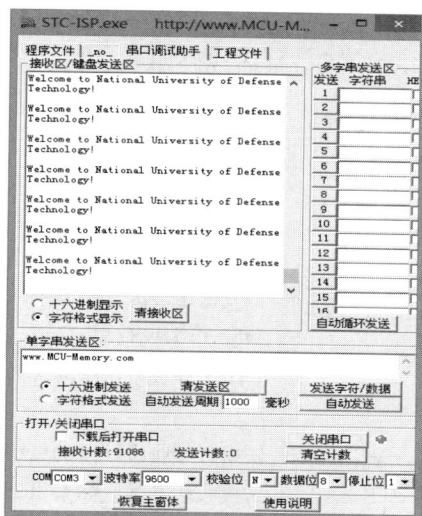

图 6-7   STC_ISP 的串口调试助手中的输出

6.1.2   格式输入函数 scanf()

scanf()函数的作用是通过串行接口实现数据输入，它的使用方法与 printf()类似，scanf()的格式如下：

scanf(格式控制，地址列表)

格式控制与 printf()函数的情况类似，也是用双引号引起来的一些字符，可以包括 3 种信息，分别为空白字符、普通字符和格式说明。

(1) 空白字符：包含空格、制表符、换行符等，这些字符在输出时被忽略。

(2) 普通字符：除以百分号"%"开头的格式说明符以外的所有非空白字符，在输入时要求原样输入。

(3) 格式说明：由百分号"%"和格式说明符组成，用于指明输入数据的格式。它的基本情况与 printf()相同。

地址列表是由若干个地址组成的，它可以是指针变量、取地址运算符"&"加变量(变量的地址)或字符串名(表示字符串的首地址)。

使用格式输入/输出函数的示例如下：

```
printf("input   x:\n");                    //输出提示信息
scanf("%d",&x);                            //输入 x 和 y 的值
printf("\nx is:%d\n",x);
printf("\ninput   y:\n");
scanf("%d",&y);                            //输入 x 和 y 的值
printf("\ny is:%d\n",y);
printf("\n");                              //输出换行
printf("%d+%d=%d",x,y,x+y);                //按十进制数形式输出
printf("\n");                              //输出换行
printf("%xH+%xH=%XH",x,y,x+y);             //按十六进制数形式输出
```

【仿真 6-4】 利用 printf()和 scanf()函数，制作一个通过串口输入/输出的计算器。首先需要对系统自带的函数稍微修改一下，具体代码如下：

```c
#include <reg51.h>
#include <stdio.h>
#define      XTAL 11059200       // CPU 振荡器频率
#define      baudrate 9600       //通信波特率为 9600 b/s
#define      OLEN   8            //串行发送缓冲区的大小
unsigned    char    ostart;      //发送缓冲区起始索引
unsigned    char    oend;        //发送缓冲区结束索引
char idata outbuf[OLEN];         //用于存放发送缓冲区内容的存储区

#define      ILEN   8            //串行接收缓冲区的大小
unsigned    char    istart;      //接收缓冲区起始索引
unsigned    char    iend;        //接收缓冲区结束索引
char idata inbuf[ILEN];          //用于存放接收缓冲区内容的存储区
bit sendfull;                    //标志位，用于标记发送缓冲区已满
bit sendactive;                  //标志位，用于标记发送器处于活动状态
//串口中断服务程序
static void com_isr (void) interrupt 4 using 1 {
    char c;
    //接收数据中断
    if (RI)
    {       //SBUF(Serial Buffer, 串行数据缓冲器)接收一个字符后，RI 变为 1，往下执行
        c = SBUF;       //从串行口缓存中读取一个字符
        RI = 0;         //清除 RI 中断标志位，方便串行口下一次接收
        if (istart + ILEN != iend)
        {                        //未接收完之前一直往 inbuf 里面存放
            inbuf[iend++ & (ILEN-1)] = c;       //把字符 c 存放到接收缓冲区 inbuf 中
        }
    }

    //发送数据中断
    if (TI != 0)
    {                       //串口发送一个字符成功后 TI 变为 1，往下执行
        TI = 0;             //清除中断请求标志位，方便串行口下一次发送
        if (ostart != oend)
        {                   //缓冲区中有字符并且未发送完毕
            SBUF = outbuf[ostart++ & (OLEN-1)];     //发送字符
            sendfull = 0;           //清除 sendfull(发送缓冲区已满)标志位
        }
```

```
        else {                          //所有字符都已发送完毕
            sendactive = 0;             //清除 sendactive(发送器处于活动状态)标志位
        }
    }
}
//用于初始化串口以及通用异步收发传输器(UART)波特率的函数
void com_initialize (void) {
    istart = 0;                         //接收缓冲区相关索引初始化
    iend = 0;
    ostart = 0;                         //将发送缓冲区的起始索引置为初始状态
    oend = 0;
    sendactive = 0;                     //发送器未处于活动状态
    sendfull = 0;                       //清除 sendfull(发送缓冲区已满)标志位
    //将定时器/计数器 T1 配置为波特率发生器
    PCON |= 0x80;           //PCON 最高位为 SMOD，设置串口波特率加倍
    TMOD |= 0x20;           //将定时器/计数器 T1 设置为模式 2(自动重装初值的 8 位计数器)
    TH1 = (unsigned char) (256 - (XTAL / (16L * 12L * baudrate)));
    TR1 = 1;                            //启动定时器/计数器 T1
    SCON = 0x50;                        //串口设置为模式 1，使能串口接收器
    ES = 1;                             //使能串口中断
}


//利用 putbuf 向串行数据缓冲器(SBUF)或者发送缓冲区写入一个字符
void putbuf (char c)
{
    if (!sendfull)
    {                                   //仅当缓冲区未满时才进行发送
        if (!sendactive)
        {                               //发送器未处于活动状态
            sendactive = 1;             //直接传输第一个字符
            SBUF = c;                   //将字符送到 SBUF 以启动发送
        }
        else {
            ES = 0;                     //在更新缓冲区期间禁用串口中断
            outbuf[oend++ & (OLEN-1)] = c;      //将字符放入发送缓冲区
            if (((oend ^ ostart) & (OLEN-1)) == 0) {
                sendfull = 1;
            }                           //如果缓冲区已满，则设置相应标志位
            ES = 1;                     //再次使能串口中断
        }
```

```
            }
        }
//标准库 putchar 函数的替代函数，printf 函数使用 putchar 来输出一个字符
char putchar (char c) {
        if (c == '\n') {                       //扩展换行符
            while (sendfull);                  //等待直到缓冲区中有空间
            putbuf (0x0D);                     //在发送换行符(LF)之前发送回车符(CR)以表示换行
        }
        while (sendfull);                      //等待直到缓冲区中有空间
        putbuf (c);                            //将字符放入缓冲区
        return (c);
}
//标准库_getkey 函数的替代函数，getchar 和 gets 函数使用_getkey 来读取一个字符

char _getkey (void) {
        char c;
        while (iend == istart) {
            ;                                  //等待，直到有字符(缓冲区中有可读字符)
        }
        ES = 0;                                //在更新缓冲区期间禁用串口中断
        c = inbuf[istart++ & (ILEN-1)];
        ES = 1;                                //再次使能串口中断
        return (c);
}
//启动中断驱动的串口输入/输出的主函数
void main (void) {
        unsigned int x;
        unsigned int y;
        EA = 1;                                //使能全局中断
        com_initialize ();                     //初始化中断驱动的串口输入/输出
        while (1)
        {
            printf("\ninput    x:\n");          //输出提示信息
            scanf("%d",&x);                     //输入 x 和 y 的值
            printf("\nx is:%d\n",x);
            printf("\ninput    y:\n");
            scanf("%d",&y);                     //输入 x 和 y 的值
            printf("\ny is:%d\n",y);
            printf("\n");                       //输出换行
            printf("%d+%d=%d",x,y,x+y);         //按十进制数形式输出
```

```
        printf("\n");                            //输出换行
        printf("%xH+%xH=%XH",x,y,x+y);        //按十六进制数形式输出
    }
}
```

接下来，可以通过各种方式来进行仿真。利用 Keil μVision 本身自带的串口显示窗口来进行仿真，在 UART 输出口中可以看到仿真的串口计算器，如图 6-8 所示。需要注意的是，在输入一个数字时，一定要以空格结尾。

图 6-8   Keil μVision 仿真串口计算器

通过 STC_ISP 软件进行仿真，可以得到如图 6-9 所示的仿真结果。

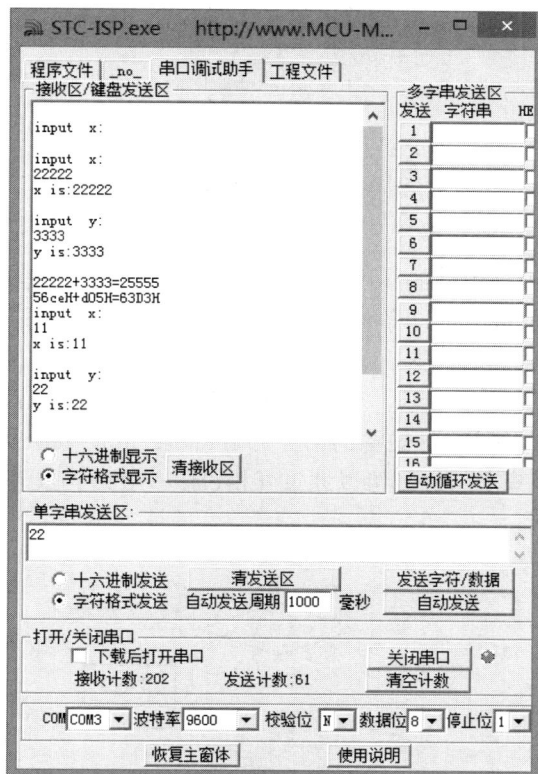

图 6-9   STC_ISP 仿真串口计算器

6.2　C51 程序的基本结构与相关语句

　　在 C51 编程中，掌握程序的基本结构及相关语句对于构建高效、稳定的程序至关重要。程序结构决定了代码的执行流程，而各种语句提供了实现这些流程的基本工具。本节将详细介绍 C51 程序的基本结构，包括顺序结构、选择结构和循环结构，并深入阐述与这些结构相关的关键语句。通过对本节的学习，读者能够更加熟练地运用这些语句，编写出结构清晰、功能完善的 C51 程序。

6.2.1　C51 程序的基本结构

1. 顺序结构

　　顺序结构是最基本、最简单的结构，在这种结构中，程序由低地址到高地址依次执行。图 6-10 为顺序结构流程图，程序先执行语句 A，然后执行语句 B。

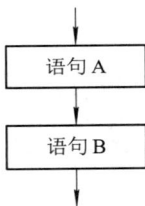

图 6-10　顺序结构的流程

2. 选择结构

　　选择结构可使程序根据不同的情况选择执行不同的分支，在选择结构中，程序先对一个条件进行判断。当条件成立，即条件语句为真时，执行一个分支；当条件不成立时，即条件语句为假时，执行另一个分支。

　　选择结构的流程如图 6-11 所示。当条件 P 成立时，执行语句 A；当条件 P 不成立时，执行语句 B。在 C51 中，实现选择结构的语句为 if⋯else 和 if⋯else⋯if 语句。另外，在 C51 中还支持多分支结构，多分支结构既可以通过 if 和 else⋯ if 语句嵌套实现，也可以用 swith⋯case 语句实现。

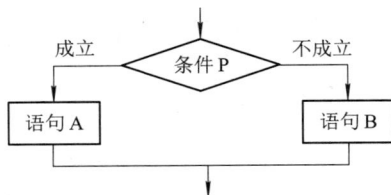

图 6-11　选择结构的流程

3. 循环结构

在程序处理过程中，有时需要某一段程序重复执行多次，这时就需要循环结构来实现，循环结构就是能够使程序段重复执行的结构。循环结构又分为当(while)型循环结构和直到(do…while)型循环结构两种。

1) 当型循环结构

当型循环结构的流程如图 6-12 所示。当条件 P 成立(为真)时，重复执行语句 A；当条件不成立(为假)时停止重复，执行后面的程序。

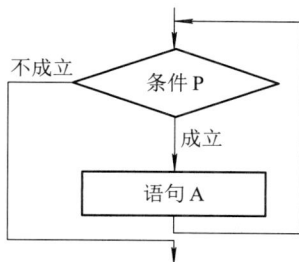

图 6-12　当型循环结构的流程

2) 直到型循环结构

直到型循环结构的流程如图 6-13 所示。先执行语句 A，再判断条件 P，当条件成立(为真)时，再重复执行语句 A，直到条件不成立(为假)时才停止重复，执行后面的程序。构成循环结构的语句主要有 while、do…while、for、goto 等。

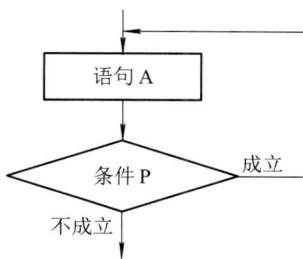

图 6-13　直到型循环结构的流程

6.2.2　选择结构的相关语句

1. if 语句

if 语句是 C51 中的一个基本条件选择语句，它通常有 3 种格式。

第 1 种格式如下：

　　if (表达式) {语句；}

该格式的用法示例如下：

　　if　(x!=y)　printf("x=%d,y=%d\n",x,y);

执行上面的语句时，如果 x 不等于 y，则输出 x 的值和 y 的值。

第 2 种格式如下：

if (表达式) {语句 1；}   else   {语句 2；}

该格式的用法示例如下：

if   (x>y)   max=x;

else   max=y;

执行上面的语句时，如果 x 大于 y 成立，则把 x 送给最大值变量 max；如果 x 大于 y 不成立，则把 y 送给最大值变量 max，使 max 变量得到 x、y 中的大数。

第 3 种格式如下：

if (表达式 1)   {语句 1；}

else   if (表达式 2)   (语句 2；)

else   if (表达式 3)   (语句 3；)

⋮

else   if (表达式 n-1) (语句 n-1；)

else   {语句 n}

该格式的用法示例如下：

if   (score>=90)   printf("Your result is an A\n");

else   if   (score>=80)   printf("Your result is an B\n");

else   if   (score>=70)   printf("Your result is an C\n");

else   if   (score>=60)   printf("Your result is an D\n");

else   printf("Your result is an E\n");

执行上面的语句后，能够根据分数 score 分别打出 A、B、C、D、E 5 个等级。

2. switch…case 语句

if 语句通过嵌套可以实现多分支结构，但结构复杂。switch…case 语句是 C51 中提供的专门处理多分支结构的多分支选择语句。其格式如下：

switch (表达式)

{

　　case   常量表达式 1：{语句 1；}break;

　　case   常量表达式 2：{语句 2；}break;

　　⋮

　　case   常量表达式 n：{语句 n；}break;

　　default：{语句 n+1；}

}

对于 switch…case 语句的说明如下：

(1) switch 后面括号内的表达式，可以是整型或字符型表达式。

(2) 当该表达式的值与某一 case 后面的常量表达式的值相等时，就执行该 case 后面的语句，然后在遇到 break 语句时退出 switch 语句。若表达式的值与所有 case 后的常量表达式的值都不相同，则执行 default 后面的语句，然后退出 switch 结构。

(3) 每一个 case 常量表达式的值必须不同，否则会出现自相矛盾的现象。

(4) case 语句和 default 语句的出现次序对执行过程没有影响。

(5) 每个 case 语句后面可以有 break，也可以没有。若有 break 语句，则执行到 break

时就退出 switch 结构；若没有，则会顺次执行后面的语句，直到遇到 break 或结束。

(6) 每一个 case 语句后面可以带一个语句，也可以带多个语句，还可以不带语句。语句可以用花括号括起来，也可以不括。

(7) 多个 case 可以共用一组执行语句。

例如，将学生成绩划分为 A～E 5 个等级，不同的等级对应不同的百分制分数，要求根据不同的等级打印出它的对应百分数，通过 switch…case 语句来实现。核心代码如下：

```
    ⋮
switch(grade)
{
    case   'A'：printf("90～100\n")；break;
    case   'B'：printf("80～90\n")；break;
    case   'C'：printf("70～80\n")；break;
    case   'D'：printf("60～70\n")；break;
    case   'E'：printf("<60\n")；break;
    default:       printf("error"\n)
}
```

6.2.3　实现循环结构的相关语句

1. while 语句

while 语句在 C51 中用于实现当型循环结构，它的格式如下：

```
while(表达式)
{语句；}          //循环体
```

while 语句后面的表达式是能否循环的条件，后面的语句是循环体。当表达式为非 0(真)时，就重复执行循环体内的语句；当表达式为 0(假)时，则中止 while 循环，程序将执行循环结构之外的下一条语句。

while 语句特点是先判断条件，后执行循环体。在循环体中对条件进行改变，然后再判断条件。若条件成立，则再执行循环体；若条件不成立，则退出循环。若条件第一次就不成立，则循环体一次也不执行。

例如，通过 while 语句实现计算并输出 1～100 的累加和。可以在 Keil μVision 中进行仿真，程序代码如下：

```
#include   <reg52.h>          //包含特殊功能寄存器库
#include   <stdio.h>          //包含 I/O 函数库
void main(void)                //主函数
{
    int   i,s=0;              //定义整型变量 i 和 s
    i=1;
    SCON = 0x40;             //串口工作在方式 1
    TMOD = 0x20;             //T1 工作在模式 2，自动装载初值
    PCON = 0x00;             //波特率不倍增
```

```
    TL1 = 0xFD;
    TH1 = 0xFD;          //波特率为 9600 b/s
    TI = 1;
    TR1 = 1;             //启动定时器/计数器 T1
    while   (i<=100)     //将 1～100 的累加和放在 s 中
    {   s=s+i;
        i++;}
    while(1)
    {printf("1+2+3…+100=%d\n",s);};
}
```

仿真结果如图 6-14 所示。

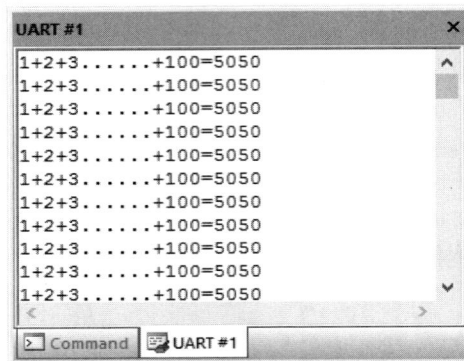

图 6-14　while 循环语句仿真结果

2．do…while 语句

do…while 语句在 C51 中用于实现直到型循环结构，它的格式如下：

```
    do
    {语句;}              //循环体
    while(表达式);
```

do…while 语句的特点：先执行循环体中的语句，后判断表达式。若表达式成立(真)，则再执行循环体，然后又判断，直到有表达式不成立(假)时，退出循环，执行 do…while 结构的下一条语句。在执行 do…while 语句时，循环体内的语句至少会被执行一次。

例如，通过 do…while 语句实现计算并输出 1～100 的累加和。可以在 Keil μVision 中进行仿真，程序代码如下：

```
    #include   <reg52.h>          //包含特殊功能寄存器库
    #include   <stdio.h>          //包含 I/O 函数库
    #include   <reg52.h>          //包含特殊功能寄存器库
    #include   <stdio.h>          //包含 I/O 函数库
    void main(void)               //主函数
    {
        int   i,s=0;              //定义整型变量 i 和 s
        i=1;
```

```
SCON = 0x40;                    //串口工作在方式 1
TMOD = 0x20;                    //T1 工作在模式 2，自动装载初值
PCON = 0x00;                    //波特率不倍增
TL1 = 0xFD;
TH1 = 0xFD;                     //波特率为 9600 b/s
TI = 1;    //发送中断标志位。注意，若使用 printf( )函数，则令 TI=1；若使用自编函数，则令 TI=0
TR1 = 1;                        //启动定时器/计数器 T1
do                             //将 1～100 的累加和放在 s 中
{
    s=s+i;
    i++;
}
while    (i<=100);
while(1)
{
    printf("1+2+3…+100=%d\n",s);
};
}
```

上述语句的仿真结果与 while 循环语句仿真结果相同。

3. for 语句

在 C51 中，for 语句是使用最灵活、用得最多的循环控制语句，同时也最为复杂。它可以用于循环次数已经确定的情况，也可以用于循环次数不确定的情况。它完全可以代替 while 语句，功能最强大。for 语句的格式如下：

```
for(表达式 1; 表达式 2; 表达式 3)
{语句; }    //循环体
```

for 语句后面带 3 个表达式，它的执行过程如下：

(1) 求解表达式 1 的值。

(2) 求解表达式 2 的值。若表达式 2 的值为真，则执行循环体中的语句，然后执行；若表达式 2 的值为假，则结束 for 循环，转到(5)。

(3) 求解表达式 3，然后转到第(4)。

(4) 转到(2)继续执行。

(5) 退出 for 循环，执行下面的一条语句。

在 for 循环中，一般表达式 1 为初值表达式，用于给循环变量赋初值；表达式 2 为条件表达式，对循环变量进行判断；表达式 3 为循环变量更新表达式，用于对循环变量的值进行更新，使循环变量不满足条件而退出循环。

例如，通过 for 语句实现计算并输出 1～100 的累加和。可以在 Keil μVision 中进行仿真，程序代码如下：

```
#include    <reg52.h>          //包含特殊功能寄存器库
#include    <stdio.h>          //包含 I/O 函数库
```

```
void main(void)                    //主函数
{
    int   i,s=0;                   //定义整型变量 i 和 s
    i=1;
    SCON = 0x40;                   //串口工作在方式 1
    TMOD = 0x20;                   //T1 工作在模式 2，自动装载初值
    PCON = 0x00;                   //波特率不倍增
    TL1 = 0xFD;
    TH1 = 0xFD;                    //波特率为 9600 b/s
    TI = 1;
    TR1 = 1;                       //启动定时器/计数器 T1
    for (i=1;i<=100;i++) s=s+i;    //将 1～100 的累加和放在 s 中
    while(1)
    {
        printf("1+2+3…+100=%d\n",s);
    };
}
```

上述语句的仿真结果与 while 循环语句仿真结果相同。

4．循环的嵌套

在一个循环的循环体中允许又包含一个完整的循环结构，这种结构称为循环的嵌套。外面的循环称为外循环，里面的循环称为内循环，如果在内循环的循环体内又包含循环结构，就构成了多重循环。在 C51 中，允许前文中的 3 种循环结构相互嵌套。

例如，用嵌套结构构造一个延时程序。相关程序代码如下：

```
void delay(unsigned   int   x)
{
    unsigned   char j;
    while(x--)
    {for (j=0;j<125;j++);}
}
```

这里，用内循环构造一个基准的延时，调用时通过参数设置外循环的次数，这样就可以形成各种延时关系。

6.2.4 跳出循环结构的相关语句

break 和 continue 语句通常用于循环结构中，用来跳出循环结构，但是二者又有所不同。

1．break 语句

用 break 语句可以跳出 switch 结构，使程序继续执行 switch 结构后面的一个语句；还可以从循环体中跳出循环，提前结束循环而接着执行循环结构下面的语句。它不能用在除循环语句和 switch 语句之外的任何其他语句中。

例如，要计算圆的面积，当计算到面积大于 100 时，由 break 语句跳出循环。相关程序代码如下：

```
for (r=1; r<=10; r++)
{
    area=pi*r*r;
    if (area>100) break;
    printf("%f\n", area);
}
```

2. continue 语句

continue 语句用在循环结构中，用于结束本次循环，跳过循环体中 continue 下面尚未执行的语句，直接进行下一次是否执行循环的判定。

continue 语句和 break 语句的区别在于：continue 语句只是结束本次循环而不是终止整个循环；break 语句则是结束循环，不再进行条件判断。

例如，输出 100～200 之间不能被 3 整除的数。相关程序代码如下：

```
for (i=100; i<=200; i++)
{
    if   (i%3= =0)   continue;
    printf("%d    "; i);
}
```

在程序中，当 i 能被 3 整除时，执行 continue 语句，结束本次循环，跳过 printf()函数，只有在 i 不能被 3 整除时才执行 printf()函数。

6.2.5　return 语句

return 语句一般放在函数的最后位置，用于终止函数的执行，并控制程序返回调用该函数时所处的位置。返回时还可以通过 return 语句带回返回值。

return 语句的格式有以下两种：

(1) return；

(2) return (表达式)；

如果 return 语句后面带有表达式，则要计算表达式的值，并将表达式的值作为函数的返回值。如果 return 语句后面不带表达式，则函数返回时将返回一个不确定的值。通常用 return 语句把调用函数取得的值返回给主调用函数。

6.3　单片机仿真软件 Proteus

在单片机开发与学习中，一个强大的仿真环境对于快速验证设计思路和优化程序至关重要。Proteus 作为一款功能强大的电子设计自动化(Electronic Design Automation，EDA)工具，不仅支持微处理器系统的仿真，还提供了丰富的电路绘图工具和元件库，极大地提升了设计和仿真的效率。本节将介绍 Proteus 的相关知识。通过对本节的学习，读者能够熟练掌握 Proteus 的使用技巧，为单片机项目的开发提供有力的支持。

6.3.1   Proteus 简介

Proteus 是英国 Labcenter 公司开发的电路分析与实物仿真软件。它运行于 Windows 操作系统上，可以仿真、分析各种模拟器件和集成电路。

在 Proteus 中，从原理图设计、单片机编程、系统仿真到 PCB 设计一气呵成，真正实现了从概念到产品的完整设计。

Proteus 的主要组成部分如图 6-15 所示。其中，原理图输入系统(Intelligent Schematic Input System，ISIS)用于绘制电路原理图，混合模型仿真器可进行模拟和数字电路混合仿真，动态器件库提供丰富的电子元件模型，高级布线/编辑(Advanced Routing and Editing Software，ARES) 用于 PCB 设计和布线，处理器仿真模型(Virtual System Model，VSM)能够对微控制器程序进行仿真和调试，高级图形分析模块(Advanced Graphics Simulation Function，ASF)可进行电路性能和参数的图形分析。这些组件协同工作，为电子设计提供了从原理图设计到仿真，再到 PCB 设计的全面解决方案。

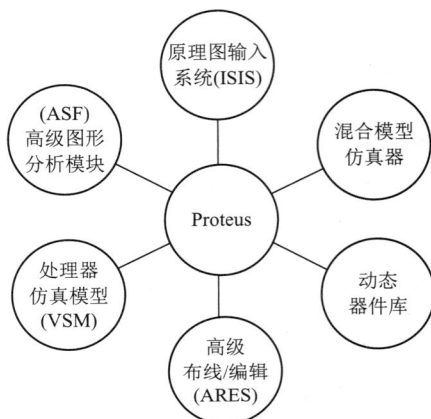

图 6-15   Proteus 的主要组成部分

Proteus 的主要特点：实现了单片机仿真和 SPICE(Simulation Program with Integrated Circuit Emphasis，通用模拟电路仿真器)电路仿真相结合；支持主流单片机系统的仿真；提供软件调试功能；具有强大的原理图绘制、PCB 设计功能。

6.3.2   Proteus 的仿真流程

单片机系统的仿真是 Proteus VSM 的主要特色。用户可在 Proteus 中直接编辑、编译、调试代码，并直观地看到仿真结果。CPU 模型有 ARM7(LPC21XX)、PIC、AtmelAVR、Motorola HCXX 以及 8051/8052 系列等。同时，模型库中包含了 LED/LCD 显示、键盘、按钮、开关、常用电机等通用外围设备。VSM 甚至能仿真多个 CPU，能处理两个或两个以上微控制器的系统设计。

Proteus 的仿真流程可以分为以下几个部分：

(1) 输入原理图。

(2) 建立源代码文件。

(3) 建立源代码文件与单片机的链接。

(4) 进行交互式仿真。

(5) 利用完善的调试功能进行调试。

其中，Proteus 输入原理图的基本流程如图 6-16 所示。

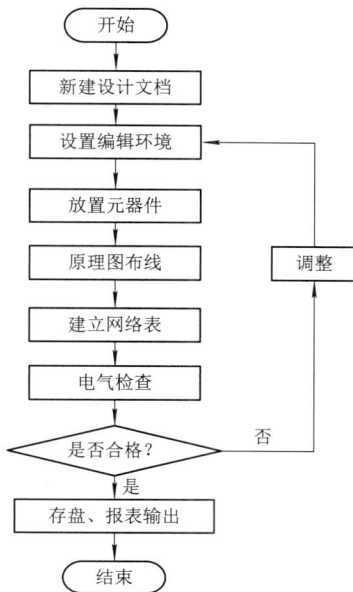

图 6-16　Proteus 输入原理图的基本流程

6.3.3　Proteus 的设计方法和步骤

下面介绍 Proteus 在使用过程中的设计方法和步骤。

1. 创建一个新的设计文件

首先进入 Proteus ISIS 编辑环境，选择"File"→"New Design"菜单项，在弹出的模板对话框中选择"DEFAULT"模板，并将新建的设计保存在 C 盘根目录下，文件名为"example"。

2. 设置工作环境

打开"Template"菜单，对工作环境进行设置。选择"System"→"Set Sheet Sizes"菜单项，在出现的对话框中选择"A4"复选框，然后单击"OK"按钮确认，即可完成页面设置。

3. 拾取元器件

选择"Library"→"Pick Device/Symbol"菜单项，在其中添加元器件，单击"OK"按钮；或在元器件列表区域双击元器件名称，即可完成对该元器件的添加。添加的元器件将出现在对象选择器列表中。在完成了对元器件的查找后，可以按照要求，依次找到其他元器件。

4. 在原理图中放置元器件

在当前设计文档的对象选择器中添加元器件后，就要在原理图中放置元器件，具体方法如下：

(1) 选择对象选择器中的元器件，在 Proteus ISIS 编辑环境主界面的预览窗口将出现元器件的图标。

(2) 在编辑窗口双击鼠标左键，元器件会被放置到原理图中。

(3) 按照上述步骤，分别将各元器件放置到原理图中。

(4) 将光标指向编辑窗口的元器件，并单击该对象使其高亮显示。

(5) 拖动该对象到合适的位置。

(6) 调整好所有元器件后，选择"View"→"Redraw"菜单项，刷新屏幕，此时图纸上就有了全部元器件。

5. 编辑元器件

放置好元器件后，双击相应的元器件，即可打开该元器件的编辑对话框，从而对元器件进行编辑。

6. 绘制原理图

在两个元器件之间进行连线的步骤如下：

(1) 单击第一个对象连接点。

(2) 如果想让 Proteus ISIS 自动定出走线路径，只需单击另一个连接点；如果想自己决定走线路径，只需在希望的拐点处单击。

7. 对原理图进行电气规则检测

选择"Tools"→"Electrical Rule Check"菜单项，会出现电气规则检测报告单。

8. 存盘及输出报表

将设计好的原理图文件存盘。同时，可使用"Tools"→"Billof Materials"菜单项输出BOM 文档。

6.3.4　Proteus 电路绘图工具的使用

在使用 Proteus 进行电路原理图设计的过程中，有几个要注意的地方。

1. 隐藏电源引脚

在"Edit Component"对话框中，通过单击"Hidden Pins"按钮可查看或编辑隐藏的电源引脚。

2. 总线模式

总线模式能够将多个相关的信号线路进行整合，极大地简化了复杂电路原理图的布线，避免了大量的连线交叉和混乱，让整个电路图看起来更加整洁、清晰。同时，总线模式有助于提高设计效率，可以方便地实现多个信号的批量连接，减少了逐一连线的烦琐操作，也增强了电路的可维护性和可扩展性，当需要对电路进行修改或者添加新的信号时，通过总线可以更加方便地进行调整和扩充。

放置总线的过程如下：

(1) 在工具箱中选择总线(Bus)图标 ⊢⊣ 。

(2) 在期望总线起始端出现的位置单击鼠标左键。

(3) 在期望总线路径的拐点处单击鼠标左键。

(4) 在总线的终点单击鼠标左键，然后单击鼠标右键，可结束总线放置。

放置完总线后，就可以放置总线分支了。为了使电路图显得专业而美观，通常把总线分支画成与总线成 45°的相互平行的斜线，采用的方法是按 Ctrl 键。

3. 连线标签模式

Proteus 中的连线标签模式主要用于为电路连线添加标识，方便区分不同的信号，相当于信号的网络名，同一张图中，具有相同网络名的两个网络是连通的。为电路连线添加标识的过程如下：

(1) 在工具箱中选择 Wire Label 图标 [LBL]。

(2) 把鼠标指针指向期望放置标签的总线分支位置，被选中的导线变成虚线，鼠标指针处出现一个 "×" 号，此时单击鼠标左键，出现 "Edit Wire Label" 对话框。

(3) 在该对话框的 "Label" 选项卡中键入相应的文本，即为导线的网络名。

(4) 单击 "OK" 按钮，结束文本的输入。

4. 终端模式

在工具箱中选择 Terminal Mode 图标 [⊟]，会出现终端选择窗口。终端的类型主要包括：DEFAULT(默认端口)、INPUT(输入端口)、OUTPUT(输出端口)、BIDIR(双向端口)、POWER(电源)、GROUND(地)、BUS(总线)。

6.3.5　Proteus 中常用的库元件

我们设计的大部分电路都是由 Proteus 库中的元件通过连线来完成的，而库元件的调用是画图的第一步，如何快速准确地找到元件是绘图的关键。Proteus 中常用的元器件被分成了 38 大类，如表 6-2 所示。

表 6-2　Proteus 中常用的元器件

类　别	解　释	类　别	解　释
Analog IC	包含放大器、比较器等多种模拟集成器件，用于模拟信号处理，如信号放大、比较、滤波等多种功能	PLD and FPGA	可编程逻辑器件和现场可编程门阵列，用于实现自定义逻辑功能
Capacitor	有多种类型电容，包括可显示充放电电荷电容等，用于电路中的能量存储、滤波、耦合等作用	Resistor	电阻，用于在电路中限制电流、分压、分流等多种功能
CMOS 4000 Series	包含加法器、计数器等多种逻辑电路，在数字电路设计中用于实现各种逻辑功能	Simulator Primitive	(未详细说明功能)可能用于电路仿真的基础元素
Connector	包含各种接头类型，如音频接头、D型接头等，用于电路模块之间的连接	Speaker and Sounder	用于发出声音，在音频电路等场景发挥作用
Data Converter	有模/数转换器、数/模转换器等，用于实现数字信号和模拟信号之间的转换	Switch and Relay	包含开关和继电器，用于控制电路的通断和信号切换
Debugging Tool	包括断点触发器等工具，用于帮助调试电路，检测信号状态	Switching Device	(未详细说明功能)用于电路信号的切换等操作
Diode	有整流管、稳压二极管等多种二极管，主要用于整流、稳压、开关等功能	Thermionic Valve	热离子真空管，在特定的电子设备(如老式电子管设备)中有应用

类　别	解　释	类　别	解　释
ECL 10000 Series	(未详细说明功能)该系列在高速数字电路等场景可能有特定用途	Transducer	传感器，用于将物理量(如温度、压力等)转换为电信号
Electromechanical	目前只有电机模型，用于在电路中模拟电机相关的机电特性	Transistor	包含 NPN、PNP 三极管和场效应管等，用于放大、开关等多种电路功能
Inductor	包含普通电感、变压器等，用于在电路中存储磁场能量、滤波、耦合等功能	TTL 74 Series	标准 TTL 系列，在数字电路中有广泛应用，用于实现逻辑功能
Laplace Primitive	包括一阶、二阶等拉普拉斯模型，用于在系统分析和控制理论相关的电路仿真中	TTL 74ALS Series	先进的低功耗肖特基 TTL 系列，在低功耗数字电路设计中有优势
Mechanics	(未详细说明功能)可能用于涉及机械运动与电路结合的场景	TTL 74AS Series	先进的肖特基 TTL 系列，适用于对速度和性能要求较高的数字电路
Memory IC	包括动态、静态数据存储器等多种存储器芯片，用于存储数据和程序	TTL 74CBT Series	多路复用 TTL 集成电路，用于信号的多路复用等功能
Microprocessor IC	微处理器芯片，是电路中的核心控制部件，用于执行程序和处理数据	TTL 74F Series	快速 TTL 系列，注重电路的速度性能
Miscellaneou	包含电灯和光敏电阻组成的设备等杂项器件，用途多样	TTL 74HC Series	高速 CMOS 系列，结合了 CMOS 的低功耗和较高速度的特点
Modelling Primitive	(未详细说明功能)可能用于构建电路模型的基础组件	TTL 74HCT Series	与 TTL 兼容的高速 CMOS 系列，便于不同逻辑器件之间的兼容使用
Operational Amplifier	主要用于信号放大、运算等功能，是模拟电路中的重要器件	TTL 74LS Series	低功耗肖特基 TTL 系列，在功耗和性能之间有较好的平衡
Optoelectronics	包含发光二极管、光电二极管等光电子器件，用于光电信号转换和显示等	TTL 74LV Series	三态输出寄存器，用于数据存储和信号控制等功能
PICAXE	一种单片机，用于特定的控制和处理任务	TTL 74S Series	肖特基 TTL 系列，主要用于提高数字电路的速度

6.4　Proteus 仿真实例

在这里设计一个 Proteus 仿真实例——跑马灯。首先进行原理图设计，通过 P0 端口接

8 个发光二极管，通过编程完成跑马灯的演示。根据之前单片机最小系统的经验，可以得到如图 6-17 所示的仿真电路。

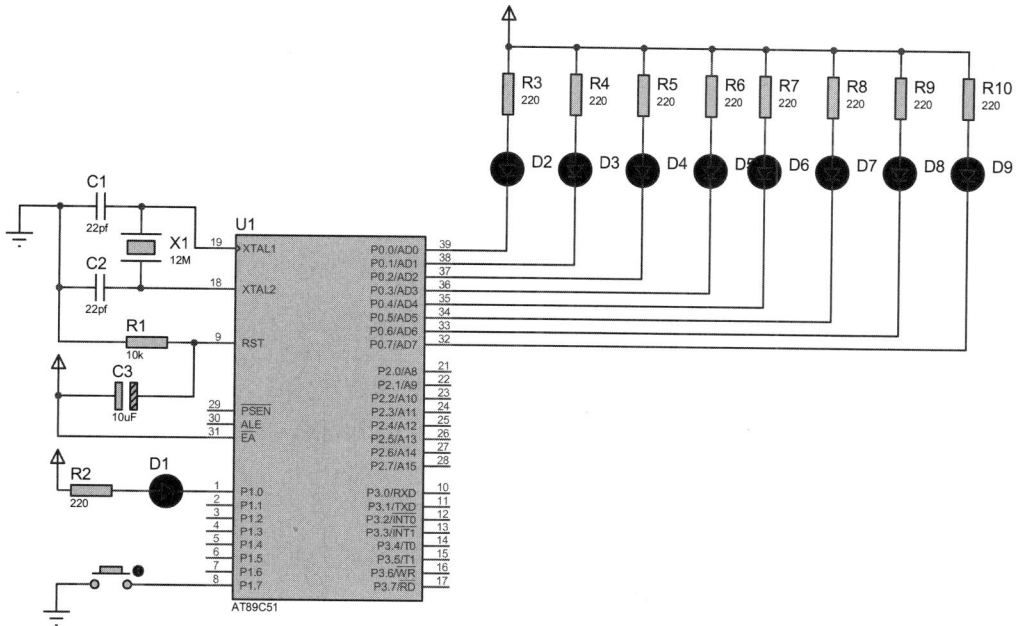

图 6-17　Proteus 仿真电路

接下来，编写程序代码。相关程序代码如下：

```c
#include <AT89X51.h>
unsigned code Pattern[]=
{
    0x7E,0xBD,0xDB,0xE7,0xDB,0xBD,0x7E,0x00,
    0x00,0x7F,0xBF,0xDF,0xEF,0xF7,0xFB,0xFD,
    0xFE,0xFD,0xFB,0xF7,0xEF,0xDF,0xBF,0x7F,
    0x00,0x00,
};
void main()
{
    unsigned char i;
    unsigned int j;
    while(1)
    {
        for (i=0;i<=26;i++)
        {
            P0 = Pattern[i];
            for (j=0;j<32000;j++) ;
```

```
//for (j=0;j<22000;j++) P0=0xFF;
        }
    }
}
```

在上述代码中，定义了很多种显示模式，每种模式对应一种显示状态，再让这些状态循环执行。编译得到 hex 文件，在 Proteus 中双击单片机原理图，连接到刚刚生成的 hex 文件，运行仿真，就可以看到仿真结果。

小　　结

本章系统地探讨了 MCS-51 系列单片机在 C51 环境下的输入/输出处理、程序基本结构以及相关语句的使用，并详细介绍了单片机仿真环境 Proteus 的应用。首先讨论了如何在 C51 中使用格式化的输入和输出函数，即 printf() 和 scanf()，这些是程序与用户交互的基础。接着，深入讲解了 C51 程序的基本结构，包括顺序、选择和循环结构，并详述了控制流语句如 if、switch…case、while、do…while、for 以及 break 和 continue 的使用方法。此外，还详尽介绍了 Proteus 仿真软件，包括其基本介绍、仿真流程、设计方法和步骤以及电路绘图工具的使用。最后通过实例展示了如何在 Proteus 中进行单片机系统的仿真。这一章不仅提供了对 C51 编程深入的理论知识，还通过 Proteus 的应用展示了理论与实践的结合。

习　　题

一、单选题

1. 在 C51 中，使用(　　　)函数进行格式化输出。

A．scanf()　　　　　　B．printf()　　　　　　C．print()　　　　　　D．scan()

2. 在 C51 中，用于格式化输入的函数是(　　　)。

A．scanf()　　　　　　B．printf()　　　　　　C．getInput()　　　　　　D．readf()

3. 下列选项中，不是 C51 程序的基本结构的是(　　　)。

A．顺序结构　　　　　　B．选择结构　　　　　　C．循环结构　　　　　　D．随机结构

4. 在 C51 中，用于条件控制执行的语句是(　　　)。

A．for 语句　　　　　　B．if 语句　　　　　　C．do…while 语句　　　D．break 语句

5. 下列选项中，属于循环控制语句的是(　　　)。

A．if 语句　　　　　　　　　　　　B．switch…case 语句

C．while 语句　　　　　　　　　　　D．return 语句

6. 在 C51 中，用来强制退出循环的语句是(　　　)。

A. break　　　　　　　B. continue　　　　　C. exit　　　　　　D. stop

7. 用于跳过当前循环的剩余部分并立即开始下一次循环迭代的语句是(　　)。

A. break　　　　　　　B. continue　　　　　C. pass　　　　　　D. next

8. 在 Proteus 中，不属于微处理器系统仿真必需的组件是(　　)。

A. 微处理器　　　　　B. 电源　　　　　　C. 电容器　　　　　D. 开关

9. 在 Proteus 设计方法和步骤中，首先应进行的是(　　)。

A. 选择元件　　　　　B. 设计电路　　　　C. 运行仿真　　　　D. 绘制原理图

10. 在 Proteus 仿真环境中，用于直接放置和编辑电路组件的是(　　)。

A. 电路编辑器　　　　　　　　　　　　　B. 电路绘图工具

C. 元件库　　　　　　　　　　　　　　　D. 仿真分析工具

二、多选题

1. 在 C51 中，用于控制程序流程的语句是(　　)。

A. if 语句　　　　B. switch…case 语句　　C. return 语句　　D. continue 语句

2. 在 C51 中被广泛使用的循环控制结构有(　　)。

A. while 语句　　　B. do…while 语句　　　C. for 语句　　　D. loop 语句

3. 单片机仿真软件 Proteus 中至关重要的功能有(　　)。

A. 微处理器仿真　　　　　　　　　　　B. 电路绘图工具

C. 元件库　　　　　　　　　　　　　　D. 数据记录器

4. 在 C51 编程中，可以中断循环执行的语句是(　　)。

A. break　　　　　　B. continue　　　　　C. return　　　　　D. exit

5. 在 Proteus 中，设计微处理器系统时通常需要使用的元件有(　　)。

A. 微处理器　　　　B. 传感器　　　　　　C. 电源　　　　　　D. 连接线

三、判断题

1. C51 中的 printf()函数可以直接使用，无须额外的硬件或库支持。　　　　(　　)

2. scanf()函数在 C51 中用于从外部设备接收格式化输入。　　　　　　　(　　)

3. C51 程序不支持嵌套循环结构。　　　　　　　　　　　　　　　　　(　　)

4. switch…case 语句可以处理范围条件。　　　　　　　　　　　　　　(　　)

5. break 语句只能在 switch…case 语句中使用。　　　　　　　　　　　(　　)

6. Proteus 软件可以同时仿真数字和模拟电路。　　　　　　　　　　　　(　　)

7. Proteus 中的微处理器仿真不需要实际的微处理器代码。　　　　　　　(　　)

8. 在 Proteus 中，使用电路绘图工具可以直接测试微处理器的代码。　　　(　　)

9. Proteus 的元件库包含所有类型的电子元件模型。　　　　　　　　　　(　　)

10. 在 C51 中，do…while 语句至少执行一次循环体内的代码。　　　　　(　　)

四、简答题

1. 简述 printf()和 scanf()在 C51 中的用途及其重要性。

2. 简述 C51 中 switch…case 语句的工作原理及其适用场景。

3. 简述 Proteus 仿真软件在微处理器系统开发中的应用和好处。

07

第 7 章　MCS-51 系列单片机的中断及其应用

本章主要讲述 MCS-51 系列单片机中断的基础知识和应用。中断对于单片机来讲非常重要，是单片机进行异步通信的唯一途径。通过对本章的学习，读者能够熟悉单片机各个中断源及内部结构，掌握单片机中断相关的寄存器，掌握中断优先级的概念，掌握中断扩展的方法，并能够熟练应用单片机中断进行编程。

7.1　中　断　概　述

1. 中断的概念

在日常生活中，当我们正在专心看书时，突然电话铃响，于是标记下正在看的书的页数，然后去接电话，接完电话后再回来接着看书。这个过程就像在嵌入式系统中的此情形：当 CPU 正在处理某事件时，外部发生的某一事件请求 CPU 迅速去处理，于是 CPU 暂时中止当前的工作，转去处理所发生的事件，中断服务处理完该事件后，再返回到原来被中止的地方继续原来的工作。这样的过程称为中断，其处理流程如图 7-1 所示。

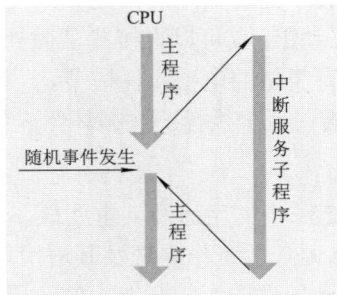

图 7-1　嵌入式系统中中断的处理流程

2. 中断所带来的优势

在嵌入式系统中，中断是非常重要的。中断所带来的优势如下：

(1) 提高 CPU 的利用率。现实生活中，如果烧水壶烧水使用没有鸣笛功能的烧水壶，则需要不断去查看水是否烧开(查询方式)。如果烧水壶具有鸣笛功能，则可以专心去干别的事，水烧开再去关火(中断方式)。CPU 作为一个快速设备，可以使多个慢速的外设同时工作，这样就提高了 CPU 的利用率。在计算机系统中，中断是处理器与异步事件进行信息交换(通信)的唯一手段。操作系统内核的运转是由中断来驱动的，通过中断进行资源的分配和任务的调度。中断是内核的生命之源。

(2) 实时处理。现实生活中，可以对发生的各个事件进行判断，使重要的任务得以实时处理(例如，看书、烧水可以同时进行)。当计算机用于实时控制时，通过中断系统，CPU 可以立即响应并加以处理。

(3) 故障处理。对随机出现的一些故障，如断电、存储器奇偶校验出错、运算溢出等，通过中断系统，CPU 可及时转去执行故障处理程序，自行处理故障而不必停机。

3. 与中断有关的几个概念

与中断相关概念有：

(1) 中断系统。中断系统是计算机系统(如单片机、微处理器等)中至关重要的一个部件，负责协调和管理各种中断请求。它包含了硬件电路和相关的软件指令，用于检测中断源发出的中断请求信号，判断中断的优先级，控制中断的响应和处理流程。例如，在一个复杂的嵌入式设备中，中断系统能够使 CPU 在执行主程序的同时，灵活地处理诸如定时器超时、外部设备数据传输完成、紧急故障报警等多种不同类型的中断事件，确保系统的高效运行和实时响应能力。除了基本的中断请求检测和响应功能，中断系统还涉及中断向量表的管理。中断向量表是一个存储区域，用于存放各个中断服务程序的入口地址。当一个中断请求被响应时，中断系统通过查找中断向量表，找到对应的中断服务程序入口，从而引导 CPU 跳转到正确的位置开始处理中断事件。

(2) 中断源。中断源是引发中断请求的源头，可以是来自计算机外部的设备，也可以是计算机内部的某个部件。外部中断源常见的有按键、传感器等。例如，当用户按下一个按键时，按键电路会产生一个电平变化信号，这个信号就作为一个中断源向 CPU 发出中断请求，告知 CPU 有用户输入事件需要处理。内部中断源包括定时器/计数器溢出、串口数据收发完成等。根据中断源的性质，还可以将其分为可屏蔽中断源和不可屏蔽中断源。可屏蔽中断源的中断请求可以通过软件设置来禁止或允许，而不可屏蔽中断源的中断请求是 CPU 必须立即响应的，通常用于处理非常紧急的情况，如硬件故障等。

(3) 中断请求。中断请求是中断源向 CPU 发送的一种信号，要求 CPU 暂停当前的工作来处理它所对应的事件。这个请求信号是通过硬件线路或者内部寄存器的标志位来传递的。例如，在硬件层面，外部设备可能通过将一个引脚电平拉高或者拉低来向 CPU 的中断引脚发送中断请求；在软件层面，内部模块(如定时器)可以通过设置一个特定的中断请求标志位来告知 CPU 自己需要服务。中断请求信号通常会带有一些相关的信息，如中断的类型(外部中断或内部中断)、中断源的编号等。这些信息有助于中断系统和 CPU 准确地判断中断的性质和优先级，从而做出合适的响应。而且对于可屏蔽中断请求，还会受到中断屏蔽寄存器的控制，只有在允许中断的情况下，中断请求才会真正被 CPU 所接收和处理。

(4) 中断响应过程。中断响应过程是 CPU 在收到中断请求后采取的一系列动作。一旦 CPU 检测到有效的中断请求并且当前允许中断(通过相关的中断允许位判断)，它会先完成当前正在执行指令的当前机器周期，然后将当前程序计数器(PC)的值(即下一条要执行指令的地址)以及其他一些重要的状态信息(如程序状态字、寄存器的值等)保存到堆栈中。之后，CPU 会根据中断源对应的中断向量，找到并跳转到相应的中断服务程序的入口地址，开始执行中断服务程序。这个过程需要中断系统的支持，以确保 CPU 定位到正确的中断服务程序，从而进入中断处理阶段。在整个中断响应过程中，时间是非常关键的，因为 CPU 需要快速地做出反应，以确保不会错过重要的中断事件，特别是对于一些实时性要求很高的系统。

(5) 中断服务。中断服务是指从开始处理中断事件到处理完成的整个过程。当 CPU 跳转到中断服务程序后，就开始了中断服务。在这个过程中，会针对引发中断的事件进行具体的操作。例如，如果是串行接口接收中断，中断服务程序可能会读取接收到的数据，进行数据校验、将数据存储到缓冲区等操作；如果是定时器中断，中断服务程序可能会更新定时器的计数变量，执行定时任务，如更新系统时间或者触发一次数据采集。

(6) 中断嵌套。中断嵌套是一种在中断处理过程中发生的更高级别的中断处理机制。当 CPU 正在执行一个中断服务程序时，若又收到了一个更高优先级的中断请求，此时 CPU 则会暂停当前正在执行的中断服务程序，转而处理这个更高优先级的中断。在中断嵌套过程中，系统除了保存主程序的状态信息，还需要保存当前正在执行的中断服务程序的状态信息，以便在更高优先级的中断处理完成后，能够正确地返回并继续执行被中断的中断服务程序。而且为了避免混乱，中断嵌套要求严格的中断优先级管理，确保高优先级的中断能够及时得到处理，同时低优先级的中断在合适的时候也能够得到处理，不会被无限期地延迟。

(7) 中断返回。中断返回是中断服务结束后，CPU 从中断服务程序回到被中断的主程序的过程。在中断服务程序的最后，系统会执行一条专门的中断返回指令，这条指令会使 CPU 从堆栈中弹出之前保存的程序计数器(PC)和其他状态信息。中断返回确保了主程序能够在中断发生后的正确位置继续执行，恢复系统的正常运行状态。如果中断返回过程出现问题，例如堆栈中的数据被破坏或者恢复的信息不正确，那么可能会导致程序出现错误，例如跳转到错误的地址执行或者程序状态混乱等情况。

(8) 中断优先级。中断优先级用于确定多个中断源同时请求中断时，CPU 响应中断的先后顺序。中断优先级可以通过硬件和软件两种方式来设置。在硬件方面，有些微处理器的芯片设计中会有专门的中断优先级判断电路；在软件方面，可以通过设置中断优先级寄存器来确定各个中断源的优先级。高优先级的中断用于处理紧急且重要的事件，如硬件故障报警、实时控制中的紧急停止信号等。低优先级的中断则用于处理相对不那么紧急的事务，如定期的数据采集或者普通的外部设备通信。如果中断优先级设置不当，可能会导致重要的中断事件不能及时处理，或者出现优先级反转等问题，影响系统的稳定性和实时性。

中断的执行过程如图 7-2 所示。左边的陷阱中断(Trap Interrupt)也称为软中断或异常，是一种由软件指令触发的中断机制。与外部硬件设备产生的中断(如外部中断引脚电平变化引起的中断)不同，陷阱中断是由程序自身的指令产生的，是 CPU 在执行指令过程中遇到特定的软件指令或者出现异常情况而引发的一种内部中断，主要用于系统服务调用、程序调试和处理异常情况等软件相关的操作。

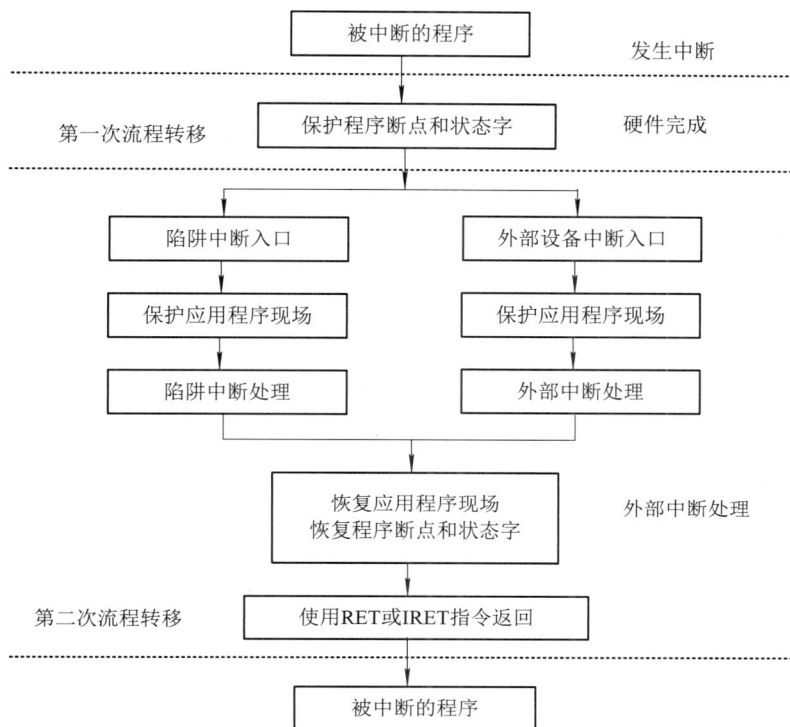

图 7-2　中断的执行过程

7.2　89C51 单片机的中断系统

在嵌入式系统设计中，中断处理机制扮演着至关重要的角色，它使得单片机(如 89C51)能够实时响应外部事件，实现多任务并行处理。深入理解中断系统的结构与控制，对于提升系统的响应速度和稳定性至关重要。本节将详细介绍 89C51 单片机的中断系统，包括中断源、中断系统结构、中断控制以及中断的应用方法。通过对本节的学习，读者能够掌握 89C51 中断系统的核心知识，为嵌入式系统的中断处理提供有力支持。

7.2.1　89C51 单片机的中断源

MCS-51 系列单片机提供了 3 类中断源，即外部中断源、定时中断源和串行中断源。

1. 外部中断源

外部中断源主要包括：

(1) $\overline{\text{INT0}}$ 外部中断 0 请求，低电平有效，通过 P3.2 引脚输入。

(2) $\overline{\text{INT1}}$ 外部中断 1 请求，低电平有效，通过 P3.3 引脚输入。

2. 定时中断源

定时中断源主要包括：

(1) 定时器/计数器 T0 溢出中断请求。

(2) 定时器/计数器 T1 溢出中断请求。

3. 串行中断源

串行中断源为 TX/RX，主要为串行口中断请求，当串行口完成一帧数据的发送或接收时，便请求中断。

7.2.2 89C51 单片机的中断系统结构

图 7-3 为 89C51 单片机的中断系统结构，清楚地理解此图有利于理解单片机内部中断结构和后续的编程实现。图中，最左边为 5 个中断源，接下来为 TCON(Timer/Counter Control Register，定时器/计数器控制寄存器)中断标志，IE(Interrupt Enable Control Register，中断允许寄存器)中的几个开关用于控制中断是否连接到 CPU，IP 用于设置中断是高优先级还是低优先级。

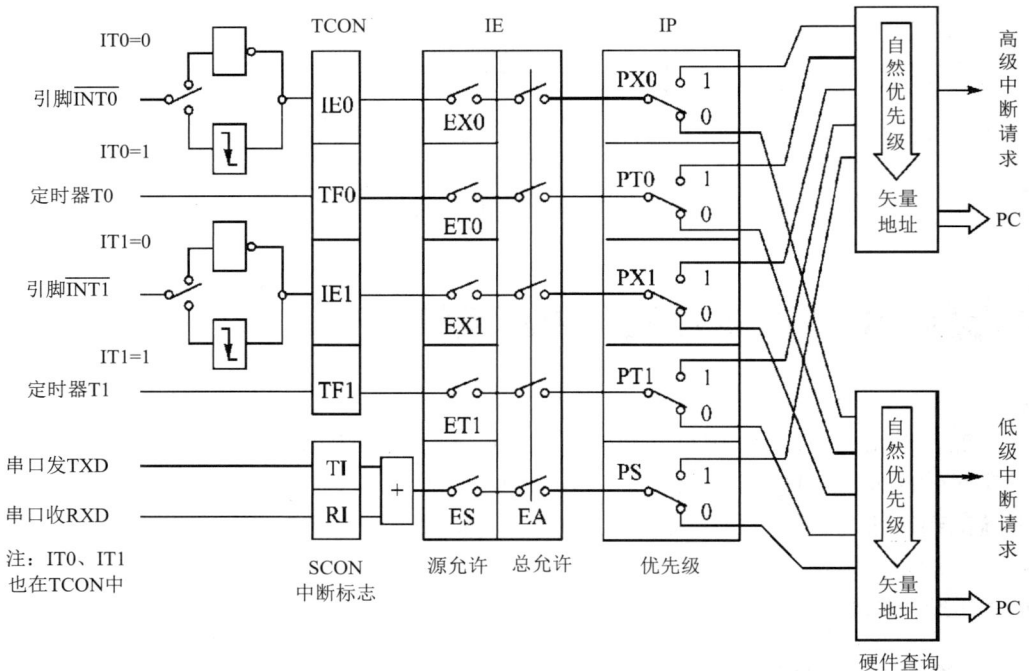

图 7-3   89C51 单片机的中断系统结构

在图 7-3 的右上角有个 PC 寄存器，里面存放的是下一条要执行的程序的地址。在单片机中，把 5 个中断进行编号(即中断号)，89C51 单片机的中断入口地址及中断号如表 7-1 所示。

表 7-1　89C51 单片机中断入口地址及中断号

中　断　源	入口地址	中断号
外部中断 0	0003H	0
定时器/计数器 T0 中断	000BH	1
外部中断 1	0013H	2
定时器/计数器 T1 中断	001BH	3
串行口中断	0023H	4

不同的中断发生后，PC 指针将指向对应的位置，以执行对应的中断服务程序。而中断号则告诉编译器，这个中断服务程序应该存放在哪个位置。不同中断源之间的入口地址间隔为 8B，显然放置中断服务程序一般是不够用的，可以在这些入口地址中放置一些跳转指令，以指向真正的中断服务程序。

7.2.3　中断控制

中断控制是指中断是否连接到 CPU 以及何时触发中断，它是通过中断允许寄存器(IE)、TCON 来实现的。中断的优先级控制在后面再进行讲述。

1. 中断允许寄存器(IE)

中断允许寄存器(IE)的格式如图 7-4 所示，其中以 H 结尾的数字为十六进制数地址，IE 中的每一位都有一个位地址。

图 7-4　中断允许寄存器(IE)的格式

对图 7-4 中部分位的说明如下：

(1) EA：中断允许总控制位。当 EA＝0 时，屏蔽所有的中断请求；当 EA＝1 时，CPU 开放中断，各个中断请求都可以到达 CPU，但对各中断源的中断请求是否允许，还要取决于各中断源单独的中断允许控制位的状态。这就是所谓的两级控制。

(2) ES：串行口中断允许位。当 ES＝0 时，禁止串行口中断；当 ES＝1 时，允许串行口中断。

(3) ET1：定时器/计数器 T1 的溢出中断允许位。当 ET1＝0 时，禁止 T1 中断；当 ET1＝1 时，允许 T1 中断。

(4) ET0：定时器/计数器 T0 的溢出中断允许位。当 ET0＝0 时，禁止 T0 中断；当 ET0＝1 时，允许 T0 中断。

(5) EX1：外部中断 1 的溢出中断允许位。当 EX1＝0 时，禁止外部中断 1 中断；当 EX1＝1 时，允许外部中断 1 中断。

(6) EX0：外部中断 0 的溢出中断允许位。当 EX0＝0 时，禁止外部中断 0 中断；当 EX0＝1 时，允许外部中断 0 中断。

【题 7-1】 假如执行主程序时，不想被所有中断源或某些中断打断，程序员如何管理中断？

【答】中断关闭或开放(中断允许)。如果需要关闭所有的中断，可以使用 EA=0；如果需要关闭某个中断，可以令对应的允许位为 0。

【题 7-2】 根据 IE，如何才能允许定时器/计数器 T0 中断？

【答】使用"ET0 = 1;EA = 1;"或"IE = 0x82;"语句设置 ET0＝1，EA＝1，并打开定时器/计数器 T0 的中断二级开关。

【题 7-3】 如何设置才能使单片机可以接收来自 Pin12 连接的中断？如何编程实现？

【答】Pin12 定义为 $\overline{INT0}$，因此首先应打开中断总开关(即 EA = 1)，另外还需设置 $\overline{INT0}$ 的使能开关(即 EX0 = 1)。程序代码如下(本书中的程序代码均从编程环境里拷贝出来，编程环境下，无法写为 $\overline{INT0}$ 和 $\overline{INT1}$，故程序注释中将其写为 INT0 和 INT1):

```
#include <AT89X51.h>
EA = 1;        //打开总中断开关
EX0 = 1;       //打开 INT0 中断
```

或

```
#include <AT89X51.h>
IE = 0x81;
```

【题 7-4】 如何设置才能使单片机同时可以接收来自 Pin12 连接的中断以及 Pin13 的中断？

【答】Pin12 定义为 $\overline{INT0}$，因此首先应打开中断总开关(即 EA = 1)，另外还需设置 $\overline{INT0}$ 的使能开关(即 EX0 = 1)及 $\overline{INT1}$ 的使能开关(即 EX1 = 1)。

2. TCON

TCON 为定时器/计数器 T0 和 T1 的控制器，同时也锁存 T0 和 T1 的溢出中断标志及外部中断 0 和 1 的中断标志等。TCON 有两个用途，即高 4 位对定时器控制，低 4 位监测、初始化外部中断。TCON 的格式如图 7-5 所示。

8FH	8EH	8DH	8CH	8BH	8AH	89H	88H
TF1		TF0		IE1	IT1	IE0	IT0

图 7-5   TCON 的格式

对图 7-5 中部分位的说明如下：

(1) TF1：定时器/计数器 T1 溢出中断标志位。当启动 T1 计数后，T1 从初值开始加 1 计数，计数到最高位产生溢出时，由硬件使 TF1 置 1，并向 CPU 发出中断请求。当 CPU 响应中断时，硬件将自动对 TF1 清 0。

(2) TF0：定时器/计数器 T0 溢出中断请求标志位，与 TF1 类同。

(3) IE1：外部中断 1 的中断请求标志位。当检测到外部中断引脚 1 上存在有效的中断请求信号时，由硬件使 IE1 置 1。

(4) IE0：外部中断 0 的中断请求标志位，对应 $\overline{INT0}$(P3.2)所产生的中断，其含义与 IE1 类同。

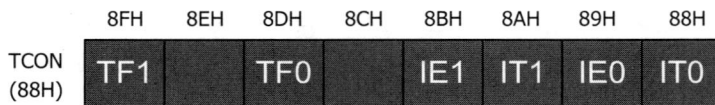

(5) IT1：外部中断 1 的中断触发方式控制位。当 IT1＝0 时，外部中断 1 为低电平触发方式。CPU 在每一个机器周期 S5P2 期间采样外部中断请求引脚的输入电平。若外部中断 1 请求为低电平，则使 IE1 置 1；若它为高电平，则使 IE1 清 0。当 IT1＝1 时，外部中断 1 为下降沿触发方式。CPU 在每一个机器周期 S5P2 期间采样外部中断请求引脚的输入电平。如果在相继的两个机器周期采样过程中，一个机器周期采样到外部中断 1 请求引脚为高电平，接着的下一个机器周期采样到的为低电平，则使 IE1 置 1。直到 CPU 响应该中断时，才由硬件使 IE1 清 0。

(6) IT0：外部中断 0 的中断触发方式控制位，其含义与 IT1 类同。

【题 7-5】　语句"TCON = 0x05；"是什么含义？

【答】　"TCON=0x05；"即 IT1 = 1，IT0 = 1，表示 $\overline{INT0}$ 和 $\overline{INT1}$ 均为边沿触发模式。

【题 7-6】　如何设置才能使单片机可以接收来自 Pin12 连接的中断，并且当 Pin12 上出现低电平时，向 CPU 发出中断申请？如何编程实现？

【答】　Pin12 定义为 $\overline{INT0}$，因此首先应打开中断总开关(即 EA = 1)，另外还需设置 $\overline{INT0}$ 的使能开关(即 EX0 = 1)，接下来设置 $\overline{INT0}$ 为电平触发方式(即 IT0 = 0)。相关程序代码如下：

```
#include <AT89X51.h>
EA = 1;      //打开总中断开关
EX0 = 1;     //打开 INT0 中断
IT0 =0;      //设置 INT0 为电平触发方式
```

7.2.4　中断的应用

中断的使用一般遵循如下的步骤：

(1) 打开总中断允许 EA＝1。

(2) 打开特定中断源允许。

(3) 设置定时器/计数器的中断工作模式、外部中断模式。

(4) 编写中断处理函数，注意中断号。

含中断的程序由 While(1)循环和中断处理函数组成。其中，中断处理函数编写格式如下：

```
函数名   interrupt 编号
```

中断处理函数的示例如下：

```
void name() interrupt 1
{
    ⋮
}
```

【题 7-7】　如何定义外部中断 1($\overline{INT1}$)对应的中断处理函数？

【答】　根据表 7-1 中的对应关系可知，外部中断 1 对应的中断号为 2，因此其函数定义如下：

```
void name() interrupt 2
{
```

```
        ⋮
    }
```

【题 7-8】 当哪些中断发生时，才能进入下述定义的中断处理函数？

```
void name() interrupt 4
    {
        ⋮
    }
```

【答】 Interrupt 4 对应串口产生的中断，因此当串口部分发生中断时，进入该中断处理函数。

【仿真 7-1】 $\overline{INT0}$ 中断方式控制 LED。$\overline{INT0}$ 接一个按键，作为 LED 的开关，每按一下按键，LED 状态发生一次改变。按键中断仿真电路如图 7-6 所示。

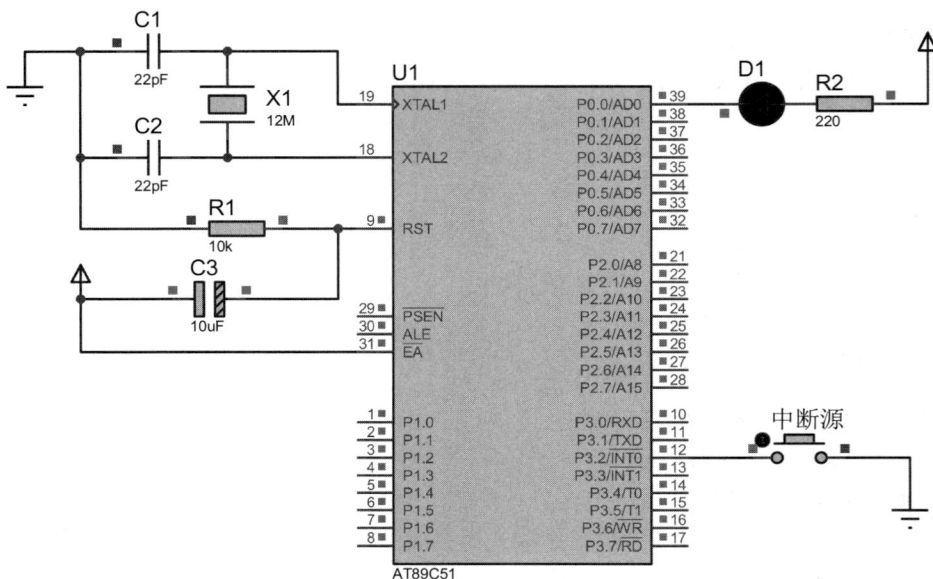

图 7-6 按键中断仿真电路

由于按键后只需要执行一次触发，因此最好将 $\overline{INT0}$ 设置为边沿触发。程序代码如下：

```
#include <AT89X51.h>
sbit LED = P0^0;
void main()
{   LED = 1;            //LED 初始状态
    EA = 1;            //打开总中断开关
    EX0 = 1;            //打开 INT0 中断
    TCON = 0X01        //外部中断 1 设置为边沿触发方式(下降沿触发)

    while(1) ;
}
```

```
void External_Interrupt_0() interrupt 0
{
    LED = !LED;  // 中断服务程序完成 LED 的状态翻转
}
```

7.2.5　中断服务例程

在 MCS-51 系列单片机中，中断处理函数也称为中断服务例程(Interrupt Service Routine，ISR)。这是一种特殊的函数，用于响应不同类型的中断请求。当特定的事件发生时，如外部输入信号变化、定时器溢出或串行通信事件等，中断服务例程会被自动执行，以处理这些事件。这些事件具有打断当前正在执行的主程序的能力，迫使处理器跳转到相应的中断服务例程，执行完成后再返回主程序继续执行。

中断服务例程具有以下特点和结构要求：

(1) 自动响应。当相应的中断请求被触发时，微控制器自动暂停当前执行的代码，转而执行 ISR 中的代码。

(2) 执行速度。ISR 的设计上应尽可能高效和简洁，以最小化对主程序执行的干扰。

(3) 寄存器保护。为了不破坏主程序的执行状态，ISR 通常在开始时保存当前正在使用的寄存器(如累加器和状态寄存器)，并在执行结束前恢复它们。

(4) 中断标志清除。在许多情况下，ISR 需要手动清除触发中断的标志位，以避免中断完成后重复触发。

(5) 特殊的调用和返回。ISR 使用特殊的汇编指令调用和返回，以确保正确处理程序计数器和其他关键寄存器。在 MCS-51 系列单片机中，通常使用"RETI"命令完成从中断返回。

中断服务例程是实现快速响应外部事件的有效机制，在实时系统和需要即时反应的应用中尤其重要。通过合理利用中断，可以大幅提高微控制器应用的性能和效率。在编写 MCS-51 系列单片机中断服务例程(ISR)时，一些重要的编写建议如下：

(1) 保持简短和高效。ISR 应尽可能简短和高效，以确保快速处理中断并返回主程序。过长或复杂的 ISR 可能会延迟对其他中断的响应，影响系统的实时性。

(2) 保存和恢复寄存器。确保在进入 ISR 时保存受影响的寄存器，并在退出 ISR 前恢复它们。这是必需的，因为 ISR 可以在主程序的任意指令后随时发生，必须保证不破坏主程序的状态。

(3) 最小化全局变量的使用。尽量避免在 ISR 中使用全局变量，除非它们被声明为 volatile 以避免编译器优化问题。如果必须使用全局变量，确保在主程序和 ISR 中对其访问是同步的，以防止数据冲突。

(4) 避免调用标准库函数和复杂操作。标准库函数通常不是为在 ISR 中运行而设计的，它们可能会引入不可预测的延迟。此外，复杂的数学运算和内存操作也应当避免。

(5) 使用直接的 I/O 操作。对于与硬件相关的操作，直接使用寄存器和位操作通常比调用抽象的 I/O 函数更有效，因为这减少了执行时间。

(6) 优先处理紧急任务。如果 ISR 需要处理多个任务，应根据紧急程度来安排任务的处理顺序，确保最关键的任务最先执行。

(7) 避免使用等待或延时循环。在 ISR 中不应该有延时循环或等待命令，因为这会阻塞处理器，延迟对其他中断的处理。

(8) 精确的时间管理。如果 ISR 的执行时间对整体应用至关重要，就需要考虑实施代码优化和时间分析以确保满足实时性要求。

7.3 中断优先级控制

89C51 单片机有高级优先级和低级优先级两个中断优先级。每个中断请求源均可设置为高优先级中断或低优先级中断，设置每一个中断源的优先级是通过中断优先级寄存器(Interrupt Priority，IP)来实现的。中断优先级寄存器(IP)的格式如图 7-7 所示。

			BCH	BBH	BAH	B9H	B8H
IP (B8H)				PS	PT1	PX1	PT0	PX0

图 7-7   中断优先级寄存器(IP)的格式

对图 7-7 中部分位的说明如下：

(1) PS：串行接口中断优先级控制位。

(2) PT1：定时器/计数器 T1 中断优先级控制位。

(3) PX1：外部中断 1 中断优先级控制位。

(4) PT0：定时器/计数器 T0 中断优先级控制位。

(5) PX0：外部中断 0 中断优先级控制位。

若某控制位为 1，则相应的中断源规定为高优先级中断；反之，则相应的中断源规定为低优先级中断。

在同一个中断优先级内，中断也有一个自然优先级排序。当来自同一个优先级的中断同时发生时，CPU 响应哪个中断源则取决于内部硬件查询顺序。内部硬件优先级顺序从高到低依次为外部中断 0 中断、定时器/计数器 T0 溢出中断、外部中断 1、定时器/计数器 T1 溢出中断、串行接口中断。

【题 7-9】 当 $\overline{INT0}$ 和 $\overline{INT1}$ 均产生中断时，CPU 处理哪一个中断？

【答】 根据上文可知，外部中断 0 具有最高优先级，因此 CPU 响应 $\overline{INT0}$ 的中断。

【题 7-10】 如何设置才能使 $\overline{INT1}$ 的中断优先级高于 $\overline{INT0}$？如何编程实现？

【答】 由于每个中断具有两个优先级，因此，可以设置 $\overline{INT1}$ 为高优先级，$\overline{INT0}$ 为低优先级来更改两者的优先级顺序。

编程时，需要加入的代码如下：

```
PX1 = 1;
PX0 = 0;
```

【题 7-11】 执行语句"IP = 0x18;"后，中断的优先级排序会怎样？

【答】　该语句中 PS＝1、PT1＝1，因此串口、定时器/计数器 T1 对应中断为高优先级，其他为低优先级。结合优先级顺序，各优先级从高到低依次为定时器/计数器 T1、串口、外部中断 0、定时器/计数器 T0、外部中断 1。

【仿真 7-2】　实现 $\overline{INT0}$ 中断方式控制发光二极管 D1，$\overline{INT1}$ 中断方式控制发光二极管 D2。

根据需要在仿真 7-1 的基础上，添加一个按键和一个 LED D2。两个按键控制两个中断的仿真电路如图 7-8 所示。

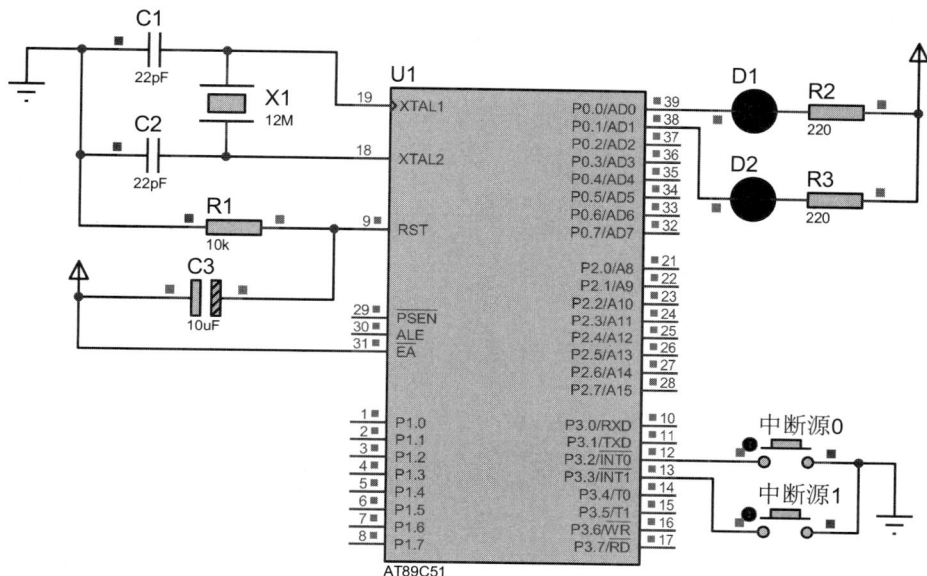

图 7-8　两个按键控制两个中断的仿真电路

程序代码如下：

```
#include <AT89X51.h>
sbit LED1 = P0^0;    sbit LED2 = P0^1;
void main()
{
    LED1 = 1;            //LED 初始状态
    LED2 = 1;
    EA = 1;              //打开总中断开关
    EX0 = 1;             //打开 INT0 中断
    EX1 = 1;             //打开 INT1 中断
    TCON = 0x05;         //外部中断 0、1 设置为边沿触发方式
    while(1) ;
}
// INT0 对应中断处理函数
void External_Interrupt_0() interrupt 0
{
```

```
        LED1 = !LED1;
    }
    // INT1 对应中断处理函数
    void External_Interrupt_1() interrupt 2
    {
        LED2 = !LED2;
    }
```

【仿真 7-3】 一个按键连接两个中断的仿真电路如图 7-9 所示，$\overline{INT0}$ 和 $\overline{INT1}$ 连到一个按键上，由于 $\overline{INT0}$ 优先级高于 $\overline{INT1}$，因此，$\overline{INT0}$ 控制的发光二极管状态先发生变化，$\overline{INT1}$ 控制的后发生变化。

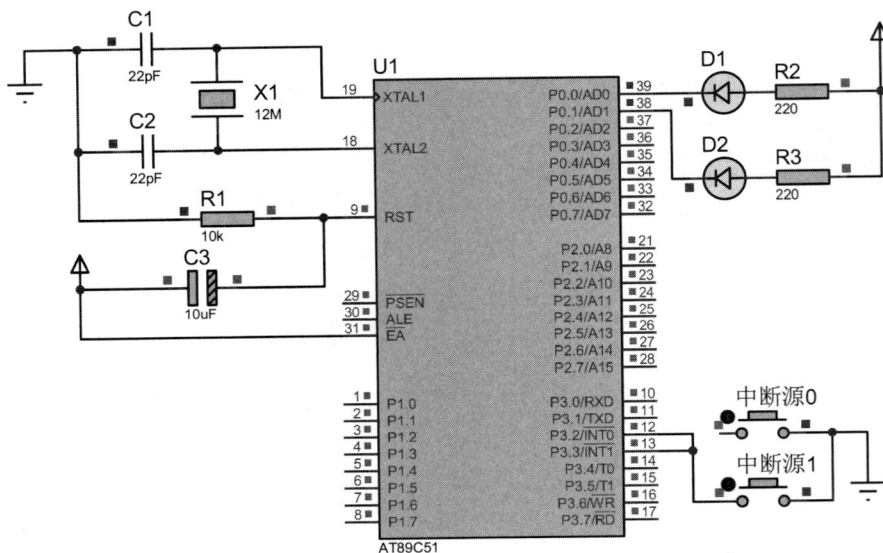

图 7-9　一个按键连接两个中断的仿真电路

为了仿真出两个中断执行的先后次序，我们在每一个中断处理函数中加入了延时，程序代码如下：

```
#include <AT89X51.h>
sbit LED1 = P0^0;     sbit LED2 = P0^1;
unsigned int j,k;
void main()
{
    LED1 = 1;                //LED 初始状态
    LED2 = 1;

    TCON = 0x05;             //外部中断 1 设置为边沿触发方式
    // PX1 = 1;
    EA = 1;                  //打开总中断开关
```

```
        EX0 = 1;                    //打开 INT0 中断
        EX1 = 1;                    //打开 INT1 中断
        while(1) ;
    }
    void delay(unsigned int count)
    {
        while(count>0)
        {
            count--;
        }
    }

    void External_Interrupt_0() interrupt 0
    {
        unsigned int i;
        LED1 = !LED1;
        for (i=0;i<50;i++) delay(1000);
    }
    void External_Interrupt_1() interrupt 2
    {
        unsigned int i;
        LED2 = !LED2;
        for (i=0;i<50;i++) delay(1000);
    }
```

【题 7-12】 如果在语句 "EA = 1;" 前添加语句 "PX1 = 1;"，将会出现什么情况？

【答】 添加 "PX1 = 1;" 语句后，$\overline{INT0}$ 优先级低于 $\overline{INT1}$，因此，$\overline{INT1}$ 控制的发光二极管状态先发生变化，$\overline{INT0}$ 控制的后发生变化。

【仿真 7-4】 硬件连接如图 7-8 所示，要求当中断 0 产生时，D1 闪烁 5 次，周期为 1 s；当中断 1 产生时，D2 闪烁 5 次，周期为 600 ms。

把该程序分为 3 部分，即主程序、$\overline{INT0}$ 处理程序、$\overline{INT1}$ 处理程序。主程序主要完成中断初始化、D1 和 D2 初始状态、While(1)循环。因此，主程序代码如下：

```
    void main()
    {   LED1 = 1;                   //LED 初始状态
        LED2 = 1;
        TCON = 0x05;                //外部中断 0、1 设置为边沿触发方式
        EA = 1;                     //打开总中断开关
        EX0 = 1;                    //打开 INT0 中断
        EX1 = 1;                    //打开 INT1 中断
        while(1) ;
    }
```

接下来，分析 $\overline{INT0}$ 处理程序。$\overline{INT0}$ 处理程序主要完成 D1 闪烁和延时。D1 闪烁可以用语句"LED1 = !LED1;"来实现，延时用语句"DelayX1ms(500);"，闪烁 5 次用语句"for (i=0;i<10;i++)"来实现。因此，$\overline{INT0}$ 中断处理函数如下：

```
void External_Interrupt_0() interrupt 0
{
    unsigned int i;
    for (i=0;i<10;i++)
    {
        LED1 = !LED1;
        DelayX1ms(500);
    }
}
```

类似地，$\overline{INT1}$ 中断处理函数如下：

```
void External_Interrupt_1() interrupt 1
{
    unsigned int i;
    for (i=0;i<10;i++)
    {
        LED2 = !LED2;
        DelayX1ms(500);
    }
}
```

【题 7-13】 在 D1 闪烁过程中，按下 K1 会有什么现象？为什么？

【答】D1 会继续闪烁，直至闪烁 5 次结束后，D2 才开始闪烁。原因在于 $\overline{INT0}$、$\overline{INT1}$ 位于同一优先级。

【题 7-14】 在 D2 闪烁过程中，按下 K0 会有什么现象？为什么？

【答】 D1 会继续闪烁，直至闪烁 5 次结束后，D3 才开始闪烁。原因也是 $\overline{INT0}$、$\overline{INT1}$ 位于同一优先级。

看看下面几个问题将出现什么情况。

【题 7-15】 在仿真 7-4 的主程序中加入语句"PX0 = 1;"后，如果在 D1 闪烁过程中按下 K1，会有什么现象？为什么？

【答】 D1 会继续闪烁，直至闪烁 5 次结束后，D1 才开始闪烁。原因是 $\overline{INT0}$ 优先级高于 $\overline{INT1}$。

【题 7-16】 在仿真 7-4 的主程序中加入语句"PX0 = 1;"后，如果在 D2 闪烁过程中按下 K0，会有什么现象？为什么？

【答】 D1 会暂停，D2 开始闪烁，闪烁 5 次结束后，D1 继续闪烁。原因是 $\overline{INT0}$ 优先级高于 $\overline{INT1}$。

因此，可以得出结论：同一优先级的中断不会互相抢占，只有不同优先级的中断才有可能发生抢占的情况。

7.4　中　断　扩　展

　　单片机外部中断只有两个($\overline{INT0}$ 和 $\overline{INT1}$)，如果要使用多个外部中断，则需要进行中断扩展。外中断源的扩展方法有利用定时器/计数器、用中断和查询结合法两种方法。

　　在讲述定时器/计数器时，会讲述如何利用定时器/计数器扩展外部中断源。本节主要讲述如何利用中断和查询结合法来扩展中断源，这种扩展方法如图 7-10 所示。

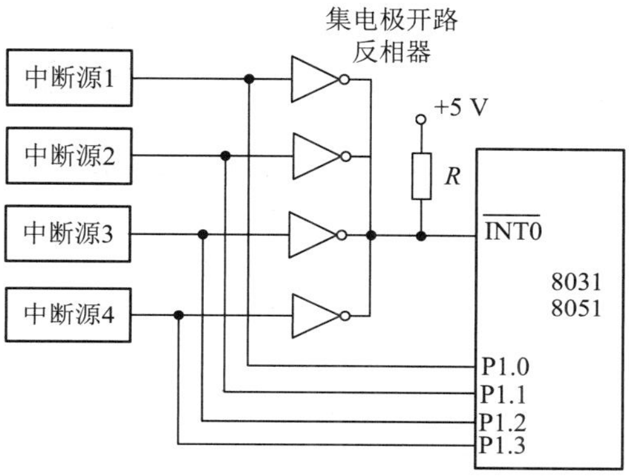

图 7-10　利用中断和查询结合法扩充外中断源

　　【仿真 7-5】　如果要扩展 8 个外部中断源，那么可以设计一个编码器，将 8 个优先级的外部接口结果编码送给单片机并行口。当几个输入信号同时出现时，只对其中优先权最高的一个进行编码。采用 74LS148 来进行编码，其真值表如表 7-2 所示，其中 "X" 表示无关紧要。

表 7-2　74LS148 真值表

输　　　　入									输　　　出				
EI	0	1	2	3	4	5	6	7	A2	A1	A0	GS	EO
1	X	X	X	X	X	X	X	X	1	1	1	1	1
0	1	1	1	1	1	1	1	1	1	1	1	1	0
0	X	X	X	X	X	X	X	0	0	0	0	0	1
0	X	X	X	X	X	X	0	1	0	0	1	0	1
0	X	X	X	X	X	0	1	1	0	1	0	0	1
0	X	X	X	X	0	1	1	1	0	1	1	0	1
0	X	X	X	0	1	1	1	1	1	0	0	0	1
0	X	X	0	1	1	1	1	1	1	0	1	0	1
0	X	0	1	1	1	1	1	1	1	1	0	0	1
0	0	1	1	1	1	1	1	1	1	1	1	0	1

表 7-2 中的 GS(Group Select)为组选择，任意合上一个按键，都将在 GS 引脚输出低电平；EO(Enable Output Group Select)为输出使能。在扩展的 8 个端口中，优先级最高的输入是引脚 P0.7，最低的是引脚 P0.0。

利用中断和查询结合法扩展中断的仿真电路如图 7-11 所示。其中，8 个开关控制 8 个 LED。中断触发后，中断例程通过读取 A2、A1、A0 的状态，来判断是哪一路开关触发中断。当有按键按下时，$\overline{INT0}$ 为低，再有高优先级的按键按下时，仍为低，因此须采用电平触发方式。

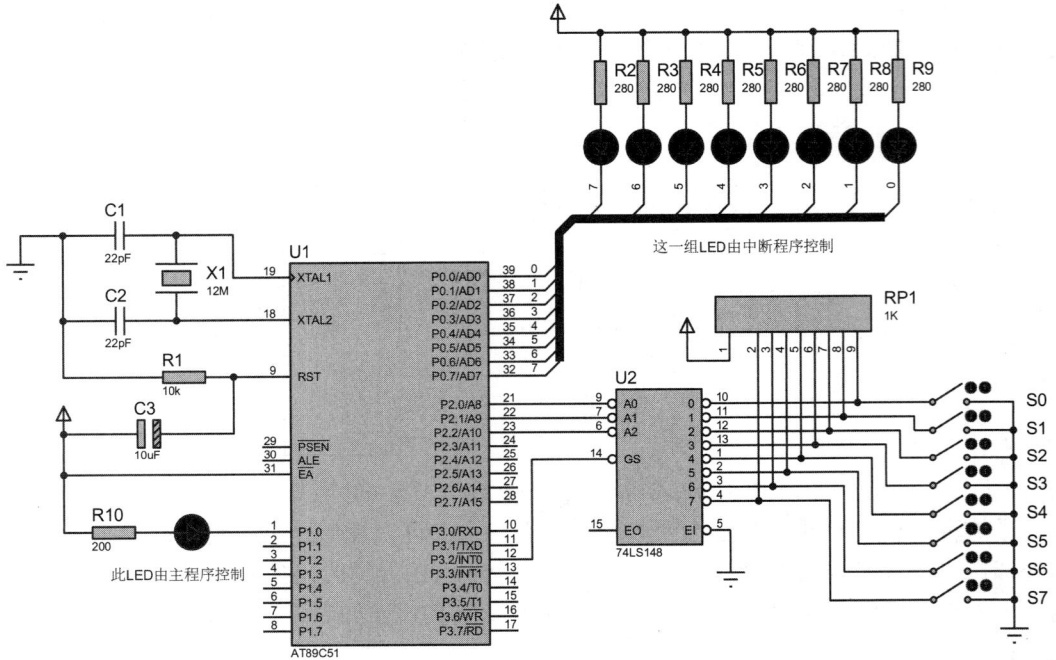

图 7-11　利用中断和查询结合法扩展中断的仿真电路

在主程序中，要根据键值点亮相应的 LED，首先要使用语句"uchar bi=P2&0x07;"读出相应的键值，再使用语句"P0=_cror_(0x7f,bi);"点亮相应的 LED。这里 _cror_ 为循环右移函数，示例如下：

```
#include<intrins.h>
temp=0xfe                //0xfe 即 11111110B
temp=_cror_(temp,1)      //temp 变为 01111111B
temp=_cror_(temp,1)      //temp 变为 10111111B
temp=_cror_(temp,1),     //temp 变为 11011111B
```

中断处理程序如下：

```
void EX_INT0() interrupt 0
{
    uchar bi=P2&0x07;        //按键值
    P0=_cror_(0x7f,bi);      //循环右移
}
```

主程序如下：

```
void main()
{
    uint i;
    IE=0x81;
    IT0=0;
    while(1)
    {
        if(INT0==1) P0=0xff;        // INT0 为 1(即 GS 为 1)，无按键合上，关闭 LED
    }
}
```

采用上述方式，可以扩展 16 个、32 个、64 个或更多个优先级中断。图 7-12 为一个扩展了 64 个中断的连接方式图。

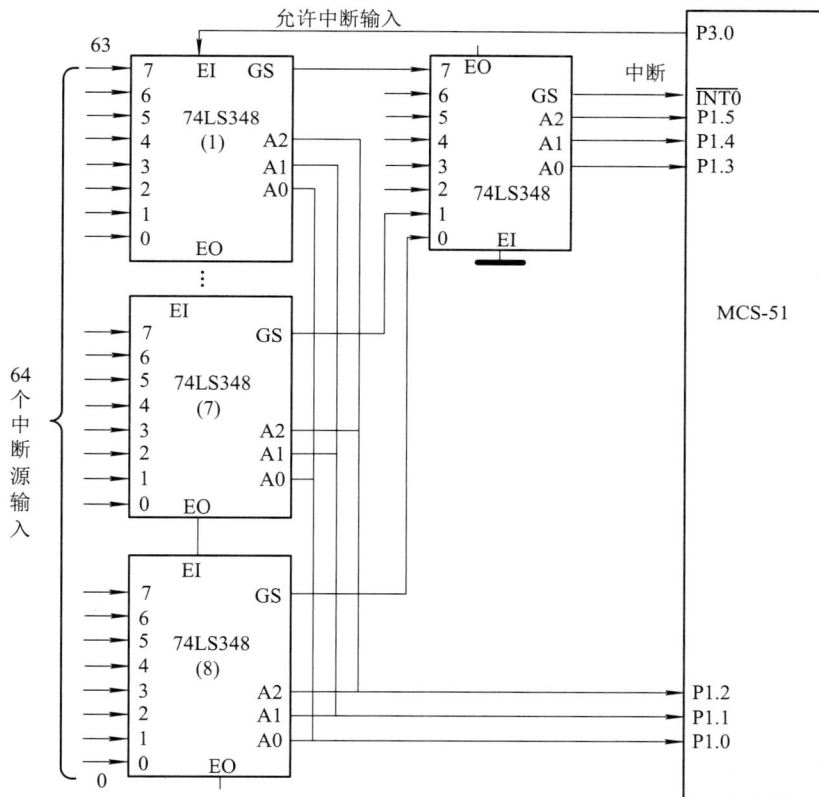

图 7-12　扩展 64 个外部中断的连接方式

小　　结

本章全面讨论了 MCS-51 系列单片机的中断系统，包括中断的基本概念、必要性、相关重要概念以及在 89C51 中的具体实现。首先解释了中断的概念以及中断的优势，这为理解中断机制奠定了基础。随后，详细介绍了 89C51 单片机中的中断系统结构，包括不同的中断源、中断控制机制如中断允许寄存器(IE)和 TCON 的作用，以及如何在实际应用中配置和使用中断。此外，还探讨了中断的优先级控制，解释了如何设置中断优先级以处理多个中断的竞争情况。最后，讲述了中断系统的扩展，说明了如何在更复杂的系统中实现高效的中断管理。这一章不仅详细介绍了中断的理论和实践，还提供了实际操作的指导，使读者能够更好地理解并利用 MCS-51 系列单片机的中断功能来优化微控制器的应用。

习　　题

一、单选题

1. 中断的基本功能是(　　)。

A. 增加程序的执行时间　　　　　　　　B. 允许程序顺序执行

C. 响应外部或内部事件　　　　　　　　D. 减少 CPU 的使用

2. 在 MCS-51 系列单片机中，可以触发中断的是(　　)。

A. 仅外部设备　　　　　　　　　　　　B. 仅内部定时器

C. 外部设备和内部定时器　　　　　　　D. 仅软件

3. 89C51 单片机的中断系统不包括的元素是(　　)。

A. 中断源　　　　　　　　　　　　　　B. 中断优先级控制

C. 中断服务程序　　　　　　　　　　　D. 中断关闭指令

4. 中断优先级控制的主要作用是(　　)。

A. 确定哪个中断最先被执行　　　　　　B. 增加中断的速度

C. 减少中断的数量　　　　　　　　　　D. 提高程序的效率

5. 下列寄存器中不是用于 89C51 中断控制的是(　　)。

A. IE　　　　　　B. IP　　　　　　C. TCON　　　　　　D. PCON

6. 在 89C51 中应用中断的方法是(　　)。

A. 通过硬件自动控制　　　　　　　　　B. 通过软件编程设置

C. 无须设置，自动应用　　　　　　　　D. 通过外部工具配置

7. 在 MCS-51 系列单片机中，不是由中断服务例程完成的动作是(　　)。

A. 保存当前任务状态　　　　　　　　　B. 执行中断处理

C. 恢复任务状态　　　　　　　　　　　D. 初始化外部设备

8. 中断服务程序应该尽可能是(　　)。

A. 复杂且功能丰富　　　　　　　　　　B. 长且详细

C. 短且高效　　　　　　　　　　　　　D. 简单且缓慢

9. 下列描述中，正确解释了中断扩展概念的是(　　)。

A. 增加更多的中断源　　　　　　　　　B. 扩展中断服务程序

C. 增加中断处理时间　　　　　　　　　D. 减少中断优先级

10. 在 89C51 中，中断允许寄存器 IE 的作用是(　　)。

A. 禁用所有中断　　　　　　　　　　B. 配置特定中断的优先级

C. 允许或禁用特定的中断　　　　　　D. 确定哪个中断先执行

11. 如果需要关闭所有的中断，可以使用_____；如果需要关闭外部中断 1 而开放其他中断，则令_____。(　　)

A. ES=0；ES=1，EX1=1　　　　　　B. EA=0；EA=1，ET1=1

C. ES=0；ES=1，ET1=1　　　　　　D. EA=0；EA=1，EX1=1

二、多选题

1. 在 89C51 单片机中，可能的中断源有(　　)。

A. 外部中断 0　　　　　　　　　　　B. 外部中断 1

C. 定时器/计数器 T0　　　　　　　　D. 串行端口

2. 在设置 89C51 中断系统时，需被配置的寄存器是(　　)。

A. IE(中断允许寄存器)　　　　　　　B. TCON(定时器/计数器控制寄存器)

C. IP(中断优先级寄存器)　　　　　　D. ACC(累加器)

3. 下列关于中断控制的描述，正确的是(　　)。

A. 中断允许寄存器(IE)用于启用或禁用中断

B. TCON 包含控制和状态位，用于定时器/计数器和外部中断

C. 中断优先级寄存器(IP)用于设置中断的优先级顺序

D. PSW 用于直接设置中断优先级

4. 在编写中断服务例程时，推荐的实践是(　　)。

A. 尽可能保持代码简短和高效　　　　B. 在中断服务例程中使用复杂的逻辑

C. 保存和恢复影响的寄存器　　　　　D. 最小化对全局变量的访问

5. 关于中断系统的应用，下列描述正确的是(　　)。

A. 中断可以用来响应外部事件，如按钮按下

B. 中断用于处理内部错误状态，如溢出

C. 中断通常用于执行后台任务

D. 中断应该用于执行长时间操作

6. 下列说法正确的是(　　)。

A. 同一级别的中断请求按时间的先后顺序响应

B. 同一时间同一级别的多中断请求，将形成阻塞，系统无法响应

C. 低优先级中断请求不能中断高优先级中断请求，但是高优先级中断请求能中断低优先级中断请求

D. 同级中断不能嵌套

三、判断题

1. 中断系统允许微控制器响应突发事件。　　　　　　　　　　　　(　　)

2. 所有类型的中断在 89C51 中都有相同的优先级。　　　　　　　　(　　)

3. 中断可以被嵌套处理。　　　　　　　　　　　　　　　　　　　(　　)

4. 使用中断可能会降低系统的整体效率。　　　　　　　　　　　　(　　)

5. IE 中的每一位代表一个特定的中断源的启用状态。　　　　　　（　　）

6. 在中断服务程序中执行复杂的任务是推荐的做法。　　　　　　（　　）

7. 中断优先级寄存器(IP)用于禁用或启用中断。　　　　　　　　（　　）

8. 外部中断可以通过设置 TCON 进行配置。　　　　　　　　　　（　　）

9. 在 MCS-51 系列单片机中，中断仅由外部事件触发。　　　　　（　　）

10. 中断服务程序不能访问全局变量。　　　　　　　　　　　　　（　　）

四、填空题

1. MCS-51 系列单片机提供了三类中断源，即＿＿＿＿＿＿＿＿、＿＿＿＿＿＿＿＿和＿＿＿＿＿＿＿＿。

2. 单片机中断的作用有＿＿＿＿＿＿＿＿、＿＿＿＿＿＿＿＿、＿＿＿＿＿＿＿＿。

3. 能引起中断的事件称为＿＿＿＿，CPU 现行运行程序称为＿＿＿＿，处理随机事件的程序称为＿＿＿＿。

4. 从中断优先级控制来讲，每个中断请求源均可编程为＿＿＿＿＿＿＿＿＿＿和＿＿＿＿＿＿＿＿。

5. 89C51 有＿＿＿＿＿＿中断优先级。

6. 当 IT1＝0 时，外部中断 1 为＿＿＿＿触发方式；当 IT1＝1 时，外部中断 1 为＿＿＿＿触发方式。

五、简答题

1. 简述中断系统的作用。

2. 如何设置和使用 89C51 的中断允许寄存器(IE)?

3. 简述中断优先级控制在 MCS-51 系列单片机中的重要性及其配置方式。

08

第 8 章　定时器/计数器的原理与应用

本章主要讲述单片机定时器/计数器的基础知识和应用,定时器/计数器在单片机中具有非常重要的意义,通过定时器/计数器可以产生精确的定时间隔和时序,也可以对外部脉冲进行计数等。通过对本章的学习,读者能够熟悉单片机定时器/计数器的内部结构、掌握与单片机定时器/计数器相关的各寄存器、定时器的四种工作模式以及通过定时器/计数器进行中断扩展的方法,以便熟练应用单片机定时器/计数器进行编程。

8.1　单片机定时器/计数器的结构

数字电路中的计数器如图 8-1 所示,计数器一般是在时钟的驱动下,不断累加,当结果超过位数的限制时,产生溢出。同时,计数器一般还具有初始值装载功能,即在信号的控制下,装入计数的起始值。

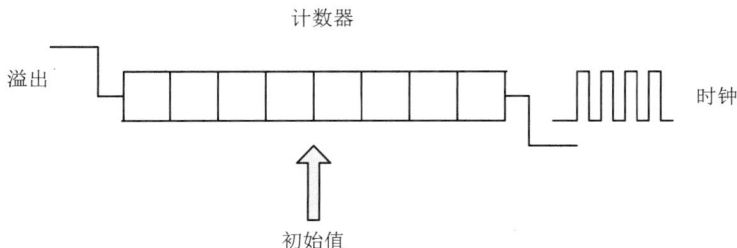

图 8-1　数字电路中的计数器

单片机中定时器/计数器的结构如图 8-2 所示。从图 8-2 中可以看出,其核心是 16 位的加 1 计数器，定时器/计数器 T0(Timer 0)由 TH0(Timer 0 High)和 TL0(Timer 0 Low)构成，定时器/计数器 T1 由 TH1 和 TL1 构成。计数器可对外部输入脉冲计数，也可以对内部的时钟周期进行计数，而定时器可产生中断。

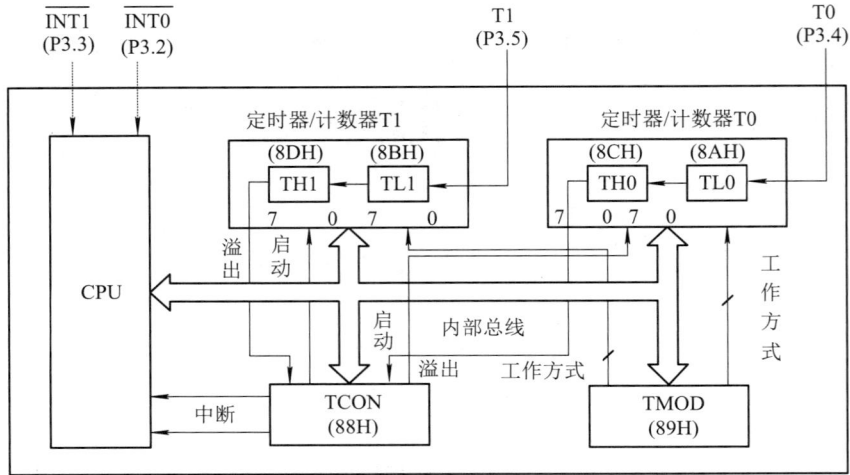

图 8-2   单片机定时器/计数器的结构

【题 8-1】 假设 TL0 为 8 位，T0 与 TH0 和 TL0 有什么样的数学关系？

【答】 $T0 = TH0 \times 256 + TL0$，$TH0 = T0/256$，$TL0 = T0 \% 256$。

【题 8-2】 假设 TL0 为 5 位，T0 与 TH0 和 TL0 有什么样的数学关系？

【答】 $T0 = TH0 \times 32 + TL0$，$TH0 = T0/32$，$TL0 = T0 \% 32$。

单片机的定时器/计数器具有两种功能，即定时功能和计数功能。定时功能是对机器周期的个数进行计数，从初始值开始累加，溢出时产生中断。此时，定时器/计数器对 89C51 片内振荡器输出经 12 分频后的脉冲进行计数，即在初始值基础上每个机器周期使定时器/计数器(T0 或 T1)的数值加 1 直至计满溢出。计数功能则是对外部输入脉冲的个数从初始值开始累加，溢出时产生中断，此时通过引脚 T0(P3.4)和 T1(P3.5)对外部脉冲信号计数。当输入脉冲信号产生由 1 至 0 的下降沿时计数器的值加 1，为了确保某个电平在变化之前被采样一次，要求电平保持时间至少是一个完整的机器周期。单片机的定时器/计数器由 TMOD(Timer/Counter Mode Control Register，定时器/计数器模式控制寄存器)和 TCON 所控制。因此，定时器/计数器工作不占用 CPU 时间，除非定时器/计数器溢出，才能中断 CPU 的当前操作。

【题 8-3】 当 89C51 采用 12 MHz 晶振时，计数频率为多少？

【答】 一个机器周期为 1 μs，计数频率为 1 MHz。

【题 8-4】 定时器/计数器对外部脉冲计数时，最高计数频率与振荡频率有什么关系？

【答】 CPU 检测一个 1 至 0 的跳变需要两个机器周期，故最高计数频率为振荡频率的 1/24。

【题 8-5】当 89C51 采用 12 MHz 晶振时，所能计数的外部引脚输入频率最大为多少？

【答】　最高计数频率为振荡频率的 1/24，因此所能计数的最大外部引脚输入频率为 500 kHz。

【题 8-6】　如何利用定时器/计数器进行外部中断扩展？

【答】　由于定时器/计数器溢出时会产生中断，因此，可以让定时器/计数器初始值为"溢出值−1"，当外部来一个脉冲时，就可以触发中断，进而将 2 个定时器/计数器中断扩展为 2 个外部中断。

8.2　定时器/计数器的控制

在嵌入式系统或微控制器编程中，定时器/计数器是一个至关重要的组件，利用它可以精确控制时间间隔，从而执行各种定时任务。本节将深入探讨定时器/计数器的控制机制，特别是如何通过设置 TMOD 和 TCON 来配置和管理定时器/计数器。了解这些寄存器的功能和设置，将有助于我们更好地利用定时器/计数器资源，实现高效且精确的定时功能。接下来，逐一介绍这两个寄存器的作用和配置方法。

8.2.1　定时器/计数器模式控制寄存器(TMOD)

TMOD 用于控制 T0 和 T1 的工作模式。特别注意的是，TMOD 不能按位寻址，只能用字节方式设置定时器/计数器的工作模式，低半字节设置 T0，高半字节设置 T1。在 89C51 系统复位时，TMOD 所有位被清 0。

单片机的定时器/计数器内部结构如图 8-3 所示。

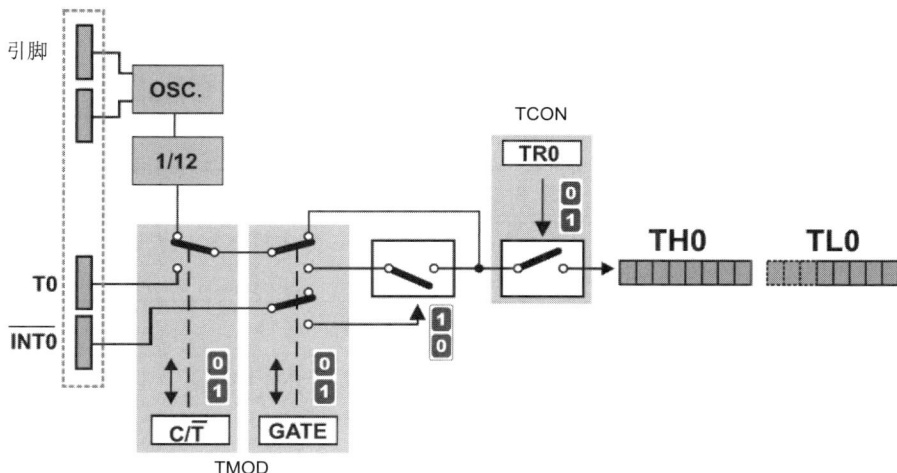

图 8-3　单片机的定时器/计数器内部结构

从图 8-3 中可以看出，$C/\overline{T}$ (Counter/ Timer)为计数器/定时器方式选择位。若 $C/\overline{T} = 0$，

则设置为定时方式。此时，定时器/计数器对 89C51 的片内脉冲进行计数。若 C/$\overline{\text{T}}$ = 1，则设置为计数方式。定时器/计数器的输入来自引脚 T0(P3.4)或 T1(P3.5)端的外部脉冲。GATE 为门控位，当 GATE = 0 时，只要用软件使 TR0(或 TR1)置 1 就可以启动定时器/计数器，而不管 $\overline{\text{INT0}}$(或 $\overline{\text{INT1}}$)的电平是高还是低。而当 GATE = 1 时，只有 $\overline{\text{INT0}}$(或 $\overline{\text{INT1}}$)引脚为高电平且由软件使 TR0(或 TR1)置 1 时，才能启动定时器/计数器工作。

TMOD 的构成及各位的含义如图 8-4 所示。其高四位用于控制 T1，低四位用于控制 T0。其中的 M1 和 M0 为定时器/计数器的操作模式控制位，它们可形成四种编码，对应于四种模式。单片机定时器/计数器的工作模式及描述如表 8-1 所示。

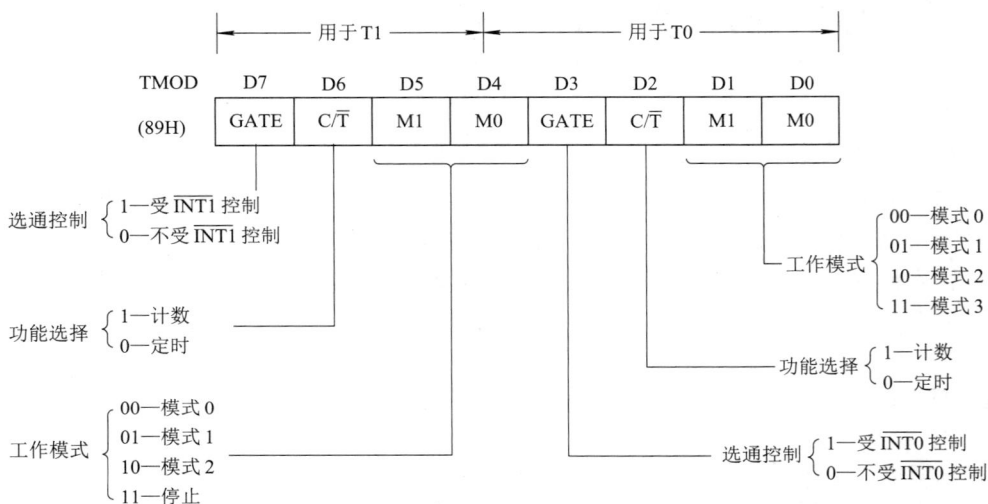

图 8-4　TMOD 的构成及各位的含义

表 8-1　单片机定时器/计数器的工作模式及描述

M1	M0	工作模式	功 能 描 述
0	0	模式 0	13 位计数器
0	1	模式 1	16 位计数器
1	0	模式 2	自动再装入 8 位计数器
1	1	模式 3	定时器/计数器 T0：分成两个 8 位计数器。 定时器/计数器 T1：停止

【题 8-7】 语句"TMOD = 0x01;"是什么含义？

【答】 上述语句表示：T1 工作于定时器模式，不受 $\overline{\text{INT1}}$ 控制，工作在模式 0；T0 工作于定时器模式，不受 $\overline{\text{INT0}}$ 控制，工作在模式 1。

8.2.2　定时器/计数器控制寄存器(TCON)

TCON 除可字节寻址以外，还可对每一位按位寻址。在 89C51 系统复位时，TCON 的所有位被清 0。根据单片机中断的内部结构可以知道，其中的 TF0 和 TF1 分别为 T0 和 T1 对应的中断标志位。其中，TF1 为 T1 溢出标志位，当 T1 溢出时，由硬件自动使中断触发器 TF1 置 1，并向 CPU 申请中断，当 CPU 响应中断进入中断服务程序后，TF1 被硬件自动清 0，也可以通过软件清 0。TF0 为 T0 溢出标志位，其功能和操作情况同 TF1。

　　TCON 与定时器/计数器相关的控制位及含义如图 8-5 所示。TR1 为 T1 运行控制位，可通过软件置 1(TR1=1)或清 0(TR1=0)来启动或关闭 T1 工作。在程序中，用命令"TR1=1"使 TR1 置 1，定时器/计数器 T1 便开始计数；用命令"TR1=0"使 TR1 清 0，定时器/计数器 T1 停止工作。TR0 为 T0 运行控制位，其功能和操作情况同 TR1。

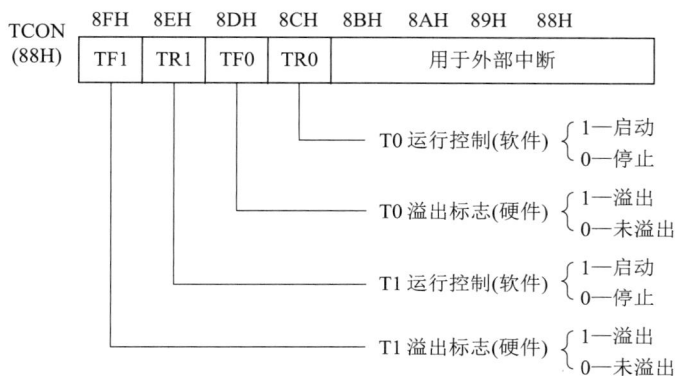

图 8-5　TCON 与定时器/计数器相关的控制位及含义

　　【题 8-8】　当定时器/计数器 T0 溢出时，哪个寄存器状态将会发生变化？

　　【答】　当 T0 溢出时，由硬件自动使中断触发器 TF0 置 1。

　　【题 8-9】　语句"TMOD = 0x01; TR0 = 1;"的含义是什么？

　　【答】上述语句表示：T1 工作于定时器模式，不受 $\overline{\text{INT1}}$ 控制，工作在模式 0；T0 工作于定时器模式，不受 $\overline{\text{INT0}}$ 控制，工作在模式 1；启动定时器/计数器 T0。

8.3　定时器/计数器的 4 种模式及应用

　　本节将深入探讨定时器/计数器的 4 种不同模式(模式 0、模式 1、模式 2 和模式 3)及其在实际应用中的具体使用。这些模式各具特色，能够满足不同的定时需求，从简单的延时控制到复杂的周期性任务调度，定时器/计数器都发挥着不可替代的作用。

8.3.1　模式 0 及其应用

　　在这种模式下，16 位寄存器(TH0 和 TL0)只用了 13 位。其中 TL0 的高 3 位未用，TL0 中剩余的 5 位为整个 13 位的低 5 位，TH0 占高 8 位。当 TL0 的低 5 位溢出时，向 TH0 进位；TH0 溢出时，向中断标志 TF0 进位(硬件置位 TF0)，并申请中断。定时器/计数器模式 0 的等效电路如图 8-6 所示。

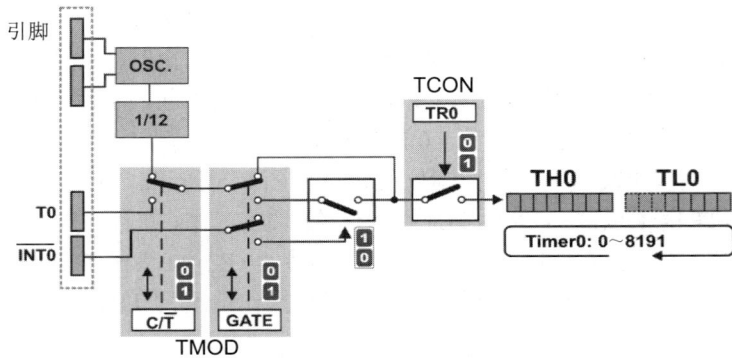

图 8-6　定时器/计数器模式 0 的等效电路

【题 8-10】　定时器/计数器在模式 0 所能计数的最大值是多少？

【答】　定时器/计数器在模式 0 所能计数的最大值为 $2^{13}-1$，即 8191。

【题 8-11】　定时器/计数器在模式 0 计数到多少时产生溢出中断？

【答】　在模式 0 条件下，当计数到 8191 时，下一个机器时钟下降沿来临，定时器/计数器会产生溢出中断。

【题 8-12】　在具有初值的情况下，定时器/计数器在模式 0 时多长时间产生溢出？

【答】　T=(8192-初值)×晶振周期×12 或 T=(8192-初值)×机器周期。

【题 8-13】　单片机外部接 12 MHz 晶振，定时器/计数器采用模式 0，则定时器/计数器最大定时时间为多少？

【答】　模式 0 用 13 位计时，机器周期为 1 μs，因此，最大定时时间为 2^{13}×机器周期，即 8.192 ms。

【题 8-14】单片机外部接 12 MHz 晶振，定时器/计数器采用模式 0，如何产生 1 s 的定时？

【答】模式 0 用 13 位计时，定时器/计数器最大定时时间为 8.192 ms。直接计时，达不到 1 s 的要求。可产生 5 ms 的定时，再由 5 ms 累计 200 次，从而产生 1 s 的定时。

【题 8-15】定时器/计数器工作于模式 0，若要产生 5 ms 的定时，计数初值如何选择？

【答】利用 $(2^{13}-$ 初值)×机器周期=5 ms，可以计算出初值为 $2^{13}-5000/1$。

【题 8-16】　定时器/计数器工作于模式 0，定时器初值为 $2^{13}-5000/1$，应如何设置 TH0和 TL0？

【答】　通过语句"TH0 = (8192-5000)/32; TL0 = (8192-5000)%32;"来进行设置。

【题 8-17】　如果使用中断处理 T0 溢出，应如何初始化中断？

【答】　使用语句"EA=1;ET0=1;"或"IE = 0x82;"初始化中断。

【题 8-18】　如果使用中断处理 T0 溢出，应如何定义中断处理函数？

【答】中断处理函数如下：

```
void Timer_Interrupt() interrupt 1
{
    ⋮
}
```

【仿真 8-1】　用单片机驱动一个发光二极管，闪烁周期为 1 s，振荡频率为 12 MHz。

发光二极管亮的时间为 500 ms，然后熄灭 500 ms，之后周期循环。由于模式 0 最大定时时间为 $2^{13} \times$ 机器周期，即 8.192 ms，达不到 500 ms 的要求。因此可以定时产生 5 ms 的中断，再根据此中断累加 100 次达到 500 ms。

该仿真电路如图 8-7 所示。在单片机最小系统的基础上，添加了一个 LED。

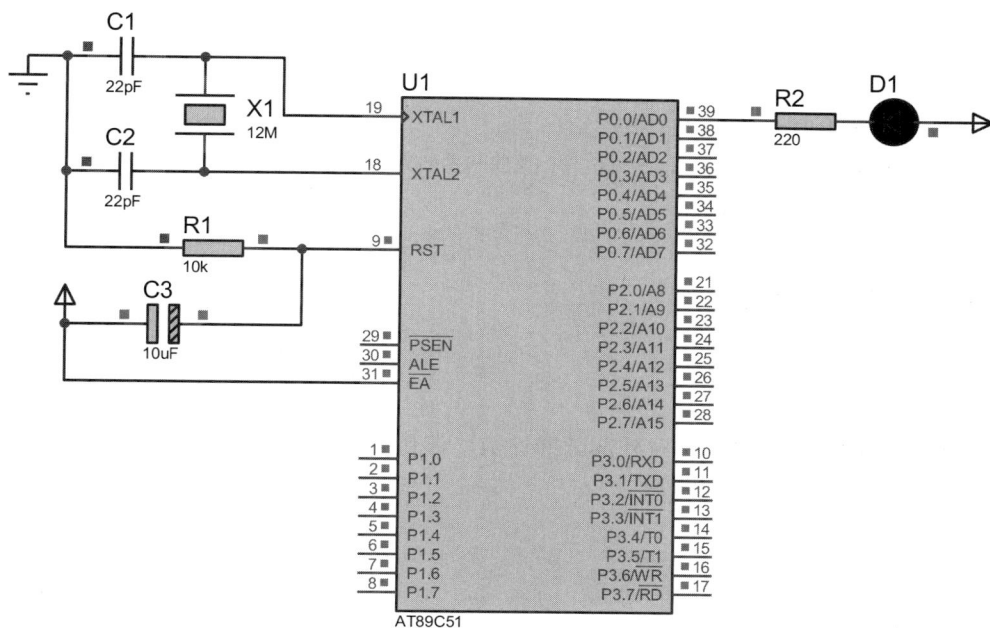

图 8-7　通过定时器/计数器使 LED 闪烁的仿真电路

由于需要根据机器时钟产生精确的定时，因此应工作于 Timer(定时)模式。定时器/计数器不需要 $\overline{\text{INT0}}$ 来控制。

相关程序代码如下：

```
#include<AT89X51.h>
sbit LED = P0^0;
unsigned char T_Count = 0;
void main()
{
//设置定时器/计数器工作在模式 0，且不受 INT0 控制，工作于定时状态
TMOD = 0x00;
//根据初值设置 TH0 和 TL0
TH0 = (8192-5000)/32;
TL0 = (8192-5000)%32;
//初始化中断
IE = 0x82;
//启动定时器/计数器 T0
```

```
    TR0 = 1;
    while(1) ;
}
//定义 T0 中断处理函数
void Timer_Interrupt() interrupt 1
{
    //定时器/计数器初值初始化
    TH0 = (8192-5000)/32;
    TL0 = (8192-5000)%32;
    // 5 ms 累加产生 500 ms，500 ms 时 LED 状态翻转
    if(++T_Count == 100)
    {
        LED = !LED;
        T_Count = 0;
    }
}
```

【仿真 8-2】 使用单片机对外部脉冲计数，该仿真电路如图 8-8 所示。

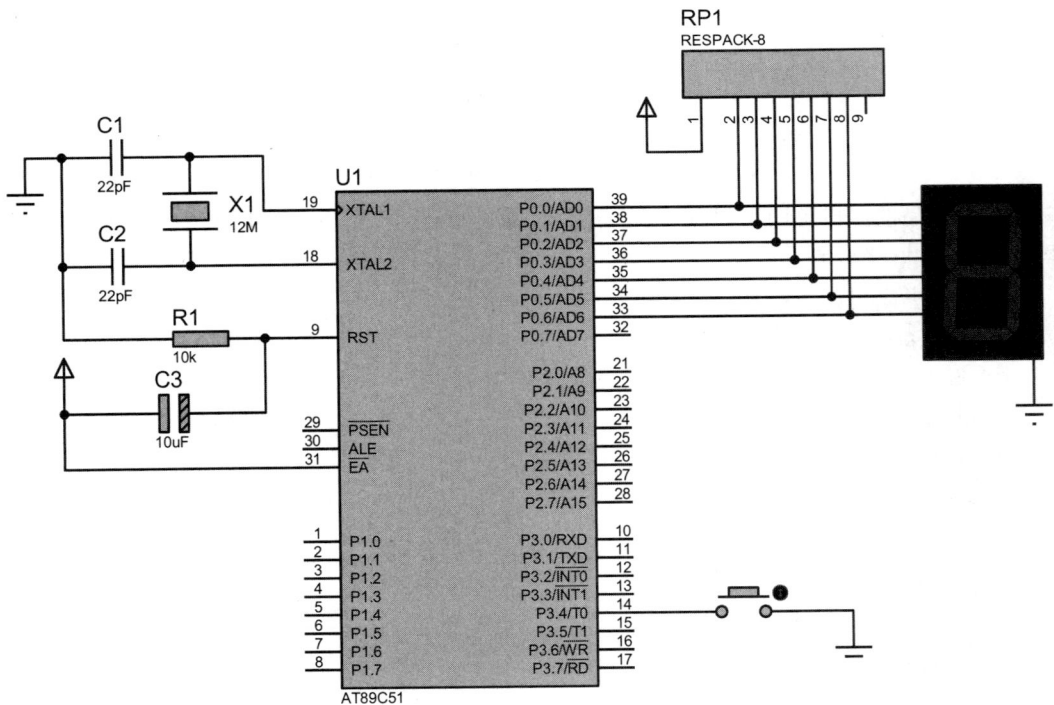

图 8-8   通过数码管显示按键次数的仿真电路

使用定时器/计数器 T0，它工作于模式 0，使用外部计数模式；并且使用一个数码管，

其显示内容为 0～9。相关程序代码如下：

```
void main()
{
    unsigned char i = 0;
    TMOD = 0x04;        //初始化定时器/计数器 T0，工作于计数模式、模式 0，不受 INT0 控制
    TR0 = 1;            //开始计数
    P0 = 0x00;
    while(1)
    {
        P0 =~ Disp[i];
        i = (TL0)%10;   //TL0 内保存了按键次数，只有一个数码管，故 0～9 循环
    }
}
```

【仿真 8-3】　在上一个仿真的基础上，利用 T0 和 T1 进行外部中断扩展。这里我们添加几个 LED，主任务让 D5 一直闪烁，$\overline{INT0}$ 中断发生时让 D1 闪烁 5 次，$\overline{INT1}$ 中断发生时让 D2 闪烁 5 次，T0 中断发生时让 D3 闪烁 5 次，T1 中断发生时让 D4 闪烁 5 次。4 个按键分别对应了 4 个外部中断，即 $\overline{INT0}$ 中断、$\overline{INT1}$ 中断以及 T0 和 T1 扩展的外部中断。该仿真电路如图 8-9 所示。

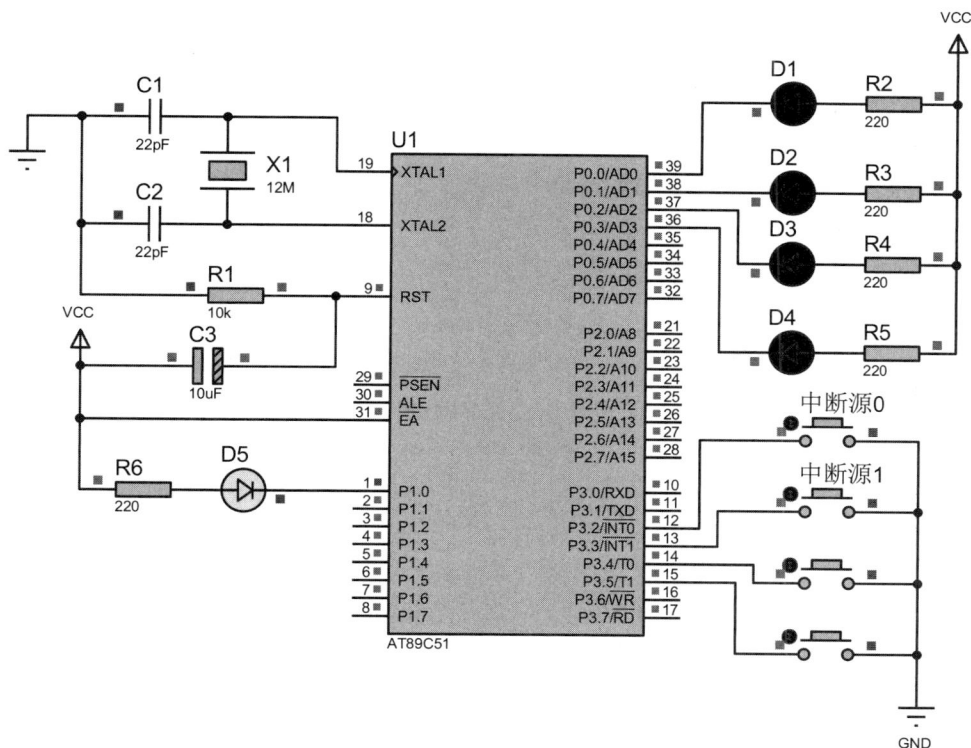

图 8-9　利用定时器/计数器扩展中断仿真电路

要实现 T0 一次外部脉冲就触发中断(产生定时器/计数器溢出中断)，初始值应使用语句
"TH0 = (8192-1)/32; TL0 = (8192-1)%32;" 来计算；要实现 T0、T1 外部中断触发，T0、T1
应工作于计数模式，用 C 语言描述为 "TMOD = 0x44;"；T0 对应的中断处理函数可定义为
"void External_Interrupt_t0() interrupt 1"；T0 溢出中断处理函数中应包含定时器/计数器初
始化、LED 闪烁控制；程序应包含主函数、4 个中断处理函数，主程序完成中断初始化、
定时器/计数器初始化、定时器/计数器开始、while(1)循环等功能。综上所述，主程序和各
个中断处理子程序如下：

```
void main()
{
    LED0 = 1;LED1 = 1;LED2 = 1;LED3 = 1;  //LED 初始状态为熄灭
    //T0 和 T1 初始化
    TMOD = 0x44;TH0 = (8192-1)/32;TL0 = (8192-1)%32;
    TH1 = (8192-1)/32;  TL1 = (8192-1)%32;
    IT0 = 1;  IT1 = 1;    // INT0 和 INT1 初始化
    //初始化中断
    EA = 1;              //打开总中断开关
    EX0 = 1;             //打开 INT0 中断
    EX1 = 1;             //打开 INT1 中断
    ET1 = 1;             //打开 T1 中断
    ET0 = 1;             //打开 T0 中断
    PX0 = 1;             //初始化中断优先级

    TR0 = 1;  TR1 = 1;        //T0 和 T1 开始工作
    //主任务
    while(1)
    {
        LED4 = !LED4;
        DelayX1ms(100);
    }
}

// INT0 中断处理函数
void External_Interrupt_0() interrupt 0
{   unsigned int i;
    for (i=0;i<10;i++)
    {
        LED0 = !LED0;
        DelayX1ms(200);
```

```
        }
    }
    // INT1 中断处理函数
    void External_Interrupt_1() interrupt 2
    {   unsigned int i;
        for (i=0;i<10;i++)
        {
            LED1 = !LED1;
            DelayX1ms(400);
        }
    }
    //T0 中断处理函数
    void External_Interrupt_t0() interrupt 1
    {   unsigned int i;
        TH0 = (8192-1)/32;
        TL0 = (8192-1)%32;
        for (i=0;i<10;i++)
        {
            LED2 = !LED2;
            DelayX1ms(300);
        }
    }
    //T1 中断处理函数
    void External_Interrupt_t1() interrupt 3
    {   unsigned int i;
        TH1 = (8192-1)/32;
        TL1 = (8192-1)%32;
        for (i=0;i<10;i++)
        {
            LED3 = !LED3;
            DelayX1ms(500);
        }
    }
```

8.3.2　模式 1 及其应用

定时器/计数器模式 1 的等效电路如图 8-10 所示。与模式 0 类似，只是模式 1 的定时器/计数器为 16 位。

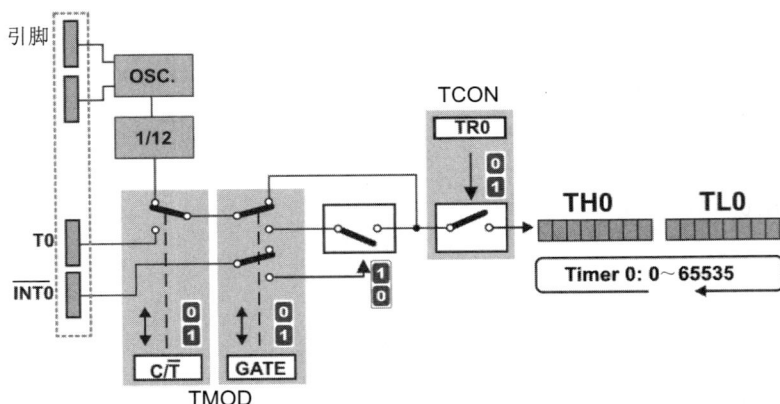

图 8-10   定时器/计数器模式 1 的等效电路

【题 8-19】   在具有初值的情况下，定时器/计数器在模式 1 时多长时间产生溢出？

【答】 T=(65536-初值)×晶振周期×12 或 T=(65536-初值)×机器周期。

【题 8-20】   若单片机外部接 12 MHz 晶振，定时器/计数器采用模式 1，则定时器/计数器最大定时时间为多少？

【答】   定时器/计数器在模式 1 时用 16 位计时，机器周期为 1 μs，$2^{16}×$ 机器周期为 65.536 ms。

【仿真 8-4】   设计流水灯，使其每隔 200 ms 滚动一次，该仿真电路如图 8-11 所示。

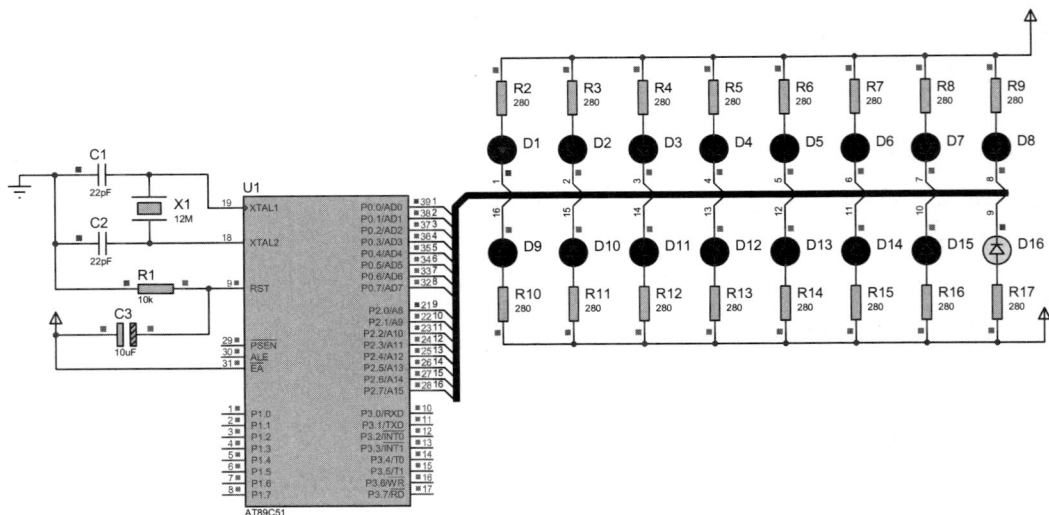

图 8-11   单片机控制流水灯仿真电路

模式 1 的最大定时为 $2^{16}×$ 机器周期，即 65.536 ms，无法满足 200 ms 的定时要求，因此同模式 0 的仿真实例一样，通过另外一个定时器/计数器来进行累加。首先产生 40 ms 的定时，根据公式($2^{16}-$初值)×机器周期=40 ms，可得初值为 $2^{16}-40000$。相关程序代码如下：

```
#include<AT89X51.h>
#include<intrins.h>
void main()
```

```
    {
        unsigned char T_Count = 0;
        P0 = 0xFE;
        P2 = 0xFE;
        TMOD = 0x01;
        TH0 = (65536 - 40000)/256;
        TL0 = (65536 - 40000)%256;
        TR0 = 1;

        while(1)
        {
            if (TF0 == 1)
            {
                TF0 = 0;
                TH0 = (65536 - 40000)/256;
                TL0 = (65536 - 40000)%256;
                if(++T_Count == 5)
                {   P0 = _crol_(P0,1);
                    P2 = _crol_(P2,1);
                    T_Count = 0;
                }
            }
        }
    }
```

上面的代码中，没有使用中断处理函数，而是根据 "TF0 == 1" 来判断 T0 是否发生了溢出，此时并没有硬件将其清零，因此需要在后续添加清零语句 "TF0 =0;"。

同时，也可以采用中断的方法来完成该仿真。使用中断模式，相关程序代码如下：

```
#include<AT89X51.h>
#include<intrins.h>
unsigned char T_Count = 0;
void main()
{
    P0 = 0xFE;
    P2 = 0xFE;
    TMOD = 0x01;
    IE = 0x82;
    TH0 = (65536 - 40000)/256;
    TL0 = (65536 - 40000)%256;
    TR0 = 1;
```

```
    while(1) ;
}
void Interrput_handle() interrupt 1
{
    TH0 = (65536 - 40000)/256;
    TL0 = (65536 - 40000)%256;
    if(++T_Count == 5)
    {
        P0 = _crol_(P0,1);
        P2 = _crol_(P2,1);
        T_Count = 0;
    }
}
```

若要改成两个灯亮，并不断循环，则只需要改动以下几条语句：

```
P0 = 0xFC;
P2 = 0xFC;
P0 = _crol_(P0,2);
P2 = _crol_(P2,2);
```

8.3.3　模式 2 及其应用

在模式 2 中，TL0 计数溢出时，不仅使溢出中断标志位 TF0 置 1，而且还自动把 TH0 中的内容重新装载到 TL0 中。因此，TL0 用作 8 位计数器，TH0 用以保存初值。使用该模式可省去软件中重装初始值的语句，并可产生相当精确的定时时间，适合于作串行口波特率发生器等应用。定时器/计数器模式 2 的等效电路如图 8-12 所示。

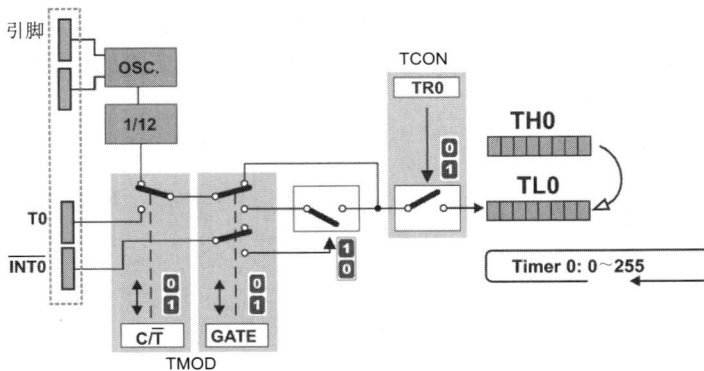

图 8-12　定时器/计数器模式 2 的等效电路

【仿真 8-5】　设计流水灯，使其每隔 200 ms 滚动一次。(采用模式 2 来实现)

原理图与上一个仿真相同。由于模式 2 只能 8 位计数，所以定时器的最大定时时间为 $2^8 \times$ 机器周期，也就是 $256 \times 1\,\mu s$，即 $256\,\mu s$，可以先用模式 2 产生 $200\,\mu s$ 的中断，再累加

1000 次达到 200 ms。相关程序代码如下：

```
#include<AT89X51.h>
#include<intrins.h>
unsigned int T_Count = 0;
void main()
{
    P0 = 0xFE;
    P2 = 0xFE;
    TMOD = 0x02;
    IE = 0x82;
    TH0 = (256-200);
    TL0 = (256-200);
    TR0 = 1;
    while(1) ;
}
void Interrput_handle() interrupt 1
{
    if(++T_Count == 1000)
    {
        P0 = _crol_(P0,1);
        P2 = _crol_(P2,1);
        T_Count = 0;
    }
}
```

从本仿真中可以看出，在中断处理函数里面，省去了装载初始值的语句，系统会自动将 TH0 中的值作为初始值来使用。

8.3.4　模式 3 简介

当 T0 设置为模式 3 时，TL0 和 TH0 被分成两个相互独立的 8 位计数器。新的计数器 TL0 用原 T0 的各控制位、引脚和中断源，即 C/$\overline{T}$、GATE、TR0、TF0、T0(P3.4)引脚、$\overline{INT0}$(P3.2)引脚。新的计数器 TL0 可工作在定时器方式和计数器方式，其功能和操作与模式 0、模式 1 相同，只是位宽为 8 位，定时器/计数器 T0 的各控制位和引脚信号全归它使用。TH0 就没有那么多"资源"可利用了，只能作为简单的定时器使用，而且由于定时器/计数器 T0 的控制位已被 TL0 占用，因此只能借用定时/计数器 T1 的控制位 TR1 和 TF1，也就是以计数溢出去置位 TF1，TR1 则负责控制 TH0 定时的启动和停止。因此，新的计数器 TH0 占用了定时器/计数器控制位 TR1 和 T1 的中断标志 TF1，其启动和关闭仅受 TR1 的控制。

定时器/计数器模式 3 的等效电路如图 8-13 所示。从此图中可以看出，TL0 类似于前几种模式的 T0，原来控制 T0 的寄存器，此时则控制 TL0，而 TH0 没有外部计数功能，只能通过内部时钟来产生定时，也没有 GATE 的门控功能。

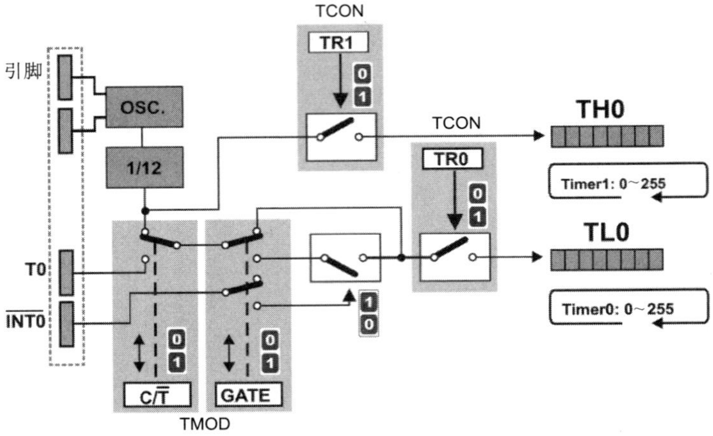

图 8-13　定时器/计数器模式 3 的等效电路

需要注意的是，此时定时器/计数器 T1 没有 SFR 控制，也不能产生溢出中断，但 T1 此时可用于其他不需产生中断的定时场合，例如作为波特率发生器或作为定时器/计数器被软件查询。由于此时 T1 的 TR1 归 TH0 所用，因此 T1 将自动工作。如果需要停止 T1 工作，可以将控制 T1 的 M1 和 M0 均设置为 1(T1 的模式 3，即当定时器/计数器 T1 设置为工作模式 3 时，T1 将停止工作)。

在这种情况下，定时器/计数器 T1 通常作为串行口的波特率发生器使用，以确定串行通信的速率，因为 TF1 被定时器/计数器 T0 借用了，只能把计数溢出直接送给串行口。当作波特率发生器使用时，只需设置好工作方式，即可自动运行。如果要停止它的工作，需送入一个把它设置为模式 3 的模式控制字即可，这是因为定时器/计数器本身就不能工作在模式 3，如果硬把它设置为模式 3，它自然会停止工作。

因此，当系统需要用定时器/计数器 T1 来产生波特率，而又同时需要两个定时器/计数器时，这种工作方式十分有用。

综上所述，对于模式 3 的总结如下：

(1) 在模式 3 模式下，定时器/计数器 T0 可以构成两个定时器。

(2) 在模式 3 模式下，定时器/计数器 T0 可以构成一个定时器和一个计数器。

(3) 在模式 3 模式下，定时器/计数器 T0 构成一个 8 位 TH0 和一个 8 位 TL0，并且 TH0 的控制方式与正常情况有所不同，它借用了 T1 的部分控制资源。

(4) 当 T0 工作于模式 3 时，TH0 不能用作计数器。

(5) 当 T0 工作在模式 3 时，由于 TH0 占用了 T1 的 TR1 和 TF1 控制位，此时 T1 不能使用 TR1 来启动。

(6) 当 T0 工作于模式 3 时，要使 T1 停止工作只有将其置于模式 3。

8.4　定时器/计数器应用

在使用定时器/计数器时，首先要对其进行工作模式的设置，接下来进行初始值赋值，然后设置是否开启中断，最后让定时器/计数器开始运行起来。如果采用查询方式控制定时器/计数器，还需要判断 TF0(TF1)。使用定时器/计数器的具体过程如下：

(1) 通过设置 TMOD 确定并设定定时器工作模式。

(2) 通过设置 TH0、TL0、TH1、TL1 来设置定时器/计数器初值。

(3) 通过设置 ET0(ET1)、EA 或通过 IE 来开启定时器/计数器中断。

(4) 通过 TR0、TR1 来启动定时器/计数器。

(5) 编写定时器/计数器中断处理函数或查询处理函数。在中断处理函数中，需要重新对初始值进行赋值，如果采用查询处理方式，还需要清空 TF0 或 TF1。

【仿真 8-6】 定时器/计数器 T0 采用模式 1 在 P1.0 上产生周期为 2 s 的方波，晶振频率为 12 MHz。

单片机定时器的一个典型例子就是脉冲信号发生器，通过定时器，在单片机的引脚上输出脉冲信号。该仿真电路如图 8-14 所示，直接在 P1.0 端口连接一个示波器，通过虚拟示波器来查看该引脚的输出。

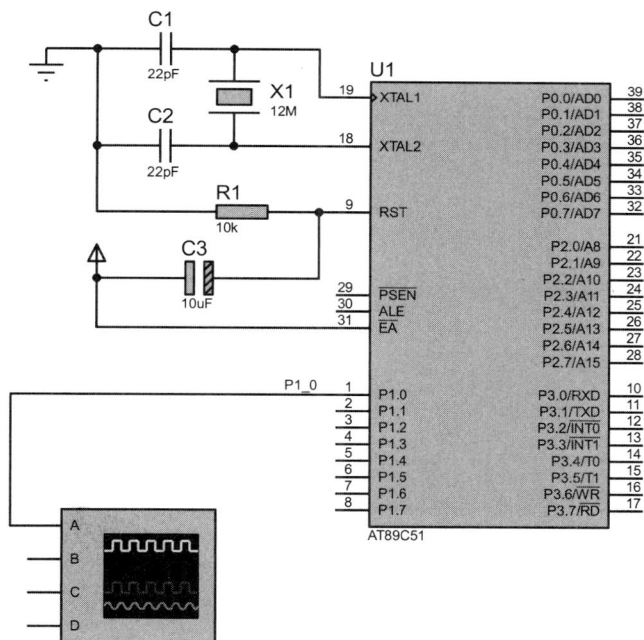

图 8-14 产生方波的仿真电路

该仿真的核心在于产生 1 s 的定时，每次定时达到时，让 P1.0 引脚的输出改变一次。模式 1 的最大定时时间为 $65\,536 \times 1\,\mu s$，即 65.536 ms，此时选择定时 T 为 50 ms，定时器初始值为 $65\,536 - 50\,000$，分别设置高 8 位和低 8 位，语句为 "TH0 = $(65\,536 - 50\,000)/256$；TL0 = $(65\,536 - 50\,000)\%256$；"。因此，编写程序代码如下：

```c
#include <reg51.h>
sbit P1_0 = P1^0;
main()
{   unsigned char i = 20;
```

```
    TMOD = 0x01;                //T0 工作模式为 1
    //通过计算来设定定时器/计数器初值
    TH0 = (65536 - 50000)/256;
    TL0 = (65536 - 50000)%256;
    TR0 = 1;                    //启动定时器/计数器
    while(1)
    {
        if(TF0 == 1)            //判断定时溢出标志
        {
            TH0 = (65536 - 50000)/256;
            TL0 = (65536 - 50000)%256;
            TF0 = 0;            //清除标志位
            i = i - 1;
            if(i == 0)          //判断是否计满 20 次，即定时 1 s
            {
                i = 20;
                P1_0 = !P1_0;   //将 P1.0 电平翻转
            }
        }
    }
}
```

将上述程序改为中断模式，相关程序代码如下：

```
#include <reg51.h>
sbit P1_0 = P1^0;
unsigned char i = 20;
main()
IE = 0x82;
{                               //初始化中断
    TMOD = 0x01;                //设定 T0 工作模式为 1
    TH0 = (65536 - 50000)/256;
    TL0 = (65536 - 50000)%256;
    TR0 = 1;                    //启动定时器/计数器
    while(1) {}
}
//T0 溢出中断处理函数
void Interrput_handle() interrupt 1
{
    //T0 初始化
    TH0 = (65536 - 50000)/256;
    TL0 = (65536 - 50000)%256;
```

```
        i = i - 1 ;
        if(i == 0)                              //判断是否计满 20 次，即定时 1 s
        {
            i = 20;
            P1_0 = !P1_0;                        //将 P1.0 电平翻转
        }
    }
```

【**仿真 8-7**】　设计制作一个频率计。频率计的仿真电路如图 8-15 所示，在 T1 引脚输入信号源，从三个信号源中选择一个即可，P1.0 连接一个按键，当按键按下去之后，在数码管上显示当前 T1 引脚所接信号的频率值。

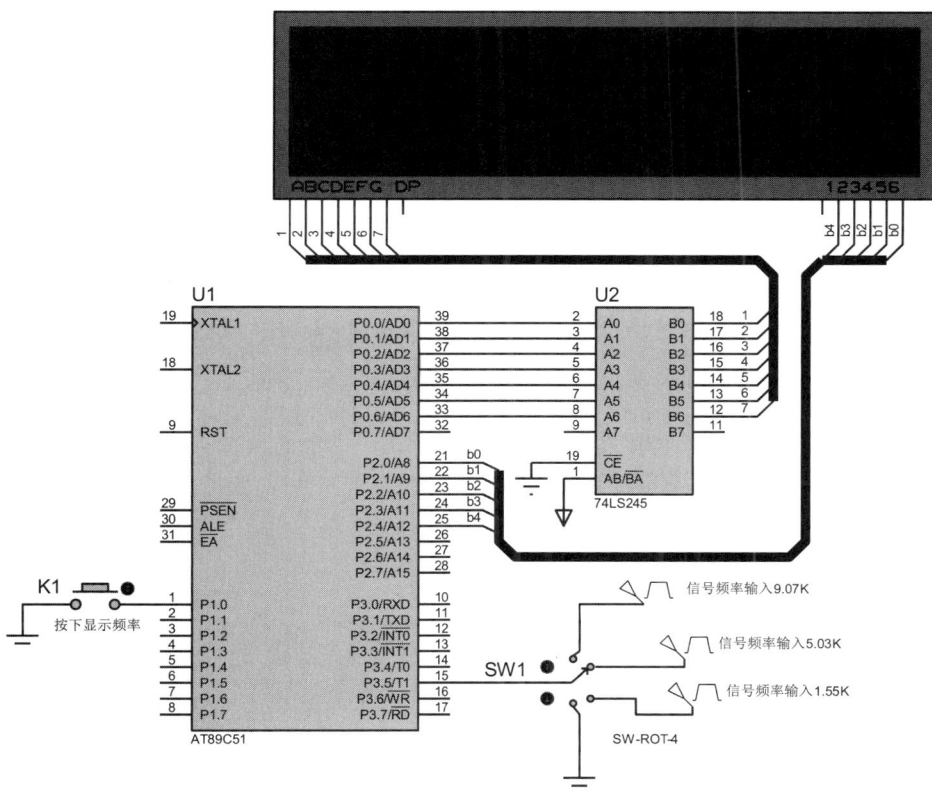

图 8-15　频率计的仿真电路

频率计的设计原理比较简单，只需要测试 1 s 内，T1 引脚外接的信号的下降沿的个数即为该信号的频率。因此，需要 T0 产生精确 1 s 的时间，在这 1 s 内，T1 内的计数值即为 T1 外接信号的频率。当按键被按下时，系统启动定时器/计数器 T0 和 T1。T1 设置为计数模式，专门用于对其外接信号进行精准计数，捕捉外接信号的下降沿，外接信号每出现一个下降沿，T1 计数值加 1。同时，T0 进入定时模式，它以 50 ms 为基础定时单位，通过合理的设置与累加，逐步扩展到实现精准的 1 s 定时。在这一过程中，T1 持续对外接信号进行下降沿计数，直至 T0 计时达到 1 s，系统即刻停止定时器工作，随后将 T1 在此期间所累计的计数值提取并显示出来，该数值即 T1 外接信号的频率。

核心代码如下：

```
IE = 0x8A;              //初始化中断，打开 T1、T0 中断
TMOD = 0x51;           //T1 采用模式 1，用于计数；T0 采用模式 1，用于定时
TH0 = (65536-50000)/256;
TL0 = (65536-50000)%256;
```

主程序代码如下：

```
while(1)
{
    if(P1_0 ==0)
    {
        DelayX1ms(2);
        if(P1_0 ==0)
        {
            TR1 =1;
            TR0 =1;
        }                   //按键按下，开始计时
    }
    else
    {
        for(i=0;i<5;i++)
        {
            P2 = DSY_BIT[i];
            P0 = ~DSY_CODE[Disp_Buffer[i]];
            DelayX1ms(2);
        }
    }
}
```

中断服务程序代码如下：

```
void Timer_Interrupt() interrupt 1
{
    unsigned int Tmp;
    TH0 = (65536-50000)/256;
    TL0 = (65536-50000)%256;
    if(++Count ==20)
    {
        TR1= TR0 = 0;
        Count =0;
        Tmp = TH1*256+TL1;
        Disp_Buffer[4] = Tmp/10000;
        Disp_Buffer[3] = Tmp/1000%10;
```

```
                Disp_Buffer[2] = Tmp/100%10;
                Disp_Buffer[1] = Tmp%100/10;
                Disp_Buffer[0] = Tmp%10;
                TH1= TL1 = 0;
            }
        }
```

代码中的数码管显示部分将在下一章中详细描述。

本仿真中，并未写出 T1 中断处理函数，因此，在计数的过程中，如果产生溢出，频率将得不到正确的测量，因此，所能测量的频率范围有一定限制。如何改进？

改进思路：定义一个全局变量，每次 T1 中断加 1，按键按下时复位。在显示时考虑 T1 中断次数。

小　　结

本章全面讨论了 MCS-51 系列单片机中定时器/计数器的结构和控制机制，以及它们的不同工作模式及其在实际应用中的用途。首先介绍了单片机内部定时器/计数器的基本结构，接着详细解释了定时器/计数器的控制方式，包括 TMOD 和 TCON 的配置。随后，深入探讨了定时器/计数器的 4 种工作模式——模式 0、模式 1、模式 2 和模式 3，对于每种模式的特点、配置方法及其具体应用场景都有详尽的阐述。最后，还示例说明了如何在实际项目中应用这些定时器模式来满足不同的功能需求。通过对本章的学习，读者可以充分理解 MCS-51 系列单片机定时器的强大功能和灵活性，并有效地利用这些功能来优化自己的嵌入式系统设计。

习　　题

一、单选题

1. MCS-51 系列单片机中定时器/计数器的基本结构包括(　　)。

A. 累加器　　　　　　　　　　B. 定时器/计数器模式控制寄存器(TMOD)

C. 指令寄存器　　　　　　　　D. 数据指针寄存器

2. TMOD 用于设置定时器/计数器的(　　)。

A. 计数速率　　　　　　　　　B. 工作模式

C. 中断优先级　　　　　　　　D. 串行通信配置

3. 在 MCS-51 系列单片机中，TCON 主要控制(　　)。

A. 定时器/计数器的启动/停止　　B. 定时器/计数器的重装载值

C. ROM 的大小　　　　　　　　D. 并口配置

4. 定时器/计数器的模式 0 具有(　　)。

A. 13 位计数器   B. 16 位计数器

C. 自动重装载   D. 两个独立的 8 位计数器

5. 定时器/计数器模式 1 是( )。

A. 8 位计数器   B. 16 位计数器

C. 两个独立的 8 位计数器   D. 分频计数器

6. 模式 2 的定时器/计数器的操作是( )。

A. 手动重装载初值   B. 自动重装载初值

C. 仅计数一次   D. 串行输出

7. 模式 3 的定时器/计数器通常用于( )。

A. 当需要高精度计时时

B. 当需要低功耗模式时

C. 当定时器/计数器 T0 被分为两个独立的 8 位计数器

D. 用于外部事件计数

8. 定时器/计数器模式 1 和模式 3 的区别在于( )。

A. 模式 1 为 16 位计数器，模式 3 将定时器/计数器 T0 分为两个独立的 8 位计数器

B. 模式 1 为 8 位计数器，模式 3 为 16 位计数器

C. 模式 1 自动重装载，模式 3 手动重装载

D. 没有区别，它们是完全相同的

9. 在设计一个定时器/计数器应用时，选择定时器模式的主要考虑因素是( )。

A. 可用的中断向量

B. 定时器/计数器的计数容量和是否需要自动重装载

C. CPU 的速度

D. 外部硬件的要求

10. T1 不可以工作的模式是( )。

A. 模式 0   B. 模式 1

C. 模式 2   D. 模式 3

11. 下列寄存器中，可以位寻址的是( )。

A. TMOD   B. TCON

C. TH0   D. TL0

12. 在 T0 设置为工作模式 3 时，TL0 可工作在___方式，TH0 可工作在___方式。( )

A. 定时器和计数器、计数器   B. 定时器和计数器、定时器

C. 定时器、定时器与计数器   D. 计数器、定时器与计数器

13. 在单片机中，定时器/计数器的作用是( )。

A. 生成精确的时间延迟   B. 控制外部设备的速度

C. 实现高速运算   D. 扩展内存容量

二、多选题

1. TMOD 中可用于设置定时器/计数器的工作模式的位是( )。

A. GATE   B. C/T   C. M1   D. M0

2. 在 MCS-51 系列单片机中，直接涉及定时器/计数器的控制操作的寄存器是(　　)。

　　A. TMOD　　　　　B. TCON　　　　　C. SCON　　　　　D. PCON

3. 在 MCS-51 系列单片机定时器/计数器应用中，需要考虑以选择合适的定时器/计数器模式的因素有(　　)。

　　A. 定时器的位宽　　　　　　　　　B. 是否需要自动重装载

　　C. 需要的定时精度　　　　　　　　D. 中断的优先级

4. 下列定时器/计数器模式中，允许分割定时器/计数器为两个独立的计数器的是(　　)。

　　A. 模式 0　　　　　　B. 模式 1　　　　　C. 模式 2　　　　　D. 模式 3

三、判断题

1. TMOD 用于控制定时器/计数器的启动和停止。　　　　　　　　　　　(　　)

2. 定时器/计数器模式 0 是一个 13 位计数器。　　　　　　　　　　　　(　　)

3. 定时器/计数器模式 2 为定时器/计数器提供自动重装载功能。　　　　(　　)

4. 定时器/计数器模式 3 允许所有定时器/计数器都被分割成两个独立的计数器。(　　)

5. 在 MCS-51 系列单片机中，定时器/计数器可以配置为计数器模式以响应外部事件。

　　　　　　　　　　　　　　　　　　　　　　　　　　　　　　　　　(　　)

6. 定时器/计数器模式 1 是一个 16 位自动重装载定时器。　　　　　　　(　　)

7. TCON 包含用于设置定时器/计数器中断使能的位。　　　　　　　　　(　　)

8. 所有定时器/计数器模式都支持中断功能。　　　　　　　　　　　　　(　　)

9. 定时器/计数器模式 2 仅适用于定时器/计数器 T1。　　　　　　　　　(　　)

10. 使用模式 3 时，定时器/计数器 T0 和定时器/计数器 T1 不能同时运行。(　　)

四、填空题

1. 定时器/计数器的原理是通过内部的＿＿＿＿＿进行计数，当计数值达到设定的阈值时，触发相应的中断或事件。

2. 定时器/计数器在工作模式 2 时，TL0 用作＿＿＿＿＿，TH0 用作＿＿＿＿＿。

3. 定时器/计数器在模式 0 时计数到＿＿＿＿＿产生溢出中断；在模式 1 时计数到＿＿＿＿＿产生溢出中断；在模式 2 时计数到＿＿＿＿＿产生溢出中断。

4. 当 T0 工作于模式 3 时，要使 T1 停止工作只有将其置于＿＿＿＿＿。

5. 要实现 T0、T1 外部中断触发，T0、T1 应工作于＿＿＿＿＿模式。

6. 模式 0、1、2 分别用了多少位来计数？＿＿＿＿、＿＿＿＿、＿＿＿＿。

7. GATE 为门控位，如果 GATE = 0，只要用软件使 TR0＿＿＿＿＿就可以启动定时器/计数器，而不管 $\overline{INT0}$ 的电平是高还是低；如果 GATE = 1，只有 $\overline{INT0}$ 引脚为＿＿＿＿＿且由软件使 TR0＿＿＿＿＿时，才能启动定时器/计数器工作。

8. TCON 除了可以＿＿＿＿＿寻址，还可以＿＿＿＿＿寻址。

9. 单片机的定时器/计数器具有＿＿＿＿＿和＿＿＿＿＿两种功能，其中计数是计算＿＿＿＿＿的个数，对初始值进行累加，溢出时产生中断。

10. MCS-51 系列单片机对中断的查询次序为外部中断 0→＿＿＿＿＿→外部中断 1→＿＿＿＿＿→串行中断。

11. CPU 检测一个 1 至 0 的跳变需要_____个机器周期，故最高计数频率为振荡频率的_____。

12. 假设 TL0 为 x 位，T0 与 TH0 和 TL0 的数学关系为：

T0 =_____$\times 2^x$+_____，TH0 =_____$/2^x$，TL0 =_____$\%2^x$。

13. 单片机外部中断只有两个，分别为_____、_____，如果需要使用 8 个中断，则需要进行_____。

14. 通过引脚 T0/P3.4 和 T1/P3.5 对_____计数，当输入脉冲信号产生由 1 至 0 的_____时定时器/计数器的值加 1。

15. TMOD 用于控制_____和_____的工作模式，_____[填：能/不能]位寻址。

五、简答题

1. 简述定时器/计数器模式 0 的特点和主要应用场景。

2. 简述定时器/计数器模式 2 的工作机制及其优势。

3. 简述定时器/计数器在模式 3 时的特殊用途。

09

第 9 章　七段数码管和按键的应用

本章主要讲述常见的单片机外设(数码管、按键)，这些外设较为简单，可直接通过单片机的并行口进行控制。通过对本章的学习，读者能够熟练地对数码管、矩阵键盘进行编程应用。

9.1　七段数码管及其应用

在现代电子设备中，七段数码管作为一种常见的显示器件，被广泛应用于各类仪器仪表、计时器和数字显示设备中。本节将详细探讨七段数码管的基本原理、应用方式以及两种不同的译码方法——软件译码和硬件译码，同时还将介绍七段数码管的静态与动态显示方式。通过对本节的学习，读者能够更加了解七段数码管的工作原理和显示控制技术，为后续的电子设计和开发工作打下坚实的基础。

9.1.1　七段数码管

如图 9-1 所示，七段数码管有共阴极和共阳极两种，每个段位都可以认为是一个发光二极管，通过一个引脚来控制。

在应用的过程中，一般按照 dp、g、f、e、d、c、b、a 的顺序对引脚的信号进行编码。例如，对于共阴极七段数码管，某段位对应的控制电平为高时该段亮，当需要数码管显示"1"时，控制引脚的编码为 00000110B(06H)。

【题 9-1】　对于共阴极七段数码管，如果要显示"A"，则 dp、g、f、e、d、c、b、a 的值应为多少？

【答】　77H。

【题 9-2】 对于共阳极七段数码管，如果要显示"A"，则 dp、g、f、e、d、c、b、a 的值应为多少？

【答】 88H

【题 9-3】 共阴极和共阳极七段数码管显示同一字符的编码，有什么联系？

【答】 它们互为逐位取反的关系。

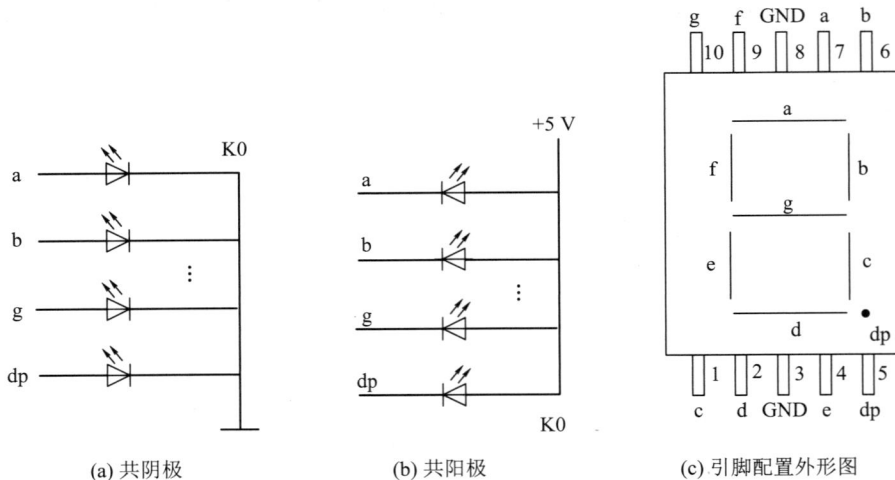

(a) 共阴极　　　　　(b) 共阳极　　　　　(c) 引脚配置外形图

图 9-1　七段数码管种类及引脚图

根据要显示的字符和对应的引脚编码可以形成如表 9-1 所示的表格。在表格中同时给出了共阴极和共阳极七段数码管引脚的编码。

表 9-1　七段数码管显示的字符与对应的引脚编码

显示字符	0	1	2	3	4	5	6	7	8
共阴极段编码	3F	06	5B	4F	66	6D	7D	07	7F
共阳极段编码	C0	F9	A4	B0	99	92	82	F8	80
显示字符	9	A	B	C	D	E	F	—	熄灭
共阴极段编码	6F	77	7C	39	5E	79	71	40	00
共阳极段编码	90	88	83	C6	A1	86	8E	BF	FF

在这个表的基础上，如何将要显示的字符转换为控制数码管的编码？这就是译码方式。我们可以通过两种方式来将要显示的字符联系到控制数码管引脚的信号上。

1. 软件译码方法

利用查表法，将段码做成一个表，以字符值为索引，可查出不同字符的相应段码。在表 9-1 的基础上，定义数组"unsigned char Disp1[16] = {0x3F, 0x06, 0x5B, 0x4F, 0x66, 0x6D, 0x7D, 0x07, 0x7F, 0x6F, 0x77, 0x7C, 0x39, 0x5E, 0x79, 0x71};"，该数组称为共阴极译码表。同时，定义数组"unsigned char Disp2[16] = {0xC0, 0xF9, 0xA4, 0xB0, 0x99, 0x92, 0x82, 0xF8, 0x80, 0x90, 0x88, 0x83, 0xC6, 0xA1, 0x86, 0x8E};"，称之为共阳极译码表。Disp1 和 Disp2 每一位互为逐位取反。这样，要数码管显示不同的值，直接通过译码表即可。例如，对于

共阴极数码管，如果需要显示字符"1"，只需要数码管上的信号为 Disp1[1]即可。

如果使用软件译码的方式，由单片机直接驱动数码管，对于共阴极数码管，其公共端应接地，码段控制位直接连接到单片机并行口，为提高驱动能力，可添加上拉电阻。因此，可以得到图 9-2。

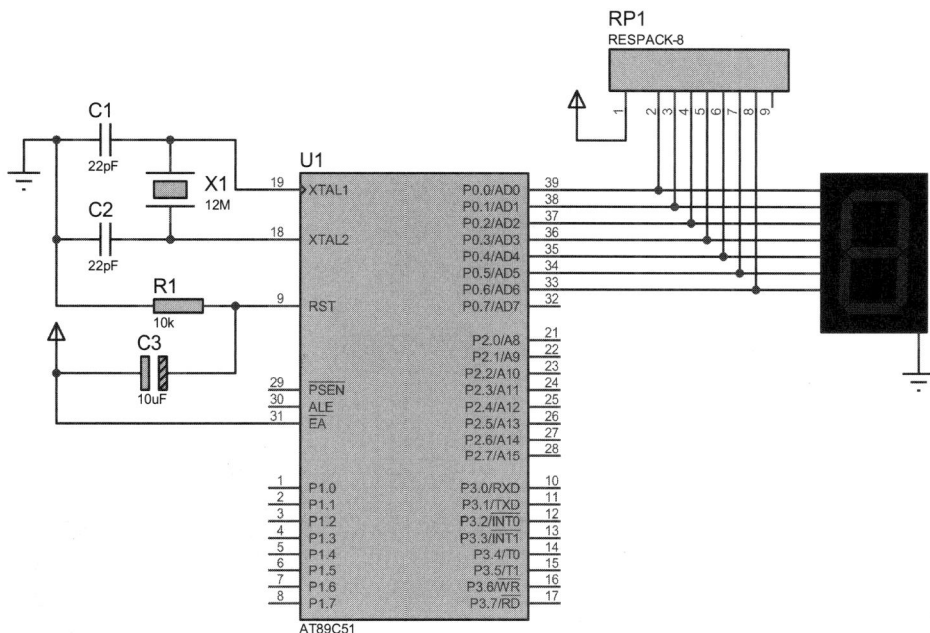

图 9-2　单片机采用软件译码方法控制一个共阴极七段数码管的仿真电路

【仿真 9-1】　在图 9-2 的硬件连接基础上，采用软件译码的方法要使数码管轮流显示"0～F"。

首先建立一个数组保存译码表，然后在主程序里面不断顺序输出译码表的各个值即可。相关程序代码如下：

```
#include<AT89X51.H>
unsigned char Disp[16] ={0x3F, 0x06, 0x5B, 0x4F, 0x66, 0x6D, 0x7D, 0x07, 0x7F, 0x6F, 0x77, 0x7C,
0x39, 0x5E, 0x79, 0x71};        //共阴极译码表
void DelayX1ms(unsigned int x);
void main()
{
    unsigned char i = 0;
    P0 = 0x00;          //初始状态为所有段位熄灭
    while(1)
    {
        P0 = Disp[i];
        DelayX1ms(500);
        i = (i+1)%16;
```

```
    }
  }
void DelayX1ms(unsigned int count)    //延时 1 ms
  {
    unsigned int i,j;
    for(i=0;i<count;i++)
      for(j=0;j<120;j++)
        ;
  }
```

若在上述仿真的基础上添加一个共阳极七段数码管，两只数码管同步循环显示"0～F"，则共阳极的公共端接 VCC。而且由于共阴极、共阳极显示译码表互为逐位取反，因此只需要一个译码表即可。根据要求，可以得到如图 9-3 所示的电路。

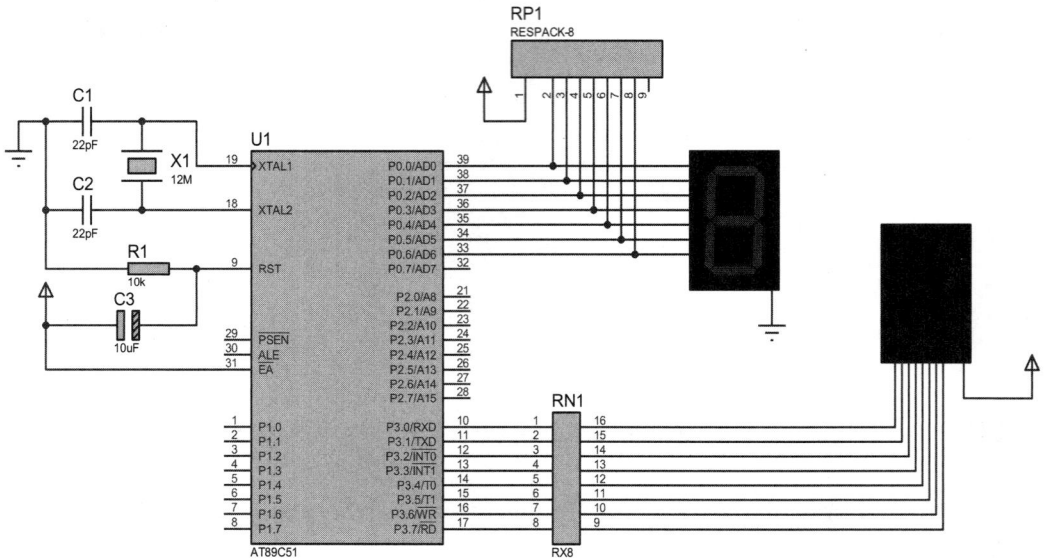

图 9-3　单片机采用软件译码方法控制共阴极、共阳极七段数码管的仿真电路

可以在上段程序的基础上，编写如下程序代码：

```
void main()
  {
    unsigned char i = 0;
    while(1)
    {
      P0 =Disp[i];
      P3 = ~ Disp[i];
      DelayX1ms(500);
      i = (i+1)%16;
    }
  }
```

使用软件译码的方式驱动数码管的优点是成本较低，无须额外硬件译码芯片；灵活性高，能轻松实现多种复杂显示模式和功能，且显示内容修改方便；在资源充足时，可以高效利用系统资源提升显示效果。其缺点是会占用大量 CPU 资源，尤其在复杂任务系统中可能影响整体性能；显示速度受 CPU 执行速度限制，在要求高速显示的场景下可能无法满足需求，导致显示不流畅或闪烁；编程相对复杂，需要深入了解相关知识，对开发者要求较高，调试过程也容易出现问题。

2. 硬件译码方法

硬件译码一般指采用 BCD 码(Binary-Coded Decimal，二进码十进数)译码器件来驱动数码管。常用的译码器件有 4511、74LS47 等。

1) 使用 4511 芯片驱动数码管

图 9-4 为 4511 的芯片引脚定义、码段控制定义以及译码控制显示效果。

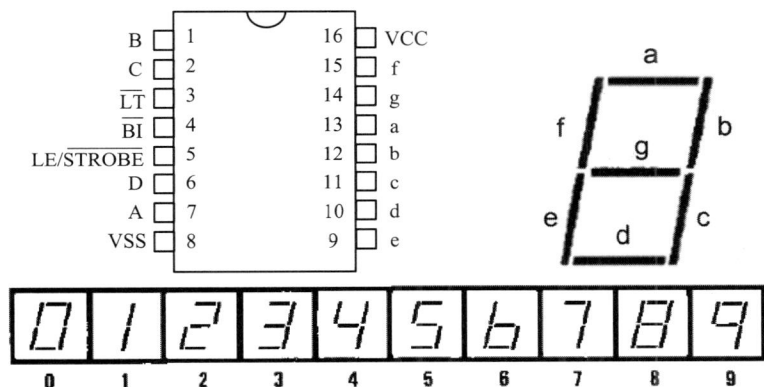

图 9-4　4511 芯片引脚及显示效果

4511 的真值表如表 9-2 所示。表中的"X""*"表示对输出不影响，或不需要考虑这些输入组合对应的输出；显示一栏为空的表示消隐输出，即不显示。输入信号有 LE(锁存使能)、$\overline{BI}$(消隐输入)、$\overline{LT}$(灯测试)、D、C、B、A，输出信号为 a、b、c、d、e、f、g，表中也列出了对应的显示结果。

表 9-2　4511 芯片真值表

输　入							输　出							
LE	$\overline{BI}$	$\overline{LT}$	D	C	B	A	a	b	c	d	e	f	g	显示
X	X	0	X	X	X	X	1	1	1	1	1	1	1	B
X	0	1	X	X	X	X	0	0	0	0	0	0	0	
0	1	1	0	0	0	0	1	1	1	1	1	1	0	0
0	1	1	0	0	0	1	0	1	1	0	0	0	0	1
0	1	1	0	0	1	0	1	1	0	1	1	0	1	2
0	1	1	0	0	1	1	1	1	1	1	0	0	1	3
0	1	1	0	1	0	0	0	1	1	0	0	1	1	4
0	1	1	0	1	0	1	1	0	1	1	0	1	1	5
0	1	1	0	1	1	0	0	0	1	1	1	1	1	6

续表

输　入							输　出							
LE	$\overline{BI}$	$\overline{LT}$	D	C	B	A	a	b	c	d	e	f	g	显示
0	1	1	0	1	1	1	1	1	1	0	0	0	0	7
0	1	1	1	0	0	0	1	1	1	1	1	1	1	8
0	1	1	1	0	0	1	1	1	1	0	0	1	1	9
0	1	1	1	0	1	0	0	0	0	0	0	0	0	
0	1	1	1	0	1	1	0	0	0	0	0	0	0	
0	1	1	1	1	0	0	0	0	0	0	0	0	0	
0	1	1	1	1	0	1	0	0	0	0	0	0	0	
0	1	1	1	1	1	0	0	0	0	0	0	0	0	
0	1	1	1	1	1	1	0	0	0	0	0	0	0	
1	1	1	X	X	X	X	*	*	*	*	*	*	*	*

从表 9-2 中可以看出，当显示测试 $\overline{LT}$ (Lamp Test)为 0 时，所有段均亮；当 $\overline{BI}$ (Blanking)有效时，显示空白；LE(Latch Enable)为锁存使能。a～g 为 1 时，点亮对应的码段，因此，4511 适合于驱动共阴极数码管。在使用 4511 芯片驱动数码管时，$\overline{BI}$ 应接 VCC，$\overline{BI}$ 应接 VCC，LE 应接 GND，A、B、C、D 引脚应该连接产生十进制 BCD 编码的并行口，a～g 直接连接七段数码管。由此，可以得到使用 4511 驱动七段数码管的仿真电路，如图 9-5 所示。

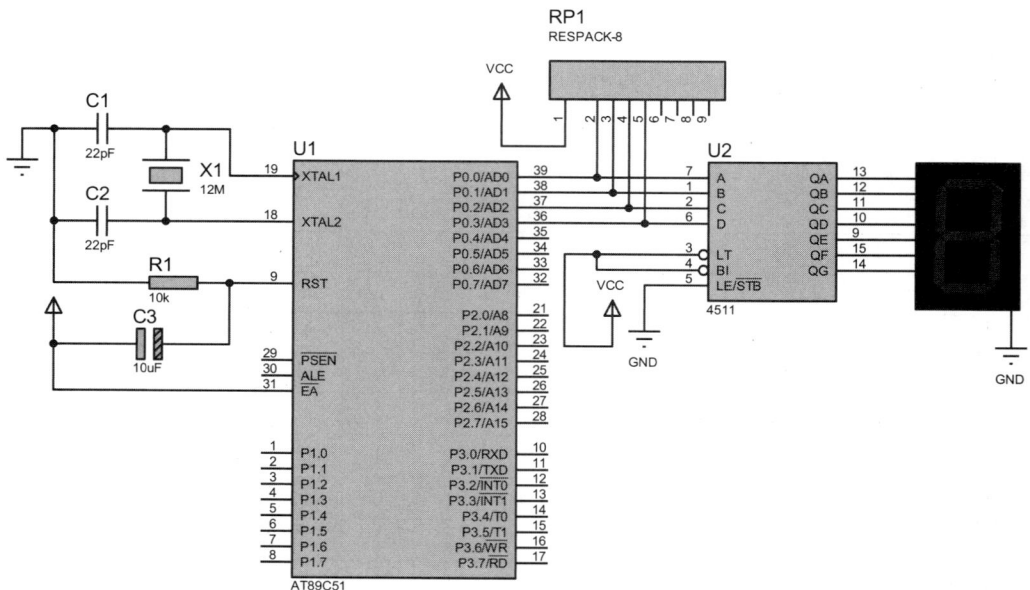

图 9-5　使用 4511 驱动七段数码管的仿真电路

【仿真 9-2】 在图 9-5 的基础上，使用 4511 驱动数码管，使数码管轮流显示 "0~9"。

由于 4511 能够将 BCD 码译码输出驱动七段数码管，因此，只需要在连接 4511 的 A、B、C、D 四个引脚的并行口上输出对应的值即可。

相关程序代码如下：

```
#include<AT89X51.H>
void DelayX1ms(unsigned int x);
void main()
{
    unsigned char i = 0;
    while(1)
    {
        P0 = i;
        DelayX1ms(500);
        i = (i+1)%10;
    }
}
void DelayX1ms(unsigned int count)
{
    unsigned int i,j;
    for(i=0;i<count;i++)
        for(j=0;j<120;j++) ;
}
```

2) 使用 74LS47 芯片驱动数码管

图 9-6 为 74LS47 芯片的引脚定义、码段控制定义以及译码控制显示效果。

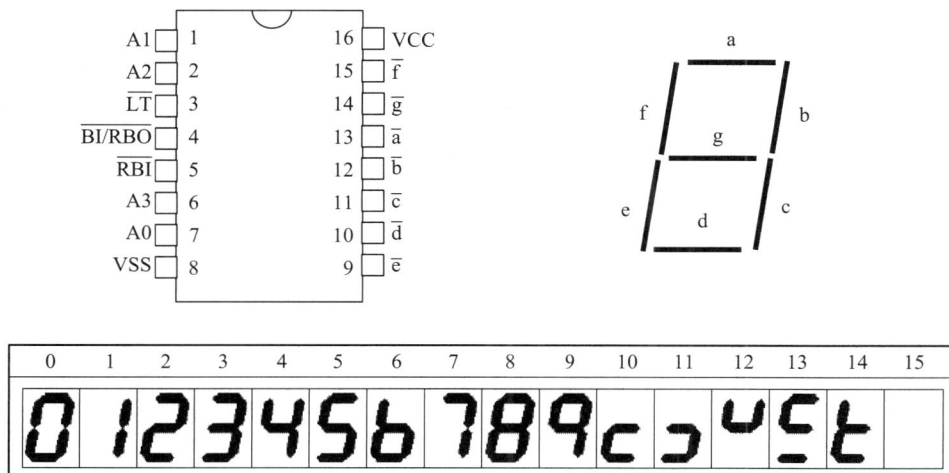

图 9-6　74LS47 芯片引脚及显示效果

74LS47 芯片的真值表如表 9-3 所示。

表 9-3　74LS47 芯片真值表

十进制数或功能	输　入							输　出						
	$\overline{LT}$	$\overline{RBI}$	A3	A2	A1	A0	$\overline{BI/RBO}$	$\overline{a}$	$\overline{b}$	$\overline{c}$	$\overline{d}$	$\overline{e}$	$\overline{f}$	$\overline{g}$
0	H	H	L	L	L	L	H	L	L	L	L	L	L	H
1	H	X	L	L	L	H	H	H	L	L	H	H	H	H
2	H	X	L	L	H	L	H	L	L	H	L	L	H	L
3	H	X	L	L	H	H	H	L	L	L	L	H	H	L
4	H	X	L	H	L	L	H	H	L	L	H	H	L	L
5	H	X	L	H	L	H	H	L	H	L	L	H	L	L
6	H	X	L	H	H	L	H	H	H	L	L	L	L	L
7	H	X	L	H	H	H	H	L	L	L	H	H	H	H
8	H	X	H	L	L	L	H	L	L	L	L	L	L	L
9	H	X	H	L	L	H	H	L	L	L	H	H	L	L
10	H	X	H	L	H	L	H	H	H	H	L	L	H	L
11	H	X	H	L	H	H	H	H	H	L	L	H	H	L
12	H	X	H	H	L	L	H	H	L	H	H	H	L	L
13	H	X	H	H	L	H	H	L	H	H	L	H	L	L
14	H	X	H	H	H	L	H	H	H	H	L	L	L	L
15	H	X	H	H	H	H	H	H	H	H	H	H	H	H
$\overline{BI}$	X	X	X	X	X	X	L	H	H	H	H	H	H	H
$\overline{RBI}$	H	L	L	L	L	L	L	H	H	H	H	H	H	H
$\overline{LT}$	L	X	X	X	X	X	H	L	L	L	L	L	L	L

从表 9-3 中可以看出，74LS47 译码器中存在以下几个关键的控制引脚：

(1) $\overline{BI}$：灭灯输入，也可称为消隐输入，用于控制数码管的整体熄灭。当 $\overline{BI}$ 为低电平时，不管其他输入引脚的状态如何，数码管都会熄灭，即所有的段输出都变为高电平，从而实现对显示的消隐操作。$\overline{BI}$ 是专为控制多位数码显示的灭灯情况而设置的。当 BI(非)＝0 时，不论 LT(非)以及输入 A3、A2、A1、A0 处于何种状态，译码器输出均为高电平，这就会使得共阳极七段数码管熄灭，以此达到控制显示与否的目的。

(2) $\overline{RBI}$：具有灭零输入功能，其作用是让那些不希望显示的 0 熄灭，例如四个数码管 "0068" 不希望 "68" 前面的两个零显示。当 A3 = A2 = A1 = A0 = 0 时，数码管按常理应显示 0，不过在 $\overline{RBI}$ 的影响下，译码器输出全 1，最终结果如同加入灭灯信号一样，成功将 0 熄灭，避免了不必要的 0 显示。

　　(3) $\overline{\text{RBO}}$：具有消隐输出功能，它和 $\overline{\text{BI}}$ 引脚复用，在多个数码管显示系统中，当本位的数字被灭零后，会输出一个低电平信号，这个信号可以用于控制下一位数字的显示，例如 $\overline{\text{RBO}}$ 可以连接到下一位驱动芯片的 $\overline{\text{RBI}}$ 引脚，实现连续的灭零功能。

　　这里需要特别注意的是，灭灯输入与灭零输出是同一引脚，即 $\overline{\text{BI}}$ 与 $\overline{\text{RBO}}$ 共用一端。$\overline{\text{RBO}}$ 作为灭零输出，它和下一级数码管驱动芯片的 $\overline{\text{BI}}$ 相互配合使用，能实现多位数码显示的灭零控制。当该共用引脚为 0 时，不管其他输入的电平是什么，共阳极七段数码管都会熄灭，精准实现对数码管显示状态的调控。

　　(4) $\overline{\text{LT}}$：显示测试，当 $\overline{\text{LT}}$ 为 0、$\overline{\text{BI}}$ 为 1 时，段位全亮。从表 9-3 中可以看出，当 a～g 为 0 时，点亮对应的码段，因此 74LS47 芯片用于驱动共阳极数码管。使用 74LS47 驱动数码管的仿真电路如图 9-7 所示。

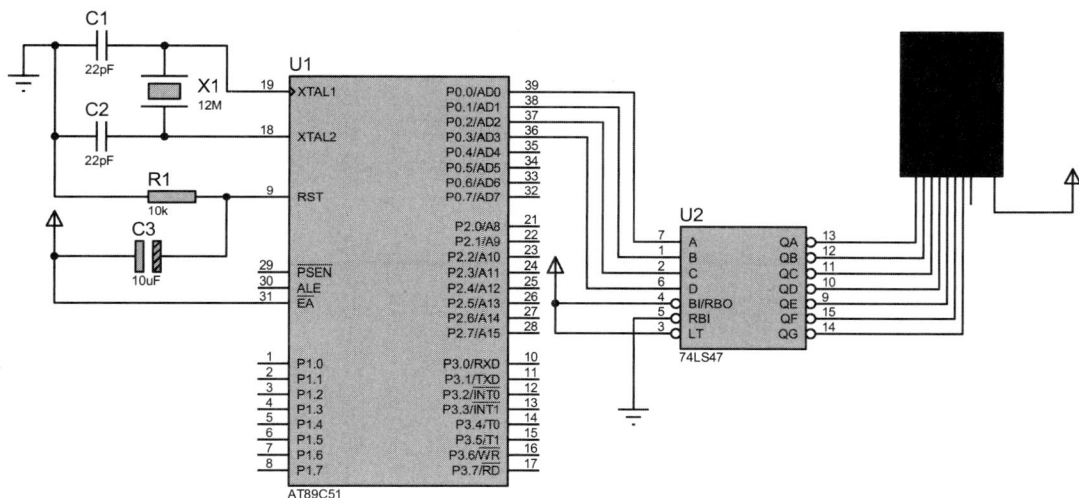

图 9-7　使用 74LS47 驱动数码管的仿真电路

　　使用 74LS47 驱动数码管的程序和使用 4511 驱动数码管的程序是相同的，这里不再举例说明。

　　【题 9-4】　使用 4511 和 74LS47 对数码管译码驱动时，有什么区别和联系？

　　【答】　两者的区别是所驱动的数码管类型不同，74LS47 具有灭零功能；联系是软件编程相似。

　　【题 9-5】　使用 BCD 码译码器的方式驱动数码管有什么特点？

　　【答】　其特点是控制简单、节省引脚资源，但需要专用译码芯片。

9.1.2　七段数码管静态显示方式

　　所谓的七段数码管静态显示方式，是指显示某个字符时，七段数码管相应的段恒定地导通或截止，对应的连接方式称为静态连接方式。本章前面有数码管的各仿真电路中，数码管的连接方式均为静态连接方式。在数码管静态显示电路中，1 个数码管需要占用单片机的 4 个或 8 个 I/O 口，按此方式，如果需要 2 个数码管显示则需要占用 8 个或 16 个 I/O 口，如果需要 8 个数码管显示怎么办？这时单片机的 I/O 口不够用了。

该如何解决这个问题呢？解决的关键就在于：数码管的动态显示(所有数码管共用信号线，但控制线独立，因此 8 个数码管的显示和控制需要 16 个 I/O 口)。

9.1.3　七段数码管动态显示方式

在多位 LED 显示时，可以将所有位的段选线并联在一起，由一个 8 位 I/O 口控制。每个数码管共阴(或共阳)极公共端分别由相应的独立的 I/O 线控制，实现各位的分时选通。数码管动态显示方式的硬件连接如图 9-8 所示。

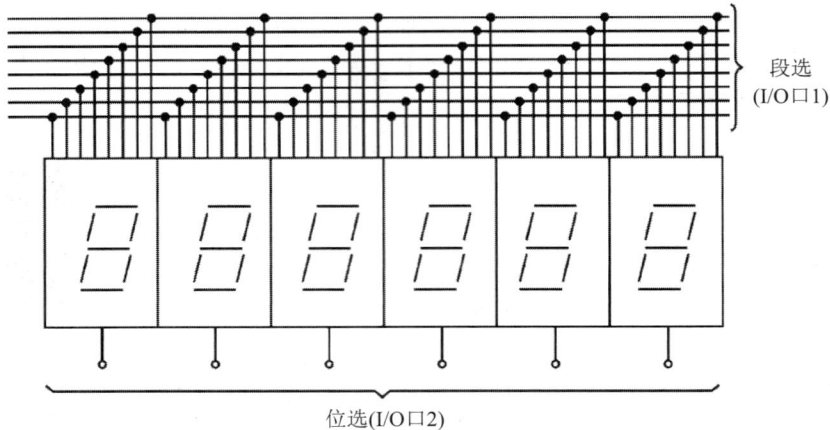

图 9-8　数码管动态显示方式的硬件连接

在图 9-8 中，I/O 口 1 和 I/O 口 2 分别轮流送入段选码与对应的位选码。

【题 9-6】　如果上述数码管均为共阴极，I/O 口 1 输出 0x6D，I/O 口 2 输出 0xFC，则该数码管会显示什么？

【答】　根据表 9-1 可知，最后两个数码管会显示字符"5"，其他数码管不亮。

【题 9-7】　如果上述数码管均为共阴极，最后一个数码管要显示"0"，应怎么办？

【答】　I/O 口 1 输出 0x3F，I/O 口 2 输出 0xFE。

【题 9-8】　如果上述数码管均为共阴极，倒数第二个数码管要显示"1"，怎么办？

【答】　I/O 口 1 输出 0x06，I/O 口 2 输出 0xFD。

【题 9-9】　如果上述数码管均为共阴极，需要最后一个数码管显示"0"，倒数第二个数码管显示"1"，应怎么处理？

【答】　I/O 口 1 先输出 0x3F，此时 I/O 口 2 输出 0xFE；然后 I/O 口 1 输出 0x06，I/O 口 2 输出 0xFD。然后再依次循环，利用 LED 闪烁的余辉效应进行显示，当闪烁的频率足够高时，人眼将感觉不到闪烁。

在驱动数码管时，为了提高单片机引脚的驱动能力，一般采用如图 9-9 所示的三极管驱动电路。

在图 9-9(a)中，利用晶体管集电极电阻的方法，当 A 输入端为 1(高电平)时，晶体管为 ON(导通)状态，B 端输出为 0(低电平)；当 A 输入端为 0 时，晶体管为 OFF(关闭)状态，V_{CC} 经由 10 kΩ 电阻流向 B 端，所以 B 端为 1。在图 9-9(b)中，利用晶体管发射极电阻的方法，当 A 输入端为 1 时，晶体管为 ON 状态，10 kΩ 电阻有 V_{CC} 的压降，B 端输出为 1；当 A 输入端为 0 时，晶体管为 OFF 状态，B 端经由电阻接地，所以 B 端为 0。在图 9-9(c)中，利用 PNP 晶体管的转换，当 A 输入端为 1 时，晶体管为 OFF 状态，B 端为 1；当 A 输入端为 0 时，晶体管为 ON 状态，所以 B 端为 0。在图 9-9(d)中，当 A 输入端为 1 时，晶体管为 OFF 状态，B 端为 0；当 A 输入端为 0 时，晶体管为 ON 状态，$10\text{k}\Omega$ 电阻将有 V_{CC} 的压降，所以 B 端为 1。

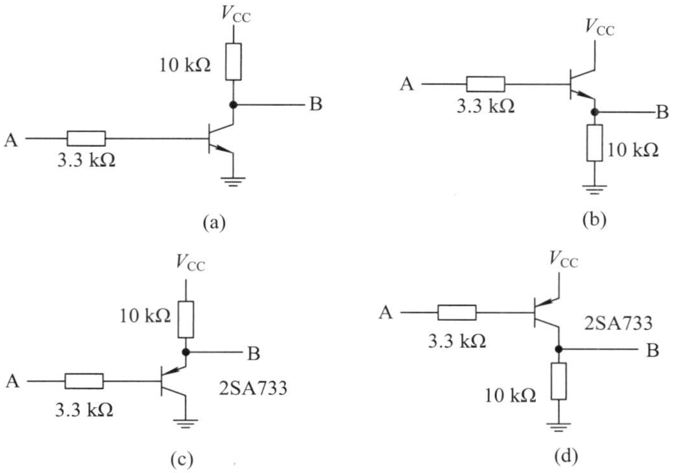

图 9-9　利用三极管提高单片机引脚的驱动能力

【仿真 9-3】　使用 8 只共阳极数码管滚动显示单个递增字符。

仿真电路如图 9-10 所示，为了提高单片机引脚的驱动能力，采用了 NPN 晶体管驱动电路。

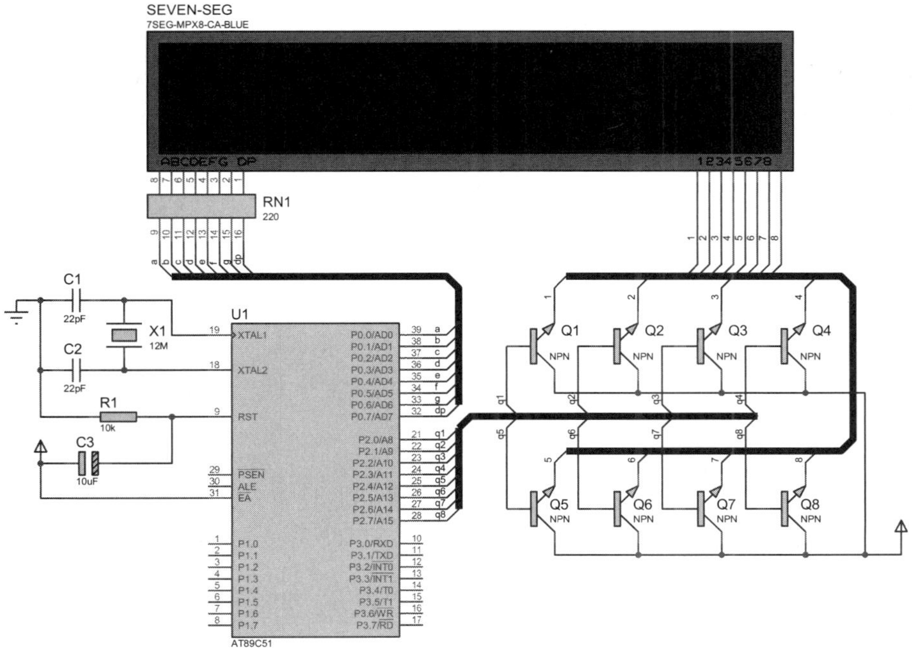

图 9-10　单片机连接动态显示数码管的仿真电路

当 i = 0 时，k = 0000 0001，P0 = Disp[0]，最左边一个数码管显示"0"；当 i = 1 时，k = 0000 0010，P0 = Disp[1]，左边第二个数码管显示"1"；当 i = 3~7 时，以此类推。

因此，如果需要数码管滚动显示字符，只需要轮流选择各个数码管，同时在并行口输出要显示的内容即可。主程序代码如下：

```
void main()
{
    unsigned char i = 0,k=0x80;          //k 用于控制选择哪一个 LED 亮
    while(1)
    {
        for(i=0;i<8;i++)
        {
            k = _crol_(k,1);             //循环移位
            P0 = Disp[i];
            P2=k;
            DelayX1ms(500);
        }
    }
}
```

【题 9-10】 如何实现 8 个数码管同时显示？

【答】 由于人眼的视觉暂留时间为 100 ms，段选码、位选码每送入一次后需要经过一段时间再进行显示，以造成视觉暂留效果。在实际中也可以通过调试选择合适的刷新时间。这称为软件扫描显示。

【仿真 9-4】 要求 8 只共阳极数码管同时显示。

该仿真电路与图 9-10 相同。在上一仿真的基础上，如何使各位数码管同时显示不同的数据？这里可按照刚讨论的软件扫描方式修改程序如下：

```
void main()
{
    unsigned char i = 0,k=0x80;
    while(1)
    {
        for(i=0;i<8;i++)
        {
            k = _crol_(k,1);
            P0 = Disp[i];
            P2=k;
            DelayX1ms(5);
        }
    }
}
```

在上面的程序中，如果将"DelayX1ms(5);"改为"DelayX1ms(100);"，在 Proteus 中仿

真一下，数码管将会出现轮流显示；如果改为"DelayX1ms(20);"，数码管将会出现闪烁；如果改为"DelayX1ms(10);"，数码管会继续闪烁；如果改为"DelayX1ms(5);"，数码管将稳定显示。为什么会出现这种情况？这是由于刷新速度太慢，不足以弥补人眼的暂留效应。

【仿真 9-5】在上一个仿真的硬件基础上,如何使各位数码管同时显示递增的计数值？

每次给 P0 赋值是关键。8 位数码管最大可显示 99999999，计数值的选择很关键。unsigned char 类型为 8 位，能显示 0～255；unsigned int 为 16 位，能显示 0～65 535；unsigned long 为 32 位，能显示 0～42 949 67 295。因此，选择计数值的类型为 unsigned long。在有了计数值之后，需要把各位拆分给对应的数码管。实现拆分的程序代码如下：

```
Main_Count = (Main_Count+1)%(100000000);
Seg[7] = Main_Count%10;
Seg[6] = (Main_Count%100)/10;
Seg[5] = (Main_Count%1000)/100;
Seg[4] = (Main_Count%10000)/1000;
Seg[3] = (Main_Count%100000)/10000;
Seg[2] = (Main_Count%1000000)/100000;
Seg[1] = (Main_Count%10000000)/1000000;
Seg[0] = (Main_Count%100000000)/10000000;
```

我们分析一下上面的程序，若 Main_Counter = 12345，则经过这个程序后，Seg[7] = 5、Seg[6] = 4、Seg[5] = 3、Seg[4] = 2、Seg[3] = 1，其他为 0。

回忆定时器/计数器的功能，这里用定时器/计数器产生累加的时间间隔，程序如下：

```
TMOD = 0x00;          //定时器/计数器工作在模式 0，13 位计数
TH0 = (8192-5000)/32; TL0 = (8192-5000)%32;    //对于 12 MHz 晶振，5 ms 产生一次中断
IE = 0x82;            //打开总中断，定时器/计数器 T0 中断
TR0 = 1;              //开始计数
```

主函数如下：

```
void main()
{
    unsigned char i = 0,k=0x80;
    TMOD = 0x00;
    TH0 = (8192-5000)/32;
    TL0 = (8192-5000)%32;
    IE = 0x82;
    TR0 = 1;
    while(1)
    {
        for(i=0;i<8;i++)
        {
            k = _crol_(k,1);
            P0 = Disp[Seg[i]];
            P2=k;
```

```
            DelayX1ms(2);
        }
    }
}
```

中断函数如下：

```
void Timer_Interrupt() interrupt 1
{
    TH0 = (8192-5000)/32;
    TL0 = (8192-5000)%32;
    Main_Count = (Main_Count+1)%(100000000);
    Seg[7] = Main_Count%10;
    Seg[6] = (Main_Count%100)/10;
    Seg[5] = (Main_Count%1000)/100;
    Seg[4] = (Main_Count%10000)/1000;
    Seg[3] = (Main_Count%100000)/10000;
    Seg[2] = (Main_Count%1000000)/100000;
    Seg[1] = (Main_Count%10000000)/1000000;
    Seg[0] = (Main_Count%100000000)/10000000;
}
```

【仿真 9-6】 在上一个仿真的硬件基础上，如何使各位数码管同时显示小时、分、秒以及上下午(上午用 A 表示，下午用 P 表示)？

对比上一个仿真的程序代码，需要修改的地方首先为计数间隔，改为 1 s，其次为计数方式更改，按秒、分、小时进行。A、P 的显示，可以通过在译码表中添加语句"unsigned char Disp[18]={0xC0, 0xF9, 0xA4, 0xB0, 0x99, 0x92, 0x82, 0xF8, 0x80, 0x90, 0x88, 0x83, 0xC6, 0xA1, 0x86, 0x8E, 0x8c, 0xFF };"来实现，按照 dp、g、f、e、d、c、b、a 的顺序，对于共阳极，某位等于 0 时亮，显示 P 的值为 10001100B(8CH)。

时间计数方式需要改为 60 进位。这一部分的程序代码如下：

```
if(++Sec_Count == 200)
{
    Second = Second +1;
    if (Second >= 60)
    {
        Second = 0;
        Minute = Minute + 1;
        if(Minute >=60)
        {
            Minute = 0;
            Hour = Hour + 1;
            if(Hour >=12)
            {
```

```
                    Hour = 0;
                    AM = !AM;
                }
            }
        }
    }
```

将时间分配到每个数码管显示，相关程序代码如下：

```
Seg[7] = Second%10;
Seg[6] = (Second%100)/10;
Seg[5] = (Minute%10);
Seg[4] = (Minute%100)/10;
Seg[3] = (Hour%10);
Seg[2] = (Hour%100)/10;
Seg[1] = 17;              //第二个数码管显示空白
if(AM==1)
    Seg[0]= 10;          //第一个数码管显示"A"
else
    Seg[0] = 16;         //第一个数码管显示"P"
```

主函数主要完成定时器/计数器初始化、中断初始化、数码管的刷新显示等，相关程序代码如下：

```
void main()
{
    unsigned char i = 0,k=0x80;
    TMOD = 0x00;
    TH0 = (8192-5000)/32;
    TL0 = (8192-5000)%32;
    IE = 0x82;
    TR0 = 1;
    P2 = 0x00;
    Seg[1] = 17;
    if(AM==1)
        Seg[0]= 10;
    else
        Seg[0] = 16;
    while(1)
    {
        for(i=0;i<8;i++)
        {
            P2 = 0x00;
            k = _crol_(k,1);
```

```
            P0 = Disp[Seg[i]];
            P2=k;
            DelayX1ms(3);
        }
    }
}
```

【仿真9-7】 使用4511译码器实现4个数码管的同时显示，分别显示"1""2""3""4"。

4511具有锁存功能，可以通过控制LE引脚为不同的数码管写入不同的数据。该仿真电路如图9-11所示。

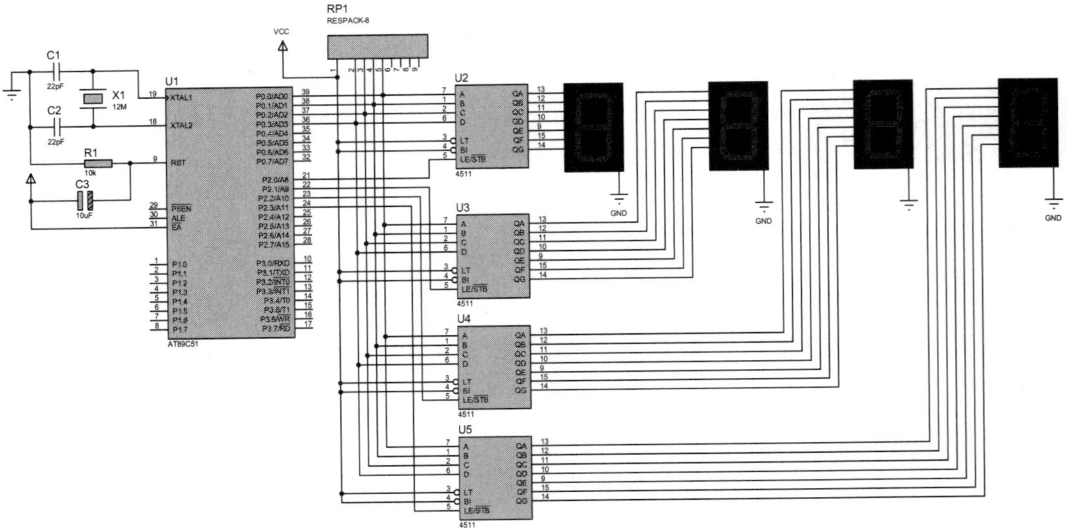

图9-11　采用动态显示的方式使用多个4511驱动多个数码管的仿真电路

根据上图的连接方式，分析语句"P2 = 0xF7；P0 = 1；DelayX1ms(50)；"有什么作用？

P2端口完成4511的片选，选中最后一个数码管显示，显示内容为P0端口的值，因此最后一个数码管显示"1"，延时50 ms。

完成显示"1""2""3""4"的主程序代码如下：

```
    void main()
    {
        while(1)
        {
            P2 = 0xF7;   P0 = 1;    DelayX1ms(50);
            P2 = 0xFB;   P0 = 2;    DelayX1ms(50);
            P2 = 0xFD;   P0 = 3;     DelayX1ms(50);
            P2 = 0xFE;   P0 = 4;    DelayX1ms(50);
        }
    }
```

另外，在这个程序中，可以把While(1)移到main()函数的倒数第二行，试试看看有什么效果？也可以把 DelayX1ms 函数去掉，试试看看有什么效果？

通过仿真可以看到，上面的操作均不影响实现显示效果，这是因为 4511 具有锁存功能。因此，采用 4511 进行译码，简化了程序的设计，但硬件原理图的设计稍复杂。

9.2　按键及其应用

在电子设备与用户交互的过程中，按键作为一种基本的输入设备，具有不可替代的重要作用。本节将深入探讨按键及其应用，包括其基本概念、按键消抖技术以及不同类型的键盘接口和工作原理。通过对本节的学习，读者能够更全面地理解按键技术，为设计和实现高效、稳定的用户输入接口提供坚实的知识基础。

9.2.1　按键概述

键盘分为编码键盘和非编码键盘。键盘上闭合键的识别由专用的硬件译码器实现，并产生键编号或键值的键盘，称为编码键盘，如 BCD 码键盘、ASCII 码键盘等；靠软件识别的键盘，称为非编码键盘。

键盘中的按键都是一个常开开关电路，其外观和与单片机的连接如图 9-12 所示。当按键 K 未被按下时，P1.0 输入为高电平；当按键 K 闭合时，P1.0 输入为低电平。

图 9-12　按键的外观和与单片机的连接

9.2.2　按键的消抖

通常按键在闭合及断开的瞬间均伴有一连串的抖动，如图 9-13 所示，抖动时间一般为 5～10 ms。

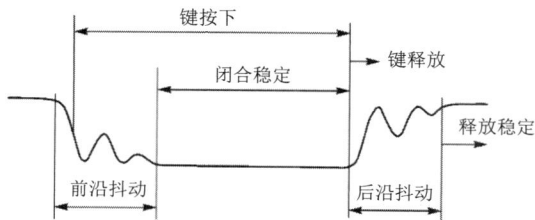

图 9-13　按键按下后单片机引脚电平变化

按键抖动会引起一次按键被误读多次，必须去除按键抖动。可用硬件或软件两种方法消抖。软件方法消抖，即检测出键闭合后执行一个 5～10 ms 延时程序，再一次检测，如果仍保持闭合，则确认为真正按下；当检测到按键释放后，也要给 5～10 ms 的延时，待后沿抖动消失后，才能转入该键的处理程序。硬件方法消抖又可分为电容式硬件消抖和双稳态电路消抖。

9.2.3　独立式非编码键盘

独立式非编码键盘在使用时，各按键相互独立地接通一条输入数据线。当一个键按下时，与之相连的输入数据线即清 0(低电平)，平时该线为 1(高电平)。要判别是否有键按下，用单片机的位处理指令十分方便。其优点是电路简单；缺点是占用 I/O 线多。图 9-14 为独立式非编码键盘与单片机的连接图。

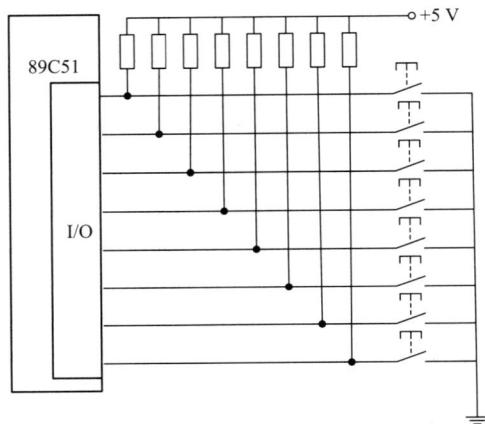

图 9-14　独立式非编码键盘与单片机的连接

采用这种方式的编程较为简单，判断是否有按键按下的代码如下：

```
if(P1 != 0xF0)

if(P1 & 0xF0 !=0xF0)
```

独立式非编码键盘的查询方式编程如下：

```c
#include <reg51.h>
unsigned char Read_Keyboard();          //读键值
void Func1();                           //自定义函数 1
void Func2();                           //自定义函数 2
void main()
{
    unsigned char Keyboard_Status;      //定义键值
    while(1)
    {
        Keyboard_Status = Read_Keyboard();   //读取按键值
        if(Keyboard_Status==0x01)
        {
```

```
            Func1();
        }
        else if(Keyboard_Status==0x02)
        {
            Func2();
        }
        else
        {
        }
    }
}
unsigned char Read_Keyboard()
{
    unsigned char Keys_Value;      //定义键值变量
    P2 = 0xff;                     // P2 端口置高，准备读取按键状态
    Keys_Value = P2;               //读取按键状态
    return Keys_Value;             //返回按键状态值
}
void Func1()
{
}
void Func2()
{
}
```

9.2.4　矩阵键盘接口及工作原理

为了减少键盘与单片机连接时所占用的 I/O 线数目，在键数较多时，通常都将键盘排列成行列矩阵形式。矩阵键盘如图 9-15 所示。

图 9-15　矩阵键盘

矩阵键盘与单片机的连接如图 9-16 所示。

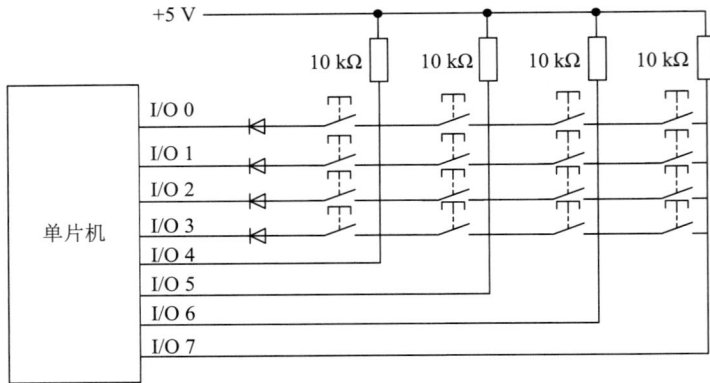

图 9-16   矩阵键盘与单片机的连接

矩阵键盘的使用一般比较复杂，需要多次判断才能判断出被按下的按键。下面介绍几种判断方法。

1. 阵列式按键键盘的行扫描方式

阵列式按键键盘工作流程和行扫描方式扫描过程如图 9-17 所示。整个工作过程如下：

(1) 第一次按键检测。首先判断按键是否按下，如果按键按下了(判断结果为"Y")，则进入去抖动处理阶段。

(2) 去抖动处理。当检测到按键按下后，为了避免按键抖动造成的误判，程序会进行去抖动处理。这里采用的是延时 10 ms 的方法。去抖动处理后，再次检测按键是否按下。

(3) 第二次按键检测。再次判断按键是否按下，如果按键没有按下(判断结果为"N")，则返回到第一次按键检测步骤，重新等待按键按下。如果按键按下了(判断结果为"Y")，则进入扫描按键位置阶段。

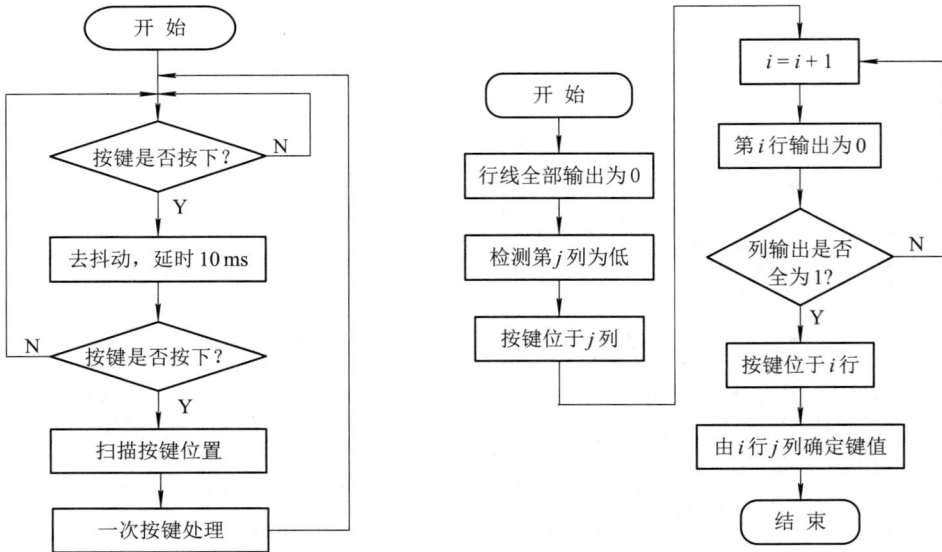

图 9-17   阵列式按键键盘工作流程和行扫描方式扫描过程

(4) 扫描按键位置。这里通过行扫描的方式实现，首先行线全部发送低电平信号，然后检测列信号，以确定按键所在的列；接着，水平线依次置 0，检测所有列，寻找使输出不全为 1 的那一行，即按键所在的行。由按键所在的行和列来确定按键的位置。

(5) 一次按键处理。扫描到按键位置后，进行一次与该按键对应的功能操作，例如在计算器中按下数字键后显示数字，或者按下功能键后执行相应的计算操作等。

(6) 循环扫描。一次按键处理完成后，可能会返回到开始步骤或者第一次按键检测步骤，继续等待下一次按键操作，从而实现对按键的循环监测。

工作过程中，通过将行线逐行置低电平后，检查列的输入状态来判断按键位于哪一行，称为行扫描方式。

2. 阵列式按键键盘的线反转方式

线反转方式与行扫描类似，具体步骤：先将行线作为输出线，其输出为 0，列线作为输入线，判断出所在列；再将列线作为输出线，其输出为 0，行线作为输入线，判断出所在行，进而得出键值。该过程体现了输入输出的反转，故称为线反转方式。阵列式按键键盘工作流程和线反转方式处理流程如图 9-18 所示。

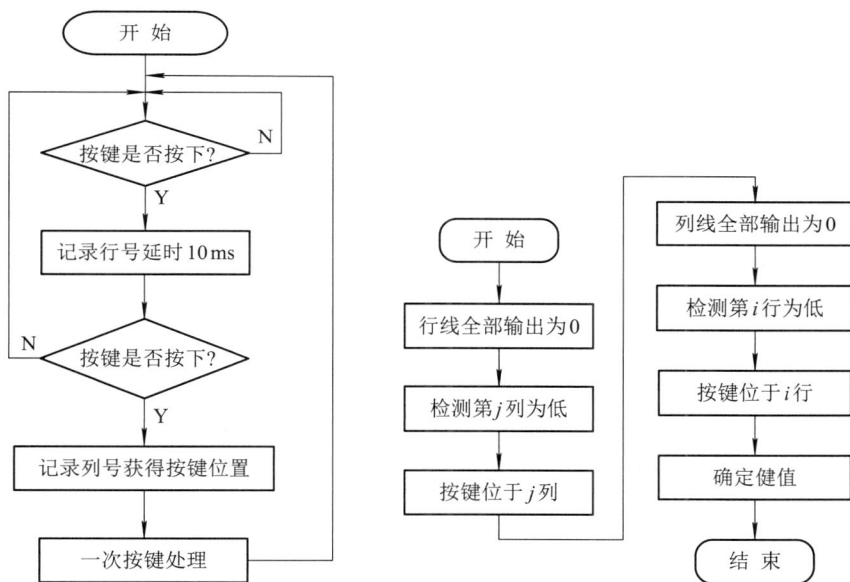

图 9-18　阵列式按键键盘工作流程和线反转方式处理流程

图 9-19 为线反转方式阵列式按键键盘连接示意图。假设按下编号为 5 的按键，下面以该图连接为例进行说明判断键值的过程。

首先，判断按键属于哪一列。置 P1 = 0FH，即 00001111(高 4 位为 0)，此时行线 P1.4～P1.7 输出为 0，单片机读取 P1，低 4 位中将有 1 个为 0，另外 3 个为 1。此时，图 9-19 中的 P1 为 00001101。

将 P1 与 0x0F 取异或运算(P1^0x0F)，计算结果中将只有一个 1。可以根据 1 的位置得到列的信息，同时，为了得到最终的按键值，可以根据所在列，形成一个权值。因此，异或计算结果为 1、2、4、8 中的一个。

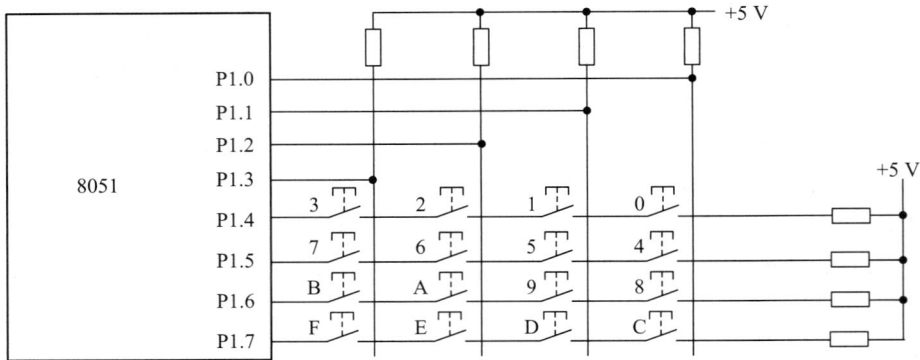

图 9-19　线反转方式阵列式按键键盘连接示意图

当异或运算结果为 1 时，代表第 1 列中某个按键按下。

当异或运算结果为 2 时，代表第 2 列中某个按键按下。

当异或运算结果为 4 时，代表第 3 列中某个按键按下。

当异或运算结果为 8 时，代表第 4 列中某个按键按下。

以图 9-19 中 5 号键按下为例，此时 00001111 与 00001101 异或运算结果为 00000010，即十进制数 2，可以代表从左边数的第 2 列。为了后续得到键值，这里给 KeyNo 赋值为 1。

这段过程的程序代码如下：

```
unsigned char Temp;
P1 = 0x0F;
DelayX1ms(1);
Temp = P1^0x0F;
switch(Temp)
{
    case 1: KeyNo = 0;break;
    case 2: KeyNo = 1;break;
    case 4: KeyNo = 2;break;
    case 8: KeyNo = 3;break;
    default: KeyNo = 16;
}
```

接下来，判断按键是哪一行。置 P1 = F0H 即 11110000，即列线 P1.0～P1.3 输出为 1，当某个按键按下后，将变为 XXXX0000，XXXX 中有 1 个为 0，另外 3 个为 1。此时，图 9-19 中的 P1 为 1101 0000。将 P1 右移 4 位，再和 0x0F(即 00001111)进行异或运算，结果为 1、2、4、8 中的一个。

当异或运算结果为 1 时，表示按键位于第 1 行。

当异或运算结果为 2 时，表示按键位于第 2 行。

当异或运算结果为 4 时，表示按键位于第 3 行。

当异或运算结果为 8 时，表示按键位于第 4 行。

以图 9-19 为例，此时 11010000 右移 4 位变为 00001101，再与 00001111 进行异或运算，所得结果为 00000010，即十进制数 2，可以代表从上边数的第 2 行。为了后续得到键值，这里给 KeyNo 赋值 1 的基础上再加上 4，得到最终的键值 5。此处可以看出，为了得到真正的权值，需要在已有的 KeyNo 上根据不同行，加上不同的值。规律如下：

位于第 1 行(即异或结果为 1)，KeyNo 加 0。

位于第 2 行(即异或结果为 2)，KeyNo 加 4。

位于第 3 行(即异或结果为 4)，KeyNo 加 8。

位于第 4 行(即异或结果为 8)，KeyNo 加 12。

这段过程的程序代码如下：

```
P1 = 0xF0;
DelayX1ms(1);
Temp = P1>>4^0x0F;
switch(Temp)
{
    case 1: KeyNo += 0;break;
    case 2: KeyNo += 4;break;
    case 4: KeyNo += 8;break;
    case 8: KeyNo += 12;
}
```

【仿真 9-8】　用数码管显示键盘矩阵按键键值。

用数码管显示键盘矩阵按键键值的仿真电路如图 9-20 所示。

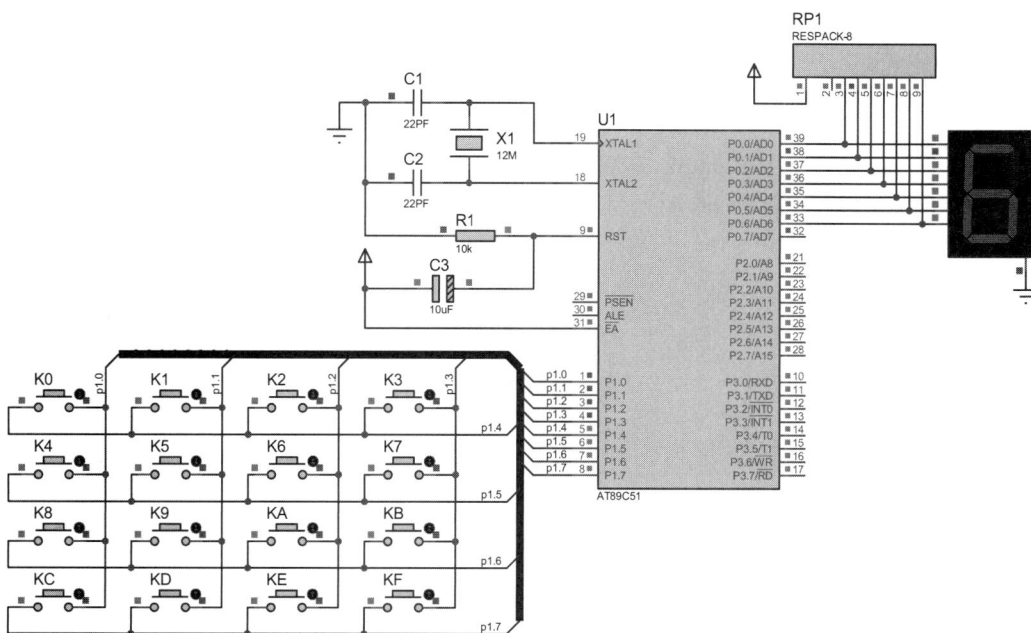

图 9-20　数码管显示键盘矩阵按键键值的仿真电路

先判断按键属于哪一列，再判断按键属于哪一行，相关程序代码如下：

```
void main()
{
    P0 = 0x00;
    while(1)
    {
        P1 = 0xF0;
        if(P1 != 0xF0) Keys_Scan();
        if (Pre_KeyNo != KeyNo)
        {
            P0 =~ Disp[KeyNo];
            Pre_KeyNo = KeyNo;
        }
        DelayX1ms(100);
    }
}
void Keys_Scan()
{
    unsigned char Temp;
    P1 = 0x0F;
    DelayX1ms(1);
    Temp = P1^0x0F;
    switch(Temp)
    {
        case 1: KeyNo = 0;break;
        case 2: KeyNo = 1;break;
        case 4: KeyNo = 2;break;
        case 8: KeyNo = 3;break;
        default: KeyNo = 16;
    }
    P1 = 0xF0;
    DelayX1ms(1);
    Temp = P1>>4^0x0F;
    switch(Temp)
    {
        case 1: KeyNo += 0;break;
        case 2: KeyNo += 4;break;
        case 4: KeyNo += 8;break;
        case 8: KeyNo += 12;
    }
}
```

```
    }
    void Keys_Scan()
    {
        unsigned char Temp;
        P1 = 0x0F;
        DelayX1ms(1);
        Temp = P1^0x0F;
        switch(Temp)
        {
            case 1: KeyNo = 0;break;
            case 2: KeyNo = 1;break;
            case 4: KeyNo = 2;break;
            case 8: KeyNo = 3;break;
            default: KeyNo = 16;
        }
        P1 = 0xF0;
        DelayX1ms(1);
        Temp = P1>>4^0x0F;
        switch(Temp)
        {
            case 1: KeyNo += 0;break;
            case 2: KeyNo += 4;break;
            case 4: KeyNo += 8;break;
            case 8: KeyNo += 12;
        }
    }
```

3. 阵列式按键键盘的行列扫描方式

行列扫描方法与前面两种在原理上是类似的，不同点在于：第一步是将行依次单个置 0，其余行为 1，然后检测列，当列不全为 1 时，确定被按下的按键所在的行；第二步是将列依次单个置 0，其余列置 1，然后检测行，当行不全为 1 时，确定被按下的按键所在的列。

具体的编程不再赘述。

小　　结

本章详细介绍了常见的单片机外设应用，特别是七段数码管和按键的使用技巧及其应用。首先，探讨了七段数码管的基本结构和工作原理，包括软件译码和硬件译码方法以及静态与动态显示方式的实现技术。这些内容为理解数码管在显示设备中的广泛使用提供了坚实的基础。接着，详细解释了按键的基本概念、消抖技术以及独立式和矩阵式键盘的接口和工作原理。特别是对于矩阵键盘，详细介绍了行扫描方式、线反转方式和行列扫描方式，这些是实现复杂用户输入的关键技术。本章内容不仅涵盖了这些外设的技术细节，还展示了如何将这些外设有效地集成到单片机项目中，以增强交互式用户界面的功能和效率。在七段数码管应用中，需重点掌握软件译码的动态刷新显示方法，这种显示方法在嵌入式系统中会经常遇到。同时，也可以尝试一下通过访问绝对地址的方法来控制数码管的显示。

习　　题

一、单选题

1. 在七段数码管中，静态显示方式是指(　　)。

A. 每个段自行闪烁　　　　　　　　　B. 同时显示所有字符

C. 单个数字长时间显示不变　　　　　D. 数字间快速切换

2. 与静态显示相比，七段数码管的动态显示方式的主要优势是(　　)。

A. 更高的能耗　　　　　　　　　　　B. 更复杂的控制逻辑

C. 更少的引脚使用　　　　　　　　　D. 显示效果更差

3. 按键消抖通常解决的问题是(　　)。

A. 按键位置错误　　　　　　　　　　B. 按键接触不良导致的多次触发

C. 按键颜色褪色　　　　　　　　　　D. 按键无法回弹

4. 可以有效减少微控制器的 I/O 口使用的按键布局是(　　)。

A. 独立式按键　　　　　　　　　　　B. 矩阵键盘

C. 触摸式键盘　　　　　　　　　　　D. 非编码键盘

5. 下列关于矩阵键盘的行扫描方式描述正确的是(　　)。

A. 每行依次输出高电平，检测列线　　B. 每列依次输出高电平，检测行线

C. 同时激活所有行　　　　　　　　　D. 同时激活所有列

6. 下列键盘中，适合行列扫描方式的是(　　)。

A. 独立式按键　　　　　　　　　　　B. 编码式键盘

C. 矩阵键盘　　　　　　　　　　　　D. 触摸屏

7. 硬件译码方法通常用于显示控制(　　)。

A. LCD 显示　　　　　　　　　　　　B. 七段数码管

C. 电脑屏幕　　　　　　　　　　　　D. 投影仪

8. 在单片机系统中，使用动态显示方式的七段数码管与静态显示方式相比，主要减少的是(　　)。

A. 时间消耗　　　　　　　　　　　　B. 软件复杂性

C. 显示器的寿命　　　　　　　　　　D. 硬件资源

9. 线反转方式是(　　)。

A. 翻转矩阵键盘的扫描方向

B. 对每个按键的信号线状态进行反转

C. 在一定时间内反转行和列的电平状态

D. 电流反向流过键盘

二、多选题

1. 七段数码管的显示方法包括(　　)。

A. 静态显示　　B. 动态显示

C. 随机显示　　D. 交替显示

2. 在设计七段数码管显示系统时，可以使用的译码方法有(　　)。

A. 软件译码　　B. 硬件译码

C. 直接驱动　　D. 间接驱动

3. 按键消抖技术的实现方法有(　　)。

A. 软件消抖　　B. 硬件消抖

C. 通过增加按键响应时间　　D. 减少按键接触面积

4. 矩阵键盘的扫描方式包括(　　)。

A. 行扫描方式　　B. 线反转方式

C. 行列扫描方式　　D. 轮询方式

三、判断题

1. 硬件译码方法比软件译码需要更多的硬件资源。(　　)

2. 静态显示方式比动态显示方式消耗更多的 I/O 端口。(　　)

3. 动态显示方式在显示多个数码管时更节省硬件资源。(　　)

4. 矩阵键盘的行扫描方式仅检测行线状态。(　　)

5. 按键的消抖是指通过硬件或软件减少或消除按键误操作。(　　)

6. 独立式非编码键盘可以直接连接到单片机的 I/O 端口上。(　　)

7. 在行列扫描方式中，行和列都可以被同时激活来检测按键状态。(　　)

四、填空题

1. 显示某个字符时，七段数码管相应的段恒定地________或________，________公共端应该接地，________公共端应该接 +5V 电源。

2. 按键消抖的硬件方法：________________和______________。

3. 阵列式键盘行扫描方式，依次给行线送________，若列线全为________，则按下的按键不在此行。

4. 使用软件译码的方式驱动数码管的特点是____________，________________。

5. 共阴极和共阳极显示同一字符的编码的关系是________，数码管静态显示电路中，一个数码管需要________个或________个 I/O。

6. 对于共阴极七段数码管，如果要显示“A”，则 dp、g、f、e、d、c、b、a 的值应为________；对于共阳极七段数码管，如果要显示“A”，则 dp、g、f、e、d、c、b、a 的值应为________。

7. 在多位 LED 显示时，将所有位的段选线并联在一起，由一个＿＿＿＿＿＿位 I/O 口控制。每个数码管共阴或共阳极＿＿＿＿＿＿＿分别由相应的独立的 I/O 线控制，实现各位的＿＿＿＿＿＿＿。

8. 使用软件译码的方式，由单片机直接驱动数码管，码段控制的连接为：直接连接到＿＿＿＿＿＿＿，为提高驱动能力可添加＿＿＿＿＿＿＿，共阴极公共端应＿＿＿＿＿＿＿。

9. 使用 BCD 译码器的方式驱动数码管的特点为＿＿＿＿＿＿＿，＿＿＿＿＿＿＿＿＿＿。

10. 使用 4511 芯片驱动数码管 $\overline{\text{LT}}$ (Lamp Test)显示测试接＿＿＿＿＿＿＿，$\overline{\text{BI}}$ (Blanking)显示空白接＿＿＿＿＿＿＿，LE(Latch Enable)锁存使能接＿＿＿＿＿＿＿。

五、简答题

1. 简述软件译码和硬件译码方法在七段数码管中的应用。

2. 简述七段数码管动态显示方式的工作原理及其优势。

3. 简述阵列式按键键盘的行列扫描方式以及它的实际应用价值。

第 10 章　1602 液晶显示模块的原理及应用

在现代电子设备和人机交互界面中，液晶显示屏因其低功耗、高清晰度和易于编程等优点而被广泛应用。其中，1602 液晶显示模块作为一种常见的字符型 LCD，因其简洁的界面和丰富的指令集而备受开发者青睐。本章主要讲述 1602 液晶显示模块的使用，1602 液晶模块不同于一般的外设，其内部有自己的控制器，单片机和 1602 液晶显示模块之间需要有时序的匹配。通过对本章的学习，读者对 1602 液晶显示模块将有一个较为深入的了解，以便熟练应用 1602 液晶显示模块，在此基础上，可根据外设的时序图实现单片机对外设的控制。

10.1　液晶显示器概述

液晶显示器(Liquid Crystal Display，LCD)利用液晶经过处理后能够改变光线传输方向的特性，达到显示字符或者图形的目的。液晶显示器具有体积小、重量轻、功耗极低、显示内容丰富等特点，在单片机应用系统中有着日益广泛的应用。

在实际应用中，用户很少设计 LCD 的驱动接口，一般是直接使用 LCD 的显示模块 (Liquid Crystal Display Module，LCM)。

LCM 的内部结构框图如图 10-1 所示。LCM 把 LCD 显示屏、背景光源、线路板和驱动集成电路等部件构造成一个整体，作为一个独立部件使用。LCM 具有功能较强、易于控制、接口简单等特点，在单片机系统中应用较多。LCM 一般带有内部显示 RAM 和字符发生器，只要输入 ASCII 码就可以进行显示。

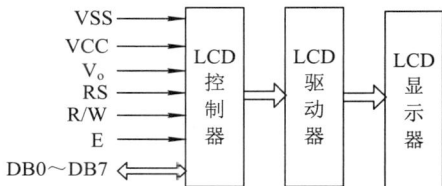

图 10-1　LCM 的内部结构框图

10.2　1602 液晶显示模块概述

1602 液晶显示模块是一种用 5×7 点阵图形来显示字符的液晶显示器。它可以显示 2 行，每行显示 16 个 ASCII 字符，并且可以自定义图形，只需要写入对应字符的 ASCII 码就可以显示，相对于数码管，它能显示更丰富的信息。1602 液晶显示模块实物如图 10-2 所示。

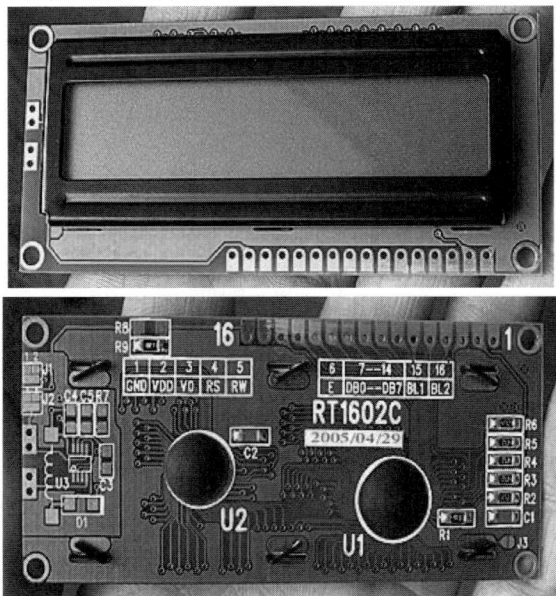

图 10-2　1602 液晶显示模块实物

目前，市面上的字符型液晶显示模块绝大多数都是基于 HD44780 液晶控制芯片的，所以其控制原理是完全相同的，为 HD44780 写的控制程序可以很方便地应用于市面上大部分的字符型液晶。HD44780 内置了 192 个常用字符，存于字符产生器 ROM(Character Generator ROM，CGROM)中，另外还有一些允许用户自定义的字符产生器 RAM，称为 CGRAM (Character Generator RAM)。

表 10-1 为 1602 液晶显示模块中 CGROM 和 CGRAM 地址及其中的内容，表中的高 4 位和低 4 位共同构成了地址。其中，字符码 0x00～0x0F 为用户自定义的字符图形 CGRAM。0x20～0x7F 共 96 个，为标准的 ASCII 码；0xA0～0xFF 共 96 个，为日文字符和希腊文字符；其余字符码(0x10～0x1F 及 0x80～0x9F)没有定义，在表中显示为空白。

除了 CGROM 和 CGRAM，LCD 内部还有一个 DDRAM(Display Data RAM，显示数据随机存储器)，用于存放待显示内容。LCD 控制器的指令系统规定，在送待显示字符代码的指令之前，先要送 DDRAM 的地址(即待显示字符的显示位置)。

例如，要在第 1 行第 2 列写入字符“A”，这时先写入第 1 行第 2 列对应的 DDRAM 的地址(即 01H)，然后再往 DDRAM 中写入“A”的字符码。

表 10-1　1602 液晶显示模块中 CGROM 和 CGRAM 地址及其中的内容

低 4 位	高 4 位														
	0000	0001	0010	0011	0100	0101	0110	0111	1000	1001	1010	1011	1100	1101	1110	1111
0000	CGRAM (1)			0	@	P	`	p				ー	タ	ミ	α	p
0001	(2)		!	1	A	Q	a	q			。	ア	チ	ム	ä	q
0010	(3)		"	2	B	R	b	r			「	イ	ツ	メ	β	θ
0011	(4)		#	3	C	S	c	s			」	ウ	テ	モ	ε	∞
0100	(5)		$	4	D	T	d	t			、	エ	ト	ヤ	μ	Ω
0101	(6)		%	5	E	U	e	u			・	オ	ナ	ユ	σ	ü
0110	(7)		&	6	F	V	f	v			ヲ	カ	ニ	ヨ	ρ	Σ
0111	(8)		'	7	G	W	g	w			ア	キ	ヌ	ラ	g	π
1000	(9)		(	8	H	X	h	x			ィ	ク	ネ	リ	√	x̄
1001	(10)		)	9	I	Y	i	y			ゥ	ケ	ノ	ル		y
1010	(11)		*	:	J	Z	j	z			ェ	コ	ハ	レ	j	千
1011	(12)		+	;	K	[	k	{			ォ	サ	ヒ	ロ	×	万
1100	(13)		,	<	L	¥	l					ャ	シ	フ	ワ	¢	円
1101	(14)		-	=	M	]	m	}			ュ	ス	ヘ	ン	Ł	÷
1110	(15)		.	>	N	^	n	→			ョ	セ	ホ	゛	ñ	
1111	(16)		/	?	O	_	o	←			ッ	ソ	マ	゜	ö	█

10.3　1602 液晶显示模块的引脚定义

在 1602 液晶显示模块的实物背面，一般在丝印上印有各个引脚的名称，1602 液晶显示模块一般采用标准的 16 引脚接口，各个引脚定义如下：

(1) 第 1 引脚：VSS 为地电源。

(2) 第 2 引脚：VDD 接 +5 V 正电源。

(3) 第 3 引脚：Vo 为液晶显示器对比度调整端，接正电源时对比度最弱，接地电源时对比度最高，使用时可以通过一个 10 kΩ 的电位器调整对比度。

(4) 第 4 引脚：RS 为寄存器选择，高电平时选择数据寄存器，低电平时选择指令寄存器。

(5) 第 5 引脚：R/W 为读写信号线，高电平时进行读操作，低电平时进行写操作。

当 RS 和 R/W 共同为低电平时，可以写入指令；当 RS 为低电平、R/W 为高电平时，可以读忙状态信号；当 RS 为高电平、R/W 为低电平时，可以写入数据；当 RS 为高电平、R/W 为高电平时，可以读数据。

(6) 第 6 引脚：E 端为使能端，当 E 端由高电平跳变成低电平时，液晶模块执行命令。

(7) 第 7～14 引脚：D0～D7 为 8 位双向数据线。

(8) 第 15～16 引脚：空脚。

另外，有的 1602 液晶显示模块还有背光控制引脚；有的 1602 液晶显示模块为了节省引脚资源，采用 SPI 串口接口。

10.4   1602 液晶显示模块和单片机接口

根据 1602 液晶显示模块的各个接口定义可知，一般将 Vo 连接至可调电阻，用于调节液晶屏显示的对比度；将 VSS 接地，VDD 接 +5 V 电压，其他各个引脚直接连接到单片机的 I/O 口上。图 10-3 为 1602 液晶显示模块与单片机的连接。

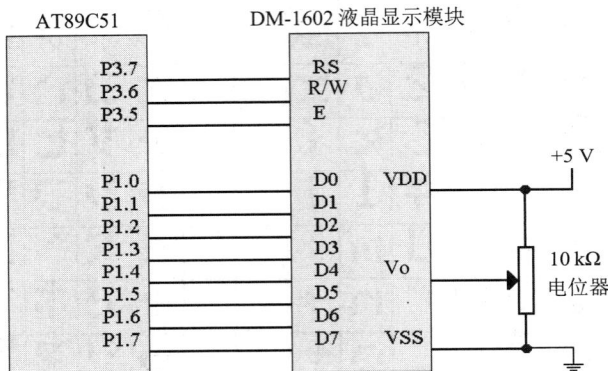

图 10-3   1602 液晶显示模块与单片机的连接

10.5   单片机对 1602 液晶显示模块的 4 种操作模式

如前所述，D0～D7 端为 8 位数据口，用于数据传送，而 RS、R/W、E 端配合可以进行不同的操作。单片机对 1602 液晶显示模块进行的操作主要有以下 4 种：

(1) 读忙状态。当输入 RS 为低电平、R/W 和 E 为高电平时，输出 D0～D7 为状态字。

(2) 写指令。当输入 RS 和 R/W 为低电平、D0～D7 为指令、E 由高电平跳变为低电平时，没有输出。

(3) 读数据。当输入 RS、R/W 和 E 为高电平时，输出 D0～D7 为数据。

(4) 写数据。当输入 RS 为高电平、R/W 为低电平、D0～D7 为数据、E 由高电平跳变为低电平时，没有输出。

液晶显示模块是一个慢显示器件，在执行每条指令之前一定要确认模块的忙标志为低电平，即不忙，否则此指令无效。

10.5.1　读操作时序

图 10-4 为 1602 液晶显示模块的读操作时序。

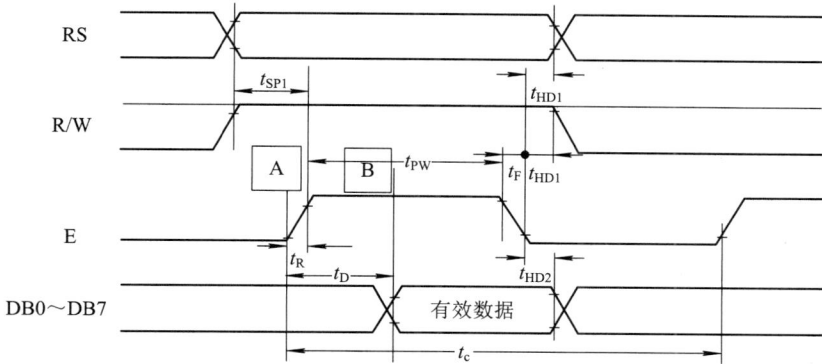

图 10-4　1602 液晶显示模块的读操作时序

在进行读操作时，R/W 置于 1，RS 则根据读的内容(状态或数据)置为 1 或 0。注意看图中的 A 和 B 两根线，在 A 位置，E 置为 1，经过 t_D 时间后，可以在数据口读到正确的数据，由于 t_D 的时间极短(ns 级)，而单片机操作一般是 μs 级，所以可以不考虑这个时间差，在将 E 置为 1 之后，就可以紧跟着指令去读取数据，在读到数据后，再将 E 置为 0，经过 t_{HD2} 时间后，数据口上的数据失效。1602 液晶显示模块读操作时序中各时序参数如表 10-2 所示。

表 10-2　1602 液晶显示模块读操作时序中各时序参数

时序参数	符　号	极　限　值			单位	测试条件
		最小值	典型值	最大值		
E 信号周期	t_c	400	—	—	ns	引脚 E
E 脉冲宽度	t_{PW}	150	—	—	ns	
E 上升沿/下降沿时间	t_R，t_F	—	—	25	ns	
地址建立时间	t_{SP1}	30	—	—	ns	引脚 E、RS、R/W
地址保持时间	t_{HD1}	10	—	—	ns	
数据建立时间(读操作)	t_D	—	—	100	ns	引脚 DB0～DB7
数据保持时间(读操作)	t_{HD2}	20	—	—	ns	

根据 RS 状态，读操作分为读数据和读忙状态两种。

1) 读数据

读数据的过程如下：

第 1 步，设置 RS 为对数据操作功能。

第 2 步，设置 R/W 为读功能。

第 3 步，设置 E 为低电平。

第 4 步，延时。

第 5 步，设置 E 为高电平。

第 6 步，延时。

第 7 步，读出数据。

第 8 步，E 恢复为 0 (低电平)。

将上述读数据的过程用 C51 描述，相关程序代码如下：

```c
uchar LCD_Read_Data(void)
{   uchar Temp;
    LCD_RS=1;
    LCD_RW=1;
    LCD_E=0;
    LCD_Delay(5);
    LCD_E=1;
    LCD_Delay(5);
    Temp = LCD_DATA;
    LCD_E=0;
    return(Temp );
}
```

2) 读忙状态

读忙状态的过程如下：

第 1 步，设置 RS 为对状态操作功能。

第 2 步，设置 R/W 为读功能。

第 3 步，设置 E 为低电平。

第 4 步，延时。

第 5 步，设置 E 为高电平。

第 6 步，延时。

第 7 步，读出忙状态标志位。

第 8 步，E 恢复为 0(低电平)。

将上述读忙状态的过程用 C51 描述，相关程序代码如下：

```c
uchar LCD_Check_Busy(void)
{   uchar temp；
    LCD_DATA=0xFF;
    LCD_RS=0;
    LCD_RW=1;
    LCD_E=0;
    LCD_Delay(5);
    LCD_E=1;
    LCD_Delay(5);
```

```
    while(LCD_DATA & 0x80);
    temp = LCD_DATA;
    LCD_E=0;
    return(temp );
}
```

在上面的程序中，出现了语句"LCD_DATA & 0x80"，为何会出现这个语句？这就涉及 1602 液晶显示模块的状态字。图 10-5 给出了 1602 液晶显示模块的状态字及其含义。

STA7 D7	STA6 D6	STA5 D5	STA4 D4	STA3 D3	STA2 D2	STA1 D1	STA0 D0

STA0～STA6	当前数据地址指针的数值	
STA7	读写操作使能	1：禁止　0：允许

图 10-5　1602 液晶显示模块的状态字及其含义

如前所述，由于 1602 液晶显示模块是一个慢设备，因此每次对控制器进行读写之前，都必须进行读写检测，确保 STA7 为 0。

【题 10-1】　根据 1602 液晶显示模块的状态字，如何确定 LCD 是否处于忙状态？如何编程来实现"遇忙等待"？

【答】　当 STA7 的值为 1 时，LCD 处于忙状态。语句"while ((Busy_Check ()& 0x80)==0x80);"可表示当 LCD 处于忙状态时进行等待。

10.5.2　写操作时序

图 10-6 为 1602 液晶显示模块的写操作时序。

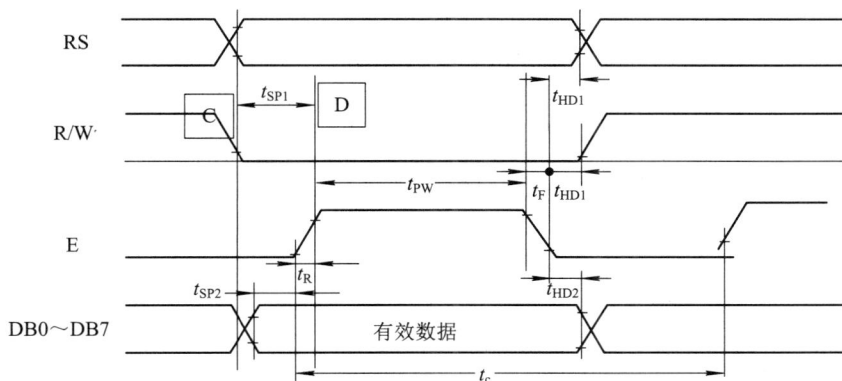

图 10-6　1602 液晶显示模块的写操作时序

在进行写操作时，R/W 要置为 0，RS 根据写的内容不同(指令或数据)置为 1 或 0，同时，注意 C 和 D 两根线，在将 E 置为 1 之前，要先将数据送到数据口上，然后在 D 位置，将 E 置为 1，经过 t_{PW} 延时后，再将 E 置为 0，在这个时间段内必须保证数据口上的数据稳定不变，为有效的数据。同理，由于 t_{PW} 延时时间相对较短(ns 级)，所以在单片机里也不必考虑延时问题。

这个过程要注意 C 和 D 两根线，R/W 置低后，延时一段时间，E 才能置为 1，再延时，当 E 置 0 时将数据写入。1602 液晶显示模块写操作时序中各时序参数如表 10-3 所示。

表 10-3　1602 液晶显示模块写操作时序中各时序参数表

时序参数	符　号	极　限　值			单位	测试条件
		最小值	典型值	最大值		
E 信号周期	t_c	400	—	—	ns	引脚 E
E 脉冲宽度	t_{PW}	150	—	—	ns	
E 上升沿/下降沿时间	t_R, t_F	—	—	25	ns	
地址建立时间	t_{SP1}	30	—	—	ns	引脚 E、RS、R/W
地址保持时间	t_{HD1}	10	—	—	ns	
数据建立时间(写操作)	t_{SP2}	40	—	—	ns	引脚 DB0～DB7
数据保持时间(写操作)	t_{HD2}	10	—	—	ns	

根据 RS 状态，写操作分为写指令和写数据两种。

1) 写指令

写指令的过程如下：

第 1 步，检查 LCD 状态是否为忙。若 LCD 为忙状态，则等待。

第 2 步，RS 为低电平。

第 3 步，R/W 为写操作。

第 4 步，使能信号置为 0(低电平)。

第 5 步，延时。

第 6 步，使能信号置为 1(高电平)。

第 7 步，延时。

第 8 步，使能信号置为 0(低电平)。

第 9 步，写入指令。

将上述写指令过程用 C51 描述，相关程序代码如下：

```
void LCD_Write_Cmd (uchar cmd,BusyC)
{
    if(BusyC)   LCD_Check_Busy();
    LCD_DATA=cmd;
    LCD_RS=0;
    LCD_RW=0;
    LCD_E=0;
    LCD_Delay(5);
    LCD_E=1;
    LCD_Delay(5);
    LCD_E=0;
}
```

2) 写数据

写数据的过程如下：

第 1 步，检查 LCD 状态是否为忙。若 LCD 为忙状态，则等待。

第 2 步，RS 为高电平。

第 3 步，R/W 为写操作。

第 4 步，E 置为 0。

第 5 步，延时。

第 6 步，E 置为 1。

第 7 步，延时。

第 8 步，E 置为 0。

第 9 步，写入数据。

将上述写数据过程用 C51 描述，相关程序代码如下：

```
void LCD_Write_Data(uchar dat)
{
    LCD_Check_Busy();
    LCD_DATA=dat;
    LCD_RS=1;
    LCD_RW=0;
    LCD_E=0;
    LCD_Delay(5);
    LCD_E=1;
    LCD_Delay(5);
    LCD_E=0;
}
```

10.6　1602 液晶显示模块内部的 DDRAM

1602 液晶显示模块内部的 DDRAM 非常重要。当要在液晶屏上显示字符时，要先输入显示字符地址，也就是告诉模块在哪个位置显示字符。

图 10-7 给出了 1602 液晶显示模块中各个字符位置对应的地址值。1602 液晶显示模块有两行，每行 16 个字符，共可显示 32 个字符。

1	2	3	4	5	6	7	8	9	10	11	12	13	14	15	16	
00	01	02	03	04	05	06	07	08	09	0A	0B	0C	0D	0E	0F	第 1 行
40	41	42	43	44	45	46	47	48	49	4A	4B	4C	4D	4E	4F	第 2 行

图 10-7　1602 液晶显示模块中各字符位置对应的地址值

写入地址值是通过指令码来控制的。写入地址值的指令码为 80H+地址码(0～27H、40～67H)，其功能是设置数据地址指针。这是因为写入显示地址时要求最高位 D7 恒定为高电平。

【题 10-2】 如图 10-7 所示，若需要在第 1 行的位置 1 处显示数据，则需要向 LCD 写入什么指令？如果要在第 2 行位置 1 处写入呢？

【答】 显示字符时要先输入显示字符地址，即告诉模块在哪里显示字符，根据上述介绍，写入地址值的指令码为 80H+地址码。因此，如果在 1602 液晶显示模块的第 1 行位置 1 处显示数据，则其指令为"0x80"，即写入语句"LCD_Write_Cmd(0x80,1);"；如果在第 2 行位置 1 处显示数据，则其指令为"0xC0"，即写入语句"LCD_Write_Cmd(0xC0,1);"。

从地址码范围(0~27H、40~67H)可知，1602 液晶显示模块控制器的内部 RAM 缓冲区大小为 80×8 位，但每行只能显示 16 个字。两者之间的关系如图 10-8 所示。这并不意味着每行只有前 16 个字符可以显示，后面的字符也可以通过画面左右移位显示出来。

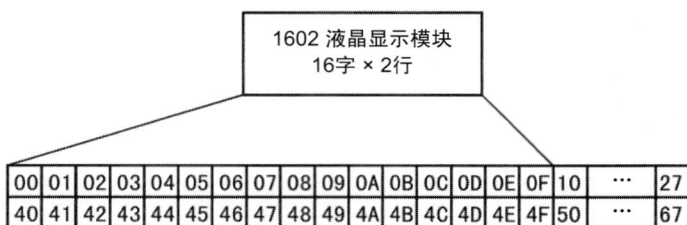

图 10-8　1602 液晶显示模块中显存与实际显示内容的关系

因此，如果希望在 1602 液晶显示模块的某一特定位置显示某一特定字符，一般要遵循"先指定地址，后写入内容"的原则。

【仿真 10-1】在第 1 行第 1 个位置开始显示"ab"，在第 2 行第 1 个位置开始显示"cd"。遵循"先指定地址，后写入内容"的原则，可编写程序代码如下：

```
LCD_Write_Cmd(0x80,1);
LCD_Write_Data('a');
LCD_Write_Cmd(0x81,1);
LCD_Write_Data('b');
LCD_Write_Cmd(0xC0,1);
LCD_Write_Data('c');
LCD_Write_Cmd(0xC1,1);
LCD_Write_Data('d');
```

1602 液晶显示模块还可以实现更多的控制功能，例如光标是否显示、光标是否闪动、清屏、只显示一行、液晶关闭与打开、液晶屏幕滚动等，这些都可以通过特殊的指令来完成。

10.7　1602 液晶显示模块的指令集

本节将详细介绍 1602 液晶显示模块的指令集，包括显示功能设置、开关及光标控制、清屏操作、显示屏或光标移动方向的设定、AC 值控制及屏幕移动设置、光标归位等关键功能。此外，还将总结指令使用的小技巧，并通过综合实验帮助读者加深理解和应用。通过对本节的学习，读者能够熟练掌握 1602 液晶显示模块的编程方法，为各类电子项目提供直观、友好的用户界面。

1. 显示功能设置

1602 液晶显示模块的显示功能设置主要用于设定数据总线位数、显示的行数及字形。1602 液晶显示模块的显示功能设置指令的格式如图 10-9 所示。

指令功能	指 令 编 码									执行时间
	RS	R/W	DB7	DB6	DB5	DB4	DB3	DB2	DB1	DB0	/μs
功能设定	0	0	0	0	1	DL	N	F	X	X	40

图 10-9　1602 液晶显示模块的显示功能设置指令的格式

图 10-9 中功能设定指令的各位及其含义如下：

(1) DL：当 DL=0 时，数据总线为 4 位；当 DL=1 时，数据总线为 8 位。

(2) N：当 N=0 时，显示 1 行；当 N=1 时，显示 2 行。

(3) F：当 F=0 时，设置为 5×7 点阵/字符；当 F=1 时，设置为 5×10 点阵/字符。

(4) X：该位可取 0 或 1，对指令功能无影响。

【题 10-3】 如果需要设置为 16×2 显示、5×7 点阵、8 位数据接口，应该写什么指令？用 C51 如何实现？

【答】　由题可知 DL=1、N=1、F=0，因此写入指令为"0x38"，用 C51 描述的语句为"LCD_Write_Cmd(0x38,1);"。

2. 显示开关及光标设置

1602 液晶显示模块的显示开关及光标设置用于设置 1602 液晶显示模块的开/关、光标的显示/关闭以及光标是否闪烁。该指令的格式如图 10-10 所示。

指令功能	指 令 编 码									执行时间
	RS	R/W	DB7	DB6	DB5	DB4	DB3	DB2	DB1	DB0	/μs
显示开关控制	0	0	0	0	0	0	1	D	C	B	40

图 10-10　1602 液晶显示模块的开关及光标设置指令的格式

图 10-10 中显示开关及光标设置指令的各位及其含义如下：

(1) D：当 D=0 时，显示功能关；当 D=1 时，显示功能开。

(2) C：当 C=0 时，无光标；当 C=1 时，有光标。

(3) B：当 B=0 时，光标不闪烁；当 B=1 时，光标闪烁。

【题 10-4】 如果需要关闭显示，则写什么指令？用 C51 如何实现？

【答】由题可知 D=0、C=0、B=0，因此写入指令为"0x08"，用 C51 描述的语句为"LCD_Write_Cmd(0x08,1);"。

【题 10-5】 如果需要打开显示，且不需要光标，则写什么指令？用 C51 如何实现？

【答】 由题可知 D=1、C=0、B=0，因此写入指令为"0x0C"，用 C51 描述的语句为"LCD_Write_Cmd(0x0C,1);"。

下面介绍几个关于显示开关及光标设置的仿真。

【仿真 10-2】 使 LCD 显示闪烁的光标，相关程序代码如下：

LCD_Write_Cmd(0x0F,1);

【仿真 10-3】 使 LCD 不显示光标，相关程序代码如下：

LCD_Write_Cmd(0x0C,1);

【仿真 10-4】 使 LCD 显示不闪烁的光标，相关程序代码如下：

LCD_Write_Cmd(0x0E,1);

【仿真 10-5】 使 LCD 在第 1 行第 1 个位置显示"a"，同时显示闪烁的光标，相关程序代码如下：

```
LCD_Write_Cmd(0x0F,1);    //显示闪烁的光标
LCD_Write_Cmd(0x80,1);
LCD_Write_Data('a');
```

【仿真 10-6】 使 LCD 在第 1 行第 1 个位置显示"a"，同时显示闪烁的光标。显示一段时间后，关闭 LCD。相关程序代码如下：

```
LCD_Write_Cmd(0x0F,1);    //显示闪烁的光标
LCD_Write_Cmd(0x80,1);
LCD_Write_Data('a');
LCD_Delay(1000);
LCD_Write_Cmd(0x08,1);
```

3. 清屏

清屏指令用于清除所显示的内容，但光标不会清除。清屏指令的格式如图 10-11 所示。

指令功能	指令编码									执行时间
	RS	R/W	DB7	DB6	DB5	DB4	DB3	DB2	DB1	DB0	/ms
清屏	0	0	0	0	0	0	0	0	0	1	1.64

图 10-11　1602 液晶显示模块的清屏指令的格式

在执行清屏指令时，将完成如下操作：

(1) 清除液晶显示器，即将 DDRAM 的内容全部填入表示"空白"的 ASCII 码 20H。

(2) 光标归位，即将光标撤回液晶显示屏的左上方。

(3) 将地址计数器(Address Counter，AC)的值设为 0。

【题 10-6】 如果需要清屏，则写什么指令？用 C51 如何实现？

【答】 写入指令为"0x01"，用 C51 描述的语句为"LCD_Write_Cmd(0x01,1);"。

【仿真 10-7】 在第 1 行第 1 个位置显示"a"，同时显示闪烁的光标。显示一段时间后，清屏。相关程序代码如下：

```
LCD_Write_Cmd(0x0F,1);    //显示闪烁的光标
LCD_Write_Cmd(0x80,1);
LCD_Write_Data('a');
LCD_Delay(1000);
LCD_Write_Cmd(0x01,1);
```

4. 设定显示屏或光标移动方向指令

该指令用于设定每次读取或写入 1 位数据后光标的移位方向，并且设定每次写入 1 个字符时，其他显示内容是否移动。该指令的格式如图 10-12 所示。

指令功能	指 令 编 码									执行时间
	RS	R/W	DB7	DB6	DB5	DB4	DB3	DB2	DB1	DB0	/μs
进入模式设置	0	0	0	0	0	0	0	1	I/D	S	40

图 10-12　1602 液晶显示模块的设定显示屏或光标移动方向指令的格式

图 10-12 中设定显示屏或光标移动方向指令中的各位及其含义如下：

(1) I/D：用于设置读取或写入一个字符后，地址指针和光标的加减。I/D＝1 表示当读或写一个字符后地址指针加 1，且光标加 1；I/D＝0 表示当读或写一个字符后地址指针减 1，且光标减 1。

(2) S：用于设置当写入一个字符时，屏幕上其他显示内容是否移动。S＝1 表示当写一个字符时，整屏显示左移(I/D＝1)或右移(I/D＝0)，以得到光标不移动而屏幕移动的效果。S＝0 表示当写一个字符时，整屏显示不移动。

【题 10-7】 如果需要写入新数据后光标右移但显示屏不移动，则写什么指令？用 C51 如何实现？

【答】 写入指令为"0x06"，用 C51 描述的语句为"LCD_Write_Cmd(0x06,1);"。

【仿真 10-8】 在 LCD 的第 1 行显示 26 个英文字母。相关程序代码如下：

```
for (i = 0;i<=25;i++)
{
LCD_Write_Cmd(0x80+i,1);
LCD_Write_Data('A' + i);
LCD_Delay(200);
}
```

注意： 由于一行最多显示 16 个字符，后续的字母将无法显示。

在上述仿真的基础上，添加滚屏控制，当超过 16 个字符时，屏幕自动左移，最新出现的字符在最右边。此时，需要通过设置 I/D＝1 实现写入新数据后光标右移；通过设置 S＝1 实现写入新数据后显示屏整体右移 1 个字符。用 C51 描述的语句为"if(i>=15) LCD_Write_Cmd(0x07,1);"。

5. AC 值控制及屏幕移动设置

1602 液晶显示模块的 AC 值控制及屏幕移动设置指令用于设定光标移位或整个显示屏幕移位。1602 液晶初始化完成后，如果希望在 LCD 的某一特定位置显示某一特定字符，一般要遵循"先指定地址，后写入内容"的原则；但如果希望在 LCD 上显示一串连续的字符(如单词等)，并不需要每次写字符码之前都指定一次地址，这是因为液晶控制模块中有一个计数器叫地址计数器(AC)。AC 的作用是记录写入 DDRAM 数据的地址，或从 DDRAM 读出数据的地址。除此之外，它还能根据用户的设定自动进行修改。

该指令的格式如图 10-13 所示，其中 X 表示该位可取 0 或 1，指令功能无影响。

指令功能	指 令 编 码										执行时间 /μs
	RS	R/W	DB7	DB6	DB5	DB4	DB3	DB2	DB1	DB0	
设定显示屏或光标移动方向	0	0	0	0	0	1	S/C	R/L	X	X	40

图 10-13　AC 值控制及屏幕移动设置指令的格式

其中，S/C 和 R/L 有以下 4 种组合：

(1) 00：光标左移 1 格，且 AC 值减 1。

(2) 01：光标右移 1 格，且 AC 值加 1。

(3) 10：显示器上字符全部左移 1 格，但光标不动(可用于查看屏幕上显示不到的字符)。

(4) 11：显示器上字符全部右移 1 格，但光标不动。

【仿真 10-9】 如果根据本指令简化仿真 10-8，使得每次不必再写地址，则写什么指令？用 C51 如何实现？

写入指令为"0x14"，用 C51 描述的语句为"LCD_Write_Cmd(0x14,1);"。注释掉写入地址的语句，可看看仿真效果。相关程序代码如下：

```
LCD_Write_Cmd(0x0F,1);
LCD_Write_Cmd(0x14,1);
LCD_Write_Cmd(0x80,1);
for (i = 0;i<=25;i++)
{
    //LCD_Write_Cmd(0x80+i,1);
    if(i>=15) LCD_Write_Cmd(0x07,1);
    LCD_Write_Data('A' + i);
    LCD_Delay(200);
}
```

6. 光标归位指令

在执行光标归位指令时，将完成以下工作：

(1) 把光标撤回到显示器的左上方。

(2) 地址计数器(AC)的值设置为 0。

(3) 保持 DDRAM 的内容不变。

光标归位指令的格式如图 10-14 所示，其中 X 表示该位可取 0 或 1，对指令功能无影响。

指令功能	指 令 编 码										执行时间 /ms
	RS	R/W	DB7	DB6	DB5	DB4	DB3	DB2	DB1	DB0	
光标归位	0	0	0	0	0	0	0	0	1	X	1.64

图 10-14　光标归位指令的格式

在仿真 10-9 的基础上，加入"LCD_Write_Cmd(0x02,1);"语句，通过仿真会发现光标回到了 A 的位置。

7. 指令小结及编程技巧

在进行 1602 液晶显示模块的编程时，在将 E 置高电平前，先设置好 RS 和 R/W 信号，在 E 上升沿到来之前，准备好写入的命令字或数据。只需在适当的地方加上延时，就可以满足要求了。使能位 E 对执行 LCD 指令起着关键作用，E 有两个有效状态，分别为高电平 (1) 和下降沿 (1→0)。当 E 为高电平时，如果 R/W 为 0，则 LCD 从单片机读入指令或者数据；如果 R/W 为 1，则单片机可以从 LCD 中读出状态字 (BF 忙状态) 和地址。当 E 为下降沿时，则写入 LCD 指令或数据。

8. 综合实例

下面通过一个仿真来熟悉 1602 液晶显示模块的指令集的使用。

【仿真 10-10】　在 LCD 的第一行显示"A～Z"，之后，通过两个按键控制屏幕移动，其中一个控制显示左移，另一个控制显示右移。

控制整个显示内容左移、右移是通过 AC 值控制及屏幕移动设置指令来实现的。其中当 S/C 和 R/L 为 10 时，显示器上字符全部左移一格，但光标不动；当它们为 11 时，显示器上字符全部右移一格，但光标不动。在实现时，显示部分参见前面仿真实例，另外添加两个中断，一个用于左移，一个用于右移。中断函数如下：

```
void External_Interrupt_0() interrupt 0
{ LCD_Write_Cmd(0x18,1); }
void External_Interrupt_1() interrupt 2
{ LCD_Write_Cmd(0x1C,1);}
```

10.8　1602 液晶显示模块的初始化

LCD 工作之前，必须遵照厂商提供的初始化过程进行初始化。图 10-15 为某型号 1602 液晶显示模块的初始化过程。

根据其初始化过程要求，可以将该过程用 C51 语言描述如下：

```
void LCD_Init(void)
{
    //3 次显示模式设置，不检测忙信号
    LCD_Write_Cmd(0x38,0);
    LCD_Delay(5);
    LCD_Write_Cmd(0x38,0);
    LCD_Delay(5);
    LCD_Write_Cmd(0x38,0);
    LCD_Delay(5);
    LCD_Write_Cmd(0x38,1);          //显示模式设置为 8 位、2 行、5×7 点阵
    LCD_Write_Cmd(0x08,1);          //关闭显示
```

```
LCD_Write_Cmd(0x01,1);        //清屏
LCD_Write_Cmd(0x06,1);        //设置光标移动方向为从左向右，当写入字符时，显示内容会
                                随着光标移动而移动
LCD_Write_Cmd(0x0C,1);        //开启液晶显示模块的显示功能，关闭光标显示
}
```

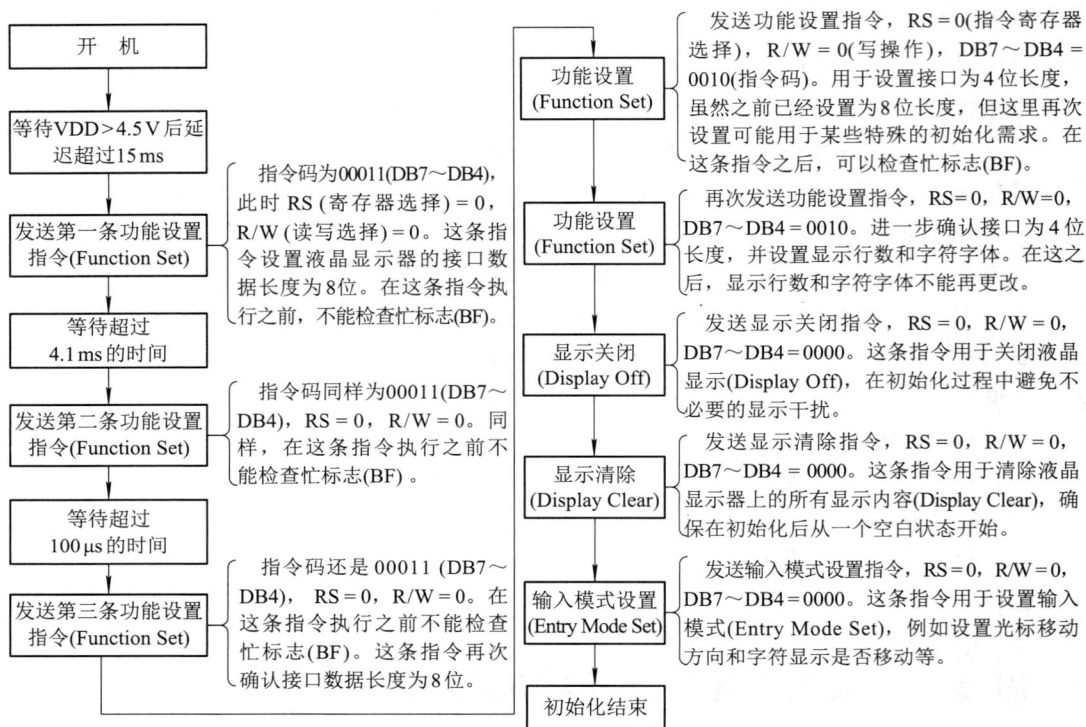

开机

等待VDD>4.5V后延迟超过15ms

发送第一条功能设置指令(Function Set)
指令码为00011(DB7~DB4)，此时 RS (寄存器选择) = 0，R/W (读写选择) = 0。这条指令设置液晶显示器的接口数据长度为8位。在这条指令执行之前，不能检查忙标志(BF)。

等待超过4.1ms的时间

发送第二条功能设置指令(Function Set)
指令码同样为00011(DB7~DB4)，RS = 0，R/W = 0。同样，在这条指令执行之前不能检查忙标志(BF)。

等待超过100μs的时间

发送第三条功能设置指令(Function Set)
指令码还是 00011 (DB7~DB4)，RS = 0，R/W = 0。在这条指令执行之前不能检查忙标志(BF)。这条指令再次确认接口数据长度为8位。

功能设置(Function Set)
发送功能设置指令，RS = 0(指令寄存器选择)，R/W = 0(写操作)，DB7~DB4 = 0010(指令码)。用于设置接口为4位长度，虽然之前已经设置为8位长度，但这里再次设置可能用于某些特殊的初始化需求。在这条指令之后，可以检查忙标志(BF)。

功能设置(Function Set)
再次发送功能设置指令，RS=0，R/W=0，DB7~DB4 = 0010。进一步确认接口为4位长度，并设置显示行数和字符字体。在这之后，显示行数和字符字体不能再更改。

显示关闭(Display Off)
发送显示关闭指令，RS = 0，R/W = 0，DB7~DB4 = 0000。这条指令用于关闭液晶显示(Display Off)，在初始化过程中避免不必要的显示干扰。

显示清除(Display Clear)
发送显示清除指令，RS = 0，R/W = 0，DB7~DB4 = 0000。这条指令用于清除液晶显示器上的所有显示内容(Display Clear)，确保在初始化后从一个空白状态开始。

输入模式设置(Entry Mode Set)
发送输入模式设置指令，RS=0，R/W=0，DB7~DB4 = 0000。这条指令用于设置输入模式(Entry Mode Set)，例如设置光标移动方向和字符显示是否移动等。

初始化结束

图 10-15　某型号 1602 液晶显示模块的初始化过程

10.9　1602 液晶显示模块的综合应用

本节将深入探讨 1602 液晶显示模块的综合应用，从基础的字符串显示，到进阶的时钟展示，再到结合定时器的动态时钟更新，使读者一步步掌握液晶显示技术的核心要点。通过学习本节内容，读者能够熟练运用 1602 液晶显示模块，为设计的电子设备增添直观且美观的显示功能。

10.9.1　1602 液晶显示模块显示字符串

1602 液晶显示模块显示字符串的方法如下：
(1) 可以采用逐个先写地址、再写数据的方法。

(2) 可以设定 AC 自动累加，先写初始地址，再逐个写数据。

(3) 可以在上述基础上，编写字符串显示子函数。

显示字符串的函数如下：

```
void LCDShowString(uchar x, uchar y, uchar *str)
{
    uchar i=0;
    if(y==0) LCD_Write_Cmd(0x80+x,1);        //y=0 表示在第一行显示字符
    if(y==1) LCD_Write_Cmd(0xC0+x,1);        //y=1 表示在第二行显示字符
    for (i=0; i<16; i++)
    {
        LCD_Write_Data(str[i]);              //开始写数据，地址指针根据设置可自动加 1
    }
}
```

【仿真 10-11】 在 LCD1602 的第一行显示字符串"Welcome to NUDT！"，第二行显示
"75265914@qq.com"。显示效果如图 10-16 所示。

使用上文中定义的 LCDShowString 函数来实现，
相关程序代码如下：

```
uchar code school_name[]={"Welcome to NUDT!"};
uchar code email[]={"75265914@qq.com"};

LCDShowString(0,0,     school_name);
LCDShowString(0,1,     email);
```

图 10-16　1602 液晶显示模块显示字符串

10.9.2　1602 液晶显示模块显示时钟

这里用 1602 液晶显示模块来显示一个如图 10-17 所示的时钟。根据显示内容，设定一
个变量为"uchar LCD_Dis[]="TIME: 00:00:00";"，通过函数"Format(uchar SecondCount,
uchar MinuteCount, uchar HourCount, uchar *a)"将时、分、秒计时，再将变量显示到 LCD
上。主函数执行累加，生成时、分、秒，相关程序代码如下：

```
while(1)
{
    SecondCount++;
    if (SecondCount >=60)
    {
        MinuteCount++;
        SecondCount = SecondCount%60;
        if (MinuteCount >=60)
        {
            HourCount++;
```

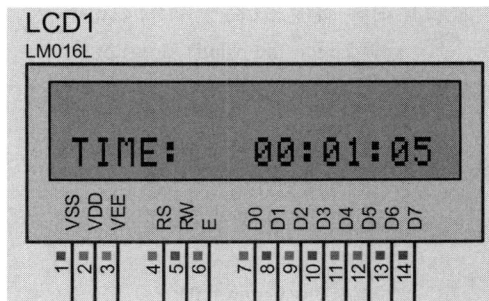

图 10-17　1602 液晶显示模块显示时钟

```
            HourCount = HourCount%24;
            MinuteCount = MinuteCount%60;
        }
    }
    Format(SecondCount, MinuteCount, HourCount, LCD_Dis);
    LCDShowString(0,1,LCD_Dis);
    DelayX1ms(1000);
}
```

Format 函数将时分秒转换为字符串，相关程序代码如下：

```
void Format(uchar SecondCount,uchar MinuteCount,uchar HourCount,uchar *a)
{
    a[8]=HourCount    /10 + 0x30;
    a[9]=HourCount    %10 + 0x30;
    a[11]=MinuteCount    /10 + 0x30;
    a[12]=MinuteCount    %10 + 0x30;
    a[14]=SecondCount    /10 + 0x30;
    a[15]=SecondCount    %10 + 0x30;
}
```

10.9.3　1602 液晶显示模块显示时钟(定时器/计数器)

在 10.9.2 节的基础上，采用定时器/计数器来实现更精确的计时。设计思路为定时器/计数器初始化→中断初始化→定时器/计数器溢出中断处理函数→时分秒转换为字符串→字符串显示到 LCD 上，主要包括以下 3 个部分：

(1) 定时器/计数器设置的相关程序代码如下：

```
    TMOD = 0x00;               //定时器/计数器工作在模式 0，13 位计数
    TH0 = (8192-5000)/32;      //对于 12 MHz 晶振，5 ms 产生一次中断
    TL0 = (8192-5000)%32;
    IE = 0x82;                 //打开总中断，定时器/计数器 T0 中断
    TR0 = 1;                   //开始计数
```

(2) 定时器/计数器中断函数的相关程序代码如下：

```
void Timer_Interrupt() interrupt 1
{
    TH0 = (8192-5000)/32;
    TL0 = (8192-5000)%32;
    if(++Sec_Count == 200)
    {
        Sec_Count = 0;
        SecondCount = SecondCount +1;
```

```
            if (SecondCount >= 60)
            {
                SecondCount = 0;
                MinuteCount = MinuteCount + 1;
                if(MinuteCount >=60)
                {
                    MinuteCount = 0;
                    HourCount = HourCount + 1;
                    if(HourCount >=24)
                    {HourCount = 0;
                    }
                }
            }
            Format(SecondCount,MinuteCount,HourCount,LCD_Dis);
            ShowString(0,1,LCD_Dis);
        }
    }
```

(3) 主函数的相关程序代码如下:

```
    void main(void)
    {
        TMOD = 0x00;                 //定时器/计数器工作在模式 0，13 位计数
        TH0 = (8192-5000)/32;        //对于 12 MHz 晶振，5 ms 产生一次中断
        TL0 = (8192-5000)%32;
        IE = 0x82;                   //打开总中断，定时器/计数器 T0 中断
        LCD_Delay(400);              //启动等待，等 LCD 进入工作状态
        LCD_Init();                  //LCD 初始化
        TR0 = 1;                     //开始计数
        Format(0,0,0,LCD_Dis);
        LCDShowString(0,1,LCD_Dis);
        while(1){};
    }
```

小　　结

　　本章详细介绍了常见单片机外设中的 1602 液晶显示模块的应用。首先对液晶显示器进行了基础概述，随后深入到 1602 液晶显示模块的具体内容，包括模块的引脚定义和与单片机的接口方法。本章特别强调了单片机对 1602 液晶显示模块的 4 种操作模式，详细讨论了

读写操作时序，并探讨了液晶内部显示存储器的结构和功能。此外，还详细解析了1602液晶显示模块的各类指令，如显示功能设置、显示开关及光标设置、清屏和显示屏或光标移动方向的设定，以及如何通过 AC 值控制屏幕移动和光标归位。最后，通过一系列编程技巧和综合实例，加深了读者对1602液晶显示模块综合应用的理解，包括如何利用 LCD 显示字符串、显示时钟等功能。本章内容丰富，为读者提供了系统的学习和实践指南，使得读者能够更好地掌握液晶显示技术在单片机中的应用。建议以1602液晶显示模块为例，学会阅读外设的时序电路，通过单片机的编程达到外部设备的时序要求。

习　　题

一、单选题

1. 1602 液晶显示模块的主要应用是(　　　)。

A. 音频处理　　　　　　　　　　　　B. 图像处理

C. 数据显示　　　　　　　　　　　　D. 网络通信

2. 1602 液晶显示模块的接口类型主要是(　　　)。

A. USB　　　　　　　　　　　　　　B. HDMI

C. GPIO　　　　　　　　　　　　　　D. 网络接口

3. 在单片机与1602 液晶显示模块的连接中，不是必需的操作是(　　　)。

A. 读操作　　　　　　　　　　　　　B. 写操作

C. 存储操作　　　　　　　　　　　　D. 显示操作

4. 1602 液晶显示模块的一个重要功能是(　　　)。

A. 视频播放　　　　　　　　　　　　B. 清屏

C. 游戏处理　　　　　　　　　　　　D. 3D 渲染

5. 在操作1602 液晶显示模块时，必须了解的时序是(　　　)。

A. 电源时序　　　　　　　　　　　　B. 读操作时序

C. 网络时序　　　　　　　　　　　　D. 音频时序

6. 1602 液晶显示模块的显示开关及光标设置指令用于控制(　　　)。

A. 系统启动　　　　　　　　　　　　B. 光标的显示与隐藏

C. 音量控制　　　　　　　　　　　　D. 亮度调节

7. 在1602 液晶显示模块的综合应用中，不是液晶能展示的功能是(　　　)。

A. 显示字符串　　　　　　　　　　　B. 显示时钟

C. 播放视频　　　　　　　　　　　　D. 使用定时器

8. 清屏指令在1602 液晶显示模块中的作用是(　　　)。

A. 增强屏幕亮度　　　　　　　　　　B. 调节对比度

C. 删除所有显示内容　　　　　　　　D. 调节屏幕分辨率

9. 设定显示屏或光标移动方向指令用于(　　　)。

A. 改变显示内容的颜色　　　　　　　B. 移动显示内容或光标

C. 调节屏幕大小　　　　　　　　　　　D. 选择输入端口

二、多选题

1. 下列关于 1602 液晶显示模块的描述中，正确的是(　　)。

A. 适用于单片机项目　　　　　　　　　B. 只能显示黑白图像

C. 需要高功率供电　　　　　　　　　　D. 具有多种显示和光标操作模式

2. 1602 液晶显示模块的引脚定义包括(　　)。

A. 数据传输引脚　　　　　　　　　　　B. 电源引脚

C. 音频输出引脚　　　　　　　　　　　D. 控制信号引脚

3. 在使用 1602 液晶显示模块进行编程时，通常需要设置(　　)。

A. 显示功能设置　　　　　　　　　　　B. 清屏指令

C. 系统重启　　　　　　　　　　　　　D. 光标位置控制

4. 在 1602 液晶显示模块的操作模式中，常见的是(　　)。

A. 读操作时序　　　　　　　　　　　　B. 写操作时序

C. USB 传输模式　　　　　　　　　　　D. 数据存储模式

5. 关于 1602 液晶显示模块的应用，可能的使用场景有(　　)。

A. 在家庭自动化系统中显示信息　　　　B. 在嵌入式系统课程实验中使用

C. 作为计算机主显示器　　　　　　　　D. 在工业控制系统中显示数据

三、判断题

1. 1602 液晶显示模块的使用中必须先初始化模块才能进行其他操作。　　　(　　)

2. 1602 液晶显示模块不支持显示开关及光标设置指令。　　　　　　　　　(　　)

3. 1602 液晶显示模块的读操作时序与写操作时序是完全相同的。　　　　　(　　)

4. 1602 液晶显示模块可以通过光标归位指令快速将显示光标移至初始位置。(　　)

5. 1602 液晶显示模块支持背光控制功能。　　　　　　　　　　　　　　　(　　)

6. 在单片机项目中，1602 液晶显示模块只能用于显示数字信息。　　　　　(　　)

四、简答题

简述 1602 液晶显示模块的基本特点。

11

第 11 章　12864 液晶显示模块的原理及应用

本章主要讲述 12864 液晶显示模块的使用，12864 液晶显示模块可以显示数字、汉字、图形等复杂内容，还支持绘图。通过对本章的学习，读者能够对 12864 液晶显示模块有一个较为深入的了解并能够熟练应用。

11.1　12864 液晶显示模块概述

LCD12864 即像素为 128×64 的显示液晶。它的每一行有 128 个可显示点，每一列有 64 个可显示的点。它可以在一个 16×16 的点阵区域上显示一个中文，也可以在一个 8×16 的点阵区域显示一个非中文字符，一般称为半宽字体。也就是说，一个中文字符所占的显示面积是一个非中文字符的两倍。

LCD12864 分为两种，即带字库和不带字库的。带字库的液晶一般只能显示 GB2312 的宋体，当然也可以通过图片方式显示其他的字体。LCD12864 实物如图 11-1 所示，LCD12864 在 Proteus 中的仿真图如图 11-2 所示。

图 11-1　LCD12864 实物

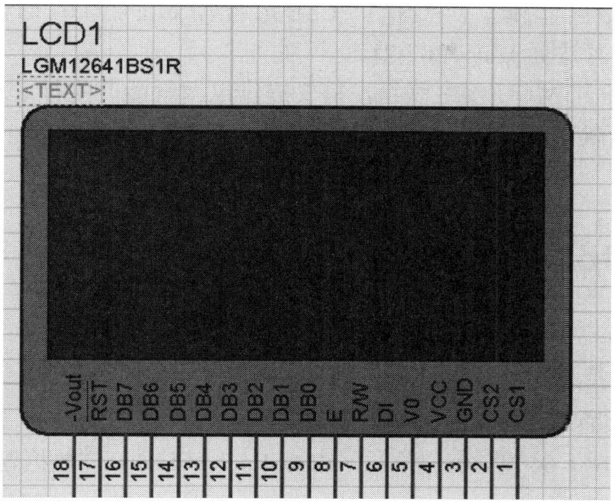

图 11-2　LCD12864 在 Proteus 中的仿真图

从 12864 液晶显示模块的背部图中可以看到，它一共有 3 片控制芯片，其中一片是 HD61203，另外两片是 HD61202。12864 液晶显示模块可以认为是由两个 64×64 的液晶拼接而成，分别由两颗 HD61202 控制两个 64×64 液晶的列，由 HD61203 控制两个 64×64 液晶的行。

目前市面上的字符型液晶大多数是基于 HD61202 液晶控制芯片的，控制原理完全相同，为 HD61202 写的控制程序可以很方便地应用于市面上大部分的 12864 液晶显示模块。

HD61202 是一种点阵图形式液晶显示系统的列驱动器，它可与行驱动器 HD61203 配合，对液晶屏的行列驱动，组成液晶显示驱动控制系统。

12864 液晶显示模块使用 HD61202 作为列驱动器，同时使用 HD61203 作为行驱动器。图 11-3 是 LCD12864 与驱动控制器的电路图，其中有两片 HD61202 和一片 HD61203。

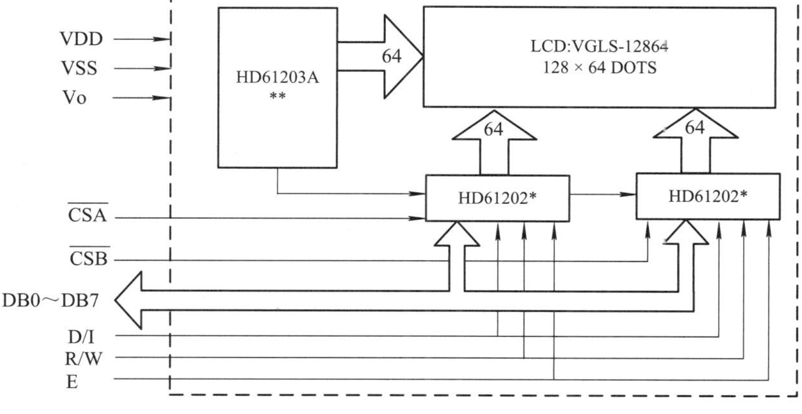

图 11-3　LCD12864 与驱动控制器的电路

在 LCD12864 中，两片 HD61202 的 ADC 均接高电平，RST 也接高电平，这样在使用 12864 时就不必再考虑这两个引脚的作用。$\overline{CSA}$ 与 HD61202(1)的 $\overline{CS1}$ 相连，$\overline{CSB}$ 与

HD61202(2)的 $\overline{\text{CS1}}$ 相连。因此，当 $\overline{\text{CSA}}$、$\overline{\text{CSB}}$ 选通组合信号为 01 时，选通 HD61202(1)；当 $\overline{\text{CSA}}$ 和 $\overline{\text{CSB}}$ 为 10 时选通 HD61202(2)。

由于 HD61203 不与 MCU 发生联系，只要提供电源就能产生行驱动信号和各种同步信号，比较简单，这里就不再介绍 HD61203，下面主要介绍 HD61202。

11.2　HD61202 概述

1. HD61202 的特点

HD61202 主要具有以下特点：

(1) 其内部具有 64×64(即 4096)位显示 RAM。RAM 中每位数据对应 LCD 上一个点的亮暗状态。

(2) HD61202 及其兼容控制驱动器是列驱动器，具有 64 路列驱动输出。

(3) HD61202 具有与 HD61203、MCU、液晶连接的信号。

(4) HD61202 的时序就是 LCD 的时序。

(5) HD61202 的指令就是 LCD 的指令。

2. HD61202 的引脚功能

HD61202 需要控制液晶上的每一个点，具有较多的引脚，其引脚如图 11-4 所示。

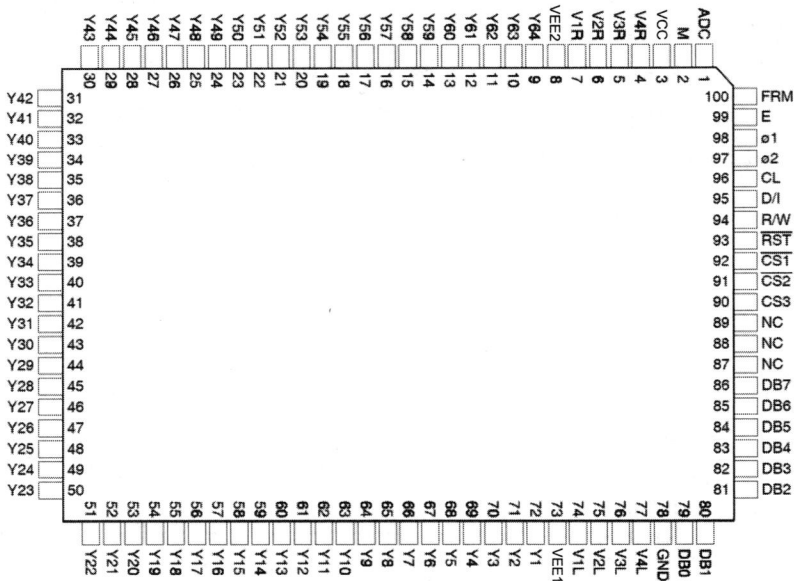

图 11-4　HD61202 的引脚

按照 HD61202 引脚与之相连的器件不同，可以把这些引脚分为 3 类。

1) 与 MCU 相连的引脚

HD61202 与 MCU 相连的引脚及其功能如表 11-1 所示。

表 11-1　HD61202 与 MCU 相连的引脚及其功能

引脚符号	状态	引脚名称	功　能
$\overline{CS1}$、$\overline{CS2}$、CS3	输入	芯片片选端	$\overline{CS1}$ 和 $\overline{CS2}$ 低电平选通，CS3 高电平选通
E	输入	读写使能信号	在 E 下降沿，数据被锁存(写)入 HD61202 及其兼容控制驱动器；在 E 高电平期间，数据被读出
R/W	输入	读写选择信号	R/W = 1 为读选通，R/W = 0 为写选通
D/I	输入	数据、指令选择信号	D/I = 1 为数据操作，D/I = 0 为写指令或读状态
DB0~DB7	三态	数据总线	—
$\overline{RST}$	输入	复位信号	复位信号有效时，关闭液晶显示，使显示起始行为 0。$\overline{RST}$ 可与 MPU 相连，由 MPU 控制；也可直接接 VCC，使之不起作用

2) 与 HD61203 相连的引脚

HD61202 与 HD61203 相连的引脚及其功能如表 11-2 所示。

表 11-2　HD61202 与 HD61203 相连的引脚及其功能

引脚符号	状态	引脚名称	功　能
M	输入	交流驱动波形信号	—
FRM	输入	帧同步信号	—
CL	输入	锁存行显示数据的同步信号	该信号上升沿时锁存数据，同时改变显示输出地址
Φ1、Φ2	输入	内部操作时钟信号	—

以上引脚均作为输入端，各信号均由 HD61203 提供，只要给 HD61203 接上合适的电源，就可以自动产生各信号。

3) 与液晶屏相连的引脚

HD61202 与液晶屏相连的引脚及功能如表 11-3 所示。

表 11-3　HD61202 与液晶屏相连的引脚及其功能

引脚符号	引　脚　名　称	功　能
Y1~Y64	液晶显示驱动器	—
VCC、GND	内部逻辑电源	—
VEE1、VEE2	液晶显示驱动电路的电源	常令 VEE1=VEE2
V1L~V4L、V1R~V4R	液晶显示驱动电压	其电压值均在 VCC 和 VEE 之间，常令 V1L= V1R，V2L= V2R，V3L= V3R，V4L= V4R
ADC	决定 Y1~Y64 与液晶屏的连接顺序	当 ADC = 1 时，Y1 = \$0，Y64 = \$63；当 ADC = 0 时，Y1 = \$63，Y64 = \$0。该引脚直接接 VCC 或 GND 即可

3. HD61202 控制驱动器显示 RAM 的地址

HD61202 控制驱动器显示 RAM 的地址结构如图 11-5 所示。这里要特别注意的是，引入了 Page(页)的概念，每一个页 8 位，整个显示 RAM 共分为 8 页。在实际控制 12864 液晶显示器时，X 的地址从 0 到 7，Y 的地址从 0 到 63。由于写数据是以 Page 为单位的，如果想更改其中某一个点，需要写入 8 个点的数据，因此在绘图时，需要读出原来的数据，更改某一个点的数据后，再写入。

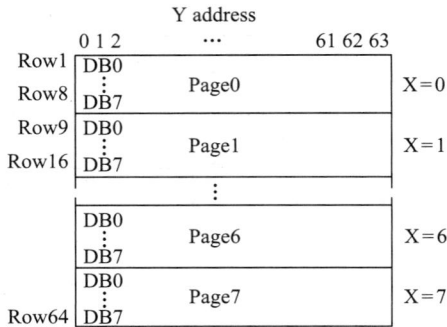

图 11-5　HD61202 控制驱动器显示 RAM 的地址结构

RAM 中的每一位都对应了液晶屏上的一个点。图 11-6 为 LCD12864 中显示 RAM 和显示屏的对应关系。

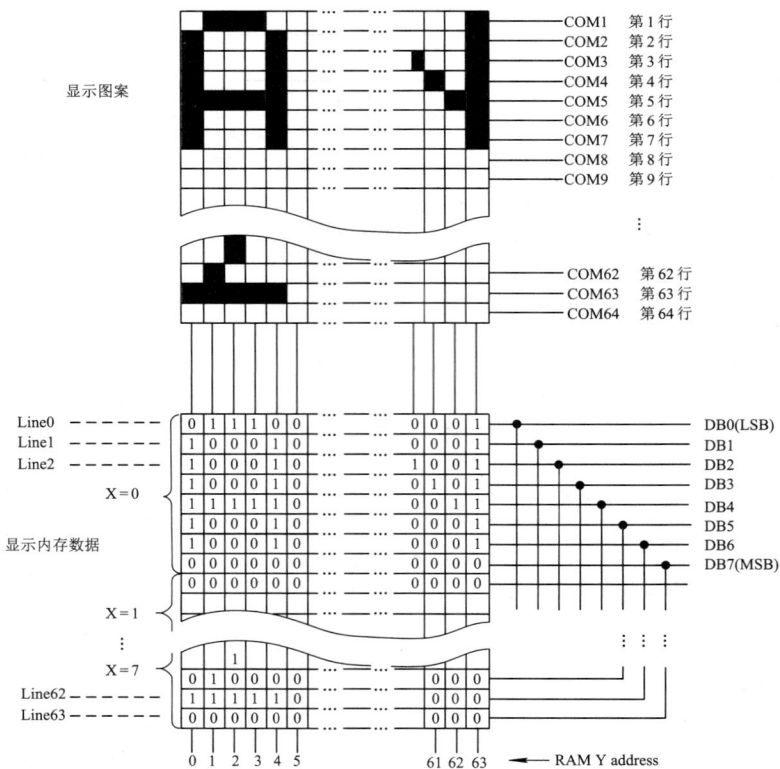

图 11-6　LCD12864 中显示 RAM 和显示屏的对应关系

11.3　12864 液晶显示模块的引脚定义

12864 液晶显示模块的并行接口引脚定义如表 11-4 所示(H 为高电平，L 为低电平)。另外，也有具有 SPI 等串行接口的 12864 液晶显示模块或同时具有并行和串行接口的 12864 液晶显示模块。在使用时要注意。

表 11-4　12864 液晶显示模块的并行接口引脚定义

引脚号	引脚名称	电平	功　能　说　明
1	$\overline{CS1}$	H/L	H：选择芯片(右半屏)信号
2	$\overline{CS2}$	H/L	H：选择芯片(左半屏)信号
3	VSS	0	电源地
4	VCC	+5 V	电源电压
5	Vo	—	液晶显示器驱动电压(对比度调节)
6	RS	H/L	数据/命令选择端
7	R/W	H/L	R/W = H，E = H，数据被读到 DB7～DB0；R/W = L，E 为下降沿，数据被写到 IR 或 DR 中
8	E	H/L	R/W = L，E 信号下降沿，锁存 DB7～DB0；R/W = H，E = H，DDRAM 数据被读到 DB7～DB0 中
9	DB0	H/L	数据线
10	DB1	H/L	数据线
11	DB2	H/L	数据线
12	DB3	H/L	数据线
13	DB4	H/L	数据线
14	DB5	H/L	数据线
15	DB6	H/L	数据线
16	DB7	H/L	数据线
17	$\overline{RST}$	H/L	复位信号，低电平复位
18	VOUT	−10 V	LCD 驱动负电压
19	LED_A	—	背光源正极(接内部 LED 的正极，+5 V)
20	LED_K	—	背光源负极(接内部 LED 的负极，−0 V)

从引脚定义中可以看到，12864 液晶模块的命令和数据的读写都是通过 8 根地址线实现的，需要根据 R/W 的状态来确定是读还是写，根据 RS 的状态来确定传输的是指令还是数据。后续再对这些接口信号进行详细描述。

11.4　单片机对 12864 液晶显示模块的操作时序

单片机对 12864 液晶显示模块的操作包括写操作和读操作。写操作包括写数据和写指令，读操作有读数据操作和读忙状态操作。下面分别详细介绍这些操作时序。

11.4.1　写操作时序

单片机对 12864 液晶显示模块的写操作时序如图 11-7 所示。注意图中的 A、B、C 三条竖线：在 A 处，R/W 变低，表示进行写操作；在 B 后数据有效；在 C 处 E 产生下降沿，将数据或指令写入 12864 液晶显示模块。

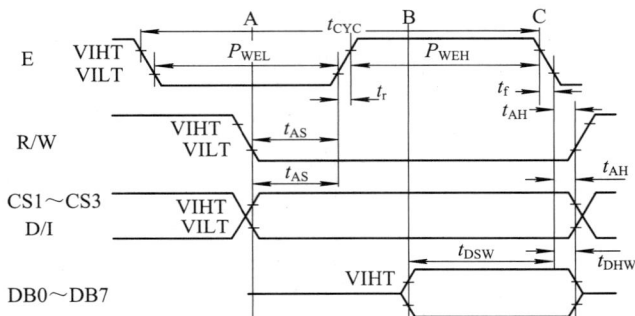

图 11-7　单片机对 12864 液晶显示模块的写操作时序

单片机对 12864 液晶显示模块的操作时序参数如表 11-5 所示。需要特别注意的是，t_{DSW} 为数据建立时间，最小为 200 ns，因此一般在数据有效一段时间后才能产生 E 的下降沿。

表 11-5　单片机对 12864 液晶显示模块的操作时序参数

项　目	符号	最小值	典型值	最大值	单位
E 周期时间	t_{CYC}	1000	—	—	ns
E 高电平宽度	P_{WEH}	450	—	—	ns
E 低电平宽度	P_{WEL}	450	—	—	ns
E 上升时间	t_r	—	—	25	ns
E 下降时间	t_f	—	—	25	ns
地址建立时间	t_{AS}	140	—	—	ns
地址保持时间	t_{AH}	10	—	—	ns
数据建立时间	t_{DSW}	200	—	—	ns
数据延迟时间	t_{DDR}	—	—	320	ns
数据保持时间(写操作)	t_{DHW}	10	—	—	ns
数据保持时间(读操作)	t_{DHR}	20	—	—	ns

类似于上一章讲述的 1602 液晶显示模块，可以根据 12864 液晶模块的写时序写出如下的写函数：

```
void LcmWrite(uchar DAT_COM,uchar dat)
{
    if(CheckBusy)
    LcmBusy();
    LCM_RS=DAT_COM;
    LCM_RW=0;
    LCM_IO=dat;
    LCM_EN=1;
    LCM_EN=0;
}
```

其中，DAT_COM 为 0 或 1，当 DAT_COM 为 0 时，表示写入的 dat 是指令；当 DAT_COM 为 1 时，写入的 dat 是数据。由于所用的 89C51 单片机的机器周期为 μs 级，大于 200ns，因此这里不再需要延时语句。在其中包含了忙状态的判断语句，在后续小节里将介绍如何读取忙状态。CheckBusy 为一个位常数，为 0 或为 1。当 ChechBusy 为 1 时，写函数将判断 12864 液晶显示模块的状态是否处于忙状态，遇忙等待。当 ChechBusy 为 0 时，不进行判断。这是为了提高函数的兼容性，因为 Proteus 的 12864 液晶显示模块的仿真模型有 Bug，如果读取忙状态的话，该模块会一直处于忙状态，因此这里加了一个参数提高函数的兼容性。

11.4.2 读操作时序

单片机对 12864 液晶显示模块的读操作时序如图 11-8 所示。注意图中的 A、B 两条竖线，在 A 处，R/W 变高，表示进行读操作，在 B 处数据开始有效，在 B 后 E 的高电平将数据或状态读出。

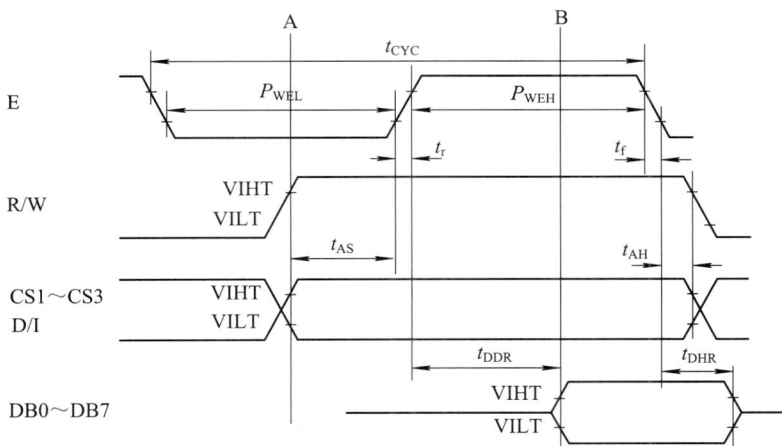

图 11-8 单片机对 12864 液晶显示模块的读操作时序

图 11-8 中的各时序参数同表 11-5。需要特别注意的是 t_{DDR} 为数据延迟时间，最大为 320ns，表示 E 为高电平后最多经过 320ns 数据才有效，因此一般在 E 高电平之后延时一段时间才能读到有效的数据或状态。可以写出以下读取数据的函数(其中包括了读忙状态的语句)：

```
char LcmReadData(void)
{
    char dat;
    if(CheckBusy)
        LcmBusy();
    LCM_RS=1;
    LCM_RW=1;
    LCM_EN=1;
    LCM_IO=0xff;
    dat=LCM_IO;
    LCM_EN=0;
    return dat;
}
```

11.5   12864 液晶显示模块的指令集

如前所述，HD61202 的指令就是 12864 液晶显示模块的指令，指令共有 5 种。

1. 读状态指令

12864 液晶显示模块的读状态指令如图 11-9 所示。

R/W	RS	DB7	DB6	DB5	DB4	DB3	DB2	DB1	DB0
1	0	Busy	0	ON/OFF	RESET	0	0	0	0

图 11-9   读状态指令

其中各位的含义如下：

(1) Busy 为 1 表示内部正在工作，为忙状态，此时 12864 液晶显示模块不能接收指令和数据；Busy 为 0 表示处于正常状态，可以接收指令和数据。

(2) ON/OFF 为 1 表示显示已经关闭；ON/OFF 为 0 表示显示功能已经打开。

(3) RESET 为 1 表示当前模块处于复位状态；RESET 为 0 表示处于正常状态。

在 Busy 和 RESET 为 1 时，除读状态指令以外，其他任何指令均不会对 HD61202 产生作用。因此，在对 HD61202 操作之前要查询 Busy 状态，以确定是否对 HD61202 进行操作。

因此，结合前面讲的读时序，可以编写出 LcmBusy 函数如下：

```
sbit LCM_BF=LCM_IO^7;
sbit LCM_RES=LCM_IO^4;
```

```
#define CheckBusy 0              //用 Protues 仿真无法返回忙信号, 故要关掉忙检测, 即改为 0
void LcmBusy(void)
{
    LCM_IO=0xFF;
    LCM_RS=0;
    LCM_RW=1;
    LCM_EN=1;
    while(LCM_BF||LCM_RES==1);   //或运算, 只要 BF 和 RES 有一个为 1, 就循环等待
    LCM_EN=0;
}
```

如前所述, Proteus 的 12864 液晶模块模型有 Bug, 无法返回忙信号。因此, 在本章进行仿真时, 要关闭忙信号检测。

2. 行设置指令

12864 液晶显示模块的行设置指令如图 11-10 所示, 其中的 X 表示该位可取 0 或 1, 对指令功能无影响。

R/W	RS	DB7	DB6	DB5	DB4	DB3	DB2	DB1	DB0
0	0	1	1	X	X	X	X	X	X

图 11-10 行设置指令

行设置指令设置了显示 RAM 中显示在液晶屏最上面一行的行号, 即指定显示屏从 DDRAM 中哪一行开始显示数据。有规律地改变显示起始行, 可以使 LCD 实现滚屏。如果要在第 1 行显示 DDRAM 中第 1 行的内容, 则写入指令 "0xC0"。如果要在第 1 行显示 DDRAM 中第 2 行的内容, 则写入指令 "0xC0+1" 或 "0xC0|1"。

例如, 执行语句 "LcmWrite(COM,0xC0+2);" 前后的显示屏如图 11-11 所示。执行后, 可以看到最上面一行滚屏到了最底端。

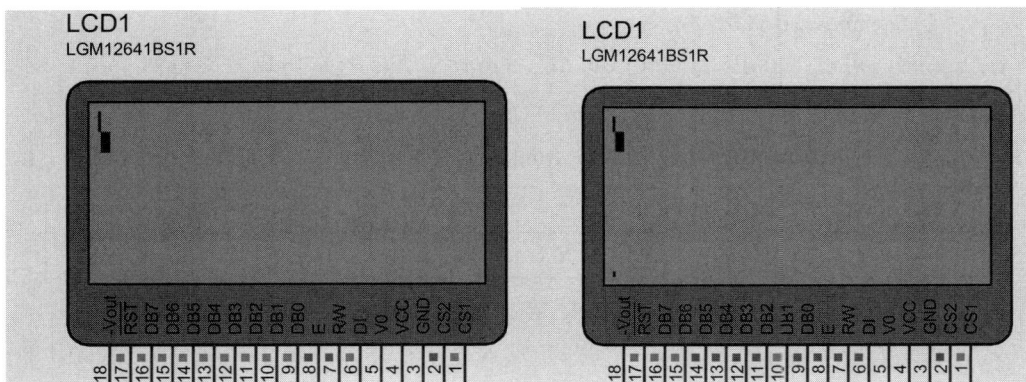

图 11-11 执行语句 "LcmWrite(COM,0xC0+2);" 前后的显示屏

3. 页设置指令

12864 液晶显示模块的页设置指令如图 11-12 所示, 其中 X 的含义同图 11-10。

R/W	RS	DB7	DB6	DB5	DB4	DB3	DB2	DB1	DB0
0	0	1	0	1	1	1	X	X	X

图 11-12　页设置指令

由于显示 RAM 共有 64 行，分为 8 页，因此每页有 8 行。页设置指令用于指定写入哪一页的显示缓存，以便于后续往对应的 DDRAM 中写入数据。第 1 页的地址为 0xB8，第 2 页的地址则为 0xB9，依此类推。

【仿真 11-1】 往 LCD 第 1 页的左半屏的所有单元中写入 0xFF，LCD 左半屏的第 1 行将出现全黑。图 11-13 为仿真效果。

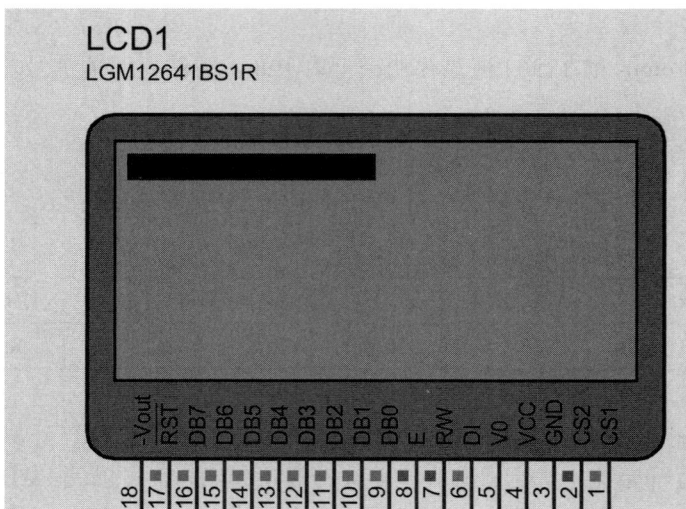

图 11-13　页设置指令实例

第 1 页起始地址为 0xB8，第 1 页的大小为 8 bit×64。因此可写出以下关键程序代码：

```
LcmWrite(COM,0xB8);
    for (i=0;i<=63;i++)
        LcmWrite(DAT,0xFF);
```

在仿真时，可以把 0xB8 改为 0xB9，然后进行仿真，查看仿真效果有何不同。

4. 列地址设置指令

12864 液晶显示模块的列地址设置指令如图 11-14 所示，其中 X 的含义同图 11-10。

R/W	RS	DB7	DB6	DB5	DB4	DB3	DB2	DB1	DB0
0	0	0	1	X	X	X	X	X	X

图 11-14　列地址设置指令

列地址设置指令用于设置从哪一列开始写入显示存储器。第 1 列地址为 0x40，第 64 列的地址为 0x7F，12864 液晶显示模块有 128 列，由 CS1 和 CS2 来选择左或右半屏，再对列进行写入。

【仿真 11-2】 往 LCD 左半屏，第 1 页中第 1 列、第 2 页中第 2 列、第 3 页中第 3 列都写入 0xFF。

第 1 页地址为 xB8，第 1 列地址为 0x40，因此可以写出以下关键程序代码：

```
LcmWrite(COM,0xB8);
LcmWrite(COM,0x40);
LcmWrite(DAT,0xFF);
LcmWrite(COM,0xB8|1);
LcmWrite(COM,0x40|1);
LcmWrite(DAT,0xFF);
LcmWrite(COM,0xB8|2);
LcmWrite(COM,0x40|2);
LcmWrite(DAT,0xFF);
```

写入之后，12864 液晶显示模块上的显示效果如图 11-15 所示。

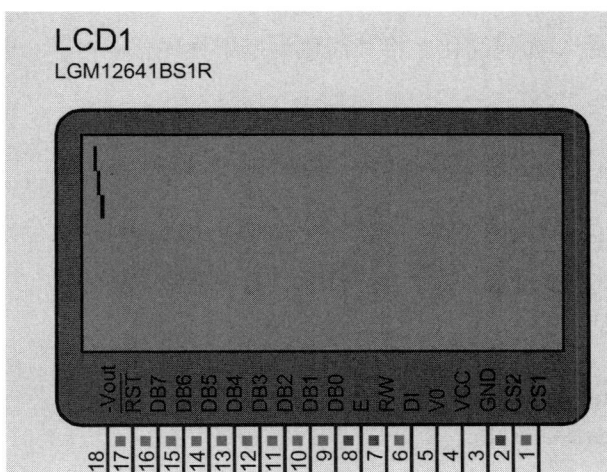

图 11-15　在 12864 液晶显示模块设置列地址的显示效果

在此基础上，可以把整个 LCD 全部涂黑，这里就需要左半屏和右半屏分别写入，左半屏和右半屏分别显示。相关程序代码如下：

```
LCM_CS1=1;
LCM_CS2=0;
for (i=0;i<=7;i++)
{
    LcmWrite(COM,0xB8|i);
    LcmWrite(COM,0x40);
    for(j=0;j<=63;j++)
    {
        LcmWrite(COM,0x40|j);
        LcmWrite(DAT,0xFF);
    }
}
```

```
    LCM_CS1=0;
    LCM_CS2=1;
    for (i=0;i<=7;i++)
    {
        LcmWrite(COM,0xB8|i);
        LcmWrite(COM,0x40);
        for(j=0;j<=63;j++)
        {
            LcmWrite(COM,0x40|j);
            LcmWrite(DAT,0xFF);
        }
    }
```

上述代码稍显冗余，如何简化？将其简化为以下程序代码：

```
    LCM_CS1=1;
    LCM_CS2=1;
    for (i=0;i<=7;i++)
    {
        LcmWrite(COM,0xB8|i);
        LcmWrite(COM,0x40);
        for(j=0;j<=63;j++)
        {
            LcmWrite(COM,0x40|j);
            LcmWrite(DAT,0xFF);
        }
    }
```

继续简化成以下程序代码：

```
    LCM_CS1=1;
    LCM_CS2=1;
    for (i=0;i<=7;i++)
    {
        LcmWrite(COM,0xB8|i);
        LcmWrite(COM,0x40);
        for(j=0;j<=63;j++)
        {
            LcmWrite(DAT,0xFF);
        }
    }
```

从仿真结果可以看出，这几段程序代码的仿真效果一样。由此，可以得出结论：列地址可以自动累加。当读写数据指令每执行完一次读写操作时，列地址就自动增1。

继续简化成以下程序代码：

```
LCM_CS1=1;
LCM_CS2=1;
LcmWrite(COM,0x40);
LcmWrite(COM,0xB8);
for (i=0;i<=7;i++)
{
    for(j=0;j<=63;j++)
    {   LcmWrite(DAT,0xFF); }
}
```

通过仿真，就会发现显示屏不能全部涂黑了。因此得出结论：页地址只能部分累加，可将 LCD 分为左上、左下、右上、右下四部分。

5. 显示开关指令

12864 液晶显示模块的显示开关指令如图 11-16 所示。

DB7	DB6	DB5	DB4	DB3	DB2	DB1	DB0
0	0	1	1	1	1	1	1/0

图 11-16　显示开关指令

显示开关指令用于设置 12864 液晶显示模块是否打开显示。当 DB0 为 1 时，LCD 将显示 RAM 中的内容。当 DB0 为 0 时，关闭显示。

因此，将 LCD 关闭显示可使用语句 "LcmWrite(COM,0x3E);"；将 LCD 打开显示可使用语句 "LcmWrite(COM,0x3F);"。

11.6　12864 液晶显示模块的初始化

和 1602 液晶显示模块一样，12864 液晶显示模块在使用之前也需要初始化。不同之处在于，12864 液晶显示模块具有 RST(复位)引脚，复位过程相对简单，一般需要参照具体 LCD 的数据手册。下面的语句给出了一个简单的适合 Proteus12864 液晶显示模块的初始化过程。

```
void LcmInit(void)
{
    LCM_RST=0;
    LcmDelay(50);
    LCM_RST=1;
    LCM_CS1=1;
    LCM_CS2=1;
    LcmWrite(COM,0x3e);
    LcmWrite(COM,0x3f);
}
```

11.7   12864 液晶显示模块的综合应用

12864 液晶显示模块可以显示图片、数字和汉字，但需要使用字模软件对显示内容进行预处理，即转换成字符数组，然后再把字符数组写入显示程序，即可按照需要显示图片、数字和汉字等内容。

11.7.1   字模软件

字模软件较多，图 11-17 为某一款字模软件的界面，由于 12864 液晶模块最适合的取模方式是纵向取模、字节倒序。因此，在"参数设置"→"其他选项"中，按照图 11-17 中的选择方式配置参数。

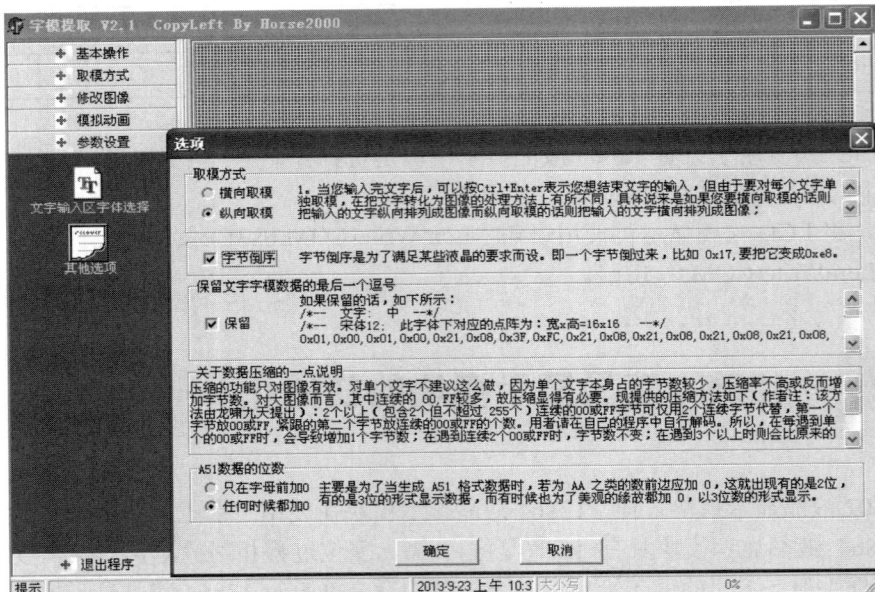

图 11-17   字模软件的参数设置

例如，为字符 A 取得字符数组。先在文字输入区写入"A"，按 Ctrl+Enter 键结束输入，选择 A51 格式，就可以在点阵生成区获得 A 的字符数组。

该字模软件使用方法较为简单，可以将数字、汉字、图片等生成对应的数组，在处理图片时，首先要将图片大小处理成 128×64 像素，颜色设置为一个 bit，用于表示黑白。

11.7.2   12864 液晶显示模块显示数字

12864 液晶模块上面显示的内容是由点组成的，且每次写入的都是 8 个点的数据，因此需要将数字先变成数组。数字由 16×8 点阵组成。以字符"0"为例，其显示效果如图 11-18 所示。

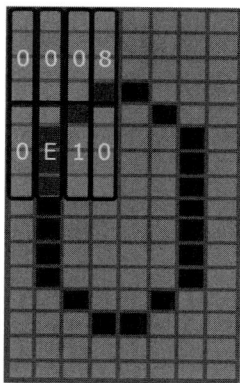

图 11-18　字符 "0" 的显示效果

我们对其取字模，取模方式是纵向取模、字节倒序。从左上开始，纵向标记显示效果，暗为 0，亮为 1。然后字节倒序形成数组，所以前四个数字是 "0x00,0xE0,0x10,0x80"。再依次右上、左下、右下，完成纵向取模和字节倒序处理，组成字符 "0" 的字模。得到的字符数组为："uchar code zero[] = {0x00, 0xE0, 0x10, 0x08, 0x08, 0x10, 0xE0, 0x00, 0x00, 0x0F, 0x10, 0x20, 0x20, 0x10, 0x0F, 0x00};"。这些字模也可以通过字模软件得到。

接下来，编写将数组显示到 12864 液晶显示模块的函数，其中 Y 是待显示的行(页)，L 是待显示的列，首先判断写入的位置，再在该位置将数据写入到显示存储器中。相关程序代码如下：

```
#define DISPLAY_Y     0xb8
#define DISPLAY_L     0x40
#define DISPLAY_H     0xc0
void LcmChar(uchar Y,uchar L,uchar code *dat)
{
    uchar i=0,j=0;
    if(L>63)
    {
        L&=63;     // 按位与。"L&=63;" 等效于将 L 的值限制在 0～63(包含 0 和 63)之间，
                        相当于 "L=L&L63;"
        LCM_CS1=0;
        LCM_CS2=1;
    }
    else
    {
        LCM_CS1=1;
        LCM_CS2=0;
    }
    for(i=0; i<2; i++)
    {
```

```
        LcmWrite(COM, DISPLAY_H);
        LcmWrite(COM, DISPLAY_Y|(Y+i));
        LcmWrite(COM, DISPLAY_L|L);
        for(j=0; j<8; j++)
        {LcmWrite(DAT,dat[8*i+j]);}
    }
}
```

由此，可以利用该函数，将字符显示在 12864 液晶显示模块屏上。例如，要显示如图 11-19 所示的"2012"，可以通过以下语句来实现：

```
        LcmChar(3,24,num[2]);
        LcmChar(3,32,num[0]);
        LcmChar(3,40,num[1]);
        LcmChar(3,48,num[2]);
```

其中 num 的定义为"uchar code *num   []={zero, one, two, three, four, five, six, seven, eight, nine};"。zero、one 等对应各字符的字模。

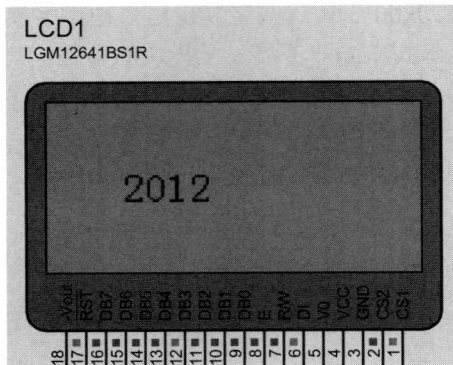

图 11-19   字符"2012"显示效果

11.7.3   12864 液晶显示模块显示汉字

显示汉字的方法和数字类似，汉字大小为 16×16 点阵，占用 2 个 Page。以"和"字为例，其显示效果如图 11-20 所示。

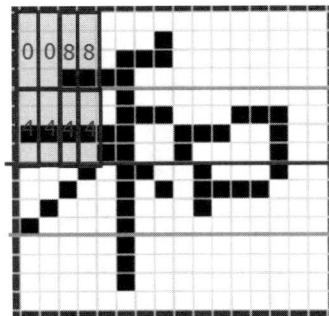

图 11-20   汉字"和"的显示效果

按照纵向取模、字节倒序的方式为汉字"和"获取字符数组：

uchar code he[] = {0x40, 0x40, 0x48, 0x48, 0xC8, 0xFC, 0x24, 0x26, 0xC0, 0x40, 0x40, 0x20, 0x20, 0xE0, 0x00, 0x00, 0x08, 0x04, 0x02, 0x01, 0x00, 0x7F, 0x01, 0x02, 0x00, 0x07, 0x02, 0x02, 0x02, 0x01, 0x00, 0x00};

根据取模方式，可以编写以下显示汉字的函数：

```
void LcmChinese(uchar Y,uchar L,uchar code *chinese)
{
    uchar i=0,j=0;
    if(L>63)
    {
        L&=63;
        LCM_CS1=0;
        LCM_CS2=1;
    }
    else
    {   LCM_CS1=1;
        LCM_CS2=0;
    }
    for(i=0;i<2;i++)
    {
        LcmWrite(COM,DISPLAY_H);
        LcmWrite(COM,DISPLAY_Y|(Y+i));
        LcmWrite(COM,DISPLAY_L|L);
        for(j=0;j<16;j++)
        {   LcmWrite(DAT,chinese[16*i+j]);
        }
    }
}
```

在使用该函数时，可以使用语句"LcmChinese(0,0,Chinese[0]);"，其中 Chinese 的定义为"uchar code *Chinese [ ]={he};"。

11.7.4　12864 液晶显示模块显示图片

使用 12864 液晶显示模块显示图片时，首先预处理图片，将其大小调整成 128×64 像素，图片调整成黑白色，并保存。然后使用字模软件得到字符数组，再将字符数组显示出来。图片处理时可以选择 HyperSnap、Acdsee 等软件。

按照和数字、汉字相同的取模方法，可以写出在 12864 液晶显示模块上显示图片的函数，相关程序代码如下：

```
void LcmImageFull(uchar code *img)
```

```
    {
    uchar i,j;
    for(i=0;i<8;i++)
    {
        LCM_CS1=1;
        LCM_CS2=0;
        LcmWrite(COM,DISPLAY_H);
        LcmWrite(COM,DISPLAY_Y|i);
        LcmWrite(COM,DISPLAY_L);
        for(j=0;j<64;j++)
            LcmWrite(DAT,img[i*128+j]);
        LCM_CS1=0;
        LCM_CS2=1;
        LcmWrite(COM,DISPLAY_H);
        LcmWrite(COM,DISPLAY_Y|i);
        LcmWrite(COM,DISPLAY_L);
        for(j=64;j<128;j++)
            LcmWrite(DAT,img[i*128+j]);
    }
    }
```

调用该函数可以使用语句"LcmImageFull(logo);",其中 logo 为图片的字模,其定义为取模软件所得到的图片对应的数组"uchar code logo[] = {0x00, 0x00, 0x00, 0x00, …, };"。图 11-21 为使用 12864 液晶显示模块显示的一张图片。

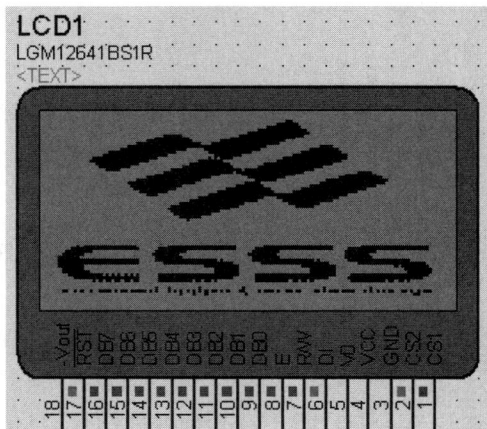

图 11-21　显示图片

11.7.5　12864 液晶显示模块的绘图

12864 液晶显示模块是二值显示屏,即对于每一个显示点位来说,只有显示和不显示这两种状态,所以可以在任意位置画点、线、圆、矩形等。对于屏幕上的任意一个点,如果要点亮它，必须先读出此点所处页的该列状态，然后再修改该点数据，最后送出去，即"读"→"修改"→"写"。这是因为 12864 液晶显示模块的读写都是以字节为单位的，而要修改一个点，需要读出原始数据，再修改一个点后，把整个字节写进去。按照这个步骤，然后再运用 C 语言中的位操作运算符可以很方便地完成画点的函数。

为了完成绘图，首先建立如图 11-22 所示的坐标系。

图 11-22　在 12864 显示屏中建立坐标系

绘图的重要步骤就是将(x, y)点变换到对应的页及对应页中的点。将 y 值变换到页的方法如下：

通过"page=y>>3;"将 y 变换到对应的页中，通过"dy=y&7;"得到 y 点在该页中的位置。将(x, y)点变换到左半屏或右半屏的相关程序代码如下：

```
if(x>63)
{
    x-=64;
    LCM_CS1=0;
    LCM_CS2=1;
}
else
{
    LCM_CS1=1;
    LCM_CS2=0;
}
```

例如，将(80,50)变换到 RAM 存储位置。首先"x>63"表示该点位于右半屏，"page = (50>>3) = 110(b) = 6(o)"表示该点位于第 6 页，"dy = (50&7) = 10(b) = 2(o)"表示该点位于第 6 页中的第 2 个点。

因此，可以编写在 12864 液晶显示模块上显示一个点的子函数，相关程序代码如下：

```
void LcmPixel(uchar x,uchar y,uchar state)
{
    uchar page,dy,dat;
    if(x>63)
    {
        x-=64;
        LCM_CS1=0;
        LCM_CS2=1;
```

```
    }
    else
    {
        LCM_CS1=1;
        LCM_CS2=0;
    }
    page=y>>3;                          //将 y 变换到页中
    dy=y&7;                             //dy 为 y 点在该页中的位置
    //接下来读取该点信息(8 位)
    LcmWrite(COM,DISPLAY_H);
    LcmWrite(COM,DISPLAY_Y|page);
    LcmWrite(COM,DISPLAY_L|x);
    dat=LcmReadData();
    dat=LcmReadData();                  //要读取两次
    LcmWrite(COM,DISPLAY_Y|page);
    LcmWrite(COM,DISPLAY_L|x);
    dat=state?(dat|DotBuf[dy]):(dat&(~DotBuf[dy]));
    LcmWrite(DAT,dat);
}
```

【仿真 11-3】 在 12864 液晶显示屏上显示周期为 40 的正弦曲线，如图 11-23 所示。

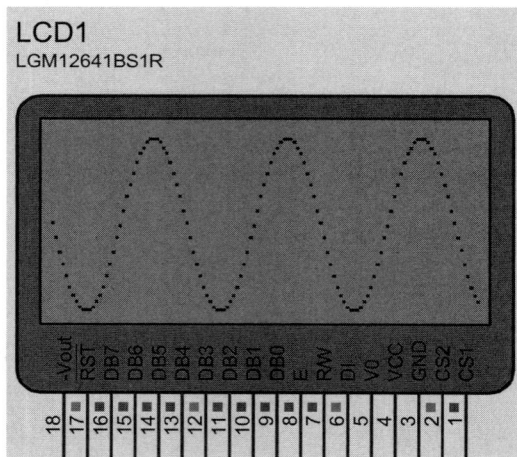

图 11-23   在 12864 液晶显示屏上显示周期为 40 的正弦曲线

画出正弦曲线的程序代码如下：

```
for(i = 0; i < 128; i++)
{
    LcmPixel(i,30*sin(i*3.14/20)-32,1);
}
```

在画点的基础上，可以编写画竖线的函数，相关程序代码如下：

```
void LcmLineY( unsigned char X, unsigned char Y0, unsigned char Y1,unsigned char Color )
{
    unsigned char Temp ;
    if( Y0 > Y1 )
    {
        Temp = Y1 ;
        Y1 = Y0 ;
        Y0 = Temp ;
    }
    for(;Y0<=Y1;Y0++)
    LcmPixel(X,Y0,Color) ;
}
```

编写画横线的函数，相关程序代码如下：

```
void LcmLineX( unsigned char X0, unsigned char X1, unsigned char Y,unsigned char Color )
{
    unsigned char Temp ;
    if(X0>X1)
    {   Temp = X1 ;
        X1 = X0 ;
        X0 = Temp ;
    }
    for(;X0<=X1;X0++ )
        LcmPixel(X0,Y,Color);
}
LcmLineX(0,127,0,1) ;
LcmLineY(0,63,0,1) ;
```

【仿真 11-4】　在 12864 液晶显示屏上显示带网格线的正弦函数，如图 11-24 所示。

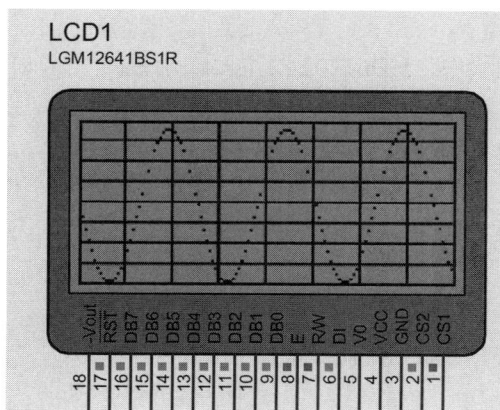

图 11-24　在 12864 液晶显示屏上显示带网格线的正弦函数

利用上个仿真中写的画横线、画竖线、画点的函数，可以得到以下程序代码：

```
LcmLineX(0,127,0,1);              //画横线
for (i=1;i<=8;i++)
LcmLineX(0,127,8*i-1,1) ;         //画横线
LcmLineY(0,63,0,1) ;              //画纵线
for (i=1;i<=8;i++)
    LcmLineY(16*i-1,63,0,1) ;     //画纵线
for(i = 0; i < 128; i++)
{
    LcmPixel(i,30*sin(i*3.14/20)-32,1);    //画正弦曲线
}
```

小　结

　　本章全面介绍了 12864 液晶显示模块的使用和应用。从 12864 液晶显示模块的基本概述开始，详细讨论了 HD61202 控制器的特点、引脚功能及显示 RAM 地址配置。接着，深入探讨了 12864 液晶显示模块的引脚定义和单片机对其操作的时序，包括读写操作。此外，还详尽解释了模块的各类指令，如读状态指令、行和页设置指令、列地址设置以及显示开关控制。本章的后半部分着重介绍了 12864 液晶显示模块的初始化步骤和综合应用，展示了如何通过软件控制模块显示数字、汉字、图片以及执行基本的绘图功能。每个应用部分不仅描述了操作流程，还强调了实现这些功能的技术细节和编程技巧。

习　题

一、单选题

1. 12864 液晶显示模块中，HD61202 的主要作用是(　　)。

A. 数据存储　　　　　　B. 控制显示　　　C. 音频处理　　　　D. 图像捕捉

2. 12864 液晶显示模块的引脚功能不包括(　　)。

A. 电源　　　　　　　　B. 数据传输　　　C. 音频输出　　　　D. 控制信号

3. 12864 液晶显示模块的显示 RAM 地址主要用于(　　)。

A. 存储临时数据　　　　　　　　　　　B. 控制显示内容

C. 增强图像清晰度　　　　　　　　　　D. 调节亮度

4. 在 12864 液晶显示模块中，写操作时序的主要目的是(　　)。

A. 传输音频数据　　　　　　　　　　　B. 发送显示数据

C. 接收外部信号　　　　　　　　　　　D. 控制背光

5. 下列不是 12864 液晶显示模块中的指令的是(　　)。

A. 读状态指令　　　　　　　　　　B. 行设置命令

C. 网络配置指令　　　　　　　　　D. 列地址设置命令

6. 12864 液晶显示模块的初始化主要包括(　　　)。

A. 设定网络参数　　　　　　　　　B. 设置显示参数

C. 配置音频输出　　　　　　　　　D. 启动背光

7. 12864 液晶显示模块显示汉字需要使用(　　　)。

A. 字模软件　　　　　　　　　　　B. HD 视频处理

C. 3D 渲染技术　　　　　　　　　 D. 数字音频转换

二、多选题

1. 12864 液晶显示模块的 HD61202 控制器的特点有(　　　)。

A. 支持多种显示模式　　　　　　　B. 具有音频处理能力

C. 提供多种引脚功能　　　　　　　D. 支持显示 RAM 自定义地址配置

2. 12864 液晶显示模块的引脚定义主要包括的引脚是(　　　)。

A. 数据传输引脚　　　B. 电源引脚　　　C. 音频输出引脚　　　　D. 控制信号引脚

3. 单片机对 12864 液晶显示模块的操作时序包括(　　　)。

A. 写操作时序　　　　　　　　　　B. 读操作时序

C. USB 数据同步时序　　　　　　　D. 网络信号时序

4. 12864 液晶显示模块的指令包括(　　　)。

A. 读状态指令　　　　　　　　　　B. 行设置命令

C. 页设置命令　　　　　　　　　　D. 显示开关指令

5. 12864 液晶显示模块的综合应用包括的功能有(　　　)。

A. 显示数字　　　　　B. 显示汉字　　　C. 显示图片　　　　D. 音频播放

三、判断题

1. 12864 液晶显示模块能够显示彩色图像。　　　　　　　　　　　　　　 (　　)

2. HD61202 控制器专门设计用于管理 12864 液晶显示模块的显示功能。 (　　)

3. 12864 液晶显示模块的显示 RAM 地址可以自定义配置。　　　　　　 (　　)

4. 12864 液晶显示模块不支持汉字显示。　　　　　　　　　　　　　　 (　　)

5. 12864 液晶显示模块仅能通过并口进行数据传输。　　　　　　　　　 (　　)

6. 12864 液晶显示模块可以使用行设置命令和列地址设置命令进行定位。(　　)

7. 12864 液晶显示模块的初始化不是必需的步骤。　　　　　　　　　　 (　　)

8. 12864 液晶显示模块的绘图功能允许进行简单的线条和图形绘制。　　 (　　)

9. 12864 液晶显示模块的每个显示页面只能显示英文字母和数字。　　　 (　　)

四、简答题

1. 简述 12864 液晶显示模块的主要用途和优势。

2. 12864 液晶显示模块的初始化包括哪些关键步骤?

3. 利用 12864 液晶显示模块的绘图功能具体可进行哪些类型的图形操作?

第 12 章 单片机串行通信及应用

串行通信又称为串口通信，它作为设备间的通信总线，在嵌入式系统中具有特别重要的作用。它具有简单和灵活等特点，是实现设备间低速数据通信的常见解决方案。串口在以下场景中得到了广泛的应用：

(1) 设备控制与配置。串口常用于嵌入式设备的初始配置、调试以及日常控制。例如，许多网络设备(如路由器和交换机)支持通过串口进行硬件配置和故障排除。

(2) 传感器数据读取。在各种传感器应用中，串口用于从温度、压力、湿度等传感器收集数据。这些传感器通过串口实时传输数据到主控制单元，便于进行数据监控和分析。

(3) 人机界面(HMI)。串口可用于连接小型 LCD 显示屏或触摸屏，用于展示系统状态或提供用户界面。这使得用户可以直接与嵌入式设备进行交互，例如设定参数或查看系统信息。

(4) 外部设备通信。串口广泛应用于打印机、扫描仪和其他外围设备的连接。这些设备利用串口来传输打印数据或接收扫描指令。

(5) 网络通信。虽然现代设备更多使用以太网或无线网络，但在一些特定的应用或旧设备中，串口仍被用于实现网络通信，尤其是在工业自动化和控制系统中。

(6) 调试和固件更新。在开发过程中，串口通常用作调试接口，开发人员可以通过串口输出调试信息或进行固件更新。串口提供了一种简便的方式来加载新的固件或修改现有的系统软件。

(7) 模块间通信。在复杂的嵌入式系统中，各个模块可能需要通过串口进行通信以协调操作。例如，在一个由多个处理单元组成的系统中，串口可以用于实现这些单元之间的低速数据交换。

另外，串行接口具有接口简单、易于标准化等特点，掌握单片机的串行通信有利于读者实现各种创新，例如，现在的 GSM(Global System for Mobile Communications，全球移动通信系统)模块、GPS 模块、蓝牙模块等一般都通过串口与单片机或 PC 通信，掌握单片机串行通信之后，可以编程实现 GSM 短信的收发、通过 GPS 获取当前的时间和位置信息、通过蓝牙与手机等实现无线通信等功能。

12.1　串　行　通　信

12.1.1　串行通信概述

在实际工作中，计算机的 CPU 与外部设备之间常常要进行信息交换，一台计算机与其他计算机之间也往往要交换信息，所有这些信息交换均可称为通信。通信方式有两种，即并行通信和串行通信。

通常根据信息传送的距离来决定采用哪种通信方式。例如，在 IBM PC 与外部设备(如打印机等)通信时，如果距离小于 30 m，可采用并行通信方式；当距离大于 30 m 时，则要采用串行通信方式。

并行通信是指数据的各位同时进行传送(发送或接收)的通信方式。其优点是传送速度快；缺点是数据有多少位，就需要多少根传送线，传输数据线较多，结构复杂，成本较高，抗干扰能力差。因此，并行通信一般适用于近距离通信。

串行通信是指数据是一位一位按顺序传送的通信方式。它的突出优点是只需一对传输线，大大降低了传送成本。串行通信的速度低，但传输线少，通信距离远，因此串行通信特别适用于分级、分层和分布式控制系统及远程通信。随着差分传输的发展，串行通信的速度甚至达到了数 Gb/s，串行通信接口也适合于高速数据传输接口。

12.1.2　串行通信的分类

1. 按时钟同步方式分类

在串行通信中，以位方式传输数据和时钟信号。按时钟同步方式，串行通信分为同步通信和异步通信两种方式。

1) 同步通信

在同步通信中，在数据开始传送前用同步字符来指示。常约定 1～2 个同步字符，如图 12-1 所示，(a)为 2 个同步字符，(b)为 1 个同步字符。

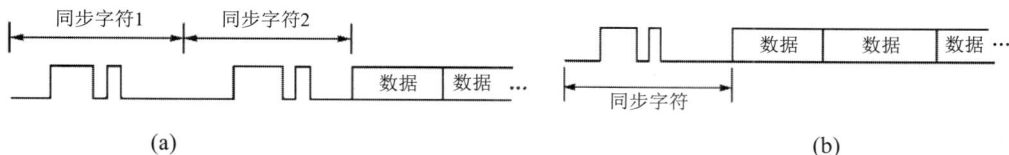

图 12-1　同步通信中的同步字符

同步传送时，字符与字符之间没有间隙，也不用起始位和停止位，仅在数据块开始时用同步字符 SYNC 来指示。同步字符的插入可以是单同步字符方式或双同步字符方式，然后是连续的数据块。按同步通信方式通信时，先发送同步字符，接收方检测到同步字符后，即准备接收数据。在同步通信时，要求用时钟来实现发送端与接收端之间的同步。发送方除了传送数据，还要同时传送时钟信号。同步通信采用单独的时钟线路，与数据同时传送。发送端在通信过程中负责产生、控制时钟，在接收端，数据位与时钟位一起检测、接收。

同步通信的数据准确率较高，该方式适合短距离通信。

2) 异步通信

在异步通信中，首先将要传输的数据打包成一帧一帧的格式，数据线上传输的就是打包后的帧的数据。因此，异步通信中最小的传输单位就是帧。在异步通信中，时钟与数据合二为一，没有单独的时钟线路，帧通常由起始位、数据位、停止位、校验位等按一定格式组织起来，帧之间是起止标识，起到时钟同步作用。

与同步通信相比，异步通信增加了起始位、停止位等额外信息，但去掉了时钟线路，降低了系统设计复杂度，其传输距离较长。

2. 按数据传送方式分类

按照发送方、接收方建立的数据通信方向及通信链路的使用方法，串行通信可以分为以下 3 种模式：

(1) 单工。单工也称为单向传输，是指信息只能单向传输。其通信双方一方为发送端，一方为接收端。

(2) 半双工。半双工也称为半双向传输，是指信息可以双向传输，但同一时刻，传输方向是单向的，如电报、步话机通信。

(3) 全双工。全双工也称为全双向传输，是指信息能同时双向传输，如电话通信。它要求两端的通信设备都具有完整且独立的发送和接收能力。

12.1.3 串行通信的校验方法

在串行通信中，校验方法主要用于检测数据在传输过程中是否出现错误。常见的几种校验方法如下：

(1) 奇偶校验(Parity Check)。奇校验：在数据位中加入一个额外的校验位，使得数据位中 1 的总数为奇数。偶校验：与奇校验相反，确保数据位中包含的 1 的总数为偶数。奇偶校验是最基本的错误检测方法，能够检测到单个位的错误。

(2) 校验和(Checksum)。在传输的数据块中加入一个校验和，通常该校验和是将所有数据字节相加得到的总和(可能是逐位相加或使用其他算法)。接收端对接收到的数据进行相同的计算，将计算结果与传输的校验和进行比对，以检测数据在传输过程中的任何错误。校验和可以检测出数据中的多位错误，但其能力受限于校验和算法的复杂性。

(3) 循环冗余校验(Cyclic Redundancy Check，CRC)。CRC 是一种使用多项式除法进行计算的方法。传输数据前，数据块通过一个固定的多项式生成一个 CRC 值，并将其附加到数据后。接收端使用相同的多项式处理接收到的数据(包括 CRC)，如果结果为零(或预设的非零特定值)，则认为传输无误。CRC 提供比奇偶校验与校验和更高级的错误检测能力，可以检测出较大的错误模式。

(4) 纵向冗余校验(Longitudinal Redundancy Check，LRC)。LRC 通常用于磁带数据的错误检测，涉及将数据分为多个块，并对每一列进行奇偶校验。LRC 比单独的奇偶校验提供更全面的保护，因为它考虑到了多个数据块的整体错误。

这些校验方法各有优缺点，选择哪一种通常取决于通信的可靠性需求、数据传输速率、额外的处理和存储开销等因素。最简单且最常用的就是奇偶校验方法。例如，可以在传输帧中添加一位奇偶校验位(当数据中有奇数个 1 时，奇偶校验位为 1，当有偶数个 1 时，奇偶校验位为 0，接收端接收到数据后，对数据进行判断，当数据中 1 的个数与奇偶校验位不一致时，则认为数据传输出现错误，此时，系统可以通知发送方再次发送。

12.1.4　异步串行通信的波特率

波特率即数据传送速率，表示每秒传送二进制代码的位数，它的单位是 b/s(或写为 bps)。波特率是衡量串行数据传输速度的重要指标。在异步通信中，通信双方的波特率一般要求一致。国际上常用的标准的通信波特率有 110 b/s、300 b/s、600 b/s、1200 b/s、1800 b/s、2400 b/s、4800 b/s、9600 b/s、19 200 b/s 等。

假设数据传送速率是 120 字符/s，而每个字符格式包含 10 个代码位(1 个起始位、1 个终止位、8 个数据位)。这时，传送的波特率为 10 b/字符×120 字符/s，即 1200 b/s。

12.1.5　串行通信的接口标准

异步串行通信的发展历史可以追溯到 20 世纪初，当时电传打字机和计算机视频终端需要与调制解调器进行通信。为了规范这个通信过程，美国电子工业协会(Electronic Industries Association，EIA)联合各个厂商发布了 EIA-RS-232A 标准。其中，RS(Recommended Standard)表示推荐标准；232 是标识号；A 是版本号，表示首次发布。

在 EIA-RS-232A 标准发布后，人们在实际应用中发现其存在一些问题，如不兼容、不规范等。为了解决这些问题，EIA 对 RS-232A 标准进行了第二次和第三次修订，发布了RS-232B、RS-232C 标准。其中，B 表示第二次修订，C 表示第三次修订。

RS-232C 接口是美国 EIA 与 Bell 公司等一起开发的一个异步传输标准接口，RS-232C 协议使用的数据传输速率为 0～20 000 b/s。

随着技术的发展，设备制造商倾向于体积更小、成本更低的接口，因此，DB25 中未使用的和支持同步模式的引脚被去掉了，形成了现在的 DB9 接口。这种 DB9 接口连接可靠，还带屏蔽，曾作为计算机与外设间的通信接口红极一时。虽然现在个人计算机早已淘汰了这种接口，但在对连接可靠性要求更高的工业控制领域，DB9 接口仍然被广泛使用着。

异步串行通信的发展历史是一个不断发现问题、改进问题、优化标准的过程。在这个过程中，RS-232C 和 DB9 接口发挥了重要作用。

串行通信的接口标准用于约束通信各方所要共同遵守的物理接口标准，如电缆的机械特性、电气特性、信号功能、传送过程等。由于串行通信的数据是逐位传输的，且加入了诸多标志位，因此需要对传送的数据格式做一个明确的固定，这就是通信协议或通信规程。通信规程中规定了帧的格式(起始位、字符编码、奇偶校验位、停止位)、波特率等。

串行通信的接口标准非常多，常见的有 RS-232C、SPI、IIC、USB、SATA 等。

12.2　RS-232C 接口

UART(Universal Asynchronous Receiver/Transmitter，通用异步收发传输器)是实现

RS-232C 通信的核心部分。RS-232C 定义了完整的接口标准，包括电气、机械和功能特性等多个方面；而 UART 主要负责处理数据的转换和基本的异步通信协议部分，是实现 RS-232C 接口数据传输功能的底层逻辑电路。单片机串口的发展历史与 UART 标准的发展密切相关。在单片机初期，串行通信接口并不像现在这样广泛应用于嵌入式系统。随着微控制器和嵌入式系统变得越来越复杂，串行通信接口才变得尤为重要。到了 20 世纪 80 年代，电子工业界开始标准化串行通信接口，推出了 RS-232C 标准。许多单片机开始集成 RS-232C 串行通信接口。随着技术的发展，RS-422 和 RS-485 标准也相继出现。这两种标准在 RS-232C 的基础上进行了改进，使得通信距离更远、数据传输速率更高，而且具有更好的抗干扰性能。

1．RS-232C 接口信号

严格地讲，RS-232C 接口是 DTE(Date Terminal Equipment，数据终端设备)和 DCE(Data Communications Equipment，数据通信设备)之间的一个接口。DTE 包括计算机、终端、串口打印机等，DCE 通常有调制解调器(Modem)和某些交换机 COM 接口。RS-232C 标准中提到的"发送"和"接收"，都是站在 DTE 立场上的。RS-232C 规定的标准接口有 25 条线，包括 4 条数据线、11 条控制线、3 条定时线、7 条备用和未定义线。这些接口引线及其功能如表 12-1 所示。

表 12-1　RS-232C 接口引线及其功能

引线	功　　能	引线	功　　能
1	保护地(Protected GND，PG)	14	辅信道发送数据
2	发送数据(Transmit Data，TXD)	15	发送器时钟，由数据通信设备(DCE)提供
3	接收数据(Receive Data，RXD)	16	辅信道接收数据
4	发送请求(Request To Send，RTS)	17	接收器定时时钟
5	清除(允许)发送(Clear To Send，CTS)	18	没有定义
6	数据准备就绪(Data Set Ready，DSR)	19	辅信道请求发送
7	信号地(Signal GND，SG)	20	数据终端就绪(Data Terminal Ready，DTR)
8	载波信号检测(Data Carrier Detect，DCD)	21	信号质量检测器
9	保留做数据设备测试	22	振铃指示
10	保留做数据设备测试	23	数据信号速率选择器
11	没有定义	24	发送定时时钟，由数据终端设备(DTE)提供
12	辅信道载波检测	25	没有定义
13	辅信道清除发送	—	—

常用的引线只有 9 根，它们分别为载波信号检测、接收数据、发送数据、数据准备就绪、信号地、数据终端准备就绪、发送请求、允许发送及振铃提示。这 9 根引线根据功能可以分为 4 类，下面详细介绍这几类引线。

1) 控制与状态类引线

控制与状态类引线如下：

(1) 引线 6：数据准备就绪(DSR)，用来通知计算机 Modem 已准备就绪。

(2) 引线 20：数据终端就绪(DTR)，用来通知 Modem 计算机已准备就绪。

(3) 引线 4：发送请求(RTS)，用来通知 Modem 计算机请求发送数据。

(4) 引线 5：允许发送(CTS)，用来通知计算机 Modem 可以接收数据了。

DSR 和 DTR 两个信号有时连到电源上，一上电就立即有效。这两个设备状态信号有效，只表示设备本身可用，并不说明通信链路可以开始进行通信了，能否开始进行通信要由 RTS、CTS 两个控制信号决定。

2) 与 Modem 有关的引线

与 Modem 有关的引线如下：

(1) 引线 8：载波信号检测(DCD)，用来通知计算机 Modem 与电话线另一端的 Modem 已经建立联系。该引线也用作接收线信号检出(Received Line Detection，RLSD)。

(2) 引线 22：振铃指示，用来通知计算机有来自电话网的信号。

3) 地线

地线包含引线 1 和引线 7 两根引线。

(1) 引线 1：保护地(PG)，用来与机器外壳相连。

(2) 引线 7：信号地(SG)，用来为电路提供参考电位。

4) 基本的数据传输引线

基本的数据传输引线包含引线 2 和引线 3 两根引线。

(1) 引线 2：发送数据(TXD)，数据终端设备(DTE)通过引线 2 将串行数据发送到 Modem(DCE)，数据方向为 DTE 到 DCE。

(2) 引线 3：接收数据(RXD)，Modem(DCE)会通过引线 3 将处理后的串行数据发送给数据终端设备(DTE)，建立起数据从 DCE 到 DTE 的传输通道，数据方向为 DCE 到 DTE。

上述控制引线何时有效、何时无效的顺序表示了接口信号的传送过程。例如，只有当 DSR 和 DTR 都处于有效状态时，才能在 DTE 和 DCE 之间进行传送操作。若 DTE 要发送数据，则预先将 DTR 线置成有效状态，等 CTS 线上收到有效状态的回答后，才能在 TXD 线上发送串行数据。

2. RS-232C 技术指标

RS-232C 的技术指标如下：

(1) 适合于传输速度为 0～20 000 b/s 的场景。

(2) 最大传输距离定为 100 ft(约 30.5 m)。

(3) 逻辑电平：逻辑 1 为 -3～-15 V，逻辑 0 为 +3～15 V。高低电平差距为 6～30 V，噪声容限增大至 12 V，因此具有较强的抗干扰能力，特别是抗共模噪声干扰的能力。接口的信号电平值较高，易损坏接口电路的芯片，又因为与 TTL 电路(Transistor-Transistor Logic，晶体管-晶体管逻辑电路)电平不兼容，故需使用电平转换电路方能与 TTL 电路连接。

3. RS-232C 帧结构

RS-232C 采用异步串行通信，是一种典型的 UART 传输，数据采用分帧的方式来进行传输。图 12-2 为 RS-232C 帧结构，图 12-2(a)中的两个帧之间没有停顿，而图 12-2(b)中的两个帧之间有一些空闲位。

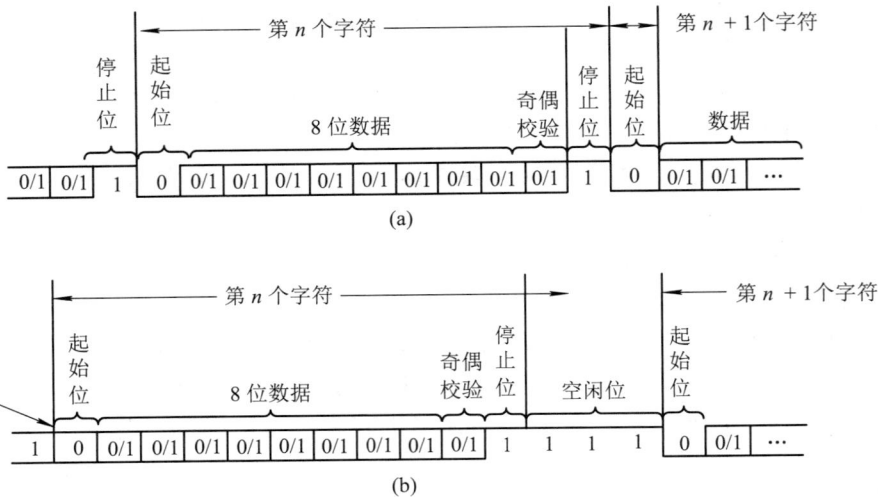

图 12-2   RS-232C 帧结构

起始位(0)信号只占用一位,用来通知接收设备一个待接收的字符开始到达。线路上在不传送字符时应保持为1。接收端不断检测线路的状态,若连续为1以后又测到一个0,就知道发来了一个新字符,应马上准备接收。

起始位后面紧接着的是数据位,它可以是 5 位(D0~D4)、6 位、7 位或 8 位(D0~D7)。

奇偶校验(D8)只占一位,但在字符中可以不用奇偶校验位,则这一位就可省去。也可用这一位(1/0)来确定这一帧中的字符所代表信息的性质(地址/数据等)。

停止位用来表征字符的结束,它一定是高电位(逻辑 1)。停止位可以是 1 位、1.5 位或 2 位。接收端收到停止位后,知道上一字符已传送完毕,同时,也为接收下一个字符做好准备。

4. RS-232C 的电气特性

RS-232C 规定了自己的电气标准,采用负逻辑电平,即逻辑 0 为 +5~+15 V,逻辑 1 为 -5~-15 V。因此,RS-232C 不能和 TTL 电平直接相连,使用时必须进行电平转换。MCS-51 系列单片机的输入和输出电平均为 TTL 电平,而 PC 配置的是 RS-232C 标准接口,所以两者连接时要加电平转换电路。

常用的电平转换集成电路为 MAX232 等芯片。MAX232 仅需 +5 V 电源,内置的电子升压泵会将 +5 V 转换为 -10~+10 V,还内置了两个发送器和两个接收器,且与 TTL/CMOS 电平兼容,使用非常方便。

5. RS-232C 与系统的连接

用 RS-232C 总线连接系统时,有远程通信方式和近程通信方式之分。远程通信是指传输距离大于几十米的通信,其特点是在通信线路中必须使用调制解调器(Modem)。如果传输距离小于几十米,则称为近程通信,其特点是通信双方可使用 RS-232C 电缆直接互连。

(1) 远程通信。如图 12-3 所示是采用 RS-232C 总线,并通过调制解调器实现计算机和一个前置数据采集器(可以由单片机实现)远程通信的原理框图。

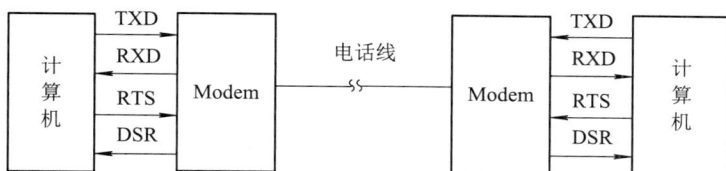

图 12-3   RS-232C 总线远程通信

(2) 近程通信。当计算机与终端之间，或两台 PC 之间，或 PC 与数据采集器(可以由单片机实现)之间采用 RS-232C 总线标准近距离串行通信时，可将两个 DTE 直接连接，从而省去作为 DCE 的调制解调器。图 12-4(a)是一种最简单的"三线制"连接方式。在此种连接方式中，仅需将"发送数据"引线与"接收数据"引线交叉相连以及将双方的地线相连即可。此种连接方式不适用于需要检测"清除发送""载波检测""数据设备就绪"等信号状态的通信程序。图 12-4(b)除了按"三线制"进行连接，还将同一设备的"请求发送""清除(允许)发送"互连，并将"数据终端就绪"和"数据设备就绪"连在一起。对于此种连接方式，那些需要检测"消除(允许)发送""数据设备就绪"等信号状态的通信程序可以运行下去，但并不能真正检测到对方的状态，只是程序受到该连接方式的"蒙蔽"而已。

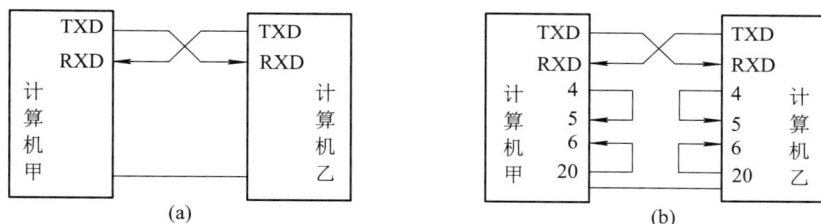

图 12-4   RS-232C 总线近程通信

6. RS-232C 的基本设置

在嵌入式系统和计算机通过串行通信时，需要一些基本的设置：

(1) 嵌入式处理器串口引脚的设置。对于 MCS-51 系列单片机，其用于串口通信的引脚是固定的。而对于引脚具有较多复用功能的单片机，需要首先设置引脚的功能为串口。

(2) 波特率设置。对于 MCS-51 系列单片机，可以通过设置模式来设定串口的波特率。而对于 ARM 内核的单片机，需要设置内部时钟，再进行波特率的设置。

(3) 串口帧格式设置。可以通过专门的寄存器来设置串口帧格式。

(4) 通信方式。可以选择查询方式、中断方式来进行通信。

12.3   89C51 单片机串口的编程与应用

12.3.1   89C51 单片机串口结构

89C51 单片机通过引脚 RXD(P3.0，串行数据接收端)和引脚 TXD(P3.1，串行数据发送端)与外界进行通信。89C51 单片机串口结构如图 12-5 所示。

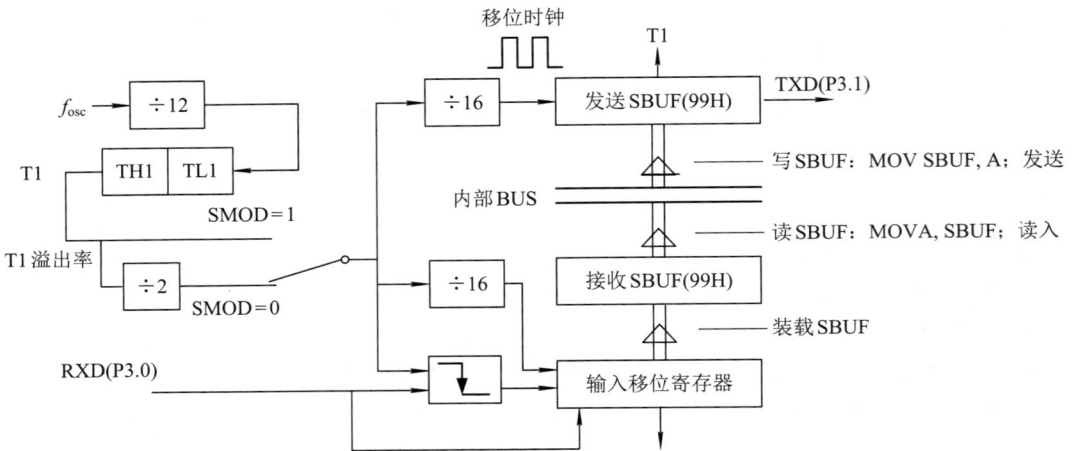

图 12-5   89C51 单片机串口结构

在该结构图中，89C51 单片机用定时器/计数器 T1 作为串行通信的波特率发生器，T1 溢出率经 2 分频(或不分频)后又经 16 分频作为串行发送或接收的移位脉冲。串行发送与接收的速率与移位时钟同步，移位脉冲的速率即波特率。

12.3.2   89C51 串口控制字及控制寄存器

89C51 单片机串口是可编程接口，串口的发送和接收都是以 SBUF 的名义进行读或写的。主要的控制寄存器有串口控制寄存器(Serial Control Register，SCON)和电源控制寄存器(Power Control Register，PCON)。

1. SCON

89C51 单片机串行通信的方式选择、接收和发送控制以及串口的状态标志等均由 SCON 控制和指示。SCON 的字节地址为 98H，其结构如图 12-6 所示。

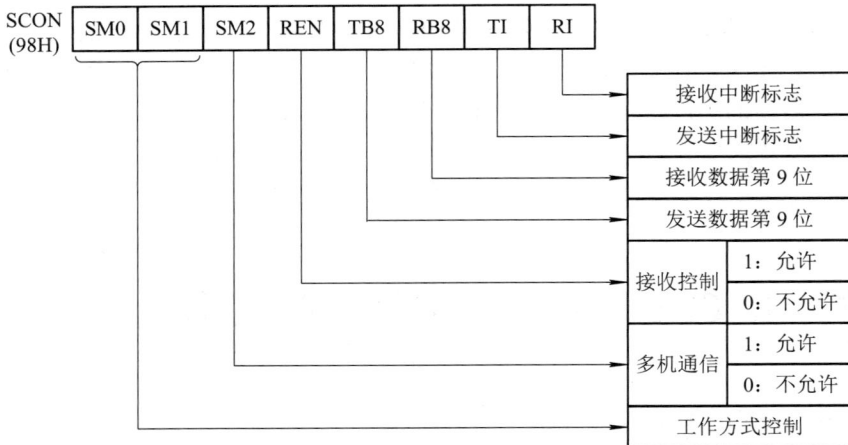

图 12-6   SCON 的结构

其中，SM0(SCON.7)和 SM1(SCON.6)为串口工作方式选择位，两个选择位对应 4 种通信方式，其对应关系如表 12-2 所示，其中 f_{osc} 是振荡频率。

表 12-2　SM0 和 SM1 与单片机串行通信工作方式的对应关系

SM0	SM1	工作方式	说　明	波　特　率
0	0	方式 0	同步移位寄存器	$f_{osc}/12$
0	1	方式 1	10 位异步收发	由定时器/计数器控制
1	0	方式 2	11 位异步收发	$f_{osc}/32$ 或 $f_{osc}/64$
1	1	方式 3	11 位异步收发	由定时器/计数器控制

SM2(SCON.5)：多机通信控制位。若 SM2＝0，即不属于多机通信情况，则接收一帧数据后，置 RI＝1，接收到的数据装入 SBUF。若置 SM2＝1，则允许多机通信，需要判断接收到的是地址码还是数据，当接收到的为数据时，将其装入 SBUF。在方式 0 中，SM2 必须是 0。

REN(SCON.4)：允许接收控制位。只有当 REN＝1 时，才允许接收；若 REN＝0，则禁止接收。该位相当于串行接收的开关。因此，在串行通信接收控制过程中，如果满足 RI＝0(表示 SBUF 为空，可以进行接收)和 REN＝1(允许接收)的条件，就允许接收，一帧数据就装载入接收 SBUF。

TB8(SCON.3)：当进行数据发送时，会把要发送数据的第 9 位(D8)放入 TB8 这个位。例如，在多机通信场景下，如果发送的是地址信息，就可以将 TB8 设置为 1；如果发送的是数据信息，就可以将 TB8 设置为 0。在实际的数据发送操作中，这个带有 9 位(8 位常规数据位＋ 1 位 TB8)的数据帧会一起被发送出去。这样接收方就可以根据 TB8 来区分接收到的是地址还是数据，或者用于进行奇偶校验等操作，以确保通信的准确性和可靠性。因此，在方式 2 或方式 3 中，若 TB8＝1，则说明该帧数据为地址；若 TB8＝0，则说明该帧数据为数据字节。在方式 0 或方式 1 中，该位未用。

RB8(SCON.2)为接收数据的第 9 位。在方式 2 或方式 3 中，接收到的第 9 位数据被放在 RB8 中。它或是约定的奇偶校验位，或是约定的地址/数据标识位。RB8 用于多机通信，在方式 0 中，该位未用。

TI(SCON.1)：发送中断标志，在一帧数据发送完时被置位。在方式 0 时，当串行发送第 8 位数据结束时或其他方式中，开始串行发送停止位时，由内部硬件使 TI 置 1，向 CPU 提供"SBUF 已空"的信息，CPU 可以准备发送下一帧数据。串口发送中断被响应后，在中断服务程序中，TI 不会自动清零，必须由软件清零，以取消中断申请。需要特别注意的是，TI＝1 是发送完一帧数据的标志，其状态可供软件查询使用，也可请求中断，但是 TI 位必须由软件清零。

RI(SCON.0)：接收中断标志，在收到一帧有效数据后由硬件置位。在方式 0 中，第 8 位数据发送结束时，由硬件置位；在其他 3 种方式中，当接收到停止位时由硬件置位。当 RI＝1 时，申请中断，表示一帧数据接收结束，并已装入 SBUF，要求 CPU 取走数据。CPU 响应中断，取走数据。RI 也必须由软件清零，清除中断申请，并准备接收下一帧数据。

【题】　如何判断多机通信中传输的是地址还是数据？

【答】　当主机发送数据时，会根据发送的内容设置 TB8 位。TB8 位为 1，发送的为地址帧；TB8 位为 0，发送的为数据帧。对于从机来说，当接收到数据时，会查看 SM2 位的设置。在初始化时，所有从机都将串口通信方式设置为方式 2 或方式 3，并将 SM2 位设置为 1。当从机接收到数据时，会首先检查 TB8 位。如果 TB8 位为 1(即接收到的是地址帧)，那么从机会将接收到的地址与本机地址进行比较。如果地址匹配，从机会将 SM2 位清零，准备接收后续的数据帧；如果地址不匹配，从机会保持 SM2 位为 1，并丢弃此次接收的数据。接下来，当主机发送数据帧(即 TB8 位为 0)时，只有那些 SM2 位已经被清零(即之前成功接收到地址帧并确认地址匹配)的从机才能接收这些数据。因为对于 SM2 位仍为 1 的从机，它们不会接收 TB8 位为 0 的数据帧。因此，通过结合 TB8 位和 SM2 位的设置，MCS-51 系列单片机可以准确地判断出多机通信中接收到的是地址码还是数据。这种机制确保了只有目标从机才能接收到主机发送的数据，实现了多机之间的有效通信。

2. PCON

电源控制寄存器(PCON)的字节地址为 87H，其中只有 SMOD 位与串口工作有关，SMOD(PCON.7)为波特率倍增位，是 PCON 的最高位，PCON 中与串行通信相关的位及含义如图 12-7 所示。

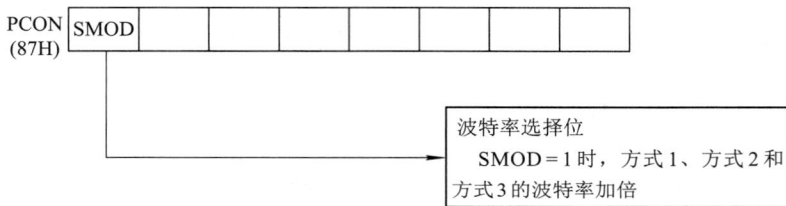

图 12-7 PCON 中与串行通信相关的位及含义

在串行通信方式 1、方式 2 和方式 3 时，波特率和 SMOD 成正比，即当 SMOD＝1 时，波特率提高一倍。当系统复位时，SMOD＝0。

12.3.3 89C51 单片机串行通信工作方式

根据实际需要，89C51 单片机串口可设置方式 0、方式 1、方式 2 和方式 3 共 4 种工作方式，有 8 位、10 位或 11 位帧格式。

1. 方式 0

方式 0 为同步移位寄存器输入/输出方式，常用于扩展 I/O 口。串行数据通过 RXD 输入或输出，而 TXD 用于输出移位时钟，作为外接部件的同步信号。这种方式不适用于两个 89C51 之间的直接数据通信，但可以通过外接移位寄存器来实现单片机的接口扩展。在这种方式下，收发的数据为 8 位，低位在前，无起始位、奇偶校验位及停止位，波特率是固定的，89C51 单片机串口工作在方式 0 时的数据帧结构如图 12-8 所示。

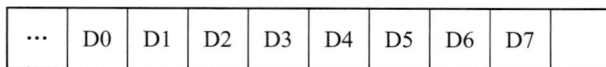

…	D0	D1	D2	D3	D4	D5	D6	D7

图 12-8 89C51 单片机串口工作在方式 0 时的数据帧结构

在方式 0 时，每个机器周期产生一个移位时钟，发送或接收一位数据。波特率固定为振荡频率的 1/12，并不受 PCON 中 SMOD 位的影响，方式 0 波特率等于 $f_{osc}/12$。单片机一

般通过外接扩展芯片来实现功能扩展，例如，74LS164 可用于扩展并行输出口，74LS165
可用于扩展输入口。

这里，74LS164 是一种 8 位静态推挽输出移位寄存器，用于在数据线路中存储和传输
数据。它内部串联了 8 个 D 类型触发器，通过这些触发器实现其功能。首先，数据通过两
个输入端(DSA 或 DSB)之一进行串行输入。这两个输入端中的一个可以用作高电平使能端，
控制另一个输入端的数据输入。在实际使用中，两个输入端可以连接在一起，或者将不使
用的输入端接高电平，以避免悬空状态。在移位寄存过程中，时钟信号起到关键作用。每
当时钟信号由低电平变为高电平时，数据就会右移一位，并输入到 Q0。这里的 Q0 实际上
是两个数据输入端(DSA 和 DSB)进行逻辑与的结果。此外，Q0 将在时钟上升沿之前保持一
个建立时间的长度，以确保数据的稳定性。每个 D 类型触发器的 Q 端对应一个输出，用于
将存储的数据输出到线路中。这样，通过连续的移位操作，数据可以在寄存器中从左到右
或从右到左移动，具体方向取决于移位方向控制端的控制信号。另外，74LS164 还有一个
主复位(MR)输入端。当主复位输入端上出现一个低电平时，其他所有输入端都将变得无效，
同时寄存器会被非同步地清除，强制所有输出为低电平。

89C51 单片机串口工作在方式 0 时的内部结构如图 12-9 所示。

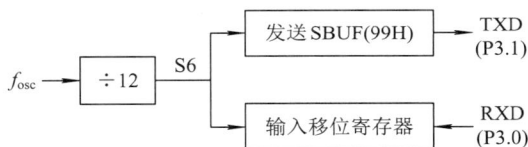

图 12-9　89C51 单片机串口工作在方式 0 时的内部结构

【仿真 12-1】　通过 74LS164 将串口数据转换为并口数据。

将并行输出口进行扩展，将 2 位扩展到 8 位，实现单片机输出端口的扩展。为了便于
演示，通过串口控制 8 个 LED 的状态，其仿真电路如图 12-10 所示。

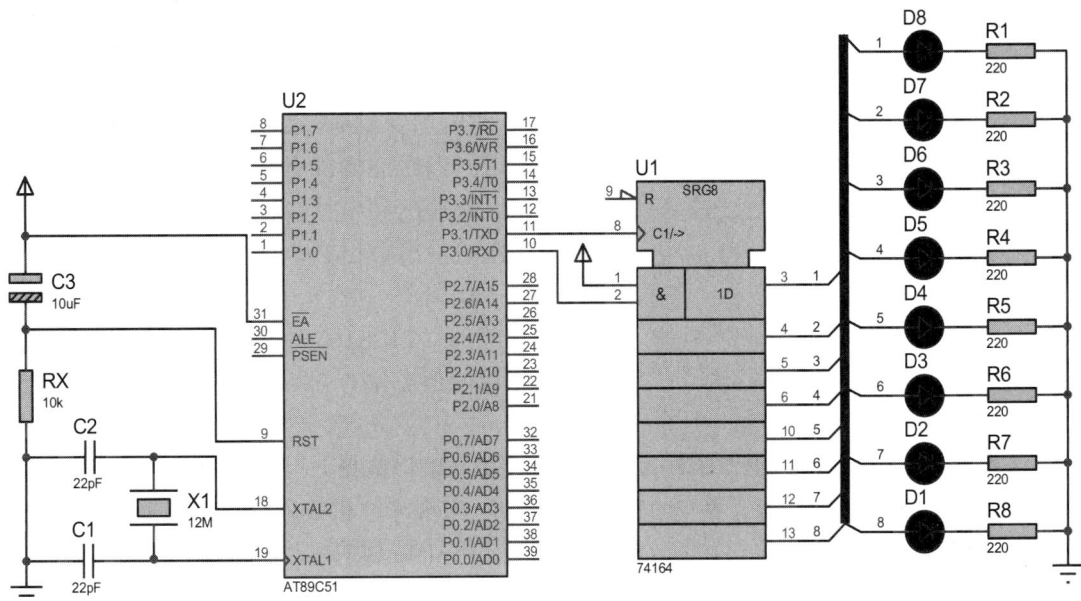

图 12-10　扩展单片机输出端口的仿真电路

核心程序代码如下：

```
void main()
{
    uchar c = 0x80;
    SCON = 0x00;              //设置串口工作在方式0，移位寄存器输入/输出方式
    while(1)
    {
        c = _crol_(c,1);
        SBUF = c;
        while(TI ==0);        //等待发送结束
        TI = 0;               //TI 由软件置位
        DelayX1ms(400);
    }
}
```

在发送过程中，当执行一条将数据写入发送缓冲器 SBUF 的指令时，串口把 SBUF 中 8 位数据以 $f_{osc}/12$ 的波特率从 RXD(P3.0)端输出，在发送完毕后置中断标志 TI=1。在 TXD 引脚上输出 $f_{osc}/12$ 的移位时钟。因此，74LS164 是 TTL "串入并出"移位寄存器。

而 74LS165 是一种 8 位并行输入/输出的移位寄存器，它的主要作用是将 8 位数据从一个端口输入，然后按照指定的方向移位，最后将数据从另一个端口输出。在数据输入时，74LS165 中的 8 个并行数据输入引脚(A～H)用于接收 8 位并行数据。同时，74LS165 也支持串行数据输入，具体是通过引脚 2A 和 2B 的选择来实现。当 2A 引脚被使能时，串行数据输入被禁用，只有并行数据输入被使用；而当 2B 引脚被使能时，串行数据输入被启用。在移位控制时，移位/植入控制端(SH/LD)起着关键的作用。当 SH/LD 为低电平时，并行数据被置入寄存器，此时时钟(CLK、CLK INH)及串行数据(SER)都无关。当 SH/LD 为高电平时，并行置数功能被禁止。在时钟输入与时序控制时，CLK 和 CLK INK 是时钟输入端，它们在功能上是等价的，可以交换使用。当时钟输入引脚接收到一个高电平脉冲时，输入的数据就会进行一次并行转换，然后被输出到串行数据线上。在并行输入模式下，输入的数据被放入寄存器中，并且寄存器的输出被更新；而在串行输入模式下，输出的数据是串行输入的数据。在数据输出时，74LS165 中的 8 个并行数据输出引脚(QH 及其互补输出端)输出并行转换后的 8 位数据。此外，74LS165 中还有一个串行数据输出引脚(SER)，这个引脚在并行输入模式下不起作用，但在串行输入模式下，它输出的是串行输入的数据。

【仿真 12-2】 通过 74LS165 将并口数据转换为串口数据。

将并行输入口进行扩展，将 2 位扩展到 8 位，实现单片机输入端口的扩展。为了便于演示，通过 8 位拨码开关实现输入，来控制通过上一个仿真中单片机连接的 LED，其仿真电路如图 12-11 所示。

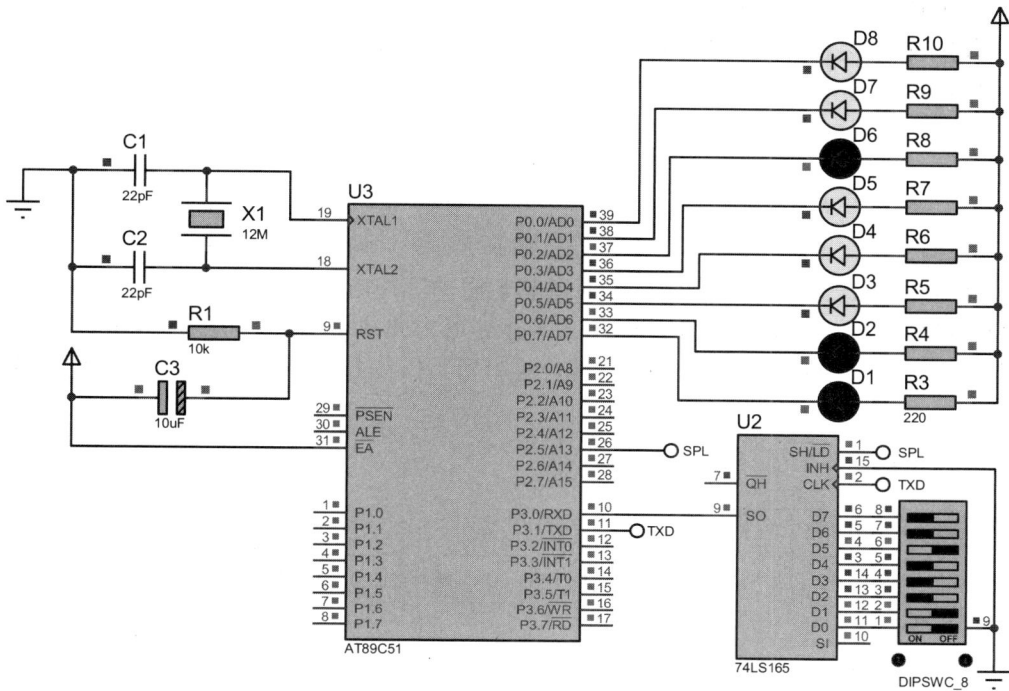

图 12-11　扩展单片机输入端口的仿真电路

核心程序代码如下：

```
sbit SPL = P2^5;
void DelayX1ms(unsigned int x);
void main()
{
    SCON = 0x10;            //设置串口工作在方式 0，并允许串口接收
    while(1)
    {
        SPL = 0;            //置数，读入并行输入口的 8 位数据
        SPL = 1;            //移数，并口输入被封锁，串行转换开始
        while(RI==0);       //未接收到一个完整的字节时等待
        RI = 0;
        P0 = SBUF;
        DelayX1ms(20);     //接收到的字节显示在 P0 端口，显示的值与拨码开关对应
    }
}
```

接收数据时，用软件置 REN＝1(同时 RI＝0)，即开始接收，TXD(P3.1)引脚上输出低电平的移位时钟。因此，74LS165 是 TTL"并入串出"移位寄存器。

2. 方式 1

方式 1 以 10 位为 1 帧传输数据，设有 1 个起始位(0)、8 个数据位和 1 个停止位(1)。方式 1 用于串行发送或接收，为 10 位通用异步接口。TXD 与 RXD 分别用于发送与接收数据。收发 1 帧数据的格式为 1 位起始位、8 位数据位(低位在前)、1 位停止位，共 10 位。89C51 单片机串口工作在方式 1 时的数据帧结构如图 12-12 所示。

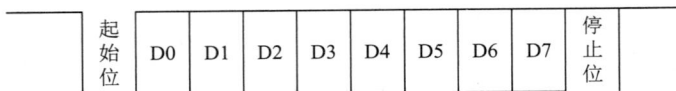

图 12-12　89C51 单片机串口工作在方式 1 时的数据帧结构

方式 1 的传送波特率可调，方式 1 的移位时钟脉冲由定时器/计数器 T1 的溢出率与 SMOD 同时决定。当定时器/计数器 T1 工作于定时方式 2 时，串行方式 1 的波特率等于 $2^{\mathrm{SMOD}}/32 \times (f_{\mathrm{osc}}/12)/(256-初值)$。89C51 单片机串口工作在方式 1 时的内部结构如图 12-13 所示。

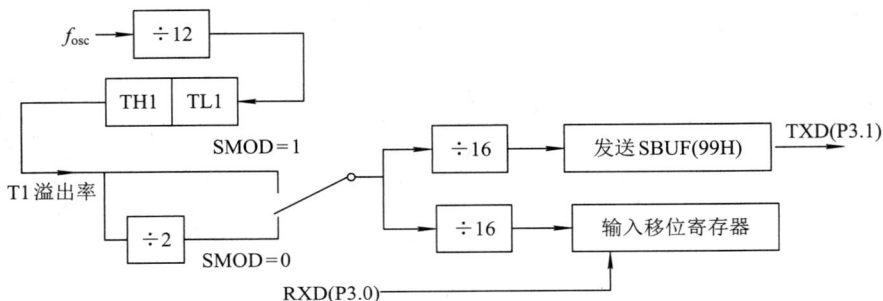

图 12-13　89C51 单片机串口工作在方式 1 时的内部结构

此时，89C51 单片机串口工作在方式 1 时的时序如图 12-14 所示。

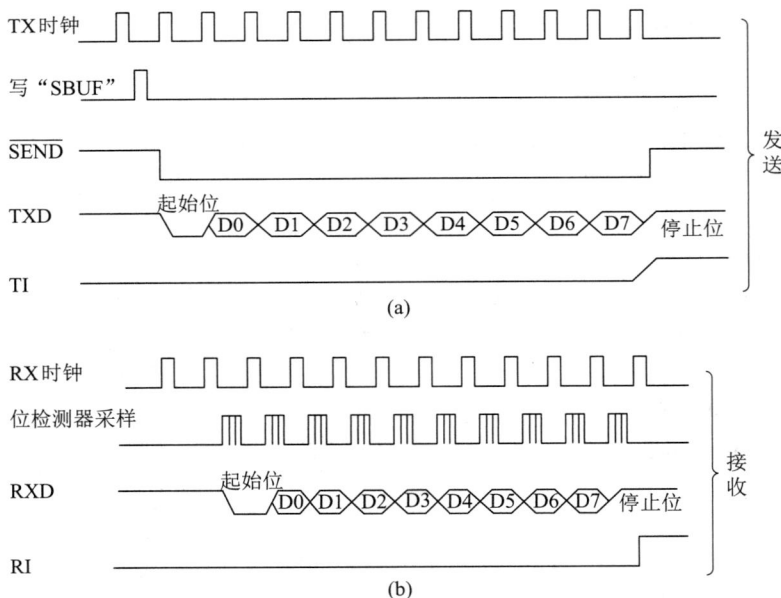

图 12-14　89C51 单片机串口工作在方式 1 时的时序

当数据写入串口发送缓冲寄存器 SBUF 后，硬件自动添加起始位和停止位，与 8 个数据位组成 10 位完整的帧格式，在设定波特率的作用下，由 TXD 引脚一位一位地发送出去。

发送完毕，硬件自动使 TI 为 1，通知单片机发送下一个字符。采用方式 1 接收数据时，接收是在 SCON 寄存器中 REN 置 1 并检测到起始位而开始的。当一帧数据接收完毕后，必须同时满足以下两个条件，这次接收才真正有效：

(1) 当 SM2 = 0 或收到的停止位为 1(方式 1 时，停止位进入 RB8)时，则将接收到的数据装入串口的 SBUF 和 RB8(RB8 装入停止位)，并置 RI。如果不满足，接收到的数据不能装入 SBUF，这意味着该帧信息将会丢失。

(2) 当 RI = 0 时，即上一帧数据接收完成时，RI = 1 发出的中断请求已被响应，SBUF 中数据已被取走。由软件使 RI = 0，以便提供"接收 SBUF 已空"的信息。在整个接收过程中，只有当 REN = 1 时，才能对 RXD 进行检测。

【仿真 12-3】 单片机与 PC 之间的通信。通过单片机向 PC 发送字符串"Welcome to National University of Defense Technology!"，单片机串行通信仿真电路如图 12-15 所示。

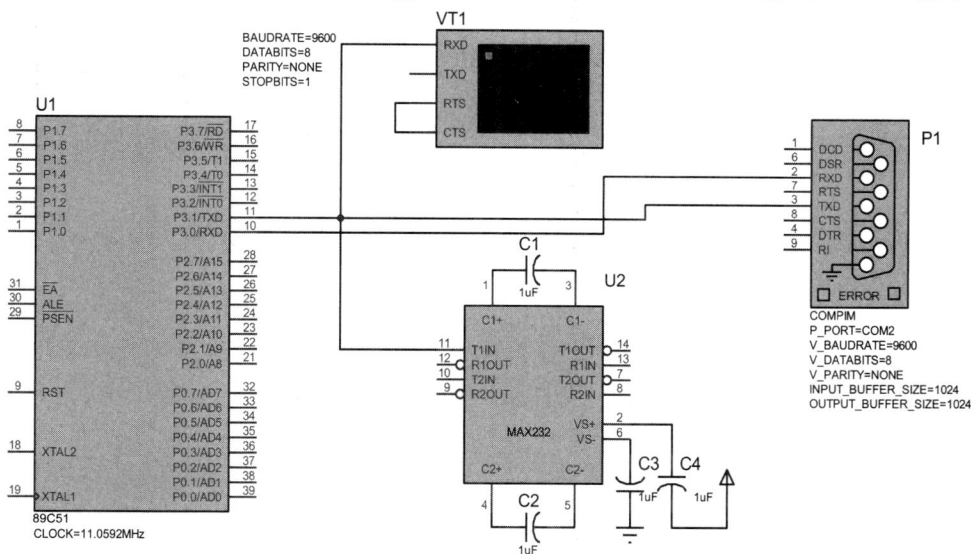

图 12-15　单片机串行通信仿真电路

这里利用 C51 的输出函数 printf() 来完成设计要求。为了应用该函数，需在预处理指令中包含头文件 stdio.h，并且将串行通信工作在方式 1，使用定时器/计数器 T1 产生波特率，定时器/计数器 T1 工作在模式 2。

为了得到 9600 b/s 的波特率，已知 $f_{osc} = 11.0592\,\text{MHz} = 11\,059\,200\,\text{Hz}$，SMOD = 0，

$$\frac{2^{\text{SMOD}}}{32} \times \frac{f_{\text{OSC}}}{12 \times (256 - \text{初值})} = 9600$$，因此得出：初值 $= 256 - \dfrac{11\,059\,200}{32 \times 12 \times 9600} = 253(\text{d}) = 0\text{xFD}$。

该仿真主要分为以下几个部分：

(1) 串口初始化的相关程序代码如下：

```
SCON = 0x40;        //串口工作在方式 1
TMOD = 0x20;        //T1 工作在模式 2，自动装载初值
PCON = 0x00;        //波特率不倍增
TL1 = 0xFD;
```

```
    TH1 = 0xFD;              //波特率为 9600 b/s
    TI = 1;                  //SBUF 已空
    TR1 = 1;                 //启动定时器/计数器 T1
```

(2) printf()的程序代码如下：

```
    printf("\nWelcome to National University of Defense Technology!\n");
```

(3) 系统主程序代码如下：

```
    void main()
    {
        SCON = 0x40;         //串口工作在方式 1
        TMOD = 0x20;         //T1 工作在模式 2，自动装载初值
        PCON = 0x00;         //波特率不倍增
        TL1 = 0xFD;
        TH1 = 0xFD;          //波特率为 9600 b/s
        TI = 1;              //发送中断标志位
        TR1 = 1;             //启动定时器/计数器 T1
        while(1)
        {
            printf("\nWelcome to National University of Defense Technology!\n");
            DelayX1ms(200);
        }
    }
```

(4) 为了便于仿真系统的验证，我们引入虚拟串口软件 Virtual Serial Port Driver。该虚拟串口软件界面如图 12-16 所示。

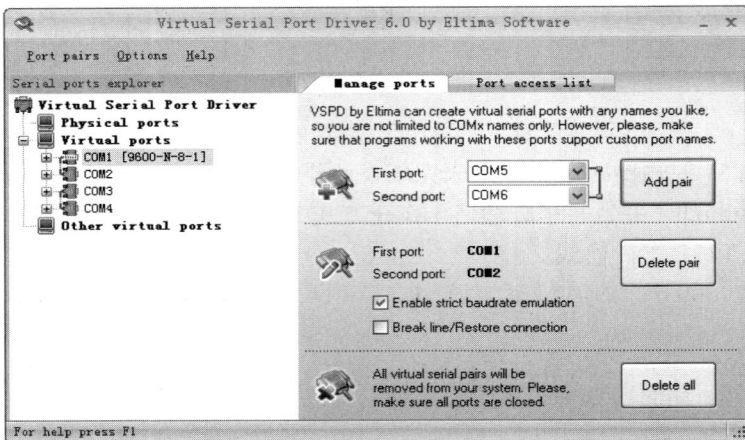

图 12-16　Virtual Serial Port Driver 虚拟串口软件界面

通过 Virtual Serial Port Driver 软件添加一对串口，如 COM1 和 COM2，并通过软件将它们连接起来。在仿真中，将 COM1 分配给计算机串口，COM2 分配给 Proteus。运行串口助手软件连接 COM1，然后运行 Proteus 仿真软件，可以看到单片机发出的字符串如图 12-17 所示。

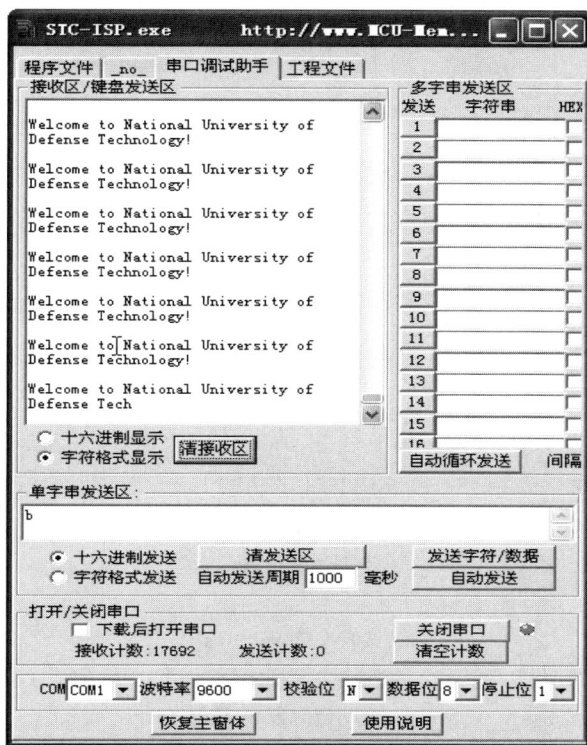

图 12-17　仿真计算机接收到的串口数据

【仿真 12-4】　通过自编函数完成上一个仿真的功能。

上一个仿真利用了单片机 C 语言的输出函数，这一个仿真中，我们自己编写字符发送函数。该仿真分为以下几个主要部分：

(1) 串口初始化的相关程序代码如下：

```
SCON = 0x40;        //串口工作在方式 1
TMOD = 0x20;        //T1 工作在模式 2，自动装载初值
PCON = 0x00;        //波特率不倍增
TL1 = 0xFD;
TH1 = 0xFD;         //波特率为 9600 b/s
TI = 0;             //设置中断标志位
TR1 = 1;            //启动定时器/计数器 T1
```

(2) 向串口写入字符函数，相关程序代码如下：

```
void putc_to_SerialPort(uchar c)
{
    SBUF = c;
    while (TI == 0);
    TI =0;
}
```

(3) 向串口写入字符串，相关程序代码如下：

```
void puts_to_SerialPort(uchar *s)
{
    while(*s !='\0')
    {   putc_to_SerialPort(*s);
        s++;
        DelayX1ms(5);
    }
}
```

(4) 主程序代码如下：

```
void main()
{
    uchar c=0;
    SCON = 0x40;                //串口工作在方式 1
    TMOD = 0x20;                //T1 工作在模式 2，自动装载初值
    PCON = 0x00;                //波特率不倍增
    TL1 = 0xFD;
    TH1 = 0xFD;                 //波特率为 9600 b/s
    TI = 0;                     //发送中断标志位
    TR1 = 1;                    //启动定时器/计数器 T1
    DelayX1ms(200);
    DelayX1ms(50);
    while(1)
    {   puts_to_SerialPort("Welcome to National University of Defense Technology!\r\n");
        DelayX1ms(100);
    }
}
```

(5) 通过单片机向 PC 发送以下字符串：

```
receiving From 8051...
----------------------
A B C D E F G H I J
K L M N O P Q R S T
U V W X Y Z
----------------------
A B C D E F G H I J
K L M N O P Q R S T
U V W X Y Z
----------------------
```

(6) 这一个仿真和上一个仿真的功能类似，差别在于输出字符的控制。因此，只需要修改上一个仿真中的 puts_to_SerialPort 函数和 putc_to_SerialPort 函数，修改后的相关程序代码如下：

```
puts_to_SerialPort("receiving From 8051...\r\n");
puts_to_SerialPort("---------------------\r\n");
DelayX1ms(50);
while(1)
{   putc_to_SerialPort(c+'A');
    DelayX1ms(100);
    putc_to_SerialPort(' ');
    DelayX1ms(100);
    if(c==25)
    {   puts_to_SerialPort("\r\n --------------------- \r\n");
        DelayX1ms(100);
    }
    c = (c+1)%26;
    if(c%10==0)
    {   puts_to_SerialPort("\r\n");
        DelayX1ms(100);
    }
}
```

【仿真 12-5】 单片机与 PC 的双向通信。在单片机 $\overline{\text{INT0}}$ 引脚接一个按键，当按键被按下时，单片机向 PC 发送"这是由 MCS-51 发送的字符串!"，PC 向单片机发送字符，若字符在 0～9 之间，则在数码管上显示出来。单片机与 PC 双向通信的仿真电路如图 12-18 所示。

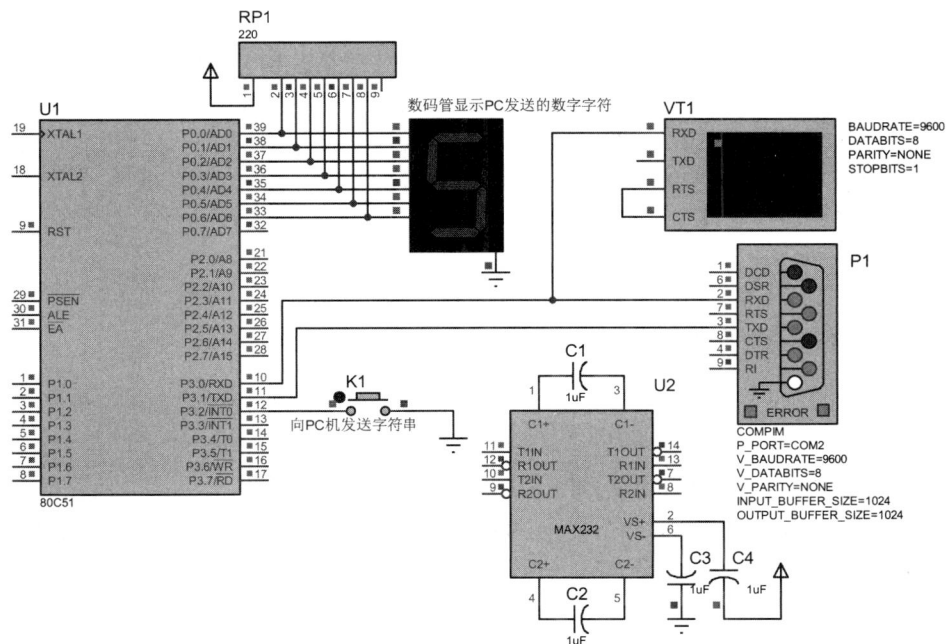

图 12-18 单片机与 PC 双向通信的仿真电路

该仿真分为以下几个主要部分：

(1) 按键被按下后单片机以中断方式发送字符串，串口收到数据后，也以中断方式显示字符串，中断初始化的相关程序代码如下：

```
EA = 1;            //打开总中断开关
EX0 = 1;           //允许外部中断 0
IT0 = 1;           //外部中断 0 为下降沿触发
ES = 1;            //允许串口中断
IP = 0x01;         //外部中断 0 为高优先级
TR1 = 1;           //启动定时器
```

(2) 按键被按下后由单片机发送字符串中断函数，相关程序代码如下：

```
void Ex_INT0() interrupt 0
{
    uchar *s = "这是由 MCS-51 发送的字符串!";
    uchar i=0;
    while(s[i] != '\0')
    {   SBUF = s[i];
        while(TI == 0);
        TI = 0;
        i++;
    }
}
```

(3) 串口中断处理函数的相关程序代码如下：

```
void Serial_INT() interrupt 4
{
    if(RI == 0) return;
        ES = 0;            //关闭串口中断
    RI = 0;
    c= SBUF;
    if(c>='0' && c<= '9')
    {
        P0 = ~Disp[c-'0'];
    }
    ES = 1;            //允许串口中断
}
```

上述语句中的 Disp 数组定义如下：

```
unsigned char code Disp[16]={0xc0,0xf9,0xa4,0xb0,0x99,0x92,0x82,0xf8,0x80,0x90,0x88,0x83,0xc6,0xa1,0x86,0x8e};
```

(4) 串口初始化函数的相关程序代码如下：

```
SCON = 0x50;            //串口工作在方式 1
TMOD = 0x20;            //T1 工作在模式 2，自动装载初值
PCON = 0x00;            //波特率不倍增
```

```
        TL1 = 0xFD;                 //波特率为 9600 b/s
        TH1 = 0xFD;                 //波特率为 9600 b/s
        EA = 1;                     //打开总中断开关
        EX0 = 1;                    //允许外部中断 0
        IT0 = 1;                    //外部中断 0 为下降沿触发
        ES = 1;                     //允许串口中断
        IP = 0x01;                  //外部中断 0 为高优先级
        TR1 = 1;                    //启动定时器/计数器
```

(5) 主程序代码如下：

```
    void main()
    {
        uchar i;
        P0 = 0x00;
        Receive_Buffer[0] = -1;
        SCON = 0x50;                //串口工作在方式 1
        TMOD = 0x20;                //T1 工作在模式 2，自动装载初值
        PCON = 0x00;                //波特率不倍增
        TL1 = 0xFD;
        TH1 = 0xFD;                 //波特率为 9600 b/s
        EA = 1;                     //打开总中断开关
        EX0 = 1;IT0 = 1;            //外部中断 0，且为下降沿触发
        ES = 1;                     //允许串口中断
        IP = 0x01;                  //外部中断 0 为高优先级
        TR1 = 1;                    //启动定时器/计数器
        while(1)
        {
        }
    }
```

3. 方式 2 和方式 3

方式 2 和方式 3 以 11 位为 1 帧传输数据，即 1 位起始位(0)、8 位数据位(低位在前)、1 位可编程的 D8 数据位和 1 位停止位(1)。发送时，可以设置 D8 数据位(TB8)为 1 或 0，也可以将奇偶校验位装入 TB8；接收时，D8 数据位会进入 SCON 的 RB8。单片机串口工作在方式 2 和方式 3 时的数据帧结构如图 12-19 所示。

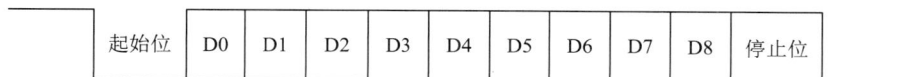

起始位	D0	D1	D2	D3	D4	D5	D6	D7	D8	停止位

图 12-19　单片机串口工作在方式 2 和方式 3 时的数据帧结构

发送数据前，先根据通信协议由软件设置 TB8(可作为奇偶校验位或地址/数据标志位)，然后将要发送的数据写入 SBUF，即可启动发送过程。串口能自动把 TB8 取出，并装入第 9 位数据位的位置，再逐一发送出去。发送完毕后，使 TI＝1。接收数据时，先使 SCON 中

的 REN＝1，允许接收。当检测到 RXD(P3.0)端有 1 到 0 的跳变(起始位)时，开始接收 9 位数据，并送入移位寄存器(9 位)。需要判断接收到的是地址还是数据，当接收到的为数据时，前 8 位数据送入 SBUF，附加的第 9 位数据送入 SCON 中的 RB8，置 RI 为 1；否则，这次接收无效，也不置位 RI。串口工作在方式 2 和方式 3 的操作是完全一样的，不同的只是波特率。串口工作在方式 2 的波特率取决于 PCON 中 SMOD 位的值，当 SMOD＝0 时，波特率为 f_{osc} 的 1/64；当 SMOD＝1 时，波特率为 f_{osc} 的 1/32。因此，方式 2 波特率等于 $\dfrac{2^{SMOD}}{64} \times f_{osc}$。

方式 3 的移位时钟脉冲由定时器/计数器 T1 的溢出率与 SMOD 值同时决定。当定时器/计数器 T1 工作于方式 2 定时模式时，串口工作在方式 3 的波特率为 $\dfrac{2^{SMOD}}{32} \times \dfrac{f_{osc}/12}{256-初值}$。

89C51 串口的 4 种工作模式对比如表 12-3 所示。

表 12-3　89C51 串口的 4 种工作模式对比

工作方式	功　　能	帧格式	RXD 和 TXD 引脚的作用	波　特　率
方式 0	同步移位寄存器	8 位	RXD 发送、接收数据，TXD 输出同步移位时钟	$\dfrac{1}{12} \times f_{osc}$
方式 1	通用异步接收发送器	10 位	RXD 接收数据，TXD 发送数据	$\dfrac{2^{SMOD}}{32} \times \dfrac{f_{osc}}{12 \times (256-X)}$
方式 2	通用异步接收发送器	11 位	RXD 接收数据，TXD 发送数据	$\dfrac{2^{SMOD}}{64} \times f_{osc}$
方式 3	通用异步接收发送器	11 位	RXD 接收数据，TXD 发送数据	$\dfrac{2^{SMOD}}{32} \times \dfrac{f_{osc}}{12 \times (256-X)}$

12.4　扩展阅读：串口波特率值的由来

串口波特率的取值有什么规则吗？为什么是 2400 b/s、9600 b/s、19 200 b/s、……？

电传打字机由自动电报机发展而来，历史悠久。实用电传(鲍多式电报机或鲍多复用式电传打字机)的发明人是法国人让·莫里斯·埃米尔·波特(1845—1903)，所以用来描述串行数据通信率的波特率单位是以该工程师的姓氏来命名的。波特率的概念源自电传打字机，早期的电传没有统一标准，不同厂家的产品多有不同。最早的电传速率是整数，如 50 b/s、100 b/s 等，但为了加强竞争体现自己产品的速度优势，厂家开始推出非整数的波特率，只要数字比对手的大就好，于是出现了 75 b/s、110 b/s 之类的数。后来，机械电传进化到电子式电传，波特率最终也得到了统一，那就是 300 b/s。到了计算机时代，早期计算机都是个头很大的大型设备，为了便于更多人使用就发明了串口，计算机串口用于远程连接电传打字机输入程序和输出运算结果，自然要以电传的波特率为准。于是，300 b/s 就成为计算机串口的基础波特率，更高的速度就在 300 b/s 基础上每次乘以 2，从此就形成了计算机串口波特率的标准。比尔·盖茨在中学时期学习计算机编程时就使用过电传打字机与计算机远程连接，那是 20 世纪 60 年代的事，盖茨在其 20 世纪 90 年代出版的自传《未来之路》中讲过那段往事。

小　结

本章详细探讨了单片机的串行通信及其应用，尤其集中于串行通信的基础知识和 RS-232C 接口的详细讨论。首先介绍了串行通信的基本概念，包括同步和异步通信方式、数据传输方式、校验方法及波特率设置。接着，深入讲解了 RS-232C 接口的信号特性、技术指标、帧结构以及如何进行编程和使用。最后，专注于 89C51 单片机的串口编程与应用，详述了 89C51 串口的结构、控制字及控制寄存器配置，并解释了不同的工作模式，包括方式 0、方式 1、方式 2 和方式 3 的特点与使用场景。通过学习这些内容，读者可以获得关于单片机串行通信的全面理解和实用技巧，以便在实际项目中有效地设计和实施串行通信解决方案。

习　题

一、单选题

1. 基于时钟信号同步的串行通信是(　　)。

A. 同步通信方式　　　　　　B. 异步通信方式

2. 在串行通信中，奇偶校验的目的是(　　)。

A. 提高数据传输速率　　B. 数据加密　　C. 错误检测　　D. 增强信号强度

3. 描述串行通信速度的参数是(　　)。

A. 波特率　　　　　　B. 电压等级　　C. 信号强度　　　　D. 电阻值

4. RS-232C 接口通常用于连接(　　)。

A. 内存条　　　　　　B. 网络交换机　　C. 外部调制解调器　　D. 显示器

5. 在 89C51 单片机中，用于串行通信控制的寄存器是(　　)。

A. ACC　　　　　　B. BCC　　　　　　C. SCON　　　　　D. PCON

6. 89C51 单片机的串行通信方式 1 支持的功能是(　　)。

A. 仅发送数据　　　　　　　　　　B. 仅接收数据

C. 同时发送和接收数据　　　　　　D. 没有数据传输

7. 异步串行通信的特点是(　　)。

A. 需要时钟信号　　　　　　　　　B. 不需要时钟信号

C. 需要多条数据线　　　　　　　　D. 无法进行错误检测

8. RS-232C 的帧结构不包括的部分是(　　)。

A. 起始位　　　　　　B. 数据位　　　　C. 停止位　　　　D. 重启位

9. 在89C51单片机的串行通信中，方式0的特点是(   )。

A. 8位同步移位寄存器   B. 10位异步通信

C. 可编程波特率   D. 仅支持接收数据

二、多选题

1. 串行通信中使用的校验方法包括(   )。

A. 奇校验   B. 偶校验   C. 校验和   D. CRC校验

2. RS-232C接口的特点包括(   )。

A. 高速数据传输   B. 用于短距离通信

C. 可以连接多种设备   D. 依赖于串行通信标准

3. 89C51单片机串口控制寄存器包括(   )。

A. SCON   B. PCON   C. ACC   D. BCC

4. 在异步串行通信中，波特率的确定性影响的因素有(   )。

A. 数据完整性   B. 通信速度   C. 信号强度   D. 错误检测能力

5. 89C51单片机的串行通信工作方式包括 (   )。

A. 方式0   B. 方式1   C. 方式2   D. 方式3

三、判断题

1. 同步通信方式需要一个外部的时钟信号来同步数据。   (   )

2. 异步通信方式需要使用起始位和停止位来标识数据帧的开始和结束。   (   )

3. 奇偶校验是用来提高数据传输的速度。   (   )

4. 波特率是指每秒传输的数据位数。   (   )

5. RS-232C接口通常用于连接计算机和打印机。   (   )

6. RS-232C接口可以支持长距离通信。   (   )

7. 在89C51单片机中，SCON用于控制串口的操作模式。   (   )

8. 方式1在89C51单片机中支持全双工通信。   (   )

9. PCON在89C51单片机中控制串行通信的波特率。   (   )

四、简答题

1. 简述同步通信和异步通信的主要区别。

2. 简述RS-232C接口的主要用途及其限制。

3. 简述89C51单片机串口控制寄存器的作用。

第 13 章　RTX-51 实时操作系统

在当今的信息化社会中，操作系统作为计算机系统的核心和基石，发挥着至关重要的作用。它不仅是计算机硬件和用户之间的桥梁，更是保障系统稳定运行、实现资源共享、提升处理效率的关键。本章主要介绍常见的嵌入式实时操作系统的基本概念、嵌入式操作系统中的进程管理及进程通信等，并介绍支持 89C51 单片机的 RTX-51 实时操作系统及其简单应用。

13.1　操作系统基础知识

本节将深入探讨操作系统的基础知识，包括操作系统的定义与功能、进程和线程的基本概念以及实时系统及实时操作系统的特点。通过理解这些核心概念，读者能够更深入地理解操作系统的运行机制，为后续的深入学习打下坚实的基础。

13.1.1　操作系统概述

1. 操作系统的概念

一个完整的计算机系统是由硬件和软件两大部分构成的。硬件是软件运行的物质基础；而软件能充分发挥硬件的潜能和扩充硬件的功能并能完成用户所交付的任务。两者互相依存，缺一不可。

计算机软件又分为应用软件和系统软件。应用软件是用来实现某种特定任务的软件；而系统软件是在计算机硬件基础上为应用软件提供通用服务的软件。

操作系统(Operating System，OS)是计算机的一种重要系统软件。它屏蔽了计算机硬件的一些细节，并通过应用程序接口(API)向用户提供通用服务，从而使应用程序设计人员得以在一个友好的平台上进行应用程序的设计和开发，大大提高了开发效率。

2. 操作系统的功能

操作系统的功能可以从不同的角度来阐述。从一般用户的角度看，操作系统将计算机系统变为一个虚拟机，屏蔽了硬件的复杂性，用户通过接口函数与底层硬件打交道，而不必知道硬件细节，可把操作系统看作用户与计算机硬件系统之间的接口；从资源管理的角度看，可把操作系统视为计算机系统资源的管理者。因此，操作系统主要有以下两个重要的功能：

(1) 对计算机硬件的封装和功能扩展。应用程序设计人员所面对的不再是陌生的硬件电路，而是一些熟悉的软件接口。操作系统是对计算机硬件的一个软件包装，为应用程序设计人员提供了一个更便于使用的虚拟计算机。

(2) 对计算机资源的管理。由计算机提供的因应用程序的存在和运行所消耗或占用的物质条件，称为计算机的资源，如处理器的时间、内存空间、外部设备等。操作系统具有六大管理功能，分别为处理器管理、存储器管理、I/O 设备管理、文件管理、网络和通信管理、提供用户接口。

13.1.2 进程和线程概述

为了解决在并发系统中，如何合理地分配计算机的硬件和软件资源，从而使应用程序高效、安全地运行的问题，引入了进程的概念。在进程的基础上，为了进一步提高系统的并发性能，引入了更小的运行单位——线程。

1. 进程的概念

在操作系统中，进程是使用系统资源的对象，是资源分配的基本单位。通常把程序的一次运行过程叫作进程。一个进程对应一个程序，但一个程序可以有多个进程。由于并发活动的复杂性，到目前为止，各个操作系统对进程的定义尚未统一，有的操作系统把进程叫作任务，有的操作系统把进程叫作活动。

在国内，一般把进程理解为可并发执行且具有独立功能的程序在一个数据集合上的运行过程，它是操作系统进行资源分配和保护的基本单位。进程是一个程序运行的动态过程，而且该程序必须具有并发运行的程序结构。进程具有动态性、并发性、异步性、独立性、结构性五大特征。动态性是指进程是程序的一次运行，有其诞生、运行、消亡的过程；并发性是指在一个系统内可以同时存在多个进程，它们交替使用处理器资源，并按各自独立的进度推进；异步性是指各进程在交替使用计算机资源时没有强制的顺序，在多个进程使用一些共享资源时，为了防止资源被破坏，计算机和操作系统应提供保证进程之间能协调工作的硬件和软件机制；独立性是指进程在系统中是一个可独立运行的并具有独立功能的基本单元，也是系统分配资源和进行调度的独立单位；结构性是指为了记录、描述、跟踪进程运行时的状态变化，以便对进程进行控制，系统建立的一套数据结构。系统中每个进程都有对应的数据结构及其数据表项。系统根据这些数据来感知系统的存在，程序在运行过程中，不断更新相关的数据结构来表示其运行状态。

程序代码是进程执行的依据，进程通过执行程序代码来完成用户的任务。数据集合是进程在运行时所需要的数据全体。进程控制块是操作系统为了记录和描述进程的基本信息及状态，由操作系统创建并分配给进程的一个数据结构。

2. 进程的状态

进程具有动态性，存在不同的状态，且会在不同状态之间进行转换。不同的操作系统里，进程所能具有的状态不尽相同，但不论什么种类的操作系统，进程至少有三种状态，即就绪状态、运行状态(或执行状态)、阻塞状态(或挂起状态、等待状态)。

就绪状态是指如果一个进程获得了除处理器以外的所有必需资源，则进程就处于就绪状态，即进程已经具备了运行的条件。运行状态是指就绪的进程一旦获得了处理器的使用权，进程就进入了运行状态。

一个正在运行的进程，可以有两个原因被暂停运行。一是系统根据某种规则而暂停其运行，进程进入就绪状态；二是进程自身的需要，需要等待一个事件而暂停运行，进程进入阻塞状态，一旦事件发生，进程重新进入就绪状态。

3. 进程的控制块

操作系统在控制和管理进程时，需要记录和跟踪进程的相关信息。操作系统中用来记载进程的这些信息的表(数据结构)叫作进程控制块(Process Control Block，PCB)。它是操作系统感知和控制一个进程的依据，相当于进程在操作系统中的身份证或档案。操作系统通常用一个结构类型的数据来作为进程控制块。不同的操作系统，根据系统的复杂度，进程控制块的结构和大小都有很大的区别。仔细了解操作系统的进程控制块，是了解该操作系统管理方式的重要方法。以下是一个常见的 PCB 的定义语句：

```
struct pcb
{
    char pstate;            //进程的当前状态
    int pprio;              //进程的优先级别
    int    pid;             //进程的标识符
    int pregs[SIZE];        //进程堆栈
    int psem;               //进程信号量
    int pmsg;               //进程消息
    int pname;              //进程的名称
    int pargs;              //进程的参数
    int * paddr;            //与进程对应的程序代码指针
    ⋮
}PCB;
```

进程是程序在系统中的运行过程，每个进程都有一个进程控制块(FCB)、进程的数据存储区域(进程数据块)、进程本身使用的私有堆栈(进程堆栈)。进程控制块(PCB)集中保存了进程的各种关键信息，包括进程标识符、状态(如就绪、运行、阻塞等)、优先级、资源分配情况以及和其他进程的关联信息等诸多细节，这些信息让操作系统能够精准地对进程进行调度和管理；进程的数据存储区域是进程存储全局变量和静态变量的地方，为进程运行提供数据支持，这些数据在进程的整个生命周期内发挥作用，而且还根据变量是否初始化分为不同的子区域，使得数据存储更有条理；进程本身使用的私有堆栈则是一个高效的动态工作空间，它按照"后进先出"原则运作，在函数调用时发挥关键作用，用于存储函数的参数、局部变量和返回地址，确保函数调用过程的顺利进行，为进程内函数之间的协作提供了灵活的空间。这 3 个部分相互配合，共同支撑起每个进程的正常运行。

为了指明该进程的进程堆栈和进程数据块，在 PCB 中应有指向这两部分的指针。在并发系统中，各进程的状态时刻都在发生变化。操作系统为了便于对这些进程进行管理，常用某种数据结构按进程的当前状态把系统中的所有进程分类组织起来，这样操作系统就可以查询所有处于某一状态的链表。

4. 线程的概念

随着软件设计技术的发展，以进程为基础的并发技术出现问题，例如，系统的并发程度过低，系统在进行进程切换时的时间和空间开销过大。其根本原因在于，以进程作为分配处理器资源的基本单位显得过于庞大和笨重。解决方法是可以把程序的运行过程再分割为更小的单位——线程。把一个进程划分为多个线程，类似于进程有进程控制块，线程也有线程控制块。因此，一个程序，既有一个代表进程的进程控制块，也有多个代表线程的线程控制块。线程控制块归属于进程控制块。

进程和线程的关系可以看作是"家庭"和"家庭成员"的关系。进程是线程的"家庭"，线程总是在某个进程的环境被创建，它不可以脱离进程而存在，而且线程的整个生命周期都存在于进程中。如果进程被结束，其中的线程也就自然结束了。

操作系统在进行资源分配时，对于存储空间资源，系统仍以进程为单位进行分配，但对于处理器资源则以线程为单位进行分配，因此操作系统在调度切换线程时，仅需要考虑给线程分配处理器，而无须考虑其他资源的分配，调度工作所需的时间开销很小。

拥有多个线程的进程叫作多线程进程。在多线程操作系统中，进程是系统分配资源的基本单位，而线程是系统调度的基本单位。线程是进程的组成部分，同一个进程中所有线程共享该进程获得的资源。

5. 进程和线程的区别

在嵌入式实时操作系统中，进程和线程的区别主要体现在资源管理和执行环境上。以下是进程和线程之间的几个关键区别：

1) 资源独立性方面

每个进程都有自己独立的地址空间和系统资源(如文件描述符、内存等)，这意味着进程之间的资源是隔离的，一个进程的崩溃不会直接影响到其他进程。而线程通常在同一进程内执行，并共享相同的地址空间和资源。这使得线程之间的数据共享更为方便，但也可能导致同步和数据一致性问题。

2) 执行和调度方面

进程作为资源分配的基本单位，进程的创建、切换和管理通常比线程更为复杂和耗时，因为这涉及更多的上下文切换和资源管理。而线程作为执行的基本单位，线程的调度和切换通常比进程更快，上下文切换的开销较小，因为大部分环境已经由其所属的进程提供。

3) 设计目的方面

进程具有资源独立性、执行独立性和调度独立性等特性，进程设计是为了可以执行相对独立的任务。进程的隔离性好，它适用于需要运行不同应用或服务的场景。线程是轻量级的执行单元，它不像进程那样拥有独立完整的资源(如独立的地址空间、文件描述符等)，而是共享所属进程的资源，并且线程的创建、切换和销毁等操作所消耗的系统资源比进程少，能够更高效地实现并发执行多个子任务的功能。因此，线程适用于执行共享同一进程资源的多个任务，常用于提高应用程序的并发性能。

4) 系统开销方面

进程的创建和销毁通常需要较多的系统资源和时间，因为它们需要独立的内存空间和系统资源。而线程的创建和销毁相对较轻，系统开销较小，因为它们共享所属进程的资源。

在嵌入式实时操作系统中，线程的使用更为频繁，因为它们能够提供更高的执行效率和更好的资源利用率，这对于响应时间敏感的实时任务尤其重要。同时，线程也支持更细粒度的任务并发执行，这有助于提升系统的整体性能和响应能力。

6. 进程调度及调度算法

进程是并发机制的实体和基础，调度是实现并发机制的手段。进程成为资源分配和管理的对象，线程成为调度的对象，但调度的策略和方法没有实质性的变化。在系统的所有就绪进程里，按照某种策略确定一个合适的进程并让处理器运行它，称为进程调度。调度一般采用两种方式，即可剥夺调度方式、不可剥夺调度方式。

(1) 可剥夺调度方式：当一个进程正在被处理器所运行时，其他就绪进程可以按照事先规定的规则，强行剥夺正在运行进程的处理器使用权，而使自己获得处理器使用权并得以运行。

(2) 不可剥夺调度方式：一旦某个进程获得了处理器使用权，则该进程就不再出让处理器，其他就绪进程只有等到该进程结束，或因某个事件不能继续运行自愿出让处理器时，才有机会获得处理器使用权。

上述调度方式的执行离不了调度器，调度器一般由调度和进程切换两部分组成。调度部分把当前进程的状态信息记录到进程控制块中，按某种策略确定应获得处理器使用权的就绪进程。进程切换部分中止当前运行的进程，让处理器运行调度部分确定的进程。

调度策略依靠调度算法来实现，典型的调度算法有时间片轮转法、优先级调度法以及多级反馈队列调度法。

(1) 时间片轮转法：将就绪的进程排列为一个先进先出队列，调度器每次把处理器分配给处在队列首部的进程，并使之运行一个规定的时间(称之为时间片)。当时间片结束时，强迫当前进程暂停运行并让出处理器，并将其插入队列尾部，将处理器分配给就绪队列首部的进程。

(2) 优先级调度法：系统中每个进程各自设置一个优先级别，调度器在调度时，选择就绪队列中优先级最高的进程并分配给处理器运行，在调度时，也可对进程的优先级进行动态调整。例如，可根据前一次运行占用处理器时间的长短来改变优先级，可根据进程在队列中的等待时间来改变优先级，可根据与外围设备打交道的频繁程度改变优先级，可根据任务的重要程度改变优先级，可根据是不是交互式用户进程改变优先级，等等。

(3) 多级反馈队列调度法：把系统中所有进程分成若干个具有不同优先级别的组，同一组的进程优先级别相同，并组成一个先进先出队列，优先级别高的组优先得到处理器使用权，同一组的进程按时间片轮转法轮流使用处理器，当在优先级别高的队列中找不到就绪进程时，才到低优先级别的就绪队列中选取。

7.进程切换

进程切换就是从正在运行的进程中收回处理器,然后再使待运行的进程来占用处理器。从某个进程收回处理器,实质是把进程存放在处理器寄存器中的中间数据存放在进程的私有堆栈中,从而把处理器的寄存器空出来让其他进程使用。一个进程在处理器的各个寄存器中存储的数据称为进程的上下文。

进程切换的实质是被中止运行的进程与待运行进程上下文的切换。进程切换的过程是一个软中断处理过程。进程切换具有的功能如下:

(1) 保存处理器 PC 寄存器的值到旧进程私有堆栈。

(2) 保存处理器 PSW 的值到私有堆栈。

(3) 保存处理器 SP 寄存器的值到私有堆栈。

(4) 保存处理器其他寄存器的值到私有堆栈。

(5) 取新进程的 SP 值并存入 SP 寄存器。

(6) 取新进程的私有堆栈恢复处理器各寄存器。

(7) 取新进程的私有堆栈 PSW 值到 PSW 中。

(8) 取新进程的私有堆栈 PC 值到 PC 寄存器中。

8.进程的同步与通信

系统以并发方式运行的各个进程,不可避免地要共同使用一些共享资源以及相互之间的通信。多进程操作系统必须具有完备的同步和通信机制。进程之间具有直接制约和间接制约两种制约关系,直接制约关系源于进程之间的合作,而间接制约关系源于对资源的共享。

各进程间应具有互斥关系,即如果一个进程正在使用某个共享资源,其他进程只能等待,等到该进程释放资源后,等待的进程之一才能使用它。相关的进程在执行上要有先后次序,一个进程只有建立了某个条件之后,才能继续执行,否则只能等待。进程之间这种制约性的合作运行机制称为进程间的同步。

13.1.3　实时系统及实时操作系统

大多数情况下,人们使用计算机来解决问题时,主要关注的是计算机的计算结果是否正确,而对运算时间并不十分在意。但在一部分实际应用中,计算机系统得到结果所花费时间的长短与结果的正确性同等重要,甚至有时更为重要。

如果一个系统能及时响应外部事件的请求,并能在规定的时间内完成对事件的处理,这种系统称为实时系统。对实时系统有两个基本要求:实时系统的计算必须产生正确的结果,称为逻辑或功能正确;实时系统的计算必须在预定的时间内完成,称为时间正确。在一个系统中,主要是由软件,特别是操作系统来保证系统的实时性。

为提高系统的实时性,实时操作系统的设计应满足以下 5 个条件:

(1) 实时操作系统必须是多任务系统。

(2) 实时操作系统内核应该是可剥夺型的。

(3) 进程调度的延时可预测并尽可能小。

(4) 系统提供的服务时间可预知。

(5) 中断延时尽可能小。

13.2　RTX-51 实时操作系统

由于实时操作系统(RTOS)需占用一定的系统资源(尤其是 RAM 资源)，只有 μC/OS-Ⅱ、embOS、Salvo、FreeRTOS(飞拓)、RTX-51、uCLinux、Small RTOS51 等少数实时操作系统能在小 RAM 单片机上运行。本节以 Keil 自带的 RTX-51 实时操作系统为例进行说明。

13.2.1　RTX-51 概述

RTX(Real-Time eXecutive)是一个实时操作系统内核。"RTX 内核"支持 C51、ARM7、ARM9、Cortex-M3 等处理器，其中支持 ARM 系列处理器的内核又称为 RL-ARM。

RTX-51 是一个适用于 MCS-51 系列单片机的实时操作系统，使复杂的系统和软件设计以及有时间限制的工程开发变得简单。RTX-51 是一个强大的工具，它可以在单个 CPU 上管理几个作业(任务)。RTX-51 有 RTX-51 Full 和 RXT-51 Tiny 两种不同的版本。

RTX-51 Full 全功能版本允许 4 个优先权任务的循环和切换，并且还能并行利用中断功能，支持信号传递以及与系统邮箱和信号量进行消息传递。RTX-51 的核心函数 os_wait 可以等待如中断、时间到、来自任务或中断的信号、来自任务或中断的消息、信号量等事件。

RTX-51 Tiny 是 RTX-51 Full 的一个子集，可以很容易地运行在没有扩展外部存储器的单片机系统上。使用 RTX-51 Tiny 的程序还可以访问外部存储器。RTX-51 Tiny 允许循环任务切换，并且支持信号传递，还能并行利用中断功能。RTX-51 Tiny 的 os_wait 函数可以等待如时间到、时间间隔、来自任务或者中断的信号等事件。

RTX-51 Full 和 RTX-51 Tiny 两个版本的技术参数如表 13-1 所示。

表 13-1　RTX-51 Full 和 RTX-51 Tiny 两个版本的技术参数

描　述	RTX-51 Full	RTX-51 Tiny
任务数量	最多 256 个；可同时激活 19 个	16 个
RAM 需求	40~46B 的 DATA 空间，20~200B 的 IDATA 空间(用户堆栈)，最小 650B 的 XDATA 空间	7B 的 DATA 空间，3 倍于任务数量的 IDATA 空间
代码要求	6KB 到 8KB	900B
硬件要求	定时器/计数器 T0 或定时器/计数器 T1	定时器/计数器 T0
系统时钟	1000~40000 个周期	1000~65535 个周期
中断请求时间	小于 50 个周期	小于 20 个周期
任务切换时间	70~100 个周期(快速任务)，180~700 个周期(标准任务)，取决于堆栈的负载	一般为 100~700 个周期，取决于堆栈的负载
邮箱系统	8 个分别带有整数入口的信箱	不提供
内存池	最多 16 个内存池	不提供
信号量	8×1 位	不提供

13.2.2 RTX-51 的特点

RTX-51 实时操作系统完全不同于一般的单任务单片机 C51 语言程序。RTX-51 有以下 6 个独特的概念和特点：

(1) 任务调度：支持 4 种任务调度方式，分别为循环任务调度、事件任务调度、信号任务调度、抢先任务调度。

(2) 信息传递：支持任务之间的信息交换，主要通过 isr_recv_message、isr_send_message、os_send_message、os_wait 函数来实现。

(3) BITBUS 通信：RTX-51 集成了 BITBUS(位总线)主控制器和从控制器。BITBUS 任务用于支持与 Intel 8044 之间的信息传递。

(4) RTX-51 不需要有一个主函数：它会自动开始执行任务 0，但如果它有一个主函数，则必须利用 RTX-51 Tiny 中的 os_create_task 函数或 RTX-51 中的 os_start_system 函数手工启动 RTX-51。

(5) CAN 通信：RTX-51 中集成了一个 CAN 总线通信模块 RTX-51/CAN，可以轻松实现 CAN 总线通信，该模块作为一个任务来使用，可以通过 CAN 网络实现信息的传递。

(6) 中断：RTX-51 的中断以并行方式工作。中断函数可以与 RTX-51 内核通信，并可将信号或消息发送到 RTX-51 的指定任务中。在 RTX-51 中，中断一般配置为一个任务。RTX-51 工作在与中断功能相似的状态下，中断函数可以与 RTX-51 通信并且可以发送信号或信息给 RTX-51 任务。RTX-51 Full 允许将中断指定给一个任务。

13.2.3 RTX-51 Tiny 的任务管理

实时或多任务应用程序由一个或多个完成具体的操作的任务组成。任务是使用某种格式定义的返回值类型和参数列表均为空的 C 语言函数。该格式如下：

```
void func (void) _task_ num
```

由于 RTX-51 Tiny 允许最多 16 个任务，因此其中的 num 是一个从 0 到 15 的任务标识号。相关示例如下：

```
void job0 (void) _task_ 0
{
    while (1)
    {
        counter0++;          //增量计数器
    }
}
```

上述代码中，函数 job0 为任务号 0，这个任务所做的是增加一个计数器的计数值并重复。在这种方式下全部的任务是用无限循环实现的。

RTX-51 Tiny 主要运行在没有外部存储器扩展的 MCS-51 系列单片机系统中，支持 5 种任务状态。任何一个任务必须处于其中一个确定的状态。

RTX-51 Tiny 中的任务状态及其描述如表 13-2 所示。

表 13-2　RTX-51 Tiny 中的任务状态及其描述

状　态	描　述
DELETED	尚未启动的任务处于删除状态
READY	等待执行的任务处于准备状态。当正在进行的任务结束后，RTX-51 会启动下一个处在准备状态下的任务
RUNNING	当前正在运行的任务处于运行状态，在同一时刻，仅有一个任务处于运行状态
TIMEOUT	被循环任务切换时间到事件所中断的任务处于时间到状态，这个状态与等待状态等价。但是，循环任务切换是根据内部的操作过程被标记的
WAITING	等待事件的任务处于等待状态。如果一个任务正在等待的事件发生了，该任务就进入准备状态

RTX-51 Tiny 能完成时间片轮转多重任务，而且允许准并行执行多个无限循环或任务。任务并不是并行执行的而是按时间片执行的，可利用的中央处理器时间被分成时间片由 RTX-51 Tiny 分配给每个任务。每个任务允许执行一个预先确定的时间，然后 RTX-51 Tiny 切换到另一个准备运行的任务，并且允许这个任务执行片刻。一个时间片的持续时间可以用配置变量 TIMESHARING 定义，也可以使用 os_wait 系统函数通知 RTX-51，它可以让另一个任务开始执行。os_wait 函数中止正在运行的当前任务，然后等待一指定事件的发生，在这个时候任意数量的其他任务仍可以执行。

如果出现以下情况，当前运行任务将中断：

(1) 任务调用 os_wait 函数并且指定事件没有发生。

(2) 任务运行时间超过定义的时间片轮转超时时间。

如果出现以下情况，则会开始另一个任务：

(1) 没有其他的任务运行。

(2) 将要开始的任务处于 READY 或 TIMEOUT 状态。

13.2.4　RTX-51 Tiny 中支持的事件

RTX-51 Tiny 的 os_wait 函数支持以下事件类型：

(1) SIGNAL：任务间通信位，信号可以使用 RTX-51 Tiny 系统函数来设定或清除。一个任务可以等待信号被设定后继续执行，如果一个任务调用 os_wait 函数来等待一个信号，并且信号没有设定，则任务将一直挂起直到信号设定，然后任务返回到 READY 状态且可以开始执行。

(2) TIMEOUT：一个从 os_wait 函数开始的时间延迟，延迟的持续时间为指定的时间片。使用一个超时值调用 os_wait 函数的任务将中止到时间延迟结束，然后任务返回到 READY 状态，而且可以开始执行。

注意：事件 SIGNAL 可以与事件 TIMEOUT 结合，此时 RTX-51 Tiny 将等待信号和时间周期全部发生。

13.2.5　RTX-51 Tiny 的系统函数

RTX-51 Tiny 有信号发送函数 isr_send_signal、信号清除函数 os_clear_signal、任务启动

函数 os_create_task、任务删除函数 os_delete_task、当前运行任务号函数 os_running_task_id、信号发送函数 os_send_signal、等待函数 os_wait、等待函数 1 os_wait1 和等待函数 2 os_wait2 等 9 个系统函数，它们是 RTX-51 Tiny 的核心。这些系统函数都以库文件的形式存放在 C:\Keil\C51\LIB\RTX-51TNY.LIB 中，它们有两种前缀：一种是以"os_"开头的函数，表示只用于任务；另一种是以"isr_"开头的函数，表示只能用在中断函数中。

1. 任务启动函数 os_create_task

该函数的声明为"char os_create_task(unsigned char task_id);"。

extern 用于声明外部变量或函数，表示这个函数或者变量的定义在其他的源文件中，在当前文件只是对其进行引用声明。这个函数执行完相应操作后，会返回一个无符号字符类型(unsigned char)的数据。

os_create_task 函数启动使用 task_id 表示的任务号定义的任务函数，创建好的任务将被标记为 ready 状态并且依据 RTX-51 Tiny 规定的运行。当 os_create_task 函数成功按照给定的 task_id 创建了一个新任务时，返回 1。这意味着系统内部的任务管理机制顺利地为新任务分配了必要的资源，例如，内存空间用于存储任务的代码、数据和堆栈，并且将这个新任务添加到了就绪任务队列或者其他适当的任务管理队列中。如果在创建任务的过程中出现了资源不足的情况，如内存不够用，无法为新任务分配足够的堆栈空间或者代码存储区域，那么 os_create_task 函数返回 0。当传入的 task_id 不符合系统要求，例如，task_id 超出了系统预先定义的任务编号范围，或者 task_id 已经被其他任务占用，函数无法根据这个 task_id 创建新任务，也会返回 0。

示例如下：

```
#include <RTX-51tny.h>
#include <stdio.h>                //为了调用 printf 函数
void new_task (void) _task_ 2
{
}
void tst_os_create_task (void) _task_ 0
{
    if (os_create_task (2))
    {
        printf ("Couldn't start task 2\n");
    }
}
```

【仿真 13-1】使用 RTX-51 创建并执行一个任务,使单片机 P1.0 引脚所接的一个 LED 闪烁。

与传统 main 函数的不同，使用 RTX-51 编程不需要 main 函数，直接通过 task0 开始执行。

使用传统 main 函数编写，相关程序代码如下：

```
void main()                 //主函数
{    unsigned int i=0;
```

```
            P1_0 = 1;
            while(1)              //主循环
            {
                for(i=0;i<200;i++)
                    for(j=0;j<120;j++)
                            ;
                P1_0 = ~P1_0;
            }
        }
```

使用 RTX-51 编程，相关程序代码如下：

```
    #include<rtx51tny.h>
    #include <AT89X51.h>
    #include <stdio.h>
    unsigned int i,j;
    void MyLED0(void) _task_ 0
    {   P1_0 = 0;
        while(1)
        {
            for(i=0;i<200;i++)
                for(j=0;j<120;j++) ;
                    P1_0 = ~P1_0;
        }
    }
```

该仿真只有一个任务，就是使一个 LED 闪烁。因此，采用传统 main 函数和采用 RTX-51 编程较为类似。

【仿真 13-2】再扩充一下，使用 RTX-51 控制连接到单片机 P1.1 和 P1.0 的两个 LED 闪烁。

可以建立两个任务，分别控制两个 LED，通过 task0 创建 task1 两个任务各控制一个 LED；也可以在 task0 里面创建 task1 和 task2，然后再删除 task0。相关程序代码如下：

```
    unsigned int i,j,m,n;
    void MyLED0(void) _task_ 0
    {   P1_0 = 0;
        os_create_task (1);
        while(1)              //主循环
        {
            for(i=0;i<200;i++)
                for(j=0;j<120;j++);
                    P1_0 = ~P1_0;
        }
    }
```

```
void MyLED1(void) _task_ 1
{
    P1_1 = 0;
    while(1)                //主循环
    {
        for(m=0; m<200; m++)
            for(n=0; n<120; n++);
                P1_1 = ~P1_1;
    }
}
```

2. 信号发送函数 isr_send_signal

该函数的声明为 "char isr_send_signal(unsigned char task_id);"。

isr_send_signal 函数向任务 task_id 发送一个信号。如果指定任务已经在等待一个信号，这个函数调用会把任务准备好便于运行。另外，信号保存在任务的信号标志位。

isr_send_signal 函数只可以从中断函数中调用。如果任务执行成功，则 isr_send_signal 函数的返回值为 0；如果规定的任务不存在，则返回值为 −1。

示例如下：

```
#include <RTX-51tny.h>
void tst_isr_send_signal (void) interrupt 2
{
    isr_send_signal (8);           //向编号为 8 的任务发送 1 个信号
}
```

3. 信号发送函数 os_send_signal

该函数的声明为 "char os_send_signal   (unsigned char task_id);"。

os_send_signal 函数向任务 task_id 发送一个信号。如果指定任务已经在等待一个信号，这个函数调用会把任务准备好用于运行，另外信号保存在任务的信号标志位。

与 isr_send_signal 不同的是，os_send_signal 函数只可以从任务函数中调用。如果任务执行成功，则 os_send_signal 函数的返回值为 0；如果规定的任务不存在，则返回值为 −1。

示例如下：

```
#include <RTX-51tny.h>
#include <stdio.h>                  //为了调用 printf 函数
void signal_func (void) _task_ 2
{
    os_send_signal (8);            //向编号为 8 的任务发送 1 个信号
}
void tst_os_send_signal (void) _task_ 8
{
    os_send_signal (2);            //向编号为 2 的任务发送 1 个信号
}
```

【仿真 13-3】　仿真电路如图 13-1 所示，通过 RTX-51 编程实现：使用 89C51 控制 2 个 LED，使得当 LED1 闪烁 5 次时，LED2 状态发生变化。

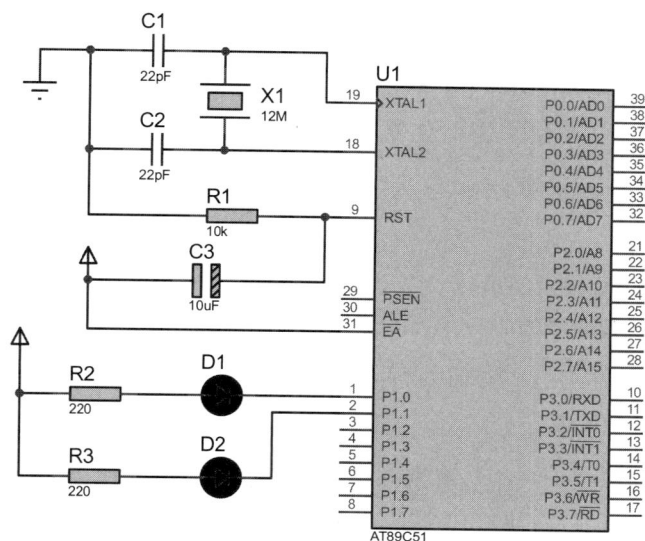

图 13-1　单片机控制 2 个 LED 闪烁的仿真电路

这里采用信号发送函数来实现，当 D1 闪烁 5 次后，向控制 D2 的任务发送信号。相关程序代码如下：

```
#include<rtx51tny.h>
#include <AT89X51.h>
#include <stdio.h>
void DelayX1ms(unsigned int count)
{
    unsigned int i,j;
    for(i=0;i<count;i++)
        for(j=0;j<120;j++)
        ;
}
void MyLED0(void) _task_ 0
{   unsigned char i=0;
    P1_0 = 0;
    os_create_task (1);
    while(1)
    {   DelayX1ms(200);
        P1_0 = ~P1_0;
        i++;
        if(i>=10)
        {   os_send_signal(1);
```

```
                    i=0;
                }
            }
        }
        void MyLED1(void) _task_ 1
        {
            P1_1 = 0;
            while(1)
            {
                os_wait(K_SIG,0,0);
                DelayX1ms(200);
                P1_1 = ~P1_1;
            }
        }
```

【仿真 13-4】 在上一个仿真的基础上，添加 1 个按键和 1 个 LED，如图 13-2 所示，使用中断和 RTX-51 完成：89C51 控制 2 个 LED 交替闪烁 5 次，若 $\overline{INT0}$ 产生外部中断，则 LED3 闪烁 5 次。

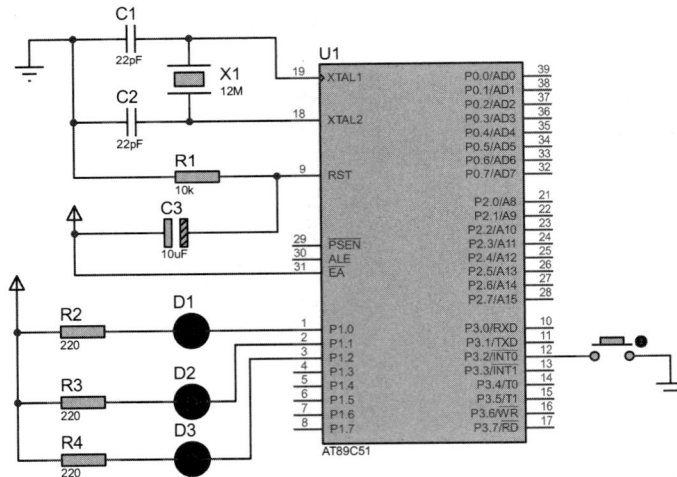

图 13-2   使用 RTX-51 和中断控制 LED 闪烁的仿真电路

在上一个仿真的基础上，添加一个中断函数，核心代码如下：

```
        void MyLED0(void) _task_ 0
        {   unsigned char i=0;
            P1_0 = 1;
            os_create_task (1);
            os_create_task (2);
            EA = 1;                        //打开总中断开关
            EX0 = 1;                       //打开 INT0 中断
```

```
            TCON = 0X01;              //外部中断 1 程控为边沿触发方式
            while(1)
            {
                for(i=0;i<10;i++)
                {
                    DelayX1ms(200);
                    P1_0 = ~P1_0;
                }
                os_send_signal(1);
                os_wait(K_SIG,0,0);
            }
        }
        void MyLED1(void) _task_ 1
        {   unsigned char i=0;
            P1_1 = 1;
            while(1)
            {
                os_wait(K_SIG,0,0);
                for(i=0;i<10;i++)
                {
                    DelayX1ms(200);
                    P1_1 = ~P1_1;
                }
                os_send_signal(0);
            }
        }
        void MyInt (void) interrupt 0
        {   unsigned char i=0;
            for(i=0;i<10;i++)
            {
                DelayX1ms(200);
                P1_2 = ~P1_2;
            }
        }
```

通过本仿真可以知道，RTX-51 的任务可以被中断所打断，这是因为 RTX-51 中的任务也是由中断所驱动的。

4. 信号清除函数 os_clear_signal

该函数的声明为"char os_clear_signal　(unsigned char task_id);"。

os_clear_signal 函数清除用 task_id 表示的任务的信号标志位。如果信号标志位被成功地清除，则 os_clear_signal 函数的返回值为 0；如果规定的任务不存在，则返回值为 -1。

示例如下：

```
#include <RTX-51tny.h>
#include <stdio.h>        //为了调用 printf 函数
void tst_os_clear_signal (void) _task_ 8
{
    os_clear_signal (5);  //清除任务 5 中的信号标志
}
```

5. 任务删除函数 os_delete_task

该函数的声明为"char os_delete_task(unsigned char task_id);"。

os_delete_task 函数停止用 task_id 表示的任务的信号标志位，指定的任务被从任务列表中删除。如果任务成功地停止和删除，则 os_create_task 函数的返回值为 0；如果规定的任务不存在或没有开始，则返回值为 −1。

示例如下：

```
#include <stdio.h> //为了调用 printf 函数
void tst_os_delete_task (void) _task_ 0
{
    if (os_delete_task (2))
    {
        printf ("Couldn't stop task 2\n");
    }
}
```

6. 当前运行任务号函数 os_running_task_id

该函数的声明为"char os_running_task_id (void);"。

os_running_task_id 函数判断当前执行的任务函数的任务标识符。os_running_task_id 函数返回当前执行的任务函数的任务标识符，返回值的范围为 0～15。

示例如下：

```
#include <RTX-51tny.h>
#include <stdio.h> //为了调用 printf 函数
void tst_os_running_task (void) _task_ 3
{
    unsigned char tid;
    tid = os_running_task_id ();
}
```

7. 等待函数 os_wait

该函数的声明为"char os_wait(unsigned char event_sel, unsigned char ticks, unsigned int dummy);"。

os_wait 函数停止当前任务，并等待一个或几个事件，如一个时间间隔、一个超时或从一个任务或中断发送给另一个任务或中断的信号。参数 event_sel 用于指定要等待的一个或多个事件，它可以是表 13-3 中显式常量的任意组合。

表 13-3　event_sel 显式常量

事件常数	文 字 说 明
K_IVL	等待一个时间片间隔
K_SIG	等待一个信号
K_TMO	等待一个超时(time-out)

上述事件可以用字符"|"进行逻辑或，例如，K_TMO | K_SIG 规定任务等待一个超时或一个信号。参数 ticks 规定等待一个间隔事件 K_IVL 或一个超时事件 K_TMO 的时间片数目；参数 dummy 是为了提供与 RTX-51 的兼容性，在 RTX-51 Tiny 中没有使用。

当一个指定的事件发生时，任务允许运行。当任务恢复执行时，os_wait 函数会返回一个用于识别重新启动任务的事件的识别常数。os_wait 函数的返回值如表 13-4 所示。

表 13-4　os_wait 函数的返回值

返回值	描 述
SIG_EVENT	接收到一个信号
TMO_EVENT	一个超时(time-out)已经完成或一个间隔(interval)已经期满
NOT_OK	参数 event_sel 的值无效

示例如下：

```
#include <RTX-51tny.h>
#include <stdio.h> //为了调用 printf 函数
void tst_os_wait (void) _task_ 9
{
    while (1)
    {
        char event;
        event = os_wait (K_SIG + K_TMO, 50, 0);
        switch (event)
        {
            default:
            //这种情况决不应该发生
            break;
            case TMO_EVENT:       //超时
            //发生了 50 个时钟的超时情况
            break;
            case SIG_EVENT:       //接收到信号
            break;
        }
    }
}
```

8. 等待函数 1 os_wait1

该函数的声明为 "char os_wait1 (unsigned char event_sel);"。

os_wait1 函数停止当前任务，并等待一个事件的发生。os_wait1 函数是 os_wait 函数的一个子集。event_sel 参数规定要等待的事件，并且只可以使用值 K_SIG 等待一个信号。当一个信号事件发生时，任务允许运行，os_wait1 函数会返回一个用于标识重新启动任务的事件的显示常量。

os_wait1 函数的返回值如表 13-5 所示。

表 13-5　os_wait1 函数的返回值

返回值	文 字 说 明
RDY_EVENT	任务的就绪标志是由 os_set_ready 或 isr_set_ready 例程设置的
SIG_EVENT	接收到一个信号
NOT_OK	参数 event_sel 的值无效

9. 等待函数 2 os_wait2

该函数的声明为 "char os_wait2 (unsigned char event_sel, unsigned char ticks);"。

os_wait2 函数停止当前任务并等待一个或几个事件，如一个时间间隔、一个超时或从一个任务或中断发送给另一个任务或中断的信号。参数 event_sel 用于指定要等待的一个或多个事件，它可以是表 13-3 中的显式常量的任意组合。当指定的事件之一发生时，任务会进入就绪状态。当任务恢复执行时，os_wait2 函数会返回用于标识重启任务的那个事件的显式常量，其返回值如表 13-4 所示。

13.2.6　RTX-51 Tiny 程序设计仿真

1. RTX-51 时间片轮转调度程序设计

RTX-51 程序不需要有 main 函数，自动从 task0 开始执行。各任务之间按照时间片轮转的方式进行工作。

【仿真 13-5】 设置两个任务，分别使 P0 端口、P1 端口累加。

该仿真的目的在于演示两个任务之间按预定的时间片轮流执行。相关程序代码如下：

```
#include <RTX-51TNY.h>
#include <reg52.h>
#include <stdio.h>
Thread0 () _task_ 0
{
    P1=0x00;
    P2=0x00;
    os_create_task(1);
    while(1)
    {
        P1=P1+1;
```

```
        }
    }

    Thread1 () _task_ 1
    {
        while(1)
        {
            P2=P2+1;
        }
    }
}
```

这里通过 Keil μVision 本身自带的仿真系统查看逻辑分析仪窗口，在 Setup 里面查看 P1 和 P2 端口的波形，如图 13-3 所示。从仿真图中可以看出，两个并行口交替计数，也就是两个任务轮流执行，每个任务执行 50 ms 后自动切换到另一个任务执行。这里的 50 ms 是系统默认的任务切换时间片，可以通过修改参数来更改。

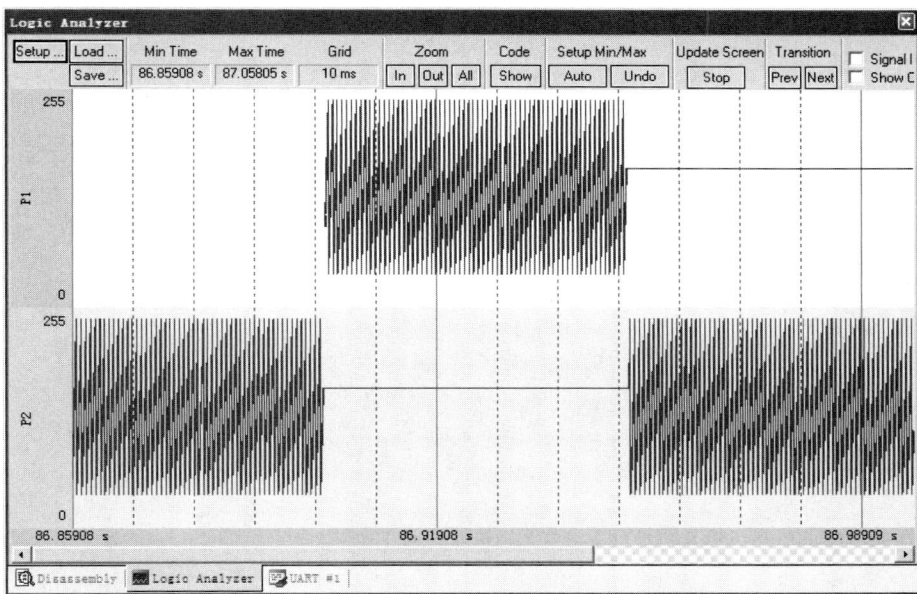

图 13-3　RTX-51 时间片轮转仿真结果

2. RTX-51 事件任务调度程序设计

RTX-51 事件任务调度是指使用事件来实现多任务之间切换的调度方式。在 RTX-51 系统中，可以使用 os_wait 函数向内核发送事件，暂停当前的任务，从而实现在等待指定的事件时可以执行其他的任务。通过使用 RTX-51 的事件，可以更加灵活地为各个任务分配 CPU 时间。最典型的 RTX-51 事件为时钟信号的超时事件。

【仿真 13-6】使用 RTX-51 编程，设置两个任务分别计数，使用"os_wait(K_TMO,3)"，并查看仿真结果。

K_TMO 表示等待 3 个时间片，这时 CPU 可以暂停当前任务，转而执行其他就绪的任务。相关程序代码如下：

```
#include <RTX51TNY.h>
#include <reg52.h>
#include <stdio.h>

int count0=0;
int count1=0;

Thread0 () _task_ 0
{
    TI=1;
    os_create_task(1);
    while(1)
    {
        count0++;
        if(count0==50)
        {
            count0=0;
        }
    }
}
Thread1 () _task_ 1
{
    while(1)
    {
        os_wait(K_TMO,3,0);
        count1++;
        if(count1==5)
        {
            count1=0;
        }
    }
}
```

使用 Keil μVision 自带的仿真工具进行仿真，可以得到如图 13-4 所示的仿真结果。

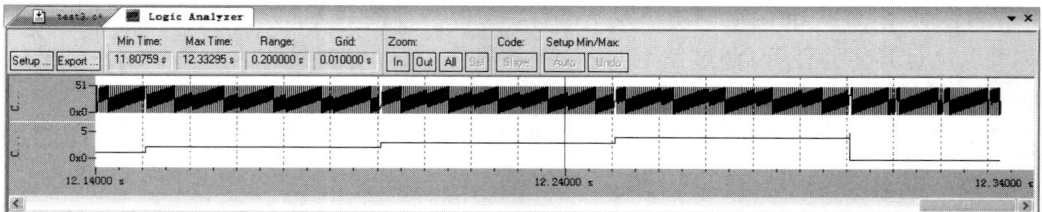

图 13-4   RTX-51 事件任务调度程序仿真结果 1

从仿真结果中可以看出，在任务 1 中使用了 "os_wait(K_TMO,3,0);"，表示任务 1 每隔 3 个时间段执行一次，但仿真结果发现 Count2 每隔 50 ms 加 1，这是什么原因造成的？由于系统默认的时间段为 10 000 个周期，对于 12 MHz 时钟，时间段为 10 ms，任务切换时间片为默认为 5 个时间段，因此对于多任务，任务之间切换的时间片为 5 个时间段，即 50 ms。所以 K_TMO 参数一般要大于 5 个时间段才有效果。

【仿真 13-7】 使用 RTX-51 编程，设置两个任务，任务 0 使 Count0 不断累加，任务 1 使 Count1 每隔 100 ms 加 1，即 10 个时间段加 1，可以使用 K_TMO 来得到。其核心代码如下：

```
Thread0 () _task_ 0
{
    os_create_task(1);
    while(1)
    {
        count0 = (count0+1)%50;
    }
}

Thread1 () _task_ 1
{
    char event;
    while(1)
    {
        os_wait(K_TMO,10,0);
        count1=(count1+1)%5;
    }
}
```

通过 Keil μVision 仿真，可以得到如图 13-5 所示的仿真结果。从仿真结果中可以看出，Count1 每隔 100 ms 加 1，实现了所要求的功能。

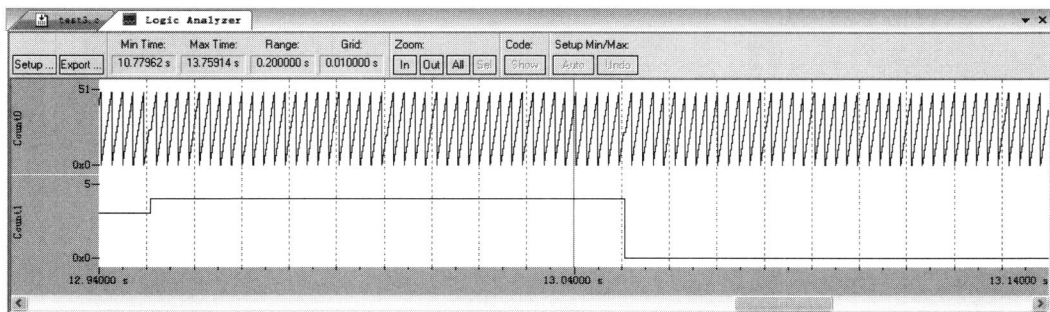

图 13-5　RTX-51 事件任务调度程序仿真结果 2

3. RTX-51 信号任务调度程序设计

RTX-51 信号任务调度是指使用信号来完成多任务之间切换的调度方式。在 RTX-51 中，可以使用 os_send_signal 函数来向另一个任务发送信号，另一个任务使用 os_wait 函数来等待信号。当任务接收到信号后，便结束等待状态，开始运行。

【仿真 13-8】　通过仿真来分析代码中任务的切换时间及各个任务的运行时间，程序代码如下：

```
Thread0 () _task_ 0
{
    unsigned int i;
    os_create_task(1);
    while(1)
    {
        for (i=0;i<=5000;i++);
        count0 = (count0 +1 )%5;
        if(count0==0)
        {
            os_send_signal(1);
        }
    }
}
Thread1 () _task_ 1
{
    while(1)
    {
        os_wait(K_SIG,0,0);
        count1 = (count1 +1 )%5;
    }
}
```

运行仿真，可以得到如图 13-6 所示的仿真结果。从仿真结果中可以看出，task0 对 count0 计数 5 次之后，向 task1 发送信号，而 task1 在得到信号之后便对 count1 加 1，之后 task1 便又开始等待信号的到来。

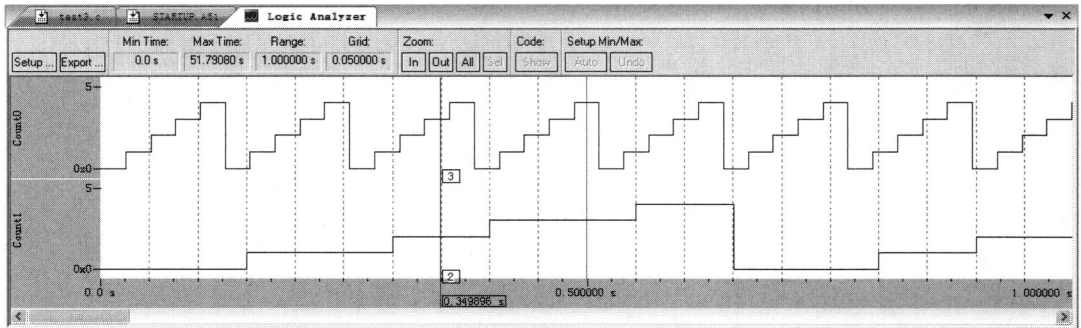

图 13-6　RTX-51 信号任务调度仿真结果

13.3　从传统编程向面向 RTX–51 编程的过渡

传统编程采用循环[while(1)或 for(;;)]+中断方式，而面向 RTX-51 的编程采用多任务和任务之间的通信的方式。

本小节采用传统编程方式和面向 RTX-51 编程方式来完成 8 个七段数码管的显示任务，8 个数码管显示一个递增的计数值。

单片机连接 8 个七段数码管的仿真电路如图 13-7 所示，8 个数码管共用数据线，为了显示不同的数值，需要进行刷新操作。如果采用传统计数方式，在刷新过程中，判断显示计数值是否累加；如果采用中断，则可以分两部分进行，主循环一直刷新，中断处理程序累加。下面分别基于传统计数方式、循环+中断方式、RTX-51 Tiny 操作系统进行仿真。

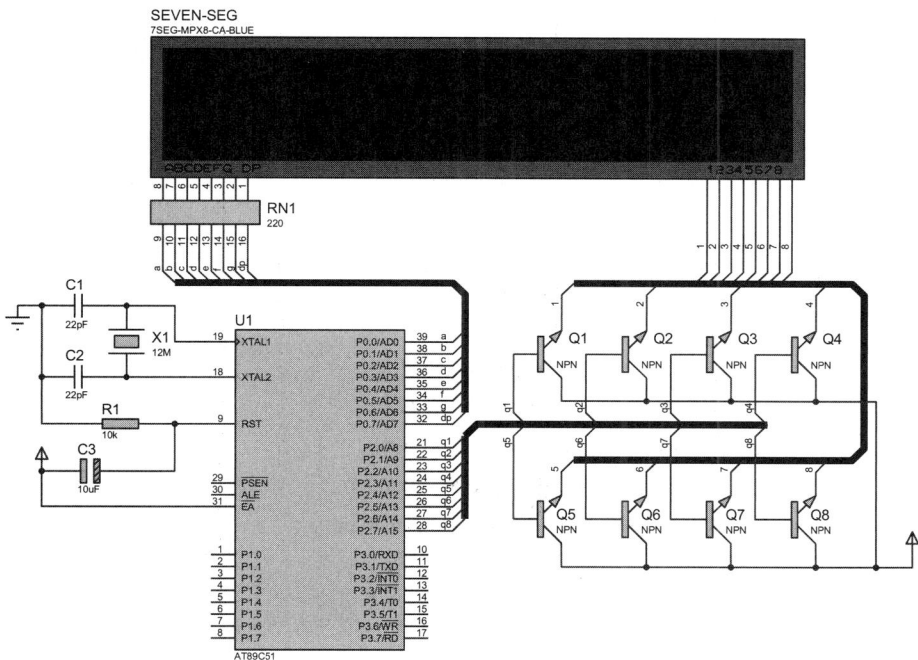

图 13-7　单片机连接 8 个七段数码管的仿真电路

1. 基于传统计数方式

采用传统计数方式，一个主计数变量不断计数，后面需要进行判断，何时显示值加 1。另外，在主计数过程中，要不断根据条件判断何时刷新。其程序代码如下：

```
#include<AT89X51.H>
#include<intrins.h>
unsigned char Disp[16] = {0xc0, 0xf9, 0xa4, 0xb0, 0x99, 0x92, 0x82, 0xf8,
                          0x80, 0x90, 0x88, 0x83, 0xc6, 0xa1, 0x86, 0x8e};
```

```
unsigned char Seg[8];
unsigned char Sec_Count = 0;
unsigned long Main_Count = 0;
void DelayX1ms(unsigned int x);
void main()
{
    unsigned char i = 0,k=0x80;
    while(1)
    {
        for(i=0;i<8;i++)
        {
            P2 = 0x00;
            k = _crol_(k,1);
            P0 = Disp[Seg[i]];
            P2=k;
            DelayX1ms(2);
            if(++Sec_Count == 200)
            {
                Main_Count = (Main_Count+1)%(100000000);
                Sec_Count = 0;
                Seg[7] = Main_Count%10;
                Seg[6] = (Main_Count%100)/10;
                Seg[5] = (Main_Count%1000)/100;
                Seg[4] = (Main_Count%10000)/1000;
                Seg[3] = (Main_Count%100000)/10000;
                Seg[2] = (Main_Count%1000000)/100000;
                Seg[1] = (Main_Count%10000000)/1000000;
                Seg[0] = (Main_Count%100000000)/10000000;
            }
        }
    }
}

void DelayX1ms(unsigned int count)
{
    unsigned int i,j;
    for(i=0;i<count;i++)
        for(j=0;j<120;j++)
        ;
}
```

编译之后，通过 Proteus 仿真，可以看到 8 个七段数码管显示的计数值在不断递增。但如果要在这个基础上添加其他功能，则比较麻烦。

2. 基于循环+中断方式

首先需要初始化计数器/定时器，相关设置如下：

```
TMOD = 0x00;                //计数器工作在模式 0，13 位计数
TH0 = (8192-5000)/32;       //对于 12MHz 晶振，5ms 产生一次中断
TH1 = (8192-5000)%32;
IE = 0x82;                  //打开总中断，计数器 T0 中断
TR0 = 1;                    //开始计数
```

主程序代码如下：

```
#include<AT89X51.H>
#include<intrins.h>
unsigned char Disp[16]={0xc0, 0xf9, 0xa4, 0xb0, 0x99, 0x92, 0x82, 0xf8,
                        0x80, 0x90, 0x88, 0x83, 0xc6, 0xa1, 0x86, 0x8e};
unsigned char Seg[8];
unsigned char Sec_Count = 0;
unsigned long Main_Count = 0;
void DelayX1ms(unsigned int x);
void main()
{
    unsigned char i = 0,k=0x80;
    TMOD = 0x00;
    TH0 = (8192-5000)/32;
    TH1 = (8192-5000)%32;
    IE = 0x82;
    TR0 = 1;

    while(1)
    {
        for(i=0;i<8;i++)
        {
            P2 = 0x00;
            k = _crol_(k,1);
            P0 = Disp[Seg[i]];
            P2=k;
            DelayX1ms(2);
        }
    }
}
```

```
void DelayX1ms(unsigned int count)
{
    unsigned int i,j;
    for(i=0;i<count;i++)
    for(j=0;j<120;j++)
    ;
}

void Timer_Interrupt() interrupt 1
{
    TH0 = (8192-5000)/32;
    TH1 = (8192-5000)%32;
    if(++Sec_Count == 2)
    {
        Main_Count = (Main_Count+1)%(100000000);
        Sec_Count = 0;
        Seg[7] = Main_Count%10;
        Seg[6] = (Main_Count%100)/10;
        Seg[5] = (Main_Count%1000)/100;
        Seg[4] = (Main_Count%10000)/1000;
        Seg[3] = (Main_Count%100000)/10000;
        Seg[2] = (Main_Count%1000000)/100000;
        Seg[1] = (Main_Count%10000000)/1000000;
        Seg[0] = (Main_Count%100000000)/10000000;
    }
}
```

上述程序代码的结构性较强，各函数有各自的分工。

3. 基于 RTX-51 Tiny 操作系统的设计

该设计共分为三个任务：任务一是完成系统初始化，任务二是刷新，任务三是显示值计数。其程序代码如下：

```
#include<AT89X51.H>
#include<intrins.h>
#include<rtx51tny.h>

unsigned char Disp[16]={0xc0, 0xf9, 0xa4, 0xb0, 0x99, 0x92, 0x82, 0xf8, 0x80, 0x90, 0x88, 0x83,
                        0xc6, 0xa1, 0x86, 0x8e};
unsigned char Seg[8];
unsigned char Sec_Count = 0;
unsigned long Main_Count = 0;
#define delay 1          //刷新频率
```

```
#define delay2 400        //计数间隔
void job0(void)_task_ 0
{
    os_create_task(1);
    os_create_task(2);
    os_delete_task(0);
}

void job1(void)_task_ 1
{
    unsigned char i = 0,k=0x80;
    while(1)
    {
        for(i=0;i<8;i++)
        {
            P2 = 0x00;
            k = _crol_(k,1);
            P0 = Disp[Seg[i]];
            P2=k;
            os_wait(K_IVL,delay,0);
        }
    }
}

void job2(void)_task_ 2
{   while(1)
    {
        os_wait(K_IVL,delay2,0);
        Main_Count = (Main_Count+1)%(100000000);
        Seg[7] = Main_Count%10;
        Seg[6] = (Main_Count%100)/10;
        Seg[5] = (Main_Count%1000)/100;
        Seg[4] = (Main_Count%10000)/1000;
        Seg[3] = (Main_Count%100000)/10000;
        Seg[2] = (Main_Count%1000000)/100000;
        Seg[1] = (Main_Count%10000000)/1000000;
        Seg[0] = (Main_Count%100000000)/10000000;
    }
}
```

从仿真结果中可以看出，8 个数码管闪烁较为严重，这是刷新电路的问题。由于刷新间隔已经是 RTX-51 Tiny 的最小默认时间间隔了，因此要解决这个问题，需要修改 RTX-51 内核默认的时间间隔。具体方法如下：

(1) 打开 C:\Keil\C51\RtxTiny2\SourceCode\RtxTiny2.uvproj 工程文件。

(2) 打开 C:\Keil\C51\RtxTiny2\SourceCode\Conf_tny.A51。

(3) 修改 INT_CLOCK 参数为 1000(默认为 10000)(Conf_tny.A51 文件的第 36 行)。

(4) 对操作系统重新编译，以生成 RTX51TNY.LIB 文件。

(5) 重新编译刚刚建立的点亮数码管的工程，生成 hex 文件。

再次进行 Proteus 仿真，可以看到，数码管的闪烁现象消失了。

通过使用前面几种编程方法进行编程和仿真，可以看出，使用 RTX-51 编程具有以下优势：

(1) 任务划分清晰。

(2) 任务划分独立。

(3) 不再面向硬件，而是面向接口(函数)，更容易实现所需功能。

嵌入式实时操作系统应用并不难，掌握之后，可以更好地完成软件设计工作。

小   结

本章主要讲述了操作系统的基础知识，着重介绍了与 RTX-51 相关的进程、进程状态、进程调度等概念，最后对 RTX-51 在单片机上运行的嵌入式实时操作系统进行了较为详细的介绍，给出了一些仿真和应用实例。基于操作系统的编程是一种发展趋势，由于 RTX-51 面向单片机平台，不需要 BSP 的编译及操作系统的移植，相对来说较易掌握，希望读者能够对基于操作系统的编程有一个初步的认识，在以后可以进一步学习 μCos、嵌入式 Linux 等开发编程知识。

习   题

一、单选题

1. 计算机操作系统最主要功能是(   )。

A. 数据分析   B. 硬件功能扩展

C. 网络通信加密   D. 图形设计

2. 操作系统中主要负责分配和调度系统资源的功能是(   )。

A. 用户交互   B. 资源管理

C. 文件处理   D. 数据加密

3. 下列不是进程状态的是(   )。

A. 运行   B. 等待

C. 阻塞
D. 复制

4. 线程与进程的主要区别是(　　)。

A. 线程不共享内存，而进程共享
B. 线程共享内存，而进程不共享

C. 线程无需操作系统支持
D. 进程运行在用户空间

5. 只依赖于时间片的调度算法是(　　)。

A. 时间片轮转法
B. 优先级调度法

C. 多级反馈队列调度法
D. 短作业优先调度法

6. 实时操作系统的主要特点是(　　)。

A. 大量数据处理能力
B. 强大的图形处理功能

C. 保证任务的时限要求
D. 高度用户交互性

7. RTX-51 实时操作系统的特点不包括(　　)。

A. 多任务处理
B. 高度的可配置性

C. 高度依赖外部设备
D. 任务管理功能

8. 在 RTX-51 操作系统中，用于任务启动的函数是 (　　)。

A. os_create_task
B. isr_send_signal

C. os_send_signal
D. os_delete_task

9. 在 RTX-51 中，用于删除任务的函数是(　　)。

A. os_create_task
B. isr_send_signal

C. os_send_signal
D. os_delete_task

10. 使用 RTX-51 操作系统编程的优势包括(　　)。

A. 简化硬件设计
B. 提高程序的可维护性

C. 降低系统安全性
D. 增加程序运行时间

二、多选题

1. 操作系统的功能通常包括(　　)。

A. 硬件的封装和功能扩展
B. 计算机资源的管理

C. 用户接口提供
D. 音频视频处理

2. RTX-51 实时操作系统的任务管理的功能有(　　)。

A. 任务创建
B. 任务删除

C. 任务暂停
D. 任务调度

3. 使用 RTX-51 实时操作系统编程时，常用的系统函数是(　　)。

A. os_create_task
B. isr_send_signal

C. os_clear_signal
D. os_wait

三、判断题

1. 操作系统主要负责计算机硬件的封装和功能扩展。　　　　　　　　　　(　　)

2. 线程是操作系统能够进行最小的资源分配单位。　　　　　　　　　　(　　)

3. 实时操作系统中，任务必须在严格定义的时间内完成。　　　　　　　(　　)

4. RTX-51 不支持多任务处理。　　　　　　　　　　　　　　　　　　(　　)

5. 进程的状态包括创建、运行和销毁。　　　　　　　　　　　　　　　(　　)

6. 实时系统和实时操作系统是同一概念。   (   )

7. RTX-51 的任务管理不包括中断事件处理。   (   )

8. 进程的同步与通信不是操作系统应该处理的功能。   (   )

9. RTX-51 使用时间片轮转法进行任务调度。   (   )

10. 在 RTX-51 中，信号发送函数不能用于进程间通信。   (   )

四、简答题

1. 实时操作系统与一般操作系统的主要区别是什么？

2. RTX-51 实时操作系统中的任务管理功能包括哪些方面？

3. 如何利用 RTX-51 实时操作系统提高编程的效率？

第 14 章　单片机的 SPI 和 I²C 及其应用

在现代电子系统设计中，通信接口是实现数据交互与传输的重要桥梁。随着嵌入式处理器的发展，越来越多的外部设备集成到芯片内部，例如，市场上主流的以 ARM7、ARM9、ARM Cortex 系列为内核的芯片内部集成了 I²C、SPI、UART、LCD、USB 等诸多控制器。由于芯片引脚数的限制，而串行通信技术所占用的引脚数目较少，因此串行通信接口较多地应用于嵌入式处理器通信中。了解嵌入式系统常见的接口技术，有助于读者使用这些芯片接口，以顺利完成所需要的嵌入式功能。本章主要讲述利用 89C51 来进行 SPI 和 I²C 串行通信。

14.1　SPI 及其应用

本节将带领读者深入探索 SPI(Serial Peripheral Interface，串行外设接口)，它作为一种高速、全双工的同步通信总线，广泛应用于微控制器和各种外围设备之间。通过对本节的学习，读者能够更好地掌握 SPI 的相关知识，为后续的电子系统设计打下坚实的基础。

14.1.1　SPI 的概念

SPI 是 Motorola(摩托罗拉)在其 MC68HCXX 系列处理器上定义的全双工三线同步串行外围接口。SPI 主要应用在 EEPROM、Flash、实时时钟、A/D 转换器以及数字信号处理器和数字信号解码器之间，用于 CPU 和外围低速器件之间进行同步串行数据传输。SPI 采用主从模式(Master Slave)架构，支持多 Slave 模式应用，一般仅支持单 Master。时钟由 Master 控制，在主器件的移位脉冲下，数据按位传输，高位在前，低位在后，SPI 有两根单向数据线，为全双工通信，其数据传输速度总体来说比 I²C 总线要快，可达数兆比特每秒(Mb/s)。

14.1.2　SPI 的定义及通信原理

SPI 的通信原理较为简单，它以主从模式工作，这种模式通常有一个主设备和一个或多个从设备，全双工模式时需要至少 4 根线，半双工模式时需要 3 根线。所有基于 SPI 的设备共有的信号线是 SDO(数据输出)、SDI(数据输入)、SCLK(时钟)和 CS(片选)。

(1) SDO：主设备数据输出，从设备数据输入，也称为 MOSI。

(2) SDI：主设备数据输入，从设备数据输出，也称为 MISO。

(3) SCLK：时钟信号，由主设备产生。

(4) CS：从设备使能信号，由主设备控制。

其中，CS 用于控制芯片是否被选中，也就是说，只有片选信号为预先规定的使能信号时(高电位或低电位)，对此芯片的操作才有效。这就允许在同一总线上连接多个 SPI 设备成为可能。

SPI 主从设备内部结构如图 14-1 所示。

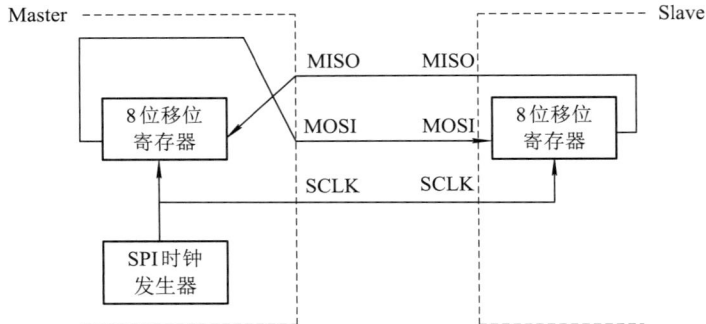

图 14-1　SPI 主从设备内部结构

从 SPI 主从设备内部结构中可以看出，其核心在于内部的 8 位移位寄存器，数据是一位一位地传输的，而每次发送或接收的数据都通过这个 8 位移位寄存器，最终两个 8 位移位寄存器完成数据交换。SCLK 提供时钟脉冲，SDI 和 SDO 则基于此脉冲完成数据传输。数据输出通过 SDO，数据在时钟上升沿或下降沿时改变，在紧接着的下降沿或上升沿被读取。完成一位数据传输，输入也使用同样原理。这样，至少经过 8 次时钟信号的改变(上沿和下沿为 1 次)，就可以完成 8 位数据的传输。

要注意的是，SCLK 信号线只由主设备控制，从设备不能控制信号线。同样，在一个基于 SPI 的设备中，至少有一个主设备。这样的传输方式有一个优点，与普通的串行通信不同，普通的串行通信一次连续传送至少 8 位数据，而 SPI 允许数据一位一位地传送，甚至允许暂停，因为 SCLK 时钟线由主设备控制，当没有时钟跳变时，从设备不采集或传送数据。也就是说，主设备通过对 SCLK 时钟线的控制可以完成对通信的控制。

SPI 不仅是一个串行外设接口，它还是一个数据交换协议。因为 SPI 的数据输入和输出线独立，所以允许同时完成数据的输入和输出。不同的 SPI 设备的实现方式不尽相同，主要是数据改变和采集的时间不同，在时钟信号上沿或下沿采集有不同定义，具体可参考相关器件的文档。

在点对点的通信中，由于 SPI 接口不需要进行寻址操作，并且为全双工通信，所以显得简单高效。但在多个从设备的系统中，由于每个从设备需要独立的使能信号，所以硬件上比 I²C 系统要稍微复杂一些。

14.1.3　DS1302 实时时钟及其应用

DS1302 是 DALLAS 公司推出的一种高性能、低功耗、带 RAM 的实时时钟芯片，可以对年、月、日、周、时、分、秒进行计时，具有闰年补偿功能，最大有效年份为 2100 年。DS1302 需外接晶体，与主机的接口为 SPI 总线。

DS1302 时钟部分的寄存器及其描述如图 14-2 所示。从图 14-2 中可以看出，其内部具有秒寄存器、分寄存器、小时寄存器等，数据格式为 BCD 码。

读寄存器	写寄存器	BIT7	BIT6	BIT5	BIT4	BIT3	BIT2	BIT1	BIT0	范围
81H	80H	CH		10 秒			秒			00～59
83H	82H			10 分			分			00～59
85H	84H	1:12 0:24	0	10 AM/PM	时		时			1～12 0～23
87H	86H	0	0	10 日			日			1～31
89H	88H	0	0	0	10 月		月			1～12
8BH	8AH	0	0	0	0	0		周		1～7
8DH	8CH			10 年			年			00～99
8FH	8EH	WP	0	0	0	0	0	0	0	—

图 14-2　DS1302 时钟部分的寄存器及其描述

从图 14-2 中可以看出，在 DS1302 芯片中，秒寄存器有两个地址(80H 用于写操作，81H 用于读操作)。其中，位 7(CH，Clock Halt，时钟停止)是一个非常关键的控制位，用于控制整个时钟的运行和暂停。当 CH 为 0 时，意味着时钟振荡停止，芯片内部的时钟电路不再产生计时信号，整个时钟系统处于静止状态。这在一些需要暂时停止计时功能的场景下很有用，例如系统初始化阶段或者需要对时间进行精确校准时，先暂停计时，等校准完成后再让时钟继续运行。当 CH 为 1 时，时钟开始运行。此时，芯片内部的时钟振荡电路开始工作，按照正常的频率产生计时信号，秒寄存器以及其他相关的时间寄存器(如分寄存器、小时寄存器等)会根据这个计时信号进行正常的时间计数，从而实现时钟的功能。

控制寄存器(8EH 用于写操作，8FH 用于读操作)的位 7(WP)是写保护位，它的主要作用是保护 DS1302 芯片中的寄存器数据。当 WP 为 0 时，芯片处于可写状态，外部设备(如微控制器)可以对 DS1302 中的任何时钟寄存器(用于存储时间信息，如秒、分、时等)或者内部 RAM 寄存器进行写操作，便于对时间的设置、修改以及对内部 RAM 数据的存储等操作。例如，在初始化时钟芯片时，需要将正确的时间数据写入各个时间寄存器，此时 WP 位就需要设置为 0。当 WP 为 1 时，芯片处于写保护状态，禁止对任何一个寄存器进行写操作。这种保护机制可以防止在正常运行过程中由于意外的信号干扰或者程序错误，寄存器数据被错误地写入，从而保证了存储在芯片内部的时间信息和其他数据的稳定性和准确性。例如，在时钟正常运行阶段，为了避免误写操作改变时间，WP 位可以设置为 1。

DS1302 的 RAM(随机存取存储器)相关寄存器提供了额外的数据存储空间。它包含 31 个 8 位字节单元，可以用于存储各种临时或需要长期保存的数据。例如，在一些简单的电子设备应用中，如电子日历或小型闹钟系统，除了存储基本的时间信息，还可以利用这些 RAM 存储闹钟设置时间。当用户设置闹钟时，闹钟时间就可以被存储在 RAM 中，与时钟时间进行比较，以便在到达设定时间时触发闹钟提醒功能。这些寄存器还可以用于存储一些系统配置参数，如设备的显示模式(如 12 小时制或 24 小时制显示的选择)、闹铃的重复周期(是单次响铃还是每天响铃等)等信息。这些配置参数存储在 RAM 中，在设备上电或复位后可以被读取，从而恢复设备的上一次设置状态。DS1302 通常有内置的电池备份电路，这使得 RAM 中的数据在主电源掉电的情况下也能得到保存，这对于一些需要保存重要数据的应用场景非常关键。例如，在一些工业控制设备中，可能会记录设备的运行时间、故障代码等信息。利用 DS1302 的 RAM 进行存储，即使设备意外断电，这些数据依然能够保存下来，当设备重新上电后，可以读取这些数据进行故障分析或运行时间统计等操作。

DS1302 的 RAM 提供了两种访问方式。一种是对单个 RAM 单元进行读写操作，通过不同的命令控制字(偶数地址为写操作，奇数地址为读操作，范围是 C0H～FDH)来访问每个单独的 8 位字节单元。这种方式适合于对特定数据进行有针对性的读写，例如只修改某个特定的配置参数或者读取某个特定的存储值。另一种是突发方式，写操作的命令控制字为 FEH，读操作的命令控制字为 FFH。通过这种方式可以一次性读写所有的 31 个 RAM 字节，这种批量处理数据的方式在需要对大量数据进行快速传输和处理时非常高效。例如，在数据备份或恢复操作中，如果需要将所有存储在 RAM 中的数据整体复制到其他存储设备或者从其他存储设备恢复到 RAM 中，突发方式就能够节省大量的时间和操作步骤。

DS1302 的地址/命令控制字如图 14-3 所示。其中，当最低位为 0 时，对 DS1302 进行写操作，即可调整时间或写 RAM；当最低位为 1 时，可以读出内部时间或 RAM 内容。第 1～5 位的 A0～A4 表示内部的时钟、RAM 寄存器的地址。第 6 位为 1 时，表示对 RAM 进行操作；第 6 位为 0 时，表示对时钟相关寄存器进行操作。

7	6	5	4	3	2	1	0
1	RAM / $\overline{CK}$	A4	A3	A2	A1	A0	RD / $\overline{W}$

图 14-3　DS1302 地址/命令控制字

DS1302 进行单字节读取的时序如图 14-4 所示。从图中可以看出，要读取 DS1302 中的内容，首先要写入地址、控制字，接下来再进行数据的读取，且数据的读取是从低位到高位逐位进行的。

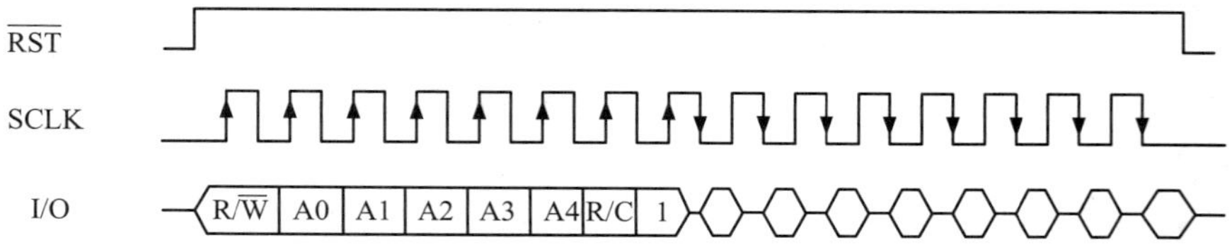

图 14-4　单字节读取的时序

　　DS1302 进行单字节写入的时序如图 14-5 所示。从图中可以看出，与读时序类似，首先要写入地址、控制字，接下来再进行数据的写入，且数据的写入是从低位到高位逐位进行的。

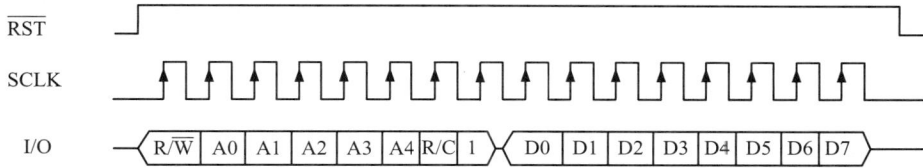

图 14-5　单字节写入的时序

　　此外，DS1302 还支持突发读取，前文已介绍这里就不再描述了。

　　【仿真】　将 DS1302 中的时钟信息显示在数码管上，仿真电路如图 14-6 所示。

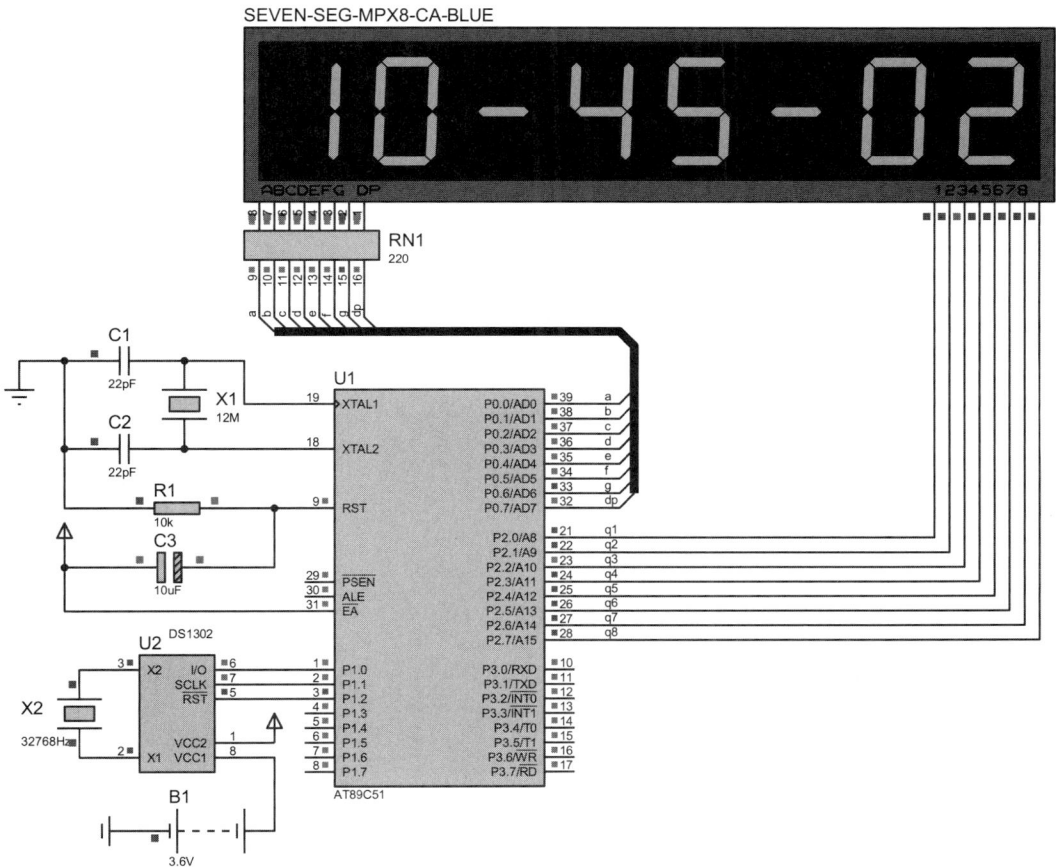

图 14-6　DS1302 仿真电路

程序代码如下：

```
#include <reg51.h>
#define uchar unsigned char
#define uint unsigned int
sbit SDA = P1^0;
```

```
sbit CLK = P1^1;
sbit RST = P1^2;
uchar code DSY_CODE[] = {0xC0,0xF9,0xA4,0xB0,0x99,0x92,0x82,0xF8,0x80,0x90,0xFF};
uchar Display_Buffer[]={0x00,0x00,0xBF,0x00,0x00,0xBF,0x00,0x00};   //时、分、秒之间用"-"
                                                                     隔开
uchar Bit_Code[] = {0x01,0x02,0x04,0x08,0x10,0x20,0x40,0x80};        //数码管刷新选择
uchar Current_Time[7];
void DelayMS(uint x)
{
    uchar i;
    while(x--) for(i=0;i<120; i++);
}
void Write_A_Byte_To_DS1302(uchar x)
{
    uchar i;
    for(i=0;i<8;i++)
    {
        SDA = x&1; CLK =0; CLK = 1; x>>=1;
    }
}
uchar Get_A_Byte_FROM_DS1302()
{
    uchar i,b,t;
    for(i=0;i<8;i++)
    {
        b>>=1;t=SDA;b|=t<<7;CLK=1;CLK=0;
    }
    return b/16*10+b%16;
}

uchar Read_Data(uchar addr)
{
    uchar dat;
    RST=0;CLK=0;RST=1;
    Write_A_Byte_To_DS1302(addr);
    dat = Get_A_Byte_FROM_DS1302();
    CLK=1;RST=0;
    return dat;
}
void GetTime()
```

```
    {
        Current_Time[0] = Read_Data(0x81);          //读秒寄存器
        Current_Time[1] = Read_Data(0x83);          //读分寄存器
        Current_Time[2] = Read_Data(0x85);          //读小时寄存器
    }

    void main()
    {
        uchar i;
        while(1)
        {
            GetTime();
            Display_Buffer[0] = DSY_CODE[Current_Time[2]/10];
            Display_Buffer[1] = DSY_CODE[Current_Time[2]%10];
            Display_Buffer[3] = DSY_CODE[Current_Time[1]/10];
            Display_Buffer[4] = DSY_CODE[Current_Time[1]%10];
            Display_Buffer[6] = DSY_CODE[Current_Time[0]/10];
            Display_Buffer[7] = DSY_CODE[Current_Time[0]%10];
            for(i=0;i<8;i++)
            {
                P2 = Bit_Code[i];
                P0 = Display_Buffer[i];
                DelayMS(2);
            }
        }
    }
```

14.2　I²C 及其应用

在嵌入式系统和微控制器通信的广阔领域中，I²C 扮演着至关重要的角色。作为一种高效、灵活的串行通信协议，I²C 不仅为微控制器与外围设备之间的数据交换提供了可靠的平台，还极大地简化了系统设计的复杂性。本节将深入探讨 I²C 的各个方面，从基础概念、特性、基本术语及协议分析，到具体的 24C04 基本应用仿真，旨在为读者提供一个全面且深入的关于 I²C 的学习指南。

14.2.1　I²C 的概念

I²C (Inter-Integrated Circuit，集成电路总线)是由 PHILIPS 公司开发的两线式串行总线，

用于连接微控制器及其外围设备。由于嵌入式系统一般由处理器、通用电路(如 LCD 驱动器、RAM、EEPROM、AD 等)以及面向应用的电路(如传感器、特定应用的信号处理电路等)构成,为了充分利用嵌入式系统的这种一般特性,PHILIPS 开发的 I^2C 就使得不同应用的嵌入式系统采用相同的总线架构来驱动。PHILIPS 已经推出了 150 多种具有 I^2C 接口的芯片,已有 50 余家公司获得 I^2C 使用许可。因此,I^2C 是微电子通信控制领域广泛采用的一种总线标准。它是同步通信的一种特殊形式,具有接口线少、控制方式简单、器件封装形式小、通信速率较高等优点。

I^2C 规范具有两个主要版本,即 1.0-1992 和 2.0-1998。在 1.0 规范中,将位速率增加了4 倍,达到了 400kb/s,快速模式器件向下兼容,可以在 0～100kb/s 的 I^2C 系统中使用。另外,1.0 规范增加了 10 位寻址,允许 1024 个额外的从机地址。I^2C 总线已经成为一个国际标准,在超过 100 种不同的芯片上实现,现在较多的电路系统要求总线速度更高、电源电压更低,因此 2.0 规范增加了高速模式(Hs 模式),将速率提高到了 3.4Mb/s,同时,2.0 规范将电源电压降低到了 2.0V 以下。在 2.1-2000 规范中,针对 Hs 模式做了一些微小的修改,使得一些时序参数要求更宽松,并可以延长 Hs 模式重复起始条件后的时钟信号。

14.2.2　I^2C 的特性

I^2C 具有以下特性:

(1) 只要求两条总线线路:一条串行数据线 SDA,一条串行时钟线 SCL。这使得具有 I^2C 接口的芯片信号引脚较少,封装较小,有效降低了 PCB 的尺寸和功耗,芯片具有较强的抗干扰能力、工作温度宽、电源电压范围宽等特点。另外,由于芯片内置了 I^2C 接口,系统设计时不需要任何的译码、胶合逻辑等额外电路,使得设计较为简单。

(2) 每个连接到总线的器件都可以通过唯一的地址和一直存在的简单的主机/从机关系软件设定地址,主机可以作为主机发送器或主机接收器,从机也可以作为从机发送器或从机接收器,对应了 I^2C 的 4 种工作模式。

(3) 它是一个真正的多主机总线,如果两个或更多主机同时初始化,数据传输可以通过冲突检测和仲裁防止数据被破坏,去掉 I^2C 上的某一个或多个模块对系统整体没有影响,因此增加了系统的可扩展性,也使得系统的升级较为方便。

(4) 串行的 8 位双向数据传输位速率在标准模式下可达 100kb/s,快速模式下可达 400kb/s,高速模式下可达 3.4Mb/s。

(5) 连接到相同总线的 I^2C 数量只受到总线的最大电容 400pF 限制。

(6) 片上的滤波器可以滤去总线数据线上的毛刺,保证数据完整。

(7) 某一 I^2C 接口芯片的开发经验可以迅速扩展到 I^2C 接口的其他芯片,使设计时间降低。

14.2.3　I^2C 的基本术语及协议分析

1. I^2C 的基本术语

在 I^2C 协议中,各个部件之间的连接关系非常简单,只要将其两根线挂在 I^2C 上即可,如图 14-7 所示。

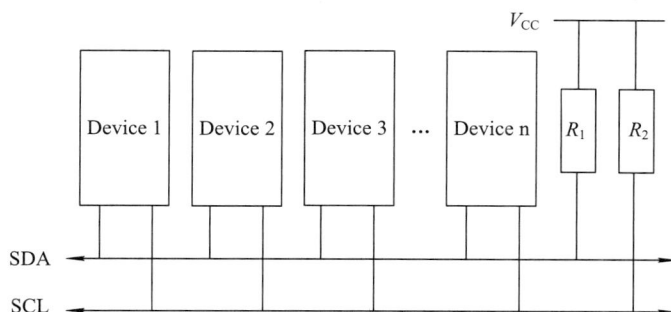

图 14-7　I²C 中各部件之间的连接

从图 14-7 中可以看出，I²C 由 SDA(串行数据线)和 SCL(串行时钟线)组成，有主机和从机之分。总线空闲时，要求 SDA 和 SCL 为高电平，因此这两个信号均需要连接上拉电阻。I²C 的基本术语如表 14-1 所示。

表 14-1　I²C 的基本术语

术　　语	描　　述
发送器	发送数据到总线的器件
接收器	从总线接收数据的器件
主机	初始化发送，产生时钟信号和终止发送的器件
从机	被主机寻址的器件
多主机	同时有多于一个主机尝试控制总线，但不破坏报文
仲裁	一个在有多个主机同时尝试控制总线，但只允许其中一个控制总线并使报文不被破坏的过程
同步	两个或多个器件同步时钟信号的过程

2. I²C 的控制状态

在通信过程中，I²C 有起始信号(START)、终止信号(STOP)、重复起始信号(REPEAT START)3 种控制状态，如图 14-8 所示。

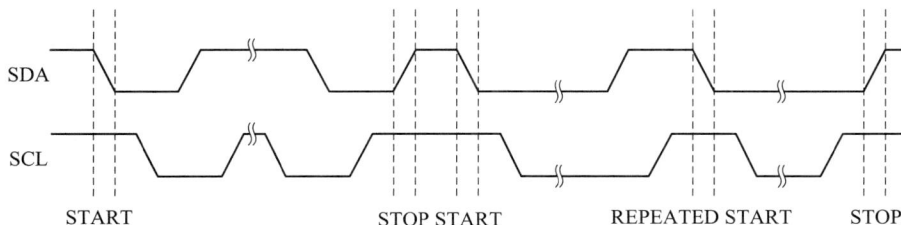

图 14-8　I²C 的 3 种控制状态

在 SCL 持续高电平时，SDA 从高电平变为低电平的信号称为起始信号。在 SCL 持续高电平时，SDA 从低电平变为高电平的信号称为终止信号。在访问一个设备时，为了改变访问方向而不写入终止信号，第二次访问时的起始信号称为重复起始信号。例如，访问 I²C接口的 EEPROM(如 24C04 等)，在读其中的内容时，需要先写入要寻址的器件以及待访问的地址，然后读取其中的内容，在读取内容之前的起始信号就为重复起始信号。

因此，根据起始信号、终止信号，可以编写 89C51 单片机访问 I²C 的起始信号函数和终止信号函数如下：

```
void Start()
{
    SDA =1;
    SCL =1;
    NOP4();
    SDA = 0;
    NOP4();
    SCL = 0;
}

void Stop()
{
    SDA = 0;
    SCL = 0;
    NOP4();
    SCL = 1;
    NOP4();
    SDA = 1;
}
```

3. I²C 的硬件地址

当主机寻址从机时，需要发送寻址地址，即硬件地址。该地址包格式如图 14-9 所示。

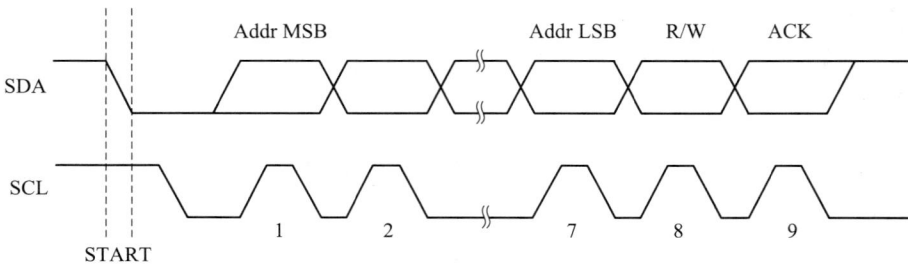

图 14-9　I²C 寻址包格式

地址的传输是在起始条件(Start Condition，简称 S)后发送了一个从机地址，这个地址共有 7 位，紧接着的第 8 位是数据方向位(R/W)。R/W 为 0，表示写从机设备；R/W 为 1，表示读从机设备。第 9 位为应答(ACK)信号，当主机向总线发出硬件地址后，如果某一从机地址与该地址相同，则该从机设备必须进行回应(Response)，其回应的信号就是应答信号。如果从机的应答是拉低 SDA 信号，表明从机收到；如果 SDA 没有反应，则表示从机没有收到或没反应、失败。

不同的从机设备都有不同的硬件地址，硬件地址是由硬件设备厂商设定的。以 ATMEL 公司的 24C02 芯片的 EEPROM 为例来进行说明，24C02 芯片的仿真电路如图 14-10 所示。其中，SDA 和 SCL 信号必须接上拉电阻，A0～A2 接地。查阅 24C02 的数据手册，其内部存储结构如图 14-11 所示，其内部存储结构是分页式的，页码由高 5 位确定，而字节地址由低 3 位确定。高 5 位代表页码，共有 32 页。低 3 位意味着在每页内有 8 个字节的存储空间。在页写操作时，低 3 位可以自动增加，这意味着在向某一页写入数据时，可以连续写入 8 个字节而不需要重新指定字节地址。但是，高位(页码)是固定的，不能自动增

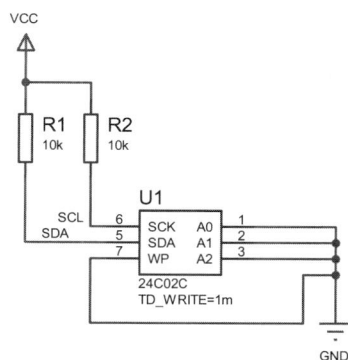

图 14-10　24C02 芯片的仿真电路

加，若要写入下一页的数据，需要通过主机写地址来改变页码。这里可以计算出 24C02 的容量为 32 页×8 字节/页，即 256 字节，共 2048 位。这种分页式的存储结构有助于在进行数据存储和读取操作时，提高效率和管理的便利性。

图 14-11　24C02 内部存储结构

图 14-11 表明，24C0X 系列 EEPROM 的硬件地址由固定部分和可变部分组成。固定部分为设备地址的高 4 位，是固定的 1010；可变部分为低 3 位，由 A2、A1、A0 引脚的电平状态确定，这 3 个引脚可以接地或接电源，从而设置不同的地址组合。例如，当 A2、A1、A0 引脚均接地时，低 3 位地址为 000，与高 4 位地址 1010 组合后，得到的设备地址为 1010000，即十六进制数 0x50。在 I²C 通信中，完整的设备地址还会包含一个读写方向位 (R/W)，用于指示接下来的操作是读还是写。当 R/W 位为 0 时，表示写操作，此时 24C02 的从器件地址为 10100000，即十六进制数 0xA0；当 R/W 位为 1 时，表示读操作，此时 24C02 的从器件地址为 10100001，即十六进制数 0xA1。

24C0X 系列芯片有 24C02、24C04、24C08、24C16。24C0X 系列 EEPROM 地址格式如图 14-12 所示，每一行代表一种芯片的地址结构，并且每个地址结构都由多个部分组成，包括起始信号、器件地址(器件地址是用于在 I²C 总线上识别该器件的特定编码)、读写位 (R/W)、存储单元地址和数据。每种芯片的地址格式都从起始信号开始，这是 I²C 总线通信的起始标志，表示通信的开始。

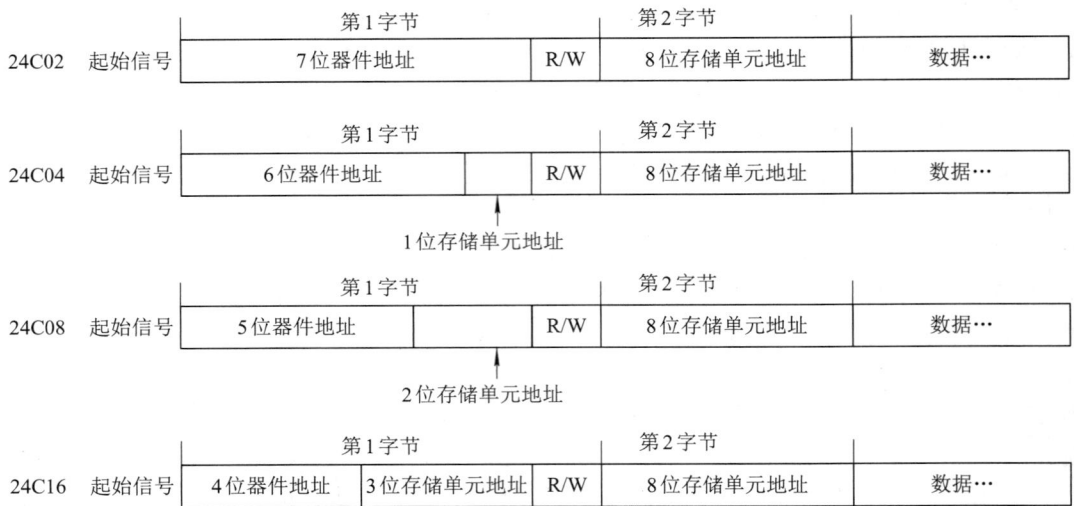

图 14-12   24C0X 系列 EEPROM 地址格式

24C02 有 7 位器件地址，这 7 位用于唯一标识芯片。24C04 有 6 位器件地址，比 24C02 少 1 位。24C08 有 5 位器件地址，比 24C04 又少 1 位。24C16 有 4 位器件地址，是这几种芯片中器件地址位数最少的。紧跟在器件地址之后的是读写位，用于指示接下来的操作是读操作(R/W = 1)还是写操作(R/W = 0)。接着是存储单元地址，24C02 有 8 位存储单元地址，用于定位芯片内的存储单元；24C04 有 8 位存储单元地址，但在其之前有 1 位存储单元地址，这意味着 24C04 的存储单元地址实际上是 9 位；24C08 有 8 位存储单元地址，之前有 2 位存储单元地址，实际存储单元地址为 10 位；24C16 有 8 位存储单元地址，之前有 3 位存储单元地址，实际存储单元地址为 11 位。最后是数据，在存储单元地址之后是数据部分，表示要写入或读取的数据。

其中，24C02/04/08/16 的容量分别为 2048、4096、8192、16384 位。以 24C02 为例，其容量为 2048 bit。因此，其硬件地址的高四位是不可编程的，为 1010；低四位中的 A0～A2 为可编程地址。在图 14-10 中，A0～A2 全部接地，因此 24C02 的硬件地址为 1010000X。当需要写数据到 24C02 时，其地址为 0xA0；当需要从 24C02 中读数据时，其地址为 0xA1。从图 14-7 中也可以看出，同一条 I^2C 上，最多接 8 个 24C0X 设备。

刚刚讨论的是 I^2C 传输地址，接下来看看 I^2C 是如何传输数据的。I^2C 一次传送一个字节，首先传送 MSB 位，最后传送 LSB 位。和传送地址时一样，也需要从机设备发送应答信号。I^2C 的典型数据传送如图 14-13 所示。

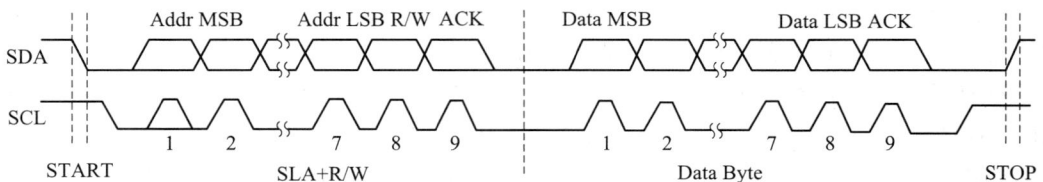

图 14-13 I^2C 的典型数据传送

在数据传送时，首先主机发送一个起始信号，然后广播寻址地址，如果某从机地址与该地址符合，则该从机设备必须通过应答信号进行回应。之后，进行数据的发送时，每当主机发送一个字节数据，从机必须应答一次。当主机对从机的访问结束后，SCL 会产生一个由低到高的跳变来实现发送终止信号。对于 MCS-51 系列单片机，其读取应答的函数如下：

```
void RACK()
{
    SDA = 1;
    NOP4();
    SCL = 1;
    NOP4();
    SCL = 0;
}
```

14.2.4　24C04 基本应用仿真

下面结合 24C04 EEPROM 芯片，介绍一个 I²C 芯片的基本应用。利用 24C04 来记忆系统上电的次数，并将其显示在数码管上。该仿真电路如图 14-14 所示。

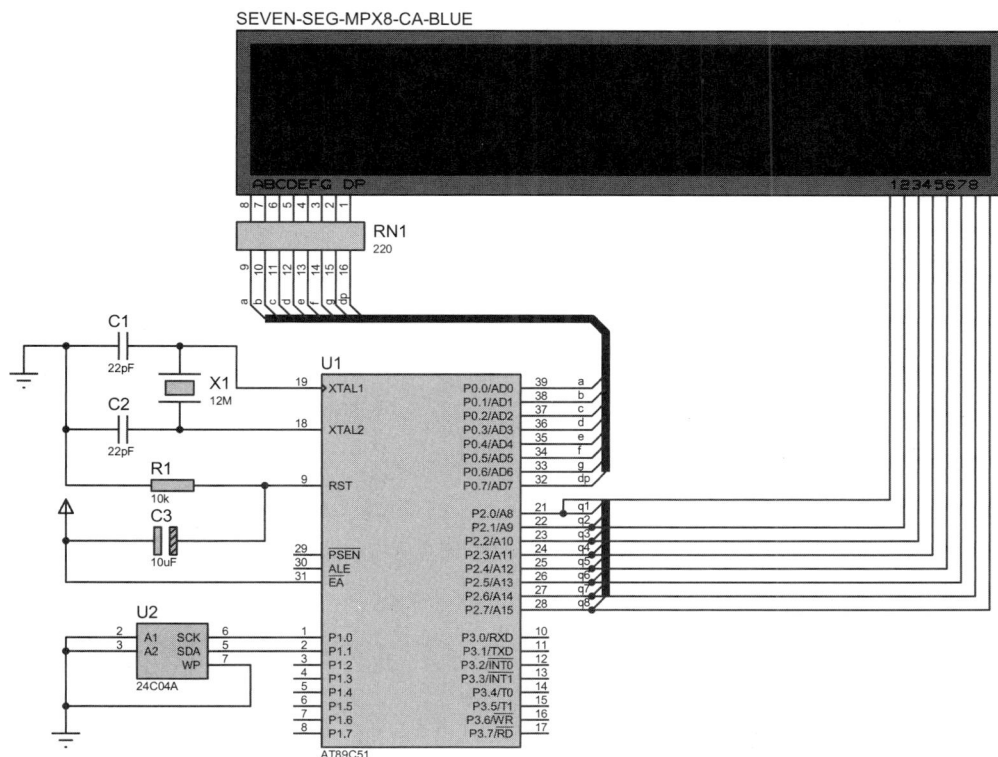

图 14-14　24C04 基本应用仿真电路

要实现上述功能，在系统上电时，需要读出 24C04 所保存的上电次数，然后加 1 更新，然后将新次数写入 24C04，并显示在数码管上。因此，主程序非常简单，只需要三个函数就可以了。第一个函数 Random_Read (0x00)读出 24C04 所保存的上电次数；然后加 1，通

过 " Write_Random_Address_Byte(0x00,Count); " 语 句 写 入 24C04 ； 第 三 个 函 数 为 Convert_And_Display()，即将值通过数码管显示出来，并通过 while 循环实现数码管的刷新。相关程序代码如下：

```c
#include <reg51.h>
#include <intrins.h>
#define uchar unsigned char
#define uint unsigned int
#define NOP4() { _nop_();_nop_();_nop_();_nop_();}

sbit SCL = P1^0;
sbit SDA = P1^1;

uchar code DSY_CODE[] = {0xC0,0xF9,0xA4,0xB0,0x99,0x92,0x82,0xF8,0x80,0x90,0xFF};
uchar DISP_Buffer[] = {0,0,0};
uchar Count = 0;

void DelayMS(uint x)
{
    uchar i;
    while(x--) for(i=0;i<120;i++);
}

void Start()
{
    SDA =1;
    SCL =1;
    NOP4();
    SDA = 0;
    NOP4();
    SCL = 0;
}

void Stop()
{
    SDA = 0;
    SCL = 0;
    NOP4();
    SCL = 1;
    NOP4();
```

```
        SDA = 1;
    }

    void RACK()
    {
        SDA = 1;
        NOP4();
        SCL = 1;
        NOP4();
        SCL = 0;
    }

    void Write_A_Byte(uchar b)
    {
        uchar i;
        for(i=0;i<8;i++)
        {
            b<<=1;
            SDA = CY;
            _nop_();
            SCL = 1;
            NOP4();
            SCL = 0;
        }
        RACK();
    }

    void Write_IIC(uchar addr, uchar dat)
    {
        Start();
        Write_A_Byte(0xa0);
        Write_A_Byte(addr);
        Write_A_Byte(dat);
        Stop();
        DelayMS(10);
    }

    uchar Read_A_Byte()
    {
```

```
    uchar i,b;
    for(i=0;i<8;i++)
    {
        SCL = 1;
        b<<=1;
        b |= SDA;
        SCL = 0;
    }
    return b;
}

uchar Read_Current()
{
    uchar d;
    Start();
    Write_A_Byte(0xa1);
    d = Read_A_Byte();
    Stop();
    return d;
}

uchar Random_Read(uchar addr)
{
    Start();
    Write_A_Byte(0xa0);
    Write_A_Byte(addr);
    return Read_Current();
}

void Write_Random_Address_Byte(uchar add, uchar dat)
{
    Start();
    Write_A_Byte(0xa0);
    Write_A_Byte(add);
    Write_A_Byte(dat);
    Stop();
    DelayMS(10);
}
```

```
void Convert_And_Display()
{
    DISP_Buffer[2] = Count /100;
    DISP_Buffer[1] = Count %100 /10;
    DISP_Buffer[0] = Count %100 %10;
    if(DISP_Buffer[2] ==0)
    {
        DISP_Buffer[2] = 10;
        if (DISP_Buffer[1] == 0)
            DISP_Buffer[1] = 10;
    }
    P2 = 0x80;
    P0 = DSY_CODE[DISP_Buffer[0]];
    DelayMS(2);
    P2 = 0x40;
    P0 = DSY_CODE[DISP_Buffer[1]];
    DelayMS(2);
    P2 = 0x20;
    P0 = DSY_CODE[DISP_Buffer[2]];
    DelayMS(2);
}

void main()
{
    Count = Random_Read(0x00) + 1;
    Write_Random_Address_Byte(0x00,Count);
    while(1) Convert_And_Display();
}
```

　　在仿真之前，首先要通过 UltraEdit 等软件以十六进制数建立 Proteus 中 24C04 的内容，并保存为 24C04.bin，然后在 Proteus 中选择 24C04 的初始化数据为 24C04.bin。每次退出 Proteus 时，Proteus 会提示是否保存，保存之后，当前的仿真值会自动保存到 24C04.bin 文件中。

小　　结

　　本章详细介绍了单片机中两种重要的通信接口，即 SPI(串行外设接口)和 I²C(集成电路总线)。首先，对 SPI 进行了概述，解释了 SPI 的基本概念、接口定义和通信原理，并具体讨论了如何通过 SPI 与 DS1302 实时时钟模块进行数据通信及其应用实例。接着，详述了 I^2C 的定义、特性、基本术语和协议，并通过 24C04 存储器的应用仿真展示了 I^2C 接口的实际应用。通过这些内容，读者可以深入了解这两种接口的技术细节和应用场景，为实际项目中的通信需求和问题解决提供理论和技术支持。整章内容旨在帮助读者掌握如何有效地使用这些接口进行单片机的数据传输和外设控制，提升其在嵌入式系统设计中的应用能力。

习　　题

一、单选题

1. SPI 属于(　　)。

A. 并行通信接口

B. 串行通信接口

C. USB 通信接口

D. 无线通信接口

2. SPI 通常需要的线是(　　)。

A. 1 条　　　　　B. 2 条　　　　　C. 3 条　　　　　D. 4 条

3. SPI 常见的应用之一是(　　)。

A. 网络适配器　　　B. 打印机　　　C. 实时时钟　　　D. 键盘

4. I^2C 通信是由(　　)公司发明的。

A. Intel　　　　　B. IBM　　　　　C. PHILIPS　　　　　D. Apple

5. I^2C 通信特别适用于(　　)。

A. 高速网络通信

B. 短距离设备间通信

C. 长距离无线传输

D. 高分辨率视频传输

6. 24C04 属于(　　)。

A. 图形处理器

B. EEPROM 存储器

C. 数字信号处理器

D. 功率放大器

7. 在 SPI 通信中，负责控制总线的设备是(　　)。

A. 从设备　　　　　B. 主设备　　　C. 网关设备　　　D. 接口转换器

8. I^2C 通信中的主设备具有的功能是(　　)。

A. 只接收数据

B. 只发送数据

C. 控制总线数据传输

D. 转换信号格式

9. I^2C 的基本术语不包括(　　)。

A. 主设备　　　　　B. 从设备　　　C. 调制解调器　　　D. 总线仲裁

10. DS1302 主要用于(　　)。

A. 网络时钟　　　B. 音频处理　　　C. 实时时钟　　　D. 图像处理

二、多选题

1. SPI 的特点包括(　　)。

A. 高速数据传输

B. 点对点通信

C. 多主设备支持　　　　　　　　　　D. 全双工通信

2. I²C 通信的特性包括(　　　)。

A. 低速数据传输　　　　　　　　　　B. 需要三条通信线

C. 多主设备和多从设备支持　　　　　D. 需要两条通信线

3. 在使用 I²C 通信时，必要的操作是(　　　)。

A. 总线仲裁　　　　　　　　　　　　B. 信号放大

C. 地址识别　　　　　　　　　　　　D. 错误检测

4. SPI 常见的应用有(　　　)。

A. EEPROM　　　　　　　　　　　　B. SD 卡

C. LCD 显示屏　　　　　　　　　　　D. 音频放大器

5. 关于 DS1302 实时时钟，下列描述正确的是(　　　)。

A. 可通过 I²C 进行通信　　　　　　　B. 可通过 SPI 进行通信

C. 提供时钟日历功能　　　　　　　　D. 提供定时器功能

三、判断题

1. SPI 仅支持单向通信。　　　　　　　　　　　　　　　　　　　　(　　)

2. I²C 需要四条线来完成通信。　　　　　　　　　　　　　　　　　(　　)

3. SPI 可以支持一个主设备和多个从设备。　　　　　　　　　　　　(　　)

4. I²C 通信允许在同一总线上有多个主设备。　　　　　　　　　　　(　　)

5. DS1302 实时时钟模块不可以通过 SPI 控制。　　　　　　　　　　(　　)

6. 24C04 是一种数字信号处理器。　　　　　　　　　　　　　　　　(　　)

7. 在 I²C 通信中，所有设备共享同一数据线和时钟线。　　　　　　　(　　)

8. 在 SPI 定义中，其数据传输速度比 I²C 慢。　　　　　　　　　　　(　　)

9. I²C 的特性包括自动寻址机制。　　　　　　　　　　　　　　　　(　　)

10. SPI 使用独立的时钟线来同步数据传输。　　　　　　　　　　　　(　　)

四、简答题

1. 简述 SPI 通信接口的工作原理。

2. 简述 I²C 的通信协议及其特点。

3. 简述使用 SPI 和 I²C 的优缺点。

15

第 15 章　MC8051 IP Core 的 FPGA 实现

在当今高度集成化的电子世界中，微控制器 IP(知识产权)核心(Core)的重要性日益凸显。作为经典的微控制器之一，MC8051 IP Core 以其稳定的性能和广泛的应用场景，成为众多设计者的首选。本章主要介绍 MC8051 IP Core 的基础知识以及将这一 IP 核移植到 Xilinx Artix7 FPGA 中的方法。需要特别注意的是，如何修改顶层文件调用这一 IP 核。最后通过编程，使用 MC8051 控制 Nexys Video 开发板上的 LED 和 UART 通信。通过对本章的学习，读者对 MC8051 内核架构将会有更深入的理解，结合在 FPGA 中的嵌入式实现，可以更好地实践基于 IP 的 FPGA 设计实现。

15.1　MC8051 IP Core 概述

本节将介绍 MC8051 IP Core 的各个方面，从概述到详细的功能配置，旨在为读者提供一个深入了解 MC8051 IP Core 的窗口。将从 MC8051 IP Core 的简介和架构开始，逐步深入到信号列表、源代码设计层次结构、时钟域、存储器接口等关键领域。此外，还会对定时器/计数器、串行接口、中断的配置、MC8051 IP 的可选功能和并行 I/O 端口进行详细阐述。最后，将介绍 MC8051 IP Core 商用版本的功能，帮助读者更好地理解和应用这一重要的微控制器 IP Core。

1. MC8051 IP Core 简介

MC8051 IP Core 是 Oregano Systems 与维也纳理工大学合作开发的，该 IP 核与英特尔的 8051 处理器兼容。MC8051 IP Core 使用 VHDL 硬件描述语言提供，可参数化、可综合。由于优化了处理器的架构，MC8051 的执行速度比原来的 8051 设备更快。MC8051 IP Core 即使在 LGPL (GNU Lesser General Public License，宽通用公共许可证)下的工业应用中也是免费的，读者可以在 Oregano Systems 的 8051 IP Core 的官网下载。

MC8051 IP Core 根据 SoC 设计流程的要求进行了优化。MC8051 IP Core 于 2002 年 9 月推出了 1.3 版本，2004 年 8 月推出 1.4 版本，2013 年 6 月推出了 1.6 版本。

MC8051 IP Core 主要功能有：

(1) 全同步设计。

(2) 它拥有符合行业标准 8051 微控制器的指令集。

(3) 它拥有优化的架构，使每个操作可在 1～4 个时钟内完成。

(4) 由于它拥有全新的架构，其速度有 10 倍的提升。

(5) 其定时器/计数器和串行通信单元的数量可以最多达 256 个。

(6) 它通过额外的特殊功能寄存器，可以选择活动的定时器/计数器和串行通信单元。

(7) 它使用并行乘法单元可选实现乘数的命令(MUL)。

(8) 它使用并行除法单元可选实现除法的命令(DIV)。

(9) 它可选实现十进制调整指令(DA)，对 BCD 码的加法运算结果自动进行修正。

(10) 它无多路复用的 I/O 端口，各并行口的输入和输出是分开的信号。

(11) 其内部具有 256 B 的 RAM。

(12) 它拥有高达 64 KB 的 ROM 和高达 64 KB 的 RAM。

(13) 它根据 LGPL 可免费提供的源代码。

(14) 该技术可实现独立、结构清晰、注释良好的 VHDL 源代码。

(15) 它通过调整/更改 VHDL 源代码，易于扩展。

(16) 它可通过 VHDL 常数进行参数化。

2. MC8051 IP Core 架构

MC8051 IP Core 的架构如图 15-1 所示。其中，最大的模块名称为 mc8051_top，从名称可以看出这是一个顶层设计模块，其中包含了 MC8051 内核(mc8051_core)、128 × 8 bit 的 RAM(mc8051_ram)、最大 64k × 8bit 的 ROM(mc8051_rom)和最大 64k × 8bit 的扩展 RAM(mc8051_ramx)。特别要注意的是，不同 FPGA 的 RAM 和 ROM IP 不太一样，这也是我们在不同 FPGA 芯片上实现时需要首先修改的地方。

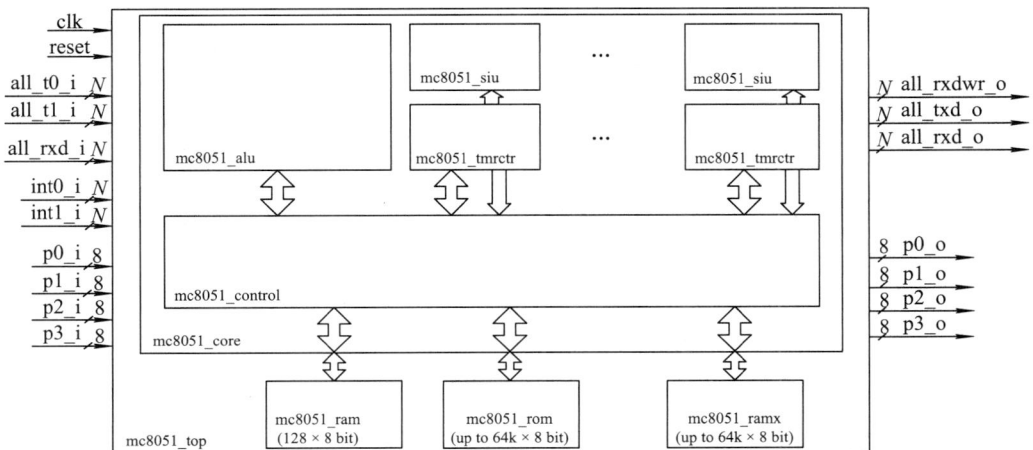

图 15-1 MC8051 IP Core 的架构

MC8051 内核(mc8051_core)又包含控制器(mc8051_control)、算术逻辑单元(mc8051_alu)、定时器/计数器(mc8051_tmrctr)和串口(mc8051_siu)等模块。其中定时器/计数器和串口的个数是可以任意配置的。

3. MC8051 IP Core 的信号列表及含义

MC8051 IP Core 的信号列表及其含义如表 15-1 所示。

表 15-1   MC8051 IP Core 的信号列表及其含义

信号名称	含　　义
clk	系统时钟，仅使用上升沿
reset	复位，所有触发器的异步复位
all_t0_i	计数器/定时器 0 输入
all_t1_i	计数器/定时器 1 输入
all_rxd_i	串口的数据接收信号
int0_i	中断 0 输入
int1_i	中断 1 输入
p0_i	8 位并行端口 0 输入
p1_i	8 位并行端口 1 输入
p2_i	8 位并行端口 2 输入
p3_i	8 位并行端口 3 输入
all_rxdwr_o	双向 rxd 的输入/输出控制信号(高表示输出)
all_txd_o	串行接口单元的数据发送
all_rxd_o	串行接口单元模式 0(移位寄存器模式)时的数据输出
p0_o	8 位并行端口 0 输出
p1_o	8 位并行端口 1 输出
p2_o	8 位并行端口 2 输出
p3_o	8 位并行端口 3 输出

这里需要注意以下两点：

(1) 有些信号以 all_ 开头，表示多个模块。定时器/计数器和串口可以有多个，因此与之相关的信号前面都加了 all_。

(2) 并行端口的输入、输出使用了不同的信号，这一点在编程中也要注意，是否读到的是真正的引脚状态。结合前面所学的 MCS-51 系列单片机的引脚定义，可以看出该信号列表与 MCS-51 系列单片机颇为类似，但这里并行端口的输入和输出是分开的。

4. MC8051 IP Core 源代码设计层次结构

MC8051 IP Core 源代码设计层次结构如图 15-2 所示。从图 15-2 中可以看出：MC8051 IP Core 的顶层有 tb_mc8051_top_sim 和 tb_mc8051_top_testbench 用于仿真和测试；往下是核心模块 mc8051_core_struc，其中包含微控制器核心 mc8051_core_；其次是围绕核心，主要包含存储器相关模块，如 mc8051_ramx_rtl、mc8051_ram_rtl 和 mc8051_rom_rtl 分别对应

外部 RAM、内部 RAM 和 ROM 模型；再往下是功能模块，mc8051_tmrctr_负责定时器/计数器功能，mc8051_alu_作为算术逻辑单元进行运算操作，mc8051_siu_用于串行接口，mc8051_control_为控制单元；在更底层，以 mc8051_alu 为例，其内部又包含 alumux_rtl、alucore_rtl 等子模块，如 addsub_core_struc 用于加法减法运算、comb_mltplr_rtl 用于乘法运算等。

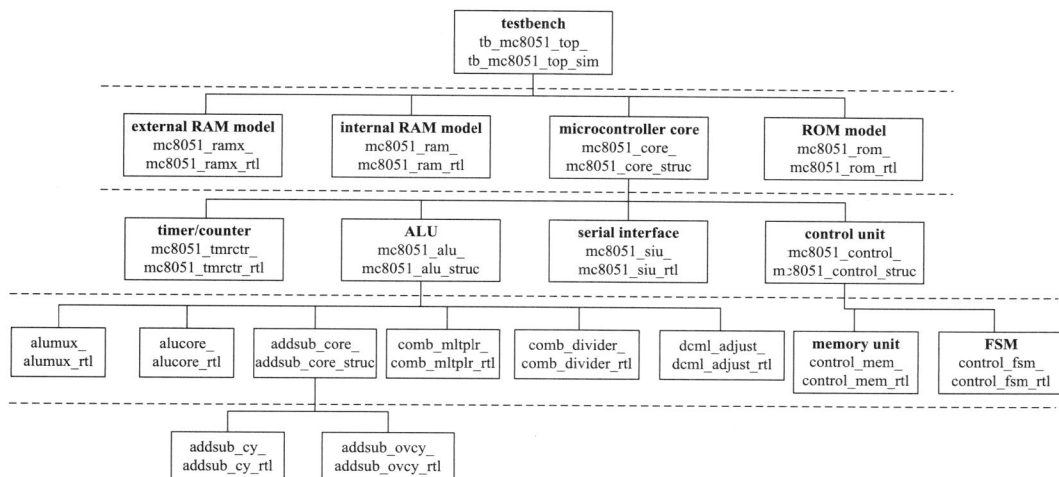

图 15-2　MC8051 IP Core 源代码设计层次结构

在整个设计过程中，VHDL 源文件的命名规则如下：

(1) VHDL 实体的命名规则：entity-name_.vhd。

(2) VHDL 架构的命名规则：若包含逻辑模块，则为 entity-name_rtl.vhd；若仅用于模块互联，则为 entity-name_struc.vhd。

(3) VHDL 配置文件：entity-name_rtl_cfg.vhd 和 entity-name_struc_cfg.vhd。

5. 时钟域

MC8051 IP Core 是一个完全同步的设计，有一个时钟信号控制每个存储单元的时钟输入，没有使用时钟门控。时钟信号不会反馈到组合元件中。由于中断是外部输入，可能由其他时钟电路驱动，中断输入使用标准的两级同步级同步到全局时钟信号。并行口输入信号没有采用这种方式进行同步，但如果用户认为需要，可以方便地添加。

6. 存储器接口

由于对结构进行了优化，存储器的输入、输出都不要选择寄存功能。这在使用 MC8051 IP Core 生成 RAM 和 ROM 以及扩展 RAM 时要特别注意。

7. 定时器/计数器、串行接口和中断的配置

原始的微控制器设计仅提供 2 个定时器/计数器单元、1 个串行接口和 2 个外部中断源。MC8051 IP Core 通过实施参数化可以方便地修改这些单元的数目，例如，通过简单修改 VHDL 源文件 mc8051_p.vhd 中常数 C_IMPL_N_TMR 的值，可生成高达 256 个这些单元。

这里需要注意的是 C_IMPL_N_SIU(设置串口单元数目)、C_IMPL_N_TMR(设置定时器/计数器数目)和 C_IMPL_N_EXT(设置外部中断数目)这 3 个参数不能独立更改。通常是只修改 C_IMPL_N_TMR，C_IMPL_N_TMR 加 1 可以生成 2 个额外的定时器/计数器单元、1 个

额外的串行接口和 2 个额外的外部中断源。

生成多个这样的单元后，为了能够在不更改微控制器地址空间的情况下访问生成的单元的所有寄存器，需要增加 2 个 8 位的特殊功能寄存器，即 TSEL(地址为 0x8Eh，用于定时器/计数器单元)和 SSEL (地址为 0x9Ah，用于串行通信单元)，如果指向了不存在的设备号，则取为默认值 1。如图 15-3 所示，TSEL 为 8 位，可以选择 256 个单元。

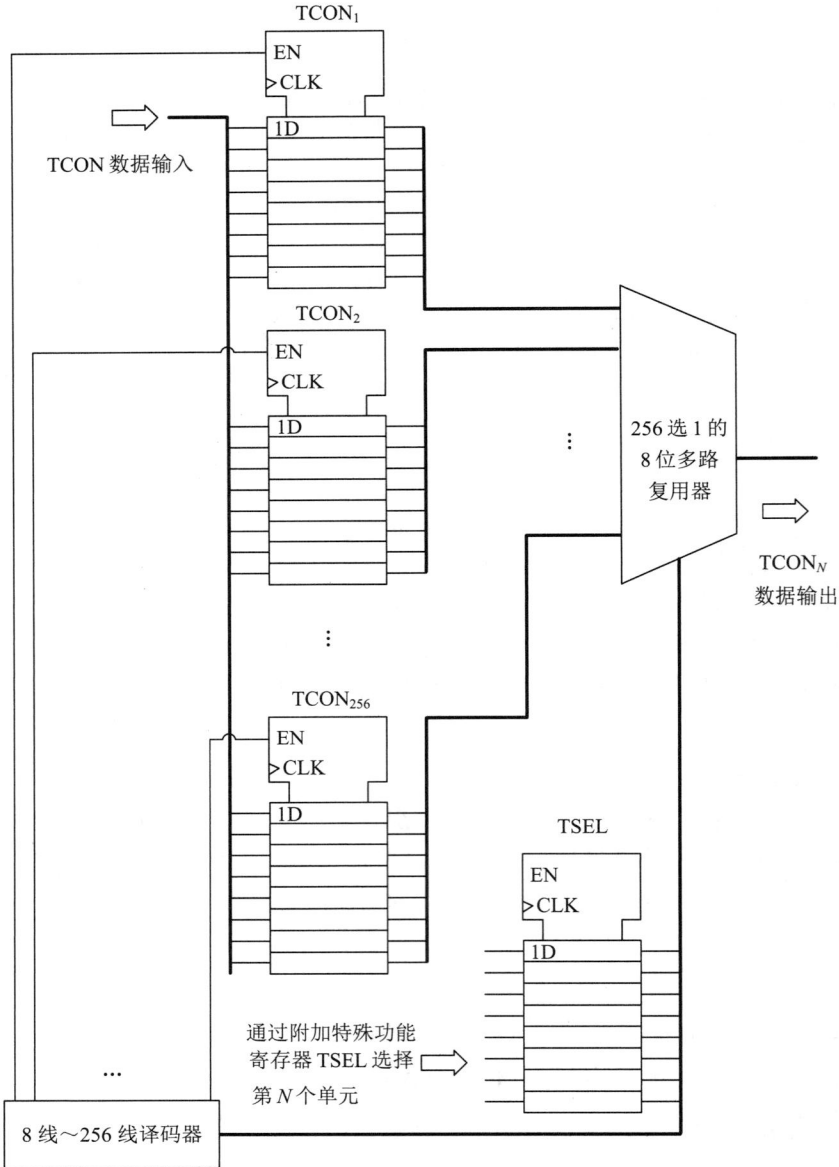

图 15-3   通过 TSEL 选择需要配置的定时器/计数器

如果在 TSEL 未选择对应的设备时，未选择的设备产生了中断，则相应的中断标志保持设置，直到执行匹配的中断服务例程。但在设备未被选择期间的后续中断只会导致对中断服务例程的一次调用。

8. MC8051 IP Core 可选功能的配置

在某些情况下，为了节省 FPGA 芯片的逻辑资源，可以选择不执行某些指令。这些指令有：8 bit 乘法、8 bit 除法和 8 bit 十进制校正。具体方法为：在 mc8051_p.vhd 源文件中的 VHDL 常量 C_IMPL_MUL 设置为 0 时，可以跳过 8 bit 乘法指令 MUL；通过将常量 C_IMPL_DIV 设置为 0，可以跳过 8 bit 除法指令 DIV，并可以通过将常量 C_IMPL_DA 设置为 0 跳过十进制校正指令。禁用后，大约可节省 10% 的芯片面积。

9. MC8051 IP Core 并行 I/O 端口

MC8051 IP Core 提供了与原来的 8051 微控制器一样的 4 个双向 8 位 I/O 端口，以便与外部交换数据。在 MC8051 设计中，为了便于被其他设计所集成，原始的多功能端口没有被采用，所有信号(如串行通信接口、中断、计数器输入和外部存储器接口)都从核心中单独引出来。

10. MC8051 IP Core 商用版本的功能

MC8051 IP Core 还提供了工业许可证，扩展了以下功能：

(1) 读取 ROM 的一步流水线。

(2) 通过 SFR 寄存器(0xB1)的标准 ROM 存储允许 ROM 大于 64 KB，例如通过 IAR 编译器自动支持存储。

(3) 64 位 ALU 支持加法、减法、乘法、左移/右移操作。在 8051 程序包中，通过设置常量来启用 64 位 ALU。该 64 位 ALU 通过 SFR 寄存器与处理器进行数据交互。

(4) 双精度浮点 ALU(符合 IEEE 754)支持加法、减法、乘法、除法运算。在 8051 程序包中，通过设置常量来启用 FPU。FPU 通过 SFR 寄存器与处理器进行数据交互。

(5) 扩展 RAM 的 DMA 单元。

15.2　MC8051 IP Core 在 Xilinx Artix7 FPGA 上的移植

通过对上一节以及前面关于单片机最小系统的学习，可以知道，要想在 FPGA 中让 MC8051 工作起来，注意事项如下：

(1) 由于采用的 FPGA 开发板上面的时钟一般比较高，例如这里采用的 Nexys Video 开发板的板上时钟为 100 MHz，而 MC8051 的频率根据 FPGA 的型号不同，所能工作的频率大约在 30 MHz 以下，因此，需要设置 MC8051 的工作时钟。以官网提供的实例为参考，将工作频率设置在 18 MHz。

(2) 由于 RAM 一般采用 FPGA 内部的 blockram 来实现，而不同 FPGA 的生成方法不太一样，因此，需要根据所采用的 FPGA 型号来手动添加 RAM。根据图 15-1 所示的结构可知，添加 RAM 的大小一般为 128 × 8 bit，注意，将 RAM 的输入和输出寄存功能去掉。

(3) ROM 的大小一般选择为 4 k × 8 bit 或 8 k × 8 bit。

(4) MC8051 为高电平复位，要根据开发板上的复位按键的有效电平，确定是否先要加一个非门，再连接到 MC8051 的复位信号上。

(5) 要注意 Keil 生成的 hex 文件需要转换为 coe 文件才能够正确装入 ROM 中，MC8051 IP Core 的\Version1_6\msim\hex2dual.c 为实现这一转换功能的源码，也可以在网上找到将 hex 转换为 bin 格式的工具和将 bin 格式转换为 coe 文件的工具，在将 bin 转换为 coe 时，注意选择位宽为 8 bit。

1. hex 文件的处理

在 Keil μVision 中新建工程，选择处理器型号为 Oregano System 的 8051 IP Core，新建 C 源代码如下：

```c
#include<reg51.h>
#include<stdio.h>
#include<intrins.h>
#define uchar unsigned char
#define uint unsigned int
ucharXcount;
uchar led=0xff;              //LED 初化值
uchar counter;               //500 ms 计数器
uchar display=0x01;
//延时程序
void delay(uint n)
{
    uint k;
    while(n--);
    {
        for (k=0;k<40000;k++)
        {;}
    }
}
// 定时器/计数器中断 0 程序
void timer0(void) interrupt 1
{
    ET0=0;                   //关定时器/计数器 T0 中断
    TR0=0;                   //不允许定时器 T0 计数
    TH0=0x8a;                //重装定时初值(18 MHz)
    TL0=0xd0;
    TR0=1;                   //允许定时器/计数器 T0 计数
    if(++counter==25)        //500 ms 计数
    {
        counter=0;
```

```
        display=_crol_(display,1);
    }
    P1=display;              //输出到 P0 口
    ET0=1;
}
// UART 程序
char putchar(char c)
{
    SBUF = c;
    if (c == '\n') SBUF = 0x0D;
        while (!TI);
    TI = 0;
    return (c);
}
//主程序
main()
{
    SCON = 0x50;        //选择模式 1，8 位数据格式，使能 UART
    PCON |= 0x80;       //波特率加倍
    TMOD = 0x21;        //定时器/计数器 T0 采用模式 1；定时器/计数器 T1 采用模式 2
    TH0=0x8a;           //20 ms 定时初值(18 MHz)
    TL0=0xd0;
    TH1 = 0xF6;         //定时器/计数器 T1 自动装载初值，时钟频率为 18 MHz，0xF6(9600 b/s)
    TL1 = 0xF6;
    TR0=1;              //允许定时器/计数器 T0 计数
    TR1 = 1;            //定时器/计数器 T1 计数使能
    ET0=1;              //允许定时器/计数器 T0 中断
    EA=1;               //开总中断
    Xcount=0;
    while(1)
    {
        printf("This is the UART and led controlled by MC8051\n");
        printf("Xcount = %02bX\n",Xcount++);
        printf("hello world\n");
        delay(30000);
    }
}
```

　　对工程进行编辑，得到 hex 文件，分别运行网上下载的 hextobin.exe 工具和 CoeGenerator.exe 工具，如图 15-4 所示，注意数据位宽为 8，最终得到 output.coe 文件。

图 15-4 hex 转换为 coe 工具

hex 文件、bin 文件和 coe 文件的内容如图 15-5 所示。

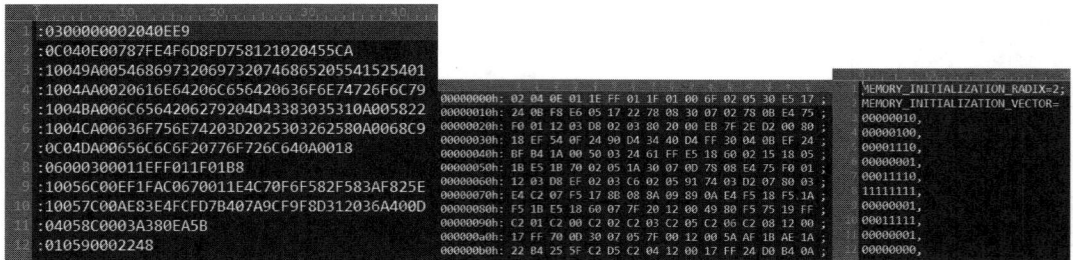

图 15-5 从左至右分别为 hex、bin 和 coe 文件

从图 15-5 中可以看出：hex 文件以十六进制文本形式表示数据，有明确的记录格式，便于人工阅读和编辑；bin 文件是纯二进制形式，数据紧凑，但不直观，需要特定的程序来解析；coe 文件中，第一行"MEMORY_INITIALIZATION_RADIX=2;"表示将存储器初始化的基数设置为 2，即后续的存储器初始化数据将以二进制的形式来表示，第二行"MEMORY_INITIALIZATION_VECTOR="用于指定存储器初始化向量，即具体的存储器初始化数据内容，第三行及以下的数据为一系列符合二进制格式的数据，这些数据将被用于对存储器进行初始化，确定存储器在开始工作时各个存储单元的初始值，每一行为 8 位。

2. 时钟的生成

首先新建一个名为 mc8051 的 Vivado 工程，这里使用的 Vivado 版本为 2020.1，不同版本的界面稍有区别。在 FPGA 器件里面选择使用 Nexys Video 板卡或选择 FPGA 型号为 xc7a200tsbg484-1，使用其他型号的 FPGA 过程是一样的，针对各个开发板实际情况进行修改即可。将 MC8051 IP 的设计源码添加到工程中，选择目标语言为 VHDL。

参考 MC8051 官网提供的设计实例，首先需要生成 18 MHz 的时钟，查询 Nexys Video 板卡的原理图可知，开发板上的时钟为 100 MHz，连接到 FPGA 的 R4 引脚，如图 15-6 所示，其中 SYSCLK 表示 FPGA 输入时钟。

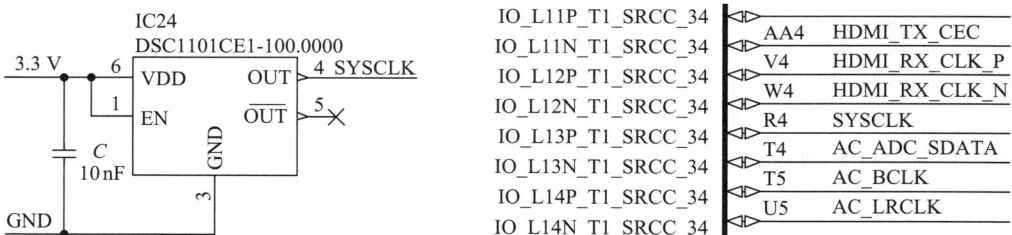

图 15-6 Nexys Video 板卡时钟输入部分原理图

首先单击"Flow Navigator"中的 ⚙ IP Catalog 图标，查找"Clocking"，如图 15-7 所示，然后双击"Clocking Wizard"对 IP 进行配置。

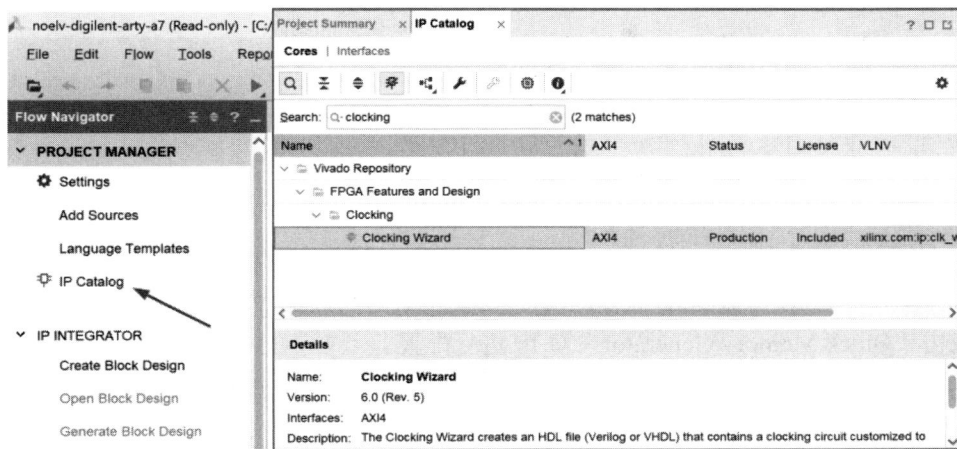

图 15-7　查找 Clocking Wizard

设置 IP 名称为 clk18m，设置输入时钟为 100 MHz，输出时钟为 18 MHz，不需要 reset、locked 等信号，如图 15-8 所示。

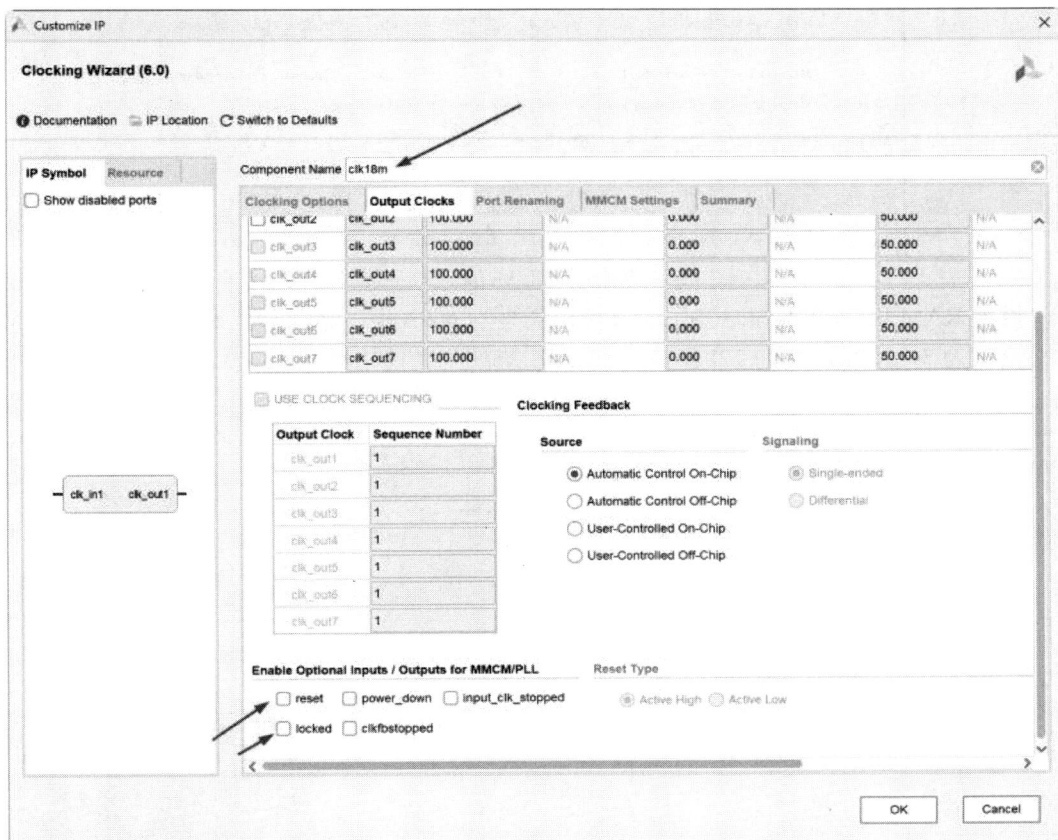

图 15-8　分频时钟设置

时钟部件的例化将在后文中实现，这里列出以下例化代码：

```
i_mc8051_clk : clk18m
    port map (
    -- Clock out ports
    clk_out1 =>clkdiv,
    -- Clock in ports
    clk_in1 =>clk_in
    );
```

3. RAM IP 的生成

首先单击"Flow Navigator"中的 ⊕ IP Catalog 图标，查找"RAM"，如图 15-9 所示，然后双击"Block Memory Generator"对 IP 进行配置。

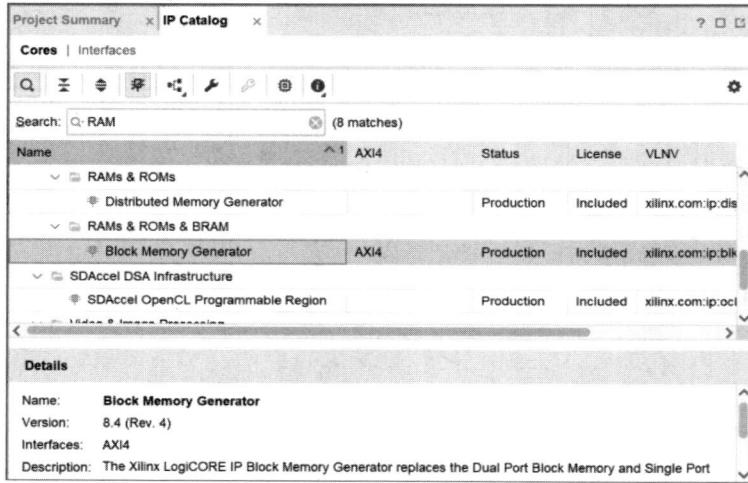

图 15-9　查找 Block Memory Generator

设置 RAM IP 名称为 mc8051_ram，接口类型为 Native，存储器类型为 Single Port RAM，读写位宽为 8，读写深度为 128，使用 ENA 引脚作为使能，如图 15-10 所示。

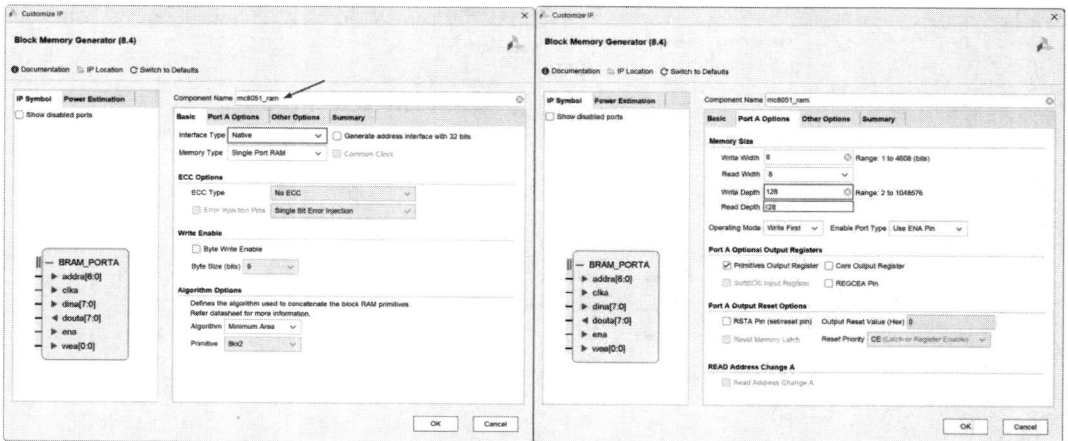

图 15-10　RAM IP 的设置

　　先单击图 15-11 中的"IP Sources"，再单击"mc8051_ram.vho"，可以得到 RAM IP 的例化代码模板。

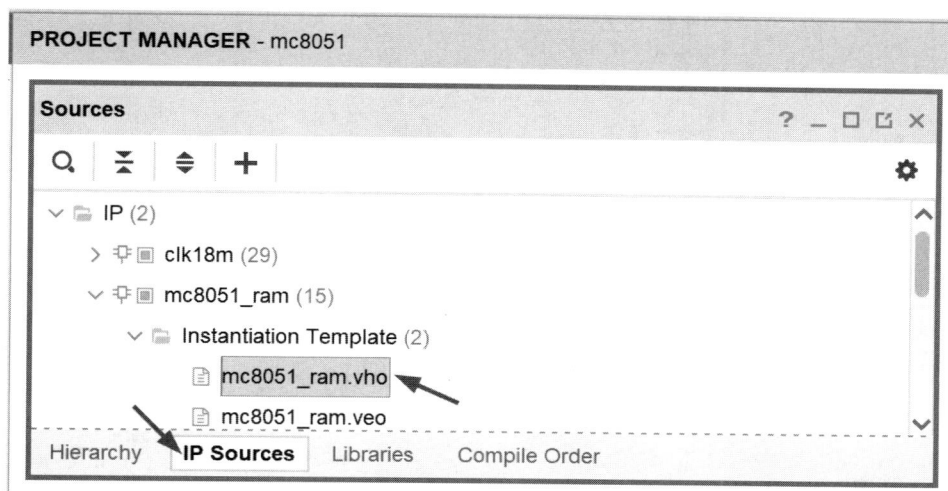

图 15-11　查看 RAM IP 的例化代码模板

RAM IP 的例化代码如下：

```
COMPONENT mc8051_ram
    PORT (
        clka : IN STD_LOGIC;
        ena : IN STD_LOGIC;
        wea : IN STD_LOGIC_VECTOR(0 DOWNTO 0);
        addra : IN STD_LOGIC_VECTOR(6 DOWNTO 0);
        dina : IN STD_LOGIC_VECTOR(7 DOWNTO 0);
        douta : OUT STD_LOGIC_VECTOR(7 DOWNTO 0)
    );
END COMPONENT;
```

　　这段代码定义了一个名为 mc8051_ram 的组件。它通过外部输入的时钟信号 clka 来同步内部的读写操作，利用 ena 信号控制模块整体的使能，依靠 wea 信号来决定是否执行写操作，通过 addra 信号来选择具体要操作的存储单元地址，在写操作时将 dina 上的数据写入指定地址的存储单元，在读操作时把对应存储单元的数据通过 douta 输出到外部电路，以此实现数据的存储与读取功能，为整个设计提供了一个可供数据暂存和交互的存储单元模块。

4. ROM IP 的生成

　　ROM 的 IP 选择和 RAM 一样，只是选择的参数不同。在图 15-9 的界面中，双击"Block Memory Generator"对 IP 进行配置。设置 ROM IP 名称为 mc8051_rom，接口类型为 Native，存储器类型为 Single Port ROM，Port A 位宽为 8，Port A 深度为 65536，使能设置为一直有效，Memory 初始化文件选择为刚刚生成的 coe 文件，如图 15-12 所示。

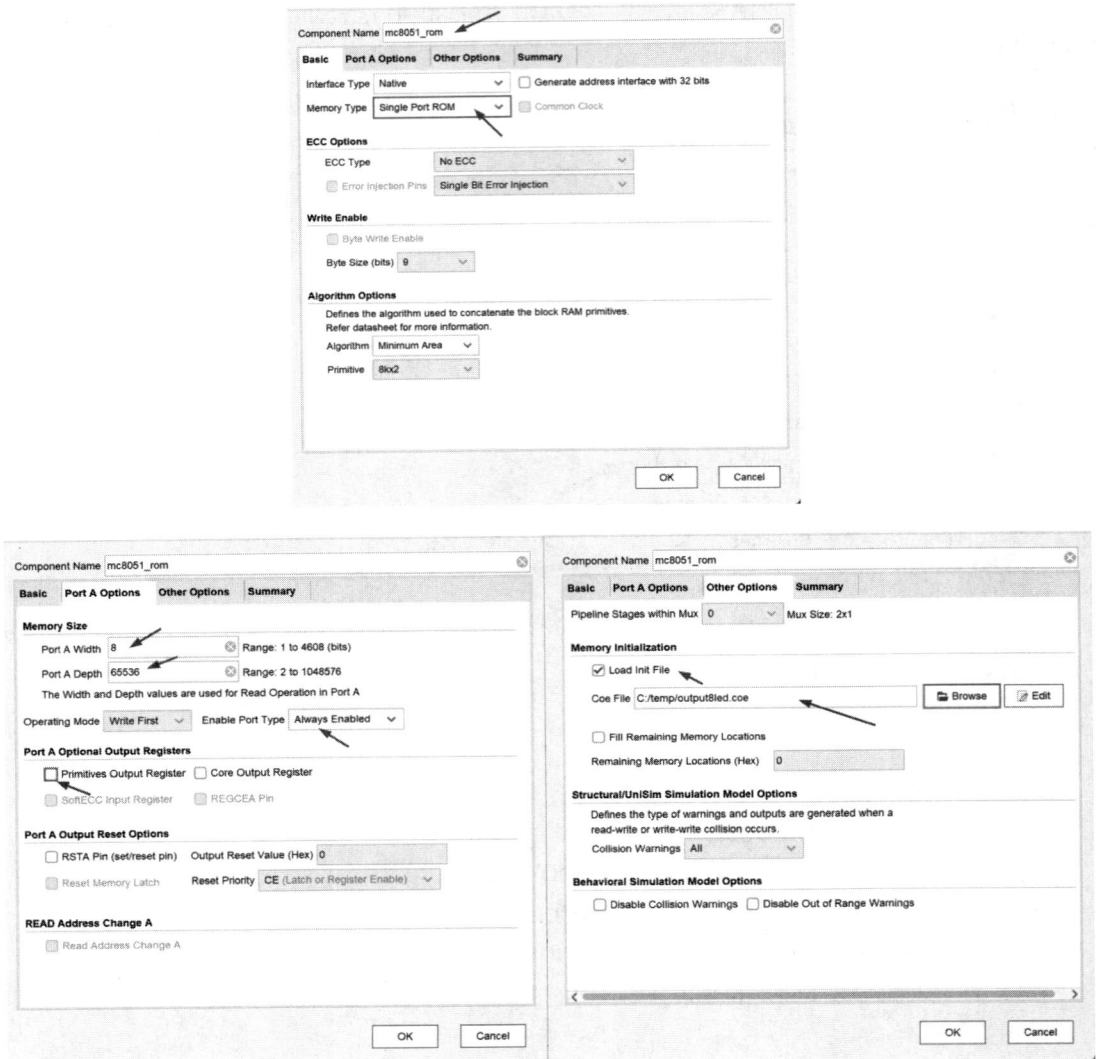

图 15-12　ROM IP 的设置

通过 Vivado 可以查看其例化代码，具体如下：

```
COMPONENT mc8051_rom
    PORT (
        clka : IN STD_LOGIC;
        addra : IN STD_LOGIC_VECTOR(15 DOWNTO 0);
        douta : OUT STD_LOGIC_VECTOR(7 DOWNTO 0)
    );
END COMPONENT;
```

该例化代码定义了名为 mc8051_rom 的组件，其功能主要是作为一个只读存储器模块，通过输入的标准逻辑时钟信号 clka 来同步操作，利用 16 位的标准逻辑向量地址信号 addra 进行存储单元寻址，进而将对应存储单元中存放的 8 位数据通过 douta 这个 8 位标准逻辑向量输出信号，为设计提供了只读的数据读取服务。

5. MC8051 源文件的添加

将 MC8051 IP Core 中的\Version1_6\vhdl 目录下除了带有 _cfg 的文件都添加到 Vivado 工程中，同时新建一个 mc8051.vhd 文件，作为顶层模块。该顶层模块文件内容如下：

```
library IEEE;
use IEEE.STD_LOGIC_1164.ALL;
use IEEE.STD_LOGIC_ARITH.ALL;
use IEEE.STD_LOGIC_UNSIGNED.ALL;
use work.mc8051_p.all;

entity mc8051 is
port(
    clk_in: in std_logic;
    reset_in: in std_logic;
    led: out std_logic_vector(7 downto 0);
    uart_rx: in std_logic;
    uart_tx: out std_logic
);
end mc8051;

architecture Behavioral of mc8051 is
component clk18m
port
(   clk_out1:out std_logic;
    clk_in1:in std_logic
);
end component;
    component mc8051_top
      port (clk:in std_logic;       -- system clock
            reset:in std_logic;       -- system reset
            int0_i:in std_logic_vector(C_IMPL_N_EXT-1 downto 0);
            int1_i:in std_logic_vector(C_IMPL_N_EXT-1 downto 0);
            all_t0_i:in std_logic_vector(C_IMPL_N_TMR-1 downto 0);
            all_t1_i:in std_logic_vector(C_IMPL_N_TMR-1 downto 0);
            all_rxd_i : in std_logic_vector(C_IMPL_N_SIU-1 downto 0);
            p0_i:in std_logic_vector(7 downto 0);    -- IO-port0 input
            p1_i:in std_logic_vector(7 downto 0);    -- IO-port1 input
            p2_i:in std_logic_vector(7 downto 0);    -- IO-port2 input
            p3_i:in std_logic_vector(7 downto 0);    -- IO-port3 input
            p0_o:out std_logic_vector(7 downto 0);    -- IO-port0 output
```

```
        p1_o:out std_logic_vector(7 downto 0);    -- IO-port1 output
        p2_o:out std_logic_vector(7 downto 0);    -- IO-port2 output
        p3_o:out std_logic_vector(7 downto 0);    -- IO-port3 output
        all_rxd_o:out std_logic_vector(C_IMPL_N_SIU-1 downto 0);
        all_txd_o:out std_logic_vector(C_IMPL_N_SIU-1 downto 0);
        all_rxdwr_o:out std_logic_vector(C_IMPL_N_SIU-1 downto 0));
    end component;

SIGNAL int0_i:std_logic_vector(C_IMPL_N_EXT-1 downto 0);
SIGNAL int1_i:std_logic_vector(C_IMPL_N_EXT-1 downto 0);
SIGNAL all_t0_i:std_logic_vector(C_IMPL_N_TMR-1 downto 0);
SIGNAL all_t1_i:std_logic_vector(C_IMPL_N_TMR-1 downto 0);
SIGNAL all_rxd_i:std_logic_vector(C_IMPL_N_SIU-1 downto 0);
SIGNAL p0_i:std_logic_vector(7 downto 0);
SIGNAL p1_i:std_logic_vector(7 downto 0);
SIGNAL p2_i:std_logic_vector(7 downto 0);    -- IO-port2 input
SIGNAL p3_i:std_logic_vector(7 downto 0);    -- IO-port3 input
SIGNAL p0_o:std_logic_vector(7 downto 0);
SIGNAL p2_o:std_logic_vector(7 downto 0);
SIGNAL p3_o:std_logic_vector(7 downto 0);
SIGNAL all_rxd_o:std_logic_vector(C_IMPL_N_SIU-1 downto 0);
SIGNAL all_txd_o:std_logic_vector(C_IMPL_N_SIU-1 downto 0);
SIGNAL all_rxdwr_o:std_logic_vector(C_IMPL_N_SIU-1 downto 0);
signal reset_in_n:std_logic;
signal clkdiv:std_logic;
begin

reset_in_n<= not reset_in;

i_mc8051_clk:clk18m
    port map (
        -- Clock out ports
        clk_out1 =>clkdiv,
        -- Clock in ports
        clk_in1 =>clk_in
    );

i_mc8051:mc8051_top
port map(clk=>clkdiv,
         reset=>reset_in_n,
```

```
            int0_i=>int0_i,
            int1_i=>int1_i,
            -- counter input 0 for T/C
            all_t0_i =>all_t0_i,
            -- counter input 1 for T/C
            all_t1_i=>all_t1_i,
            -- serial input for SIU
            all_rxd_i(0)=>uart_rx, --all_rxd_i,
            p0_i=>p0_i,
            p1_i=>p1_i,
            p2_i=>p2_i ,
            p3_i=>p3_i ,
            p0_o=>p0_o,
            p1_o=>led,
            p2_o=>p2_o,
            p3_o=>p3_o ,
            -- Mode 0 serial output for SIU
            all_rxd_o=>all_rxd_o ,
            -- serial output for SIU
            all_txd_o(0)=>uart_tx,--all_txd_o,
            -- rxd direction signal
            all_rxdwr_o =>all_rxdwr_o);
```

end Behavioral;

6. mc8051_p.vhd 文件的修改

mc8051_p.vhd 为配置文件，刚生成的 IP 的 COMPONENT 定义可以放在这个文件里面，将刚生成的 RAM 和 ROM 的模板文件 mc8051_ram.vho、mc8051_rom.vho 中的 COMPONENT 定义拷贝到这个文件中。其中这里没有用到 ramx，可以将其删除。同时修改 mc8051_p.vhd 中对应 RAM 和 ROM 的 COMPONENT，具体如下：

```
COMPONENT mc8051_ram
    PORT (
    clka:IN STD_LOGIC;
    ena: IN STD_LOGIC;
    wea:IN STD_LOGIC_VECTOR(0 DOWNTO 0);
    addra:IN STD_LOGIC_VECTOR(6 DOWNTO 0);
    dina:IN STD_LOGIC_VECTOR(7 DOWNTO 0);
    douta:OUT STD_LOGIC_VECTOR(7 DOWNTO 0)
    );
END COMPONENT;
```

```
COMPONENT mc8051_rom
   PORT (
      clka:IN STD_LOGIC;
      addra:IN STD_LOGIC_VECTOR(12 DOWNTO 0);
      douta:OUT STD_LOGIC_VECTOR(7 DOWNTO 0)
   );
END COMPONENT;
```

7. RAM 和 ROM 与 MC8051 的互联

RAM 和 ROM 与 MC8051 的互联主要在 mc8051_top_struc.vhd 文件中，同样可以将模板文件 mc8051_ram.vho、mc8051_rom.vho 中的原件例化语句拷贝到 mc8051_top_struc.vhd 文件中，并完成与 MC8051 信号之间的互联。这部分代码修改如下：

```
i_mc8051_ram:mc8051_ram
PORT MAP (
   clka=>clk,
   ena=>s_ram_en,
   wea(0)=>s_ram_wr,
   addra=>s_ram_adr,
   dina=>s_ram_data_in,
   douta=>s_ram_data_out
);


i_mc8051_rom:mc8051_rom
   PORT MAP (
   clka=>clk,
   addra=>s_rom_adr_sml,
   douta=>s_rom_data
);
```

8. 复位信号的处理

使用 Nexys Video 板卡上的 CPU_RESET(G4)按键来作为 MC8051 的复位，从图 15-13 中可以看出，按键按下为低电平，而 MC8051 为高电平复位，因此需要取反后再送入 MC8051，这在 mc8051.vhd 中已经实现。

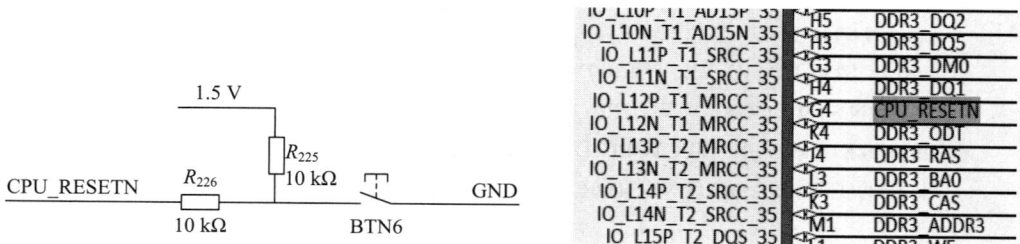

图 15-13　Nexys Video 板卡复位按键部分原理图

9. 约束文件的添加

在设计实现后，打开设计文件，单击菜单"Layout"→"Floorplanning"，可以在界面中设置引脚约束，如图 15-14 所示。

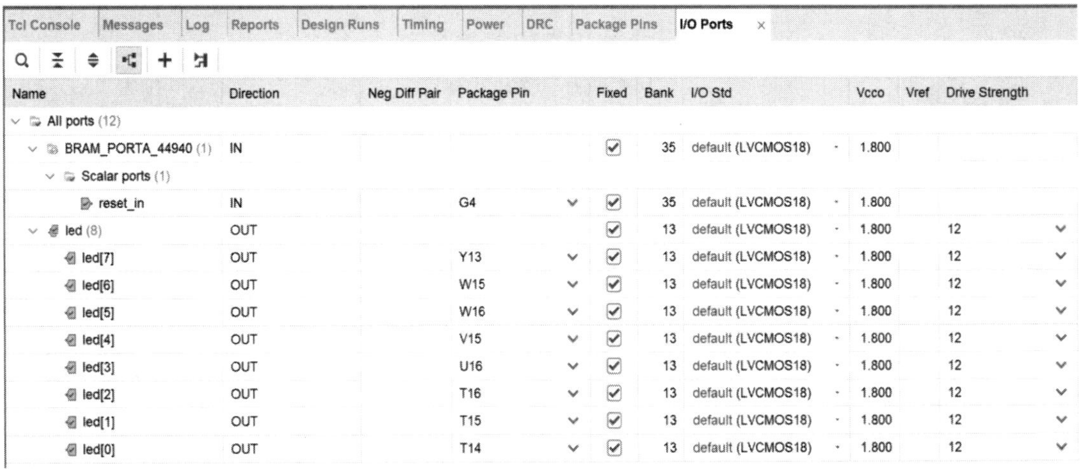

Name	Direction	Neg Diff Pair	Package Pin	Fixed	Bank	I/O Std	Vcco	Vref	Drive Strength
∨ ⌂ All ports (12)									
∨ ⌂ BRAM_PORTA_44940 (1)	IN			☑	35	default (LVCMOS18)	1.800		
∨ ⌂ Scalar ports (1)									
▷ reset_in	IN		G4 ∨	☑	35	default (LVCMOS18)	1.800		
∨ ⌀ led (8)	OUT			☑	13	default (LVCMOS18)	1.800		12 ∨
⌀ led[7]	OUT		Y13 ∨	☑	13	default (LVCMOS18)	1.800		12 ∨
⌀ led[6]	OUT		W15 ∨	☑	13	default (LVCMOS18)	1.800		12 ∨
⌀ led[5]	OUT		W16 ∨	☑	13	default (LVCMOS18)	1.800		12 ∨
⌀ led[4]	OUT		V15 ∨	☑	13	default (LVCMOS18)	1.800		12 ∨
⌀ led[3]	OUT		U16 ∨	☑	13	default (LVCMOS18)	1.800		12 ∨
⌀ led[2]	OUT		T16 ∨	☑	13	default (LVCMOS18)	1.800		12 ∨
⌀ led[1]	OUT		T15 ∨	☑	13	default (LVCMOS18)	1.800		12 ∨
⌀ led[0]	OUT		T14 ∨	☑	13	default (LVCMOS18)	1.800		12 ∨

图 15-14　利用 Floorplanning 设置引脚约束

当然也可以直接打开添加的 xdc 约束文件，通过文本方式设置约束：

```
set_property PACKAGE_PIN G4 [get_portsreset_in]
set_property PACKAGE_PIN R4 [get_portsclk_in]
set_property PACKAGE_PIN T14 [get_portsled[0]]
set_property PACKAGE_PIN T15 [get_portsled[1]]
set_property PACKAGE_PIN T16 [get_portsled[2]]
set_property PACKAGE_PIN U16 [get_portsled[3]]
set_property PACKAGE_PIN V15 [get_portsled[4]]
set_property PACKAGE_PIN W16 [get_portsled[5]]
set_property PACKAGE_PIN W15 [get_portsled[6]]
set_property PACKAGE_PIN Y13 [get_portsled[7]]
set_property PACKAGE_PIN V18 [get_portsuart_rx]
set_property PACKAGE_PIN AA19 [get_portsuart_tx]
```

10. bitgen 的 tcl 处理文件

在使用 Vivado 2020.2 生成 bit 文件时，会在 bitgen 这一步报错，我们可以把下面 3 句话保存成 tcl 文件：

```
set_property SEVERITY {Warning} [get_drc_checks NSTD-1]
set_property SEVERITY {Warning} [get_drc_checks RTSTAT-1]
set_property SEVERITY {Warning} [get_drc_checks UCIO-1]
```

在"Generate Bitstream"上单击右键，选择"Bitstream"，然后在出现的窗口的第一行选择刚刚保存的 tcl 文件并再次运行，即可正确生成 bit 文件，如图 15-15 所示。

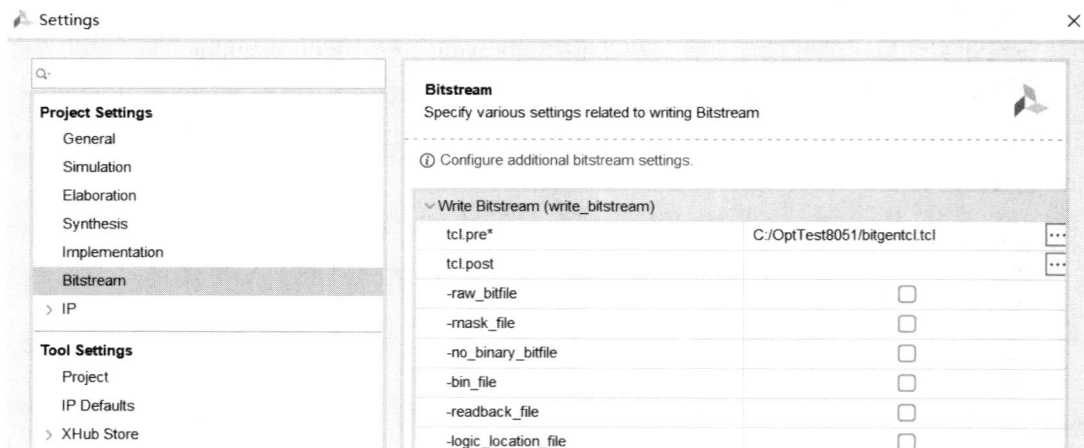

图 15-15　生成 bit 文件配置

11. 下载与测试

把文件烧写到 FPGA 中，可以看到 Nexys Video 板卡上的 LED0~LED7 循环逐个点亮。同时，打开串口助手，根据在设备管理器中看到的串口号，设置波特率为 9600 b/s，可以看到串口助手接收到的信息文本如图 15-16 所示。

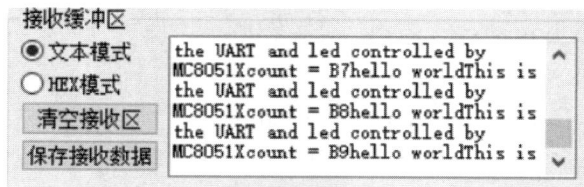

图 15-16　串口助手接收到的文本信息

小　　结

本章较为全面地介绍了 MC8051 内核在 FPGA 上的实现，尤其是针对 Xilinx Artix7 FPGA 的具体移植过程。首先详细描述了 MC8051 IP 核的概览，包括其简介、架构、信号列表、源代码设计层次结构、时钟域和存储器接口以及其定时器、计数器、串行接口和中断的配置。此外，讨论了 MC8051 IP 的可选功能配置和商业版本功能。接着，通过给出了一个点亮开发板上 LED 和通过串口发送文本的实例来深入探讨了 MC8051 IP Core 在 Xilinx Artix7 FPGA 上的移植，涵盖了从 hex 文件的处理、时钟和存储器 IP 的生成，到源文件的添加、文件修改、系统互联、复位信号处理、约束文件添加及最终的 bit 生成和下载测试。通过这些内容，读者可以获得关于如何将 MC8051 内核有效地移植到 FPGA 平台的全面知识。通过对本章学习，读者可以掌握在 Vivado 中应用 MC8051 的基本方法。同时，本章中生成的 hex 文件，也可以通过前面各章节的仿真原理图进行 Porteus 仿真验证。

习　　题

一、单选题

1. MC8051 IP 核的应用是(　　)。

A. 高性能计算　　　　　　　　　　B. 图形处理

C. 嵌入式系统　　　　　　　　　　D. 数据库管理

2. MC8051 IP 核的架构主要包括(　　)。

A. CPU 和 GPU　　　　　　　　　　B. ALU 和寄存器

C. 控制单元和算术逻辑单元　　　　D. 网络接口和音频处理器

3. 在 MC8051 IP 核中，时钟域的主要作用是(　　)。

A. 控制数据传输速度　　　　　　　B. 管理不同速度的处理器运行

C. 同步不同组件的操作　　　　　　D. 存储数据

4. MC8051 IP 的定时器/计数器可用于(　　)。

A. 处理图像　　　　　　　　　　　B. 测量时间间隔

C. 加速数据处理　　　　　　　　　D. 增强音频信号

5. MC8051 IP 核的存储器接口用于连接的存储器是(　　)。

A. 只读存储器　　　　　　　　　　B. 随机访问存储器

C. 闪存　　　　　　　　　　　　　D. A 和 B

6. 在将 MC8051 IP Core 移植到 Xilinx Artix7 FPGA 时，处理 hex 文件的目的是(　　)。

A. 配置 FPGA 的物理接口　　　　　B. 转换程序代码为机器码

C. 生成可配置的位流文件　　　　　D. 存储初始程序代码到 FPGA

7. 生成时钟 IP 的主要目的是(　　)。

A. 提供定时功能　　　　　　　　　B. 生成系统所需的具体时钟信号

C. 控制输入/输出端口　　　　　　　D. 增加处理速度

8. RAM 和 ROM 与 MC8051 互联的主要目的是(　　)。

A. 增强数据处理能力　　　　　　　B. 提供足够的存储空间

C. 使 CPU 能够访问存储数据和程序　D. 提高能效

9. 复位信号的处理在 FPGA 实现中的作用是(　　)。

A. 重启系统　　　　　　　　　　　B. 清除内存

C. 初始化系统到已知状态　　　　　D. 加速处理器性能

10. MC8051 IP Core 的并行 I/O 端口用途是(　　)。

A. 数据加密　　　　　　　　　　　B. 网络通信

C. 外设连接和控制　　　　　　　　D. 音频输出

二、多选题

1. MC8051 IP 核的主要特点包括(　　)。

A. 低功耗设计　　　　　　　　　B. 可配置的功能

C. 高速数据处理　　　　　　　　D. 可选的定时器和计数器配置

2. 在 FPGA 上实现 MC8051 IP Core 时，主要步骤包括(　　)。

A. hex 文件的处理　　　　　　　B. 时钟 IP 的生成

C. RAM 和 ROM 的配置　　　　　D. 外设驱动安装

3. MC8051 IP 核可以支持的外设接口有(　　)。

A. 串行接口　　　B. 并行 I/O 端口　　　C. USB 接口　　　D. 网络接口

4. MC8051 IP 核配置选项通常包括(　　)。

A. 存储器大小　　　B. 可选的中断处理　　　C. I/O 端口数量　　D. CPU 核心速度

5. 关于 MC8051 IP 核在 Xilinx Artix7 FPGA 上的移植，正确的说法是(　　)。

A. 需要修改源文件以适应 FPGA　　　B. 必须重新设计其内部架构

C. 连接 RAM 和 ROM 至 MC8051 IP 核　　D. 添加和配置约束文件

三、判断题

1. MC8051 IP 核是专为高性能游戏设计的。　　　　　　　　　　　　(　　)

2. MC8051 IP 核可以在 FPGA 上实现。　　　　　　　　　　　　　(　　)

3. 在 MC8051 IP 核中，时钟域对于同步各组件操作是必需的。　　　(　　)

4. MC8051 IP 核的商用版本提供比开源版本更多的功能。　　　　　(　　)

5. MC8051 IP 核不支持串行接口。　　　　　　　　　　　　　　　(　　)

6. 在 FPGA 上实现 MC8051 需要生成专用的时钟 IP。　　　　　　(　　)

7. MC8051 IP 的移植不需要考虑 Hex 文件的处理。　　　　　　　(　　)

8. RAM 和 ROM 与 MC8051 的互联是自动完成的。　　　　　　　(　　)

9. 在 FPGA 实现中，复位信号的正确处理是不甚重要的。　　　　　(　　)

10. MC8051 IP 核实现需要对源代码进行修改以适应特定的 FPGA。　(　　)

四、简答题

1. 简述 MC8051 IP 核的主要用途和优势。

2. 简述在 FPGA 上实现 MC8051 IP 核的一般步骤。

3. 为什么在 MC8051 IP 核移植过程中处理复位信号很重要？

附录 1　仿真软件中的电路图形符号与国家标准符号对照表

表 1　仿真软件中的电路图形符号与国家标准符号对照

序号	名称	国家标准的画法	软件中的画法
1	发光二极管		
2	二极管		
3	三极管		
4	按钮开关		
5	晶振		
6	电阻元件		
7	电感元件		
8	电解电容元件		

附录2　自　测　题

自　测　题　一

一、选择题(将正确答案填入括号内。每小题 2 分，共 24 分)

1. 下列不属于嵌入式系统特征的是(　　)。

A. 应用领域广泛　　　　　　　　B. 系统资源有限

C. 采用通用处理器　　　　　　　D. 采用交叉编译方式

2. 微控制器的最大特点是(　　)。

A. 单片化　　　B. 功耗极低　　　C. 适应电压宽　　　D. 适应温度范围广

3. 大多数 PC 的处理器使用(　　)。

A. CISC 架构　　　　　　　　　　B. RISC 架构

C. 哈佛结构　　　　　　　　　　D. 存算一体架构

4. 下列不属于 CISC 架构的特点的是(　　)。

A. 指令系统丰富　　　　　　　　B. 对存储器的操作指令较少

C. 处理特殊任务效率高　　　　　D. 架构复杂，设计周期长

5. 关于 MCS-51 系列单片机的 SP，下列描述错误的是(　　)。

A. 为堆栈指针　　　　　　　　　B. 总是指向栈底元素

C. 位宽为 8 位　　　　　　　　　D. 复位后值为 07H

6. 下列存储器中，速度最快的是(　　)。

A. DRAM　　　B.寄存器　　　C. SRAM　　　D. DDR5

7. 下列存储器中，属于只读存储器的是(　　)。

A. DRAM　　　B. ROM　　　C. SRAM　　　D. DDR5

8. 关于 MCS-51 系列单片机的并行口描述，错误的是(　　)。

A. P0 可以作为外接存储器的低 8 位地址

B. P2 可以作为外接存储器的高 8 位地址

C. P3 的每个引脚都具有第二功能

D. P1 还可以作为数据端口

9. MCS-51 系列单片机的中断源个数为(　　)。

A. 3　　　　　　B. 4　　　　　　C. 5　　　　　　D. 94

10. MCS-51 系列单片机的内部 RAM 共有(　　)个字节。

A. 128　　　　B. 32　　　　　C. 256　　　　D. 8

11. MCS-51 系列单片机的(　　)用于存放运算的中间结果、数据暂存以及数据缓冲等。

A. RAM　　　B. ROM　　　C. SFR　　　D. ACC

12. 下列关于 MCS-51 系列单片机定时器的描述，错误的是(　　)。

A. T0 由两个 8 位寄存器 TH0、TL0 构成

B. 定时功能时，计数脉冲来源为系统晶振输出的 12 分频

C. 最高计数频率为时钟频率的 1/12

D. 当计数值为全 1 时，如果再输入一个脉冲，则计数器重新回到全 0

二、判断题(共 10 小题，每小题 2 分，共 20 分)

1. 嵌入式软件开发需要进行交叉编译。　　　　　　　　　　　　　　　(　　)

2. 嵌入式软件都要在操作系统的基础上才能运行。　　　　　　　　　(　　)

3. 初始化引导代码是嵌入式系统上电复位后第一个执行的代码，主要完成系统自检、软硬件初始化、引导操作系统等功能。　　　　　　　　　　　　　　　(　　)

4. 在系统启动时，BSP(板级支持包)完成对硬件的初始化。　　　　　(　　)

5. 对于中断(事件)驱动系统，整个嵌入式系统软件由中断服务程序构成，主程序完成系统的初始化工作。　　　　　　　　　　　　　　　　　　　　(　　)

6. MCS-51 系列单片机的寄存器 B 用于在做乘法运算时存放乘数，在做除法时存放除数，不做乘除时，可用作一般的寄存器。　　　　　　　　　　　　　(　　)

7. MCS-51 系列单片机的每个端口都是 8 位准双向口，每个端口都包括一个锁存器、一个输出驱动器和输入缓冲器。　　　　　　　　　　　　　　　　(　　)

8. 单片机的 $\overline{EA}$ 引脚为访问外部 ROM 的控制信号，当其为高电平时，MCS-51 系列单片机从片外 ROM 启动。　　　　　　　　　　　　　　　　　　(　　)

9. MCS-51 系列单片机复位后，P0 的值为 00H。　　　　　　　　　　(　　)

10. 单片机除了正常运行，还可以处于省电保持模式，此时，内部振荡器仍然运行，但 CPU 被冻结不再工作。　　　　　　　　　　　　　　　　　　　(　　)

三、填空题(将正确答案填入空内。每空 2 分，共 26 分)

1. 算术逻辑单元(ALU)有_____个输入端和_____个输出端。

2. _____通常用 A 表示，单片机在做运算时的中间结果。

3. _____是一个_____位寄存器，用于存放下一条将要执行的指令地址。

4. MCS-51 系列单片机的片内程序存储器大小为_____，物理地址为_____。

5. _____是指运行在通用计算机上、但能够生成在另一种处理器上运行的目标代码的编译器。

6. Keil C 中工程项目文件的扩展名为_____，单片机可以执行文件的扩展名为_____。

7. MCS-51 系列单片机使用_____寄存器间接访问片外 RAM，允许访问全部 64 kB 片外 RAM。

8. 在 C51 中，允许用户通过位类型符来定义位变量。位类型符有两个，分别是_____和_____。

四、简答题(共 3 小题，共 20 分)

1. 写出下列术语的全称，并翻译成中文。(8 分)

(1) MCU; (2) EDSP; (3) MPU; (4) SoC。

2. 列出 5 个嵌入式处理器的主要技术指标。(5 分)

3. 什么是中断？在嵌入式系统中，采用中断将带来哪些优势？(7 分)

五、设计分析题(10 分)

开关控制声光报警器的仿真电路如图 1 所示。当连接 P3.0 的按键按下去时,LED 闪烁,同时 P2.0 输出音频信号驱动扬声器。

1. 试补全代码。(6 分)

2. 在按键按下去之后,输出的音频信号有哪些频率? 各频率持续时间为多少? (4 分)

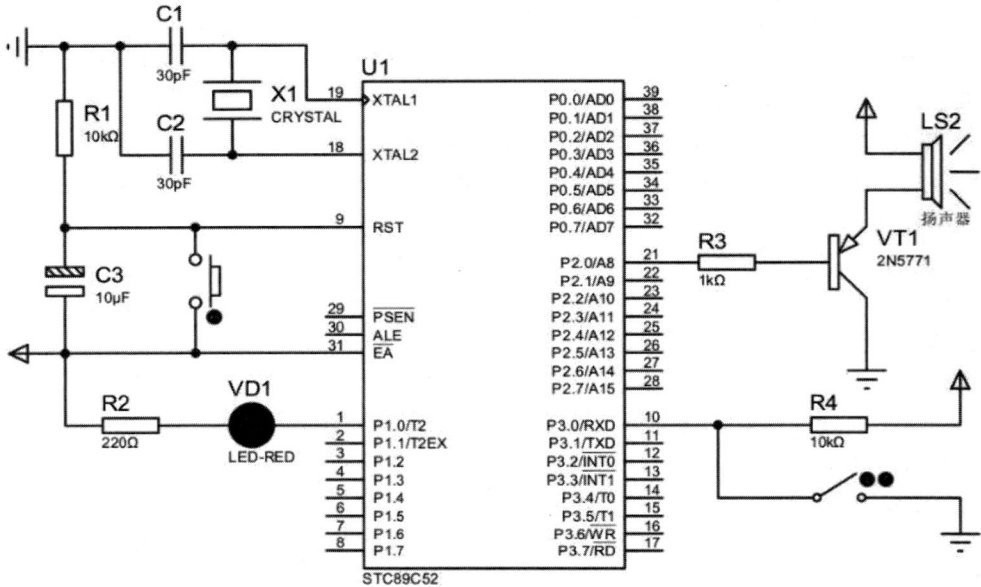

图 1   开关控制声光报警器的仿真电路

```
#include <AT89X51.h>
#include <INTRINS.H>
sbit SPK=①_____;
sbit LED=②_____;
sbit SW=③_____;
unsigned char count ;
void delay500(void) //延时 500 μs, 即 0.5 ms
{
    unsigned char i ;
    for(i=250;i>0;i--)
    {
        _nop_();
    }
}
void main()
{
    ④_____
    {
```

```
          if (SW==0)
          {
              for(count=200 ; count>0 ; count--)
              {
                  SPK=~SPK;
                  LED=⑤_____ ;
                  delay500();
              }
              for (count=200 ; count > 0 ; count--)
              {
                  SPK=~SPK;
                  LED=⑥_____ ;
                  delay500();
                  delay500();
              }
          }
      }
  }
```

自 测 题 二

一、选择题(将正确答案填入括号内。每小题 2 分,共 30 分)

1. MCS-51 系列单片机的 CPU 为(   )位。

A. 8   B. 16

C. 32   D. 64

2. 以下不是构成控制器的部件是(   )。

A. 程序计数器   B. 指令寄存器

C. 指令译码器   D. 存储器

3. 如果将中断优先级寄存器 IP 设置为 0x18,则优先级最高的是(   )。

A. 定时器/计数器 T0   B. 定时器/计数器 T1

C. 外部中断 0   D. 外部中断 1

4. 在 MCS-51 系列单片机中,若晶振频率为 8 MHz,则一个机器周期等于(   )μs。

A. 1.5   B. 3

C. 1   D. 0.5

5. 要使 MCS-51 系列单片机能够响应定时器/计数器 T1 中断、串行接口中断,它的中断允许寄存器 IE 的内容应是(   )。

A. 98H   B. 84H   C. 42H   D. 22H

6. 如果需启动定时器 T0,应该将(   )置 1。

A. TH0   B. TMOD   C. TL0   D. TR0

7. MCS-51 系列单片机的应用程序一般存放在(   )中。

A. RAM   B. ROM   C. 寄存器   D. CPU

8. 定时器/计数器 T0 工作在计数方式时，其外加的计数脉冲信号应连接到( )引脚。

A. P3.2   B. P3.3   C. P3.4   D. P3.5

9. 下列叙述中，正确的是( )。

A. 宿主机与目标机之间只需要建立逻辑连接即可

B. 在嵌入式系统开发中，通常采用的是交叉编译器

C. 在嵌入式系统中，调试器与被调试程序一般位于同一台机器上

D. 宿主机与目标机之间的通信方式只有串口和并口两种

10. 下列叙述中不属于冯·诺依曼体系特点的是( )。

A. 数据以二进制表示   B. 被大多数计算机所采用

C. 以存储程序原理为基础   D. 不需要输入和输出设备

11. MCS-51 系列单片机外扩一个 8255 时，需占用( )个端口地址。

A. 1 个   B. 2 个

C. 3 个   D. 4 个

12. 某种存储器芯片是 8 KB × 4 片，那么它的地址线根数是( )。

A. 11 根   B. 12 根

C. 13 根   D. 14 根

13. DPTR 为( )。

A. 程序计数器   B. 累加器

C. 数据指针寄存器   D. 程序状态字

14. 寄存 PSW 的 CY 位为( )。

A. 辅助进位标志   B. 进位标志

C. 溢出标志位   D. 奇偶标志位

15. MCS-51 系列单片机片内 ROM 容量为( )。

A. 4 KB   B. 8 KB

C. 128 B   D. 256 B

二、填空题(将正确答案填入空内。每空 2 分，共 20 分)

1. 89C51 单片机的内部硬件结构包括＿＿＿＿、＿＿＿＿、＿＿＿＿和＿＿＿＿等部件，这些部件通过内部总线相连接。

2. 计算机的系统总线有＿＿＿＿、＿＿＿＿和＿＿＿＿。

3. MCS-51 系列单片机 89C51 中有＿＿＿＿个 16 位的定时器/计数器，可以被设定的工作方式有＿＿＿＿种。

4. 用串行接口扩展并行接口时，串行接口的工作方式应选为＿＿＿＿。

三、简答题(共 3 小题，共 18 分)

1. 什么是 C51 中的进位和溢出？举例说明。(6 分)

2. MCS-51 系列单片机存储器的组织结构是怎样的？(6 分)

3. PC 是什么寄存器？多少位？是否属于特殊功能寄存器？它在程序设计中有什么作用？可以通过软件修改 PC 的值吗？(6 分)

四、设计分析题(32 分)

　　设计制作一个频率计,仿真电路如图 2 所示。系统晶振频率为 12 MHz,每按一次按键会在数码管上显示 P3.5 引脚输入信号的频率值,定时器/计数器 T0 和定时器/计数器 T1 均工作在模式 1,定时器采用中断处理的方法。分析下列程序,在空格中填写程序或该行语句的作用。

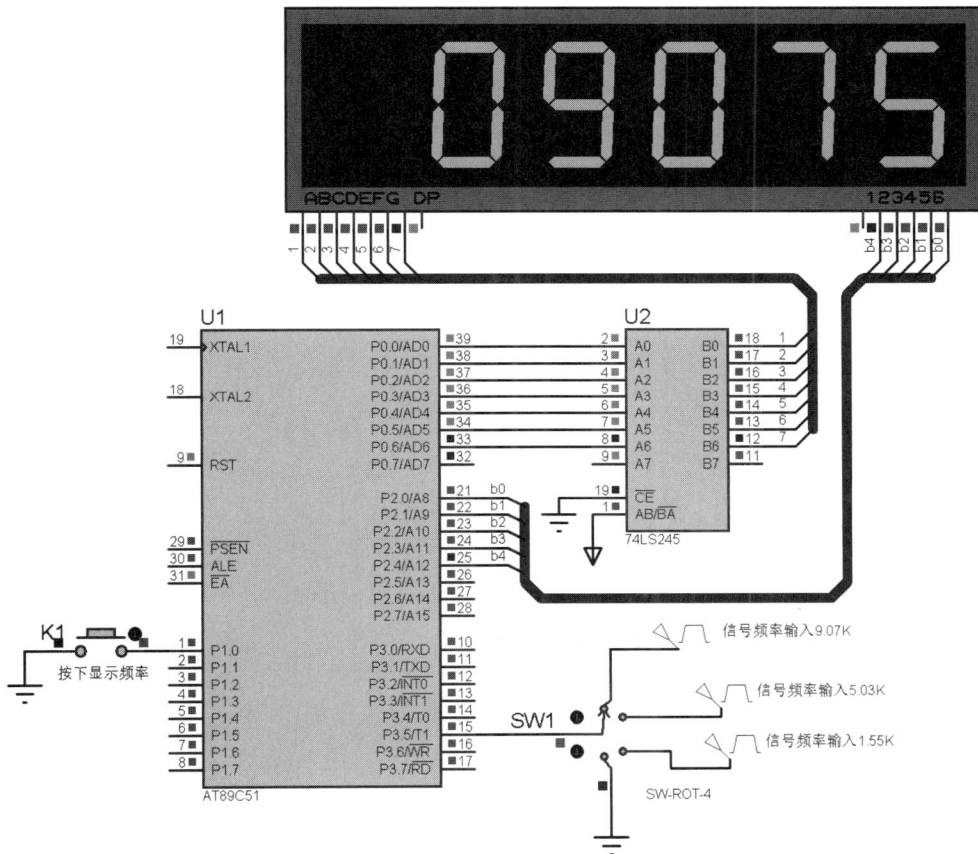

图 2　频率计仿真电路

```
#include<AT89X51.H>
#include<intrins.h>
unsigned char DSY_CODE[16]={0xc0,0xf9,0xa4,0xb0,0x99,0x92,0x82,0xf8,
            0x80,0x90,0x88,0x83,0xc6,0xa1,0x86,0x8e};
unsigned char Disp_Buffer[]={0,0,0,0,0};
unsigned char code DSY_BIT[]={0xFE,0xFD,0xFB,0xF7,0xEF};
unsigned char Count = 0;
sbit K1 = P1^0;

void DelayX1ms(unsigned int x);
void main()
```

```
{
    unsigned char i = 0,k=0x80;
    IE = 0x8A;                      //①_____
    TMOD = 0x51;                    //②_____
    TH0 = (65536-50000)/256;        //③_____
    TL0 = (65536-50000)%256;        //④_____
    while(1)
    {
        if(P1_0 ==0)                //⑤_____
        {
            DelayX1ms(2);    //⑥_____
            if(P1_0 ==0)
            {
                TR1 =1;
                TR0 =1;      //⑦_____
            }
        }
        else
        {
            for(i=0;i<5;i++)         //⑧_____
            {
                P2 = DSY_BIT[i];
                P0 = ~DSY_CODE[Disp_Buffer[i]];
                DelayX1ms(2);
            }
        }
    }
}


void DelayX1ms(unsigned int count)
{
    unsigned int i,j;
    for(i=0;i<count;i++)
        for(j=0;j<120;j++)
            ;
}


void Timer_Interrupt() interrupt 1
{
    unsigned int Tmp;
```

```
    TH0 = (65536-50000)/256;            //⑨_____
    TL0 = (65536-50000)%256;
    if(++Count ==20)                    //⑩_____
    {   TR1= TR0 = 0;                   //⑪_____
        Count =0;
        Tmp = TH1*256+TL1;              //⑫_____
        Disp_Buffer[4] = Tmp/10000;     //⑬_____
        Disp_Buffer[3] = Tmp/1000%10;
        Disp_Buffer[2] =⑭_____;
        Disp_Buffer[1] =⑮_____;
        Disp_Buffer[0] = Tmp%10;
        TH1= TL1 = 0;                   //⑯_____
    }
}
```

自 测 题 三

一、选择题(将正确答案填入括号内。每小题 2 分，共 24 分)

1. RISC 处理器的指令集是(　　)。
A. 简单而且指令数量较少　　　　　　B. 复杂而且指令数量较少
C. 简单而且指令数量较多　　　　　　D. 复杂而且指令数量较多

2. 关于 CISC 处理器，下列说法正确的是(　　)。
A. 是可变长度的指令　　　　　　B. 通用寄存器的数量是有限的
C. 其指令类似于 C 语言中的宏　　　　D. 以上都是

3. 在以下处理器结构中，支持更简单的指令流水操作的是(　　)。
A. 哈佛结构　　　　　　　　　　B. 冯·诺依曼结构
C. 两者都是　　　　　　　　　　D. 两者都不是

4. 在下列选项中，为一次性编程存储器的是(　　)。
A. SRAM　　　　B. PROM　　　　C. Flash　　　　D. NVRAM

5. 在下列选项中，最适合用于开发的是(　　)。
A. EEPROM　　　　　　　　　　B. OTP(One Time Programmable)
C. UVEPROM　　　　　　　　　D. A 或 B

6. 在 1 KB RAM 中，共有(　　)个存储器单元。
A. 1024　　　　B. 8192　　　　C. 512　　　　D. 4096

7. 在标准 89C51 架构中，能够支持的专用功能寄存器 SFR 空间大小为(　　)。
A. 64 B　　　　B. 128 B　　　　C. 256 B　　　　D. 1024 B

8. 在标准 89C51 架构中，I/O 的数目为(　　)。
A. 8　　　　B. 16　　　　C. 32　　　　D. 64

9. 在标准 89C51 架构中，定时器单元的数目为(　　)。
A. 两个 16 位定时器　　　　　　B. 三个 16 位定时器

C. 两个 8 位定时器　　　　　　　　D. 一个 16 位定时器

10. 定时器/计数器工作在模式 0 时，13 位寄存器的组成是(　　)。

A. TH0/TH1 的全部 8 位以及 TL0/TL1 的低 5 位

B. TH0/TH1 的全部 8 位以及 TL0/TLl 的高 5 位

C. TL0/TL1 的全部 8 位以及 TH/TH1 的低 5 位

D. TL0/TL1 的全部 8 位以及 TH/TH1 的高 5 位

11. 正常上电复位之后，程序计数器(PC)的取值应该是(　　)。

A. FFFFH　　　　B. 0000H　　　　　　C. 随机数值　　　　D. 0001H

12. 在系统复位之后，内部 RAM 的取值应该是(　　)。

A. 00H　　　　　B. FFH　　　　　　　C. 随机数值

D. 如果系统是在工作期间复位，那么就是系统复位前相应 RAM 的取值；如果系统是在上电后立即复位，那么取值是随机的

二、判断题(共 10 小题，每小题 2 分，共 20 分)

1. 嵌入式系统是一种结合了电气、电子及机械工程的系统，用于执行特定的功能，是硬件与固件(即软件)结合的产物。　　　　　　　　　　　　　　　(　　)

2. MCS-51 系列单片机是基于哈佛(Harvard)结构的处理器。无论是从逻辑上看，还是从物理上看，MCS-51 系列单片机的程序存储器和数据存储器都是分离的。因此，为数据存储器和程序存储器分配了独立的地址空间。　　　　　　　　　　(　　)

3. MCS-51 系列单片机的地址总线是 16 位宽度，其存储空间寻址范围多达 64 KB。　　　　　　　　　　　　　　　　　　　　　　　　　　　　　(　　)

4. 时钟周期是单片机 CPU 中最基本的时间单元，在一个时钟周期内，CPU 仅完成一个最基本的动作。振荡脉冲信号(拍)经过二分频后，便可得到单片机的时钟信号。(　　)

5. 累加器(ACC)、B 寄存器、程序状态字(PSW)、栈指针(SP)、数据指针(DPTR)、程序计数器(PC)共同构成了 CPU 寄存器。　　　　　　　　　　　　　(　　)

6. 在 MCS-51 系列单片机的中断系统中，可完全由软件来控制中断的使能或禁用。　　　　　　　　　　　　　　　　　　　　　　　　　　　　　(　　)

7. 通过对专用功能寄存器中断使能(IE)中的全局中断使能位进行置位或清零，可实现中断的使能与禁用。　　　　　　　　　　　　　　　　　　　　(　　)

8. 从 IP 寄存器结构中可以很明显地看出，每个中断都可以独立地通过编程指定为五个优先级中的一个。　　　　　　　　　　　　　　　　　　　　　　(　　)

9. 在基本的 MCS-51 系列单片机架构中，支持定时器/计数器 T0 和定时器/计数器 T1。定时器/计数器可以通过配置用作定时器或者计数器，支持四种工作模式，分别为模式 0、模式 1、模式 2 和模式 3。　　　　　　　　　　　　　　　　(　　)

10. EEPROM 存储器可以在字节级进行更新。　　　　　　　　　　　(　　)

三、填空题(将正确答案填入空内。每空 2 分，共 26 分)

1. MCS-51 系列单片机为_____位单片机。

2. 单片机 PSW 寄存器中每位的含义如图 3 所示，复位时 PSW=_____H，这时当前的工作寄存器区是_____区。

D7	D6	D5	D4	D3	D2	D1	D0
CY	AC	F0	RS1	RS0	OV		P

图 3 PSW 寄存器中每位的含义

3. 若 89C51 外扩 8 KB 程序存储器的首地址若为 1000H,则末地址为_____。(用十六进制数表示)

4. 若寄存器 A 中的内容为 67H,那么 P 标志位为_____。

5. 89C51 内部数据存储器的地址范围是_____,位地址空间的字节地址范围是_____,对应的位地址范围是_____,外部数据存储器的最大可扩展容量是_____。(地址范围用十六进制数表示)

6. 在 MCS-51 系列单片机 RST 端持续给出_____机器周期的_____电平就可以完成。当单片机复位时 SP =_____,P0~P3 端口为_____电平。

四、简答题(共 3 小题,共 20 分)

1. 采用 6 MHz 的晶振,定时 1 ms,机器周期为多少?计数初始值为多少?(用十六进制数表示)定时器/计数器工作在方式 0 时的 TH0、TL0 初值应为多少?(用十六进制数表示)注意:需要给出计算过程。(6 分)

2. 写出术语 RAM、DSP、FPGA、MIPS、SFR 的英文全称和中文含义。(5 分)

3. 8031 单片机的内部无 ROM 区,在正常使用时,需要外接 ROM。2764 为紫外线可擦除可编程只读存储器,然后使用专门的编程输入器对其重新编程,其存储容量为 8 KB×8 b。74LS373 是三态输出的 8 位锁存器(G 为数据打入端,当 G 由 1 变 0 时,数据打入锁存器)。在图 4 中,将 3 个芯片连接起来,实现外部 ROM 程序存储功能。(9 分)

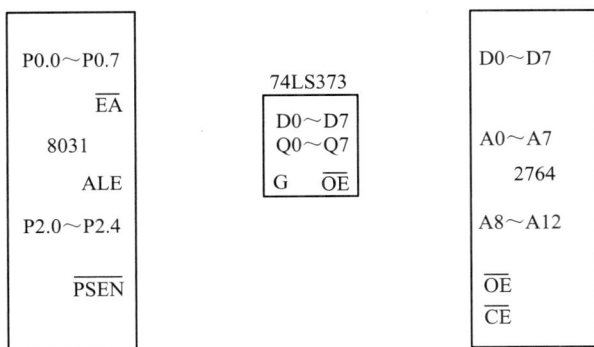

图 4 芯片外接 ROM

五、设计分析题(10 分)

在一个单片机系统中,通过按键控制四位数码管的显示值,仿真电路如图 5 所示。按一次 K0 键数码管显示值加一,按一次 K1 键数码管显示值减一,数码管的显示范围为 0000~9999。当显示 9999 时,再按 K0 键显示值归 0000;当显示 0000 时,再按 K1 键显示值变为 9999。

要求:(1) 写出代码中标号行的作用和含义;(2) 写出标号处所需的语句。(10 分)

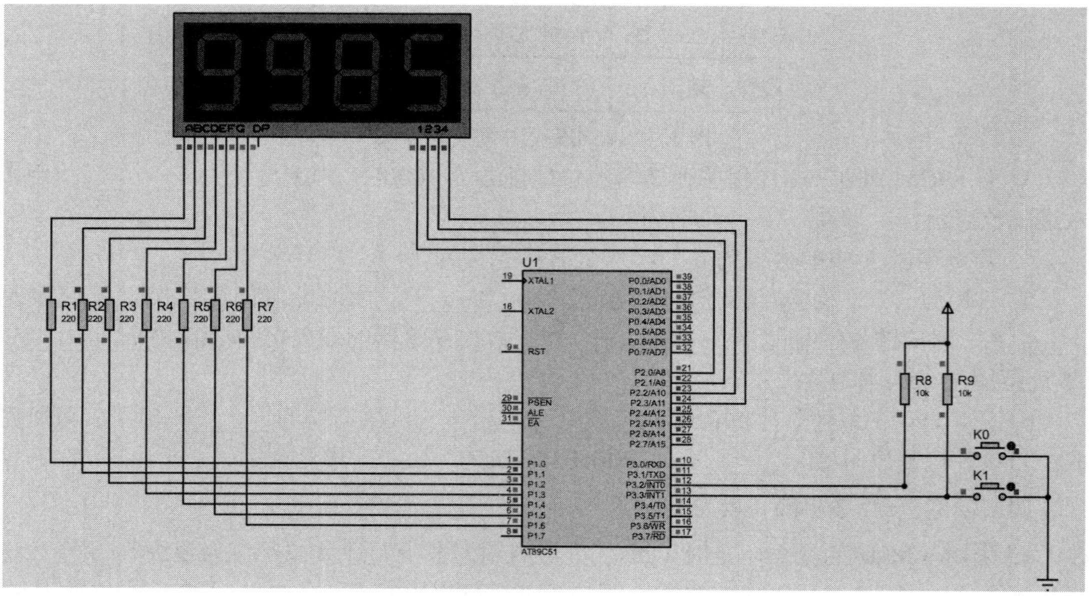

图 5　按键控制四位数码管的仿真电路

```c
#include <reg51.h>
#define uchar unsigned char
#define uint unsigned int
sbit key0=P3^2;          //定义按键
sbit key1=P3^3;
//分别对应显示"0""1""2""3""4""5""6""7""8""9"的译码表
uchar code segtab[]={0x3f,0x06,0x5b,0x4f,0x66,0x6d,0x7d,0x07,0x7f,0x6f};
                         //①_____
char m = 0,   n = 0;
void KeyScan(void);
void Delay(uint cnt);

void Display(void)
{
    P2 = ~0x08;
    P1 = segtab[m%10];       //②_____

    Delay(5);

    P2 = ~0x04;
    P1 = segtab[m/10];       //③_____
    Delay(5);

    P2 = ~0x02;
```

```
        P1 = segtab[n%10];  //④_____

        Delay(5);

        P2 = ~0x01;
        P1 = ⑤_____;
        Delay(5);

}
void main(void)
{
    ⑥_____
    {
        KeyScan();
        Display();
    }
}

void KeyScan(void)
{
    if(⑦_____)
    {
        Delay(10);              //⑧_____
        if(key0 == 0)
        {
            m++;
            if(m>=100)
            {
                n++;
                m=0;
                if(n>=100)
                {
                    m=0;
                    n=0;
                }
            }
        }
        while(!key0);        //⑨_____
    }
```

```
        if(⑩_____)
        {
            Delay(10);
            if(key1 == 0)
            {
                m--;
                if(m<0)
                {
                    m=99;
                    n--;
                    if(n<0)
                    {
                        m=99;
                        n=99;
                    }
                }
            }
            while(!key1);
        }
    }
    void Delay(uint xms)
    {
        uint i, j;
        for(i=xms;i>0;i--)
        for(j=110;j>0;j--);
    }
```

自 测 题 四

一、选择题(将正确答案填入括号内。每小题 2 分，共 20 分)

1. 在单片机中，通常将一些中间计算结果放在(　　)中。

A. 累加器　　　　　　　　　　　　　B. 控制器

C. 硬盘　　　　　　　　　　　　　　D. 程序存储器

2. MCS-51 系列单片机中的 SP 和 PC 分别是(　　)的寄存器。

A. 8 位和 8 位　　　　　　　　　　　B. 16 位和 16 位

C. 8 位和 16 位　　　　　　　　　　　D. 16 位和 8 位

3. CPU 主要的组成部分为(　　)。

A. 运算器、控制器　　　　　　　　　B. 加法器、寄存器

C. 运算器、寄存器　　　　　　　　　D. 运算器、指令译码器

4. 如果需允许外部中断 0，除了将 $\overline{EA}$ 置 1，还需要将(　　)置 1。

A. TF0　　　　　B. EX0　　　　　C. IT0　　　　　D. IE0

5. MCS-51 系列单片机中，既可位寻址又可字节寻址的单元是(　　)。

A. 20H　　　　　B. 30H　　　　　C. 00H　　　　　D. 70H

6. MCS-51 系列单片机在同一优先级的中断源同时申请中断时，CPU 首先响应(　　)。

A. 外部中断 0　　　　　　　　B. 外部中断 1

C. 定时器/计数器 T0 中断　　　　D. 定时器/计数器 T1 中断

7. 当选中第 1 工作寄存器区时，工作寄存器 R1 的地址是(　　)。

A. 00H　　　　　B. 01H　　　　　C. 08H　　　　　D. 09H

8. 对于 MCS-51 系列单片机，若晶振频率为 f_{osc}=6 MHz，则一个机器周期等于(　　)μs。

A. 1/12　　　　　B. 1/2　　　　　C. 1　　　　　D. 2

9. MCS-51 系列单片机的堆栈是在(　　)开辟的。

A. 工作寄存器　　　　　　　　B. SFR

C. ROM　　　　　　　　　　D. RAM

10. 外部中断 0 触发以后标志位被置 1，在 CPU 响应中断后该标志位(　　)。

A. 由软件清零　　　　　　　　B. 由硬件清零

C. 随机状态　　　　　　　　　D. AB 都可以

二、判断题(共 10 小题，每小题 2 分，共 20 分)

1. OV 表示运算过程中是否发生了溢出。若执行结果超过了 8 位二进制数所能表示数据的范围(即有符号数 −128～+127)，则 OV 标志位置 1。　　　　　　　　(　　)

2. 堆栈是一种数据结构。MCS-51 系列单片机中堆栈指针(SP)是一个 8 位寄存器，指示了栈底在内部 RAM 中的位置。　　　　　　　　　　　　　　　　　(　　)

3. MCS-51 系列单片机存储器的特点是将程序存储器和数据存储器统一编址，但有各自的寻址方式和寻址单元。　　　　　　　　　　　　　　　　　　　　(　　)

4. 单片机重新启动后，程序计数器(PC)的内容为 0000H，所以系统将从程序存储器地址为 0000H 的单元处开始执行程序。　　　　　　　　　　　　　　　　(　　)

5. 当单片机的 $\overline{EA}$ 引脚接地时，程序存储器全部使用片外的 ROM；单片机的 $\overline{EA}$ 引脚接高电平时，CPU 先从内部的程序存储器中读取程序，当程序计数器(PC)值超过内部 ROM 的容量时，也会转向外部的程序存储器读取程序。　　　　　　　　　　(　　)

6. MCS-51 系列单片机的片内 RAM 存储器共有 128 B，可分为 4 个区域，分别是特殊功能寄存器区、用户区、位寻址区和工作寄存器区。　　　　　　　　　　(　　)

7. MCS-51 系列单片机有 21 个特殊功能寄存器 SFR，每个 RAM 地址占用一个 RAM 单元，离散地分布在 80H、FFH 地址中。这些寄存的功能已做了专门的规定，用户也能修改其结构。　　　　　　　　　　　　　　　　　　　　　　　　　　(　　)

8. 当访问外部数据存储器时，MCS-51 系列单片机的 ALE/$\overline{PROG}$ 引脚的输出用于锁存地址的高位字节。　　　　　　　　　　　　　　　　　　　　　　　(　　)

9. 对于 MCS-51 系列单片机的 $\overline{PSEN}$ 引脚，当访问外部程序存储器时，此引脚输出负脉冲选通信号，PC 的 16 位地址数据将出现在 P0 和 P2 端口上。　　　　　(　　)

10. MCS-51 系列单片机的程序计数器是一个 8 位二进制的程序地址寄存器,用来存放下一条要执行指令的地址,指令执行完后可以自动加 1,以便指向下一条要执行的指令。
（　　）

三、填空题(将正确答案填入空内。每空 2 分,共 20 分)

1. MCS-51 系列单片机中断系统的结构如图 6 所示,则 $\overline{IT0}$ 作用为＿＿＿＿＿；IE0 作用为＿＿＿＿＿；PX0 作用为＿＿＿＿＿；TF1 作用为＿＿＿＿＿。

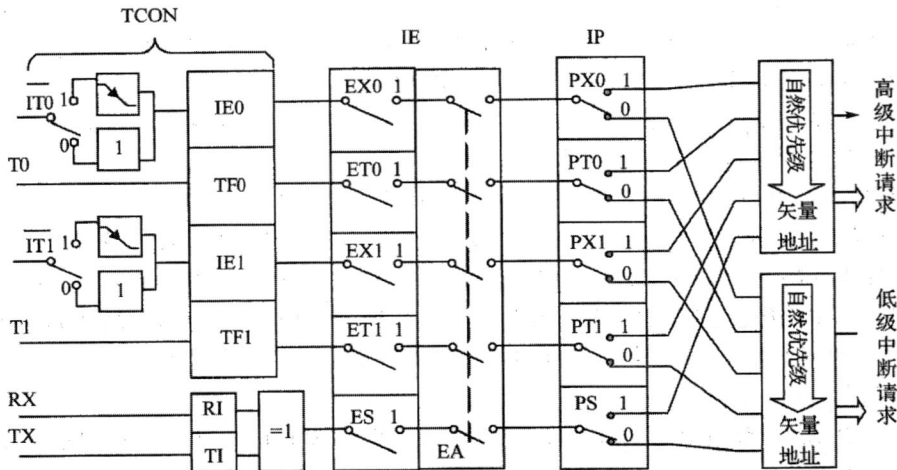

图 6　MCS-51 系列单片机中断系统的结构

2. 数据指针(DPTR)是一个 16 位的寄存器,由两个 8 位寄存器＿＿＿＿＿和＿＿＿＿＿组成。

3. ＿＿＿＿＿是为了中断操作和子程序的调用而设立的,用于保存现场数据,即常说的断点保护和现场保护。单片机无论是转入子程序或中断服务程序的执行,执行完后还要返回到＿＿＿＿＿。

4. ＿＿＿＿＿用于表示加法运算时低 4 位有没有向高 4 位进位和减法运算中低 4 位有没有向高 4 位借位。若有进位或借位,则该位置 1,否则该位为 0。

5. 如果把一条指令的执行过程分为几个基本操作,则将完成一个基本操作所需的时间称作＿＿＿＿＿。

四、简答题(共 3 小题,共 18 分)

1. 在 MCS-51 系列单片机执行中断服务程序时,为什么一般都要在矢量地址开始的地方放一条跳转指令? (4 分)

2. 简述 MCS-51 系列单片机定时器/计数器 4 种工作模式的特点,在已知机器周期 T0 时,各自定时周期 T 与初始值 D 的关系。(8 分)

3. 简述 MCS-51 系列单片机中断响应的条件。(6 分)

五、设计分析题(22 分)

1602 液晶显示模块每行显示 16 个字符,一共可以显示 2 行,且只能显示英文(内置 ASCII 字符集库,只有并行接口)。各个引脚定义如下:

第 1 个引脚：VSS 为地电源。

第 2 个引脚：VDD 接 +5 V 正电源。

第 3 个引脚：Vo 为液晶显示器对比度调整端，接正电源时对比度最弱，接地电源时对比度最高，使用时可以通过一个 10 kΩ 的电位器调整对比度。

第 4 个引脚：RS 为寄存器选择，高电平时选择数据寄存器，低电平时选择指令寄存器。

第 5 个引脚：R/W 为读写信号线，高电平时进行读操作，低电平时进行写操作。

当 RS 和 R/W 共同为低电平时，可以写入指令；当 RS 为低电平、R/W 为高电平时，可以读忙状态信号；当 RS 为高电平、R/W 为低电平时，可以写入数据；当 RS 为高电平、R/W 为高电平时，可以读数据。

第 6 个引脚：E 端为使能端，当 E 端由高电平跳变成低电平时，液晶显示模块执行命令。

第 7～14 个引脚：D0～D7 为 8 位双向数据线。

第 15～16 个引脚：空脚。

有的 1602 液晶还有背光控制引脚。

1602 液晶显示模块的引脚中含 3 个控制端，分别为 RS(数据/命令选择端)、R/W(读/写控制端)、E(使能信号)。单片机对其操作有以下 4 种模式：

(1) 读忙状态。当输入 RS 为低电平、R/W 和 E 为高电平时，输出 D0～D7 为状态字。

(2) 写指令。当输入 RS 和 R/W 为低电平、D0～D7 为指令、E 为高脉冲(从 1 到 0)时，没有输出。

(3) 读数据。当输入 RS、R/W 和 E 为高电平时，输出 D0～D7 为数据。

(4) 写数据。当输入 RS 为高电平、R/W 为低电平、D0～D7 为数据、E 为高脉冲(从 1 到 0)时，没有输出。

液晶显示模块是一个慢显示器件，在执行每条指令之前一定要确认模块的忙标志为低电平，表示不忙，否则此指令无效。

MCS-51 系列单片机与 1602 液晶显示模块的连接如图 7 所示。

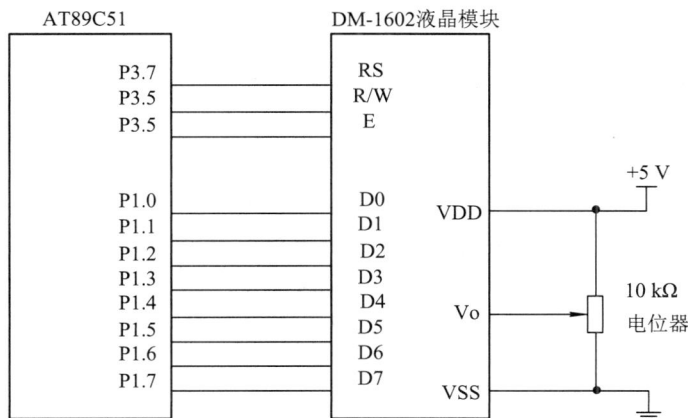

图 7 MCS-51 系列单片机连接 1602 液晶显示模块

根据上述描述，在下列子函数中的横线上补全代码或填写代码作用。

```
uchar LCD_Read_Data(void)
{  uchar Temp;
    LCD_RS=①_____;
    LCD_RW=②_____;
    LCD_E=③_____;
    LCD_Delay(5);//④_____
    LCD_E=⑤_____;
    LCD_Delay(5);
    Temp = LCD_DATA;
    LCD_E=⑥_____;
    return(Temp );
}
void LCD_Write_Cmd (uchar cmd,BusyC)
{  if(BusyC)    LCD_Check_Busy();
    LCD_DATA=cmd;
    LCD_RS=⑦_____;
    LCD_RW=⑧_____;
    LCD_E=⑨_____;
    LCD_Delay(5);
    LCD_E=⑩_____;
    LCD_Delay(5);
    LCD_E=⑪_____;
}
```

自 测 题 五

一、选择题(将正确答案填入括号内。每小题 2 分，共 20 分)

1. 下列不属于嵌入式系统软件结构一般包含的四个层面的是(   )。

A. 嵌入式处理器   B. 实时操作系统(RTOS)

C. 应用程序接口(API)层   D. 实际应用程序层

2. MCS-51 系列单片机的定时器/计数器 T1 用作计数方式时计数脉冲是(   )。

A. 由 T1(P3.5)输入   B. 由内部时钟频率提供

C. 由 T0(P3.4)输入   D. 由外部计数脉冲计数

3. 单片机的堆栈指针(SP)始终是指示(   )。

A. 堆栈底   B. 堆栈顶

C. 堆栈地址   D. 堆栈中间位置

4. 寻址方式就是(   )的方式。

A. 查找指令操作码 B. 查找指令
C. 查找指令操作数 D. 查找指令操作码和操作数

5. 若 MCS-51 系列单片机的外部晶振频率为 $f_{osc}=12\,MHz$，则一个机器周期等于(　　)μs。
A. 12 B. 2 C. 1 D. 2

6. MCS-51 系列单片机的数据指针(DPTR)是一个 16 位的专用地址指针寄存器，主要用来(　　)。
A. 存放指令 B. 存放 16 位地址，作间址寄存器使用
C. 存放下一条指令地址 D. 存放上一条指令地址

7. 下列不是嵌入式系统特点的是(　　)。
A. 嵌入式系统需要专用开发工具和方法进行设计
B. 嵌入式系统是技术密集、资金密集、高度分散、不断创新的知识集成系统
C. 嵌入式系统使用的操作系统一般不是实时操作系统(RTOS)，系统不具有实时约束
D. 嵌入式系统通常是面向特定任务的，而不同于一般通用 PC 计算平台，是"专用"的计算机系统

8. 把微处理器与外部设备相连接的线路称为(　　)。
A. 电源线 B. 控制线 C. 数据线 D. 总线

9. 下列计算机语言中，CPU 能直接识别的是(　　)。
A. 自然语言 B. 高级语言 C. 汇编语言 D. 机器语言

10. 当 MCS-51 系列单片机外扩 32 KB 容量的数据存储器时，需使用(　　)6264。
A. 2 片 B. 3 片 C. 4 片 D. 5 片

二、判断题(共 10 小题，每小题 2 分，共 20 分)

1. MCS-51 系列单片机的产品 8051 与 8031 的区别是 8031 片内无 ROM。 (　)
2. 单片机的 CPU 从功能上可分为运算器和存储器。 (　)
3. MCS-51 系列单片机的累加器(ACC)是一个 8 位的寄存器，简称为 A，用来存一个操作数或中间结果。 (　)
4. MCS-51 系列单片机的程序存储器用于存放运算中间结果。 (　)
5. MCS-51 系列单片机的数据存储器在物理上和逻辑上都分为两个地址空间：一个是片内的 256 B 的 RAM，另一个是片外最大可扩充 64 KB 的 RAM。 (　)
6. 当 MCS-51 系列单片机的晶振频率为 12 MHz 时，ALE 地址锁存信号端的输出频率为 2 MHz 的脉冲。 (　)
7. MCS-51 系列单片机片内 RAM 从 00H～1FH 的 32 个单元，不仅可以作工作寄存器使用，而且可作为通用 RAM 来读写。 (　)
8. 对于 MCS-51 系列单片机，当 CPU 对内部程序存储器寻址超过 4 KB 时，系统会自动在外部程序存储器中寻址。 (　)
9. 中断的矢量地址指向的存储空间位于 RAM 区中。 (　)
10. 在 MCS-51 系列单片机的片内 RAM 区中，位地址和部分字节地址是冲突的。 (　)

三、填空题(将正确答案填入空内。每空 2 分，共 20 分)

1. ＿＿＿＿＿＿＿＿＿＿＿＿用来设置电源工作方式以及串行通信口中的波特率。

2. ＿＿＿＿＿＿＿＿＿＿用来控制串口工作模式、数据格式、发送及接收中断标志等。

3. ＿＿＿＿＿＿＿＿＿＿是为接收或发送数据而设置的，为 8 位二进制寄存器，通过移位操作进行数据的接收或发送。

4. ＿＿＿＿＿＿＿＿＿＿可以用来存放片内 ROM、片外 RAM 和片外 ROM 的存储区地址，用户通过该指针实现对不同存储区的访问。

5. ROM 存储器地址空间有＿＿＿＿＿＿＿＿＿＿和＿＿＿＿＿＿＿＿＿＿，其地址范围为 0000H～FFFFH。

6. 片内 RAM 地址空间的地址范围为＿＿＿＿＿＿＿＿＿＿；片外 RAM 地址空间的地址范围为＿＿＿＿＿＿＿＿＿＿。

7. 在访问内部程序存储器时，＿＿＿＿＿＿＿＿＿＿端将输出一个 1/6 时钟频率的脉冲信号，这个信号可以用于识别单片机是否工作，也可以当作一个时钟向外输出。

8. ＿＿＿＿＿＿＿＿＿＿主要用来指示当前要执行指令的内存地址、存放操作数和指示指令执行后的状态等，包括程序计数器(PC)、累加器 A、程序状态字(PSW)寄存器、堆栈指示器 SP 寄存器、数据指针(DPTR)和通用寄存器 B。

四、简答题(共 3 小题，共 18 分)

1. MCS-51 系列单片机的中断系统有几个中断源？几个中断优先级？中断优先级是如何控制的？各个中断源的入口地址是多少？各中断源对应的中断服务程序的入口地址是否能任意设定？(6 分)

2. MCS-51 系列单片机内部有几个定时器/计数器？具有几种工作模式？分别是哪些工作模式？实现定时器/计数器控制需要哪些寄存器？这些寄存器是否都可以按位寻址？(6 分)

3. 简述子程序调用和执行中断服务程序的异同。(6 分)

五、设计分析题(22 分)

1. 某超声波测距模块具有 4 个接口信号。① VCC 信号：接 5 V 电源；② GND 信号：地线；③ TRIG 信号：触发控制信号输入；④ ECHO 信号：回响信号输出。该模块的时序如图 8 所示。

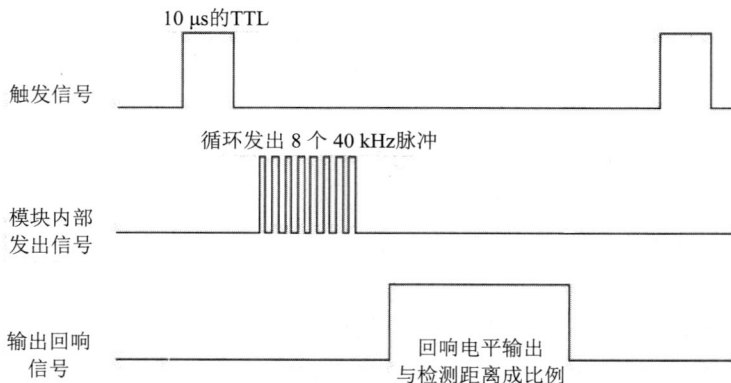

图 8　某超声波测距模块的时序

现在拟设计一个基于 MCS-51 系列单片机的超声波测距系统，测距结果通过数码管显示出来。

(1) 画出系统原理框图，并对硬件连接进行简要说明。(4 分)

(2) 根据上述信息，简述系统软件的工作流程。(6 分)

提示：模块时序图中的模块内部发出信号为发出的超声波信号，输出回响信号高电平时间与检测到的距离成正比，声速为 340 m/s。

2. 在 MCS-51 系列单片机系统中，晶振频率为 12 MHz，现准备在 P1.0 引脚上输出高电平为 1 ms、低电平为 3 ms 的周期性的方波信号。要求如下：

(1) 使用单片机内部定时器/计数器 T0，工作于模式 1，完成设计，并给出必要的计算。(4 分)

(2) 编写相应的程序。(8 分)

参 考 文 献

[1]　郭天祥. 新概念 51 单片机 C 语言教程：入门、提高、开发、拓展全攻略. 北京：电子工业出版社，2009.

[2]　关永峰，于红旗. 单片机与嵌入式系统. 北京：电子工业出版社，2012.

[3]　彭伟. 单片机 C 语言程序设计实训 100 例：基于 STC8051+Proteus 仿真与实战. 北京：电子工业出版社，2022.

[4]　任哲，房红征，曹靖. 嵌入式实时操作系统 μC/OS-Ⅱ原理及应用. 3 版. 北京：北京航空航天大学出版社，2014.

[5]　于红旗，田苗苗，张琨，等. MCS-51 单片机原理与应用. 北京：清华大学出版社，2015.